# 黑龙江省讷河市耕地地力评价

刘艳侠　李永生　王　冶　主编

中国农业出版社
北京

# 内 容 提 要

　　本书是对黑龙江省讷河市耕地地力调查与评价成果的集中反映。在充分应用耕地信息大数据智能互联技术与多维空间要素信息综合处理技术并应用模糊数学方法进行成果评价的基础上，首次对讷河市耕地资源历史、现状及问题进行了分析和探讨。它不仅客观地反映了讷河市土壤资源的类型、面积、分布、理化性质、养分状况和影响农业生产持续发展的障碍性因素，揭示了土壤质量的时空变化规律，而且详细介绍了测土配方施肥大数据的采集和管理、空间数据库的建立、属性数据库的建立、数据提取、数据质量控制、县域耕地资源管理信息系统的建立与应用等方法和程序。此外，还确定了参评因素的权重，并通过利用模糊数学模型，结合层次分析法，计算了讷河市耕地地力综合指数。这些不仅为今后改良利用土壤、定向培育土壤、提高土壤综合肥力提供了路径、措施和科学依据，而且也为建立更为客观、全面的黑龙江省耕地地力定量评价体系，实现耕地资源大数据信息采集分析评价互联网络智能化管理提供参考。

　　全书共 7 章。第一章：自然与农业生产概况；第二章：耕地地力评价技术路线；第三章：土壤分类、分布及土壤概况；第四章：耕地土壤属性；第五章：耕地地力评价；第六章：耕地区域配方施肥；第七章：作物适宜性评价。书末附 5 个附录供参考。

　　该书理论与实践相结合，学术与科普融为一体，是黑龙江省农林牧业、国土资源、水利、环保等领域各级领导干部、科技工作者、高等院校师生和农民群众掌握和应用土壤科学技术的良师益友，是指导农业生产必备的工具书。

# 编写人员名单

**总策划：** 王国良　辛洪生

**主　编：** 刘艳侠　李永生　王　冶

**副主编：** 成亚杰　李文成　张英军　丁海滨　苗恬恬

**参　编**（按姓名笔画排序）：

于金昌　王　君　王凤君　王立辉　王凯军　王新颖

曲艳清　吕　爽　朱文勇　朱梦媛　刘　文　刘文研

刘国辉　刘春英　汤彦辉　孙　义　孙玉香　孙晓波

李大皓　李春河　李洪波　杨光辉　吴凤春　吴春梅

张玉杰　张玉宝　张明发　张洪仁　金连银　周雅芳

姜东峰　姜丽丽　姚　卉　秦迎春　徐兴武　徐晓东

郭洪君　唐沈平　戚克耀　崔　振　彭　伟　韩　枫

曾宪伟　谭志娟　鞠志光

# 序

　　农业是国民经济的基础。耕地是农业生产的基础，也是社会稳定的基础。黑龙江省委、省政府高度重视耕地保护工作，并做了重要部署。为适应新时期农业发展的需要、促进农业结构战略性调整、农业增效和农民增收，针对当前耕地土壤现状确定科学的土壤评价体系，摸清耕地的基础地力并分析预测其变化趋势，从而提出耕地利用与改良的措施和路径，为政府决策和农业生产提供依据，乃当务之急。

　　2009年，讷河市结合测土配方施肥项目实施，及时开展了耕地地力调查与评价工作。在黑龙江省土壤肥料管理站、黑龙江省农业科学院、东北农业大学、中国科学院东北地理与农业生态研究所、黑龙江大学、哈尔滨万图信息技术开发有限公司及讷河市农业科技人员的共同努力下，讷河市耕地地力调查与评价工作于2012年顺利完成，并通过了农业农村部组织的专家验收。通过耕地地力调查与评价的工作，摸清了讷河市耕地地力状况，查清了影响当地农业生产持续发展的主要制约因素，建立了讷河市耕地土壤属性、空间数据库和耕地地力评价体系，提出了讷河市耕地资源合理配置及耕地适宜种植、科学施肥及中低产田改造的路径和措施，初步构建了耕地资源信息管理系统。这些成果为全面提高农业生产水平，实现耕地质量计算机动态监控管理，实时提供辖区内各个耕地基础管理单元土、水、肥、气、热状况及调节措施提供了基础数据平台和管理依据。同时，也为各级政府制订农业发展规划、调整农业产业结构、保证粮食生产安全以及促进农业现代化建设提供了最基础的科学评价体系和最直接的理论、方法依据。另外,还为今后全面开展耕地地力普查工作,实施耕地综合生产能力建设,发展旱作节水农业、测土配方施肥及其他农业新技术的普及工作提供了技术支撑。

该书集基础理论性、技术指导性和实际应用性为一体,系统介绍了耕地资源评价的方法与内容,应用大量的调查分析资料,分析研究了讷河市耕地资源的利用现状及存在问题,提出了合理利用的对策和建议。该书既是一本值得推荐的实用技术读物,又是讷河市各级农业工作者必备的一本工具书。该书的出版,将对讷河市耕地的保护与利用、分区施肥指导、耕地资源合理配置、农业结构调整及提高农业综合生产能力起到积极的推动和指导作用。

2022 年 10 月

# 前言

讷河市耕地地力调查与质量评价工作，是按照《全国耕地地力调查与质量评价技术规程》《2006 年全国测土配方施肥工作方案》的要求，以及黑龙江省 2006 年耕地地力调查与质量评价工作精神，于 2006 年开始实施。该工作得到黑龙江省土壤肥料管理站，讷河市委、市政府的高度重视，在中国科学院东北地理与农业生态研究所、黑龙江省土壤肥料管理站有关专家的大力支持和协助下，以及讷河市农业委员会、国土资源局、民政局、水务局、林业局、统计局、气象局、畜牧局等单位的全力配合和帮助下，历经两年多的时间，进行土壤图的数据化和数据处理工作，于 2008 年 10 月初步完成了讷河市耕地地力调查与质量评价工作。2010 年后，在哈尔滨万图信息技术开发有限公司的技术支持下，重新对讷河市耕地地力进行评价，并在 2013 年完成讷河市耕地地力调查与质量评价工作。在此，向中国科学院东北地理与农业生态研究所赵君、商磊、革翠萍等老师，哈尔滨万图信息技术开发有限公司的朱文勇、陈正莎、李维新，以及拜泉县农业技术推广中心汤彦辉，八一农垦大学张明发等老师表示衷心感谢。

随着农业的迅速发展以及城乡现代化建设的推进，讷河市的土地利用状况、农业区划及综合开发、耕地土壤理化性状、种植结构及产量水平等都发生了很大变化。我们利用国家测土配方施肥项目测定的大量数据，开展耕地地力评价，对于摸清讷河市耕地土壤的现状，提高农业综合生产能力，实现农业增效、农民增收，促进农业的可持续发展都具有十分重要的意义。

本次耕地地力调查与质量评价工作，通过对讷河市市属的 40 多万公顷（2006 年统计数据）耕地的 3 155 个采样点进行农业生产基本情况调查和质量分析，并结合测土配方施肥项目的相关数据和全国第二次土壤普查资料以及《讷河市国民经济社会发展统计资料》等，对全市耕地地力进行质量分级和评价，建立了讷河市测土配方施肥数据库和县域土地资源空间数据库、属性数据库及讷河市耕地质量管理信息系统，并编写了《讷河市耕地地力工作报告》《讷河市耕地地力技术报告》《讷河市耕地地力评价专题报告》。基本摸清了讷河市耕地肥力状况及近年来变化趋势；通过计算机地理信息技术对讷河市辖区内的土壤、地形地貌、农田水利、农业生产基本情况等资料进行统一组织、管理，构建成讷河市耕地资源管理信息系统，总结出讷河市耕地地力变化情况及原因，提出了耕地改良和培肥、种植结构调整、农作物平衡施肥等意见，给出了当前耕地改良和利用的建议。为农业行政管理决策人员、农业技术人员以及农民提供耕地质量动态变化、土壤适宜性、施肥咨询、作物营养诊断等多方面的信息服务，并形成了土壤养分的数字化成果图件。

　　本书大量引用了全国第二次土壤普查数据，由于当时条件限制，有些数据出现较大的误差，又没有原始数据可查对，故以当时出版的《讷河县土壤》上的数据为准。自全国第二次土壤普查以来，有合并乡（镇）、村的情况，甚至有的乡（镇）（全胜乡）分为两部分，分别并入 2 个不同的乡（镇）。尼尔基水库修建，淹没了二克浅镇和学田镇的一些村屯，使耕地和土壤面积都发生了一定的变化。本次耕地地力评价，按《黑龙江省土壤分类标准》，对讷河市原土种、土类进行调整，对《黑龙江省土壤分类标准》中没有的土类、土种归到已有的土类、土种中。为了减少人为误差和更好地反映当时的情况，引用全国第二次土壤普查数据时仍用原土类、土种及乡（镇）名称等。本次地力评价的很多数据是由 Excel 计算完成的，转化为 Word 文档时，四舍五入了小数点后的不显示数据，再重新计算时，会出现一定的偏差。

　　由于耕地地力评价工作涉及的内容多、内容新，不但有农业基础情况的调查，化验数据的整理，还包括自然条件（地形、地貌、积温、地形部位、土类、利用现状等），很多知识是第一次接触，书中难免出现一些不足之处，敬请各位领导、专家批评指正，有待我们在今后的工作中不断充实、完善和提高。

编　者

2022 年 10 月

# 目 录

序

前言

# 第一章 自然与农业生产概况

## 第一节 自然概况

### 一、地理位置与行政区划

**1. 地理位置** 讷河市位于黑龙江省齐齐哈尔市北部,小兴安岭西麓,嫩江东岸,讷谟尔河下游。北靠嫩江市,东与五大连池市、克山县接壤,南与依安、富裕两县为邻,西与甘南县和内蒙古自治区的莫力达瓦达斡尔族自治旗隔嫩江相望。地处北纬 47°57′37″—48°55′55″,东经 124°18′28″~125°59′23″。全市东、西两极点长 122.4 千米,南北两极点宽 108.6 千米,全市辖区面积为 6 660 千米²。

讷河市位于松嫩平原的北部,是大小兴安岭向松嫩平原过渡的山前高平原;往西北和东北逐渐过渡到大小兴安岭低山丘陵区,平原是本市最基本的地貌类型。市境北部的山前岗丘高平原,是低山丘陵向平原过渡地带。地势北高南低,总的地势表现为由东北向西南倾斜,形成节节递降的阶梯状地形。市东北部青色草原种畜场境内的莲花山海拔 438 米,为全市最高点;西南部兴旺乡的百露屯,海拔 164 米,为全市最低点。全市地势大体分为二岗二平六分坡。根据地势和地貌形态的差异,本市可分为高平原和平原两种。北部,尤其是东北部和西北部属高平原。平原又可分为高、低河漫滩,一级、二级阶地和沙丘覆盖的冲积平原 3 种类型。其中,二级阶地面积最大,包括本市中部、南部讷谟尔河及老云沟两侧的绝大部分岗地,一级阶地沿嫩江、讷谟尔河、老莱河等河流两岸呈断续条带状分布,尤以讷谟尔河南、北两岸讷南镇至九井镇,二克浅镇至保安林场两条公路两侧面积最大、最典型。低河漫滩沿江河两岸分布,且越往下游越宽,沙丘覆盖的冲积平原主要指嫩江左岸的新江林场、二里种畜场、学田镇幸福村等地。境内主要河流有嫩江、讷谟尔河、老莱河、南阳河、石底河等,均属嫩江水系。此外,尚有东沟泡子、马河泡子、牛肚泡子、大扁泡子、月牙泡子等大小泡沼 138 个,52 个泉子,水库塘坝 11 处。全省最大的平原水库尼尔基水库坐落在讷河市,水库总库容 86.11 亿米³。

**2. 行政区划** 讷河市是齐齐哈尔市所属的县级市。清初期为布特哈打牲部落,1671年设立布特哈八旗;1689 年建立布特哈总督衙门;1910 年设讷河直隶厅;1913 年设县;1982 年第二次土壤普查时,讷河县辖 22 个乡(镇)(5 个镇、17 个乡),245 个行政村,14 个农、林、牧场,驻有 16 个陆、海、空军农场和国营农场。1992 年撤县变市,下辖 12 个建制镇、1 个民族乡(兴旺鄂温克族乡,以下简称兴旺乡)、3 个乡、172 个行政村,1 100 多个自然屯。

讷河市乡(镇)变动情况见表 1-1。

表 1 - 1  讷河市乡（镇）变动情况

| 序号 | 现乡（镇） | 原乡（镇） | 变动时间（年．月） |
|---|---|---|---|
| 1 | 学田镇 | 学田镇 | 2004.2 |
| | | 清和乡 | |
| 2 | 同心乡 | 同心乡 | 2004.2 |
| | | 巨和乡 | |
| 3 | 孔国乡 | 孔国乡 | 2004.8 |
| | | 进化乡 | |
| 4 | 龙河镇 | 龙河镇 | 2004.8 |
| | | 友好乡 | |
| 5 | 兴旺鄂温克族乡 | 兴旺鄂温克族乡 | 2004.8 |
| | | 团结乡 | |
| 6 | 二克浅镇 | 二克浅镇 | 2008.3 |
| | | 永丰乡 | |
| 7 | 讷南镇 | 讷南镇 | 2008.3 |
| | | 全胜乡全胜村、前进村、东兴村 | |
| 8 | 六合镇 | 六合镇 | 2008.3 |
| | | 全胜乡照耀村、火烽村 | |

## 二、自然与水文地质条件

**1. 气候条件**　气候条件是土壤形成的一个重要因素。气候直接影响土壤的水、热状况，而土壤水、热状况又直接或间接地影响成土母岩母质的风化过程，影响植物和微生物的活动，影响土壤有机质、土壤溶液和土壤空气的转移转化过程。因此，土壤的水、热状况决定了土壤的物理、化学和生物学作用过程及其变化。

讷河市属温带大陆性季风气候，冬季漫长寒冷干燥，春季少雨干旱多风，夏季高温多雨、光照充足，秋季冷凉低温、霜冻较早。又因本市幅员面积较大，地形复杂，南、北各地气候条件有较大差异，对土壤形成产生不同程度的影响。

讷河市的气候特点是春季少雨，蒸发量大，春风大，持续时间长；夏季炎热，降水集中在 6 月、7 月、8 月这 3 个月，雨热同季；秋季冷凉降温快，降水适中；冬季由西伯利亚冷空气控制，经常刮西北风。年平均降水量 450.8 毫米，蒸发量 1 370.7 毫米，干燥指数 $K=0.85\sim1.12$，气温 1.5 ℃，昼夜寒暑温差大。1 月气温最低，平均气温 $-22.8$ ℃，极端最低气温-42.2℃；7月最热，平均气温21.9℃，极端最高气温38.9℃；≥10℃积温为2 100～2 500℃，初霜日期在9月18日前后，终霜日期在5月16日左右；平均无霜期122天。土壤封冻长达5个月之久，冻深达2米以上。严寒使土体龟裂，裂隙宽达数厘米至十几厘米，深达母质层，表土及地表杂物可顺裂隙而入，形成了舌状或条纹状腐殖质漏痕和较深厚的腐殖层。太阳总辐射量为110千卡\*/厘米²，年平均日照时数为2 778.7小时，并表现为夏长（10～12小时/日），冬短（7～10小时/日），而且南坡大于北坡，东坡长于西坡。本市从东北向西南在距离150多千米的范围内大体上可区分为冷凉、温凉、温和3个气候区。

（1）北部冷凉半湿润区：年平均气温-1.0～0℃，全年日照时数2 500～2 600小时，有效积温2 050～2 300℃，气温稳定通过10℃的日期为5月14—16日，初霜期为9月13—16日，终霜期为5月19—22日，无霜期115～119天，降水量460～470毫米。作物生长季节（5～9月）降水量为425～435毫米，占全年降水量的90.4%，干燥指数$K=0.85～0.96$；每年≥5级的大风日数约50天，其中4月、5月7～8级大风有8～10天，平均风速2.75～3.0米/秒。林地面积占市属林地面积的56.7%，森林覆被率64%。因该区降水偏多，常使土壤出现季节性过湿，发生"表潜"现象，有利于腐殖质的积累。主要土壤类型是暗棕壤、草甸暗棕壤和表潜黑土。

（2）中部温凉半干旱区：年平均气温0～1℃，全年日照为2 600～2 750小时，有效积温2 300～2 450℃，初霜日为9月16日至19日，终霜日为5月17日至19日。气温稳定通过10℃的日期是5月12日至14日。无霜期120～124天，土壤每年4月11日至16日解冻，10月29日至11月1日冻结，年均降水量440～460毫米。5～9月降水量为415～425毫米，约占全年降水量的91%，干燥指数$K=0.95～1.05$。每年≥5级的大风日数约为85天，其中4月、5月7～8级大风有10～15天，平均风速为3.0～3.5米/秒。该区主要土壤类型是典型黑土。

（3）南部温和半干旱区：年平均气温1℃，日照时数为2 750～2 850小时，有效积温2 450～2 550℃，稳定通过10℃日期为5月9日至12日，初霜期为9月18日至20日，终霜期为5月15日至17日，无霜期124～129天，年降水量425～440毫米，4～9月降水量为400～415毫米，占全年降水量的90.9%，干燥指数$K=1.05～1.15$。每年≥5级风的日数约为115天，其中4月、5月7～8级大风有15～21天，平均风速3.5～3.9米/秒。就全市相对而言，该区雨量偏少，气候干燥、风大，热量较充足，蒸发量大，是本市主要干旱区。形成的主要土壤类型是黑钙土和盐渍化土壤。

**2. 气温**　1971—2000年，平均气温1.5℃，7月年平均气温最高，为21.9℃，1月平均气温最低，为-22.8℃，极端最高气温为38.9℃，极端最低气温为-40.4℃。≥10℃有效积温2 506.3℃。平均无霜期为122天，初霜期在9月8日前后，终霜期在5月16日左右，土壤解冻4月上旬，冻结期10月中下旬。土壤封冻期达到5个月以上，冻深超过2米。高温季节集中在6月、7月、8月，也是降水量多的季节，称为雨热同季。见表1-2。

---

　　\* 卡为非法定计量单位，1卡≈4.186焦。

表 1 - 2　1971—2000 年各月平均气温

单位：℃

| 月份 | 1 | 2 | 3 | 4 | 5 | 6 | 7 | 8 | 9 | 10 | 11 | 12 | 平均 |
|---|---|---|---|---|---|---|---|---|---|---|---|---|---|
| 温度 | −22.8 | −17.5 | −6.5 | 4.8 | 13.2 | 19.3 | 21.9 | 19.6 | 12.6 | 3 | −9.5 | −19.6 | 1.5 |

**3. 降水**　根据讷河市 1971—2000 年的气象资料，年平均降水量 480.9 毫米，最大降水量 717.3 毫米（1998 年），最少降水量 291.6 毫米（1954 年）。受季风影响，降水主要集中在 6 月、7 月、8 月。其中，7 月平均降水量为 140.9 毫米，占全年降水量的 29%；5～9 月平均降水量为 417.5 毫米，占全年平均降水量的 87%。雨热同季，适宜植物生长发育。见表 1 - 3。

表 1 - 3　1971—2000 年各月平均降水量

单位：毫米

| 月份 | 1 | 2 | 3 | 4 | 5 | 6 | 7 | 8 | 9 | 10 | 11 | 12 | 全年 |
|---|---|---|---|---|---|---|---|---|---|---|---|---|---|
| 降水量 | 2.6 | 1.7 | 6.5 | 20 | 32.2 | 80.1 | 140.9 | 105.6 | 58.7 | 22.4 | 5.9 | 4.4 | 480.9 |

**4. 日照和太阳辐射**　1971—2000 年，全年平均日照 2 698.5 小时，日照率 63%。年日照时数表现为夏长（10～12 小时）、冬短（7～10 小时）。虽然春、秋季白天时间比夏季短，但晴天多，大气透明度好，故日照时数不低于日位高、白昼长、雨水多的夏季。从地形上看，日照时数南坡大于北坡，东坡长于西坡。见表 1 - 4。

表 1 - 4　1971—2000 年各月日照平均数

| 月份 | 日照时数（小时） | 日照率（%） |
|---|---|---|
| 1 | 188.1 | 69 |
| 2 | 210.1 | 73 |
| 3 | 182.0 | 68 |
| 4 | 240.2 | 59 |
| 5 | 280.7 | 60 |
| 6 | 273.8 | 58 |
| 7 | 262.5 | 54 |
| 8 | 263.5 | 60 |
| 9 | 233.1 | 62 |
| 10 | 218.5 | 66 |
| 11 | 183.0 | 66 |
| 12 | 163.0 | 63 |
| 全年 | 2 698.5 | 63 |

**5. 风** 讷河市冬季受西伯利亚寒流侵袭,经常刮西北风和西风。盛夏受海洋性气候影响,经常刮东风、东南风,春季风势最大。全年平均风速3.7米/秒,最大风速28.7米/秒。

**6. 蒸发量** 蒸发量与气温呈正相关关系,随着气温的升高而增加。1954—1990年,年平均蒸发量1 370.7毫米,是年平均降水量的1.75倍。12月和1月蒸发量最少,分别为7.8毫米和6.2毫米;11月和2月次之,蒸发量分别为27.2毫米和13.9毫米;5月蒸发量最大,7月以后逐渐减弱。干燥度为1.75,属于半干旱地区。春季降雨少,蒸发量大,易春旱,秋雨多易导致秋涝。见表1-5。

表1-5 1954—1990年各月蒸发量

单位:毫米

| 月份 | 1 | 2 | 3 | 4 | 5 | 6 | 7 | 8 | 9 | 10 | 11 | 12 | 全年 |
|---|---|---|---|---|---|---|---|---|---|---|---|---|---|
| 蒸发量 | 6.2 | 13.9 | 61.1 | 161.4 | 269.3 | 234.8 | 191.5 | 161.7 | 120.6 | 84.2 | 27.2 | 7.8 | 1 370.7 |

### 三、地形地貌

地形是土壤形成的主要条件,地形影响到土壤水分和热量的再分配、物质的转移。水分和温度与地形高低有密切关系。地形低,土温也低,水分大,营养元素丰富。不同的地形部位土壤有机质含量也不同,有着明显的规律性。

讷河市位于松嫩平原的北部,往西北和东北逐渐过渡到大小兴安岭低山丘陵区,平原是最基本的地貌类型。市境北部的山前岗丘高平原,是低山丘陵向平原过渡地带。总的地势表现为由东北向西南倾斜,形成节节递降的阶梯状地形。根据地势和地貌形态的差异,本市可分为高平原和平原两种。

高平原位于北部,尤其是东北部和西北部。西北部的学田镇、富源林场一带系大兴安岭的东南麓,受嫩江切割,部分往东延至老莱农场的东北部,往南可达学田、二克浅2个镇;西部临嫩江陡壁部分皆由基岩组成,其上覆盖了厚薄不一的残积物和坡积物,海拔226~334米,相对高差20~60米,坡度6°~7°;切割较强,呈丘陵状起伏,散布着馒头形孤丘,孤丘坡度10°左右,形成的土壤类型是暗矿质暗棕壤。东北部地势高,坡度大,沟谷发育,切割强烈,地形破碎,呈丘陵状或垄岗状起伏,海拔在330~420米,相对高差60~90米,属三级阶地的洪积冲积岗丘高平原,土壤底层由粗沙及砾石组成。对其中岗平谷宽、起伏和缓、呈岗谷相间分布的,当地习惯称其为"漫川漫岗",也称其为"山"。

平原又可分为高、低河漫滩,一级、二级阶地和沙丘覆盖的冲积平原3种类型。其中,二级阶地面积最大,包括中南部讷谟尔河及老云沟两侧的绝大部分岗地,海拔为220~280米,相对高差2~30米,坡度2°~3°,呈垄岗状起伏。上部是堆积几米至数十米厚的棕黄色亚黏土,下部是沙砾和基岩,沟谷发育,地面分割强烈,常有"套沟"。但岗顶宽平,黑土层较厚,侵蚀也轻。西南部的兴旺、和盛等乡(镇),地势开阔,平坦,起伏小,切割不强,阶地面保存完整,呈微波状起伏,海拔为170~200米,相对高差5~20米,当地人称之为"岗平地",发育了黑钙土。一级阶地沿嫩江、讷谟尔河、老莱河等河流两岸呈断续条带状分布,尤以讷谟尔河南、北两岸讷南镇至九井镇;二克浅镇至保安林场公路两侧面积最大、最典型。阶地地面平坦完整向河微倾,切割微弱,地下水埋深不超过 10 米,是村镇集中的地段,母质由亚黏土和沙砾层组成,其上发育了肥沃的中、厚层草甸黑土。一级阶地以下即是高河漫滩,地势低平,高出水面 4~5 米,地下水位较高。一般情况下,洪水不易到达,底层由沙砾组成,其上腐殖层发育了深厚的草甸土和潜育草甸土,是发展水田的主要地段。低河漫滩则沿江河分布,且越往下游越宽,通常高出水面 1~3 米,常被季节性洪水所淹没,群众称其为"过水地",地下水位高,地面上河网穿插,并有自然堤迂回扇、牛轭湖及积水洼地等微地貌,沼泽湿地发育,水草丰盛,主要土壤类型是沙砾底草甸土和沼泽土。沙丘覆盖的冲积平原主要指嫩江左岸的新江林场、二里种畜场等地,是在嫩江粉沙质土组成的河漫滩和一级阶地地形基础上,经现代半干旱气候条件下风力搬运再造而成。因现代风沙地形叠置在冲积平原上,故称之为沙丘覆盖的冲积平原。风沙地形或"丘"或"垄"或"岗"不等,岗、丘间多有低洼湿地或积水成泡,发育成固定草甸风沙土及层状草甸土或盐化草甸土等。

## 四、植被

讷河市北部(主要是东北部和西北部)岗丘高平原,主要自然植被是森林。但因多次火烧、砍伐和践踏以及病虫侵袭,原始森林树种很少,现存的天然树种只有适应性和生命力较强的山杨、桦、柞树等几种,并有两种存在形式:一是由柞、杨、桦树组成的阔叶混交林,郁闭度 0.6~0.8,林下生长榛柴、胡枝子、刺玫、山丁子等矮小灌木。二是纯林,在向阳、坡度大、土层薄、较高燥的地方,形成柞树纯林;在山脚处较干燥的山崴子里,形成的是山杨纯林;在低湿地或塔头沟边缘,形成白桦纯林,林下着生贝加尔针茅、细蒿等杂草,林相比较整齐。主要土壤是暗棕壤、草甸土和草甸沼泽土。

沿江河两岸河谷平原为草甸植被,生长喜湿性植物群落。有大叶樟、小叶樟和沼柳等植物群落。在低阶地靠河谷近处洼地,生长着薹草、莎草、三棱草、乌拉草、小叶樟等喜湿性杂草群落。低洼积水地则着生香蒲、芦苇、沼柳、水萍等,植被覆盖度高,发育了草甸土和沼泽土。

市境西南部的波状平坦平原,则以旱生喜碱植物为主,如黄花蒿、碱草、柴胡、牛毛草等,植被覆盖度较低,主要土壤类型是黑钙土和盐渍化土壤。

市境中部的一级、二级阶地则以草甸草原植物群落为主,植物种类繁多,生长繁茂,植被覆盖度高。讷谟尔河以北岗丘平原,地形起伏较大,部分岗地土壤滞水较重,地表水分状况较好,土壤类型以表潜黑土为主。

## 五、土壤母质

地表矿物和岩石经日晒雨淋、寒暖干湿交替作用,风化成碎屑,才具有形成土壤的基本条件,就是土壤母质。随着生命的出现,特别是生命进化至出现绿色植物以后,土壤就开始不断进化和发展。土壤形成过程有两个:一是母质形成过程,二是生物活动过程。这两个过程同时且永无休止地进行着，使土壤不断地进化和演变。

土壤母质是土壤形成的主要因素，是土壤形成的基本原料和基础，是土壤骨架和矿物质的来源。由于岩石不同，产生的风化物也不同，形成的母质也不同，土壤也各有差异。土壤是在成土母质的基础上发育形成的，不同的成土母质，矿物组成及化学组成不同，其对土壤的形成过程和形态特征也就有不同的影响。讷河市土壤母质有以下几种：

（1）岩石风化残积物和坡积物。母质以下是半风化的岩石，再下是花岗岩或变质岩类，发育成的土壤是暗矿质暗棕壤和砾底黑土。主要分布在讷河市西北部，包括学田镇西北、北部，富源林场，老莱农场西北部，二克浅镇敖包山一带，原系大兴安岭东南麓边缘低山丘陵区。

（2）棕色粗沙间砾石，发育成砾沙质暗棕壤。分布在讷河市北部和东北部，包括老莱农场东南部，学田镇的东北部，老莱镇的西北、东北部，宽余林场，国庆林场，茂山林场，保安林场北部，龙河镇中部，孔国乡东北部以及九三农垦管理局红五月农场等丘陵状岗丘高平原上。

（3）红土间砾石，发育成砾沙质暗棕壤。分布在茂山林场东北部，当地农民习惯将其称为红沙岗子或红鸡肝土。

（4）黄棕色粗沙间少量砾石，黏粒极少，发育成泥沙质暗棕壤。分布在东北部与嫩江、德都两地接壤地带。

（5）火成岩之玄武岩风化物，发育成沙砾质暗棕壤。分布在青色草原马场东南部莲花山一带。

（6）河相沉积物。该类母质称为黄土状母质，堆积很厚，一般都在 30～70 米，有的厚达 100 米以上，发育成黑土。分布在全市绝大部分漫川漫岗（二级阶地）。

（7）黄土状母质中尚含有较多的碳酸钙，形成了黑钙土。分布在兴旺、和盛、同义、同心、通南等乡（镇）。

（8）冲积淤积物，其下是砾石或粗沙，发育成沙砾底草甸土或草甸黑土。分布在江河两岸的高漫滩以及老云沟底。

（9）近代河流的冲积、沉积物，质地粗细不等，泥沙相间，颜色较杂，发育成草甸土或沼泽土类。部分河滩地上尚有河积沙土，机械组成以粗沙为主。

（10）沙丘沙岗，为风力搬运堆积而致，后被植物所固定，发育成固定草甸风沙土，有的植被遭到破坏，成了流沙。

有些地方风积沙堆积到阶地以上，形成了沙质或沙壤质黑土或黑钙土。这种风积母质虽然沿江各乡（镇）都有，但以境内嫩江左岸河漫滩上二克浅镇、兴旺乡西部最为集中。新江林场绝大部分土壤的母质为风积沙。

## 六、人为活动因素

人类活动对土壤的影响是深刻的，特别是农业土壤。因为人类活动是有意识的、有目的的，通过农业生产实践，在不断认识土壤发生规律的基础上合理地利用改造土壤，定向地培育土壤。

土壤经人为利用、开垦、改良、培肥等长期活动，使土壤各个方面性状发生变化，且由自然土壤向农业土壤方向转化和演变，土壤的本来属性也发生着变化。受社会制度和生产力水平的制约，这种变化有两个趋势：一个是向有益于人类的方向转化，为"治之得宜，肥力常新"薄地变沃土，荒原变良田，土壤越种越肥；另一个是向不利于人类的方向转化，如水土流失、土壤沙化、土地越种越瘦。

讷河市原属东布特哈旗，清雍正末年，汉军八旗移入，开始大量开垦，有熟地 31 000公顷，以此推算，讷河已有 300 多年的垦殖历史。1915 年全市有耕地 38 800 公顷（包括今克东、克山两县），1930 年增加到 135 655 公顷。到新中国成立初期，讷河市拥有耕地220 667 公顷，到 1958 年，耕地面积扩大到 329 400 公顷。1981 年，全市第二次土壤普查开始时，实际耕地面积已达 340 400 公顷（不包括国营农林牧场耕地）。2012 年，耕地面积已达 404 667 公顷（不包括国营农林牧场耕地），比 1949 年耕地面积增加 20 万公顷。所以，讷河市有 35% 的耕地是新中国成立后的 30 年开垦的。可见讷河市大部分土壤垦殖历史是较短的。尽管如此，人类活动对讷河市土壤的影响仍然是深刻的。根据对现有耕地的调查，讷河市的自然土壤经开垦后，土壤理化性质有变好的、变坏的、好坏交替变化的，但总的趋势是土壤肥力下降。从土壤化验结果来看，耕地土壤肥力下降的标志是土壤有机质含量减少，全量养分下降，肥力减退和开垦时间呈负相关关系，随着时间增加而降低。

土壤理化性质变坏的主要原因是重用地、轻养地、掠夺式的经营方式和水土流失所造成。具体表现为：不合理耕作，毁草毁林开荒等，土壤侵蚀加剧，使黑土层变薄，土壤有机质含量下降、容重增加、孔隙度减少，土壤养分比例失调，中、微量元素下降较多，土壤旱涝频繁发生等。

但通过人类的影响，也有使土壤不断向好的方向发展，如修筑堤防，制止或减轻了洪涝侵害；20 世纪 50 年代后期以来，开展的水土保持工作，初步对 72 533 公顷侵蚀严重的土地进行了治理；全市农田防护林的建设创造了良好的生态环境、秸秆还田面积的不断扩大，对培肥地力都起了积极的作用。所以人类活动对土壤的影响不能小视，应该扬长避短、趋利避害，只要治之得宜，就可以使"地力常新"。

在土壤耕作上，随着深松耕法的推广，农业机械化的发展，建立了科学的耕作制度，深翻、深松、浅翻、平翻相结合，增加了耕层，打破了犁底层，达到了耕作改土的目的，加速土壤的熟化。但也使土壤结构受到一定破坏，形成犁底层，造成土壤结构变劣，使土壤向不同方向演变。

## 七、土壤形成过程

**1. 暗棕壤化过程** 暗棕壤化过程是在温凉湿润弱酸性淋溶条件下，腐殖质在土壤表层大量积累，土壤的黏化、棕壤化过程。在森林生态系统中，每年都有大量的森林凋落物返回地面，使土壤有机质的积累大于消耗，加之雨水充沛、成土母质较粗，常有淋失过程发生。在风化成土过程中，土体中原生矿物逐渐向次生矿物转化，使土壤颗粒由大变小，游离态的钙、镁等物质遭到淋失，而释放出来的铁、锰等元素受到氧化而发生淀积，把土体染成棕色。土壤上层因积聚了大量的腐殖质，使表层土壤呈暗灰色或黑灰色，并使土壤显微酸性。

讷河市暗棕壤（也叫暗棕色森林土）发育在市境北部和东北部的岗丘高平原上。自然植被以森林为主，母质为残积物或坡积物，地表层森林凋落物积聚深厚，降水偏多，创造了暗棕壤化条件。

**2. 草甸化过程**  典型的草甸化过程是指长期受地下水影响，地下水型的草甸化过程，土壤呈明显的潴育过程和有机质积累过程，它主要发生在河谷或沟谷的土壤中。由于这类地区地下水位高，草甸植被生长繁茂，土壤湿度大，在干燥状态下时间较短，植物残体得不到充分分解，形成地表的草根和泥炭层，使土壤积累了较多的有机质，并创造了良好的粒状结构。在受地下水浸润的底土，由于干湿交替，使土壤中铁、锰等化合物发生氧化还原往复反应，湿时使三价氧化物还原成二价，干时使二价氧化物又氧化成三价，使铁锰氧化物移动和淀积，剖面出现锈纹、锈斑和铁锰结核，是草甸土的成土过程。主要分布于嫩江左岸、讷谟尔河两岸冲积低平原、沿江河两岸、低河漫滩阶地、老云沟、通南沟及其他河流和沟谷两侧。

**3. 黑土化过程**  黑土的形成则是一个特殊的草甸化过程，黑土大多分布在起伏较大的漫川漫岗上，地下水位很深，土壤母质黏重，紧实致密，阻碍了水分和溶于水中风化物质的下渗和地下稳定水层的上升。地下水对土壤形成影响极微，其草甸化过程得以发生。黑土的成土过程主要依赖于融冻水型的水文条件。

每年秋季降雨，除地表径流、部分蒸发以外，大部分则渗入土体为土壤所接纳。随着冬季冻结过程的发生发展，土壤水呈固态被保留在土体内。翌春融化后则形成了较湿状态的水分条件，提供了草甸植物生长的土壤环境。在草甸植物旺盛生长季节，又有季风带来的充沛雨水，既可满足植物生长大量耗水，又能抑制干燥过程的发生发展，加之黏糊的土壤母质层透水性差，阻滞了过多水分及溶解物质的下渗淋失，增强了机械的、化学的、物理化学和生物学的固定、淀积和停滞，使一些平缓的岗地常常出现季节性土壤过湿现象，导致土壤"表潜"过程的发生，形成半水成型的土壤类型，如表潜黑土。

融冻水在土壤毛管中上下运动时，也使溶于融冻水中的各种化学物质发生变化。当水分上升时，这些物质（如呈溶胶态的二氧化硅粉末、铁锰化合物等）则随水向土体上层迁移，在氧化条件占优势的表土层，由于水分大量蒸发，这些物质便在土壤上层积聚下来，成为高价的氧化物；每遇降水或融冻水下降时，微小的固体颗粒随水下移，并在土体某层产生淀积。随着土体水分状况的干湿交替，土体中各种化合物干时显高价，湿时显低价。在黑土剖面中常可见到铁锰结核、锈色斑纹以及白色的二氧化硅粉末等，正是融冻水型特殊草甸化过程的产物。

讷河市冬季酷寒干燥持续时间久、夏季温热湿润雨量集中以及融冻水形成的季节性土壤过湿的水文条件，致使每年死亡的动植物残体来不及全部分解及深入土层深处的植物根系的腐解，将土体染成了暗灰黑色，这就是特殊的草甸化或叫黑土化过程，是黑土的成土过程。

**4. 碳酸钙的淋溶和淀积过程**  碳酸钙的淋溶和淀积过程也简称为土壤的钙化或积钙过程。讷河市西南部因每年降水偏少，干燥度较大，在半干旱气候条件下，土壤淋溶作用较本市中北部为弱，大部分易溶性盐类从土体中淋失掉，而含钙、镁的碳酸盐仍存在土体内，形成明显的钙积层。碳酸钙在钙积层中呈核状和假菌丝体，其钙积深度与气候有关系。

**5. 盐渍化过程**　盐渍化是盐化和碱化的统称，土壤形成中的盐渍化过程有土壤盐化过程和碱化过程两个方面。

盐化过程是指土体上部易溶性盐类（NaCl、KCl、$NaCO_3$ 等）的聚集过程。讷河市西南部微波状平坦平原的地形低洼处，由于地下水位较高，排水不畅，降雨又偏少，蒸发量远远大于降水量，成土母质中易溶性盐类随地下水上升到地表，水分蒸发后，盐分便在地表层积聚起来，形成了盐化层。同时，因地形低洼，盐分随地形积聚或耐盐植物吸收了大量盐分，当其死亡后，残体留在地表，也是使土壤发生盐化过程的一个方面。

碱化过程则是指土壤胶体上吸附有较多的交换性钠，使土壤呈强碱性反应，并形成一个土壤物理性状恶化的碱化层。碱化过程常与土壤脱盐过程相伴发生。讷河市西南部的兴旺、和盛两乡现存的碱沟碱坑，都是盐化和碱化两个过程并存的产物，统称为土壤的盐渍化过程。

**6. 潜育化过程**　潜育化过程大多发生在讷河市地形低洼、常受水浸的沟谷湿地，特别是北部一些乡（镇）的谷地。在这些地方整个土体或土体的下部，因长期积水，土壤中空气缺乏，经常处于嫌气状态，有机质在分解过程中产生了较多的还原性物质，高价铁锰变成为低价铁锰，从而使土体呈现蓝灰色或者青灰色的还原状态，称为潜育层，此过程叫潜育化过程。

**7. 泥炭化过程**　泥炭化过程是指繁茂的沼泽植物残体不能充分分解，有机质以植物残体形式累积的过程。主要发生在讷河市一些地下水位很高或常年积水的沼泽地段，如学田镇的马圈沟、老莱镇的狼洞沟、九井镇的南沟、二克浅镇鲜兴村南河套等地。湿生植物因嫌气环境不能彻底分解，而以不同分解程度的有机残体存在于土体中，形成了泥炭层或粗腐殖质层，称为土壤的泥炭化过程，是沼泽土类的主要成土过程。

**8. 熟化过程**　熟化过程是农业土壤所具有的成土过程。因为在自然成土过程中所形成的自然土壤，有的肥力水平不高（如破皮黄黑土），有的虽然潜在肥力较高（如沼泽土），但在其上种植作物生长得并不一定好，产量也不高。人们通过劳动，采用一系列的农业措施，如改造地形、降低水位、铲趟施肥、轮作换茬等，逐渐使生土变熟土、瘦地变肥田，使土壤肥力和作物产量不断提高，这就是土壤的熟化过程。它是本市主要农业土壤的成土过程。

**9. 生草过程**　近代生成的残积、冲积和风积母质上生长着矮小稀疏的草类，形成厚度不足 20 厘米的土层，由于成土时间短、黑土层薄，（10～15 厘米）淋溶和淀积作用弱，剖面层次分化不明显，这个过程为生草过程，这样的土壤为生草土类。主要分布在嫩江和讷谟尔河两岸低阶地的风沙土区。

# 第二节　农村经济与农业生产概况

## 一、土地资源概况

讷河市土地总面积 665 987 公顷，按照讷河市国土资源局 2010 年统计数字，各类土地面积及构成（讷河市境内，包括非市属国有农、林场）见表1-6。

表1-6　讷河各类土地面积及构成

| 土地利用类型 | 面积（公顷） | 占总面积（%） |
|---|---|---|
| 农业用地 | 472 720 | 70.98 |
| 园地 | 298 | 0.04 |
| 林地 | 64 624 | 9.70 |
| 草原 | 29 189 | 4.38 |
| 城镇村及工矿区 | 30 107 | 4.52 |
| 交通运输用地 | 14 419 | 2.17 |
| 水域及水利设施用地 | 41 831 | 6.28 |
| 其他用地 | 12 799 | 1.93 |
| 总面积 | 665 987 | 100.00 |

讷河市土地自然类型较多，利用程度较高（利用率89.69%），垦殖率达到70.98%，林地面积也较大，占总面积的9.70%。在后备土地资源开发、中低产田改造、土地整理、城镇国有存量土地、农村居民点存量土地等方面还有一定的潜力可挖。

讷河市耕地土壤类型及面积（不包括非市属国有农、林场）统计见表1-7。

表1-7　讷河市耕地土壤类型及面积（市属）

| 序号 | 土类名称 | 亚类数 | 土属数 | 土种数 | 耕地面积（公顷） | 占总耕地面积（%） |
|---|---|---|---|---|---|---|
| 1 | 暗棕壤 | 2 | 5 | 5 | 4 128 | 1.02 |
| 2 | 黑土 | 3 | 7 | 20 | 242 732 | 59.98 |
| 3 | 黑钙土 | 4 | 8 | 18 | 54 867 | 13.56 |
| 4 | 草甸土 | 5 | 11 | 25 | 95 335 | 23.56 |
| 5 | 风沙土 | 1 | 1 | 1 | 3 173 | 0.78 |
| 6 | 沼泽土 | 2 | 3 | 5 | 4 432 | 1.10 |
| 合计 | | 17 | 35 | 74 | 404 667 | 100.00 |

## 二、农村经济概况

讷河是典型的农业大市，是国家商品粮基地县之一，2010年市属耕地面积404 667公顷。新中国成立以来，农业人口不断增加，耕地面积不断扩大，生产条件有很大改善。2010年，讷河市有机电井467眼，灌溉面积11 493公顷；农村用电量3 910万千瓦时；化肥施用量29 027吨。讷河市耕地归属见表1-8。

**表 1－8　讷河市耕地归属情况**

单位：公顷

| 耕地 | 合计 | 市属 | 省属 |
|---|---|---|---|
| 旱地 | 381 133 | 366 803 | 14 330 |
| 水田 | 23 534 | 23 534 | — |
| 合计 | 404 667 | 390 337 | 14 330 |

2010 年统计局统计结果，讷河市总人口约 73.6 万人。其中，非农业人口约 13.4 万人，占总人口的 18.21%；农业人口约 60.2 万人，占总人口的 81.79%。全市有汉族、蒙古族、回族、维吾尔族、苗族、彝族、壮族、布依族、朝鲜族、满族、侗族、白族、土家族、哈尼族、哈萨克族、佤族、水族、纳西族、柯尔克孜族、达斡尔族、锡伯族、塔吉克族、俄罗斯族、鄂温克族、塔塔尔族、独龙族、鄂伦春族、赫哲族 28 个民族。

农业总产值 684 121 万元。其中，农业产值 467 629 万元，占农业总产值的 68.35%；林业产值 3 791 万元，占农业总产值 0.55%；牧业产值 202 339 万元，占农业总产值的 29.58%；渔业生产总值 9 559 万元，占农业总值的 1.40%；农林牧渔服务业 803 万元，占农业总值的 0.12%，人均纯收入 7 280 元。见表 1－9。

**表 1－9　2006 年讷河农业总产值**

| 项目 | 农业产值 | 林业产值 | 牧业产值 | 渔业产值 | 农林牧渔服务业产值 | 总计 |
|---|---|---|---|---|---|---|
| 产值（万元） | 467 629 | 3 791 | 202 339 | 9 559 | 803 | 684 121 |
| 占比（%） | 68.35 | 0.55 | 29.58 | 1.40 | 0.12 | 100.00 |

讷河市交通十分便利，公路总里程 2 464.32 千米，桥梁 107 座，涵洞 1 259 个，国道 1 条（北京—加格达奇），县道 5 条（讷河—五大连池、讷河—尼尔基、依安—讷河、讷河—克山、齐齐哈尔—讷河），乡道 65 条。铁路 1 条（齐加铁路），村村通水泥路工程，百分之百的村通公交车。

## 三、农业生产概况

### （一）农业发展历史

讷河市于 1913 年设县，1992 年撤县变市。清初为布特哈打牲部落，原属东布特哈旗，居住的是达斡尔、鄂温克等少数民族，只习牧猎，不谙农事。雍正末年，汉军八旗移入，开始大量开垦，有熟地 31 000 公顷，以此推算，讷河已有 300 年的垦殖历史。但大面积垦荒则在 1909 年以后，即清政府用官款从湖北、山东移民屯垦。1915 年全市有耕地 38 800 公顷，（包括今克东、克山两县），1930 年增加到 135 655 公顷。到新中国成立初期，讷河市拥有耕地 10.87 万公顷；到 1958 年，耕地面积扩大到 32.94 万公顷。1981 年全市第二次土壤普查开始时，实际耕地面积已达 34.14 万公顷，还不包括国营农林牧场耕地，比新中国成立初期（1949年）的耕地面积增加13.3万公顷。2010年全市有耕地404 667公顷。

### （二）农业发展现状

目前，讷河市主要粮食作物有玉米、水稻等，主要经济作物有大豆、马铃薯、甜菜等，产量较高、品质好。由于品种更新、耕作栽培技术改进及农业技术的推广，粮食不断增产。讷河农业依托资源优势，积极稳妥地推进了种植结构改革。1990年以前，讷河市主要粮食作物是小麦，以后小麦面积逐渐减少，大豆种植面积增加，扩大了水稻、玉米、马铃薯、杂豆、高粱、向日葵等作物的种植面积。特别是近几年，玉米种植面积增长很快，有的地方达到种植面积的50%以上，使讷河市粮食单产和总产量有了大幅度的提高。

1980年，讷河市粮豆总产量为3.3万吨，比1949年提高了62.9%。其中，小麦产量达到134 810吨，平均单产1 883千克/公顷，与1949年比较，小麦总产量增加5.4倍，单产增加1.9倍；大豆总产量达73 620吨，比1949年增加84.75%，大豆平均单产1 778千克/公顷，比1949年增加1.5倍；水稻采用大棚育苗插秧，1984年平均单产达5 775千克/公顷，所以水稻发展较快，1984年仅种植200公顷，1985年就发展到2 670公顷。

2010年，讷河市农作物总播种面积404 667公顷。其中，玉米87 612公顷，总产773 717吨；水稻23 534公顷，总产176 456吨；大豆253 446公顷，总产570 295吨；马铃薯17 450公顷，总产94 218吨。见表1-10。

**表1-10　2010年讷河农作物播种面积及产量**

| 农作物 | 播种面积（公顷） | 占比例（%） | 总产量（吨） | 单产（千克/公顷） |
|---|---|---|---|---|
| 玉米 | 87 612 | 21.65 | 773 717 | 8 831 |
| 水稻 | 23 534 | 5.82 | 176 456 | 7 498 |
| 大豆 | 253 446 | 62.63 | 570 295 | 2 250 |
| 马铃薯 | 17 450 | 4.31 | 94 218 | 5 399 |
| 其他 | 22 625 | — | — | — |
| 合计 | 404 667 | 100.00 | — | — |

新中国成立后，讷河市农业发展较快，与农业科技成果推广应用密不可分，主要有以下几个方面。

（1）化肥的大量应用提高了作物的单产。

（2）作物新品种的应用提高了单产，与20世纪70年代比，新品种的更换平均可提高粮食产量40%以上。

（3）农机具的大量应用提高了农业生产的效率和质量，也改变了农业种植结构。

（4）植保措施的应用保证了农作物稳产、高产。

（5）栽培措施的改进提高了作物的单产。

（6）农田基础设施得到改善。

### （三）农用机械

2010年，讷河市有农用拖拉机32 682台，联合收割机558台。实现机耕面积133 067

公顷，机播面积 156 867 公顷，机收面积 78 933 公顷。有效灌溉面积 11 493.33 公顷，其中喷灌 133.33 公顷，自流灌 3 000 公顷；实际灌溉面积 10 500 公顷。高产稳产田 6 846.67 公顷。

讷河市农业机械拥有量见表 1-11。

### 表 1-11 讷河市农业机械拥有量

| 机械 | 类型 | 功率（千瓦） | 台 |
|---|---|---|---|
| 农业机械总动力 | 柴油发动机动力 | 735 700 | |
| | 汽油发动机动力 | 4 700 | |
| | 电动机动力 | 39 900 | |
| 拖拉机 | 14.70~18.38 千瓦 | — | 14 482 |
| | 18.38~36.8 千瓦 | — | 816 |
| | 36.8~58.8 千瓦 | 73 830.13 | 1 135 |
| | 58.8~73.5 千瓦 | — | 205 |
| | 73.5~110.25 千瓦 | — | 299 |
| | 14.70 千瓦以下 | 207 630 | 15 745 |
| 拖拉机配套农具 | 大中型 | — | 8 985 |
| | 小型 | — | 127 |
| 耕整地机械 | 机引犁 | | 851 |
| | 旋耕机 | — | 589 |
| | 深松机 | — | 538 |
| | 机引耙 | — | 945 |
| 播种机 | 免耕播种机 | | 30 |
| | 精少量播种机 | — | 2 612 |
| | 水稻插秧机 | 6 893 | 2 154 |
| 排灌动力机械 | 农用水泵 | — | 5 376 |
| | 柴油机 | 33 270 | 3 107 |
| | 电动机 | 15 595 | 2 480 |
| 节水灌溉类机械 | | — | 1 172 |
| 收获机械 | 大豆收获机 | 5 183 | 471 |
| | 马铃薯收获机 | 4 339 | 337 |
| | 稻麦联合收割机 | 34 883 | 558 |
| 农副产品加工机械 | 柴油机 | 11 689 | 948 |
| | 电动机 | 24 259 | 3 001 |
| | 粮食加工机械 | — | 1 985 |
| 机动喷雾（粉）机 | | 2 206 | 393 |
| 农用运输车 | | 59 310 | 2 862 |

# 第二章 耕地地力评价技术路线

## 第一节 主要技术流程及重点技术内容

### 一、主要技术流程

耕地地力有不同的内涵和外延，耕地地力评价也有不同的方法。立足于讷河市目前资料数据的现状，我们采用的评价流程是国内外相关项目和研究中应用较多、相对比较成熟的方法，充分利用现有先进的计算机软件、硬件技术和工具，经过近年来耕地地力调查与质量评价项目检验其简要技术流程如下：

**1. 建立县级耕地资源基础数据库** 利用 3S 技术，收集整理所有相关历史数据资料和测土配方施肥数据资料，采用多种方法和技术手段，以县为单位建立耕地资源基础数据库。

**2. 选择县级耕地地力评价指标** 在省级专家技术组的主持下，吸收县级专家参加，结合本地实际，从国家级和省级耕地地力评价指标体系中，选择本市的耕地地力评价指标。讷河市确定了 4 个准则层、12 个评价指标。

**3. 确定基本评价单元** 利用数字化的标准的县级土壤图、行政区划图和土地利用现状图，确定评价单元。讷河市在耕地地力评价中，通过综合取舍和其他技术处理后划分了 6 635 个评价单元。

**4. 建立县域耕地资源管理信息系统** 全国统一提供系统平台软件，各地按照统一要求，将第二次土壤普查及相关的图件资料和数据资料数字化，建立规范的数据库，并将空间数据库和属性数据库建立连接，用统一提供的平台软件进行管理。

**5. 对评价单元进行赋值、标准化和权重计算** 有 3 个方面的内容，即对每个评价单元进行赋值、标准化和计算每个因素的权重。不同性质的数据，赋值的方法不同。数据标准化使用的是隶属函数法，并采用层次分析法确定每个因素的权重。

**6. 进行综合评价** 根据综合评价结果提出建议，并纳入国家耕地地力等级体系中。

### 二、重点技术内容

#### （一）数据基础

耕地地力评价数据来源于全国第二次土壤普查历史数据和近年来各种土壤监测、肥效试验等数据，并参照测土配方施肥野外调查、农户调查、土样样品测试和田间试验数据。测土配方施肥属性数据有专门的录入、分析和管理软件，历史数据也有专门的收集整理规范或数据字典，依据这些规范和软件建立相应的空间数据库的管理工具。

县域耕地资源管理信息系统集成各种本地化的知识库和模型库，就可以依据该系统平台，开展数据的各种应用，耕地地力评价就是这些利用之一。所以，数据的收集、整理、建库和县域耕地资源管理信息系统的建立是耕地地力评价必不可少的基础工作。

数据库或县域耕地资源管理信息系统中的数据并没有全部用于耕地地力评价。耕地地力评价是一种应用性评价，必须与各地的气候、土壤、种植制度和管理水平相结合，评价指标的选择必须是结合本地的实际情况，合理地选择相关数据。因此，数据的利用也是本地化的，具有较强的实用性。

## （二）数据标准化

本次对土壤调查技术、测土配方施肥技术和分析测试技术的分析整理，笔者都采用了计算机技术，根据数据的规范化、标准化，对数据库的建立、数据的有效管理、数据的利用和数据成果进行系统表述。按照科学性、系统性、包容性和可扩充性的原则，对历史数据的整理、数字化与建库、测土配方施肥数据的录入与建库管理等所有环节的数据都做了标准化的规定。对耕地资源数据库系统提出了统一的标准，基础属性数据和调查数据由国家制定统一的数据采集模板，制定统一的基础数据编码规则，包括行业体系编码、行政区划编码、空间数据库图斑、图层编码、土壤分类编码和调查表分类编码等，这些数据标准尽可能地应用了国家标准或行业标准。

## （三）确定评价单元的办法

耕地地力评价单元是由耕地构成因素组成的综合体。确定评价单元的方法：一种是以土壤图为基础，这是源于美国土地生产潜力分类体系，将农业生产影响一致的土壤类型归并在一起成为一个评价单元；二是以土地利用现状图为基础确定评价单元；三是采用网格法确定评价单元。上述方法各有利弊。无论室内规划还是实地工作，需要评价的地块都能够落实到实际的位置。因此，讷河市使用了土壤图、土地利用现状图和行政区划图叠加的方法来确定。这样，同一评价单元内土壤类型相同、土地利用类型相同，使评价结果容易落实到实际的田间，便于对耕地地力作出评价、耕地利用与管理。通过土壤图、土地利用现状图和行政区划图叠加，讷河市耕地地力评价中共确定了 6 635 个评价单元。

## （四）评价因素和评价指标

耕地地力评价实质是对地形、土壤等自然要素对当地主要农作物生长限制程度的强弱的评价。耕地地力评价因素包括气候、地形、土壤、植被、水文地质和社会经济等因素，每一因素又可划分为不同因子。耕地地力指标可以归类为物理性指标、化学性指标和生物性指标。本书主要针对土壤 pH、有机质、质地、障碍层类型、有效土层厚、有效磷、速效钾、有效锌、坡度、坡向、地貌类型、地形部位等因素进行综合评价。

在选择评价因素时，因地制宜地依据以下原则进行：选取的因子对耕地地力有较大影响；选取的因子在评价区域内的变异较大，便于划分等级；同时，讷河市夏季雨热同季、春旱，必须注意各因子的稳定性和与当前生产密切相关等因素。例如，地形地貌、质地、水田的坡度等都是影响比较大的因素，这些因素均被选择为评价指标，以期评价指标更加符合实际情况。

## （五）耕地地力等级与评价

耕地地力评价方法由于学科和研究目的不同，各种评价系统的评价目的、评价方法、工作程序和表达方式也不相同。归纳起来，耕地地力评价的方法主要有两种：一种是国际上普遍采用的综合地力指数评价法。其主要技术路线是：评价因素确定之后，应用层次分析法或专家经验法确定各评价因素的权重。单因素评价模型的建立采用模糊评价法，单因素评价模型分为数值型和概念型两类。数值型的评价因素模拟经验公式，概念型因素给出经验指数。然后，采用累加法、累乘法或加法与乘法的结合建立综合评价模型，对耕地地力进行分级。另一种是用耕地潜在生产能力描述耕地地力等级。这种潜在的生产能力直接关系到农业发展的决策和宏观规划的编制。在应用综合指数法进行耕地等级的划定之后，由于它只是一个指数，没有确切的生产能力或产量含义。为了能够计算我国耕地潜在生产能力，为人口增长和农业承载力分析、农业结构调整服务，需要对每一地块的潜在生产能力指标化。在对全国第二次土壤普查成果综合分析以及大量实地调查之后，王蓉芳等提出了我国耕地潜在生产能力的划分标准。这个标准通过地力要素与我国现在生产条件和现有耕作制度相结合，分析我国耕地的最高生产能力和最低生产能力之间的差距，大致从小于1 500千克/公顷、大于13 500千克/公顷的幅度，按1 500千克/公顷的级差切割成10个地力等级作为全国耕地地力等级的最终指标化标准，形成全国统一标准的地力等级成果。

**（六）结果汇总**

评价结果汇总是一个逐步的过程，全国耕地地力评价结果汇总有3个方面的内容。一是耕地地力等级汇总。综合指数法评价的耕地地力分级在不同区域表示的含义不同，并且不具有可比性，无法进行汇总。因此，耕地地力评价结果汇总应依据《全国耕地类型区、耕地地力等级划分》（NY/T 309—1996）的10个等级，以区域或省为单位，将评价结果进行等级归类和面积汇总。二是中低产田类型汇总。依据《全国中低产田类型划分与改良技术规范》（NY/T 310—1996）规定的8个中低产田类型，以区域或省为单位，将中低产田进行归类和面积汇总。三是土壤养分状况汇总。目前，全国没有统一的土壤养分状况分级标准，全国第二次土壤普查确定的养分分级标准已经不能满足现实的土壤养分特征的描述需要。因此，土壤养分分级和归类汇总指标应以省为单位制定，以区域或省为单位，对土壤养分进行归类汇总。今后，应利用测土配方施肥的大量数据逐步建立全国统一的养分分级指标体系。

# 第二节 调查方法与内容

## 一、调查方法

**1. 布点原则** 在进行耕地地力样点布设时，应遵循以下几条原则：

（1）要有广泛的代表性。采样点的土壤类型能反映当地主要耕地地力情况，同时各种土壤类型尽可能兼顾。

（2）要兼顾均匀性，考虑采样点的位置分布、土种类型的面积大小等。

（3）尽可能在全国第二次土壤普查的采样点上进行本次耕地地力调查点布设。

（4）耕地地力调查样点要与行政区域分布相兼顾。

（5）采样点布设要具有典型性，尽量避免非调查因素影响。

**2. 布点方法**  本次调查设耕地样点 3 155 个，采样点密度为每个样点代表面积 120 公顷。布设采样点时，首先利用计算机，将土壤图、行政区划图、土地利用现状图进行数字化录入，叠加生成评价单元图；然后根据评价单元的个数以及面积、总采样点数量、土壤类型等确定采样点点位，并在图上标注采样点编号。

**3. 采样方法**  大田土壤样品采集，首先，根据样点分布图的位置，确定具有代表性的地块，地块面积要求在 50 公顷以上。其次，用 GPS 定位仪进行定位，同时了解有关农业生产情况，按调查表格的内容逐项进行调查填写。最后，在该田块中采集土壤样品，样品采集深度为 0～20 厘米。长方形地块多采用 S 法，矩形田块多采用 X 法或棋盘采样法；每个地块一般取 7～21 个小样点土壤，并且每个小样点的采土部位、深度、数量力求一致，经充分混合后，用四分法留取 1 千克装入土样袋中；土样袋附带标签，袋内外各具 1 份，在标签上填写样品类型、野外编号、采样地点、经纬度、土类、采样深度、时间、采样人等；野外编号由乡镇序号、样点类型、样点序号、土种号组成。

## 二、调查内容

用于耕地地力评价的图件是数据库建立的重要数据资源。

**1. 讷河市图件资料的收集**

（1）讷河市土地利用现状图，由讷河市农业技术推广中心收集。比例尺 1∶50 000，要求对该纸图通过扫描、校正、配准处理后，矢量化，保证图上的斑块信息不丢失，符合检验标准。该图矢量化由哈尔滨万图信息技术开发公司负责。

（2）讷河市行政区划图，由讷河市农业技术推广中心收集。比例尺 1∶100 000，要求该纸图通过扫描、校正、配准处理后，矢量化，保证图上的村界正确，符合检验标准。该图矢量化由哈尔滨万图信息技术开发公司负责。

（3）讷河市土壤图，数据来源于全国第二次土壤普查数据，比例尺 1∶150 000（历史数据），由讷河市农业技术推广中心收集。要求对该纸图通过扫描、校正、配准处理后，矢量化，保证图上的斑块信息不丢失，符合检验标准。

（4）地形图，比例尺 1∶50 000。由哈尔滨万图信息技术开发公司收集整理、校正、配准并技术处理。

（5）土壤采样点位图，通过田间采样化验分析并进行空间处理得到。数据由讷河市农业技术推广中心土肥站负责采集和化验分析，由哈尔滨万图信息技术开发公司负责成图。

**2. 采样点农业生产情况调查**  采样点农业生产情况调查内容包括：

（1）基本项目。家庭地址、户主姓名、家庭人口、耕地面积、采样地块面积等。

（2）土壤管理。种植制度、保护设施、耕翻情况、灌溉情况、秸秆还田情况等。

（3）肥料投入情况。肥料品种、各种养分含量、施用量、费用等。

（4）农药投入情况。农药种类、用量、含量、使用时间、费用等。

（5）种子投入情况。作物品种、名称、来源、用量、费用等。

（6）机械投入情况。耕翻、播种、收获、其他费用等。

（7）产销情况。作物产量、销售价格、销售量、销售收入等。

**3. 采样点基本情况调查** 采样点基本情况调查内容包括：

（1）基本项目。采样地块俗称、经纬度、海拔、土壤类型、采样深度等。

（2）立地条件。地形部位、坡度、坡向、成土母质、地貌类型、土壤侵蚀情况等。

（3）剖面性状。质地构型、耕层质地、障碍层次情况等。

（4）土地整理。地面平整度、灌溉水源类型、田间输水方式等。

## 三、调查步骤

耕地地力评价工作大体分为 4 个阶段：一是准备阶段，二是调查分析阶段，三是评价阶段，四是成果形成阶段。见图 2-1。

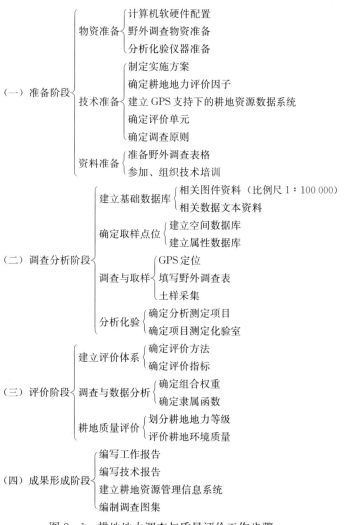

图 2-1 耕地地力调查与质量评价工作步骤

# 第三节　样品分析及质量控制

## 一、分析项目与方法确定

分析项目与方法是根据《全国耕地地力调查与质量评价技术规程》和 2007 年的《农业部测土配方技术规范》（以下简称《规程》和《规范》）中所规定的必测项目和方法要求确定的。

### （一）分析项目

**1. 物理性状**　包括土壤容重、田间持水量、土壤质地。

**2. 化学性状**　土壤样品分析项目包括 pH、有机质、全氮、全磷、全钾、碱解氮、有效磷、速效钾、有效铜、有效铁、有效锰、有效锌等。

### （二）分析方法

**1. 物理性状**　土壤容重、田间持水量，采用环刀法测量；土壤质地，采用指测法测量。

**2. 化学性状**　样品分析方法具体见表 2-1。

表 2-1　土壤样品分析项目和方法

| 分析项目 | 分析方法 | 标准代号 |
| --- | --- | --- |
| pH | 电位法 | NY/T 1377 |
| 有机质 | 油浴加热重铬酸钾氧化——容量法 | NY/T 1121.6 |
| 全氮 | 凯氏蒸馏法 | NY/T 53 |
| 有效磷 | 碳酸氢钠提取-钼锑抗比色法 | NY/T 148 |
| 全磷 | 氢氧化钠熔融-钼锑抗比色法 | GB 9837—88 |
| 速效钾 | 乙酸铵提取-原子吸收光度法 | NY/T 889—2004 |
| 全钾 | 氢氧化钠熔融-火焰光度法 | GB 9836—88 |
| 土壤有效铜、锌、铁、锰 | DTPA 浸提-原子吸收光度法 | NY/T 890—2004 |
| 有效硼 | 沸水浸提-姜黄素比色法 | NY/T 1121.8 |
| 碱解氮 | 碱解扩散法 | LY/T 1229—1999 |
| 有效钼 | 草酸-草酸铵提取——极谱法 | NY/T 1121.9 |

## 二、分析测试质量

实验室的检测分析数据质量客观地反映出了检测人员的业务素质水平、分析方法的科学性、实验室质量体系的有效性和符合性及实验室管理水平。在检测过程中，由于受被检样品、测量方法、测量仪器、测量环境、测量人员、检测等因素的影响，总存在一定的测量误差，影响结果的精密度和准确度。只有了解产生误差的原因，并采取适当的措施加以控制，才能获得满意的效果。

**（一）检测前**

（1）样品确认。

（2）检验方法确认。

（3）检测环境确认。

（4）检测用仪器设备的状况确认。

**（二）检测中**

（1）严格执行标准或《规程》《规范》。

（2）坚持重复试验，控制精密度；通过增加测定次数可减少随机误差，提高平均值的精密度。

（3）带标准样或参比样，判断检验结果是否存在系统误差。

（4）注重空白试验。可消除试剂、纯净水中杂质带来的系统误差。

（5）做好校准曲线。每批样品均做校准曲线，消除温度或其他因素影响。

（6）用标准物质校核实验室的标准溶液、标准滴定溶液。

（7）检测中对仪器设备状况进行确认（稳定性）。

（8）详细、如实、清晰、完整记录检测过程，使检测条件可再现、检测数据可追溯。

**（三）检测后**

（1）加强原始记录校核、审核，确保数据准确无误。

（2）异常值的处理。对检测数据中的异常值，按 GB 4883 规定采用 Grubbs 法或 Dixon 法进行判定和处理。

（3）复检。当数据被认为是不符合常规时或被认为是可疑、检验人员又无法解释时，须进行复验或不予采用。

（4）使用计算机采集、处理、运算、记录、报告、存储检测数据，保证数据安全。

# 第三章 土壤分类、分布及土壤概况

## 第一节 土壤分类和分布规律

### 一、土壤分类

土壤分类实际上就是把成土因素和成土过程一致、属性和剖面形态相似、具有一定共性和相互联系而又处于同一顺序上的土壤进行分组。分类的目的既要科学地反映出土壤在发生学和地理分布的规律，还要揭示土壤的生产性能、利用方式、改良措施和各种土壤的属性。讷河市土壤分类是根据黑龙江省《黑龙江省土壤分类标准》《黑龙江省土壤分类暂行草案》和1982年全国第二次土壤普查中的土壤分类为依据划分出土类、亚类、土属、土种。

#### （一）分类原则

**1. 以土壤发生学观点作为土壤分类基础的分类原则** 即把土壤看成是自然客体，同时也是劳动产物。任何一类土壤都有其一定的成土条件和成土过程，形成其特有的属性、肥力状况和剖面构造形态特征的土壤。

**2. 把自然土壤和农业土壤统一起来进行分类** 因农业土壤也是在自然土壤基础上发育形成的，况且讷河市土地开发较晚，人为因素虽对自然土壤有了不同程度的影响，但人为因素也是在一定自然环境条件下进行的。故本次分类并未将自然土壤和农业土壤分开而单独划分。

**3. 考虑到土壤分布的区域性和隐域性** 因讷河市区域性土壤中也有隐域性土壤出现（如暗棕壤区存在有草甸土和沼泽土）；隐域性土壤也具有区域性土壤的特点。

**4. 注意到土类之间的过渡性连带关系** 因任何土壤类型都没有固定不变的明显而严格的空间界线，都是相对存在、逐渐过渡的，如暗棕壤和草甸土之间存在着草甸暗棕壤等。

**5. 注意了土壤的现代特征和残遗特征** 因土壤现代特征与现代成土条件和成土过程相符合，残遗特征反映了土壤以前的发育条件。如层状草甸土，原系江河屡次泛滥携带泥沙淤积而成，现经人为因素，近期已不受洪泛影响，并被垦为农田。在该土壤上种植水稻，连年进行耕作，但其耕层剖面中仍可见到明显的层状纹理，肥力状况也受到前土壤属性制约，在本次分类中，仍将其归入层状草甸土。即使稻田地，因垦殖较晚，未具备水稻土的土体构型，也没划为水稻土。如果硬划，也须在水稻土前冠以草甸土型字样。

#### （二）分类依据

确定土壤的高级分类单元，以土壤的属性为主要依据。在确定亚类单元时，必须在土壤的基础上看是否有无次要的附加成土过程为依据，在土类中划分出不同的亚类。

在本次土壤分类中，仍以综合成土因素为依据。主要成土条件、成土过程为重点，同时注意土壤的属性,确定低级分类单元土种。因一定的成土因素组合形成一定的土壤类型,并具有这种土壤所特有的属性、剖面形态特征和肥力特性;反之,成土因素发生了变化,成土过程也必然发生变化,土壤类型及其属性、剖面形态特征和肥力状况也随之发生变化。所以,成土条件、成土过程、剖面形态特征、属性和肥力特征等综合因素是讷河市土壤分类的主要依据。高级分类单元——土类,以其成土条件、成土过程和主要属性为主;低级分类单元——土种,则以其肥力特征(如黑土层厚度)为主;土属多以母质质地、母质成因,小地形、植被等微观地方性因素及发育程度为主要依据进行区分;亚类则以过渡情况而定。

**1. 土类**　土类是土壤的高级分类单元,是土壤发育过程中有一个主导因素,又有几个次要的附加因素,同时作用的成土过程所形成的一类土壤。它们的成土条件是相同的。例如,生物、气候、地形、地貌、水文、植被及人为活动和时间等环境条件的一致性。一个土类有它独特的成土过程和剖面特征。有相似的发生层次,因为土壤属性相同,改良利用方式基本一致。不同土类存在着本质的区别。

根据各种土壤类型的土体构型,讷河市土壤层次构型及表示符号如下:

$A_{00}$——森林残落物层

$A_0$——半分解的有机质层

$A_s$——草根层

A 或 $A_1$——腐殖质层

$A_P$——耕作层

$A_{PP}$——犁底层

AB 或 AC 或 BC——过渡层或淋溶层

B——淀积层

Ak 或 $B_{Ca}$——积盐层

C——母质层

G（g）——潜育层

T（t）——泥炭层

D——母岩

**2. 亚类**　亚类是土类的进一步划分,它反映出同一土类不同的发育阶段或不同土类之间的相互过渡。在某一种主导成土过程中又附加一个或几个次要成土过程,亚类之间是量的差异,而没有质的变化。主要属性基本相同。例如,典型黑土、草甸黑土、表潜黑土和暗棕壤型黑土是属于黑土类中的 4 个亚类,它的土体构造、剖面特征、主要成土过程都为腐殖质积累和淋溶过程。

**3. 土属**　土属是具有承上启下的分类单元,由亚类的派支而来,也是土种的归纳。充分反映了区域性因素,具体影响下的土壤变化。属间变化较亚类小,同属间性状更近一致。例如,按母质分为黏底黑土和沙底黑土。同一土属中成土因素、成土过程相同,母质不同、分布部位肥力状况和改良利用不同,用土属把它们区分开来。

**4. 土种**　土种是土壤分类中的最基本单元,是讷河市绘制土壤图的上图单元。划分土种主要是按土体构造发生学的层次、耕作层次、质地层次排列。主要是按腐殖质层的厚度来划分。

暗棕壤土种是：

　　A层＞10厘米为薄层

　　A层10～20厘米为中层

　　A层＞20厘米为厚层

黑土类土种是：

　　A层＜10厘米为破皮黄黑土

　　A层10～30厘米为薄层黑土

　　A层30～50厘米为中层黑土

　　A层＞50厘米为厚层黑土

黑钙土类土种是：

　　A层＜20厘米为薄层黑钙土

　　A层20～40厘米为中层黑钙土

　　A层＞40厘米为厚层黑钙土

草甸土类土种是：

　　A层＜25厘米为薄层

　　A层25～40厘米为中层

　　A层＞40厘米为厚层

沼泽土类土种是：

　　A层10～30厘米为薄层

　　A层＞30厘米为厚层

### （三）土壤的命名

土壤命名是为了运用方便，体现出科学性、系统性、群众性和生产性。讷河市在土壤分类中以土类和土种作为基础分类单元。土类以下分出亚类，土种向上归纳为土属。即把全市土壤统一分成土类、亚类、土属、土种4级。在土壤命名时，采用了连续命名法，即把土类、亚类、土属、土种均贯穿起来组成一个短句，如薄层黏底表潜黑土。

根据上述分类原则和依据把讷河市的土壤类型划分为6个土类、17个亚类、35个土属、74个土种。见表3-1。

## 二、土壤分布

### （一）土壤分布情况

讷河市所处的地理位置、气候、地形地貌、植被等条件决定了形成的土壤类型。

在全国第二次土壤普查时，按照《规程》和省、地土壤分类草案讷河市土壤类型划分9个土类、29个亚类、51个土属、110个土种（表3-2）；本次耕地地力评价按照黑龙江省土壤分类系统进行规范和统一，归并后为6个土类、17个亚类、35个土属、74个土种。由于地形、地貌、水文条件作用，从宏观上看这些土种有一定的规律性，因有地带性土壤和非地带性土壤，有的是垂直分布，有的是水平分布。所以形成了特定的土壤分布特点。

表3-1 讷河市土壤分类明细

| 编号 | 土类 | 亚类 | 土属 | 代号 | 名称 | 划分依据（厘米） | 主要成土条件 | 主要成土过程 | 剖面主要特征 | 土体构造 |
|---|---|---|---|---|---|---|---|---|---|---|
| I | 暗棕壤 | 典型暗棕壤 | 暗矿质暗棕壤 | 1 | 暗矿质暗棕壤 | A＜10 | 低山丘陵、针阔混交林、次生林、原始植被。地下水位深、母质以岩石风化物、残积物为主、植被以次生柞木林或杂木林 | 温带半湿润地区、腐殖质积累过程和弱酸淋溶过程 | 表层有枯枝落叶层和半分解层，$A_1$层10~20厘米，暗棕灰色、夹有少量小石块、根系较多、粒状至团块状结构、较疏松 | $A_{00}$<br>$A_0$<br>$A_1$<br>B<br>C |
| | | | 砾沙质暗棕壤 | 2 | 砾沙质暗棕壤 | A 10~30 | | | | |
| | | | 沙砾质暗棕壤 | 3 | 沙砾质暗棕壤 | A 30~50 | | | | |
| | | | 泥沙质暗棕壤 | 4 | 泥沙质暗棕壤 | A＞50 | | | | |
| | | 草甸暗棕壤 | 黄土质草甸暗棕壤 | 5 | 黄土质草甸暗棕壤 | A＜10 | 山脚坡地、地势平缓、植被为柞、桦等树种组成的天然次生林及灌木林。母质为河湖相沉积物和坡积、洪积物 | 温带半湿润地区、腐殖质过程、弱酸淋溶过程和草甸化过程 | A层灰色、团粒结构，AB层颜色渐浅，B层褐棕色核状。并夹有少量小石块 | $A_1$<br>AB<br>B |
| II | 黑土 | 黑土 | 黄土质黑土 | 6 | 破皮黄土质黑土 | A＜10 | 广泛分布在中东部讷谟尔河两岸迎风坡岗地、母质为黄土状次生黏土沉积物、河湖相沉积物及第四纪黏土风化物 | 腐殖质化和淋溶淀积过程、附加侵蚀或堆积过程 | 通体无石灰反应、土层自上而下颜色渐浅、层次过渡不明显。AB层以下有铁锰结核的二氧化硅粉末和锈色的胶膜、C层深、腐殖质呈条条状下伸、纹理、达母质层 | A<br>B<br>C |
| | | | | 7 | 薄层黄土质黑土 | A 10~30 | | | | |
| | | | | 8 | 中层黄土质黑土 | A 30~50 | | | | |
| | | | | 9 | 厚层黄土质黑土 | A＞50 | | | | |
| | | | 沙底黑土 | 10 | 薄层沙底黑土 | A 10~30 | | | | |
| | | | | 11 | 中层沙底黑土 | A 30~50 | | | | |
| | | | 砾底黑土 | 12 | 薄层砾底黑土 | A 10~30 | | | | |
| | | | | 13 | 中层砾底黑土 | A 30~50 | | | | |
| | | | | 14 | 厚层砾底黑土 | A＞50 | | | | |
| | | 草甸黑土 | 黄土质草甸黑土 | 15 | 薄层黄土质草甸黑土 | A 10~30 | | | | |
| | | | | 16 | 中层黄土质草甸黑土 | A 30~50 | | | | |
| | | | | 17 | 厚层黄土质草甸黑土 | A＞50 | | | | |

（续）

| 编号 | 土类 | 亚类 | 土属 | 名称 | 代号 | 划分依据（厘米） | 主要成土条件 | 主要成土过程 | 剖面主要特征 | 土体构造 |
|---|---|---|---|---|---|---|---|---|---|---|
| II | 黑土 | 草甸黑土 | 砾底草甸黑土 | 薄层砾底草甸黑土 | 18 | A 10~30 | 地势平缓的坡脚地上。讷谟尔河南北两侧及老云沟、通南沟中上部大部分沟谷平原，是黑土与草甸土过渡地带，草甸草原植被。平地。第四纪黄土状母质 | 腐殖质化和淋溶淀积过程，附加草甸化过程 | 无石灰反应，层次过渡不明显。颜色自上而下渐浅。腐殖质呈舌状及条纹状下伸，AB层以下有锈色胶膜，C层锈纹锈斑明显 | A |
| | | | | 中层砾底草甸黑土 | 19 | A 30~50 | | | | AB |
| | | | 沙底草甸黑土 | 薄层沙底草甸黑土 | 20 | A 10~30 | | | | B |
| | | | | 中层沙底草甸黑土 | 21 | A 30~50 | | | | C |
| | | | | 厚层沙底草甸黑土 | 22 | A＞50 | | | | |
| | | 表潜黑土 | 黄土质表潜黑土 | 薄层黄土质表潜黑土 | 23 | A 10~30 | 本市中北部，讷谟尔河南北两侧的漫川漫岗上。岗平地。或岗中洼地 | 季节性过湿。表层地黏重、质透水性差。处于缺氧状态，使草甸向沼泽化发展 | 层次逐渐过渡。土体灰暗，发灰发青。土体上下较黏紧，可见锈色斑纹，心土层有二氧化硅粉末 | A |
| | | | | 中层黄土质表潜黑土 | 24 | A 30~50 | | | | AB |
| | | | | 厚层黄土质表潜黑土 | 25 | A＞50 | | | | B |
| | | | | | | | | | | BC |
| | | | | | | | | | | C |
| III | 黑钙土 | 淋溶黑钙土 | 黄土质淋溶黑钙土 | 薄层黄土质淋溶黑钙土 | 26 | A＜20 | 降水相对偏少、干燥度大。自然植被为草甸草原型，母质为黄土状沉积物。老云沟以南平岗岗顶的北侧和东段 | 腐殖质积累和钙的淋溶淀积 | 土体质地较轻。淋溶作用强 | AP |
| | | | | 中层黄土质淋溶黑钙土 | 27 | A20~40 | | | | A₁ |
| | | | | 厚层黄土质淋溶黑钙土 | 28 | A＞40 | | | | AB |
| | | | | | | | | | | BC |
| | | 黑钙土 | 黄土质黑钙土 | 薄层黄土质黑钙土 | 29 | A＜20 | 平岗顶部，其周围与黄土淋溶黑钙土和碳酸盐黑钙土相接 | 腐殖质积累和钙的淋溶淀积 | 通体可见铁锰结核。亚表层以下有较多的假菌丝体和强烈的石灰反应，层次过渡较明显 | A |
| | | | | 中层黄土质黑钙土 | 30 | A20~40 | | | | AB |
| | | | | 厚层黄土质黑钙土 | 31 | A＞40 | | | | Bₐ |
| | | | | | | | | | | C |

（续）

| 编号 | 土类 | 亚类 | 土属 | 土种 名称 | 土种 代号 | 划分依据（厘米） | 主要成土条件 | 主要成土过程 | 剖面主要特征 | 土体构造 |
|---|---|---|---|---|---|---|---|---|---|---|
| Ⅲ | 黑钙土 | 石灰性黑钙土 | 沙质黑钙土 | 薄层沙质黑钙土 | 32 | A<20 | 兴旺乡东部与和盛乡西部的岗平地上。黑钙土和草甸黑钙土之间 | 腐殖质的累积和钙的淋溶淀积 | 土壤质地上轻下黏，通体有石灰反应 | A |
| | | | 黄土质石灰性黑钙土 | 薄层黄土质石灰性黑钙土 | 33 | A<20 | | | | AB |
| | | | | 中层黄土质石灰性黑钙土 | 34 | A20~40 | | | | B |
| | | | 沙壤质石灰性黑钙土 | 薄层沙壤质石灰性黑钙土 | 35 | A<20 | | | | C |
| | | 草甸黑钙土 | 黄土质草甸黑钙土 | 薄层黄土质草甸黑钙土 | 36 | A<20 | 自然植被为草甸草原型，母质为黄土状沉积物。地形低洼、地下水位较高。兴旺乡、和盛乡中南部坡脚地和岗地间低洼地及嫩江左岸普通黑钙土的坡脚地，讷漠尔河两岸沟底、坡脚地 | 成土过程除了腐殖质过程、钙积过程外，还有草甸化过程 | 表层无有石灰反应，钙积层和母质层石灰反应强烈，中下部有较明显的锈纹锈斑及铁锰结核。黑土层比普通黑钙土厚，代换量较高，显中性至微碱性反应 | A |
| | | | | 中层黄土质草甸黑钙土 | 37 | A20~40 | | | | AB |
| | | | | 厚层黄土质草甸黑钙土 | 38 | A>40 | | | | B |
| | | | 石灰性草甸黑钙土 | 薄层石灰性草甸黑钙土 | 39 | A<20 | | | | BC |
| | | | | 中层石灰性草甸黑钙土 | 40 | A20~40 | | | | C |
| | | | 盐化草甸黑钙土 | 薄层盐化草甸黑钙土 | 41 | A<20 | | | | |
| | | | | 中层盐化草甸黑钙土 | 42 | A20~40 | | | | |
| | | | | 厚层盐化草甸黑钙土 | 43 | A>40 | | | | |

（续）

| 编号 | 土类 | 亚类 | 土属 | 土种 名称 | 代号 | 划分依据（厘米） | 主要成土条件 | 主要成土过程 | 剖面主要特征 | 土体构造 |
|---|---|---|---|---|---|---|---|---|---|---|
| Ⅳ | 草甸土 | 草甸土 | 黏壤质草甸土 | 薄层黏壤质草甸土 | 44 | A＜25 | 江河两岸滩地，或受地下水影响，季节性水，冲积、沉积母质 | 草甸化过程 | 颜色自上而下渐浅，层次过渡不明显，下层有锈斑和潜育或锈纹，B层有较多铁锰结核，团粒状结构为主，较黏重，水分多 | A或A₁ |
| | | | | 中层黏壤质草甸土 | 45 | A 25～40 | | | | AB |
| | | | | 厚层黏壤质草甸土 | 46 | A＞40 | | | | AB |
| | | | 沙砾底草甸土 | 薄层沙砾底草甸土 | 47 | A＜25 | | | | BC |
| | | | | 中层沙砾底草甸土 | 48 | A 25～40 | | | | B |
| | | | | 厚层沙砾底草甸土 | 49 | A＞40 | | | | C |
| | | | 层状草甸土 | 薄层层状草甸土 | 50 | A＜25 | | | | C |
| | | | | 中层层状草甸土 | 51 | A 25～40 | | | | |
| | | | 沙壤质草甸土 | 薄层沙壤质草甸土 | 52 | A＜25 | | | | |
| | | | | 中层沙壤质草甸土 | 53 | A 25～40 | | | | |
| | | | | 厚层沙壤质草甸土 | 54 | A＞40 | | | | |
| | | | 砾底草甸土 | 中层砾底草甸土 | 55 | A 25～40 | | | | |
| | | 潜育草甸土 | 黏壤质潜育草甸土 | 薄层黏壤质潜育草甸土 | 56 | A＜25 | 河漫滩地势低洼部位，草甸土与沼泽土过渡地带、地下水位高，长期受地下水影响，喜湿性植物群落，冲积母质 | 草甸化过程附加潜育化过程 | 表层有草根盘结层，有潜育层，通体可见铁结核及锈斑，底土有蓝色或绿色灰色潜育层 | A₁ |
| | | | | 中层黏壤质潜育草甸土 | 57 | A 25～40 | | | | A₁ |
| | | | | 厚层黏壤质潜育草甸土 | 58 | A＞40 | | | | AB |
| | | | 石灰性潜育草甸土 | 中层石灰性潜育草甸土 | 59 | A 25～40 | | | | C |
| | | | | 厚层石灰性潜育草甸土 | 60 | A＞40 | | | | A |
| | | | 沙砾底潜育草甸土 | 薄层沙砾底潜育草甸土 | 61 | A＜25 | | | | |
| | | | | 中层沙砾底潜育草甸土 | 62 | A 25～40 | | | | |
| | | | | 厚层沙砾底潜育草甸土 | 63 | A＞40 | | | | |

（续）

| 编号 | 土类 | 亚类 | 土属 | 土种 名称 | 代号 | 划分依据（厘米） | 主要成土条件 | 主要成土过程 | 剖面主要特征 | 土体构造 |
|---|---|---|---|---|---|---|---|---|---|---|
| IV | 草甸土 | 石灰性草甸土 | 黏壤质石灰性草甸土 | 薄层黏壤质石灰性草甸土 | 64 | A<25 | 讷谟尔河下游阶地过渡区。漫滩向地形高处地形低平，地下水位高，地下水矿化度高，淋洗作用差 | 草甸化过程中伴随钙积过程 | 通体有石灰反应，表层最强烈，湿度大，底层有锈纹锈斑，层状过渡不明显 | A BCa |
| | | | | 中层黏壤质石灰性草甸土 | 65 | A 25～40 | | | | A BCa |
| | | | | 厚层黏壤质石灰性草甸土 | 66 | A>40 | | | | Bca C |
| | | 碱化草甸土 | 苏打碱化草甸土 | 中位苏打碱化草甸土 | 67 | A 25～40 | 常与盐渍化草甸土或盐化草甸黑钙土相间分布，呈复区存在，且面积较少 | 草甸化碱化过程 | 有强碱性反应和石灰含量高，A1 为草根的碱化层，Bca 层呈核柱状结构的碱化层，B2 层为浅灰白色积盐层，BC 层有锈斑或石灰斑 | A1 BCa B2 BC |
| | | 盐化草甸土 | 苏打盐化草甸土 | 中度苏打盐化草甸土 | 68 | A 25～40 | 兴旺乡中南部大岗下至新江林场东南角一带。土壤质地黏重，地下水位高 | 草甸化过程附加了盐化过程 | A 层暗灰至棕灰色，有斑状或层状积盐层或 Bca 层灰白色；BC 层棕黄色，有铁锰斑点 | A Bca B BC C |

（续）

| 编号 | 土类 | 亚类 | 土属 | 土种 名称 | 土种 代号 | 划分依据（厘米） | 主要成土条件 | 主要成土过程 | 剖面主要特征 | 土体构造 |
|---|---|---|---|---|---|---|---|---|---|---|
| V | 风沙土 | 草甸风沙土 | 固定草甸风沙土 | 固定草甸风沙土 | 69 | A<10 | 集中于讷河两岸河漫滩和一阶地上 | 流沙固定附加草甸化过程 | 表层灰棕色至棕灰色，通体含沙量大，有石灰反应，分化较差，过渡不明显 | A BC $C_1$ $C_2$ |
| VI | 沼泽土 | 草甸沼泽土 | 黏质草甸沼泽土 | 薄层黏质草甸沼泽土 | 70 | A 10~30 | 草甸植被、冲积母质，讷漠尔河下游两侧湿地 | 草甸化过程、潜育化过程 | 无泥炭层，有腐殖质层和潜育层，蓝灰色。有锈斑沉积色，为棕灰色 | A或AB B C |
| | | | | 厚层黏质草甸沼泽土 | 71 | A>30 | | | | |
| | | 泥炭腐殖质沼泽土 | 泥炭腐殖质沼泽土 | 薄层泥炭腐殖质沼泽土 | 72 | A 10~30 | 塔头沟沼泽地、江河两岸低洼汇水处和沟谷集水线两侧 | 草甸化过程、潜育化过程、沼泽化过程 | 表层为泥炭层，亚表层为腐殖质层 | A AB T G |
| | | 泥炭沼泽土 | 泥炭沼泽土 | 薄层泥炭沼泽土 | 73 | A 10~30 | 讷漠尔河下游两侧，讷河北部低山丘陵台地和沟间沟谷地 | 草甸化过程、潜育化过程、沼泽化过程 | 表层为泥炭层，亚表层为腐殖质层，下为潜育层 | |
| | | | | 中层泥炭沼泽土 | 74 | A>30 | | | | |

表 3-2 讷河市土壤分类系统（全国第二次土壤普查）

| 土类 | 亚类 | 土属 | 土种 |
|---|---|---|---|
| 暗棕壤 Ⅰ | 暗棕壤 $Ⅰ_1$ | 石质暗棕壤 $Ⅰ_{1-1}$ | 薄层石质暗棕壤 $Ⅰ_{1-101}$ |
| | | | 中层石质暗棕壤 $Ⅰ_{1-102}$ |
| | | 沙石质暗棕壤 $Ⅰ_{1-2}$ | 薄层沙石质暗棕壤 $Ⅰ_{1-201}$ |
| | | | 中层沙石质暗棕壤 $Ⅰ_{1-202}$ |
| | | | 厚层沙石质暗棕壤 $Ⅰ_{1-203}$ |
| | | 沙质暗棕壤 $Ⅰ_{1-3}$ | 薄层沙质暗棕壤 $Ⅰ_{1-301}$ |
| | | | 中层沙质暗棕壤 $Ⅰ_{1-302}$ |
| | 草甸暗棕壤 $Ⅰ_2$ | 草甸暗棕壤 $Ⅰ_{1-1}$ | 中层草甸暗棕壤 $Ⅰ_{1-102}$ |
| | | | 厚层草甸暗棕壤 $Ⅰ_{1-103}$ |
| 黑土 Ⅱ | 黑土 $Ⅱ_1$ | 黏底黑土 $Ⅱ_{1-1}$ | 破皮黄黏底黑土 $Ⅱ_{1-101}$ |
| | | | 薄层黏底黑土 $Ⅱ_{1-102}$ |
| | | | 中层黏底黑土 $Ⅱ_{1-103}$ |
| | | | 厚层黏底黑土 $Ⅱ_{1-104}$ |
| | | 沙底黑土 $Ⅱ_{1-2}$ | 薄层沙底黑土 $Ⅱ_{1-202}$ |
| | | | 中层沙底黑土 $Ⅱ_{1-203}$ |
| | | 沙黏底黑土 $Ⅱ_{1-3}$ | 薄层沙黏底黑土 $Ⅱ_{1-302}$ |
| | | | 中层沙黏底黑土 $Ⅱ_{1-303}$ |
| | | | 厚层沙黏底黑土 $Ⅱ_{1-304}$ |
| | | 石底黑土 $Ⅱ_{1-4}$ | 薄层石底黑土 $Ⅱ_{1-402}$ |
| | | | 中层石底黑土 $Ⅱ_{1-403}$ |
| | | | 厚层石底黑土 $Ⅱ_{1-404}$ |
| | 草甸黑土 $Ⅱ_2$ | 黏底草甸黑土 $Ⅱ_{2-1}$ | 薄层黏底草甸黑土 $Ⅱ_{2-101}$ |
| | | | 中层黏底草甸黑土 $Ⅱ_{2-102}$ |
| | | | 厚层黏底草甸黑土 $Ⅱ_{2-103}$ |
| | | 砾底草甸黑土 $Ⅱ_{2-2}$ | 薄层砾底草甸黑土 $Ⅱ_{2-201}$ |
| | | | 中层砾底草甸黑土 $Ⅱ_{2-202}$ |
| | | 沙黏底草甸黑土 $Ⅱ_{2-3}$ | 薄层沙黏底草甸黑土 $Ⅱ_{2-301}$ |
| | | | 中层沙黏底草甸黑土 $Ⅱ_{2-302}$ |
| | | | 厚层沙黏底草甸黑土 $Ⅱ_{2-303}$ |
| | | 沙底草甸黑土 $Ⅱ_{2-4}$ | 薄层沙底草甸黑土 $Ⅱ_{2-401}$ |
| | | | 中层沙底草甸黑土 $Ⅱ_{2-402}$ |
| | 表潜黑土 $Ⅱ_3$ | 黏底表潜黑土 $Ⅱ_{3-1}$ | 薄层黏底表潜黑土 $Ⅱ_{3-101}$ |
| | | | 中层黏底表潜黑土 $Ⅱ_{3-102}$ |
| | | | 厚层黏底表潜黑土 $Ⅱ_{3-103}$ |

（续）

| 土类 | 亚类 | 土属 | 土种 |
|---|---|---|---|
| 黑土 II | 表潜黑土 II₃ | 沙黏底表潜黑土 II₃₋₂ | 薄层沙黏底表潜黑土 II₃₋₂₀₁ |
| | | | 中层沙黏底表潜黑土 II₃₋₂₀₂ |
| | 暗棕壤型黑土 II₄ | 沙黏底暗棕壤型黑土 II₄₋₁ | 薄层沙黏底暗棕壤型黑土 II₄₋₁₀₁ |
| | | | 中层沙黏底暗棕壤型黑土 II₄₋₁₀₂ |
| | | 砾石底暗棕壤型黑土 II₄₋₂ | 薄层砾石底暗棕壤型黑土 II₄₋₂₀₁ |
| | | | 中层沙石底暗棕壤型黑土 II₄₋₂₀₂ |
| | | | 厚层砾石底暗棕壤型黑土 II₄₋₂₀₃ |
| 黑钙土 III | 淋溶黑钙土 III₁ | 黏底淋溶黑钙土 III₁₋₁ | 薄层黏底淋溶黑钙土 III₁₋₁₀₁ |
| | | | 中层黏底淋溶黑钙土 III₁₋₁₀₂ |
| | | | 厚层黏底淋溶黑钙土 III₁₋₁₀₃ |
| | | 坡积沙黏底淋溶黑钙土 III₁₋₂ | 中层坡积沙黏底淋溶黑钙土 III₁₋₂₀₂ |
| | | | 厚层坡积沙黏底淋溶黑钙土 III₁₋₂₀₃ |
| | 黑钙土 III₂ | 黏底黑钙土 III₂₋₁ | 薄层黏底黑钙土 III₂₋₁₀₁ |
| | | | 中层黏底黑钙土 III₂₋₁₀₂ |
| | | | 厚层黏底黑钙土 III₂₋₁₀₃ |
| | | 沙黏底黑钙土 III₂₋₂ | 薄层沙黏底黑钙土 III₂₋₂₀₁ |
| | 碳酸盐黑钙土 III₃ | 黏底碳酸盐黑钙土 III₃₋₁ | 薄层黏底碳酸盐黑钙土 III₃₋₁₀₁ |
| | | | 中层黏底碳酸盐黑钙土 III₃₋₁₀₂ |
| | | 沙黏底碳酸盐黑钙土 III₃₋₂ | 薄层沙黏底碳酸盐黑钙土 III₃₋₂₀₁ |
| | 草甸黑钙土 III₄ | 草甸黑钙土 III₄₋₁ | 薄层草甸黑钙土 III₄₋₁₀₁ |
| | | | 中层草甸黑钙土 III₄₋₁₀₂ |
| | | | 厚层草甸黑钙土 III₄₋₁₀₃ |
| | | 碳酸盐草甸黑钙土 III₄₋₂ | 薄层碳酸盐草甸黑钙土 III₄₋₂₀₁ |
| | | | 中层碳酸盐草甸黑钙土 III₄₋₂₀₂ |
| | 盐渍化草甸黑钙土 III₅ | 盐渍化草甸黑钙土 III₅₋₁ | 薄层盐渍化草甸黑钙土 III₅₋₁₀₁ |
| | | | 中层盐渍化草甸黑钙土 III₅₋₁₀₂ |
| | | | 厚层盐渍化草甸黑钙土 III₅₋₁₀₃ |
| 草甸土 IV | 草甸土 IV₁ | 黏底草甸土 IV₁₋₁ | 薄层黏底草甸土 IV₁₋₁₀₁ |
| | | | 中层黏底草甸土 IV₁₋₁₀₂ |
| | | | 厚层黏底草甸土 IV₁₋₁₀₃ |
| | | 沙砾底草甸土 IV₁₋₂ | 薄层沙砾底草甸土 IV₁₋₂₀₁ |
| | | | 中层沙砾底草甸土 IV₁₋₂₀₂ |
| | | | 厚层沙砾底草甸土 IV₁₋₂₀₃ |
| | | 沙砾底草甸土 IV₁₋₃ | 薄层沙黏底草甸土 IV₁₋₃₀₁ |
| | | | 中层沙黏底草甸土 IV₁₋₃₀₂ |

（续）

| 土类 | 亚类 | 土属 | 土种 |
|---|---|---|---|
| 草甸土 IV | 草甸土 IV$_1$ | 沙砾底草甸土 IV$_{1-3}$ | 厚层沙黏底草甸土 IV$_{1-303}$ |
| | | 沙底草甸土 IV$_{1-4}$ | 薄层沙底草甸土 IV$_{1-401}$ |
| | | | 中层沙底草甸土 IV$_{1-402}$ |
| | 潜育草甸土 IV$_2$ | 石底草甸土 IV$_{1-5}$ | 中层石底草甸土 IV$_{1-502}$ |
| | | 黏底潜育草甸土 IV$_{2-1}$ | 薄层黏底潜育草甸土 IV$_{2-101}$ |
| | | | 中层黏底潜育草甸土 IV$_{2-102}$ |
| | | | 厚层黏底潜育草甸土 IV$_{2-103}$ |
| | | 砾底潜育草甸土 IV$_{2-2}$ | 薄层砾底潜育草甸土 IV$_{2-201}$ |
| | | | 中层砾底潜育草甸土 IV$_{2-202}$ |
| | | | 厚层砾底潜育草甸土 IV$_{2-203}$ |
| | | 沙黏底潜育草甸土 IV$_{2-3}$ | 中层沙黏底潜育草甸土 IV$_{2-302}$ |
| | | | 厚层沙黏底潜育草甸土 IV$_{2-303}$ |
| | | 沙底潜育草甸土 IV$_{2-4}$ | 薄层沙底潜育草甸土 IV$_{2-401}$ |
| | | | 中层沙底潜育草甸土 IV$_{2-402}$ |
| | | | 厚层沙底潜育草甸土 IV$_{2-403}$ |
| | 碳酸盐草甸土 IV$_3$ | 黏底碳酸盐草甸土 IV$_{3-1}$ | 薄层黏底碳酸盐草甸土 IV$_{3-101}$ |
| | | | 中层黏底碳酸盐草甸土 IV$_{3-102}$ |
| | | | 厚层黏底碳酸盐草甸土 IV$_{3-103}$ |
| | 碳酸盐潜育草甸土 IV$_4$ | 碳酸盐潜育草甸土 IV$_{4-1}$ | 中层碳酸盐潜育草甸土 IV$_{4-102}$ |
| | | | 厚层碳酸盐潜育草甸土 IV$_{4-103}$ |
| | 生草草甸土 IV$_5$ | 生草草甸土 IV$_{5-1}$ | 薄层生草草甸土 IV$_{5-101}$ |
| | | | 中层生草草甸土 IV$_{5-102}$ |
| | 层状草甸土 IV$_6$ | 层状草甸土 IV$_{6-1}$ | 薄层层状草甸土 IV$_{6-101}$ |
| | | | 中层层状草甸土 IV$_{6-102}$ |
| | 盐化草甸土 IV$_7$ | 苏打盐化草甸土 IV$_{7-1}$ | 厚层苏打盐化草甸土 IV$_{7-103}$ |
| 沙土 V | 生草沙土 V$_1$ | 岗地生草棕沙土 V$_{1-1}$ | 棕沙土 V$_{1-101}$ |
| | 草甸土型沙土 V$_2$ | 草甸土型沙土 V$_{2-1}$ | 薄层草甸土型沙土 V$_{2-101}$ |
| | | | 中层草甸土型沙土 V$_{2-102}$ |
| 沼泽土 VI | 草甸沼泽土 VI$_1$ | 草甸沼泽土 VI$_{4-1}$ | 薄层草甸沼泽土 VI$_{1-101}$ |
| | | | 厚层草甸沼泽土 VI$_{1-102}$ |
| | 碳酸盐草甸沼泽土 VI$_2$ | 碳酸盐草甸沼泽土 VI$_{2-1}$ | 厚层碳酸盐草甸沼泽土 VI$_{2-102}$ |
| | 泥炭腐殖质沼泽土 VI$_3$ | 泥炭腐殖质沼泽土 VI$_{3-1}$ | 薄层泥炭腐殖质沼泽土 VI$_{3-101}$ |
| | | | 厚层泥炭腐殖质沼泽土 VI$_{3-102}$ |
| | 泥炭沼泽 VI$_4$ | 泥炭沼泽土 VI$_{4-1}$ | 薄层泥炭沼泽土 VI$_{4-101}$ |
| | | | 厚层泥炭沼泽土 VI$_{4-102}$ |

（续）

| 土类 | 亚类 | 土属 | 土种 |
|---|---|---|---|
| 盐土Ⅶ | 盐土Ⅶ₁ | 打草甸盐土Ⅶ₁₋₁ | |
| 碱土Ⅷ | 草甸盐土Ⅷ₁ | 盐化草甸碱土Ⅷ₁₋₁ | 浅位柱状苏打盐化草甸碱土Ⅷ₁₋₁₀₁ |
| 石质土Ⅸ | 生草石质土Ⅸ₁ | 生草石质土Ⅸ₁₋₁ | |
| | | 生草沙质土Ⅸ₁₋₂ | |
| | 腐殖质石质土Ⅸ₂ | 腐殖质石质土Ⅸ₂₋₁ | |
| | 火山砾质土Ⅸ₃ | 腐殖质火山砾质土Ⅸ₃₋₁ | |

**1. 暗棕壤** 讷河市的山林地土壤分布在北部，以东北部（包括龙河镇、孔国乡的东北部、老莱镇东北部以及国庆林场、茂山林场、保安林场、部分军场、嫩江九三局所属红五月农场）和西北部（包括富源林场，装司农场、装司技校、学田镇北部、老莱农场、老莱镇的西北部）最为集中。全市暗棕壤耕地面积 4 127.46 公顷。该类土壤所处地形起伏较大，海拔 280 米以上，降雨偏多，气候冷凉，底层砾、石、粗沙不一或者黏砾相间，地下水位深，水质软，植被以阔叶林或针阔混交林为主。

讷河市暗棕壤分为暗棕壤和草甸暗棕壤 2 个亚类；典型暗棕壤亚类又分出暗矿质暗棕壤、砾沙质暗棕壤和沙砾质暗棕壤和泥沙质暗棕壤 4 个土属。

**2. 黑土** 黑土是讷河市的主要土壤类型，广泛分布于讷河市中东部和讷谟尔河南北两侧的漫岗上，全市除兴旺乡外，其他各乡、镇、场都有分布。全市黑土耕地面积 242 732 公顷。讷河市黑土又分为黑土、草甸黑土、表潜黑土 3 个亚类。

**3. 黑钙土** 黑钙土主要分布于讷河市西南部的兴旺、和盛 2 个乡及同义、同心、通南等乡（镇）的西部和西南部，拉哈镇东南部。六合、讷南、九井、拉哈、讷河、二克浅、长发等乡（镇）的一阶地上也有零星分布，但面积极小。全市黑钙土耕地面积 54 866.99 公顷。该区降水相对偏少，干燥度大，自然植被为草甸草原型，母质为黄土状沉积物。

黑钙土的形成是腐殖质积累和钙的淋溶淀积两个过程共同作用的结果。剖面层次十分清楚，通常都由腐殖质层、腐殖质舌状淋溶层、钙积层和母质层 4 个层次组成。根据钙积层出现的部位和钙积量的多少，讷河市黑钙土分为淋溶黑钙土、黑钙土、石灰性黑钙土、草甸黑钙土 4 个亚类。

**4. 草甸土** 草甸土受地下水和地表水影响，有不同程度的潜育化现象。属于水平分布的地带性土壤，是较好的农用土壤。分布于境内江河两岸的滩地或漫岗间沟谷地，有耕地面积 95 335.26 公顷。草甸土属半水成土壤，分布区内地下水位较高，经常受地下水影响，土壤处于还原状态，使土壤高价铁锰还原成低价铁锰。又因草甸植被生长繁茂积累了大量有机质，使草甸土都有较深厚的腐殖质层和良好的表土结构。草甸土分为草甸土、潜育草甸土、石灰性草甸土、碱化草甸土、盐化草甸土 5 个亚类。

**5. 沼泽土** 该土类除少部分被开垦外，大多是沼泽积水湿地。耕地面积 3 172.77 公顷。沼泽土分布于本市江、河、沟、泡沿岸的低地积水地带，尤以北部丘陵漫岗区沟谷集水线两侧为多，呈带状或片状分布。沼泽土所处地形低洼，常年或季节性积水，着生喜水的塔头薹草、大叶樟、小叶樟、芦苇、空心柳、莎草等植物。主要成土过程是在长期过湿条件下泥质化过程和潜育化过程共同作用的结果。根据剖面形态特征、成土条件和成土过程的差异，本市沼泽土分为草甸沼泽土、腐殖质沼泽土2个亚类。

**6. 风沙土** 讷河市风沙土耕地面积4 432公顷，主要分布于江河两岸河漫滩和一阶地上，包括兴旺、拉哈、二克浅、学田、龙河等乡（镇）。其中，以兴旺、二克浅、学田等乡（镇）分布面积最大，新江林场大多数土地都属风沙土类型。

**（二）土壤分类情况**

讷河市原土类（全国第二次土壤普查）包括暗棕壤、黑土、黑钙土、草甸土、沙土、沼泽土、盐土、碱土、石质土9个土类（表3-3）；本次耕地地力评价按黑龙江省土壤分类标准，沙土改为风沙土，盐土、碱土归为草甸土，石质土归为暗棕壤，现有土类包括暗棕壤、黑土、黑钙土、草甸土、风沙土、沼泽土6个土类（表3-4）。新旧土类对照见表3-5。

表3-3 讷河原有土壤类型及面积

| 序号 | 土类名称 | 亚类数量 | 土属数量 | 土种数量 | 耕地面积（公顷） | 占总耕地（%） |
|---|---|---|---|---|---|---|
| 1 | 暗棕壤 | 2 | 4 | 9 | 12 667 | 2.74 |
| 2 | 黑土 | 4 | 12 | 32 | 313 619 | 67.92 |
| 3 | 黑钙土 | 5 | 9 | 20 | 55 106 | 11.94 |
| 4 | 草甸土 | 7 | 14 | 33 | 70 170 | 15.19 |
| 5 | 沙土 | 2 | 2 | 3 | 5 457 | 1.18 |
| 6 | 沼泽土 | 4 | 4 | 7 | 1 886 | 0.41 |
| 7 | 盐土 | 1 | 1 | 1 | 392 | 0.08 |
| 8 | 碱土 | 1 | 1 | 1 | 454 | 0.10 |
| 9 | 石质土 | 3 | 4 | 4 | 2 017 | 0.44 |
| 合计 | 9个 | 29 | 51 | 110 | 461 768 | 100.00 |

表3-4 讷河现有土壤类型及面积（市属）

| 序号 | 土类名称 | 亚类数量 | 土属数量 | 土种数量 | 耕地面积（公顷） | 占总耕地（%） |
|---|---|---|---|---|---|---|
| 1 | 暗棕壤 | 2 | 5 | 5 | 4 128 | 1.02 |
| 2 | 黑土 | 3 | 7 | 20 | 242 732 | 59.98 |
| 3 | 黑钙土 | 4 | 8 | 18 | 54 867 | 13.56 |
| 4 | 草甸土 | 5 | 11 | 25 | 95 335 | 23.56 |
| 5 | 风沙土 | 1 | 1 | 1 | 3 173 | 0.78 |
| 6 | 沼泽土 | 2 | 3 | 5 | 4 432 | 1.10 |
| 合计 | 6个 | 17 | 35 | 74 | 404 667 | 100.00 |

表 3-5 新旧土类对照

| 序号 | 新土类 | 序号 | 旧土类 |
|------|--------|------|--------|
| 1 | 暗棕壤 | 1 | 暗棕壤 |
| 2 | 黑土 | 2 | 石质土 |
| 3 | 黑钙土 | 3 | 黑土 |
| 4 | 草甸土 | 4 | 黑钙土 |
| 5 | 风沙土 | 5 | 草甸土 |
| 6 | 沼泽土 | 6 | 盐土 |
|   |        | 7 | 碱土 |
|   |        | 8 | 沙土 |
|   |        | 9 | 沼泽土 |

讷河市土壤原来共有 29 个亚类，经对原亚类进行统一，现归类为 17 个亚类。其中，暗棕壤 2 个亚类，分别是暗棕壤、草甸暗棕壤；黑土 3 个亚类，分别是黑土、草甸黑土、表潜黑土；黑钙土 4 个亚类，分别是淋溶黑钙土、黑钙土、草甸黑钙土、石灰性黑钙土；草甸土 5 个亚类，分别是草甸土、潜育草甸土、石灰性草甸土、盐化草甸土、碱化草甸土；风沙土 1 个亚类，草甸风沙土；沼泽土 2 个亚类，分别是草甸沼泽土、腐殖质沼泽土。见表 3-6。

表 3-6 新旧亚类对照

| 序号 | 新亚类 | 序号 | 旧亚类 |
|------|--------|------|--------|
| 1 | 暗棕壤 | 1 | 暗棕壤 |
| 2 | 草甸暗棕壤 | 2 | 生草石质土 |
| 3 | 黑土 | 3 | 腐殖质石质土 |
| 4 | 草甸黑土 | 4 | 火山砾质土 |
| 5 | 表潜黑土 | 5 | 草甸暗棕壤 |
| 6 | 淋溶黑钙土 | 6 | 黑土 |
| 7 | 黑钙土 | 7 | 暗棕壤型黑土 |
| 8 | 石灰性黑钙土 | 8 | 草甸黑土 |
| 9 | 草甸黑钙土 | 9 | 表潜黑土 |
| 10 | 草甸土 | 10 | 淋溶黑钙土 |
| 11 | 潜育草甸土 | 11 | 黑钙土 |
| 12 | 石灰性草甸土 | 12 | 碳酸盐黑钙土 |
| 13 | 碱化草甸土 | 13 | 盐渍化草甸黑钙土 |
| 14 | 盐化草甸土 | 14 | 草甸黑钙土 |
| 15 | 草甸风沙土 | 15 | 草甸土 |

（续）

| 序号 | 新亚类 | 序号 | 旧亚类 |
|---|---|---|---|
| 16 | 草甸沼泽土 | 16 | 生草草甸土 |
| 17 | 泥炭沼泽土 | 17 | 层状草甸土 |
|  |  | 18 | 潜育草甸土 |
|  |  | 19 | 碳酸盐潜育草甸土 |
|  |  | 20 | 碳酸盐草甸土 |
|  |  | 21 | 苏打盐化草甸碱土 |
|  |  | 22 | 盐化草甸土 |
|  |  | 23 | 苏打草甸盐土 |
|  |  | 24 | 岗地生草棕沙土 |
|  |  | 25 | 草甸土型沙土 |
|  |  | 26 | 草甸沼泽土 |
|  |  | 27 | 碳酸盐草甸沼泽土 |
|  |  | 28 | 泥炭腐殖质沼泽土 |
|  |  | 29 | 泥炭沼泽土 |

讷河市原土属共有51个，经过统一后为35个土属。见表3-7。

表3-7 新旧土属对照

| 序号 | 新土属 | 序号 | 旧土属 |
|---|---|---|---|
| 1 | 暗矿质暗棕壤 | 1 | 石质暗棕壤 |
| 2 | 砾沙质暗棕壤 | 2 | 生草石质土 |
| 3 | 沙砾质暗棕壤 | 3 | 腐殖质石质土 |
| 4 | 泥沙质暗棕壤 | 4 | 沙石质暗棕壤 |
| 5 | 黄土质草甸暗棕壤 | 5 | 生草砾质土 |
| 6 | 黄土质黑土 | 6 | 腐殖质火山砾质土 |
| 7 | 沙底黑土 | 7 | 沙质暗棕壤 |
| 8 | 砾底黑土 | 8 | 草甸暗棕壤 |
| 9 | 黄土质草甸黑土 | 9 | 黏底黑土 |
| 10 | 砾底草甸黑土 | 10 | 沙底黑土 |
| 11 | 沙底草甸黑土 | 11 | 沙黏底黑土 |
| 12 | 黄土质表潜黑土 | 12 | 沙黏底暗棕壤型黑土 |
| 13 | 黄土质淋溶黑钙土 | 13 | 石底黑土 |
| 14 | 黄土质黑钙土 | 14 | 砾石底暗棕壤型黑土 |
| 15 | 沙质黑钙土 | 15 | 黏底草甸黑土 |
| 16 | 黄土质石灰性黑钙土 | 16 | 砾底草甸黑土 |

（续）

| 序号 | 新土属 | 序号 | 旧土属 |
|---|---|---|---|
| 17 | 沙壤质石灰性黑钙土 | 17 | 沙黏底草甸黑土 |
| 18 | 黄土质草甸黑钙土 | 18 | 沙底草甸黑土 |
| 19 | 石灰性草甸黑钙土 | 19 | 黏底表潜黑土 |
| 20 | 盐化草甸黑钙土 | 20 | 沙黏底表潜黑土 |
| 21 | 黏壤质草甸土 | 21 | 黏底淋溶黑钙土 |
| 22 | 沙砾底草甸土 | 22 | 坡积黏底淋溶黑钙土 |
| 23 | 层状草甸土 | 23 | 黏底黑钙土 |
| 24 | 沙壤质草甸土 | 24 | 沙黏底黑钙土 |
| 25 | 砾底草甸土 | 25 | 黏底碳酸盐黑钙土 |
| 26 | 黏壤质潜育草甸土 | 26 | 沙黏底碳酸盐黑钙土 |
| 27 | 石灰性潜育草甸土 | 27 | 草甸黑钙土 |
| 28 | 沙砾底潜育草甸土 | 28 | 碳酸盐草甸黑钙土 |
| 29 | 黏壤质石灰性草甸土 | 29 | 盐渍化草甸黑钙土 |
| 30 | 苏打碱化草甸土 | 30 | 黏底草甸土 |
| 31 | 苏打盐化草甸土 | 31 | 沙砾底草甸土 |
| 32 | 固定草甸风沙土 | 32 | 沙底草甸土 |
| 33 | 黏质草甸沼泽土 | 33 | 生草草甸土 |
| 34 | 泥炭腐殖质沼泽土 | 34 | 层状草甸土 |
| 35 | 泥炭沼泽土 | 35 | 沙黏底草甸土 |
| | | 36 | 石底草甸土 |
| | | 37 | 黏底潜育草甸土 |
| | | 38 | 沙黏底潜育草甸土 |
| | | 39 | 碳酸盐潜育草甸土 |
| | | 40 | 砾底潜育草甸土 |
| | | 41 | 沙底潜育草甸土 |
| | | 42 | 黏底碳酸盐草甸土 |
| | | 43 | 苏打盐化草甸碱土 |
| | | 44 | 苏打盐化草甸土 |
| | | 45 | 苏打草甸盐土 |
| | | 46 | 岗地生草棕沙土 |
| | | 47 | 草甸土型沙土 |
| | | 48 | 草甸沼泽土 |
| | | 49 | 碳酸盐草甸沼泽土 |
| | | 50 | 泥炭腐殖质沼泽土 |
| | | 51 | 泥炭沼泽土 |

讷河市原土种110个，统一后为74个土种。见表3-8。

表3-8 新旧土种对照表

| 序号 | 新土种名称 | 省代码 | 序号 | 原土种名称 | 原代码 |
|---|---|---|---|---|---|
| 1 | 暗矿质暗棕壤 | 3010301 | 1 | 薄层石质暗棕壤 | I₁-101 |
| 2 | 砾沙质暗棕壤 | 3010501 | 2 | 中层石质暗棕壤 | I₁-102 |
| 3 | 沙砾质暗棕壤 | 3010601 | 3 | 生草石质土 | IX₁-1 |
| 4 | 泥沙质暗棕壤 | 3010701 | 4 | 腐殖质石质土 | IX₂-1 |
| 5 | 黄土质草甸暗棕壤 | 3040401 | 5 | 薄层沙石质暗棕壤 | I₁-201 |
| 6 | 破皮黄黄土质黑土 | 5010304 | 6 | 中层沙石质暗棕壤 | I₁-202 |
| 7 | 薄层黄土质黑土 | 5010303 | 7 | 厚层沙石质暗棕壤 | I₁-203 |
| 8 | 中层黄土质黑土 | 5010302 | 8 | 生草砾质土 | IX₁-2 |
| 9 | 厚层黄土质黑土 | 5010301 | 9 | 腐殖质火山砾质土 | IX₃-1 |
| 10 | 薄层沙底黑土 | 5010203 | 10 | 薄层沙质暗棕壤 | I₁-301 |
| 11 | 中层沙底黑土 | 5010202 | 11 | 中层沙质暗棕壤 | I₁-302 |
| 12 | 薄层砾底黑土 | 5010103 | 12 | 中层草甸暗棕壤 | I₂-101 |
| 13 | 中层砾底黑土 | 5010102 | 13 | 厚层草甸暗棕壤 | I₂-102 |
| 14 | 厚层砾底黑土 | 5010101 | 14 | 破皮黄黏底黑土 | II₁-101 |
| 15 | 薄层黄土质草甸黑土 | 5020303 | 15 | 薄层黏底黑土 | II₁-102 |
| 16 | 中层黄土质草甸黑土 | 5020302 | 16 | 中层黏底黑土 | II₁-103 |
| 17 | 厚层黄土质草甸黑土 | 5020301 | 17 | 厚层黏底黑土 | II₁-104 |
| 18 | 薄层砾底草甸黑土 | 5020102 | 18 | 薄层沙底黑土 | II₁-202 |
| 19 | 中层砾底草甸黑土 | 5020101 | 19 | 薄层沙黏底黑土 | II₁-302 |
| 20 | 薄层沙底草甸黑土 | 5020203 | 20 | 薄层沙黏底暗棕壤型黑土 | II₄-101 |
| 21 | 中层沙底草甸黑土 | 5020204 | 21 | 中层沙底黑土 | II₁-203 |
| 22 | 厚层沙底草甸黑土 | 5020201 | 22 | 中层沙黏底黑土 | II₁-303 |
| 23 | 薄层黄土质表潜黑土 | 5040103 | 23 | 厚层沙黏底黑土 | II₁-304 |
| 24 | 中层黄土质表潜黑土 | 5040102 | 24 | 中层沙黏底暗棕壤型黑土 | II₄-102 |
| 25 | 厚层黄土质表潜黑土 | 5040101 | 25 | 薄层石底黑土 | II₁-402 |
| 26 | 薄层黄土质淋溶黑钙土 | 6020203 | 26 | 薄层砾石底暗棕壤型黑土 | II₄-201 |
| 27 | 中层黄土质淋溶黑钙土 | 6020202 | 27 | 中层石底黑土 | II₁-403 |
| 28 | 厚层黄土质淋溶黑钙土 | 6020201 | 28 | 中层砾石底暗棕壤型黑土 | II₄-202 |
| 29 | 薄层黄土质黑钙土 | 6010303 | 29 | 厚层石底黑土 | II₁-404 |
| 30 | 中层黄土质黑钙土 | 6010302 | 30 | 厚层砾石底暗棕壤型黑土 | II₄-203 |
| 31 | 厚层黄土质黑钙土 | 6010301 | 31 | 薄层黏底草甸黑土 | II₂-101 |
| 32 | 薄层沙质黑钙土 | 6010203 | 32 | 中层黏底草甸黑土 | II₂-102 |

（续）

| 序号 | 新土种名称 | 省代码 | 序号 | 原土种名称 | 原代码 |
|---|---|---|---|---|---|
| 33 | 薄层黄土质石灰性黑钙土 | 6030303 | 33 | 厚层黏底草甸黑土 | II 2-103 |
| 34 | 中层黄土质石灰性黑钙土 | 6030302 | 34 | 薄层砾底草甸黑土 | II 2-201 |
| 35 | 薄层沙壤质石灰性黑钙土 | 6030203 | 35 | 中层砾底草甸黑土 | II 2-202 |
| 36 | 薄层黄土质草甸黑钙土 | 6040303 | 36 | 薄层沙黏底草甸黑土 | II 2-301 |
| 37 | 中层黄土质草甸黑钙土 | 6040302 | 37 | 薄层沙底草甸黑土 | II 2-401 |
| 38 | 厚层黄土质草甸黑钙土 | 6040301 | 38 | 中层沙黏底草甸黑土 | II 2-302 |
| 39 | 薄层石灰性草甸黑钙土 | 6040403 | 39 | 中层沙底草甸黑土 | II 2-402 |
| 40 | 中层石灰性草甸黑钙土 | 6040402 | 40 | 厚层沙黏底草甸黑土 | II 2-303 |
| 41 | 薄层盐化草甸黑钙土 | 6040503 | 41 | 薄层黏底表潜黑土 | II 3-101 |
| 42 | 中层盐化草甸黑钙土 | 6040602 | 42 | 薄层沙黏底表潜黑土 | II 3-201 |
| 43 | 厚层盐化草甸黑钙土 | 6040601 | 43 | 中层黏底表潜黑土 | II 3-102 |
| 44 | 薄层黏壤质草甸土 | 8010403 | 44 | 中层沙黏底表潜黑土 | II 3-202 |
| 45 | 中层黏壤质草甸土 | 8010402 | 45 | 厚层黏底表潜黑土 | II 3-103 |
| 46 | 厚层黏壤质草甸土 | 8010401 | 46 | 薄层黏底淋溶黑钙土 | III 1-101 |
| 47 | 薄层沙砾底草甸土 | 8010203 | 47 | 中层黏底淋溶黑钙土 | III 1-102 |
| 48 | 中层沙砾底草甸土 | 8010202 | 48 | 中层坡积黏底淋溶黑钙土 | III 1-202 |
| 49 | 厚层沙砾底草甸土 | 8010201 | 49 | 厚层黏底淋溶黑钙土 | III 1-103 |
| 50 | 薄层层状草甸土 | 8010703 | 50 | 厚层坡积黏底淋溶黑钙土 | III 1-203 |
| 51 | 中层层状草甸土 | 8010702 | 51 | 薄层黏底黑钙土 | III 2-101 |
| 52 | 薄层沙壤质草甸土 | 8010303 | 52 | 中层黏底黑钙土 | III 2-102 |
| 53 | 中层沙壤质草甸土 | 8010302 | 53 | 厚层黏底黑钙土 | III 2-103 |
| 54 | 厚层沙壤质草甸土 | 8010301 | 54 | 薄层沙黏底黑钙土 | III 2-201 |
| 55 | 中层砾底草甸土 | 8010102 | 55 | 薄层黏底碳酸盐黑钙土 | III 3-101 |
| 56 | 薄层黏壤质潜育草甸土 | 8040203 | 56 | 中层黏底碳酸盐黑钙土 | III 3-102 |
| 57 | 中层黏壤质潜育草甸土 | 8040202 | 57 | 薄层沙黏底碳酸盐黑钙土 | III 3-201 |
| 58 | 厚层黏壤质潜育草甸土 | 8040201 | 58 | 薄层草甸黑钙土 | III 4-101 |
| 59 | 薄层沙砾底潜育草甸土 | 8040103 | 59 | 中层草甸黑钙土 | III 4-102 |
| 60 | 中层沙砾底潜育草甸土 | 8040102 | 60 | 厚层草甸黑钙土 | III 4-103 |
| 61 | 厚层沙砾底潜育草甸土 | 8040101 | 61 | 薄层碳酸盐草甸黑钙土 | III 4-201 |
| 62 | 中层石灰性潜育草甸土 | 8040302 | 62 | 中层碳酸盐草甸黑钙土 | III 4-202 |
| 63 | 厚层石灰性潜育草甸土 | 8040301 | 63 | 薄层盐渍化草甸黑钙土 | III 5-101 |
| 64 | 薄层黏壤质石灰性草甸土 | 8020303 | 64 | 中层盐渍化草甸黑钙土 | III 5-102 |
| 65 | 中层黏壤质石灰性草甸土 | 8020302 | 65 | 厚层盐渍化草甸黑钙土 | III 5-103 |
| 66 | 厚层黏壤质石灰性草甸土 | 8020301 | 66 | 薄层黏底草甸土 | IV 1-101 |
| 67 | 中位苏打碱化草甸土 | 8060102 | 67 | 中层黏底草甸土 | IV 1-102 |

（续）

| 序号 | 新土种名称 | 省代码 | 序号 | 原土种名称 | 原代码 |
|---|---|---|---|---|---|
| 68 | 中度苏打盐化草甸土 | 8050102 | 68 | 厚层黏底草甸土 | IV$_{1-103}$ |
| 69 | 固定草甸风沙土 | 16010103 | 69 | 薄层沙砾底草甸土 | IV$_{1-201}$ |
| 70 | 薄层黏质草甸沼泽土 | 9030203 | 70 | 薄层沙砾底草甸土 | IV$_{1-401}$ |
| 71 | 厚层黏质草甸沼泽土 | 9030201 | 71 | 薄层生草草甸土 | IV$_{5-101}$ |
| 72 | 薄层泥炭腐殖质沼泽土 | 9020203 | 72 | 中层沙砾底草甸土 | IV$_{1-202}$ |
| 73 | 薄层泥炭沼泽土 | 9020103 | 73 | 中层沙底草甸土 | IV$_{1-402}$ |
| 74 | 中层泥炭沼泽土 | 9020102 | 74 | 中层生草草甸土 | IV$_{5-102}$ |
| | | | 75 | 厚层沙砾底草甸土 | IV$_{1-203}$ |
| | | | 76 | 薄层层状草甸土 | IV$_{6-101}$ |
| | | | 77 | 中层层状草甸土 | IV$_{6-102}$ |
| | | | 78 | 薄层沙黏底草甸土 | IV$_{1-301}$ |
| | | | 79 | 中层沙黏底草甸土 | IV$_{1-302}$ |
| | | | 80 | 厚层沙黏底草甸土 | IV$_{1-303}$ |
| | | | 81 | 中层石底草甸土 | IV$_{1-502}$ |
| | | | 82 | 薄层黏底潜育草甸土 | IV$_{2-101}$ |
| | | | 83 | 中层黏底潜育草甸土 | IV$_{2-102}$ |
| | | | 84 | 中层沙黏底潜育草甸土 | IV$_{2-302}$ |
| | | | 85 | 厚层黏底潜育草甸土 | IV$_{2-103}$ |
| | | | 86 | 厚层沙黏底潜育草甸土 | IV$_{2-303}$ |
| | | | 87 | 薄层砾底潜育草甸土 | IV$_{2-201}$ |
| | | | 88 | 薄层沙底潜育草甸土 | IV$_{2-401}$ |
| | | | 89 | 中层砾底潜育草甸土 | IV$_{2-202}$ |
| | | | 90 | 中层沙底潜育草甸土 | IV$_{2-402}$ |
| | | | 91 | 厚层砾底潜育草甸土 | IV$_{2-203}$ |
| | | | 92 | 厚层沙底潜育草甸土 | IV$_{2-403}$ |
| | | | 93 | 中层碳酸盐潜育草甸土 | IV$_{4-102}$ |
| | | | 94 | 厚层碳酸盐潜育草甸土 | IV$_{4-103}$ |
| | | | 95 | 薄层黏底碳酸盐草甸土 | IV$_{3-101}$ |
| | | | 96 | 中层黏底碳酸盐草甸土 | IV$_{3-102}$ |
| | | | 97 | 厚层黏底碳酸盐草甸土 | IV$_{3-103}$ |
| | | | 98 | 浅位柱状苏打盐化草甸碱土 | VIII$_{1-101}$ |
| | | | 99 | 厚层苏打盐化草甸土 | IV$_{7-103}$ |
| | | | 100 | 苏打草甸盐土 | VII$_{1-1}$ |
| | | | 101 | 岗地生草棕沙土 | V$_{1-101}$ |
| | | | 102 | 薄层草甸土型沙土 | V$_{2-101}$ |
| | | | 103 | 中层草甸土型沙土 | V$_{2-102}$ |
| | | | 104 | 薄层草甸沼泽土 | VI$_{1-101}$ |
| | | | 105 | 厚层草甸沼泽土 | VI$_{1-102}$ |
| | | | 106 | 厚层碳酸盐草甸沼泽土 | VI$_{2-102}$ |
| | | | 107 | 薄层泥炭腐殖质沼泽土 | VI$_{3-101}$ |
| | | | 108 | 厚层泥炭腐殖质沼泽土 | VI$_{3-102}$ |
| | | | 109 | 薄层泥炭沼泽土 | VI$_{4-101}$ |
| | | | 110 | 厚层泥炭沼泽土 | VI$_{4-102}$ |

**（三）新土类土壤面积分布**

新土种有74个，在土壤图上只有58个土种，有16个新土种在土壤图上没有图斑，对应18个原土种。本次耕地地力评价的土种面积是由原土壤图中的土种面积得来的，使新的土种和土类面积和原来的土种、土类及耕地的面积都有了变化。其中，厚层碳酸盐潜育草甸土、薄层草甸沼泽土原土壤图中以复区的形式存在，现土壤图中复区以其中面积最大的土种代替；薄层沙质暗棕壤和中层沙质暗棕壤面积较大，原土壤图中没有图斑；薄层层状草甸土和中层层状草甸土在二克浅有60号剖面、团结有3号剖面，位置在土壤图中没有标注；中层碳酸盐草潜育草甸土在同心有25号剖面，但标的是IV₃₋₁₀₂中层黏底碳酸盐草甸土，属原图错误；其他种类土种都因面积太小或者分散，每块地面积都不够上图面积，在土壤图上没有显示（表3-9）。

表 3-9　土壤图没有的土种

| 序号 | 新土种 | 原土种 | 原代码 |
|---|---|---|---|
| 1 | 泥沙质暗棕壤 | 薄层沙质暗棕壤 | $I_{1-301}$ |
|  |  | 中层沙质暗棕壤 | $I_{1-302}$ |
| 2 | 厚层砾底黑土 | 厚层石底黑土 | $II_{1-404}$ |
| 3 | 薄层沙壤质石灰性黑钙土 | 薄层沙黏底碳酸盐黑钙土 | $III_{3-201}$ |
| 4 | 中层碱化草甸黑钙土 | 中层盐渍化草甸黑钙土 | $III_{5-102}$ |
| 5 | 厚层碱化草甸黑钙土 | 厚层盐渍化草甸黑钙土 | $III_{5-103}$ |
| 6 | 厚层沙壤质草甸土 | 厚层沙黏底草甸土 | $IV_{1-303}$ |
| 7 | 中层石灰性潜育草甸土 | 中层碳酸盐潜育草甸土 | $IV_{4-102}$ |
| 8 | 厚层石灰性潜育草甸土 | 厚层碳酸盐潜育草甸土 | $IV_{4-103}$ |
| 9 | 薄层层状草甸土 | 薄层层状草甸土 | $IV_{6-101}$ |
| 10 | 中层层状草甸土 | 中层层状草甸土 | $IV_{6-102}$ |
| 11 | 薄层黏质草甸沼泽土 | 薄层草甸沼泽土 | $VI_{1-101}$ |
| 12 | 薄层泥炭腐殖质沼泽土 | 薄层泥炭腐殖质沼泽土 | $VI_{3-101}$ |
| 13 | 薄层泥炭沼泽土 | 薄层泥炭沼泽土 | $VI_{4-101}$ |
| 14 | 中层泥炭沼泽土 | 厚层泥炭沼泽土 | $VI_{4-102}$ |
| 15 | 中位苏打碱化草甸土 | 浅位柱状苏打盐化草甸碱土 | $VIII_{1-101}$ |
| 16 | 沙砾质暗棕壤 | 生草砾质土 | $IX_{1-2}$ |
|  |  | 腐殖质火山砾质土 | $IX_{3-1}$ |

本次耕地地力评价，讷河市耕地土壤土种（土壤图上显示的土种）面积分布统计见表3-10。

表 3-10 讷河市耕地土壤土种面积分布统计

| 序号 | 土种 | 耕地面积（公顷） | 占耕地面积（%） |
|---|---|---|---|
| 1 | 薄层沙壤质草甸土 | 4 357.8 | 1.08 |
| 2 | 厚层黄土质淋溶黑钙土 | 1 122.3 | 0.28 |
| 3 | 中层黄土质淋溶黑钙土 | 5 282.0 | 1.31 |
| 4 | 薄层黏壤质石灰性草甸土 | 1 757.8 | 0.43 |
| 5 | 固定草甸风沙土 | 3 172.8 | 0.79 |
| 6 | 薄层黄土质黑钙土 | 12 048.7 | 2.98 |
| 7 | 中度苏打盐化草甸土 | 925.6 | 0.23 |
| 8 | 中层沙壤质草甸土 | 153.1 | 0.04 |
| 9 | 中层黏壤质石灰性草甸土 | 6 785.8 | 1.68 |
| 10 | 中层黄土质黑钙土 | 15 504.3 | 3.83 |
| 11 | 薄层黄土质石灰性黑钙土 | 8 057.8 | 1.99 |
| 12 | 薄层盐化草甸黑钙土 | 180.9 | 0.04 |
| 13 | 厚层黏壤质草甸土 | 8 204.3 | 2.03 |
| 14 | 厚层黏壤质潜育草甸土 | 5 338.8 | 1.32 |
| 15 | 薄层黄土质黑土 | 68 018.6 | 16.81 |
| 16 | 薄层黄土质草甸黑土 | 1 306.9 | 0.32 |
| 17 | 薄层沙砾底草甸土 | 29 912.0 | 7.39 |
| 18 | 中层沙砾底草甸土 | 14 894.2 | 3.68 |
| 19 | 中层黄土质黑土 | 85 643.7 | 21.17 |
| 20 | 薄层沙砾底潜育草甸土 | 645.9 | 0.16 |
| 21 | 中层沙砾底潜育草甸土 | 9 013.6 | 2.23 |
| 22 | 中层黄土质草甸黑土 | 35 735.6 | 8.83 |
| 23 | 厚层黄土质黑土 | 4 588.4 | 1.13 |
| 24 | 薄层砾底黑土 | 15 955.1 | 3.94 |
| 25 | 砾沙质暗棕壤 | 3 785.2 | 0.94 |
| 26 | 薄层沙底黑土 | 9 122.2 | 2.25 |
| 27 | 中层砾底黑土 | 2 708.7 | 0.67 |
| 28 | 厚层黄土质草甸黑土 | 8 296.6 | 2.05 |
| 29 | 薄层沙底草甸黑土 | 1 301.3 | 0.32 |

（续）

| 序号 | 土种 | 耕地面积（公顷） | 占耕地面积（%） |
|---|---|---|---|
| 30 | 中层石灰性草甸黑钙土 | 37.0 | 0.01 |
| 31 | 中层黄土质草甸黑钙土 | 2 682.4 | 0.66 |
| 32 | 薄层黄土质淋溶黑钙土 | 1 445.3 | 0.36 |
| 33 | 薄层石灰性草甸黑钙土 | 739.6 | 0.18 |
| 34 | 薄层黄土质草甸黑钙土 | 709.2 | 0.18 |
| 35 | 厚层黄土质草甸黑钙土 | 4 564.8 | 1.13 |
| 36 | 中层黏壤质草甸土 | 6 071.9 | 1.50 |
| 37 | 破皮黄黄土质黑土 | 1 486.8 | 0.37 |
| 38 | 中层沙底黑土 | 1 301.2 | 0.32 |
| 39 | 厚层沙底草甸黑土 | 253.6 | 0.06 |
| 40 | 厚层黏壤质石灰性草甸土 | 237.5 | 0.06 |
| 41 | 厚层黏质草甸沼泽土 | 4 431.5 | 1.10 |
| 42 | 中层砾底草甸黑土 | 68.2 | 0.02 |
| 43 | 中层黄土质表潜黑土 | 1 810.5 | 0.45 |
| 44 | 薄层黏壤质草甸土 | 219.8 | 0.05 |
| 45 | 中层黄土质石灰性黑钙土 | 208.8 | 0.05 |
| 46 | 薄层黄土质表潜黑土 | 3 049.1 | 0.75 |
| 47 | 厚层沙砾底草甸土 | 1 425.4 | 0.35 |
| 48 | 中层黏壤质潜育草甸土 | 4 985.2 | 1.23 |
| 49 | 厚层黄土质黑钙土 | 40.1 | 0.01 |
| 50 | 薄层沙质黑钙土 | 2 243.9 | 0.55 |
| 51 | 中层沙底草甸黑土 | 1 089.9 | 0.27 |
| 52 | 厚层黄土质表潜黑土 | 491.5 | 0.12 |
| 53 | 薄层砾底草甸黑土 | 504.8 | 0.12 |
| 54 | 暗矿质暗棕壤 | 165.7 | 0.04 |
| 55 | 厚层沙砾底潜育草甸土 | 215.2 | 0.05 |
| 56 | 薄层黏壤质潜育草甸土 | 179.0 | 0.04 |
| 57 | 黄土质草甸暗棕壤 | 176.6 | 0.04 |
| 58 | 中层砾底草甸土 | 12.5 | 0 |
| 合计 | | 404 667 | 100.00 |

本次耕地地力评价，讷河市各乡（镇）耕地土壤的土类、亚类、土属、土种面积分布见表 3-11～表 3-14。

表 3 - 11　讷河市各乡（镇）耕地土壤土类面积分布

单位：公顷

| 土类 | 面积 | 兴旺乡 | 和盛乡 | 九井镇 | 讷南镇 | 孔国乡 | 通南镇 | 同义乡 | 拉哈镇 | 同心乡 | 六合镇 | 龙河镇 | 长发乡 | 学田镇 | 二克浅镇 | 讷河镇 | 老莱镇 |
|---|---|---|---|---|---|---|---|---|---|---|---|---|---|---|---|---|---|
| 草甸土 | 95 336 | 8 992 | 1 705 | 6 704 | 11 954 | 9 757 | 970 | 3 518 | 2 888 | 3 342 | 12 566 | 8 803 | 2 030 | 5 514 | 9 158 | 462 | 6 973 |
| 黑钙土 | 54 867 | 16 702 | 17 537 | 0 | 47 | 0 | 9 642 | 6 194 | 358 | 3 029 | 1 358 | 0 | 0 | 0 | 0 | 0 | 0 |
| 风沙土 | 3 173 | 1 718 | 0 | 0 | 0 | 0 | 0 | 0 | 0 | 0 | 0 | 92 | 0 | 283 | 1 080 | 0 | 0 |
| 黑土 | 242 733 | 9 | 374 | 19 649 | 18 781 | 20 960 | 18 545 | 14 631 | 1 374 | 18 342 | 14 750 | 21 004 | 15 182 | 21 582 | 28 285 | 3 563 | 25 702 |
| 暗棕壤 | 4 127 | 0 | 0 | 0 | 0 | 36 | 0 | 0 | 0 | 0 | 0 | 1 520 | 0 | 972 | 0 | 0 | 1 599 |
| 沼泽土 | 4 431 | 0 | 0 | 0 | 0 | 0 | 0 | 0 | 0 | 0 | 4 431 | 0 | 0 | 0 | 0 | 0 | 0 |
| 合计 | 404 667 | 27 421 | 19 616 | 26 353 | 30 782 | 30 753 | 29 157 | 24 343 | 4 620 | 24 713 | 33 105 | 31 419 | 17 212 | 28 351 | 38 523 | 4 025 | 34 274 |

表 3 - 12　讷河市各乡（镇）耕地土壤亚类面积分布

单位：公顷

| 亚类 | 面积 | 兴旺乡 | 和盛乡 | 九井镇 | 讷南镇 | 孔国乡 | 通南镇 | 同义乡 | 拉哈镇 | 同心乡 | 六合镇 | 龙河镇 | 长发乡 | 学田镇 | 二克浅镇 | 讷河镇 | 老莱镇 |
|---|---|---|---|---|---|---|---|---|---|---|---|---|---|---|---|---|---|
| 草甸土 | 65 251 | 5 723 | 1 443 | 3 461 | 7 069 | 8 302 | 970 | 3 426 | 2 770 | 3 093 | 8 286 | 3 543 | 2 030 | 3 773 | 8 027 | 54 | 3 281 |
| 淋溶黑钙土 | 7 849 | 835 | 3 443 | 0 | 0 | 0 | 1 027 | 1 424 | 159 | 478 | 483 | 0 | 0 | 0 | 0 | 0 | 0 |
| 石灰性草甸土 | 8 781 | 2 381 | 262 | 0 | 2 066 | 0 | 0 | 54 | 0 | 72 | 3 374 | 0 | 0 | 0 | 572 | 0 | 0 |
| 草甸风沙土 | 3 173 | 1 718 | 0 | 0 | 0 | 0 | 0 | 0 | 0 | 0 | 0 | 92 | 0 | 283 | 1 080 | 0 | 0 |
| 黑钙土 | 29 837 | 11 771 | 6 453 | 0 | 0 | 0 | 3 968 | 4 722 | 199 | 2 444 | 281 | 0 | 0 | 0 | 0 | 0 | 0 |
| 盐化草甸土 | 926 | 888 | 0 | 0 | 0 | 0 | 0 | 38 | 0 | 0 | 0 | 0 | 0 | 0 | 0 | 0 | 0 |
| 石灰性黑钙土 | 8 267 | 3 895 | 4 266 | 0 | 0 | 0 | 0 | 0 | 0 | 106 | 0 | 0 | 0 | 0 | 0 | 0 | 0 |
| 草甸黑钙土 | 8 913 | 202 | 3 375 | 0 | 47 | 1 455 | 4 648 | 47 | 0 | 0 | 594 | 0 | 0 | 0 | 0 | 0 | 0 |
| 潜育草甸土 | 20 377 | 0 | 0 | 3 243 | 2 820 | 0 | 0 | 0 | 118 | 179 | 905 | 5 259 | 0 | 1 740 | 559 | 407 | 3 692 |
| 黑土 | 188 825 | 0 | 374 | 14 299 | 12 446 | 16 023 | 15 672 | 11 969 | 1 130 | 15 525 | 12 638 | 16 715 | 11 370 | 19 805 | 19 324 | 2 341 | 19 194 |

（续）

| 亚类 | 面积 | 兴旺乡 | 和盛乡 | 九井镇 | 讷南镇 | 孔国乡 | 通南镇 | 同义乡 | 拉哈镇 | 同心乡 | 六合镇 | 龙河镇 | 长发乡 | 学田镇 | 二克浅镇 | 讷河镇 | 老莱镇 |
|---|---|---|---|---|---|---|---|---|---|---|---|---|---|---|---|---|---|
| 草甸黑土 | 48 557 | 9 | 0 | 5 088 | 6 238 | 4 743 | 2 873 | 2 662 | 244 | 2 816 | 1 949 | 4 169 | 3 538 | 1 016 | 8 262 | 1 223 | 3 729 |
| 暗棕壤 | 3 951 | 0 | 0 | 0 | 0 | 36 | 0 | 0 | 0 | 0 | 0 | 1 344 | 0 | 972 | 0 | 0 | 1 599 |
| 草甸沼泽土 | 4 431 | 0 | 0 | 0 | 0 | 0 | 0 | 0 | 0 | 0 | 4 431 | 0 | 0 | 0 | 0 | 0 | 0 |
| 表潜黑土 | 5 351 | 0 | 0 | 262 | 96 | 195 | 0 | 0 | 0 | 0 | 164 | 120 | 274 | 762 | 699 | 0 | 2 779 |
| 草甸暗棕壤 | 176 | 0 | 0 | 0 | 0 | 0 | 0 | 0 | 0 | 0 | 0 | 176 | 0 | 0 | 0 | 0 | 0 |
| 合计 | 404 667 | 27 421 | 19 616 | 26 353 | 30 782 | 30 753 | 29 157 | 24 343 | 4 620 | 24 713 | 33 105 | 31 419 | 17 212 | 28 351 | 38 523 | 4 025 | 34 274 |

**表3-13 讷河市各乡（镇）耕地土壤土属面积分布**

单位：公顷

| 土属 | 面积 | 兴旺乡 | 和盛乡 | 九井镇 | 讷南镇 | 孔国乡 | 通南镇 | 同义乡 | 拉哈镇 | 同心乡 | 六合镇 | 龙河镇 | 长发乡 | 学田镇 | 二克浅镇 | 讷河镇 | 老莱镇 |
|---|---|---|---|---|---|---|---|---|---|---|---|---|---|---|---|---|---|
| 沙壤质草甸土 | 4 511 | 4 391 | 0 | 0 | 0 | 0 | 0 | 0 | 108 | 0 | 0 | 0 | 0 | 12 | 0 | 0 | 0 |
| 黄土质淋溶黑钙土 | 7 849 | 835 | 3 443 | 0 | 0 | 0 | 1 026 | 1 424 | 159 | 478 | 484 | 0 | 0 | 0 | 0 | 0 | 0 |
| 黏壤质石灰性草甸土 | 8 781 | 2 381 | 262 | 0 | 2 066 | 0 | 0 | 54 | 0 | 72 | 3 374 | 0 | 0 | 0 | 572 | 0 | 0 |
| 固定草甸风沙土 | 3 173 | 1 718 | 0 | 0 | 0 | 0 | 0 | 0 | 0 | 0 | 0 | 0 | 0 | 0 | 0 | 0 | 0 |
| 黄土质黑钙土 | 27 593 | 10 308 | 6 453 | 0 | 0 | 0 | 3 968 | 4 386 | 34 | 2 444 | 0 | 92 | 0 | 283 | 1 080 | 0 | 0 |
| 苏打盐化草甸土 | 926 | 888 | 0 | 0 | 0 | 0 | 0 | 38 | 0 | 0 | 0 | 0 | 0 | 0 | 0 | 0 | 0 |
| 黄土质石灰性黑钙土 | 8 267 | 3 895 | 4 266 | 0 | 0 | 0 | 0 | 0 | 0 | 106 | 0 | 0 | 0 | 0 | 0 | 0 | 0 |
| 盐化草甸黑钙土 | 182 | 166 | 16 | 0 | 0 | 0 | 0 | 0 | 0 | 0 | 0 | 0 | 0 | 0 | 0 | 0 | 0 |

（续）

| 土属 | 面积 | 兴旺乡 | 和盛乡 | 九井镇 | 讷南镇 | 孔国乡 | 通南镇 | 同义乡 | 拉哈镇 | 同心乡 | 六合镇 | 龙河镇 | 长发乡 | 学田镇 | 二克浅镇 | 讷河镇 | 老莱镇 |
|---|---|---|---|---|---|---|---|---|---|---|---|---|---|---|---|---|---|
| 黏壤质草甸土 | 14 496 | 28 | 1 443 | 59 | 58 | 1 149 | 970 | 620 | 0 | 1 540 | 247 | 301 | 12 | 3 001 | 2 108 | 53 | 2 907 |
| 黏壤质潜育草甸土 | 10 503 | 0 | 0 | 3 213 | 117 | 48 | 0 | 0 | 0 | 180 | 259 | 4 954 | 0 | 1 732 | 0 | 0 | 0 |
| 黄土质黑土 | 159 737 | 0 | 374 | 14 299 | 12 446 | 14 672 | 15 672 | 11 180 | 0 | 15 525 | 12 061 | 13 256 | 11 369 | 12 732 | 12 879 | 2 341 | 10 931 |
| 黄土质草甸黑土 | 45 339 | 0 | 0 | 5 088 | 6 239 | 4 404 | 2 873 | 2 294 | 0 | 2 816 | 1 947 | 3 427 | 3 538 | 1 014 | 6 761 | 1 223 | 3 716 |
| 沙砾底草甸土 | 46 232 | 1 304 | 0 | 3 402 | 7 011 | 7 152 | 0 | 2 805 | 2 664 | 1 552 | 8 039 | 3 242 | 2 019 | 748 | 5 920 | 1 | 373 |
| 沙砾底潜育草甸土 | 9 875 | 0 | 0 | 30 | 2 702 | 1 407 | 0 | 0 | 118 | 0 | 646 | 305 | 0 | 8 | 559 | 407 | 3 693 |
| 砾底黑土 | 18 664 | 0 | 0 | 0 | 0 | 961 | 0 | 0 | 0 | 0 | 274 | 2 687 | 0 | 5 802 | 1 399 | 0 | 7 541 |
| 砾沙质暗棕壤 | 3 785 | 0 | 0 | 0 | 0 | 36 | 0 | 0 | 0 | 0 | 0 | 1 344 | 0 | 806 | 0 | 0 | 1 599 |
| 沙底黑土 | 10 423 | 0 | 0 | 0 | 0 | 389 | 0 | 788 | 1 130 | 0 | 305 | 772 | 0 | 1 272 | 5 046 | 0 | 721 |
| 沙底草甸黑土 | 2 645 | 9 | 0 | 0 | 0 | 0 | 0 | 273 | 244 | 0 | 0 | 619 | 0 | 0 | 1 500 | 0 | 0 |
| 石灰性草甸黑钙土 | 777 | 36 | 728 | 0 | 0 | 0 | 11 | 0 | 0 | 0 | 0 | 0 | 0 | 0 | 0 | 0 | 0 |
| 黄土质草甸黑钙土 | 7 957 | 0 | 2 631 | 0 | 47 | 0 | 4 637 | 48 | 0 | 0 | 594 | 0 | 0 | 0 | 0 | 0 | 0 |
| 黏质草甸沼泽土 | 4 431 | 0 | 0 | 0 | 0 | 0 | 0 | 0 | 0 | 0 | 4 431 | 0 | 0 | 0 | 0 | 0 | 0 |
| 砾底草甸黑表 | 573 | 0 | 0 | 262 | 96 | 340 | 0 | 96 | 0 | 0 | 0 | 123 | 0 | 0 | 0 | 0 | 0 |
| 黄土质潜黑土 | 5 351 | 0 | 0 | 0 | 0 | 195 | 0 | 337 | 163 | 0 | 164 | 120 | 274 | 762 | 699 | 0 | 2 779 |
| 沙质黑钙土 | 2 244 | 1 463 | 0 | 0 | 0 | 0 | 0 | 0 | 0 | 0 | 281 | 0 | 0 | 0 | 0 | 0 | 0 |
| 暗矿质暗棕壤 | 165 | 0 | 0 | 0 | 0 | 0 | 0 | 0 | 0 | 0 | 0 | 0 | 0 | 165 | 0 | 0 | 0 |

（续）

| 土属 | 面积 | 兴旺乡 | 和盛乡 | 九井镇 | 讷南镇 | 孔国乡 | 通南镇 | 同义乡 | 拉哈镇 | 同心乡 | 六合镇 | 龙河镇 | 长发乡 | 学田镇 | 二克浅镇 | 讷河镇 | 老莱镇 |
|---|---|---|---|---|---|---|---|---|---|---|---|---|---|---|---|---|---|
| 黄土质草甸暗棕壤 | 176 | 0 | 0 | 0 | 0 | 0 | 0 | 0 | 0 | 0 | 0 | 176 | 0 | 0 | 0 | 0 | 0 |
| 砾底草甸土 | 13 | 0 | 0 | 0 | 0 | 0 | 0 | 0 | 0 | 0 | 0 | 0 | 0 | 13 | 0 | 0 | 0 |
| 合计 | 404 667 | 27 421 | 19 616 | 26 353 | 30 782 | 30 753 | 29 157 | 24 343 | 4 620 | 24 713 | 33 105 | 31 419 | 17 212 | 28 351 | 38 523 | 4 025 | 34 274 |

表 3－14　讷河市各乡（镇）耕地土壤土种面积分布

单位：公顷

| 土种 | 面积 | 兴旺乡 | 和盛乡 | 九井镇 | 讷南镇 | 孔国乡 | 通南镇 | 同义乡 | 拉哈镇 | 同心乡 | 六合镇 | 龙河镇 | 长发乡 | 学田镇 | 二克浅镇 | 讷河镇 | 老莱镇 |
|---|---|---|---|---|---|---|---|---|---|---|---|---|---|---|---|---|---|
| 薄层沙壤质草甸土 | 4 357 | 4 250 | 0 | 0 | 0 | 0 | 0 | 0 | 106 | 0 | 0 | 0 | 0 | 0 | 0 | 0 | 0 |
| 厚层黄土质淋溶黑钙土 | 1 122 | 480 | 0 | 0 | 0 | 0 | 45 | 114 | 0 | 0 | 483 | 0 | 0 | 0 | 0 | 0 | 0 |
| 中层黄土质淋溶黑钙土 | 5 281 | 354 | 2 390 | 0 | 0 | 0 | 627 | 1 310 | 159 | 440 | 0 | 0 | 0 | 0 | 0 | 0 | 0 |
| 薄层黏壤质草甸土 | 1 758 | 1 758 | 0 | 0 | 0 | 0 | 0 | 0 | 0 | 0 | 0 | 0 | 0 | 0 | 0 | 0 | 0 |
| 石灰性草甸土 |  | 0 | 0 | 0 | 0 | 0 | 0 | 0 | 0 | 0 | 0 | 0 | 0 | 0 | 0 | 0 | 0 |
| 固定风沙土 | 3 173 | 1 718 | 0 | 0 | 0 | 0 | 0 | 0 | 0 | 0 | 0 | 92 | 0 | 283 | 1 080 | 0 | 0 |
| 薄层黄土质黑钙土 | 12 049 | 7 816 | 3 026 | 0 | 0 | 0 | 880 | 327 | 0 | 0 | 0 | 0 | 0 | 0 | 0 | 0 | 0 |
| 中度苏打盐化草甸土 | 926 | 888 | 0 | 0 | 0 | 0 | 0 | 38 | 0 | 0 | 0 | 0 | 0 | 0 | 0 | 0 | 0 |
| 中层沙壤质草甸土 | 153 | 141 | 0 | 0 | 0 | 0 | 0 | 0 | 0 | 0 | 0 | 0 | 0 | 12 | 0 | 0 | 0 |

（续）

| 土种 | 面积 | 兴旺乡 | 和盛乡 | 九井镇 | 讷南镇 | 孔国乡 | 通南镇 | 同义乡 | 拉哈镇 | 同心乡 | 六合镇 | 龙河镇 | 长发乡 | 学田镇 | 二克浅镇 | 讷河镇 | 老莱镇 |
|---|---|---|---|---|---|---|---|---|---|---|---|---|---|---|---|---|---|
| 中层黏壤质石灰性草甸土 | 6 786 | 624 | 262 | 0 | 2 066 | 0 | 0 | 8 | 0 | 72 | 3 183 | 0 | 0 | 0 | 572 | 0 | 0 |
| 中层黄土质黑钙土 | 15 504 | 2 492 | 3 427 | 0 | 0 | 0 | 3 089 | 4 058 | 34 | 2 404 | 0 | 0 | 0 | 0 | 0 | 0 | 0 |
| 薄层黄土质石灰性黑钙土 | 8 058 | 3 792 | 4 266 | 0 | 0 | 0 | 0 | 0 | 0 | 0 | 0 | 0 | 0 | 0 | 0 | 0 | 0 |
| 薄层盐化草甸黑钙土 | 181 | 165 | 16 | 0 | 0 | 0 | 0 | 0 | 0 | 0 | 0 | 0 | 0 | 0 | 0 | 0 | 0 |
| 厚层黏壤质草甸土 | 8 206 | 28 | 1 319 | 59 | 58 | 564 | 944 | 620 | 0 | 917 | 27 | 64 | 14 | 77 | 1 093 | 53 | 2 371 |
| 厚层黏壤质潜育草甸土 | 5 340 | 0 | 0 | 3 214 | 58 | 0 | 0 | 0 | 0 | 0 | 0 | 337 | 0 | 1 732 | 0 | 0 | 0 |
| 薄层黄土质黑土 | 68 018 | 0 | 328 | 13 484 | 2 918 | 6 864 | 4 584 | 3 569 | 0 | 1 987 | 3 096 | 6 705 | 1 856 | 8 784 | 6 581 | 1 145 | 6 117 |
| 薄层黄土质草甸黑土 | 1 308 | 0 | 0 | 1 026 | 0 | 0 | 0 | 94 | 0 | 0 | 22 | 83 | 84 | 0 | 0 | 0 | 0 |
| 薄层沙砾底草甸土 | 29 913 | 1 304 | 0 | 976 | 5 190 | 6 887 | 0 | 73 | 2 662 | 0 | 4 949 | 3 039 | 0 | 0 | 4 745 | 0 | 89 |
| 中层沙砾底草甸土 | 14 895 | 0 | 0 | 2 350 | 1 784 | 267 | 0 | 2 733 | 0 | 1 552 | 3 091 | 203 | 2 019 | 748 | 0 | 1 | 148 |
| 中层黄土质黑土 | 85 644 | 0 | 46 | 816 | 8 778 | 7 651 | 8 754 | 5 832 | 0 | 12 542 | 8 963 | 6 551 | 9 454 | 3 949 | 6 298 | 1 196 | 4 814 |
| 薄层沙砾底潜育草甸土 | 646 | 0 | 0 | 0 | 389 | 0 | 0 | 0 | 118 | 0 | 19 | 120 | 0 | 0 | 0 | 0 | 0 |

（续）

| 土种 | 面积 | 兴旺乡 | 和盛乡 | 九井镇 | 讷南镇 | 孔国乡 | 通南镇 | 同义乡 | 拉哈镇 | 同心乡 | 六合镇 | 龙河镇 | 长发乡 | 学田镇 | 二克浅镇 | 讷河镇 | 老莱镇 |
|---|---|---|---|---|---|---|---|---|---|---|---|---|---|---|---|---|---|
| 中层沙砾底潜育草甸土 | 9 013 | 0 | 0 | 0 | 2 313 | 1 407 | 0 | 0 | 0 | 0 | 626 | 0 | 0 | 8 | 559 | 407 | 3 692 |
| 中层黄土质草甸黑土 | 35 735 | 0 | 0 | 2 420 | 5 746 | 4 404 | 2 296 | 241 | 0 | 2 772 | 351 | 3 213 | 2 307 | 1 014 | 6 032 | 1 223 | 3 715 |
| 厚层黄土质黑土 | 4 587 | 0 | 0 | 0 | 460 | 156 | 2 335 | 1 409 | 0 | 226 | 0 | 0 | 0 | 0 | 0 | 0 | 0 |
| 薄层砾底黑土 | 15 955 | 0 | 0 | 0 | 0 | 941 | 0 | 0 | 0 | 0 | 0 | 2 126 | 0 | 4 198 | 1 399 | 0 | 7 291 |
| 砾沙质暗棕壤 | 3 785 | 0 | 0 | 0 | 0 | 36 | 0 | 0 | 0 | 0 | 0 | 1 344 | 0 | 806 | 0 | 0 | 1 599 |
| 薄沙底沙质黑土 | 9 122 | 0 | 0 | 0 | 0 | 389 | 0 | 694 | 1 130 | 0 | 305 | 458 | 0 | 1 100 | 5 046 | 0 | 0 |
| 中层砾底黑土 | 2 709 | 0 | 0 | 0 | 0 | 21 | 0 | 0 | 0 | 0 | 274 | 561 | 0 | 1 604 | 0 | 0 | 249 |
| 厚层黄土质草甸黑土 | 8 297 | 0 | 0 | 1 642 | 492 | 0 | 577 | 1 957 | 0 | 45 | 1 575 | 132 | 1 148 | 0 | 729 | 0 | 0 |
| 薄层沙底草甸土 | 1 302 | 10 | 0 | 0 | 0 | 0 | 0 | 120 | 143 | 0 | 0 | 445 | 0 | 0 | 585 | 0 | 0 |
| 中层石灰性草甸黑钙土 | 39 | 39 | 0 | 0 | 0 | 0 | 0 | 0 | 0 | 0 | 0 | 0 | 0 | 0 | 0 | 0 | 0 |
| 中层黄土质草甸黑钙土 | 2 682 | 0 | 1 512 | 0 | 47 | 0 | 1 018 | 0 | 0 | 0 | 105 | 0 | 0 | 0 | 0 | 0 | 0 |
| 薄层黄土质淋溶黑钙土 | 1 444 | 0 | 1 051 | 0 | 0 | 0 | 354 | 0 | 0 | 38 | 0 | 0 | 0 | 0 | 0 | 0 | 0 |
| 薄层石灰性草甸黑钙土 | 739 | 0 | 728 | 0 | 0 | 0 | 11 | 0 | 0 | 0 | 0 | 0 | 0 | 0 | 0 | 0 | 0 |
| 薄层黄土质黑钙土 | 708 | 0 | 630 | 0 | 0 | 0 | 0 | 46 | 0 | 0 | 31 | 0 | 0 | 0 | 0 | 0 | 0 |

（续）

| 土种 | 面积 | 兴旺乡 | 和盛乡 | 九井镇 | 讷南镇 | 孔国乡 | 通南镇 | 同义乡 | 拉哈镇 | 同心乡 | 六合镇 | 龙河镇 | 长发乡 | 学田镇 | 二克浅镇 | 讷河镇 | 老莱镇 |
|---|---|---|---|---|---|---|---|---|---|---|---|---|---|---|---|---|---|
| 厚层黄土质草甸黑钙土 | 4 565 | 0 | 489 | 0 | 0 | 0 | 3 619 | 0 | 0 | 0 | 457 | 0 | 0 | 0 | 0 | 0 | 0 |
| 中层黏壤质草甸土 | 6 072 | 0 | 124 | 0 | 0 | 585 | 27 | 0 | 0 | 623 | 0 | 237 | 0 | 2 924 | 1 016 | 0 | 536 |
| 破皮黄黄土质黑土 | 1 487 | 0 | 0 | 0 | 290 | 0 | 0 | 369 | 0 | 769 | 0 | 0 | 59 | 0 | 0 | 0 | 0 |
| 中层沙底黑土 | 1 300 | 0 | 0 | 0 | 0 | 0 | 0 | 93 | 0 | 0 | 0 | 314 | 0 | 171 | 0 | 0 | 721 |
| 厚层沙底草甸土 | 253 | 0 | 0 | 0 | 0 | 0 | 0 | 152 | 100 | 0 | 0 | 0 | 0 | 0 | 0 | 0 | 0 |
| 厚层黏质石灰性草甸土 | 237 | 0 | 0 | 0 | 0 | 0 | 0 | 46 | 0 | 0 | 191 | 0 | 0 | 0 | 0 | 0 | 0 |
| 厚层黏质沼泽土 | 4 431 | 0 | 0 | 0 | 0 | 0 | 0 | 0 | 0 | 0 | 4 431 | 0 | 0 | 0 | 0 | 0 | 0 |
| 中层砾底草甸黑土 | 69 | 0 | 0 | 0 | 0 | 21 | 0 | 0 | 0 | 0 | 0 | 48 | 0 | 0 | 0 | 0 | 0 |
| 中层黄土质表潜黑土 | 1 811 | 0 | 0 | 79 | 97 | 0 | 0 | 0 | 0 | 0 | 124 | 0 | 274 | 493 | 371 | 0 | 374 |
| 薄层黏壤质草甸土 | 219 | 0 | 0 | 0 | 0 | 0 | 0 | 0 | 0 | 0 | 219 | 0 | 0 | 0 | 0 | 0 | 0 |
| 中层黄土质石灰性黑钙土 | 208 | 103 | 0 | 0 | 0 | 0 | 0 | 0 | 0 | 105 | 0 | 0 | 0 | 0 | 0 | 0 | 0 |
| 薄层黄土质表潜黑土 | 3 049 | 0 | 0 | 184 | 0 | 195 | 0 | 0 | 0 | 0 | 0 | 120 | 0 | 242 | 99 | 0 | 2 209 |
| 厚层沙砾底草甸土 | 1 425 | 0 | 0 | 75 | 36 | 0 | 0 | 0 | 0 | 0 | 0 | 0 | 0 | 0 | 1 175 | 0 | 139 |

（续）

| 土种 | 面积 | 兴旺乡 | 和盛乡 | 九井镇 | 讷南镇 | 孔国乡 | 通南镇 | 同义乡 | 拉哈镇 | 同心乡 | 六合镇 | 龙河镇 | 长发乡 | 学田镇 | 二克浅镇 | 讷河镇 | 老莱镇 |
|---|---|---|---|---|---|---|---|---|---|---|---|---|---|---|---|---|---|
| 中层黏壤质潜育草甸土 | 4 985 | 0 | 0 | 0 | 60 | 48 | 0 | 0 | 0 | 0 | 259 | 4 618 | 0 | 0 | 0 | 0 | 0 |
| 厚层黄土质黑钙土 | 41 | 0 | 0 | 0 | 0 | 0 | 0 | 0 | 0 | 41 | 0 | 0 | 0 | 0 | 0 | 0 | 0 |
| 薄层沙质黑钙土 | 2 244 | 1 463 | 0 | 0 | 0 | 0 | 0 | 337 | 163 | 0 | 281 | 0 | 0 | 0 | 0 | 0 | 0 |
| 中层沙底草甸黑土 | 1 089 | 0 | 0 | 0 | 0 | 0 | 0 | 0 | 0 | 0 | 0 | 172 | 0 | 0 | 916 | 0 | 0 |
| 厚层黄土质表潜黑土 | 491 | 0 | 0 | 0 | 0 | 0 | 0 | 0 | 0 | 0 | 41 | 0 | 0 | 26 | 228 | 0 | 196 |
| 薄层砾底草甸黑土 | 505 | 0 | 0 | 0 | 0 | 319 | 0 | 96 | 0 | 0 | 0 | 76 | 0 | 0 | 0 | 0 | 14 |
| 暗矿质暗棕壤 | 165 | 0 | 0 | 0 | 0 | 0 | 0 | 0 | 0 | 0 | 0 | 0 | 0 | 165 | 0 | 0 | 0 |
| 厚层沙底潜育草甸土 | 215 | 0 | 0 | 30 | 0 | 0 | 0 | 0 | 0 | 0 | 0 | 185 | 0 | 0 | 0 | 0 | 0 |
| 薄层黏壤质潜育草甸土 | 179 | 0 | 0 | 0 | 0 | 0 | 0 | 0 | 0 | 179 | 0 | 0 | 0 | 0 | 0 | 0 | 0 |
| 黄土质草甸暗棕壤 | 176 | 0 | 0 | 0 | 0 | 0 | 0 | 0 | 0 | 0 | 0 | 176 | 0 | 0 | 0 | 0 | 0 |
| 中层砾底草甸土 | 15 | 0 | 0 | 0 | 0 | 0 | 0 | 0 | 0 | 0 | 0 | 0 | 0 | 15 | 0 | 0 | 0 |

# 第二节　土壤概述

本次耕地地力评价，没有进行大范围的土壤剖面调查，土壤分类是在全国第二次土壤普查的基础上整理、归纳成现有的土壤分类结果。自全国第二次土壤普查以来，讷河市行政区划、耕地面积等均有一定的变化，为了更好地反映当时的状况，本节引用了全国第二次土壤普查的数据，仅在单位上有一些变动。如耕地面积，土壤有机质、全氮等含量的单位转变为法定计量单位；其他如行政单位名称、土类、亚类、土属、土种名称等，都没有变动。

## 一、暗棕壤

暗棕壤是讷河市的山林地土壤，分布在本市北部，尤以东北部（包括龙河镇、孔国乡的东北部、老莱镇东北部以及国庆林场、茂山林场、保安林场、部分军场、嫩江九三农垦管理局所属红五月农场）和西北部（包括富源林场、装司农场、装司技校、学田镇、老莱农场、老莱镇的西北部）最为集中。当地习惯上把这类土壤叫红沙岗子、石垃子地、红鸡肝土等。全市该类土壤面积有 39 632 公顷，占总土壤面积的 6.01％；已开垦为耕地的有12 667 公顷，占本类土壤面积的 31.96％（表 3－15）。该类土壤所处地形起伏较大，海拔多在 280 米以上，降雨偏多，气候冷凉，底层砾、石、粗沙不一或者黏砾相间，地下水位深，水质软，植被以阔叶林或针阔混交林为主。

表 3－15　暗棕壤面积统计

| 单位名称 | 小计（公顷） | 占本土壤面积（％） | 其中，耕地（公顷） | 占本土壤耕地面积（％） |
|---|---|---|---|---|
| 乡（镇）计 | 6 943 | 17.52 | 4 453 | 35.16 |
| 二克浅 | 468 | 1.18 | 186 | 1.47 |
| 学田 | 858 | 2.16 | 595 | 4.7 |
| 清和 | 22 | 0.06 | 22 | 0.17 |
| 孔国 | 46 | 0.12 | 14 | 0.11 |
| 龙河 | 1 169 | 2.95 | 681 | 5.38 |
| 友好 | 1 652 | 4.17 | 912 | 7.2 |
| 老莱 | 2 728 | 6.88 | 2 043 | 16.13 |
| 市属农林牧场计 | 24 616 | 62.11 | 803 | 6.34 |
| 青色草原马场 | 354 | 0.89 | 95 | 0.75 |
| 富源林场 | 331 | 0.83 | 6 | 0.05 |
| 保安林场 | 1 151 | 2.90 | 70 | 0.56 |
| 国庆林场 | 6 487 | 16.37 | 192 | 1.52 |

（续）

| 单位名称 | 小计（公顷） | 占本土壤面积（%） | 其中，耕地（公顷） | 占本土壤耕地面积（%） |
|---|---|---|---|---|
| 宽余林场 | 3 695 | 9.32 | 277 | 2.18 |
| 茂山林场 | 12 599 | 31.80 | 162 | 1.28 |
| 非市属国有农场计 | 5 791 | 14.61 | 5 288 | 41.75 |
| 旭光农场 | 38 | 0.09 | 37 | 0.29 |
| 尖山农场 | 319 | 0.81 | 176 | 1.40 |
| 红五月农场 | 2 216 | 5.59 | 2 037 | 16.08 |
| 荣军农场 | 2 593 | 6.54 | 2 432 | 19.20 |
| 七星泡农场 | 559 | 1.41 | 557 | 4.40 |
| 老莱农场 | 66 | 0.17 | 48 | 0.38 |
| 非市属驻军农场计 | 1 927 | 4.86 | 1 799 | 14.2 |
| 81540 部队农场 | 368 | 0.93 | 345 | 2.72 |
| 81573 部队农场 | 155 | 0.39 | 155 | 1.22 |
| 81639 部队农场 | 889 | 2.24 | 845 | 6.68 |
| 81551 部队农场 | 81 | 0.21 | 81 | 0.64 |
| 81874 部队农场 | 242 | 0.61 | 234 | 1.85 |
| 81875 部队农场 | 42 | 0.1 | 41 | 0.32 |
| 海后农场 | 150 | 0.38 | 98 | 0.77 |
| 外县使用讷河土地 | 356 | 0.90 | 324 | 2.55 |
| 合计 | 39 632 | 100.00 | 12 667 | 100.00 |

讷河市暗棕壤分为暗棕壤和草甸暗棕壤 2 个亚类；暗棕壤亚类又分出石质暗棕壤、沙石质暗棕壤和沙质暗棕壤 3 个土属。

**1. 暗棕壤**

（1）石质暗棕壤。该土属主要分布于讷河市西北部的学田镇、富源林场及老莱农场西北部低山岗丘的上部，总面积 1 389 公顷，占暗棕壤土类面积的 3.50%。有薄层石质暗棕和中层石质暗棕壤 2 个土种（表 3-16），属山地土壤，海拔 260～334 米。自然植被为次生柞木林或杂木林，一些森林已被破坏，成为秃山。石质暗棕壤母质为岩石风化残积物。土层较薄，其下为碎石。地表有 1～2 厘米厚的枯枝落叶层，黑土层约 20 厘米，暗棕灰色，夹有少量小石块，根系较多，呈粒状至团块状结构，较疏松。土层下碎石面上有淀积特征，再下为母岩。表土有机质含量在 65 克/千克以上，酸碱度近中性，全量养分较高（表 3-17）。表层容重 0.91～1.05 克/厘米³，总孔隙度 60.38%～65.66%，因母质和有机质含量的影响，心土层（BC 层）容重稍有增高，为 1.09～1.10 克/厘米³，土壤总孔隙度降至 55.10%～58.87%。表土碱解氮和速效钾含量均大于 200 毫克/千克，有效磷含量却小于 5 毫克/千克。可见，石质暗棕壤表层土壤速效氮、速效钾含量丰富，而有效磷含量则偏低。

表 3-16　石质暗棕壤各土种面积统计

| 土种 | 面积（公顷） | 占本土属面积（%） | 其中：耕地（公顷） | 占该土种面积（%） |
|---|---|---|---|---|
| 薄层石质暗棕壤 | 952 | 68.54 | 327 | 34.35 |
| 中层石质暗棕壤 | 437 | 31.46 | 159 | 36.38 |
| 合计 | 1 389 | 100.00 | 486 | 34.99 |

表 3-17　石质暗棕壤理化性状统计

| 剖面地点及编号 | 层次 | 取土深度（厘米） | 有机质（克/千克） | pH | 全量（克/千克） | | | 物理性黏粒含量（%）<0.01毫米 | 物理性沙粒含量（%）>0.01毫米 | 质地 |
|---|---|---|---|---|---|---|---|---|---|---|
| | | | | | 氮 | 磷 | 钾 | | | |
| 清和乡富源村东山清83 | A | 0~7 | 65.3 | 7.1 | 3.40 | 5.96 | 18.2 | 37.35 | 62.65 | 中壤土 |
| | BC | 20~30 | 9.5 | 7.4 | 0.51 | 7.11 | 11.2 | 40.05 | 59.95 | 中壤土 |

讷河市石质暗棕壤因所处地形陡峭，黑土层薄，只适于作林业用地。

（2）沙石质暗棕壤。该土属分布于本市北部，包括学田镇的东北部、老莱农场南部、老莱镇东北部、孔国乡东北部、龙河镇西北和东部，以及宽余林场、保安林场、国庆林场、茂山林场西部及九三局所属红五月农场等地，总面积 29 582 公顷，占暗棕壤土类面积的 74.64%。其中已开垦为耕地的有 9 937 公顷，占该土属面积的 33.59%，分为薄层沙石质暗棕壤、中层沙石质暗棕壤、厚层沙石质暗棕壤 3 个土种（表 3-18）。

表 3-18　沙石质暗棕壤各土种面积统计

| 土种 | 面积（公顷） | 占本土属面积（%） | 其中：耕地（公顷） | 占该土种面积（%） |
|---|---|---|---|---|
| 薄层沙石质暗棕壤 | 5 645 | 19.08 | 1 690 | 29.94 |
| 中层沙石质暗棕壤 | 22 731 | 76.84 | 7 558 | 33.25 |
| 厚层沙石质暗棕壤 | 1 206 | 4.08 | 689 | 57.13 |
| 合计 | 29 582 | 100.00 | 9 937 | 33.59 |

沙石质暗棕壤处于半湿润气候区，自然状况下生长柞木或柞、桦等阔叶杂木林。成土母质是风化残积物和坡积物。黑土层多在 10~20 厘米，浅棕灰色至棕黑色，中壤土，呈团粒状至团块状结构，较疏松，层次过渡较明显。黑土层下由淋溶层逐渐过渡至红棕色铁铝淀积层，淀积层厚度为 30~50 厘米。表土有机质含量高达 117.6 克/千克、pH 6.8、容重为 1.02 克/厘米$^3$、总孔隙度 61.57%、全量养分高（表 3-19），黑土层以下有机质和全氮含量急剧减少，呈现漏斗形。

**表 3-19 沙石质暗棕壤理化性状统计**

| 剖面地点及编号 | 层次 | 取土深度（厘米） | 有机质（克/千克） | pH | 全量（克/千克） | | | 物理性黏粒含量（%）<0.01毫米 | 物理性沙粒含量（%）>0.01毫米 | 质地 |
|---|---|---|---|---|---|---|---|---|---|---|
| | | | | | 氮 | 磷 | 钾 | | | |
| 龙河镇永胜村后山龙概4 | As | 0～5 | 117.6 | 6.8 | 4.91 | 1.56 | 29.8 | 32.73 | 62.27 | 中壤土 |
| | A₁ | 5～15 | 49.1 | 6.7 | 2.22 | 1.18 | | 40.16 | 59.84 | 中壤土 |
| | AB | 15～45 | 20.9 | 6.7 | 0.96 | 0.67 | | 29.36 | 70.64 | 轻壤土 |
| | B | 45～85 | 4.5 | 6.5 | 0.37 | | | 31.96 | 68.94 | 中壤土 |
| | C | 85～125 | 2.2 | 6.4 | | | | 12.29 | 87.71 | 沙壤土 |

从表 3-19 中可以看出，沙石质暗棕壤表层土壤全量养分含量都高，全磷、全钾均达到极高程度，表层以下土壤质地越往下层越轻（淀积层除外）。机械组成以龙河镇核查 4 号剖面为例（表 3-20）。据龙河、老莱、学田等乡（镇）21 个点位统计分析，该土壤表层养分平均含量均高，有机质平均含量为 78.9 克/千克、碱解氮为 212.07 毫克/千克、速效钾为 255.95 毫克/千克（一级）、有效磷 17.35 毫克/千克，（四级）说明碱解氮、速效钾含量丰富，有效磷含量中等偏低。在 21 个点位中，除个别点位外，绝大多数点位碱解氮、速效钾含量属 1～2 级，有效磷含量属 3～4 级（表 3-21）。

**表 3-20 沙石质暗棕壤机械组成分析结果**

| 层次 | 取样深度（厘米） | 土壤各粒级含量（%） | | | | | | 物理性黏粒（%） | 质地 |
|---|---|---|---|---|---|---|---|---|---|
| | | 0.25～1.00毫米 | 0.05～0.25毫米 | 0.01～0.05毫米 | 0.005～0.001毫米 | 0.001～0.005毫米 | <0.001毫米 | | |
| As | 0～5 | 17.63 | 17.16 | 32.04 | 9.27 | 14.31 | 9.19 | 32.13 | 中壤土 |
| A₁ | 5～15 | 5.33 | 32.57 | 21.94 | 10.11 | 17.23 | 12.82 | 40.16 | 中壤土 |
| AB | 15～45 | 47.89 | 5.78 | 16.97 | 6.37 | 12.99 | 10.00 | 29.36 | 轻壤土 |
| B | 45～85 | 52.18 | 7.88 | 7.98 | 2.37 | 11.16 | 18.47 | 31.96 | 中壤土 |
| C | 85～125 | 71.87 | 7.85 | 7.99 | 1.85 | 7.43 | 3.01 | 12.29 | 沙壤土 |

**表 3-21 沙石质暗棕壤养分含量统计**

| 项目 | 平均值 | 最高值 | 最低值 | 极差 | 标准差 |
|---|---|---|---|---|---|
| 有机质（克/千克） | 78.9 | 172.9 | 44.7 | 128.2 | 3.44 |
| 全氮（克/千克） | 3.291 | 6.046 | 1.317 | 4.675 | 0.15 |
| 碱解氮（毫克/千克） | 217.07 | 336.28 | 135.78 | 200.5 | 57.32 |
| 有效磷（毫克/千克） | 17.35 | 43.95 | 1.82 | 42.13 | 11.81 |
| 速效钾（毫克/千克） | 255.93 | 518 | 128.9 | 389.1 | 108.23 |

沙石质暗棕壤易于熟化，土质热潮，但该土壤都处于岗丘上部，坡度大，渗透性强，植被破坏后水土流失严重。一般不宜垦作耕地，而应用作林地，凡已开垦的应有计划地退

耕还林。

（3）沙质暗棕壤。该土属集中分布于讷河市东北部茂山林场的最北部和嫩江县接壤的山前漫岗上。总面积5 284公顷，占暗棕壤土类面积的13.33%。其中，已垦为耕地的有1 424公顷，占该土属面积的26.95%，有薄层沙壤质暗棕壤、中层沙壤质暗棕壤2个土种（表3-22）。沙质暗棕壤所处海拔在340~410米，自然植被为柞、桦、杨等树种组成的阔叶混交林，母质以粗沙为主，质地较均匀。黑土层厚度除个别点位外，多数较薄，在10厘米左右。土壤表层呈暗棕灰色，表层养分含量较高，pH显中性，容重0.88~1.10克/厘米$^3$，自然结构呈粒状至不明显的团块状，松散，表层以下颜色渐浅，有机质等养分含量锐减，在60~90厘米形成一种红棕色的淀积层。整个剖面较疏松，耕性好，适耕期长，土壤通透性好，热潮，但因所处坡度较大，植被一旦遭到破坏，水土流失严重，利用上仍以做林地为宜。其表层养分状况见表3-23。

表3-22　沙质暗棕壤各土种面积统计

| 土种 | 面积（公顷） | 占本土属面积（%） | 其中：耕地（公顷） | 占该土种面积（%） |
|---|---|---|---|---|
| 薄层沙质暗棕壤 | 5 151 | 97.48 | 1 291 | 25.06 |
| 中层沙质暗棕壤 | 133 | 2.52 | 133 | 100.00 |
| 合计 | 5 284 | 100.00 | 1 424 | 26.95 |

表3-23　沙质暗棕壤养分含量统计

| 项目 | 平均值 | 最高值 | 最低值 | 极差 | 标准差 |
|---|---|---|---|---|---|
| 有机质（克/千克） | 71.0 | 142.20 | 47.30 | 94.90 | 3.59 |
| 全氮（克/千克） | 1.862 | 2.59 | 1.23 | 1.36 | 0.06 |
| 碱解氮（毫克/千克） | 223.98 | 286.56 | 150.70 | 135.86 | 56.63 |
| 有效磷（毫克/千克） | 21.54 | 50.33 | 8.77 | 41.56 | 16.53 |
| 速效钾（毫克/千克） | 233.16 | 395.80 | 154.50 | 241.30 | 96.00 |

**2. 草甸暗棕壤**　该亚类土壤分布在讷河市东北部茂山林场与德都县接壤的部分漫岗上。总面积3 377公顷，占暗棕壤土类面积的8.53%。其中，耕地有820公顷，分中层草甸暗棕壤、厚层草甸暗棕壤2个土种（表3-24）。

表3-24　草甸暗棕壤各土种面积统计

| 土种 | 面积（公顷） | 占本土属面积（%） | 其中：耕地（公顷） | 占该土种面积（%） |
|---|---|---|---|---|
| 中层草甸暗棕壤 | 2 572 | 76.16 | 243 | 9.45 |
| 厚层草甸暗棕壤 | 805 | 23.84 | 577 | 71.68 |
| 合计 | 3 377 | 100.00 | 820 | 24.28 |

草甸暗棕壤所处海拔在380~430米，自然植被为柞、桦等树种组成的天然次生林及小面积灌木林。草甸暗棕壤的母质类型又分为黏质和黏石质两种，黏质母质多为河湖相沉

积物，黏石质母质为坡积洪积物。草甸暗棕壤黑土层较厚，多数在20～30厘米，根据7个剖面统计，黑土层平均厚度为25厘米。质地为重壤土，较黏重，呈粒状至团块结构，暗灰色，土壤容重0.79～1.00克/厘米³，平均容重为0.89克/厘米³，土壤总孔隙度62.26%～70.19%。表层土壤全量养分含量较高，有机质平均含量57.6克/千克，全氮平均含量2.896克/千克，全磷平均含量2.2克/千克，全钾平均含量18.6克/千克，pH为5.1，属酸性土壤。草甸暗棕壤表土肥沃，保肥力强，表层以下有机质等全量养分则明显降低（表3-25）。

表3-25　草甸暗棕壤理化性质

| 剖面地点及编号 | 层次 | 取土深度（厘米） | 有机质（克/千克） | pH | 全量养分（克/千克） | | | 总孔隙度（%） | 物理性黏粒<0.01毫米 | 物理性沙粒>0.01毫米 | 质地 |
|---|---|---|---|---|---|---|---|---|---|---|---|
| | | | | | 氮 | 磷 | 钾 | | | | |
| 茂山25 | A₁ | 15～25 | 61 | 5.2 | 2.62 | 2.19 | 25.2 | 50.33 | 28.30 | 52.49 | 重壤土 |
| | B | 60～70 | 33 | 5.0 | — | — | — | — | 32.89 | 60.83 | 轻壤土 |
| | C | 100～110 | — | 5.0 | | | | | 24.26 | 54.56 | 重壤土 |
| 茂山27 | A₁ | 10～20 | 54.1 | 5.0 | 3.17 | 2.21 | 12.0 | 47.99 | 31.84 | 53.49 | 重壤土 |
| | AB | 60～70 | 14.18 | 4.9 | 0.84 | 1.28 | | | 37.87 | 64.01 | 轻壤土 |
| | B | 100～110 | 4.23 | 4.8 | | | | | 16.81 | 58.19 | 重壤土 |

黑土层以下有25厘米左右的过渡层，颜色较浅，质地比上层黏，为轻黏土。再下为厚40厘米左右的褐棕色淀积层，呈核状结构，并夹有少量小石块，质地为重壤土，土壤机械组成分析以茂山27号剖面为例，见表3-26。

表3-26　黏砾质草甸暗棕壤机械组成分析结果

| 层次 | 取样深度（厘米） | 土壤各粒级含量（%） | | | | | | 物理性黏粒（%） | 质地 |
|---|---|---|---|---|---|---|---|---|---|
| | | 0.25～1.0毫米 | 0.05～0.25毫米 | 0.01～0.05毫米 | 0.005～0.01毫米 | 0.001～0.005毫米 | <0.001毫米 | | |
| A₁ | 10～20 | 1.70 | 15.04 | 29.77 | 9.04 | 12.61 | 12.61 | 31.84 | 重壤土 |
| AB | 45～55 | 1.70 | 14.10 | 20.82 | 6.24 | 19.90 | 19.90 | 37.24 | 轻黏土 |
| B | 77～85 | 2.20 | 14.29 | 25.32 | 11.85 | 29.53 | 29.53 | 16.81 | 重壤土 |

草甸暗棕壤可作林地，亦可垦为农田，但因其所处地形坡度较大，一经开垦，水土流失仍相当严重。作农田应加强水土保持，如采取挖掘截流沟拦截坡水，种植护坡林带，横坡等高打垄、建梯田等。

## 二、黑土

黑土是讷河市的主要土壤类型，广泛分布于本市中东部和讷谟尔河南北两侧的漫岗上，全市除兴旺乡外，其他各乡（镇、场）都有分布。全市黑土总面积为379 212公顷，占全市总土壤面积的57.53%。其中，耕地有313 619公顷，占黑土面积的82.70%（表3-27）。本市黑土又分为黑土、草甸黑土、表潜黑土、暗棕壤型黑土4个亚类。

表3-27 黑土面积统计

| 单位名称 | 面积（公顷） | 占本土壤面积（%） | 其中：耕地（公顷） | 占本土壤耕地面积（%） |
|---|---|---|---|---|
| 乡（镇）计 | 279 220 | 73.63 | 243 475 | 77.63 |
| 讷河 | 4 063 | 1.07 | 2 741 | 0.87 |
| 拉哈 | 2 792 | 0.74 | 1 876 | 0.60 |
| 二克浅 | 20 927 | 5.52 | 18 391 | 5.86 |
| 学田 | 19 934 | 5.26 | 17 801 | 5.68 |
| 清和 | 9 744 | 2.57 | 8 756 | 2.79 |
| 孔国 | 12 682 | 3.34 | 10 360 | 3.30 |
| 进化 | 11 098 | 2.93 | 10 171 | 3.24 |
| 龙河 | 14 051 | 3.71 | 11 881 | 3.79 |
| 友好 | 11 382 | 3.00 | 9 782 | 3.12 |
| 讷南 | 20 485 | 5.40 | 16 654 | 5.31 |
| 巨和 | 10 329 | 2.72 | 9 340 | 2.98 |
| 全胜 | 5 026 | 1.33 | 4 649 | 1.48 |
| 太和 | 13 780 | 3.63 | 12 540 | 4.00 |
| 长发 | 18 628 | 4.91 | 16 059 | 5.12 |
| 和盛 | 1 153 | 0.30 | 998 | 0.32 |
| 通南 | 21 420 | 5.65 | 19 058 | 6.08 |
| 同心 | 8 696 | 2.29 | 7 867 | 2.51 |
| 同义 | 14 765 | 3.89 | 13 219 | 4.22 |
| 九井 | 16 559 | 4.37 | 15 161 | 4.83 |
| 老莱 | 28 718 | 7.57 | 24 463 | 7.80 |
| 永丰 | 12 988 | 3.42 | 11 707 | 3.73 |
| 市属农林牧场计 | 25 319 | 6.68 | 7 209 | 2.30 |
| 一良 | 896 | 0.24 | 726 | 0.23 |
| 二良 | 463 | 0.12 | 425 | 0.14 |
| 三良 | 749 | 0.2 | 702 | 0.22 |
| 四良 | 718 | 0.19 | 664 | 0.21 |
| 青色草原马场 | 5 293 | 1.40 | 2 611 | 0.83 |
| 进化猪场 | 1 442 | 0.38 | 737 | 0.23 |
| 富源林场 | 2 844 | 0.75 | 110 | 0.03 |
| 保安林场 | 1 824 | 0.48 | 288 | 0.09 |
| 市苗圃 | 82 | 0.02 | 0 | 0 |

（续）

| 单位名称 | 面积（公顷） | 占本土壤面积（%） | 其中：耕地（公顷） | 占本土壤耕地面积（%） |
|---|---|---|---|---|
| 国庆林场 | 1 360 | 0.36 | 168 | 0.05 |
| 宽余林场 | 1 792 | 0.47 | 285 | 0.09 |
| 茂山林场 | 7 856 | 2.07 | 494 | 0.16 |
| 市属其他单位计 | 261 | 0.07 | 236 | 0.08 |
| 非市属国有农场计 | 60 246 | 15.89 | 50 760 | 16.19 |
| 旭光农场 | 3 386 | 0.89 | 3 355 | 1.07 |
| 尖山农场 | 818 | 0.22 | 575 | 0.18 |
| 红五月农场 | 12 780 | 3.37 | 11 286 | 3.60 |
| 红光糖厂基地 | 310 | 0.08 | 196 | 0.06 |
| 嫩江农场局科研所 | 714 | 0.19 | 579 | 0.18 |
| 荣军农场 | 2 001 | 0.53 | 1 619 | 0.52 |
| 大庆农场 | 109 | 0.03 | 109 | 0.03 |
| 七星泡农场 | 1 536 | 0.41 | 1 526 | 0.49 |
| 老莱农场 | 16 247 | 4.28 | 11 443 | 3.65 |
| 克山农场 | 22 345 | 5.89 | 20 071 | 6.40 |
| 非市属驻军农场计 | 12 204 | 3.22 | 10 520 | 3.35 |
| 嫩江军分区部队农场 | 313 | 0.08 | 313 | 0.10 |
| 81540 部队农场 | 1 490 | 0.39 | 1 385 | 0.44 |
| 81573 部队农场 | 258 | 0.07 | 257 | 0.08 |
| 海后农场 | 2 632 | 0.69 | 2 092 | 0.67 |
| 81877 部队农场 | 861 | 0.23 | 857 | 0.27 |
| 81639 部队农场 | 327 | 0.09 | 314 | 0.10 |
| 81551 部队农场 | 1 515 | 0.40 | 1 459 | 0.47 |
| 81874 部队农场 | 72 | 0.02 | 71 | 0.02 |
| 51253 部队农场 | 246 | 0.06 | 241 | 0.08 |
| 81876 部队农场 | 625 | 0.16 | 611 | 0.19 |
| 广空农场 | 1 711 | 0.45 | 1 654 | 0.53 |
| 81875 部队农场 | 443 | 0.12 | 434 | 0.14 |
| 装司农场 | 1 565 | 0.41 | 686 | 0.22 |
| 装司技校 | 146 | 0.04 | 143 | 0.05 |
| 外县使用讷河土地 | 1 962 | 0.52 | 1 419 | 0.45 |
| 合计 | 379 212 | 100.00 | 313 619 | 100.00 |

**1. 黑土** 讷河市黑土亚类总面积为 262 647 公顷，占黑土类面积的 69.26%。其中，耕地 227 117 公顷，占该亚类面积的 86.47%。根据该土壤成土母质的不同，又分出黏底

黑土、沙底黑土、沙黏底黑土、石底黑土4个土属。

（1）黏底黑土。该土属总面积236 434公顷，占黑土亚类面积的90.02%。其中，耕地有206 515公顷，占黑土亚类耕地面积的90.93%。有破皮（极薄层）黄黏底黑土、薄层黏底黑土、中层黏底黑土、厚层黏底黑土4个土种（表3-28）。

表3-28 黏底黑土各土种面积统计

| 土壤 | 面积（公顷） | 占本土属面积（%） | 其中：耕地（公顷） | 占该土种面积（%） |
|---|---|---|---|---|
| 破皮黄（极薄层）黏底黑土 | 1 189 | 0.50 | 1 080 | 90.83 |
| 薄层黏底黑土 | 92 577 | 39.16 | 78 691 | 85.00 |
| 中层黏底黑土 | 136 963 | 57.93 | 121 676 | 88.84 |
| 厚层黏底黑土 | 5 705 | 2.41 | 5 067 | 88.82 |
| 合计 | 236 434 | 100.00 | 206 515 | 87.35 |

黏底黑土的土体主要由A层、B层和C层3个发生层次组成。农民通常把这3个发生层次通俗形象地说成"黑土帽、黑黄土腰、黄土底"，也有把这3个层次叫作表土层、心土层和底土层的。在本次土壤普查中，根据黏底黑土土壤剖面层次的实际过渡情况，又在A层与B层、B层与C层之间各划出AB层、BC层2个过渡层次，这样黑土土体就由A层、AB层、B层、BC层和C层5个层次组成。

讷河市黏底黑土的黑土层厚度多在25～45厘米，小于10厘米或大于50厘米的较少。该土属表层土壤呈黑色或黑棕色，质地多为重壤土，呈粒状、团粒状至团块状结构。土壤容重为1.02～1.57克/厘米³，平均为1.25克/厘米³，总孔隙度40.75%～61.51%；据509个地块农化样品的分析，黏底黑土表层土壤有机质含量为41.8～49.9克/千克、碱解氮含量为174～212毫克/千克、有效磷含量为12.56～15.35毫克/千克、速效钾含量为236～304.2毫克/千克，pH为6.2～7.3，平均为6.63，中性至微酸性（表3-29和表3-30）。

现以长发镇27号剖面为例说明黏底黑土的土体特征和理化特性。

表3-29 黏底黑土表层养分含量统计

| 土种 | 有机质（克/千克） | 全氮（克/千克） | 碱解氮（毫克/千克） | 有效磷（毫克/千克） | 速效钾（毫克/千克） | 样品数（个） |
|---|---|---|---|---|---|---|
| 薄层黏底黑土 | 41.8 | 1.391 | 193.53 | 12.67 | 304.2 | 291 |
| 中层黏底黑土 | 47.9 | 2.176 | 190.89 | 14.78 | 297.7 | 200 |
| 厚层黏底黑土 | 49.9 | 2.324 | 212 | 12.56 | 274.6 | 8 |

表3-30 黏底黑土表层土壤有机质含量统计

| 土种 | 表层土壤有机质（克/千克） | | | | 样品数（个） | 标准差 |
|---|---|---|---|---|---|---|
| | 平均值 | 最大值 | 最小值 | 极差 | | |
| 薄层黏底黑土 | 41.8 | 75.8 | 20.6 | 55.2 | 291 | 1.82 |
| 中层黏底黑土 | 47.9 | 74.4 | 28.2 | 46.2 | 200 | 0.84 |
| 厚层黏底黑土 | 49.9 | 53.5 | 41.6 | 11.9 | 8 | 0.43 |

长发镇 27 号剖面土体构型和形态特征如下：

A 层：0～30 厘米，黑棕色，小粒状结构，重壤土，松，润，可见铁锰结核，植物根系多，无石灰反应，层次过渡较明显。

AB 层：30～80 厘米，暗棕色，团粒至团块状结构，重壤土，较紧实，湿润，有铁锰结核，植物根系较少，无石灰反应，层次过渡不明显。

B 层：80～130 厘米，棕色，核块状结构，重壤土，土壤紧实，潮湿，有锈色胶膜和二氧化硅粉末，植物根系极少，无石灰反应，层次过渡不明显。

C 层：130 厘米以下，暗黄棕色，块状结构，中壤土，土体极紧，湿，可见少量锈纹锈斑和二氧化硅粉末，无植物根系，无石灰反应，层次过渡不明显。

剖面综合评述：通体无石灰反应，层次过渡不明显，土壤质地较黏重，AB 层以下有铁锰结核及少量二氧化硅粉末和锈色胶膜。C 层结构大，棱角分明，并可见横向纹理。腐殖质呈条纹状下伸，直达母质层，剖面中有动物穴填充物。

黏底黑土的理化性质和各土种有机质剖面垂直分布情况见表 3-31。

**表 3-31　黏底黑土理化性质统计**

| 部面地点及编号 | 土种名称 | 层次 | 取土深度（厘米） | 有机质（克/千克） | 全量（克/千克） | | | pH | 代换量（毫克当量/100 克土） | 容重（克/厘米³） | 总孔隙度（％） |
|---|---|---|---|---|---|---|---|---|---|---|---|
| | | | | | 氮 | 磷 | 钾 | | | | |
| 同义乡新光村一队北平岗顶义 79 | 破皮黄黏底黑土 | A | 5～10 | 16.36 | 0.718 | 0.541 | 32.2 | 6.7 | 27.83 | 1.32 | 50.19 |
| | | B | 35～45 | 8.72 | 0.366 | 0.480 | — | 6.5 | 27.82 | — | — |
| | | C | 100～110 | 3.35 | — | — | — | 6.5 | | | |
| 讷南镇鲁民村南岗坡南 99 | 薄层黏底黑土 | A | 5～10 | 37.45 | 1.753 | 1.070 | 25.6 | 6.2 | 34.53 | | |
| | | AB | 35～45 | 11.38 | 0.470 | 0.530 | — | 5.1 | 31.4 | | |
| | | B | 85～90 | 8.64 | | | | 5.3 | | | |
| | | C | 130～135 | — | | | | 5.9 | | | |
| 长发镇东方红村北岗坡发 27 | 中层黏底黑土 | A | 10～20 | 46.46 | 2.377 | 1.150 | 28.1 | 6.5 | 42.91 | 1.32 | 50.91 |
| | | AB | 30～40 | 22.71 | 1.110 | 0.730 | 28.0 | 6.2 | 38.74 | | |
| | | B | 100～110 | 11.64 | | | | 5.7 | | | |
| | | C | 135～145 | 5.23 | | | | 5.9 | | | |
| 通南镇志和村通 119 | 厚层黏底黑土 | A | 15～25 | 61.7 | | | | 6.8 | 44.96 | | |
| | | AB | 60～70 | 42.5 | 1.888 | 1.010 | 28.6 | 5.9 | 40.09 | | |
| | | B | 75～85 | 30.7 | | 0.860 | | 5.7 | | | |
| | | BC | 100～110 | 20.0 | | | | 5.7 | | | |
| | | C | 120～130 | 13.6 | | | | 5.5 | | | |

从表 3-31 可以看出，黏底黑土剖面中有机质等全量养分含量从表层往下逐渐减少，呈倒圆锥形分布，而且因土种不同有机质含量差异较大。表层土壤显微酸性至中性，越往下层酸性越强。土壤阳离子交换量较大，而且表现为厚层＞中层＞薄层＞破皮黄。说明黑土保水保肥和供水供肥能力较强，适耕适种性均好，是本市最好的土壤类型之一。但是，

黑土所处地形大多是漫川漫岗，水土流失比较严重，特别是坡度较大的"岗头"部位，侵蚀严重。讷河市部分薄层黑土、破皮黄黑土，农民称为黄土厥子，大多由中层、厚层黑土受侵蚀演化而来。在本市属中低产土壤，也是应重点培肥的土壤。如讷南镇99号剖面和长发镇27号剖面同属一条岗，只因讷南镇99号剖面所处地形坡度较大，土壤开垦时间较久，由湖北、山东移民屯垦，至今已有100年垦殖史，远比长发镇东方红村北岗开垦为早，加之种养脱节，地块距村较远，送粪费力，多年不施有机肥，水土保持差，两处剖面对照，讷南镇99号剖面刚好比长发镇27号剖面土体少了30厘米厚黑土层，长发镇27号剖面的AB层相当于现在讷南镇99号剖面的A层（以下层次依此类推）。如按垦殖史推算，大体每年有0.5厘米厚的黑土被侵蚀掉，表土有机质含量每年至少降低千分之十五。通南镇119号剖面和18号剖面也是一例，只因119号处于平岗顶部，中小区地形平坦，属深厚层黑土，而18号剖面则因处于"岗头"部位，坡度较大，土壤表层（A层）已被侵蚀殆尽，成为薄层侵蚀性黑土，地面的表土层实则是AB层。可见，本市水土流失是一种土壤潜在的危险的慢性病，也是影响作物保持高产稳产的隐患之一。

表3-32　黏底黑土的机械组成分析结果

| 部面地点及编号 | 层次 | 取样深度（厘米） | 土壤各粒级含量（％） | | | | | | 物理性黏粒（％） | 质地 |
|---|---|---|---|---|---|---|---|---|---|---|
| | | | 0.25～1.00毫米 | 0.05～0.25毫米 | 0.01～0.05毫米 | 0.005～0.01毫米 | 0.001～0.005毫米 | <0.001毫米 | | |
| 长发镇东方红村北岗坡发27 | A | 10～20 | 1.87 | 21.77 | 28.69 | 10.81 | 19.54 | 17.32 | 47.67 | 重壤土 |
| | AB | 30～40 | 2.08 | 15.83 | 34.77 | 18.84 | 25.06 | 3.42 | 47.32 | 重壤土 |
| | B | 10～110 | 2.28 | 15.68 | 36.61 | 20.54 | 24.89 | | 45.43 | 重壤土 |
| | C | 135～145 | 2.07 | 19.81 | 38.44 | 20.41 | 18.75 | 0.52 | 39.68 | 中壤土 |
| 讷南镇鲁民村南岗坡南99 | A | 5～1 | 2.70 | 16.29 | 35.10 | 12.32 | 23.62 | 9.97 | 45.91 | 重壤土 |
| | AB | 35～40 | 2.79 | 11.19 | 34.01 | 15.40 | 25.58 | 11.03 | 52.01 | 重壤土 |
| | B | 85～90 | 2.29 | 9.22 | 27.83 | 6.86 | 14.54 | 39.26 | 60.66 | 轻壤土 |
| | C | 130～135 | 1.24 | 8.72 | 42.02 | 18.21 | 25.67 | 4.14 | 48.02 | 重壤土 |
| 通南镇志和村通119 | A | 20～30 | 1.30 | 5.53 | 36.07 | 12.68 | 23.83 | 20.59 | 35.71 | 重壤土 |
| | AB | 60～70 | 1.06 | 9.25 | 35.30 | 14.63 | 23.32 | 16.54 | 54.39 | 重壤土 |
| | B | 75～85 | 1.27 | 8.86 | 37.39 | 14.88 | 25.02 | 12.58 | 52.48 | 重壤土 |
| | BC | 100～110 | 1.49 | 10.59 | 39.29 | 16.84 | 23.08 | 8.71 | 43.63 | 重壤土 |
| | C | 120～130 | 1.38 | 10.78 | 41.16 | 17.36 | 20.62 | 8.70 | 46.68 | 重壤土 |

在黏底黑土土体的机械组成中（表3-32），以粗粉粒（0.01～0.05毫米）占的比重最大，细粉粒（0.001～0.005毫米）、中粉粒（0.005～0.01毫米）和细沙粒（0.05～0.25毫米）含量相当；粗沙粒（0.25～1.0毫米）最少；黏粒（<0.001毫米）分布有两种情况：中层、厚层黑土，在土体表层和亚表层黏粒比重较大，垦殖较久的老耕地则在B层淀积有较多黏粒。因此，黏底黑土表层和亚表层土壤颗粒胶结较好，养分充足，土壤固、液、气三相比例适宜，保水保肥性较强，能满足作物生长需要。土壤容重测定结果显示，从表层至淀积层，土壤容重越来越大（表3-33）。

表 3-33  黏底黑土土壤容重测定结果

| 土种 | 采样地点及编号 | 土壤层次 | | | | | | | |
|---|---|---|---|---|---|---|---|---|---|
| | | A | | AB | | B | | C | |
| | | 深度（厘米） | 容重（克/厘米³） | 深度（厘米） | 容重（克/厘米³） | 深度（厘米） | 容重（克/厘米³） | 深度（厘米） | 容重（克/厘米³） |
| 薄层黏底黑土 | 通南镇永革村通7 | 10～20 | 1.16 | 40～50 | 1.20 | 75～85 | 1.29 | 125～135 | 1.36 |
| 中层黏底黑土 | 通南镇兴隆六队通11 | 15～25 | 1.15 | 55～65 | 1.26 | 85～95 | 1.40 | 145～155 | 1.37 |
| 厚导黏底黑土 | 通南镇志合一队通119 | 15～25 | 1.15 | 70～80 | 1.32 | 125～135 | 1.49 | 150～160 | 1.46 |

（2）沙底黑土。该土属面积为 10 829 公顷，占黑土亚类面积的 4.12%。其中，耕地 8 383 公顷，占该土属面积的 77.41%。有薄层沙底黑土、中层沙底黑土 2 个土种（表 3-34）。

表 3-34  沙底黑土各土种面积统计

| 土种 | 面积（公顷） | 占本土属（%） | 其中：耕地（公顷） | 占该土种（%） |
|---|---|---|---|---|
| 薄层沙底黑土 | 9 887 | 91.30 | 7 546 | 76.32 |
| 中层沙底黑土 | 942 | 8.70 | 837 | 88.85 |
| 合计 | 10 829 | 100.00 | 8 383 | 77.41 |

由表 3-35 可以看出，沙底黑土剖面从上而下含沙量越来越大，土体颗粒组成以细沙粒为主，黏粒所占比重较小，而且越往下层黏粒比例越小，以讷河市二克浅镇西北部和学田镇西南部面积最大。沙底黑土全量养分含量较少（表 3-36），而且越往下层含量越少。土壤 pH 在 6.5 左右，显中性至微酸性。土壤代换量较小，说明该土壤保水保肥性能较差，发小苗，后劲小。沙底黑土表层养分状况见表 3-37。

表 3-35  沙底黑土机械组成分析结果

| 部面地点及编号 | 层次 | 取样深度（厘米） | 土壤各粒级含量（%） | | | | | | 物理性黏粒（%） | 质地 |
|---|---|---|---|---|---|---|---|---|---|---|
| | | | 0.25～1.00毫米 | 0.05～0.25毫米 | 0.01～0.05毫米 | 0.005～0.01毫米 | 0.001～0.005毫米 | <0.001毫米 | | |
| 二克浅镇沿江一队克64 | A | 10～20 | 13.81 | 41.25 | 18.44 | 6.74 | 10.32 | 9.44 | 26.50 | 轻壤土 |
| | B | 40～50 | 14.67 | 35.83 | 20.84 | 8.09 | 20.57 | 0 | 28.66 | 轻壤土 |
| | C | 80～90 | 32.31 | 54.77 | 5.65 | 1.82 | 5.45 | 0 | 7.27 | 紧沙土 |

**表 3-36　薄层沙底黑土理化性质统计**

| 剖面地点及编号 | 层次 | 取土深度（厘米） | 有机质（克/千克） | 全量（克/千克） | | | pH | 代换量（毫克当量/100 克土） | 容重（克/厘米³） | 总孔隙度（%） |
|---|---|---|---|---|---|---|---|---|---|---|
| | | | | 氮 | 磷 | 钾 | | | | |
| 二克浅镇沿江村一队 | A | 10～20 | 22.59 | 1.149 | 0.78 | | 6.5 | 18.72 | 1.42 | 46.42 |
| | B | 40～50 | 3.24 | 3.620 | 0.48 | | 6.4 | — | — | — |
| | C | 80～90 | 0.57 | | | | 6.0 | — | — | — |

**表 3-37　沙底黑土表层养分含量统计**

| 土种 | 有机质（克/千克） | 全氮（克/千克） | 碱解氮（毫克/千克） | 有效磷（毫克/千克） | 速效钾（毫克/千克） | 样品数（个） |
|---|---|---|---|---|---|---|
| 薄层沙底黑土 | 44.4 | 1.791 | 158.2 | 10.68 | 204 | 7 |
| 中层沙底黑土 | 47.8 | 2.068 | 190 | 11.38 | 269 | 6 |

（3）沙黏底黑土。该土属总面积为 9 560 公顷，占讷河市黑土亚类面积的 3.64%。其中，耕地 8 104 公顷，占该土属面积的 84.77%。有薄层沙黏底黑土、中层沙黏底黑土、厚层沙黏底黑土 3 个土种（表 3-38）。

**表 3-38　沙黏黑土各土种面积统计**

| 土种 | 面积（公顷） | 占本土属（%） | 其中：耕地（公顷） | 占该土种（%） |
|---|---|---|---|---|
| 薄层沙黏底黑土 | 8 546 | 89.40 | 7 182 | 84.04 |
| 中层沙黏底黑土 | 720 | 7.53 | 641 | 89.03 |
| 厚层沙黏底黑土 | 294 | 3.07 | 281 | 95.58 |
| 合计 | 9 560 | 100.00 | 8 104 | 84.77 |

沙黏底黑土是沙底黑土和黏底黑土间的过渡类型，所以在分布上处于沙底黑土和黏底黑土中间。临江河迎风坡地上部为主要分布区，集中的分布区是拉哈镇东部、六合镇西南部、二克浅镇西北部、学田镇西南部。

沙黏底黑土的黑土层一般都不超过 30 厘米，多在 25 厘米左右，表层为中壤土，底层为轻壤土，土体机械组成以拉哈镇 21 号剖面和二克浅镇 63 号剖面为例，详见表 3-39。

**表 3-39　沙黏底黑土机械组成分析结果**

| 部面地点及编号 | 层次 | 取样深度（厘米） | 土壤各粒级含量（%） | | | | | | 物理性黏粒（%） | 质地 |
|---|---|---|---|---|---|---|---|---|---|---|
| | | | 0.25～1.00 毫米 | 0.05～0.25 毫米 | 0.01～0.05 毫米 | 0.005～0.01 毫米 | 0.001～0.005 毫米 | <0.001 毫米 | | |
| 拉哈镇兰家窝棚西南一里拉 21 | A | 5～15 | 7.74 | 32.73 | 17.60 | 7.95 | 15.49 | 13.40 | 53.14 | 中壤土 |
| | AB | 30～40 | 12.90 | 25.55 | 25.91 | 12.90 | 21.82 | 0.92 | 64.36 | 中壤土 |
| | B | 70～80 | 7.38 | 26.93 | 36.07 | 12.34 | 17.28 | 0 | 70.48 | 轻壤土 |
| 二克浅镇沿江二队克 63 | A | 10～27 | 17.28 | 31.23 | 16.06 | 5.24 | 15.19 | 15.00 | 64.57 | 中壤土 |
| | B | 50～60 | 18.80 | 25.96 | 17.78 | 5.46 | 15.34 | 16.66 | 62.54 | 中壤土 |
| | C | 110～120 | 20.12 | 39.87 | 4.21 | 15.12 | 12.15 | 2.53 | 70.20 | 轻壤土 |

由表 3-39 可以看出，在沙黏底黑土土体机械组成中，物理性沙粒和黏粒比例较均衡，颗粒组成沙黏适度，通透性和三相比例较好。沙黏底黑土的理化性质见表 3-40，表层养分含量见表 3-41。

表 3-40    沙黏底黑土理化性质统计

| 剖面地点及编号 | 层次 | 取土深度（厘米） | 有机质（克/千克） | 全量（克/千克） | | | pH | 代换量（毫克当量/100 克土） | 容重（克/厘米³） |
|---|---|---|---|---|---|---|---|---|---|
| | | | | 氮 | 磷 | 钾 | | | |
| 二克浅镇沿江二队克 63 | A | 10～20 | 23.67 | 1.299 | 0.90 | 31.5 | 6.6 | 20.45 | 1.36 |
| | B | 50～60 | 3.55 | 0.393 | 0.51 | — | 6.5 | — | — |
| | C | 110～120 | 2.29 | — | — | — | 6.2 | — | — |
| 拉哈镇兰家窝棚西南一里拉 21 | A | 5～15 | 30.48 | 1.626 | 0.86 | 31.3 | 6.5 | 28.46 | 1.28 |
| | AB | 30～40 | 11.41 | 0.604 | 0.43 | 31.5 | 6.4 | 27.07 | |
| | B | 70～80 | 6.72 | | | | 6.3 | | |
| | C | 120～130 | 5.39 | | | | 6.5 | | |

表 3-41    沙黏底黑土表层养分含量统计

| 土种 | 有机质（克/千克） | 全氮（克/千克） | 碱解氮（毫克/千克） | 有效磷（毫克/千克） | 速效钾（毫克/千克） | 样品数（个） |
|---|---|---|---|---|---|---|
| 薄层沙黏底黑土 | 43.7 | 2.051 | 174 | 17.66 | 253.8 | 9 |
| 中层沙黏底黑土 | 41.9 | 2.247 | 194.8 | 22.6 | 197.25 | 4 |

以二克浅镇 63 号剖面为例，沙黏底黑土的剖面形状特征如下：

A 层：10～27 厘米，暗灰棕色，结构不明显，中壤土，湿润，稍紧，有铁锰结核，少量植物根系，无石灰反应，层次过渡不太明显。

B 层：27～85 厘米，淡棕色，团粒和小核块状结构，中壤土，较紧潮湿，有铁锰结核，有动物穴填充物，植物根系少，无石灰反应，层次过渡不明显。

C 层：85 厘米以下，淡黄棕色，中壤土，较紧实，潮湿，有少量铁锰结核和不明显的锈色胶膜，植物根系较少，无石灰反应，过渡不明显。

剖面综合评述：通体无石灰反应，含沙量较多，能看到明显的沙粒，有铁锰结核，土体从上而下颜色渐浅，层次过渡不明显，植物根系较少。

沙黏底黑土土质较热潮，发小苗，适耕性好，代换量中等，保水保肥性和后期供肥稍差，通透性好，养分含量偏低。用作农田应注意中后期补充肥水，加强防护林建设，防止风蚀和干旱。

（4）石底黑土。该土属总面积为 5 824 公顷，占黑土亚类的 2.22%。其中，耕地 4 116 公顷，占该土属面积的 70.67%。有薄层石底黑土、中层石底黑土和厚层石底黑土 3 个土种（表 3-42）。

表 3-42　石底黑土各土种面积统计

| 土种 | 面积（公顷） | 占本土属（%） | 其中：耕地（公顷） | 占该土种（%） |
|---|---|---|---|---|
| 薄层石底黑土 | 2 151 | 36.93 | 1 936 | 90.01 |
| 中层石底黑土 | 3 192 | 54.81 | 1 807 | 56.61 |
| 厚层石底黑土 | 481 | 8.26 | 373 | 77.55 |
| 合计 | 5 824 | 100.00 | 4 116 | 70.67 |

石底黑土集中分布于西北部低山丘陵区，以学田镇宏大村中东部面积最大，江东村红马山中上部也有分布。东北龙河镇保安村"龙眼"周围以及二克浅镇敖包山上也有零星分布，但面积较小。

石底黑土一般有 60～100 厘米厚的土层，其下为风化或半风化的碎石，多数剖面心土层带有碎石块，黑土层大多不超过 40 厘米，表层土壤容重 1.02～1.19 克/厘米$^3$，总孔隙度 55.09%～61.5%，暗灰色。其剖面特征和理化性质以学田镇 73 号剖面为例，见表 3-43、表 3-44。

表 3-43　薄层石底黑土理化性质统计

| 剖面地点及编号 | 层次 | 取土深度（厘米） | 有机质（克/千克） | 全量（克/千克） | | | pH | 代换量（毫克当量/100 克土） | 容重（克/厘米$^3$） |
|---|---|---|---|---|---|---|---|---|---|
| | | | | 氮 | 磷 | 钾 | | | |
| 清和乡宏大一队北 600 米清 73 | A | 0～15 | 52.36 | 2.747 | 1.55 | 25.0 | 6.2 | 37.10 | 1.02 |
| | AB | 20～30 | 28.34 | 1.475 | 1.26 | 26.3 | 5.6 | 30.93 | 1.28 |
| | B | 60～80 | 13.07 | — | 1.25 | — | 5.0 | — | — |
| | C | 110～120 | 14.07 | — | — | — | 5.2 | — | — |

表 3-44　石底黑土机械组成分析结果

| 部面地点及编号 | 层次 | 取样深度（厘米） | 土壤各粒级含量（%） | | | | | | 物理性黏粒（%） | 质地 |
|---|---|---|---|---|---|---|---|---|---|---|
| | | | 0.25～1.00 毫米 | 0.05～0.25 毫米 | 0.01～0.05 毫米 | 0.005～0.01 毫米 | 0.001～0.005 毫米 | <0.001 毫米 | | |
| 清和乡宏大一队北 600 米清 73 | A | 0～15 | 2.06 | 14.56 | 31.34 | 13.40 | 24.43 | 13.71 | 51.54 | 重壤土 |
| | AB | 20～30 | 2.27 | 11.75 | 33.22 | 12.45 | 27.49 | 12.82 | 52.76 | 重壤土 |
| | B | 60～80 | 1.89 | 13.11 | 22.49 | 9.98 | 27.52 | 25.01 | 62.51 | 轻黏土 |
| | C | 110～120 | 4.43 | 18.67 | 22.15 | 10.02 | 26.59 | 18.14 | 54.75 | 重壤土 |

由表 3-43、表 3-44 可以看出，石底黑土表层土壤全量养分含量丰富，土壤显微酸性，代换量较大，土壤容重和孔隙度适中，说明该土壤保水保肥和供肥性较强，"三相"比例合理，有后劲。速效性养分含量亦较丰富（表 3-45），其理化性质分析结果表明石底黑土也是本市最好的土壤类型之一。

表 3-45　石底黑土表层养分平均含量统计

| 土壤 | 有机质<br>（克/千克） | 全氮<br>（克/千克） | 碱解氮<br>（毫克/千克） | 有效磷<br>（毫克/千克） | 速效钾<br>（毫克/千克） | 样品数<br>（个） |
|---|---|---|---|---|---|---|
| 薄层石底黑土 | 74.2 | 2.222 | 211.3 | 43.67 | 214.5 | 3 |
| 中层石底黑土 | 52.0 | 2.367 | 233.0 | 6.30 | 288.0 | 1 |

学田镇 73 号剖面土体构型和剖面形态特征如下：

A 层：暗灰色，粒状至团块状结构，较紧实，潮湿，植物根系较多，无石灰反应，有少量氟石块，层次过渡较明显。

AB 层：淡灰色，团块状结构，较紧实，湿，植物根系较多，有少量氟石片，层次过渡较明显。

B 层：暗灰黄色，团粒至核块结构，紧实，湿，有大量氟石片、胶膜、二氧化硅粉末和腐殖质下伸条纹，植物根系较少，无石灰反应，层次过渡较明显。

C 层：淡灰黄色，核块状结构，极紧，湿，有锈色胶膜、大量二氧化硅粉末和氟石片，无石灰反应，层次过渡明显。

剖面综合评述：通体无石灰反应，含有较多氟石片，层次过渡较明显，剖面由上而下颜色渐浅，心土层以下有大量二氧化硅粉末和锈色胶膜，土质较黏，含水量较多。

石底黑土增产潜力较大，适于作农田，也可作林地，适种性较广。但用作农田时应注意保持水土，避免或减缓黑土层流失变薄，以保持稳定增产。

**2. 草甸黑土**　讷河市该亚类土壤是全市最肥沃的农用土壤之一，也是村屯最稠密的地方。其中，面积最大最集中连片的是讷谟尔河南北两侧以及老云沟、通南沟中上段绝大部分沟谷平原，包括沿河临江的二克浅、第一良种场、讷河镇、孔国、龙河、六合、讷南、九井、同义、同心、长发、通南等乡（镇）的坡脚地，总面积有 69 432 公顷，占黑土类面积的 18.31％。其中，大部分已垦为耕地，面积为 54 734 公顷，占草甸黑土面积的 78.83％。

草甸黑土在成土过程中，除了腐殖化过程以外，还附加有草甸化过程。因此草甸黑土是黑土和草甸土的过渡类型。该亚类土壤分为黏底草甸黑土、砾底草甸黑土、沙黏底草甸黑土和沙底草甸黑土 4 个土属。

（1）黏底草甸黑土。该土属总面积为 63 558 公顷，占草甸黑土亚类面积的 91.54％。其中，耕地 50 136 公顷，占该土属面积的 78.88％。黏底草甸黑土划分为薄层黏底草甸黑土、中层黏底草甸黑土，厚层黏底草甸黑土 3 个土种（表 3-46）。

表 3-46　黏底草甸黑土各土种面积统计

| 土种 | 面积（公顷） | 占本土属（％） | 其中：耕地（公顷） | 占该土种（％） |
|---|---|---|---|---|
| 薄层黏底草甸黑土 | 3 977 | 6.26 | 3 606 | 90.67 |
| 中层黏底草甸黑土 | 46 665 | 73.42 | 36 739 | 78.73 |
| 厚层黏底草甸黑土 | 12 916 | 20.32 | 9 791 | 75.81 |
| 合计 | 63 558 | 100.00 | 50 136 | 78.88 |

黏底草甸黑土显中性至微酸性，pH 6.0～7.1，表层土壤多数为重壤土，部分为中壤土，容重为 1.78～1.29 克/厘米$^3$，总孔隙度为 51.32%～55.47%。其土体机械组成和理化性质以讷南镇县概 25 号剖面、讷河镇 13 号剖面、长发镇 37 号剖面以及通南镇 014 号剖面为例，分析结果见表 3-47。

表 3-47 黏底草甸黑土机械组成分析结果

| 采样地点及编号 | 层次 | 取样深度（厘米） | 土壤各粒级含量（%） | | | | | | 物理性黏粒（%） | 质地 |
|---|---|---|---|---|---|---|---|---|---|---|
| | | | 0.25～1.00 毫米 | 0.05～0.25 毫米 | 0.01～0.05 毫米 | 0.005～0.01 毫米 | 0.001～0.005 毫米 | <0.001 毫米 | | |
| 讷南镇双泉六队县概 25 | A$_1$ | 5～10 | 0.82 | 15.32 | 28.87 | 11.02 | 22.47 | 21.50 | 54.99 | 重壤土 |
| | A$_2$ | 35～50 | 1.03 | 9.40 | 26.54 | 11.67 | 20.61 | 30.67 | 62.95 | 轻黏土 |
| | AB | 84～94 | 1.24 | 9.12 | 26.59 | 10.65 | 19.30 | 33.10 | 63.05 | 轻黏土 |
| | B | 115～125 | 0.82 | 11.84 | 27.58 | 9.47 | 18.69 | 31.60 | 59.76 | 重壤土 |
| | Cg | 150—160 | | | | | | | | |
| 讷河镇齐铁苗圃讷 13 | A | 10～15 | 1.90 | 15.68 | 31.55 | 14.78 | 24.02 | 12.07 | 50.87 | 重壤土 |
| | AB | 60～70 | 1.31 | 14.30 | 31.58 | 14.79 | 25.94 | 12.08 | 52.81 | 重壤土 |
| | B | 110～115 | 0.84 | 16.88 | 35.29 | 18.54 | 21.01 | 7.37 | 46.99 | 重壤土 |
| | Cg | 145～150 | 1.77 | 22.39 | 39.76 | 14.56 | 14.14 | 7.38 | 36.08 | 中壤土 |
| 通南镇 81877 部队农场通 014 | A | 15～25 | 2.27 | 19.81 | 41.54 | 12.61 | 7.39 | 2.21 | 36.38 | 中壤土 |
| | AB | 50～70 | 0.21 | 26.35 | 38.94 | 10.74 | 20.36 | 3.41 | 34.50 | 中壤土 |
| | B | 80～100 | 1.23 | 23.27 | 30.68 | 12.52 | 18.39 | 5.37 | 44.82 | 中壤土 |
| | Cg | 120～145 | 2.26 | 19.35 | 30.55 | 10.67 | 17.03 | 15.27 | 47.84 | 重壤土 |
| 长发镇东方红四队长 37 | A | 20～30 | 2.29 | 14.18 | 28.19 | 10.79 | 18.08 | 26.47 | 55.24 | 重壤土 |
| | AB | 70～80 | 1.46 | 12.35 | 27.88 | 8.74 | 17.33 | 32.24 | 58.31 | 重壤土 |
| | Bg | 115～125 | 0.94 | 12.91 | 24.85 | 11.75 | 16.42 | 33.13 | 61.30 | 轻黏土 |

由表 3-47 可以看出，黏底草甸黑土整个土体泥沙比例较均衡，只是一些剖面黏粒稍多，土质较黏；有些剖面黏粒较少，土质较轻。但总的看，黏底草甸黑土通体各层次没有忽沙忽黏现象，说明黏底草甸黑土没有过沙过黏的机械组成障碍层次存在。

现以讷河镇 13 号剖面为例说明黏底草甸黑土的剖面形态特征：

A 层：0～50 厘米，暗灰色，重壤土，粒至团粒状结构，较紧，湿润，有少量铁锰结核，植物根系多，无石灰反应，层次过渡不明显。

AB 层：50～90 厘米，暗灰色，粒状结构，较紧，重壤土，潮湿，有胶膜，植物根系较多，无石灰反应，层次过渡不明显。

B 层：90～140 厘米，为棕色，核块状结构，重壤土，较紧实，湿，有胶膜，植物根系极少，无石灰反应，层次过渡不明显。

C 层：140～160 厘米，暗黄棕色，核块状结构，轻黏土，紧实，湿，有明显锈纹锈斑，无植物根系，无石灰反应，层次过渡不明显。

剖面综合评述：通体无石灰反应，层次过渡不明显，腐殖质呈舌状及条纹状下伸，AB 层以下有锈色胶膜，C 层锈纹锈斑明显。

黏底草甸黑土理化性质分析结果见表 3-48。

表 3-48 黏底草甸黑土理化性质分析结果

| 剖面地点及编号 | 土种 | 层次 | 取样深度（厘米） | 有机质（克/千克） | 全量（克/千克） | | | 代换量（毫克当量/100 克土） | pH | 容重（克/厘米³） | 总孔隙度（%） |
|---|---|---|---|---|---|---|---|---|---|---|---|
| | | | | | 氮 | 磷 | 钾 | | | | |
| 讷南镇双泉六队县概 25 | 草甸黑土 | A₁ | 5~10 | 43.19 | 2.304 | 1.36 | 28.3 | 38.65 | 7.1 | 1.00 | 62.11 |
| | | A₂ | 35~50 | 36.9 | 1.847 | 1.08 | 25.8 | — | 6.8 | 1.17 | 55.85 |
| | | AB | 84~94 | 36.95 | | | | | 6.5 | 1.40 | 47.17 |
| | | B | 115~125 | 27.67 | | | | | 6.8 | 1.42 | 46.42 |
| | | Cg | 150~160 | 8.06 | | | | | | 1.38 | 47.93 |
| 讷河镇齐铁苗圃讷 13 | 中层黏底草甸黑土 | A | 10~15 | 32.96 | 1.646 | 1.11 | 31.7 | 41.90 | 6.3 | 1.22 | 53.96 |
| | | AB | 60~70 | 20.25 | 1.038 | 0.86 | | | 6.2 | — | — |
| | | B | 110~115 | 10.83 | | | | | 6.0 | | |
| | | Cg | 145~150 | 5.13 | | | | | 6.0 | | |
| 同心乡双喜三队巨 15 | 中层黏底草甸黑土 | A | 15~25 | 44.19 | 2.320 | 2.17 | 28.8 | — | 6.5 | 1.11 | 58.11 |
| | | AB | 50~70 | 27.19 | 1.343 | 0.69 | | | 6.1 | | |
| | | B | 80~100 | 13.23 | | | | | 6.0 | | |
| | | Cg | 145~150 | 9.9 | | | | | 6.3 | | |
| 通南镇 81877 部队农场通 014 | 厚层黏底草甸黑土 | A | 15~25 | 43.38 | 2.122 | 1.47 | 26.9 | 43.41 | 6.2 | 1.24 | 53.21 |
| | | AB | 50~70 | 28.37 | 1.492 | 1.02 | | | 6.4 | | |
| | | B | 80~100 | 10.43 | | | | | 7.6 | | |
| | | Cg | 120~145 | 7.82 | | | | | | | |
| 长发镇东方红四队长 37 | 中层黏底草甸黑土 | A | 20~30 | 21.52 | 1.011 | 0.95 | 26.5 | 35.66 | 6.5 | 1.34 | 49.43 |
| | | AB | 70~80 | 12.45 | | 1.03 | | | 6.5 | | |
| | | Bg | 120~145 | 10.11 | | | | | 6.5 | | |

由表 3-48 可以看出，黏底草甸黑土全量养分比较丰富，代换量大，说明保水保肥和供水肥能力强。养分分布虽然也是从上而下逐渐减少，但减速较缓。土壤有机质随着土体发生层次由上而下几乎以倍数关系递减，所以有机质在剖面中含量状况以倒三角形出现。黏底草甸黑土表层速效性养分含量也相当丰富（表 3-49），所以黏底草甸黑土从剖面形态特征分析结果看，几乎没有障碍因素，属本市的高产土壤。

表 3-49　黏底草甸黑土表层养分含量统计

| 土壤 | 有机质（克/千克） | 全氮（克/千克） | 碱解氮（毫克/千克） | 有效磷（毫克/千克） | 速效钾（毫克/千克） | 样品数（个） |
|---|---|---|---|---|---|---|
| 薄层黏底草甸黑土 | 48.0 | 2.324 | 186.7 | 15.25 | 295.93 | 80 |
| 中层黏底草甸黑土 | 49.4 | 2.160 | 191.8 | 17.42 | 307.98 | 225 |
| 厚层黏底草甸黑土 | 49.5 | 2.327 | 202.1 | 16.68 | 296.97 | 60 |

　　黏底草甸黑土有良好的团粒结构，养分丰富，发小苗，亦发老苗，适耕适种性都好，是不可多得的肥沃良田，种植麦、豆、杂粮均可。

　　（2）砾底草甸黑土。该土属总面积2 404公顷，占草甸黑土亚类面积的3.46%。其中耕地1 856公顷，占该土属面积的77.20%。砾底草甸黑土根据其黑土层厚薄分出薄层砾底草甸黑土、中层砾底草甸黑土2个土种，其面积及构成比例见表3-50。

表 3-50　砾底草甸黑土各土种面积统计

| 土种 | 面积（公顷） | 占本土属（%） | 其中：耕地（公顷） | 占该土种（%） |
|---|---|---|---|---|
| 薄层砾底草甸黑土 | 95 | 3.95 | 74 | 77.90 |
| 中层砾底草甸黑土 | 2 309 | 96.05 | 1 782 | 77.17 |
| 合计 | 2 404 | 100.00 | 1 856 | 77.20 |

　　砾底草甸黑土在地理分布上也有较明显的规律性，其所处地势比黏底草甸黑土低。一般规律是，其上接黏底草甸黑土，其下连砾石底草甸土。该土属面积最大、最集中连片的是老云沟底集水线两侧和通南沟上段。

　　砾底草甸黑土在土体构型和层次特征上和黏底草甸黑土近似，只是砾底草甸黑土底层为砾石（都有一定磨圆，棱角不明显）间少量粗沙，黏土层不如黏底草甸黑土厚。其机械组成和理化性质详见表3-51、表3-52。

表 3-51　砾底草甸黑土机械组成分析结果

| 采样地点及编号 | 层次 | 取样深度（厘米） | 0.25~1.00毫米 | 0.05~0.25毫米 | 0.01~0.05毫米 | 0.005~0.01毫米 | 0.001~0.005毫米 | <0.001毫米 | 物理性黏粒（%） | 质地 |
|---|---|---|---|---|---|---|---|---|---|---|
| 长发镇兴盛三队南长32 | A | 10~20 | 3.74 | 16.06 | 31.85 | 11.83 | 25.48 | 11.04 | 48.35 | 重壤土 |
| | AB | 50~60 | 3.53 | 18.16 | 39.57 | 14.85 | 23.37 | 0.52 | 38.74 | 中壤土 |
| | B | 100~110 | 2.88 | 42.4 | 24.13 | 15.78 | 14.81 | 0 | 30.59 | 中壤土 |
| | C | 130~140 | | | | | | | | |

表 3-52　砾底草甸黑土理化性质统计

| 剖面地点及编号 | 层次 | 取样深度（厘米） | 有机质（克/千克） | 全量（克/千克） | | | 代换量（毫克当量/100 克土） | pH | 容重（克/厘米³） | 总孔隙度（%） |
| | | | | 氮 | 磷 | 钾 | | | | |
|---|---|---|---|---|---|---|---|---|---|---|
| 讷南镇双泉六队县概 25 | A | 10～20 | 47.94 | 2.563 | 1.36 | 29.8 | 38.95 | 6.0 | 1.13 | 49.43 |
| | AB | 50～60 | 20.10 | 0.931 | 0.80 | — | | 6.3 | | |
| | B | 100～110 | 11.16 | — | — | — | | 6.4 | | |
| | C | 130～140 | 5.32 | — | — | — | | 7.3 | | |

由表 3-51、表 3-52 可以看出，砾底草甸黑土有机质等全量养分含量相当丰富，土壤显微酸性，表土代换量高，土壤泥沙比例和容重合适，具有较好的表土结构，所以砾底草甸黑土和黏底草甸黑土一样，均属本市最肥沃的土壤类型之一。砾底草甸黑土表层养分含量见表 3-53。

表 3-53　砾底草甸黑土表层养分含量统计

| 土种 | 有机质（克/千克） | 全氮（克/千克） | 碱解氮（毫克/千克） | 有效磷（毫克/千克） | 速效钾（毫克/千克） | 样品数（个） |
|---|---|---|---|---|---|---|
| 薄层砾底草甸黑土 | 48.8 | 2.288 | 220.8 | 13.56 | 338.40 | 5 |
| 中层砾底草甸黑土 | 50.9 | 1.435 | 214.0 | 12.79 | 324.06 | 56 |

（3）沙黏底草甸黑土。该土属总面积为 2 697 公顷，占草甸黑土亚类的 3.89%。其中，耕地 2 180 公顷，占该土属的 80.83%。该土壤在地理分布上以本市嫩江东岸的拉哈、六合、二克浅等乡（镇）面积最大、最集中，也最典型。分薄层沙黏底草甸黑土、中层沙黏底草甸黑土、厚层沙黏底草甸黑土 3 个土种，面积及构成比例见表 3-54。

表 3-54　沙黏底草甸黑土各土种面积统计

| 土种 | 面积（公顷） | 占本土属（%） | 其中：耕地（公顷） | 占该土种（%） |
|---|---|---|---|---|
| 薄层沙黏底草甸黑土 | 2 031 | 75.31 | 1 802 | 88.72 |
| 中层沙黏底草甸黑土 | 273 | 10.12 | 151 | 55.31 |
| 厚层沙黏底草甸黑土 | 393 | 14.57 | 227 | 57.76 |
| 合计 | 2 697 | 100.00 | 2 180 | 80.83 |

沙黏底草甸黑土的成土过程和土体构型以及剖面形态特征与黏底草甸黑土相似，只是沙黏底草甸黑土土体中含沙量较多，质地较轻，土壤较热潮，而且心土层以下显微碱性。现以拉哈镇 31 号剖面为例说明沙黏底草甸黑土的机构组成和理化性质（表 3-55、表 3-56）。

表 3-55 沙黏底草甸黑土机构组成分析结果

| 采样地点及编号 | 层次 | 取样深度（厘米） | 土壤各粒级含量（%） | | | | | | 物理性黏粒（%） | 质地 |
| --- | --- | --- | --- | --- | --- | --- | --- | --- | --- | --- |
| | | | 0.25~1.00 毫米 | 0.05~0.25 毫米 | 0.01~0.05 毫米 | 0.005~0.01 毫米 | 0.001~0.005 毫米 | <0.001 毫米 | | |
| 拉哈镇永远村苗圃东北拉31 | A | 20~30 | 4.41 | 24.94 | 22.90 | 6.83 | 13.97 | 26.95 | 47.75 | 重壤土 |
| | AB | 70~80 | 2.47 | 23.54 | 23.38 | 6.50 | 13.59 | 30.52 | 50.61 | 重壤土 |
| | Bg | 120~130 | 2.54 | 21.76 | 23.49 | 7.73 | 15.57 | 28.94 | 52.24 | 重壤土 |

表 3-56 厚层沙黏底草甸黑土理化性质统计

| 剖面地点及编号 | 层次 | 取样深度（厘米） | 有机质（克/千克） | 全量（克/千克） | | | 代换量（毫克当量/100克土） | pH |
| --- | --- | --- | --- | --- | --- | --- | --- | --- |
| | | | | 氮 | 磷 | 钾 | | |
| 拉哈镇永远村苗圃东北拉31 | A | 20~30 | 24.16 | 9.39 | 1.92 | 29.4 | 33.22 | 6.8 |
| | AB | 70~80 | 10.00 | — | — | — | — | 6.9 |
| | Bg | 120~130 | 2.87 | — | — | — | — | 8.5 |

由表3-55可以看出，沙黏底草甸黑土土体质地均匀，泥、沙各半，从而使沙黏底草甸黑土具有较好的机械组成和适中的通透性能。

由表3-56可知，沙黏底草甸黑土的全量养分含量不如黏底（或砾底）草甸黑土丰富，代换量偏低，说明保水保肥和供水肥能力较差。其表层养分状况见表3-57。沙黏底草甸黑土虽不及黏底（或砾底）草甸黑土，但相对看仍属本市较好的土壤类型之一。当地农民常把沙黏底草甸黑土叫作"黄油沙"，意思是表土颜色虽不及黏底草甸黑土深，但也有"油性"，既发小苗也发大苗，应注意施肥，以培肥地力。

表 3-57 沙黏底草甸黑土表层养分含量统计

| 土种 | 有机质（克/千克） | 全氮（克/千克） | 碱解氮（毫克/千克） | 有效磷（毫克/千克） | 速效钾（毫克/千克） | 样品数（个） |
| --- | --- | --- | --- | --- | --- | --- |
| 薄层沙黏底草甸黑土 | 58.1 | 1.659 | 238.0 | 18.10 | 241.00 | 1 |
| 中层沙黏底草甸黑土 | 53.8 | 1.069 | 167.0 | 24.70 | 212.00 | 1 |

（4）沙底草甸黑土。该土属讷河市分布面积较小、零散，面积为773公顷，占草甸黑土面积的1.11%。其中耕地562公顷，占该土属面积的72.70%，分薄层沙底草甸黑土和中层沙底草甸黑土2个土种，其面积及构成比例见表3-58。

表 3-58 沙底草甸黑土土种面积统计

| 土种 | 面积（公顷） | 占本土属（%） | 其中：耕地（公顷） | 占该土种（%） |
| --- | --- | --- | --- | --- |
| 薄层沙底草甸黑土 | 404 | 52.26 | 346 | 85.64 |
| 中层沙底草甸黑土 | 369 | 47.74 | 216 | 58.54 |
| 合计 | 773 | 100.00 | 562 | 72.70 |

沙底草甸黑土因没有剖面分析样品，所以其机械组成和理化性质没有数据。但就其土体特征观察，其腐殖质层也在 30 厘米左右，颜色较深呈暗灰色，植物根系较多，较松散，表土有机质含量在 40% 以上，全氮等其他全量养分含量也应丰富；只是在表层以下，颜色突然变浅（黄棕色），说明表土层以下养分锐减。土体下层为中至粗沙，颗粒较粗，表明渗透性强，沙底草甸黑土也应属本市中高产土壤。根据 4 个点次的农化样养分分析，其有机质含量为 42～70.6 克/千克，平均含量为 51.1%；全氮含量 1.058～2.003 克/千克，平均含量为 0.140 2%；碱解氮含量为 166～324 毫克/千克，平均含量为 221.5 毫克/千克；有效磷含量为 11.5～53.6 毫克/千克，平均含量为 27.4 毫克/千克；速效钾含量为 309～496 毫克/千克，平均含量为 399.5 毫克/千克。

**3. 表潜黑土**  该亚类总面积为 14 510 公顷，占黑土类面积的 3.83%。其中耕地 12 630 公顷，占该亚类面积的 87.04%。

表潜黑土主要分布在讷河市中北部讷谟尔河南、北两侧部分乡（镇、场）的漫川漫岗上，并以讷谟尔河以北面积最大。比较集中连片的有老莱镇北部几个村，往西延伸到学田、二克浅的部分岗地，往东连接龙河、青色草原牧场以及九三农垦管理局所属红五月农场等乡（镇、场）的部分岗地；讷谟尔河以南的六合、长发、讷南、九井、同心、通南等乡（镇），只在平岗的顶部有零星分布，面积较小且不十分典型。当地农民通常把这类土壤叫作黑土"水岗地""水梁地""糨泥岗""尿炕地""水簸箩地"等，大多是岗平地或岗中洼地。

讷河市表潜黑土的主要成土原因是土壤质地黏重，黏粒比例大，特别是表层土壤透水性差，当地降雨又相对较多，使土壤出现季节性过湿现象，时间或长或短地处于缺氧状态，使草甸过程向沼泽化发展，造成土壤亚表层以上土质黏糨，土色发灰、发青；一些剖面还可见到较明显的锈色斑纹，土体下部锈纹锈斑则更为明显，土壤含水量大，通透性不好，适耕性差，冷浆，不发小苗。

根据表潜黑土母质和土体机械组成的差别又分出黏底表潜黑土和沙黏底表潜黑土 2 个土属，现分述如下。

（1）黏底表潜黑土。该土属总面积为 13 660 公顷，占该亚类面积的 94.14%。其中耕地 11 994 公顷，占该亚类耕地面积的 94.96%，占该土属面积的 87.80%。主要分布在本市中东部。有薄层黏底表潜黑土、中层黏底表潜黑土、厚层黏底表潜黑土 3 个土种，面积分布情况见表 3-59。

表 3-59  黏底表潜黑土各土种面积统计

| 土种 | 面积（公顷） | 占本土属（%） | 其中：耕地（公顷） | 占该土种（%） |
|---|---|---|---|---|
| 薄层黏底表潜黑土 | 7 550 | 55.27 | 6 808 | 90.17 |
| 中层黏底表潜黑土 | 5 923 | 43.36 | 5 021 | 84.77 |
| 厚层黏底表潜黑土 | 187 | 1.37 | 165 | 88.24 |
| 合计 | 13 660 | 100.00 | 11 994 | 87.80 |

现以老莱镇县概 65 号剖面为例说明黏底表潜黑土的土体构型和剖面形态特征：

A层：15～25厘米，黑色略带灰青色，重壤土，坚实，湿润，有锈色斑痕，粒至团块状结构，植物根系较多，无石灰反应，层次过渡不明显。

AB层：35～45厘米，黑色略带灰青色，粒状结构，重壤土，较紧，湿润，有少量的铁锰结核和不明显的锈色斑纹，植物根系较少，无石灰反应，层次过渡不明显。

B层：65～75厘米，黑棕色，大粒状结构，重壤土，较散，湿润，有少量铁锰结核，无植物根系，无石灰反应，层次过渡不明显。

BC层：90～100厘米，暗灰棕色，中粒结构，重壤土，较紧实，湿润，有二氧化硅粉末，无石灰反应，层次过渡不明显。

C层：130～140厘米，棕灰色，核块状结构，紧实，湿、无植物根系，有铁锰结核和锈色斑纹，层次过渡不明显。

剖面综合评述：通体无石灰反应，层次逐渐过渡，土体颜色灰暗，腐殖质条纹状下伸至母质层，土体上下较黏紧，可见锈色斑纹，心土层有二氧化硅粉末。黏底表潜黑土的机械组成和理化性质见表3-60、表3-61。

### 表3-60　黏底表潜黑土机械组成分析结果

| 采样地点及编号 | 层次 | 取样深度（厘米） | 土壤各粒级含量（%） | | | | | | 物理性黏粒（%） | 质地 |
|---|---|---|---|---|---|---|---|---|---|---|
| | | | 0.25～1.00毫米 | 0.05～0.25毫米 | 0.01～0.05毫米 | 0.005～0.01毫米 | 0.001～0.005毫米 | <0.001毫米 | | |
| 老莱镇胜利村十三队县概65 | A | 15～25 | 0.42 | 20.93 | 32.85 | 10.82 | 14.96 | 20.02 | 45.80 | 重壤土 |
| | AB | 35～45 | 0.31 | 20.01 | 29.17 | 10.17 | 25.95 | 14.39 | 50.51 | 重壤土 |
| | B | 65～75 | 1.04 | 14.79 | 27.14 | 8.49 | 13.67 | 34.87 | 57.03 | 重壤土 |
| | BC | 90～100 | 3.51 | 15.40 | 26.96 | 7.62 | 10.73 | 35.78 | 54.13 | 重壤土 |
| | C | 130～140 | 5.77 | 14.07 | 23.19 | 8.66 | 10.41 | 37.90 | 56.97 | 重壤土 |

### 表3-61　黏底表潜黑土理化性质统计

| 剖面地点及编号 | 土种名称 | 层次 | 取样深度（厘米） | 有机质（克/千克） | pH | 全量（克/千克） | | | 代换量（毫克当量/100克土） | 黏粒<0.001毫米（%） | 物理性黏粒<0.01毫米（%） | 容重（克/厘米³） |
|---|---|---|---|---|---|---|---|---|---|---|---|---|
| | | | | | | 氮 | 磷 | 钾 | | | | |
| 太和乡太和四队太91 | 厚层黏底表潜黑土 | A | 20～40 | 36.87 | 6.7 | 1.782 | 1.06 | 26.3 | 38.74 | 31.21 | 59.39 | — |
| | | AB | 55～65 | 19.71 | 5.8 | — | — | — | — | 99.05 | 48.74 | — |
| | | B | 120～130 | 12.36 | 6.0 | — | — | — | — | 6.19 | 45.11 | — |
| 老莱镇胜利十三队县概65 | 中层黏底表潜黑土 | A | 15～25 | 81.23 | 7.1 | 3.763 | 1.94 | 23.9 | 45.79 | 20.02 | 45.80 | 1.00 |
| | | AB | 35～45 | 40.56 | 6.4 | 1.623 | 0.88 | 24.7 | 39.48 | 14.39 | 50.51 | 1.16 |
| | | B | 65～75 | 22.08 | 6.6 | — | — | — | — | 34.87 | 57.03 | 1.25 |
| | | BC | 100～110 | 16.45 | 6.8 | — | — | — | — | 35.78 | 54.13 | 1.23 |
| | | C | 130～140 | 10.49 | 7.7 | — | — | — | — | 37.90 | 56.97 | 1.30 |

由表 3-60 可以看出，黏底表潜黑土土体中物理性黏粒含量比黑土普遍增高，特别是心土层以上，黏粒含量更高，造成表潜现象。从土壤样品的分析结果（表 3-61、表 3-62）看出，黏底表潜黑土不论全量养分，还是速效养分含量都很丰富，而且腐殖层深厚，有机质等全量养分储量高。说明黏底表潜黑土具有一定的增产潜力，是本市较好的土壤类型之一。

表 3-62　黏底表潜黑土表层养分含量统计

| 土壤 | 有机质<br>（克/千克） | 全氮<br>（克/千克） | 碱解氮<br>（毫克/千克） | 有效磷<br>（毫克/千克） | 速效钾<br>（毫克/千克） | 样品数<br>（个） |
|---|---|---|---|---|---|---|
| 薄层黏底表潜黑土 | 49.9 | 2.2 | 200.6 | 11.24 | 289.60 | 168 |
| 中层黏底表潜黑土 | 49.9 | 2.2 | 199.0 | 14.33 | 270.24 | 108 |
| 厚层黏底表潜黑土 | 46.6 | 1.9 | 186.3 | 25.28 | 303.00 | 4 |

黏底表潜黑土在农业生产上表现出来的主要障碍因素是土质黏重、土壤冷浆、不发小苗，特别是表土适耕性差，干时硬邦邦、湿时不渗汤，容易发生雨涝和早春内涝，影响及时春播。但表潜黑土代换量大，潜在肥力高，保水保肥有后劲，一旦经伏雨，庄稼生长迅速苗壮，如遇低温或早霜年份往往造成严重减产，所以表潜黑土适宜种植大豆、玉米。但应选用中、早熟品种，以免贪青，影响产量和品质。在耕作上，应加强表潜黑土的活化，改善通透性，多施用热性肥料（如马粪）。当地农民的种地经验是雨水充足时采用深翻深扣，趟地时深趟，再加上多施粪，把地翻动起来，疏松耕层。

（2）沙黏底表潜黑土。该土属面积为 850 公顷，占该亚类面积 5.86%。其中耕地 636 公顷，占该亚类耕地面积的 5.04%，占该土属面积的 74.82%。零散分布于讷谟尔河以北，二克浅镇的东部，老莱镇的东北、西北部，龙河镇的西部，茂山林场东北部。大多与黏底表潜黑土相接，也有与暗棕壤型黑土和沙质暗棕壤相接的。沙黏底表潜黑土各土种面积见表 3-63。

表 3-63　沙黏底表潜黑土各土种面积统计

| 土种 | 面积（公顷） | 占本土属（%） | 其中：耕地（公顷） | 占该土种（%） |
|---|---|---|---|---|
| 薄层沙黏底表潜黑土 | 342 | 40.24 | 185 | 54.09 |
| 中层沙黏底表潜黑土 | 508 | 59.76 | 451 | 88.78 |
| 合计 | 850 | 100.00 | 636 | 74.82 |

沙黏底表潜黑土在土体特征上基本与黏底表潜黑土相似，只是土体含沙量较多，尤以底土更为突出，表层土壤也更显板结黏紧。其机械组成和理化特性以二克浅镇克 67 号剖面、克 73 号剖面和龙河镇龙克 21 号剖面为例加以说明（表 3-64、表 3-65）。

表 3-64 沙黏底表潜黑土机械组成分析

| 采样地点及编号 | 土种名称 | 层次 | 取样深度（厘米） | 土壤各粒级含量（%） | | | | | | 物理性黏粒（%） | 质地 |
|---|---|---|---|---|---|---|---|---|---|---|---|
| | | | | 0.25~1.00毫米 | 0.05~0.25毫米 | 0.01~0.05毫米 | 0.005~0.01毫米 | 0.001~0.005毫米 | <0.001毫米 | | |
| 龙河镇康庄七队龙克21 | 中层沙黏底表潜黑土 | A | 15~25 | 5.52 | 9.71 | 6.15 | 28.76 | 18.92 | 30.94 | 78.62 | 中壤土 |
| | | AB | 45~55 | 8.59 | 12.70 | 21.10 | 9.58 | 14.67 | 33.39 | 57.64 | 重壤土 |
| | | B | 70~80 | 7.19 | 11.13 | 23.10 | 8.42 | 15.40 | 34.76 | 58.58 | 重壤土 |
| | | C | 125~135 | 41.34 | 11.82 | 6.69 | 2.92 | 7.52 | 29.70 | 40.15 | 中壤土 |
| 二克浅镇红星四队克67 | 薄层沙黏底表潜黑土 | A | 0~25 | 13.53 | 34.69 | 18.42 | 8.53 | 11.24 | 13.59 | 33.36 | 中壤土 |
| | | AB | 30~35 | 15.12 | 31.29 | 18.55 | 8.69 | 11.51 | 15.44 | 35.04 | 中壤土 |
| | | B | 50~60 | 13.82 | 32.28 | 17.57 | 10.47 | 23.98 | 1.78 | 36.23 | 中壤土 |
| | | C | 80~95 | 8.94 | 16.38 | 37.15 | 13.98 | 23.55 | 0.00 | 37.53 | 中壤土 |
| 二克浅镇五星村三队克73 | 厚层沙黏底表潜黑土 | A | 15~25 | 6.45 | 12.70 | 35.90 | 14.63 | 21.79 | 9.16 | 45.58 | 重壤土 |
| | | B | 70~80 | 6.64 | 14.12 | 40.56 | 14.83 | 23.33 | 0.52 | 38.68 | 中壤土 |
| | | C | 120~135 | 6.85 | 12.93 | 48.32 | 16.96 | 14.94 | 0.00 | 31.90 | 中壤土 |

表 3-65 沙黏底表潜黑土理化性质统计

| 剖面地点及编号 | 层次 | 取样深度（厘米） | 有机质（克/千克） | pH | 全量（克/千克） | | | 代换量（毫克当量/100克土） | 容重（克/厘米³） | 总孔隙度（%） |
|---|---|---|---|---|---|---|---|---|---|---|
| | | | | | 氮 | 磷 | 钾 | | | |
| 二克浅镇红星四队克67 | A | 0~25 | 42.93 | 6.8 | 2.342 | 0.97 | 33.3 | 27.90 | 1.15 | 56.60 |
| | AB | 30~35 | 16.72 | 6.6 | 1.103 | 0.90 | 33.4 | 23.66 | — | — |
| | B | 50~60 | 5.94 | 6.0 | — | — | — | — | — | — |
| | C | 80~95 | 3.09 | 5.4 | — | — | — | — | — | — |
| 龙河镇康庄七队龙克21 | A | 15~25 | 23.42 | 7.1 | 2.086 | 1.11 | 28.1 | 38.89 | 1.10 | 58.49 |
| | AB | 45~55 | 18.14 | 6.7 | — | — | — | — | — | — |
| | B | 70~80 | 12.05 | 6.5 | — | — | — | — | — | — |
| | C | 125~135 | 6.43 | 6.5 | — | — | — | — | — | — |

由表 3-64、表 3-65 可以看出，沙黏底表潜黑土心土层以上黏粒含量较多，全量养分除磷含量较少外，其他养分含量均高，全钾含量达极丰富程度，表土代换量较大，说明该土壤表土黏糯、保水保肥。从剖面分析结果可以看出，该土壤表层板结严重，个别剖面可见类似机具挤压的犁底层片状结构，且有明显的锈纹锈斑。所以疏松表土、改善其结构、加强通透性是改良沙黏底表潜黑土的重点。其表层养分情况见表 3-66。

表 3-66　沙黏底表潜黑土农化样分析结果统计

| 项目 | 平均值 | 最高值 | 最低值 | 极差 | 标准差 |
|---|---|---|---|---|---|
| 有机质（克/千克） | 59.2 | 70.3 | 51.3 | 19.0 | 0.99 |
| 全氮（克/千克） | 2.651 | 3.010 | 2.376 | 0.634 | 0.033 |
| 碱解氮（毫克/千克） | 213.3 | 303 | 126 | 177 | 88.52 |
| 有效磷（毫克/千克） | 115.23 | 16.9 | 13.5 | 3.4 | 1.70 |
| 速效钾（毫克/千克） | 234 | 260 | 202 | 58 | 29.46 |

**4. 暗棕壤型黑土**　该亚类黑土是暗棕壤向黑土过渡的一个土壤类型，主要分布在本市北部和东北部的学田、老莱、孔国、龙河、宽余、国庆、保安、茂山、马场等乡（镇、场）平岗的中上部，也有独立存在于岗顶陡坡部位的，如本市中部的二克浅、六合、讷南、九井等乡（镇）。暗棕壤型黑土多为森林砍伐迹地，因森林砍伐时间不长，多数地方仍可见到林木残体和根茬，有些地方则着生灌丛草甸植被，但更多见的是耕地。母质为壤质或砾质沉积物。

暗棕壤型黑土总面积为 32 626 公顷，占黑土类面积的 8.60%。其中耕地 19 138 公顷，占该亚类面积的 58.66%。按照土体的成土母质，本市暗棕壤型黑土又划分出砾石底暗棕壤型黑土和沙黏底暗棕壤型黑土 2 个土属。

（1）砾石底暗棕壤型黑土。该土属总面积为 21 130 公顷，占暗棕壤型黑土亚类面积的 64.76%。其中耕地 11 277 公顷，占该土属面积的 53.37%。根据黑土层厚度又分为薄层砾石底暗棕壤型黑土、中层砾石底暗棕壤型黑土和厚层砾石底暗棕壤型黑土 3 个土种，其面积分布见表 3-67。

表 3-67　砾石底暗棕壤型黑土各土种面积统计

| 土种 | 面积（公顷） | 占本土属（%） | 其中：耕地（公顷） | 占该土种（%） |
|---|---|---|---|---|
| 薄层砾石底暗棕壤型黑土 | 11 502 | 54.43 | 7 658 | 66.58 |
| 中层砾石底暗棕壤型黑土 | 9 202 | 43.55 | 3 364 | 36.56 |
| 厚层砾石底暗棕壤型黑土 | 426 | 2.02 | 255 | 59.93 |
| 合计 | 21 130 | 100.00 | 11 277 | 53.37 |

以学田镇 31 号剖面（位于平岗顶部）为例说明该土属的土体构型及各层次描述：

A 层：0～30 厘米，暗灰色，粒状结构，中壤土，较散，湿润，植物根系多，有少量小铁子，无石灰反应，层次过渡不明显。

AB 层：30～65 厘米，暗灰棕色，粒状结构，中壤土，较紧，湿润，植物根系少，有小铁子和锈斑，无石灰反应，层次过渡不太明显。

B 层：65～95 厘米，灰棕色，棱块状结构，较紧实，植物根系少，有较多锈纹锈斑和胶膜，无石灰反应，层次过渡明显。

C 层：95 厘米以下，红棕色，砾石间粗沙，紧实，潮湿，无植物根系，无石灰反应，层次过渡明显。

剖面综合评述：通体无石灰反应，层次过渡较明显，腐殖质呈条纹状下伸，土体上部似黑土，有铁子，但亚表层以下锈纹锈斑和棕色胶膜较多，底层为棕红色沙石。砾石底暗棕壤型黑土的理化性质见表 3-68、表 3-69。

表 3-68 砾石底暗棕壤型黑土机械组成

| 采样地点及编号 | 层次 | 取样深度（厘米） | 土壤各粒级含量（%） | | | | | | 物理性黏粒（%） | 质地 |
|---|---|---|---|---|---|---|---|---|---|---|
| | | | 0.25～1.00毫米 | 0.05～0.25毫米 | 0.01～0.05毫米 | 0.005～0.01毫米 | 0.001～0.005毫米 | <0.001毫米 | | |
| 学田镇合庆村北学31 | A | 0～30 | 8.05 | 18.56 | 30.45 | 12.24 | 21.62 | 9.08 | 42.94 | 中壤土 |
| | AB | 30～65 | 9.53 | 19.12 | 27.23 | 22.58 | 15.12 | 6.42 | 44.12 | 中壤土 |
| | BC | 65～95 | 7.10 | 16.52 | 34.23 | 13.52 | 27.17 | 1.46 | 42.15 | 中壤土 |
| | C | 95～150 | 30.48 | 18.86 | 16.27 | 10.71 | 23.68 | 0.00 | 34.39 | 中壤土 |
| 学田镇合庆村北学31 | A | 0～30 | 8.05 | 18.56 | 30.45 | 12.24 | 21.62 | 9.08 | 42.94 | 中壤土 |
| | AB | 30～65 | 9.53 | 19.12 | 27.23 | 22.58 | 15.12 | 6.42 | 44.12 | 中壤土 |
| | BC | 65～95 | 7.10 | 16.52 | 34.23 | 13.52 | 27.17 | 1.46 | 42.15 | 中壤土 |

表 3-69 沙石底暗棕壤型黑土理化性质

| 剖面地点及编号 | 层次 | 取样深度（厘米） | 有机质（克/千克） | 全量（克/千克） | | | 代换量（毫克当量/100克土） | pH | 容重（克/厘米³） | 总孔隙度（%） |
|---|---|---|---|---|---|---|---|---|---|---|
| | | | | 氮 | 磷 | 钾 | | | | |
| 学田镇合庆村北学31 | A | 0～30 | 45.10 | 2.481 | 1.19 | 30.1 | 38.06 | 6.4 | 1.07 | 59.62 |
| | AB | 30～65 | 23.08 | 1.456 | 0.78 | 28.9 | 36.63 | 6.1 | — | — |
| | B | 65～95 | 8.16 | — | — | — | | 5.7 | — | — |
| | C | 95～150 | 3.65 | | | | 5.9 | | | |

由表 3-68 可以看出，砾石底暗棕壤型黑土质地较轻，通体各层物理性黏粒含量均不超过 45%，属中壤土，底土最轻。说明该土壤内排水较好，增温快，耕作省力。

由表 3-69 可以看出，砾石底暗棕壤型黑土亚表层以上全量养分丰富，土壤显微酸性，代换量较高。心土层以下全量养分明显减少，B 层（65～95 厘米）有机质含量仅 8.16 克/千克，底土（C 层 95～150 厘米）有机质含量降到 3.65 克/千克，说明该土壤全量养分储量不及其他黑土亚类高。因其所处地势坡度较大，一经垦殖，如不注意培肥和防止水土流失，养分消耗快，肥劲不长，影响持续高产。

（2）沙黏底暗棕壤型黑土。该土属面积为 11 496 公顷，占暗棕壤型黑土亚类面积的 35.24%。其中，耕地 7 861 公顷，占该土属面积的 68.38%。该土壤黑土层一般都小于 30 厘米。在地理分布上，以讷河市二克浅镇、学田镇西部、西北部临江一带陡坡上部和市境东北部的茂山林场北部最为集中，有薄层沙黏底暗棕壤型黑土、中层沙黏底暗棕壤型黑土 2 个土种，面积分布情况见表 3-70。

表 3 - 70　沙黏底暗棕壤型黑土各土种面积统计

| 土种 | 面积（公顷） | 占本土属（%） | 其中：耕地（公顷） | 占该土种（%） |
|---|---|---|---|---|
| 薄层沙黏底暗棕壤型黑土 | 7 097 | 61.73 | 4 319 | 60.86 |
| 中层沙黏底暗棕壤型黑土 | 4 399 | 38.27 | 3 542 | 80.52 |
| 合计 | 11 496 | 100.00 | 7 861 | 68.38 |

　　沙黏底暗棕壤型黑土剖面形态与沙黏底黑土相似，只是 B 层有 30～50 厘米厚的暗棕色淀积层，其颗粒体周围锈色胶膜较多，且有二氧化硅粉末。现残存的自然植被为柞树等丛灌疏林，多数已垦为耕地，其生产性能亦与沙黏底黑土类同，其表层养分状况见表3－71。

表 3 - 71　沙黏底暗棕壤型黑土表层养分平均含量统计

| 土种名称 | 有机质（克/千克） | 全氮（克/千克） | 碱解氮（毫克/千克） | 有效磷（毫克/千克） | 速效钾（毫克/千克） | 样品数（个） |
|---|---|---|---|---|---|---|
| 薄层沙黏底暗棕壤型黑土 | 52.7 | 1.701 | 217.2 | 19.09 | 236.88 | 17 |

## 三、黑钙土

　　黑钙土总面积为 65 133 公顷，占全市土壤总面积的 9.88%。其中耕地 55 016 公顷，占黑钙土面积的 84.47%（表 3 - 72）。

表 3 - 72　黑钙土面积统计

| 单位名称 | 面积（公顷） | 占本土壤面积（%） | 其中：耕地（公顷） | 占本耕地土壤（%） |
|---|---|---|---|---|
| 乡（镇）计 | 63 033 | 96.78 | 53 362 | 96.83 |
| 拉哈 | 862 | 1.32 | 750 | 1.36 |
| 讷南 | 364 | 0.56 | 318 | 0.58 |
| 巨和 | 19 | 0.03 | 13 | 0.02 |
| 全胜 | 154 | 0.24 | 90 | 0.16 |
| 太和 | 633 | 0.97 | 464 | 0.84 |
| 团结 | 22 011 | 33.79 | 17 991 | 32.65 |
| 和盛 | 19 448 | 29.86 | 17 054 | 30.95 |
| 通南 | 9 494 | 14.58 | 8 019 | 14.55 |
| 同心 | 3 102 | 4.76 | 2 745 | 4.98 |
| 同义 | 6 917 | 10.62 | 5 893 | 10.69 |
| 九井 | 29 | 0.04 | 25 | 0.05 |
| 市属农林牧场计 | 74 | 0.11 | 67 | 0.12 |
| 三良 | 74 | 0.11 | 67 | 0.12 |
| 非市属农林牧场计 | 1 014 | 1.56 | 722 | 1.31 |
| 红光糖厂基地 | 112 | 0.17 | 15 | 0.03 |

（续）

| 单位名称 | 面积（公顷） | 占本土壤面积（%） | 其中：耕地（公顷） | 占本耕地土壤（%） |
|---|---|---|---|---|
| 嫩江农场局科研所 | 390 | 0.60 | 368 | 0.67 |
| 幸福之路农场 | 503 | 0.77 | 339 | 0.62 |
| 新江林场 | 9 | 0.01 | 0 | 0.00 |
| 非市属驻军农场计 | 576 | 0.88 | 567 | 1.03 |
| 海后农场 | 469 | 0.72 | 460 | 0.83 |
| 81877 部队农场 | 1 | 0.00 | 1 | 0.00 |
| 81255 部队农场 | 106 | 0.16 | 106 | 0.19 |
| 外县使用讷河土地计 | 436 | 0.67 | 388 | 0.70 |
| 合计 | 65 133 | 100.00 | 55 106 | 100.00 |

　　黑钙土主要分布于讷河市西南部的团结、和盛两乡以及同义、同心、通南等乡（镇）的西部和西南部，拉哈镇东南部；六合、讷南、九井、拉哈、讷河、二克浅、长发等乡（镇）一阶地上也有零星分布，但面积极小，有的还不够上图面积。该区降水相对偏少，干燥度大，自然植被为草甸草原型，母质为黄土状沉积物。

　　黑钙土的形成是腐殖质积累和钙的淋溶淀积两个过程共同作用的结果。剖面层次清楚，通常都由腐殖质层、腐殖质舌状淋溶层、钙积层和母质层 4 个层次组成。根据钙积层出现的部位和钙积量的多少，本市黑钙土分为淋溶黑钙土、黑钙土、碳酸盐黑钙土、草甸黑钙土和盐渍化黑钙土 5 个亚类。

　　根据黑钙土腐殖质层（A 层）厚度的差别，每个亚类又各分出薄层（A 层＜20 厘米）、中层（A 层 20～40 厘米）、厚层（A 层＞40 厘米）等若干土种。以下将黑钙土类各亚类、土属的基本属性分述如下。

　　**1. 淋溶黑钙土**　该亚类土壤总面积 8 831 公顷，占黑钙土类面积的 13.56%。其中耕地 7 561 公顷，占该亚类面积的 85.62%。该亚类下分出黏底淋溶黑钙土和坡积沙黏底淋溶黑钙土 2 个土属。

　　（1）黏底淋溶黑钙土。该土属土壤主要分布于老云沟以南平岗岗顶的北侧和东段，所处海拔比其他黑钙土亚类都高，横跨同义镇、同心乡中部，连接通南镇西部与和盛乡东部，总面积 7 926 公顷，占淋溶黑钙土面积的 89.75%。其中耕地 6 954 公顷，占该土属的 87.74%。根据黑土层厚度，分出薄层黏底淋溶黑钙土、中层黏底淋溶黑钙土、厚层黏底淋溶黑钙土 3 个土种，面积构成见表 3-73。

表 3-73　黏底淋溶黑钙土各土种面积统计

| 土种 | 面积（公顷） | 占本土属（%） | 其中：耕地（公顷） | 占该土种（%） |
|---|---|---|---|---|
| 薄层黏底淋溶黑钙土 | 3 033 | 38.27 | 2 688 | 88.63 |
| 中层黏底淋溶黑钙土 | 4 745 | 59.87 | 4 133 | 87.12 |
| 厚层黏底淋溶黑钙土 | 148 | 1.86 | 132 | 89.19 |
| 合计 | 7 926 | 100.00 | 6 953 | 87.74 |

　　现以同心乡 47 号剖面和县概 18 号剖面为例说明该土属的机械组成（表 3-74）和理

化性质（表 3-75）。

表 3-74 黏底淋溶黑钙土机械组成分析结果

| 采样地点及编号 | 层次 | 取样深度（厘米） | 土壤各粒级含量（%） | | | | | 物理性黏粒（%） | 质地 |
|---|---|---|---|---|---|---|---|---|---|
| | | | 0.25~1.00毫米 | 0.05~0.25毫米 | 0.01~0.05毫米 | 0.005~0.01毫米 | 0.001~0.005毫米 | <0.001毫米 | |
| 同义镇茂盛村六队县克18 | A | 0~20 | 0.99 | 20.02 | 27.08 | 10.34 | 20.26 | 22.20 | 52.80 | 重壤土 |
| | AB | 20~105 | 0.21 | 13.62 | 26.69 | 9.68 | 16.32 | 33.48 | 59.48 | 重壤土 |
| | B | 105~135 | 0.41 | 11.69 | 30.44 | 10.29 | 17.86 | 29.31 | 57.46 | 重壤土 |
| | C | 135~160 | 0.61 | 12.05 | 28.62 | 9.46 | 19.97 | 29.29 | 58.72 | 重壤土 |
| 同心乡文光村十队心47 | A | 0~50 | 0.41 | 17.45 | 23.23 | 8.47 | 18.47 | 31.70 | 58.91 | 重壤土 |
| | AB | 60~70 | 0.62 | 12.16 | 28.66 | 17.01 | 30.42 | 11.13 | 58.56 | 重壤土 |
| | B | 100~110 | 0.43 | 14.11 | 43.96 | 13.49 | 22.55 | 5.46 | 41.50 | 中壤土 |
| | C | 130~140 | 0.58 | 12.51 | 42.12 | 14.55 | 23.77 | 6.47 | 44.70 | 中壤土 |

表 3-75 黏底淋溶黑钙土理化性质

| 剖面地点及编号 | 土种 | 层次 | 取样深度（厘米） | 有机质（克/千克） | 全量（克/千克） | | | 代换量（毫克当量/100克土） | pH | 容重（克/厘米³） | 总孔隙度（%） |
|---|---|---|---|---|---|---|---|---|---|---|---|
| | | | | | 氮 | 磷 | 钾 | | | | |
| 同义镇茂盛村六队县克18 | 中层黏底淋溶黑钙土 | A | 0~20 | 43.90 | 2.315 | 1.02 | 24.3 | 41.80 | 6.7 | 1.00 | 62.26 |
| | | AB | 20~105 | 24.04 | 1.248 | 0.89 | 26.3 | 40.00 | 6.4 | — | — |
| | | B | 105~135 | 10.46 | — | — | — | — | 7.0 | — | — |
| | | C | 135~160 | 14.29 | — | — | — | — | 7.0 | — | — |
| 同心乡文光村十队心47 | 厚层黏底淋溶黑钙土 | A | 0~50 | 33.00 | 1.458 | 1.08 | 29.7 | 41.88 | 6.5 | 0.94 | 64.52 |
| | | AB | 60~70 | 23.20 | — | — | — | — | 6.3 | — | — |
| | | B | 100~110 | 16.57 | — | — | — | — | 5.9 | — | — |
| | | C | 130~140 | 10.18 | — | — | — | — | 5.6 | — | — |

表 3-74 说明，黏底淋溶黑钙土土体质地较轻，较均匀。首先粗粉粒所占比重最大，几乎相当于各土壤颗粒总量的 1/3；其次是黏粒，这种颗粒组合决定该土种具有较好的物理结构。

表 3-75 说明，黏底淋溶黑钙土全量养分丰富，容重较小，土壤显中性，代换量较高，具有较好的理化性质。其表层养分含量见表 3-76。

表 3-76 黏底淋溶黑钙土表层养分含量

| 土种 | 有机质（克/千克） | 全氮（克/千克） | 碱解氮（毫克/千克） | 有效磷（毫克/千克） | 速效钾（毫克/千克） | 样品数（个） |
|---|---|---|---|---|---|---|
| 薄层黏底淋溶黑钙土 | 39.1 | 1.622 | 182.6 | 12.25 | 331.3 | 11 |
| 中层黏底淋溶黑钙土 | 45.6 | 2.087 | 194.1 | 13.21 | 276.2 | 39 |

（2）坡积沙黏底淋溶黑钙土。该土属是淋溶黑钙土的一个特殊类型。冠以"坡积"字样，是因该土壤处于滩地或沟谷向平岗过渡的坡度较大的岗坡上，成土过程受到两个方面的影响：一是风力搬运细沙的覆盖作用，二是受岗顶水土流失的淤积，且以前者作用为主。该作用的结果使土壤剖面通体含沙较多，质地较轻，黑土层深厚，层次过渡不明显，一些剖面在1～2米也不见石灰反应。但因该土壤处于黑钙土区，其上部多与碳酸盐黑钙土相接，下部接沙壤质草甸黑钙土，只是因其所处地形部位特殊，又有特殊的成土过程，质地轻，土体淋溶作用强，所以仍将其列入淋溶黑钙土。

坡积沙黏底淋溶黑钙土也是讷河市最肥沃的高产农业土壤之一。讷河市坡积淋溶黑钙土总面积为905公顷，占淋溶黑钙土亚类的10.25%；其中耕地608公顷，占该土属的67.18%。集中分布于本市拉哈镇南北，兴旺乡、六合镇的高河滩向阶地过渡的岗坡上，分中层坡积沙黏底淋溶黑钙土、厚层坡积沙黏底淋溶黑钙土2个土种，其面积构成见表3-77。其机械组成和理化性质以兴旺乡县概8号剖面和112号剖面为例，见表3-78、表3-79。

表3-77　坡积沙黏底淋溶黑钙土各土种面积统计

| 土种 | 面积（公顷） | 占本土属（%） | 其中：耕地（公顷） | 占该土种（%） |
|---|---|---|---|---|
| 中层坡积沙黏底淋溶黑钙土 | 362 | 39.99 | 243 | 67.13 |
| 厚层坡积沙黏底淋溶黑钙土 | 543 | 60.01 | 365 | 67.22 |
| 合计 | 905 | 100.00 | 608 | 67.18 |

表3-78　坡积沙黏底淋溶黑钙土机械组成分析结果

| 采样地点及编号 | 层次 | 取样深度（厘米） | 土壤各粒级含量（%） | | | | | | 物理性黏粒（%） | 质地 |
|---|---|---|---|---|---|---|---|---|---|---|
| | | | 0.25～1.00毫米 | 0.05～0.25毫米 | 0.01～0.05毫米 | 0.005～0.01毫米 | 0.001～0.005毫米 | <0.001毫米 | | |
| 兴旺乡建国村四队县克8 | Ap | 7～12 | 32.36 | 42.22 | 7.84 | 1.95 | 6.70 | 8.93 | 17.58 | 沙壤土 |
| | A₁ | 20～30 | 21.08 | 37.30 | 12.12 | 3.49 | 9.73 | 16.28 | 29.50 | 轻壤土 |
| | AB | 80～90 | 9.28 | 35.63 | 17.93 | 3.63 | 9.88 | 23.65 | 37.16 | 中壤土 |
| | BC | 140～15 | 5.09 | 25.18 | 24.65 | 7.54 | 12.42 | 25.12 | 45.08 | 重壤土 |
| 兴旺乡新兴村团112 | Ap | 0～25 | 20.41 | 40.89 | 7.67 | 6.83 | 7.71 | 16.40 | 31.03 | 中壤土 |
| | A | 35～45 | 23.84 | 36.36 | 9.18 | 5.65 | 4.57 | 20.17 | 30.39 | 中壤土 |
| | AB | 110～120 | 19.34 | 39.25 | 8.91 | 3.38 | 8.07 | 21.05 | 32.50 | 中壤土 |

表3-79　坡积沙黏底淋溶黑钙土理化性质

| 剖面地点及编号 | 土种 | 层次 | 取样深度（厘米） | 有机质（克/千克） | 全量（克/千克） | | | 代换量（毫克当量/100克土） | pH | 容重（克/厘米³） | 总孔隙度（%） |
|---|---|---|---|---|---|---|---|---|---|---|---|
| | | | | | 氮 | 磷 | 钾 | | | | |
| 兴旺乡建国村四队县克8 | 中层坡积沙黏底淋溶黑钙土 | Ap | 7～12 | 24.38 | 1.551 | 0.6 | 37.1 | 19.27 | 7 | 1.4 | 47.17 |
| | | A₁ | 20～30 | 27.34 | 1.239 | 0.69 | 32.4 | — | 7.2 | — | — |
| | | AB | 80～90 | 14.58 | — | — | — | — | 7 | — | — |
| | | BC | 140～150 | 11.05 | — | — | — | — | 6.8 | — | — |

（续）

| 剖面地点及编号 | 土种 | 层次 | 取样深度（厘米） | 有机质（克/千克） | 全量（克/千克） | | | 代换量（毫克当量/100克土） | pH | 容重（克/厘米³） | 总孔隙度（％） |
|---|---|---|---|---|---|---|---|---|---|---|---|
| | | | | | 氮 | 磷 | 钾 | | | | |
| 兴旺乡新兴村团112 | 厚层坡积沙黏底淋溶黑钙土 | Ap | 0~25 | 34.12 | 2.435 | 0.86 | 31.2 | 23.13 | 7.5 | — | — |
| | | A | 35~45 | 14.13 | 1.171 | 0.89 | 31.9 | 23.45 | 7 | — | — |
| | | B | 110~120 | 14.31 | — | — | — | — | 7 | — | — |

从表3-78可以看出，坡积沙黏底淋溶黑钙土质地较轻，而且由下往上越来越轻，表土通常为沙壤土至中壤土。越下层黏粒比重越大，说明坡积沙黏底淋溶黑钙土淋溶作用很强，黏粒也在重力作用下随水下移，表现为越往土体下层土体越黏重。

表3-79说明，坡积沙黏底淋溶黑钙土全量氮、磷含量不丰富，其中全磷最缺，其次是全氮，全钾含量却极为丰富。但坡积沙黏底淋溶黑钙土土体上下养分含量变化不大，分布均匀，土壤显中性至微碱性。据机械组成及农业生产调查证明，坡积沙黏底淋溶黑钙土具有土质疏散、热潮、发小苗也发大苗，籽实上得快的优点，也是本市中高产土壤。弱点是该土壤位于斜坡上，耕作不甚方便，表土容易流失，更易遭受风害。应加强防风护坡管理，注意补充冷性肥料（如猪、狗粪，河塘泥等）。其表层养分状况见表3-80。

**表3-80 坡积沙黏底淋溶黑钙土表层养分含量**

| 土种 | 有机质（克/千克） | 全氮（克/千克） | 碱解氮（毫克/千克） | 有效磷（毫克/千克） | 速效钾（毫克/千克） | 样品数（个） |
|---|---|---|---|---|---|---|
| 中层坡积沙黏底淋溶黑钙土 | 31.3 | 1.562 | 149 | 28.1 | 173 | 2 |
| 厚层坡积沙黏底淋溶黑钙土 | 45.8 | 1.303 | 162 | 11.9 | 175 | 2 |

**2. 黑钙土** 黑钙土，或叫典型黑钙土或普通黑钙土，总面积为33 974公顷，占黑钙土类面积的52.16％。其中耕地29 017公顷，占该亚类面积的85.41％。黑钙土集中分布在讷河市西南部的兴旺乡东北部，同义镇西南部以及同心乡中西部、和盛乡、通南镇西北部的平岗顶部，其周围与黏底淋溶黑钙土和碳酸盐黑钙土相接。黑钙土都具有腐殖质层（A层）、腐殖质舌状淋溶层（AB层）、钙积层（B_{Ca}层）和母质层（C层）4个主要层次。钙积层通常出现在45~100厘米土壤深处，在土体中表现为有较多的假菌丝体，一些剖面尚有眼状石灰斑，石灰反应强烈。表层土壤显中性或微碱性。讷河市黑钙土可分为黏底黑钙土和沙黏底黑钙土2个土属，但沙黏底黑钙土面积较小，集中分布在兴旺乡中北部和六合镇西南部，都处于平岗的西侧。

（1）黏底黑钙土。该土属是讷河市西南部几个乡（镇）的主要农用土壤。该土属面积32 640公顷，占该亚类土壤面积的96.07％。其中耕地面积27 902公顷，占该土属面积的85.48％。根据其腐殖质层厚度，划分出薄层黏底黑钙土、中层黏底黑钙土、厚层黏底黑钙土3个土种，面积情况见表3-81。现以同义镇92号剖面和兴旺乡29号、6号3个剖面为例说明黏底黑钙土3个土种的机械组成和理化性质（表3-82、表3-83）。

表 3-81 黏底黑钙土各土种面积统计

| 土种 | 面积（公顷） | 占本土属（%） | 其中：耕地（公顷） | 占该土种（%） |
|---|---|---|---|---|
| 薄层黏底黑钙土 | 12 652 | 38.76 | 10 736 | 84.86 |
| 中层黏底黑钙土 | 19 567 | 59.95 | 16 838 | 86.05 |
| 层层黏底黑钙土 | 421 | 1.29 | 328 | 77.91 |
| 合计 | 32 640 | 100.00 | 27 902 | 85.48 |

表 3-82 黏底黑钙土机械组成分析结果

| 采样地点及编号 | 土种名称 | 层次 | 取样深度（厘米） | 土壤各粒级含量（%） | | | | | | 物理性黏粒（%） | 质地 |
|---|---|---|---|---|---|---|---|---|---|---|---|
| | | | | 0.25~1.00毫米 | 0.05~0.25毫米 | 0.01~0.05毫米 | 0.005~0.01毫米 | 0.001~0.005毫米 | <0.001毫米 | | |
| 兴旺乡黑龙村七队团6 | 薄层黏底黑钙土 | A | 5~15 | 5.23 | 26.37 | 22.49 | 6.07 | 17.16 | 22.68 | 45.91 | 重壤土 |
| | | AB | 25~35 | 5.03 | 27.65 | 19.48 | 5.65 | 17.14 | 25.05 | 47.84 | 重壤土 |
| | | $B_{Ca}$ | 70~80 | 3.76 | 20.18 | 22.54 | 5.65 | 25.04 | 22.63 | 53.52 | 重壤土 |
| | | C | 140~160 | 2.30 | 16.55 | 27.44 | 5.87 | 16.55 | 31.29 | 53.71 | 重壤土 |
| 同义乡坚强村一队义92 | 中层黏底黑钙土 | A | 0~35 | 1.02 | 15.44 | 31.81 | 10.03 | 21.14 | 20.56 | 51.73 | 重壤土 |
| | | AB | 40~50 | 1.30 | 10.43 | 28.85 | 9.77 | 21.07 | 28.58 | 59.42 | 重壤土 |
| | | $B_{Ca}$ | 90~100 | 0.34 | 10.60 | 29.86 | 20.45 | 17.35 | 20.90 | 58.70 | 重壤土 |
| | | C | 150~160 | 1.06 | 13.56 | 29.42 | 6.77 | 26.88 | 22.31 | 55.96 | 重壤土 |
| 兴旺乡凤鸣村十队团29 | 厚层黏底黑钙土 | $A_1$ | 0~20 | 1.50 | 22.75 | 19.74 | 9.88 | 17.35 | 28.72 | 56.01 | 重壤土 |
| | | $A_P$ | 30~40 | 1.93 | 22.35 | 20.09 | 11.80 | 18.87 | 24.96 | 55.63 | 重壤土 |
| | | AB | 70~80 | 1.23 | 17.33 | 21.97 | 10.19 | 20.66 | 28.57 | 59.42 | 重壤土 |
| | | BC | 130~140 | 1.74 | 13.52 | 22.10 | 10.35 | 23.12 | 29.12 | 62.54 | 轻黏土 |
| | | C | 150~160 | 2.10 | 7.66 | 25.20 | 12.26 | 26.93 | 25.85 | 65.04 | 轻黏土 |

从表 3-82 可以看出，黏底黑钙土质地均匀，土壤各粒级含量中，除中、粗沙粒（1.0~0.25 毫米）和物理性黏粒（0.01~0 005 毫米）所占比重较小外，其他各粒级土壤颗粒含量均衡，钙积层以下物理性黏粒含量略有增加，这与钙的移动趋势是一致的。

表 3-83 黏底黑钙土理化性质

| 剖面地点及编号 | 土种 | 层次 | 取样深度（厘米） | 有机质（克/千克） | 全量（克/千克） | | | 代换量（毫克当量/100克土） | pH | 容重（克/厘米³） | 总孔隙度（%） |
|---|---|---|---|---|---|---|---|---|---|---|---|
| | | | | | 氮 | 磷 | 钾 | | | | |
| 兴旺乡黑龙村七队团6 | 薄层黏底黑钙土 | A | 5~15 | 40.16 | 2.119 | 1.03 | 30.1 | — | 8.5 | — | — |
| | | AB | 25~35 | 22.45 | 1.170 | 0.79 | 32.2 | — | 8.3 | — | — |
| | | $B_{Ca}$ | 70~80 | 9.54 | — | — | — | — | 8.5 | — | — |
| | | C | 140~160 | 7.28 | — | — | — | — | 8.4 | — | — |

（续）

| 剖面地点及编号 | 土种 | 层次 | 取样深度（厘米） | 有机质（克/千克） | 全量（克/千克） | | | 代换量（毫克当量/100克土） | pH | 容重（克/厘米³） | 总孔隙度（%） |
|---|---|---|---|---|---|---|---|---|---|---|---|
| | | | | | 氮 | 磷 | 钾 | | | | |
| 同义乡坚强村一队义92 | 中层黏底黑钙土 | A | 0～35 | 41.30 | 2.317 | 1.20 | 28.8 | 44.36 | 7.3 | 1.16 | 56.23 |
| | | AB | 40～50 | 21.29 | 1.106 | 0.89 | — | — | 7.4 | 1.33 | 49.81 |
| | | B$_{Ca}$ | 90～100 | 10.81 | — | — | — | — | 8.0 | — | — |
| | | C | 150～160 | 9.30 | — | — | — | — | 8.0 | — | — |
| 兴旺乡凤鸣村十队团29 | 厚层黏底黑钙土 | A$_1$ | 0～20 | 41.82 | 1.936 | 0.97 | 26.8 | 47.05 | 7.8 | 1.35 | 49.06 |
| | | A$_p$ | 30～40 | 30.85 | 1.549 | 0.93 | 24.7 | 44.20 | 7.8 | 1.18 | 55.47 |
| | | AB | 70～80 | 19.99 | — | — | — | — | 8.1 | — | — |
| | | B$_{Ca}$ | 130～140 | 16.03 | — | — | — | — | 8.2 | — | — |
| | | C | 150～160 | 10.04 | — | — | — | — | 8.1 | — | — |

黏底黑钙土的剖面特征以同义乡92号剖面为例说明如下：

A层：0～35厘米，暗灰色，团块状结构，重壤土，较紧，湿润，有铁锰结核和少量植物根系，无石灰反应，层次过渡较明显。

AB层：35～55厘米，棕灰色，核块状结构，重壤土，紧实，湿润，有铁锰结核，植物根系极少，石灰反应微弱，层次逐渐过渡。

B$_{Ca}$层：55～115厘米，灰黄色，棱块状结构，重壤土，紧实，湿润，有铁锰结核、大量假菌丝体及石灰斑块，无植物根系，石灰反应强烈，层次过渡明显。

C层：115～160厘米，灰黄色，棱块状结构，质地黏重，极紧，潮湿，有铁锰结核和假菌丝体，石灰反应强烈，层次过渡明显。

剖面综合评述：通体可见铁锰结核，腐殖质呈舌状下伸至母质层，亚表层以下有较多的假菌丝体，石灰反应强烈，层次过渡较明显，土壤质地上轻下黏。黏底黑钙土不同土种间，有机质含量和在土体中的分布亦有较大差别。

由表3－83可以看出，黏底黑钙土全量养分含量较丰富，但腐殖质层越薄，表层以下全量养分含量越少，降低幅度越大。所以，黏底黑钙土和黏底黑土一样，有机质等全量养分含量与黑土层厚薄有密切关系。也就是说，黑土层越薄，全量养分含量越少，土壤肥力越低。黏底黑钙土显中性至微碱性。黏底黑钙土因质地相对较轻，土质较黑土热潮，发小苗也发大苗，养分分解和消耗较快。农用时要注意增施粪肥，培肥地力，但黏底黑钙土所处地形多为平岗地，地势平缓，水土流失比黑土轻。黏底黑钙土表层土壤养分情况见表3－84。

表3－84 黏底黑钙土表层养分含量

| 土种 | 有机质（克/千克） | 全氮（克/千克） | 碱解氮（毫克/千克） | 有效磷（毫克/千克） | 速效钾（毫克/千克） | 样品数（个） |
|---|---|---|---|---|---|---|
| 薄层黏底黑钙土 | 45.5 | 2.182 | 198.4 | 12.94 | 308.9 | 16 |
| 中层黏底黑钙土 | 46.8 | 2.061 | 200.7 | 13.95 | 305.6 | 102 |

（2）沙黏底黑钙土（或叫沙壤质黑钙土）。该土属面积为 1 334 公顷，占黑钙土亚类面积的 3.93%。其中，耕地 1 115 公顷，占该土属面积的 83.58%，只有薄层沙黏底黑钙土 1 个土种。

沙黏底黑钙土和黏底黑钙土的主要区别在于：一是沙黏底黑钙土通体含沙量较高，质地更轻，为沙壤土，土质热燥；二是腐殖质层薄，一般都小于 20 厘米，有机质等全量养分含量低。其机械组成和理化性质以兴旺乡 76 号剖面和六合镇 32 号剖面为例说明，见表 3-85、表 3-86。

表 3-85 沙黏底黑钙土机械组成分析结果

| 采样地点及编号 | 层次 | 取样深度（厘米） | 土壤各粒级含量（%） | | | | | 物理性黏粒（%） | 质地 |
| | | | 0.25～1.00 毫米 | 0.05～0.25 毫米 | 0.01～0.05 毫米 | 0.005～0.01 毫米 | 0.001～0.005 毫米 | <0.001 毫米 | | |
|---|---|---|---|---|---|---|---|---|---|---|
| 太和乡兴农村太32 | A | 0～1 | 13.26 | 37.30 | 17.51 | 6.77 | 12.24 | 12.92 | 31.93 | 中壤土 |
| | AB | 30～40 | 14.83 | 37.76 | 21.13 | 3.46 | 9.10 | 13.72 | 26.28 | 轻壤土 |
| | B₁ | 50～60 | 22.10 | 41.15 | 21.18 | 2.74 | 8.51 | 4.32 | 15.67 | 沙壤土 |
| | B_Ca | 90～10 | 30.88 | 31.05 | 14.43 | 4.46 | 10.32 | 8.86 | 23.64 | 轻壤土 |
| | C | 130～14 | 11.09 | 24.47 | 23.71 | 8.42 | 21.45 | 10.86 | 40.73 | 中壤土 |
| 兴旺乡天津村团76 | A | 10～15 | 23.75 | 41.24 | 14.24 | 7.26 | 7.48 | 6.14 | 20.88 | 轻壤土 |
| | AB | 25～35 | 13.61 | 37.52 | 22.07 | 9.07 | 9.69 | 8.04 | 26.80 | 轻壤土 |
| | B₁ | 70～80 | 12.82 | 39.21 | 34.22 | 7.55 | 3.93 | 2.27 | 13.75 | 沙壤土 |
| | B_Ca | 110～120 | 14.40 | 30.00 | 20.15 | 6.13 | 15.37 | 13.95 | 36.45 | 中壤土 |
| | C | 130～140 | 22.54 | 40.90 | 14.55 | 2.26 | 8.81 | 10.94 | 22.01 | 轻壤土 |

表 3-86 沙黏底黑钙土理化性质

| 剖面地点及编号 | 土种 | 层次 | 取样深度（厘米） | 有机质（克/千克） | 全量（克/千克） | | | 代换量（毫克当量/100 克土） | pH | 容重（克/厘米³） | 总孔隙度（%） |
| | | | | | 氮 | 磷 | 钾 | | | | |
|---|---|---|---|---|---|---|---|---|---|---|---|
| 太和乡兴农村太32 | 薄层沙黏底黑钙土 | A | 0～1 | 26.24 | 1.366 | 0.73 | 34.5 | — | 6.7 | — | — |
| | | AB | 30～40 | 7.79 | 0.304 | 0.37 | 35.3 | — | 7.0 | — | — |
| | | B₁ | 50～60 | 2.66 | — | — | — | — | 7.0 | — | — |
| | | B_Ca | 90～10 | 1.89 | — | — | — | — | 8.0 | — | — |
| | | C | 130～140 | 0.653 | — | — | — | — | 8.0 | — | — |
| 兴旺乡天津村团76 | 薄层沙黏底黑钙土 | A | 10～15 | 26.23 | 1.697 | 0.33 | 45.1 | 21.61 | 6.0 | 1.39 | 47.55 |
| | | AB | 25～35 | 21.86 | 1.484 | | | | 6.0 | | |
| | | B₁ | 70～80 | 6.18 | — | — | — | — | 6.0 | | |
| | | B_Ca | 110～120 | 3.27 | — | — | — | — | 7.5 | | |
| | | C | 130～140 | 1.72 | — | — | — | — | 7.6 | | |

由表 3-85 可以看出，沙黏底黑钙土通体含沙量大，质地轻壤至中壤土。只在钙积层

部位黏粒增加，说明黏粒淀积和积钙过程是一致的。

由表3-86可以看出，沙黏底黑钙土全量养分含量较低，特别是亚表层以下各层含量更低。该土壤表土显中性至微酸性，钙积层及母质层则显微碱性，土壤容重适中，适耕适种性好，代换量较小，较贫瘠，发小苗不发老苗，属中低产土壤。所以，沙黏底黑钙土在使用中应特别注意增施有机肥料，培肥地力，防止水土流失，杜绝沙化发生。其表层养分状况见表3-87。

表3-87 沙黏底黑钙土农化样统计

| 项目 | 平均值 | 最高值 | 最低值 | 极差 | 标准差 |
|---|---|---|---|---|---|
| 有机质（克/千克） | 35.3 | 38.6 | 26 | 12.6 | 0.48 |
| 全氮（克/千克） | 1.711 | 1.99 | 1.492 | 0.498 | 0.02 |
| 碱解氮（毫克/千克） | 155.2 | 186 | 130 | 56 | 21.98 |
| 有效磷（毫克/千克） | 12.75 | 14.9 | 9.2 | 5.7 | 3.12 |
| 速效钾（毫克/千克） | 161 | 199 | 122 | 77 | 26.73 |

**3. 碳酸盐黑钙土** 该亚类土壤的主要特点是通体都有石灰反应。该土壤讷河市有面积8 793公顷，占黑钙土土类面积的13.50%。其中耕地7 366公顷，占该亚类面积的83.77%。集中分布于本市兴旺乡东部和和盛乡西部的岗平地上，其上接普通黑钙土，其下连草甸黑钙土。该土壤亚类划分为黏底碳酸盐黑钙土和沙黏底碳酸盐黑钙土2个土属。

（1）黏底碳酸盐黑钙土。该土属划分为薄层黏底碳酸盐黑钙土和中层黏底碳酸盐黑钙土2个土种，面积构成情况见表3-88。

表3-88 黏底碳酸盐黑钙土各土种面积统计

| 土种 | 面积（公顷） | 占本土属（%） | 其中：耕地（公顷） | 占该土种（%） |
|---|---|---|---|---|
| 薄层黏底碳酸盐黑钙土 | 7 958 | 90.50 | 6 707 | 84.28 |
| 中层黏底碳酸盐黑钙土 | 835 | 9.50 | 659 | 78.92 |
| 合计 | 8 793 | 100.00 | 7 366 | 83.77 |

以和盛乡61号剖面和兴旺乡13号剖面为例说明薄层黏底碳酸盐黑钙土机械组成和理化性质，见表3-89、表3-90。

表3-89 薄层黏底碳酸盐黑钙土机械组成分析结果

| 采样地点及编号 | 层次 | 取样深度（厘米） | 0.25~1.00毫米 | 0.05~0.25毫米 | 0.01~0.05毫米 | 0.005~0.01毫米 | 0.001~0.005毫米 | <0.001毫米 | 物理性黏粒（%） | 质地 |
|---|---|---|---|---|---|---|---|---|---|---|
| 兴旺乡康乐村六、七队团13 | A | 0~16 | 4.44 | 21.89 | 25.37 | 8.04 | 19.60 | 20.66 | 48.30 | 重壤土 |
| | AB | 25~35 | 2.07 | 15.95 | 24.77 | 10.68 | 17.42 | 29.11 | 57.21 | 重壤土 |
| | B | 70~80 | 2.33 | 17.87 | 23.62 | 9.90 | 18.60 | 27.72 | 56.22 | 重壤土 |
| | C | 130~140 | 2.10 | 16.41 | 24.44 | 9.43 | 16.19 | 31.43 | 57.05 | 重壤土 |

（续）

| 采样地点及编号 | 层次 | 取样深度（厘米） | 土壤各粒级含量（%） | | | | | | 物理性黏粒（%） | 质地 |
|---|---|---|---|---|---|---|---|---|---|---|
| | | | 0.25～1.00毫米 | 0.05～0.25毫米 | 0.01～0.05毫米 | 0.005～0.01毫米 | 0.001～0.005毫米 | <0.001毫米 | | |
| 和盛乡华升村十一队61 | A₁ | 5～15 | 1.24 | 21.28 | 28.18 | 8.88 | 25.06 | 15.36 | 49.30 | 重壤土 |
| | AB | 35～45 | 1.85 | 20.84 | 21.92 | 7.59 | 20.47 | 24.33 | 52.39 | 重壤土 |
| | B | 75～85 | 0.41 | 21.83 | 24.04 | 8.66 | 16.30 | 28.76 | 53.72 | 重壤土 |
| | C | 125～135 | 1.44 | 18.92 | 24.98 | 6.76 | 19.17 | 28.73 | 54.66 | 重壤土 |

表3-90　薄层黏底碳酸盐黑钙土理化性质

| 剖面地点及编号 | 层次 | 取样深度（厘米） | 有机质（克/千克） | 全量（克/千克） | | | 代换量（毫克当量/100克土） | pH | 容重（克/厘米³） | 总孔隙度（%） |
|---|---|---|---|---|---|---|---|---|---|---|
| | | | | 氮 | 磷 | 钾 | | | | |
| 兴旺乡康乐村六、七队团13 | A | 0～16 | 44.09 | 2.340 | 1.13 | 27.5 | 39.80 | 8.1 | 1.36 | 48.68 |
| | AB | 25～35 | 18.92 | 0.730 | 0.73 | 23.8 | — | 8.2 | — | — |
| | B | 70～80 | 7.25 | — | | | | 8.3 | — | — |
| | C | 130～140 | 8.21 | — | | | | 8.2 | — | — |
| 和盛乡华升村十一队61 | A₁ | 5～15 | 42.99 | 2.580 | 1.14 | 25.8 | 36.97 | 8.2 | 1.15 | 56.60 |
| | AB | 35～45 | 9.42 | 0.670 | 0.75 | 23.6 | 29.87 | 8.4 | 1.37 | 48.30 |
| | B | 75～85 | 9.41 | — | | | | 8.3 | — | — |
| | C | 125～135 | 8.66 | — | | | | 8.2 | — | — |

表3-89说明，该土壤土体质地均匀，但黏重，物理性黏粒含量较多，滞水性强，泥沙比例约为6：4，表土质地轻。

表3-90说明，黏底碳酸盐黑钙土（薄层）表层土壤全量养分较丰富，土壤显微碱性，容重较小。表层以下养分锐减，容重增大，总孔隙度减小，属本市低产土壤之一。对于该土壤在使用中应注意疏松表土，增施磷肥，间种或套种草木樨，增施农家肥，防止土壤盐渍化发生。农作物以向日葵、甜菜、高粱、谷子等耐碱耐旱作物为宜。黏底碳酸盐黑钙土表层养分状况见表3-91。

表3-91　黏底碳酸盐黑钙土表层养分平均含量

| 土种 | 有机质（克/千克） | 全氮（克/千克） | 碱解氮（毫克/千克） | 有效磷（毫克/千克） | 速效钾（毫克/千克） | 样品数（个） |
|---|---|---|---|---|---|---|
| 中层黏底碳酸盐黑钙土 | 42.3 | 1.987 | 179.7 | 13.51 | 238.8 | 38 |
| 薄层黏底碳酸盐黑钙土 | 41.0 | 1.917 | 173.3 | 12.13 | 198.6 | 24 |

（2）沙黏底碳酸盐黑钙土。该土属沙黏底（或叫沙壤质）碳酸盐黑钙土面积较小（土壤面积计算时将其归入黏底碳酸盐黑钙土），只有薄层沙黏底碳酸盐黑钙土1个土种，集中分布于兴旺乡中部岗平地西侧的天津村至新兴村，其上接黏底碳酸盐黑钙土，其下接坡

积沙黏底淋溶黑钙土。沙黏底碳酸盐黑钙土和黏底碳酸盐黑钙土的主要差别在于该土属土体含沙量较大，养分更贫乏，也是本市的低产土壤之一。其机械组成和理化性质详见表3－92、表3－93。

**表3－92　薄层沙黏底碳酸盐黑钙土机械组成分析结果**

| 采样地点及编号 | 层次 | 取样深度（厘米） | 土壤各粒级含量（%） | | | | | | 物理性黏粒（%） | 质地 |
|---|---|---|---|---|---|---|---|---|---|---|
| | | | 0.25～1.00毫米 | 0.05～0.25毫米 | 0.01～0.05毫米 | 0.005～0.01毫米 | 0.001～0.005毫米 | <0.001毫米 | | |
| 兴旺乡新兴村团61 | A | 0～15 | 5.82 | 34.22 | 17.49 | 6.75 | 16.11 | 19.61 | 42.47 | 中壤土 |
| | AB | 30～40 | 12.02 | 22.43 | 19.06 | 7.05 | 30.14 | 9.30 | 46.49 | 重壤土 |
| | B | 75～85 | 16.77 | 13.53 | 26.30 | 6.40 | 23.72 | 13.28 | 43.40 | 中壤土 |
| | C | 130～140 | 8.70 | 25.14 | 23.82 | 5.70 | 22.68 | 13.96 | 42.34 | 中壤土 |

**表3－93　薄层沙黏底碳酸盐黑钙土理化性质**

| 剖面地点编号 | 层次 | 取样深度（厘米） | 有机质（克/千克） | 全量（克/千克） | | | pH |
|---|---|---|---|---|---|---|---|
| | | | | 氮 | 磷 | 钾 | |
| 兴旺乡新兴村团61 | A | 0～15 | 32.95 | 1.952 | 0.87 | 33.2 | 7.8 |
| | AB | 30～40 | 17.07 | 1.092 | 0.66 | 26.4 | 8.2 |
| | B | 75～85 | 4.81 | — | — | — | 8.1 |
| | C | 130～140 | 4.34 | — | — | — | 7.8 |

由表3－92可以看出，沙黏底碳酸盐黑钙土含沙量大，质地较轻。在土壤颗粒组成中，以中、细沙粒和细粉粒为主。

由表3－93可以看出，沙黏底碳酸盐黑钙土显微碱性，全量养分除全钾外，均较缺乏，全磷含量则更少，表层以下养分含量明显不足。所以该土壤在使用中仍以增加施肥量，多施农家肥，化肥以补磷为主，加强地力培肥，适种作物及改良措施同黏底碳酸盐黑钙土。沙黏底碳酸盐黑钙土养分含量统计见表3－94。

**表3－94　沙黏底碳酸盐黑钙土养分含量统计**

| 项目 | 平均值 | 最高值 | 最低值 | 极差 | 标准差 |
|---|---|---|---|---|---|
| 有机质（克/千克） | 38.3 | 49.9 | 29.8 | 20.1 | 0.62 |
| 全氮（克/千克） | 2.287 | 2.786 | 1.759 | 1.027 | 0.039 |
| 碱解氮（毫克/千克） | 157.8 | 187 | 127 | 60 | 19.96 |
| 有效磷（毫克/千克） | 14.75 | 30.0 | 7.5 | 22.5 | 5.67 |
| 速效钾（毫克/千克） | 165.5 | 22.3 | 11.6 | 10.7 | 32.22 |

**4. 草甸黑钙土**　该亚类土壤面积为11 241公顷，占黑钙土土类面积的17.26%。其中耕地9 304公顷，占该亚类面积的82.77%。主要分布在兴旺、和盛两乡中南部的坡脚

地和岗间低洼地，以及嫩江左岸、通南沟底和讷谟尔河两侧坡脚地。因草甸黑钙土所处地形低洼，地下水位较高，在成土过程中除了腐殖质化、钙积过程以外，还附加有草甸化过程，使土壤剖面中下部有较明显的锈纹锈斑和铁锰结核，而且钙积量和钙积层都比较集中。典型草甸黑钙土表层无石灰反应，显中性至微碱性，钙积层或母质层石灰反应强烈，呈微碱性至碱性反应。根据钙积层出现部位，该亚类划分为草甸黑钙土和碳酸盐草甸黑钙土 2 个土属。

（1）草甸黑钙土。该土属面积为 9 661 公顷，占草甸黑钙土亚类面积的 85.94％。其中耕地为 7 979 公顷，占该土属面积的 82.59％。根据黑土层的厚薄分出薄层草甸黑钙土、中层草甸黑钙土、厚层草甸黑钙土 3 个土种，面积构成情况见表 3 - 95。草甸黑钙土的主要特征是淋溶作用较强，可溶性盐类向下淋洗，表层无石灰反应，显中性。钙积层多出现在 50 厘米左右，呈强石灰反应，有假菌丝体，显微碱性至碱性，土体下层有锈纹锈斑和铁锰结核。

表 3 - 95　草甸黑钙土各土种面积统计

| 土种 | 面积（公顷） | 占本土属（%） | 其中：耕地（公顷） | 占该土种（%） |
|---|---|---|---|---|
| 薄层草甸黑钙土 | 2 575 | 26.65 | 2 208 | 85.75 |
| 中层草甸黑钙土 | 4 109 | 42.53 | 3 342 | 81.33 |
| 厚层草甸黑钙土 | 2 977 | 30.82 | 2 430 | 81.63 |
| 合计 | 9 661 | 100.00 | 7 979 | 82.59 |

以兴旺乡 80 号剖面、和盛乡 32 号剖面、通南镇 2 号剖面为例说明其机械组成和理化性质，见表 3 - 96、表 3 - 97；草甸黑钙土各土种表层养分状况见表 3 - 98。

表 3 - 96　薄层草甸黑钙土机械组成分析结果

| 采样地点及编号 | 层次 | 取样深度（厘米） | 土壤各粒级含量（%） | | | | | | 物理性黏粒（%） | 质地 |
|---|---|---|---|---|---|---|---|---|---|---|
| | | | 0.25～1.00 毫米 | 0.05～0.25 毫米 | 0.01～0.05 毫米 | 0.005～0.01 毫米 | 0.001～0.005 毫米 | <0.001 毫米 | | |
| 兴旺乡沿河村三、六队团 80 | A | 1～15 | 17.13 | 10.64 | 36.52 | 8.44 | 13.17 | 14.05 | 35.66 | 中壤土 |
| | AB | 30～40 | 4.43 | 19.28 | 31.10 | 6.73 | 12.80 | 25.58 | 45.19 | 重壤土 |
| | B | 85～9 | 5.21 | 36.35 | 24.18 | 3.30 | 10.26 | 20.70 | 34.26 | 中壤土 |
| | C | 130～140 | 11.97 | 56.60 | 14.80 | 3.50 | 5.04 | 14.14 | 22.68 | 轻壤土 |
| 和盛乡和盛村一队盛 32 | A | 0～15 | 0.94 | 20.42 | 24.84 | 9.87 | 14.55 | 29.38 | 53.80 | 重壤土 |
| | AB | 30～40 | 1.26 | 17.32 | 25.96 | 11.03 | 15.55 | 28.88 | 55.46 | 重壤土 |
| | B | 65～75 | 9.62 | 21.39 | 24.63 | 9.70 | 22.42 | 21.15 | 53.36 | 重壤土 |
| | C | 115～125 | 0.41 | 19.61 | 26.53 | 9.81 | 22.46 | 21.18 | 53.45 | 重壤土 |

表 3－97 薄层草甸黑钙土理化性质

| 剖面地点及编号 | 层次 | 取样深度（厘米） | 有机质（克/千克） | 全量（克/千克） | | | 代换量（毫克当量/100克土） | pH | 容重（克/厘米$^3$） | 总孔隙度（％） |
|---|---|---|---|---|---|---|---|---|---|---|
| | | | | 氮 | 磷 | 钾 | | | | |
| 兴旺乡沿河村三、六队团80 | A | 1～15 | 26.66 | 1.564 | 0.70 | 31.9 | 28.58 | 7.2 | 1.31 | 50.57 |
| | AB | 30～40 | 10.44 | 0.770 | 0.44 | 30.6 | 26.75 | 6.9 | 1.43 | 46.04 |
| | B | 85～9 | 5.96 | — | — | — | — | 6.8 | — | — |
| | C | 130～140 | 4.40 | — | — | — | — | 7.3 | — | — |
| 和盛乡和盛村一队盛32 | A | 0～15 | 31.87 | 0.15 | 0.09 | 3.20 | 41.56 | 7.6 | 1.07 | 59.62 |
| | AB | 30～40 | 21.02 | 0.11 | 0.08 | 3.23 | 28.48 | 7.6 | 1.36 | 48.68 |
| | B | 65～75 | 12.14 | — | — | — | — | 7.7 | — | — |
| | C | 115～125 | 14.45 | — | — | — | — | 7.7 | — | — |
| 通南镇三山村三队通2 | A | 5～15 | 49.90 | 0.26 | 0.12 | 2.50 | — | 6.6 | 1.08 | 59.25 |
| | AB | 35～45 | 11.58 | 0.07 | 0.06 | 2.63 | — | 6.4 | 1.25 | 52.83 |
| | B | 105～115 | 10.74 | — | — | — | — | — | — | — |
| | C | 130～140 | 10.31 | — | — | — | — | — | — | — |

表 3－98 草甸黑钙土表层养分状况

| 土种 | 有机质（克/千克） | 全氮（克/千克） | 碱解氮（毫克/千克） | 有效磷（毫克/千克） | 速效钾（毫克/千克） | 样品数（个） |
|---|---|---|---|---|---|---|
| 薄层草甸黑钙土 | 41.8 | 1.943 | 200.2 | 3.54 | 317.4 | 5 |
| 中层草甸黑钙土 | 47.4 | 2.178 | 205.6 | 12.96 | 325.4 | 16 |

　　（2）碳酸盐草甸黑钙土。该土属面积为 1 580 公顷，占草甸黑钙土亚类面积的 14.06％。其中耕地 1 325 公顷，占本土属面积的 83.86％。分为薄层碳酸盐草甸黑钙土、中层碳酸盐草甸黑钙土 2 个土种，面积情况见表 3－99。

表 3－99 碳酸盐草甸黑钙土面积统计

| 土种 | 面积（公顷） | 占本土属（％） | 其中：耕地（公顷） | 占该土种（％） |
|---|---|---|---|---|
| 薄层碳酸盐草甸黑钙土 | 852 | 53.92 | 741 | 86.70 |
| 中层碳酸盐草甸黑钙土 | 728 | 46.08 | 584 | 79.95 |
| 合计 | 1 580 | 100.00 | 1 325 | 83.86 |

　　碳酸盐草甸黑钙土分布于讷谟尔河下游两侧的坡脚地，以及兴旺、和盛两乡的平岗间洼地或碱沟的外围。碳酸盐草甸黑钙土通体有石灰反应，底土潜育现象明显，有较明显的锈纹斑及锈色胶膜。黑土层比普通草甸黑钙土厚，代换量较高，呈中性至微碱性反应。其机械组成与理化性质以兴旺乡县概11号、县概12号剖面为例说明，见表3－100、表3－101；碳酸盐草甸黑钙土表层速效养分含量状况见表3－102。

表 3-100 薄层碳酸盐草甸黑钙土机械组成分析结果

| 采样地点及编号 | 层次 | 取样深度（厘米） | 土壤各粒级含量（%） | | | | | | 物理性黏粒（%） | 质地 |
|---|---|---|---|---|---|---|---|---|---|---|
| | | | 0.25～1.00毫米 | 0.05～0.25毫米 | 0.01～0.05毫米 | 0.005～0.01毫米 | 0.001～0.005毫米 | <0.001毫米 | | |
| 兴旺乡康乐村县概11 | A | 0～10 | 2.47 | 23.86 | 24.98 | 7.50 | 19.11 | 22.08 | 48.69 | 重壤土 |
| | AB | 20～25 | 2.46 | 26.35 | 20.72 | 9.40 | 21.32 | 19.75 | 50.47 | 重壤土 |
| | B | 50～60 | 1.84 | 15.53 | 26.32 | 7.78 | 3.34 | 45.19 | 56.31 | 重壤土 |
| | BC | 90～110 | 1.23 | 23.49 | 23.02 | 5.73 | 16.16 | 30.37 | 52.26 | 重壤土 |
| | C | 125～135 | 1.43 | 23.32 | 26.79 | 5.63 | 16.22 | 26.11 | 48.46 | 重壤土 |
| 兴旺乡钢铁村九队县概12 | A | 15～20 | 0.35 | 17.92 | 29.10 | 7.87 | 19.26 | 25.53 | 52.63 | 重壤土 |
| | AB | 25～35 | 1.44 | 18.44 | 26.95 | 7.61 | 18.17 | 27.39 | 53.17 | 重壤土 |
| | B | 65～75 | 0.82 | 18.96 | 26.99 | 7.62 | 16.72 | 29.34 | 53.23 | 重壤土 |
| | BC | 125～135 | 0.82 | 19.04 | 29.96 | 7.62 | 16.25 | 29.31 | 53.18 | 重壤土 |
| | C | 150～160 | 0.62 | 17.56 | 27.59 | 6.79 | 18.12 | 29.32 | 54.23 | 重壤土 |

表 3-101 薄层碳酸盐草甸黑钙土理化性质

| 剖面地点及编号 | 层次 | 取样深度（厘米） | 有机质（克/千克） | 全量（克/千克） | | | pH | 容重（克/厘米³） | 总孔隙度（%） |
|---|---|---|---|---|---|---|---|---|---|
| | | | | 氮 | 磷 | 钾 | | | |
| 兴旺乡康乐村县概克11 | A | 0～10 | 35.49 | 2.207 | 0.92 | 26.7 | 8.1 | 1.04 | 60.75 |
| | AB | 20～25 | 12.92 | 1.088 | 0.68 | 24.8 | 8.2 | 1.22 | 53.96 |
| | B | 50～60 | 7.51 | — | — | — | 8.3 | — | — |
| | BC | 90～110 | 1.49 | — | — | — | 9.0 | — | — |
| | C | 125～135 | 1.29 | — | — | — | 9.0 | — | — |
| 兴旺乡钢铁村九队县概克12 | A | 15～20 | 48.07 | 2.722 | 1.32 | 29.0 | 7.8 | 1.09 | 58.87 |
| | AB | 25～35 | 45.83 | 2.707 | 1.21 | 28.0 | 8.3 | 1.24 | 53.21 |
| | B | 65～75 | 8.03 | 0.894 | 0.70 | 25.0 | 8.7 | — | — |
| | BC | 125～135 | 7.85 | — | — | — | 8.6 | — | — |
| | C | 150～160 | 7.74 | — | — | — | 8.5 | — | — |

表 3-102 碳酸盐草甸黑钙土表层养分含量

| 土种 | 有机质（克/千克） | 全氮（克/千克） | 碱解氮（毫克/千克） | 有效磷（毫克/千克） | 速效钾（毫克/千克） | 样品数（个） |
|---|---|---|---|---|---|---|
| 薄层碳酸盐草甸黑钙土 | 43.5 | 2.190 | 168.3 | 15.80 | 250.3 | 3 |
| 中层碳酸盐草甸黑钙土 | 38.6 | 1.969 | 168.0 | 9.88 | 168.3 | 4 |

**5. 盐渍化草甸黑钙土** 该亚类土壤讷河市面积为 2 294 公顷，占黑钙土类面积的 3.52%。其中耕地 1 858 公顷，占该亚类面积的 81.03%。多属盐碱甸子，部分为耕地，常与草甸盐土和草甸碱土成复区存在，上接碳酸盐黑钙土。集中分布于兴旺乡东南部、和盛乡西南部。自然景观是盐斑星罗棋布，碱草、碱蒿稀疏，地表多见白色盐霜的碱沟和盐碱甸子。

盐渍化草甸黑钙土因所处地形低洼，地下水位较高（5～10 米），干燥度大，苏打类盐分随毛管水上升集结于地表，发生盐渍化现象，土壤出现棱柱状或核块状结构，钙积层致密紧实，多有石灰斑块。该土壤划分为薄层盐渍化草甸黑钙土、中层盐渍化草甸黑钙土、厚层盐渍化草甸黑钙土 3 个土种，面积构成情况见表 3-103。

表 3-103　盐渍化草甸黑钙土各土种面积统计

| 土种 | 面积（公顷） | 占本土属（%） | 其中：耕地（公顷） | 占该土种（%） |
|---|---|---|---|---|
| 薄层盐渍化草甸黑钙土 | 2 126 | 92.68 | 1 719 | 80.86 |
| 中层盐渍化草甸黑钙土 | 64 | 2.79 | 55 | 85.94 |
| 厚层盐渍化草甸黑钙土 | 104 | 4.53 | 84 | 80.77 |
| 合计 | 2 294 | 100.00 | 1 858 | 81.03 |

以兴旺乡 9 号和 41 号剖面为例说明其机械组成和理化性质（表 3-104、表 3-105）。

表 3-104　盐渍化草甸黑钙土机械组成分析结果

| 剖面地点及编号 | 层次 | 取样深度（厘米） | 土壤各粒级含量（%） | | | | | | 物理性黏粒（%） | 质地 |
|---|---|---|---|---|---|---|---|---|---|---|
| | | | 0.25～1.00毫米 | 0.05～0.25毫米 | 0.01～0.05毫米 | 0.005～0.01毫米 | 0.001～0.005毫米 | <0.001毫米 | | |
| 兴旺乡黑龙村团9 | As | 0～15 | 4.15 | 32.42 | 23.89 | 6.64 | 10.39 | 22.51 | 39.54 | 重壤土 |
| | AB | 35～45 | 2.29 | 27.49 | 18.33 | 5.80 | 12.67 | 32.92 | 51.39 | 中壤土 |
| | B | 85～95 | 2.91 | 24.60 | 19.14 | 5.83 | 10.19 | 37.33 | 53.35 | 中壤土 |
| | C | 140～150 | 3.94 | 14.06 | 22.77 | 6.06 | 15.97 | 37.26 | 59.23 | 中壤土 |
| 兴旺乡凤鸣村五队团41 | As | 0～10 | 4.83 | 23.51 | 25.56 | 6.80 | 10.54 | 28.76 | 46.10 | 重壤土 |
| | A₁ | 15～25 | 4.57 | 16.18 | 22.32 | 9.15 | 13.29 | 34.44 | 56.93 | 重壤土 |
| | AB | 50～60 | 1.69 | 16.61 | 20.42 | 7.21 | 31.21 | 22.86 | 61.28 | 轻黏土 |
| | B | 90～100 | 1.07 | 8.35 | 25.48 | 8.35 | 21.92 | 34.83 | 65.10 | 轻黏土 |
| | BC | 130～140 | 0.43 | 7.51 | 24.31 | 9.68 | 19.65 | 38.42 | 67.75 | 轻黏土 |

表3－105 盐渍化草甸黑钙土理化性质

| 剖面地点及编号 | 土种 | 层次 | 深度（厘米） | 有机质（克/千克） | 全量（克/千克） | | | pH | 代换量（毫克当量/100克土） | 容重（克/厘米$^3$） | 总孔隙度（%） |
|---|---|---|---|---|---|---|---|---|---|---|---|
| | | | | | 氮 | 磷 | 钾 | | | | |
| 兴旺乡黑龙村团9 | 薄层盐渍化草甸黑钙土 | As | 0～15 | 53.61 | 2.891 | 1.14 | 35.3 | 7.8 | 39.65 | 1.31 | 50.57 |
| | | AB | 35～45 | 12.77 | 0.620 | 1.13 | 33.3 | 10.2 | 37.25 | | |
| | | B | 85～95 | 13.37 | — | — | — | 10.1 | — | | |
| | | C | 140～150 | 7.99 | | | | 9.7 | | | |
| 兴旺乡凤鸣村五队团41 | 中层盐渍化草甸黑钙土 | As | 0～10 | 49.00 | 2.494 | 1.12 | 30.6 | 8.0 | 18.24 | 1.17 | 55.85 |
| | | A₁ | 15～25 | 40.74 | 1.019 | 0.73 | 30.7 | 8.2 | 24.74 | 1.31 | 50.57 |
| | | AB | 50～60 | 11.84 | 0.628 | 0.62 | 30.5 | 8.7 | — | | |
| | | B | 90～100 | 10.96 | | | | 8.9 | | | |
| | | BC | 130～140 | 10.29 | | | | 8.7 | | | |

表3－105 说明，盐渍化草甸黑钙土表层养分含量丰富，土壤显微碱性，容重较小，孔隙适中。表层以下土壤结构恶化，显碱性或强碱性，全量养分显著减少，土壤容重增大。所以，该土壤在农用时要注意深翻、施肥，促进表土熟化，改善理化性质，并挖排水沟，降低地下水位，以减轻盐渍化程度。盐渍化草甸黑钙土养分含量统计见表3－106。

表3－106 盐渍化草甸黑钙土养分含量统计

| 项目 | 平均值 | 最高值 | 最低值 | 极差 | 标准差 |
|---|---|---|---|---|---|
| 有机质（克/千克） | 43.7 | 55.7 | 34.3 | 21.4 | 0.63 |
| 全氮（克/千克） | 2.014 | 2.153 | 1.791 | 0.362 | 0.016 |
| 碱解氮（毫克/千克） | 193.9 | 283 | 161 | 122 | 32.26 |
| 有效磷（毫克/千克） | 11.23 | 18.5 | 7.4 | 11.1 | 3.34 |
| 速效钾（毫克/千克） | 199.4 | 287 | 137 | 150 | 47.48 |

## 四、草甸土

草甸土分布于讷河市境内江河两岸的滩地或漫岗间沟谷地。总面积为144 403公顷，占全市土壤总面积的21.91%。其中耕地70 170公顷，占该土类面积的48.59%。各乡（镇、场）分布面积见表3－107。

表3－107 草甸土面积统计

| 单位名称 | 面积（公顷） | 占本土壤面积（%） | 其中：耕地（公顷） | 占本耕地土壤（%） |
|---|---|---|---|---|
| 乡（镇）计 | 113 249 | 78.43 | 59 889 | 85.35 |
| 讷河 | 2 472 | 1.71 | 310 | 0.44 |

（续）

| 单位名称 | 面积（公顷） | 占本土壤面积（%） | 其中：耕地（公顷） | 占本耕地土壤（%） |
|---|---|---|---|---|
| 拉哈 | 2 613 | 1.81 | 1 040 | 1.48 |
| 二克浅 | 10 677 | 7.39 | 4 484 | 6.39 |
| 学田 | 4 877 | 3.38 | 3 491 | 4.98 |
| 清和 | 3 949 | 2.73 | 2 285 | 3.26 |
| 孔国 | 6 029 | 4.18 | 3 372 | 4.81 |
| 进化 | 4 271 | 2.96 | 2 629 | 3.75 |
| 龙河 | 11 304 | 7.83 | 3 657 | 5.21 |
| 友好 | 3 281 | 2.27 | 1 661 | 2.37 |
| 讷南 | 6 827 | 4.73 | 3 728 | 5.31 |
| 巨和 | 2 265 | 1.57 | 1 944 | 2.77 |
| 全胜 | 6 992 | 4.84 | 4 030 | 5.74 |
| 太和 | 6 669 | 4.62 | 2 313 | 3.30 |
| 长发 | 1 051 | 0.73 | 449 | 0.64 |
| 兴旺 | 10 135 | 7.02 | 5 939 | 8.46 |
| 和盛 | 846 | 0.59 | 535 | 0.76 |
| 通南 | 689 | 0.48 | 532 | 0.76 |
| 同心 | 1 070 | 0.74 | 608 | 0.87 |
| 同义 | 4 653 | 3.22 | 3 938 | 5.61 |
| 九井 | 13 982 | 9.68 | 7 742 | 11.03 |
| 老莱 | 6 807 | 4.71 | 3 773 | 5.38 |
| 永丰 | 1 790 | 1.24 | 1 429 | 2.04 |
| 市属农林牧场计 | 17 701 | 12.26 | 2 858 | 4.07 |
| 一良 | 550 | 0.38 | 318 | 0.45 |
| 二良 | 135 | 0.09 | 131 | 0.19 |
| 三良 | 123 | 0.09 | 122 | 0.17 |
| 四良 | 54 | 0.04 | 44 | 0.06 |
| 二里种畜场 | 2 376 | 1.65 | 460 | 0.66 |
| 黎明奶牛场 | 1 269 | 0.88 | 500 | 0.71 |
| 青色草原马场 | 2 511 | 1.74 | 626 | 0.89 |
| 富源林场 | 1 605 | 1.11 | 142 | 0.20 |
| 保安林场 | 2 155 | 1.49 | 217 | 0.31 |
| 国庆林场 | 1 353 | 0.94 | 76 | 0.11 |
| 宽余林场 | 1 095 | 0.76 | 165 | 0.23 |
| 茂山林场 | 4 475 | 3.10 | 60 | 0.09 |

（续）

| 单位名称 | 面积（公顷） | 占本土壤面积（%） | 其中：耕地（公顷） | 占本耕地土壤（%） |
|---|---|---|---|---|
| 非市属农林牧场计 | 11 236 | 7.78 | 5 939 | 8.46 |
| 旭光农场 | 921 | 0.64 | 716 | 1.02 |
| 尖山农场 | 215 | 0.15 | 65 | 0.09 |
| 红五月农场 | 4 832 | 3.35 | 1 917 | 2.73 |
| 红光糖厂基地 | 21 | 0.01 | 0 | 0 |
| 嫩江农场局科研所 | 27 | 0.02 | 27 | 0.04 |
| 荣军农场 | 1 554 | 1.08 | 1 395 | 1.99 |
| 七星泡农场 | 60 | 0.04 | 32 | 0.05 |
| 老莱农场 | 357 | 0.25 | 249 | 0.35 |
| 克山农场 | 874 | 0.60 | 522 | 0.74 |
| 新江林场 | 2 375 | 1.64 | 1 018 | 1.45 |
| 非市属驻军农场计 | 1956 | 1.35 | 1 363 | 1.94 |
| 嫩江军分区部队农场 | 71 | 0.05 | 46 | 0.07 |
| 84540 部队农场 | 117 | 0.08 | 87 | 0.12 |
| 81573 部队农场 | 426 | 0.29 | 424 | 0.60 |
| 海后农场 | 199 | 0.14 | 112 | 0.16 |
| 81639 部队农场 | 222 | 0.15 | 187 | 0.27 |
| 81551 部队农场 | 171 | 0.12 | 105 | 0.15 |
| 51253 部队农场 | 10 | 0.01 | 10 | 0.01 |
| 81876 部队农场 | 30 | 0.02 | 19 | 0.03 |
| 广空农场 | 132 | 0.09 | 107 | 0.15 |
| 81876 部队农场 | 107 | 0.07 | 70 | 0.10 |
| 装司农场 | 471 | 0.33 | 197 | 0.28 |
| 外县使用讷河土地 | 261 | 0.18 | 120 | 0.17 |
| 合计 | 144 403 | 100.00 | 70 170 | 100.00 |

草甸土属半水成土壤，分布区内地下水位较高，经常受地下水影响，土壤处于还原状态，使土壤高价铁、锰还原成低价铁、锰。又因草甸植被生长繁茂，积累了大量有机质，使草甸土一般都有较深厚的腐殖质层和良好的表土结构。草甸土分为草甸土、潜育草甸土、碳酸盐潜育草甸土、碳酸盐草甸土、生草草甸土、层状草甸土和盐渍化草甸土7个亚类，分述如下。

**1. 草甸土** 讷河市草甸土（普通或典型草甸土）亚类面积为 62 807 公顷，占草甸土类面积的 43.49%。其中耕地有 37 357 公顷，占该亚类面积的 59.48%。根据草甸土母质类型的不同可分出黏底草甸土、沙底草甸土、沙黏底草甸土、沙砾底草甸土、石底草甸土 5 个土属；每个土属根据其黑土层厚薄分为薄层（A₁＜25 厘米）、中层（A₁ 25～40 厘米）

和厚层（$A_1 > 40$ 厘米）等若干土种。

（1）黏底草甸土。该土属面积有 27 956 公顷，占草甸土亚类面积的 44.51%。其中耕地 17 423 公顷，占该土属面积的 62.33%。划分为薄层黏底草甸土、中层黏底草甸土、厚层黏底草甸土 3 个土种，面积构成见表 3-108。

表 3-108　黏底草甸土各土种面积统计

| 土种 | 面积（公顷） | 占本土属（%） | 其中：耕地（公顷） | 占该土种（%） |
|---|---|---|---|---|
| 薄层黏底草甸土 | 1 077 | 3.85 | 589 | 54.69 |
| 中层黏底草甸土 | 12 451 | 44.54 | 6 525 | 52.41 |
| 厚层黏底草甸土 | 14 428 | 51.61 | 10 309 | 71.46 |
| 合计 | 27 956 | 100.00 | 17 423 | 62.33 |

以讷南镇 55 号剖面和老莱镇 192 号剖面为例说明黏底草甸土的机械组成和理化性质，见表 3-109、表 3-110。

表 3-109　黏底草甸土机械组成分析结果

| 剖面地点及编号 | 层次 | 取样深度（厘米） | 土壤各粒级含量（%） | | | | | | 物理性黏粒（%） | 质地 |
|---|---|---|---|---|---|---|---|---|---|---|
| | | | 0.25～1.00 毫米 | 0.05～0.25 毫米 | 0.01～0.05 毫米 | 0.005～0.01 毫米 | 0.001～0.005 毫米 | <0.001 毫米 | | |
| 讷南镇东兴村四队全 55 | A | 0～23 | 2.57 | 15.79 | 32.68 | 10.25 | 20.07 | 18.64 | 48.96 | 重壤土 |
| | AB | 30～40 | 5.32 | 13.58 | 31.72 | 11.92 | 27.24 | 10.22 | 49.38 | 重壤土 |
| | B | 50～60 | 5.09 | 13.01 | 39.25 | 15.07 | 24.19 | 3.39 | 42.65 | 重壤土 |
| | BC | 75～85 | 2.74 | 23.89 | 34.42 | 15.16 | 23.47 | 0.32 | 38.95 | 中壤土 |
| | C | 100～110 | 2.21 | 19.76 | 39.02 | 13.02 | 23.72 | 1.37 | 39.01 | 中壤土 |
| 老莱镇集贤村五队菜 192 | AP | 0～20 | 0.42 | 17.02 | 33.45 | 12.91 | 22.19 | 14.01 | 49.11 | 中壤土 |
| | A | 40～50 | 1.26 | 10.19 | 30.34 | 14.25 | 26.17 | 17.79 | 58.21 | 重壤土 |
| | AB | 80～90 | 1.15 | 10.19 | 32.41 | 14.48 | 26.02 | 15.84 | 56.34 | 重壤土 |
| | B | 130～140 | 1.67 | 10.87 | 32.22 | 16.53 | 26.78 | 11.93 | 55.24 | 重壤土 |

表 3-110　黏底草甸土理化性质

| 剖面地点及编号 | 土种 | 层次 | 深度（厘米） | 有机质（克/千克） | 全量（克/千克） | | | pH | 代换量（毫克当量/100 克土） | 容重（克/厘米³） | 总孔隙度（%） |
|---|---|---|---|---|---|---|---|---|---|---|---|
| | | | | | 氮 | 磷 | 钾 | | | | |
| 讷南镇东兴村四队全 55 | 薄层黏底草甸土 | A | 0～23 | 71.70 | 4.073 | 2.08 | 26.7 | 5.8 | — | 1.05 | 63.88 |
| | | AB | 30～40 | 23.90 | 2.206 | 1.63 | 28.7 | 6.1 | — | 1.18 | 55.47 |
| | | B | 50～60 | 12.70 | — | — | — | 6.2 | — | — | — |
| | | BC | 75～85 | 11.00 | — | — | — | 6.4 | — | — | — |
| | | C | 100～110 | 6.30 | — | — | — | 6.2 | — | — | — |
| 老莱镇集贤村五队菜 192 | 厚层黏底草甸土 | Ap | 0～20 | 79.37 | 3.838 | 2.04 | 24.3 | 6.4 | 46.62 | 1.04 | 60.75 |
| | | A | 40～50 | 30.69 | 0.858 | 1.57 | — | 5.7 | — | — | — |
| | | AB | 80～90 | 28.06 | — | — | — | 5.6 | — | — | — |

表 3 - 109 说明，黏底草甸土土体机械组成物理性沙粒和黏粒比例较均衡，亚表层物理性黏粒稍偏多，表现较黏重的土体构型，而且亚表层以下越来越轻，表明黏底草甸土土体中黏粒上下移动范围不大。

表 3 - 110 表明，黏底草甸土显微酸性，表层土壤容重较小，孔隙度较大，全量养分极丰富，代换量大。表层以下土壤全量养分显著减少，容重增大，薄层黏底草甸土养分降低更明显。其表层养分状况见表 3 - 111。

表 3 - 111　黏底草甸土表层养分含量

| 土种 | 有机质<br>（克/千克） | 全氮<br>（克/千克） | 碱解氮<br>（毫克/千克） | 有效磷<br>（毫克/千克） | 速效钾<br>（毫克/千克） | 样品数<br>（个） |
|---|---|---|---|---|---|---|
| 薄层黏底草甸土 | 45.5 | 2.298 | 194.9 | 19.72 | 255.9 | 18 |
| 中层黏底草甸土 | 51.2 | 1.945 | 197.8 | 20.87 | 302.7 | 26 |
| 厚层黏底草甸土 | 54.8 | 2.597 | 233.5 | 12.21 | 300.9 | 16 |

机械组成和理化性质分析结果都证明黏底草甸土表层养分含量是丰富的，物质淋溶程度差。黏底草甸土土体构型和剖面特征以老莱镇 192 号剖面为例说明如下：

Ap 层：0～20 厘米，黑色，团粒状结构，重壤土，较紧，潮湿，植物根系多，无石灰反应，层次过渡不太明显。

A₁ 层：20～75 厘米，暗灰色，粒状结构，重壤土，较紧实，潮湿，植物根系较多，无石灰反应，层次过渡不太明显。

AB 层：75～100 厘米，棕灰色，粒状结构，潮湿，重壤土，较紧实，有铁子和锈斑，植物根系少，无石灰反应，层次过渡不明显。

B 层：100～150 厘米，暗黄棕色，粒状至小核状结构，重壤土，较紧实，潮湿，有锈纹斑和小铁子，无石灰反应，层次过渡不明显。

剖面综合评述：通体无石灰反应，颜色自上而下渐浅，层次过渡不明显，70 厘米以下有锈斑和小铁子，土壤结构较小，以团粒状结构为主，较黏重，水分多。

综上所述，黏底草甸土因地下水位高，土质较黏，冷凉，不发小苗。农用时应注意排水，降低水位，防止亚铁生成，毒害作物。种植作物以玉米、大豆为好，不宜种植生育期长的晚熟作物，以免贪青。

（2）沙砾底草甸土。该土属主要分布于江河两岸滩地及老云沟、通南沟沟底集水线两侧。总面积为 26 201 公顷，占草甸土亚类面积的 41.72%，其中耕地 15 162 公顷，占该土属面积的 57.87%。

沙砾底草甸土的主要特点是土壤底层为砾石间少量粗沙，土层不如黏底草甸土厚（通常 55～85 厘米以下即见沙砾），通透性好，土体含沙较多，保水能力差，养分偏低，较热潮。沙砾底草甸土划分为薄层沙砾底草甸土、中层沙砾底草甸土、厚层沙砾底草甸土 3 个土种，面积状况见表 3 - 112。

表 3－112　沙砾底草甸土各土种面积统计

| 土种 | 面积（公顷） | 占本土属（%） | 其中：耕地（公顷） | 占该土种（%） |
|---|---|---|---|---|
| 薄层沙砾底草甸土 | 8 441 | 32.22 | 4 032 | 47.77 |
| 中层沙砾底草甸土 | 14 559 | 55.56 | 8 262 | 56.75 |
| 厚层沙砾底草甸土 | 3 201 | 12.22 | 2 868 | 89.60 |
| 合计 | 26 201 | 100.00 | 15 162 | 57.87 |

以孔国乡 8 号剖面、九井镇 46 号剖面和同义镇 18 号剖面为例说明沙砾底草甸土的机械组成和理化性质，见表 3－113、表 3－114。

表 3－113　沙砾底草甸土机械组成分析结果

| 剖面地点及编号 | 层次 | 深度（厘米） | 土壤各粒级含量（%） | | | | | | 物理性黏粒（%） | 质地 |
|---|---|---|---|---|---|---|---|---|---|---|
| | | | 0.25～1.00 毫米 | 0.05～0.25 毫米 | 0.01～0.05 毫米 | 0.005～0.01 毫米 | 0.001～0.005 毫米 | <0.001 毫米 | | |
| 孔国乡庆安村进 8 | A | 0～15 | 32.84 | 18.62 | 19.84 | 10.34 | 14.69 | 3.67 | 28.70 | 轻壤土 |
| | AB | 35～45 | 32.77 | 16.85 | 19.85 | 6.51 | 24.02 | 0 | 30.53 | 中壤土 |
| | B | 65～75 | 75.73 | 10.37 | 7.45 | 2.82 | 3.63 | 0 | 6.45 | 紧沙土 |
| | C | 100～125 | — | — | — | — | — | — | — | — |
| 九井镇双兴六队井 46 | A | 5～10 | 40.12 | 15.05 | 23.54 | 8.50 | 5.65 | 7.16 | 21.29 | 轻壤土 |
| | AB | 30～40 | 52.10 | 11.82 | 16.89 | 5.90 | 4.89 | 8.40 | 19.19 | 沙壤土 |
| | C | 100～120 | — | — | — | — | — | — | — | — |
| 同义镇光华村二队义 18 | A | 0～40 | 9.04 | 24.59 | 28.05 | 12.43 | 22.50 | 3.39 | 38.32 | 中壤土 |
| | AB | 65～75 | 9.24 | 22.15 | 27.11 | 10.95 | 21.16 | 9.39 | 41.50 | 中壤土 |
| | C | 90～110 | — | — | — | — | — | — | — | — |

表 3－114　沙砾底草甸土理化性质统计

| 剖面地点及编号 | 土种 | 层次 | 深度（厘米） | 有机质（克/千克） | 全量（克/千克） | | | pH | 代换量（毫克当量/100 克土） | 容重（克/厘米³） | 总孔隙度（%） |
|---|---|---|---|---|---|---|---|---|---|---|---|
| | | | | | 氮 | 磷 | 钾 | | | | |
| 孔国乡庆安村进 8 | 薄层沙砾底草甸土 | A | 0～15 | 41.58 | 2.201 | 1.50 | 31.6 | 6.4 | — | — | — |
| | | AB | 35～45 | 16.75 | 1.039 | 0.71 | 33.6 | 5.9 | — | — | — |
| | | B | 65～75 | 7.44 | — | — | — | 6.1 | — | — | — |
| | | C | 100～125 | 5.06 | — | — | — | 7.0 | — | — | — |
| 九井镇双兴六队井 46 | 中层沙砾底草甸土 | A | 5～10 | 24.69 | 0.393 | 1.84 | 28.1 | 6.3 | — | 1.06 | 60.00 |
| | | AB | 30～40 | 28.73 | 1.431 | 1.37 | 28.0 | 6.6 | — | — | — |
| | | C | 100～120 | 5.09 | — | — | — | 7.3 | — | — | — |
| 同义镇光华村二队义 18 | 厚层沙砾底草甸土 | A | 0～40 | 34.35 | 1.816 | 0.99 | 27.7 | 6.4 | 37.88 | 1.20 | 54.73 |
| | | AB | 65～75 | 17.37 | — | — | — | 5.9 | — | — | — |
| | | C | 90～110 | 2.45 | — | — | — | 7.4 | — | — | — |

表3-113说明，沙砾底草甸土沙砾量大，质地轻，多为轻壤土，土层薄，不足1米。

表3-114说明，沙砾底草甸土表层土壤显微酸性，底层显中性。有机质等全量养分含量除全磷稍低外，其他养分均较丰富，土壤容重较小，土壤总孔隙度和代换量适中，表明仍属较好的土壤类型之一，唯独土层较薄，养分总储量偏低，应注意养地和培肥措施。

沙砾底草甸土适耕适种性均好，土质热潮，可种植各种作物。当地习惯种植玉米、大豆、杂粮，耐碱喜水作物甜菜、向日葵、马铃薯种植较少。其表层养分状况见表3-115。

表3-115　沙砾底草甸土表层养分含量

| 土种 | 有机质（克/千克） | 全氮（克/千克） | 碱解氮（毫克/千克） | 有效磷（毫克/千克） | 速效钾（毫克/千克） | 样品数（个） |
|---|---|---|---|---|---|---|
| 薄层黏底草甸土 | 55.9 | 2.480 | 227.6 | 29.88 | 203.2 | 13 |
| 中层黏底草甸土 | 49.1 | 2.357 | 200.0 | 12.31 | 277.0 | 24 |
| 厚层黏底草甸土 | 58.1 | 2.510 | 231.5 | 15.73 | 256.3 | 4 |

（3）沙黏底草甸土。该土属面积为7 643公顷，占草甸土亚类面积的12.17%，其中耕地4 050公顷，占该土属面积的52.99%。沙黏底草甸土在地理分布上以江河两岸高河漫滩向阶地过渡部位为主，当地农民习惯称其为黄油沙土。有薄层沙黏底草甸土和中层沙黏底草甸土和厚层沙黏底草甸土3个土种，面积情况见表3-116。

表3-116　沙黏底草甸土各土种面积统计

| 土种 | 面积（公顷） | 占本土属（%） | 其中：耕地（公顷） | 占该土种（%） |
|---|---|---|---|---|
| 薄层沙黏底草甸土 | 3 350 | 43.83 | 2 708 | 80.85 |
| 中层沙黏底草甸土 | 4 147 | 54.26 | 1 342 | 32.36 |
| 厚层沙黏底草甸土 | 146 | 1.91 | 0 | 0 |
| 合计 | 7 643 | 100.00 | 4 050 | 52.99 |

沙黏底草甸土和黏底草甸土的主要差别在于：一是沙黏底草甸土通体含沙量较大，质地较轻，较热潮，温和；二是表层土壤全量养分不及黏底草甸土高，代换量也偏小，土壤呈中性。其机械组成和理化性质以龙河镇45号剖面和二克浅镇06号剖面为例说明，见表3-117、表3-118。

表3-117　沙黏底草甸土机械组成分析结果

| 剖面地点及编号 | 层次 | 深度（厘米） | 土壤各粒级含量（%） | | | | | | 物理性黏粒（%） | 质地 |
|---|---|---|---|---|---|---|---|---|---|---|
| | | | 0.25~1.00毫米 | 0.05~0.25毫米 | 0.01~0.05毫米 | 0.005~0.01毫米 | 0.001~0.005毫米 | <0.001毫米 | | |
| 龙河镇保安村八队龙45 | A | 10~20 | 6.63 | 13.11 | 24.59 | 9.20 | 19.89 | 26.58 | 55.67 | 重壤土 |
| | AB | 40~50 | 1.17 | 9.56 | 26.83 | 8.83 | 16.10 | 32.50 | 57.44 | 重壤土 |
| | B | 80~90 | 5.47 | 15.81 | 29.05 | 13.68 | 26.94 | 9.05 | 49.67 | 重壤土 |
| | C | 120~130 | 24.68 | 21.56 | 23.11 | 7.80 | 21.73 | 1.12 | 30.66 | 中壤土 |

（续）

| 剖面地点及编号 | 层次 | 深度（厘米） | 土壤各粒级含量（%） | | | | | | 物理性黏粒（%） | 质地 |
|---|---|---|---|---|---|---|---|---|---|---|
| | | | 0.25~1.00毫米 | 0.05~0.25毫米 | 0.01~0.05毫米 | 0.005~0.01毫米 | 0.001~0.005毫米 | <0.001毫米 | | |
| 二克浅镇远大村六队克6 | A | 5~15 | 5.83 | 21.97 | 22.68 | 12.82 | 21.19 | 5.51 | 39.52 | 中壤土 |
| | AB | 40~50 | 6.37 | 29.24 | 27.61 | 11.90 | 23.99 | 1.49 | 37.38 | 中壤土 |
| | B | 85~95 | 5.32 | 26.96 | 30.25 | 12.99 | 24.48 | 0 | 37.47 | 中壤土 |
| | BC | 120~125 | 2.78 | 28.20 | 35.26 | 16.24 | 17.52 | 0 | 33.66 | 中壤土 |
| | C | 126~130 | 4.68 | 17.94 | 24.80 | 8.91 | 13.97 | 30.70 | 52.58 | 重壤土 |

**表3-118 沙黏底草甸土理化性质统计**

| 剖面地点及编号 | 土种 | 层次 | 深度（厘米） | 有机质（克/千克） | 全量（克/千克） | | | pH | 代换量（毫克当量/100克土） | 容重（克/厘米³） | 总孔隙度（%） |
|---|---|---|---|---|---|---|---|---|---|---|---|
| | | | | | 氮 | 磷 | 钾 | | | | |
| 龙河镇保安村八队龙45 | 中层沙黏底草甸土 | A | 10~20 | 42.47 | 2.537 | 1.28 | 29.9 | 6.5 | 34.10 | — | — |
| | | AB | 40~50 | 27.28 | 1.412 | 0.97 | — | 6.7 | | — | — |
| | | B | 80~90 | 23.66 | — | — | — | 6.3 | | — | — |
| | | C | 120~130 | 5.24 | — | — | — | 6.3 | | — | — |
| 二克浅镇远大村六队克6 | 薄层沙黏底草甸土 | A | 5~15 | 38.73 | 2.216 | 1.16 | 28.6 | 6.4 | 37.46 | 0.93 | 64.90 |
| | | AB | 40~50 | 14.32 | 0.831 | 0.90 | — | 6.3 | | | |
| | | B | 85~95 | 10.09 | — | — | — | 6.1 | | | |
| | | BC | 120~125 | 7.27 | — | — | — | 6.3 | | | |

表3-117说明，沙黏底草甸土土体机械组成中，心土层以上物理性黏粒比例较大，尤以亚表层更为突出；心土层以下则相反，以物理性沙粒居多，沙粒比例明显加大，表明该土壤淋溶作用较强，土壤通透性比黏底草甸土好。

表3-118说明，沙黏底草甸土表层土壤有机质等全量养分虽不及黏底草甸土含量高，但土体中养分变化较缓慢，土壤容重小，代换量亦偏小，进一步证明沙黏底草甸土淋溶作用比黏底草甸土强，呈微酸性，发小苗亦发大苗。种植玉米、大豆、杂粮均可，但不宜种植晚熟作物。其表层养分状况见表3-119。

**表3-119 沙黏底草甸土表层养分含量**

| 土种 | 有机质（克/千克） | 全氮（克/千克） | 碱解氮（毫克/千克） | 有效磷（毫克/千克） | 速效钾（毫克/千克） | 样品数（个） |
|---|---|---|---|---|---|---|
| 薄层沙黏底草甸土 | 35.9 | 1.556 | 153.6 | 14.65 | 229.0 | 20 |
| 中层沙黏底草甸土 | 60.1 | 2.403 | 231.7 | 53.39 | 369.6 | 10 |

（4）沙底草甸土 讷河市沙底草甸土面积较小，仅895公顷，占草甸土亚类的

1.42%。其中耕地 642 公顷，占该土属面积的 71.73%。零星分布于本市二克浅镇、龙河镇等乡（镇）江河两岸滩地。划分为薄层沙底草甸土和中层沙底草甸土 2 个土种，面积构成见表 3 - 120。

表 3 - 120　沙底草甸土各土种面积统计

| 土种 | 面积（公顷） | 占本土属（%） | 其中：耕地（公顷） | 占该土种（%） |
|---|---|---|---|---|
| 薄层沙底草甸土 | 136 | 15.20 | 96 | 70.83 |
| 中层沙底草甸土 | 759 | 84.80 | 546 | 71.95 |
| 合计 | 895 | 100.00 | 642 | 71.73 |

　　沙底草甸土的主要特点是底层为沙子，通体含沙多，颜色浅，多与草甸土型沙土连接。因没有采集土壤剖面分析样品，没能做理化分析。

　　（5）石底草甸土。该土属面积仅 112 公顷，占草甸土亚类面积的 0.18%。其中耕地 80 公顷，占该土属面积的 71.43%。只在本市学田镇北部、富源林场及老莱农场西北部石质暗棕壤区的丘陵低山间的沟谷地有分布，底层为碎石或通体夹石，只有中层石底草甸土 1 个土种。与沙底草甸土一样，也无剖面分析样品。

　　**2. 潜育草甸土**　讷河市该亚类面积为 40 196 公顷，占草甸土类面积的 27.84%。其中耕地 16 787 公顷，占本亚类面积的 41.76%。潜育草甸土位于河漫滩地形较为低洼部位，介于草甸土和沼泽土之间。地下水位较高，地表排水不好，土壤经常处于过湿状态，所以该亚类除草甸化过程外，尚有潜育化过程。土体中可见明显的潜育特征，通体可见锈纹锈斑，底土有灰蓝色或灰绿色潜育层，土质冷凉，多为荒地。根据土壤母质的区别，划分为黏底潜育草甸土、砾底潜育草甸土、沙黏底潜育草甸土、沙底潜育草甸土 4 个土属；各土属以下又根据黑土层厚度分出薄层、中层、厚层等若干土种。现将各土属剖面特征及理化特性分述如下：

　　（1）黏底潜育草甸土。该土属面积为 30 014 公顷，占该亚类面积的 74.67%。其中耕地 13 373 公顷，占该土属面积的 44.56%。划分为薄层黏底潜育草甸土、中层黏底潜育草甸土、厚层黏底潜育草甸土 3 个土种，面积分布情况见表 3 - 121。

表 3 - 121　黏底潜育草甸土各土种面积统计

| 土种 | 面积（公顷） | 占本土属（%） | 其中：耕地（公顷） | 占该土种（%） |
|---|---|---|---|---|
| 薄层黏底潜育草甸土 | 842 | 2.81 | 618 | 73.40 |
| 中层黏底潜育草甸土 | 20 036 | 66.76 | 7 530 | 37.58 |
| 厚层黏底潜育草甸土 | 9 136 | 30.43 | 5 224 | 57.19 |
| 合计 | 30 014 | 100.00 | 13 373 | 44.56 |

　　以龙河镇 29 号、42 号、69 号剖面为例说明其机械组成与理化性质，见表 3 - 122、表 3 - 123。

· 103 ·

表 3 - 122 黏底潜育草甸土机械组成分析结果

| 剖面地点及编号 | 层次 | 深度（厘米） | 土壤各粒级含量（%） | | | | | | 物理性黏粒（%） | 质地 |
|---|---|---|---|---|---|---|---|---|---|---|
| | | | 0.25~1.00毫米 | 0.05~0.25毫米 | 0.01~0.05毫米 | 0.005~0.01毫米 | 0.001~0.005毫米 | <0.001毫米 | | |
| 龙河镇康庄村五、六队龙69 | A | 0~10 | 0.87 | 12.90 | 49.53 | 14.09 | 14.53 | 8.08 | 36.70 | 中壤土 |
| | B₁ | 25~30 | 4.26 | 13.07 | 31.27 | 12.99 | 18.10 | 19.86 | 50.95 | 重壤土 |
| | B₂ | 70~80 | 6.31 | 10.30 | 29.55 | 7.99 | 12.47 | 33.38 | 53.84 | 重壤土 |
| 龙河镇永兴三队好29 | A₁ | 15~25 | 13.78 | 24.47 | 30.89 | 10.08 | 13.37 | 7.41 | 30.86 | 中壤土 |
| | AB | 50~60 | 21.07 | 20.53 | 24.86 | 7.11 | 17.18 | 9.25 | 33.54 | 中壤土 |
| | BC | 100~120 | 21.45 | 26.08 | 19.99 | 6.09 | 19.04 | 7.35 | 32.48 | 中壤土 |
| 龙河镇先锋村三队龙42 | A₁ | 0~30 | 1.24 | 16.33 | 24.56 | 8.28 | 18.82 | 30.77 | 57.87 | 重壤土 |
| | AB | 70~80 | 1.87 | 34.37 | 7.58 | 8.62 | 28.44 | 19.12 | 56.18 | 重壤土 |
| | BC | 120~130 | 1.87 | 15.77 | 23.37 | 9.55 | 28.04 | 21.40 | 58.99 | 重壤土 |

表 3 - 123 黏底潜育草甸土理化性质统计

| 剖面地点及编号 | 土种 | 层次 | 深度（厘米） | 有机质（克/千克） | 全量（克/千克） | | | pH | 代换量（毫克当量/100克土） | 容重（克/厘米³） | 总孔隙度（%） |
|---|---|---|---|---|---|---|---|---|---|---|---|
| | | | | | 氮 | 磷 | 钾 | | | | |
| 龙河镇康庄村五、六队龙69 | 薄层黏底潜育草甸土 | A | 0~10 | 10.28 | 4.851 | 2.78 | 21.1 | 6.5 | — | 0.78 | 70.57 |
| | | B₁ | 25~30 | 39.45 | 1.740 | 2.40 | 22.9 | 6.5 | — | | |
| | | B₂ | 70~80 | 17.42 | — | | | 6.4 | | | |
| 龙河镇永兴三队好29 | 中层黏底潜育草甸土 | A₁ | 15~25 | 27.50 | 4.070 | 2.46 | 23.3 | 5.3 | — | 1.05 | 63.88 |
| | | AB | 50~60 | 27.35 | 1.132 | 1.48 | | 5.7 | | | |
| | | BC | 100~120 | 18.91 | | | | 5.6 | | | |
| 龙河镇先锋村三队龙42 | 厚层黏底潜育草甸土 | A₁ | 0~30 | 50.13 | 2.327 | 1.48 | 25.9 | 6.5 | 41.20 | — | — |
| | | AB | 70~80 | 29.64 | | | | 6.4 | | | |
| | | BC | 120~130 | 30.25 | | | | 6.3 | | | |

表 3 - 122 说明，黏底潜育草甸土表层土壤质地较轻，中壤至重壤土，土体上轻下黏。其表层养分状况见表 3 - 124。

表 3 - 124 黏底潜育草甸土表层养分含量

| 土种 | 有机质（克/千克） | 全氮（克/千克） | 碱解氮（毫克/千克） | 有效磷（毫克/千克） | 速效钾（毫克/千克） | 样品数（个） |
|---|---|---|---|---|---|---|
| 薄层黏底潜育草甸土 | 54.7 | 1.750 | 272.5 | 20.25 | 263.8 | 6 |
| 中层沙黏潜育草甸土 | 57.1 | 2.406 | 215.1 | 18.53 | 295.7 | 21 |

（2）砾底潜育草甸土。该土属面积 5 906 公顷，占潜育草甸土亚类面积的 14.69%。其中耕地 2 164 公顷，占该土属面积的 36.64%。集中分布于江河两岸低洼湿地，尤以讷谟尔河两岸为多，其两侧沟谷地也有分布。剖面特点是底层为砾石，土体层次不清，呈灰色或灰绿色，划分有薄层砾底潜育草甸土、中层砾底潜育草甸土、厚层砾底潜育草甸土 3 个土种，面积构成见表 3-125；其机械组成和理化性质以宽余林场 95 号剖面和九井镇 117 号剖面为例说明，见表 3-125～表 3-127。

表 3-125　砾底潜育草甸土各土种面积统计

| 土种 | 面积（公顷） | 占本土属（%） | 其中：耕地（公顷） | 占该土种（%） |
|---|---|---|---|---|
| 薄层砾底潜育草甸土 | 2 175 | 36.83 | 800 | 36.78 |
| 中层砾底潜育草甸土 | 2 553 | 43.23 | 835 | 32.71 |
| 厚层砾底潜育草甸土 | 1 178 | 19.94 | 529 | 44.85 |
| 合计 | 5 906 | 100.00 | 2 164 | 36.64 |

表 3-126　砾底潜育草甸土机械组成分析结果

| 剖面地点及编号 | 层次 | 深度（厘米） | 土壤各粒级含量（%） | | | | | | 物理性黏粒（%） | 质地 |
|---|---|---|---|---|---|---|---|---|---|---|
| | | | 0.25～1.00 毫米 | 0.05～0.25 毫米 | 0.01～0.05 毫米 | 0.005～0.01 毫米 | 0.001～0.005 毫米 | <0.001 毫米 | | |
| 九井镇良种场一队西北井 117 | $A_1$ | 5～10 | 18.70 | 19.96 | 30.90 | 13.47 | 13.48 | 20.32 | 47.27 | 重壤土 |
| | $A_2$ | 15～20 | 2.90 | 15.98 | 35.75 | 15.90 | 26.05 | 3.42 | 45.37 | 重壤土 |
| | $A_3$ | 50～70 | 8.06 | 14.00 | 34.94 | 10.34 | 22.53 | 10.13 | 43.00 | 中壤土 |
| | Bg | 110～114 | 0.21 | 16.74 | 33.28 | 11.76 | 18.48 | 19.53 | 49.77 | 重壤土 |
| 宽余林场水库北莱 95 | AS | 0～30 | 12.21 | 26.21 | 26.18 | 8.49 | 15.07 | 11.84 | 35.40 | 中壤土 |
| | AB | 35～45 | 22.80 | 14.28 | 21.93 | 8.05 | 15.69 | 17.75 | 41.49 | 中壤土 |
| | B | 60～70 | 25.04 | 11.91 | 21.79 | 8.01 | 14.57 | 18.68 | 41.26 | 中壤土 |
| | $C_1$ | 95～105 | 21.01 | 15.70 | 21.88 | 8.04 | 13.39 | 19.98 | 41.41 | 中壤土 |
| | $C_2$ | 120～130 | 55.15 | 6.50 | 23.05 | 5.70 | 7.39 | 2.21 | 15.30 | 沙壤土 |

表 3-127　砾底潜育草甸土理化性质

| 剖面地点及编号 | 土种 | 层次 | 深度（厘米） | 有机质（克/千克） | 全量（克/千克） | | | pH | 代换量（毫克当量/100 克土） | 容重（克/厘米$^3$） | 总孔隙度（%） |
|---|---|---|---|---|---|---|---|---|---|---|---|
| | | | | | 氮 | 磷 | 钾 | | | | |
| 九井镇良种场一队西北井 117 | 薄层黏底潜育草甸土 | $A_1$ | 5～10 | 43.60 | 1.978 | 1.33 | 29.0 | 6.2 | 36.98 | 1.07 | 59.62 |
| | | $A_2$ | 15～20 | 31.39 | 1.476 | 1.19 | 29.0 | 6.1 | — | — | — |
| | | $A_3$ | 50～70 | 39.33 | 1.372 | 1.10 | — | 6.1 | — | — | — |
| | | B | 110～114 | 32.00 | — | — | — | 5.4 | — | — | — |

（续）

| 剖面地点及编号 | 土种 | 层次 | 深度（厘米） | 有机质（克/千克） | 全量（克/千克）氮 | 磷 | 钾 | pH | 代换量（毫克当量/100克土） | 容重（克/厘米³） | 总孔隙度（%） |
|---|---|---|---|---|---|---|---|---|---|---|---|
| 宽余林场水库北莱95 | 中层黏底潜育草甸土 | AS | 0～30 | 72.04 | 3.731 | 1.18 | 28.5 | 6.1 | — | 1.10 | 58.49 |
| | | AB | 35～45 | 31.18 | 1.736 | 1.51 | 28.4 | 5.4 | — | | |
| | | B | 60～70 | 13.24 | — | | | 5.4 | — | | |
| | | C₁ | 95～105 | 21.38 | — | | | 5.6 | — | | |
| | | C₂ | 120～130 | 1.35 | — | | | 6.1 | — | | |

表3-125～表3-127说明，砾底潜育草甸土表层土壤有机质等全量养分含量并不低，土壤显微酸性，容重较小，透性较好，代换量适中。该土壤因地下水位高，受水害，只能作牧地。

（3）沙黏底潜育草甸土。该土属面积为1 104公顷，占潜育草甸土亚类面积的2.75%，其中耕地203公顷，占该土属面积的18.39%。划分为中层沙黏底潜育草甸土、厚层沙黏底潜育草甸土2个土种，面积分布情况见表3-128。

**表3-128　沙黏底潜育草甸土各土种面积统计**

| 土种名称 | 面积（公顷） | 占本土属（%） | 其中：耕地（公顷） | 占该土种（%） |
|---|---|---|---|---|
| 中层沙黏底潜育草甸土 | 736 | 66.67 | 81 | 11.01 |
| 厚层沙黏底潜育草甸土 | 368 | 33.33 | 122 | 33.15 |
| 合计 | 1 104 | 100.00 | 203 | 18.39 |

沙黏底潜育草甸土分布于江河两岸高河滩地上，以讷谟尔河南岸的九井镇面积较大。其剖面特点是通体含沙量大，质地轻，多锈纹锈斑，底土有灰蓝色或绿色潜育层，母质沙黏相间，土层厚。其机械组成和理化性质以龙河镇89号剖面和九井镇120号剖面为例说明，见表3-129、表3-130。

**表3-129　沙黏底潜育草甸土机械组成分析结果**

| 剖面地点及编号 | 层次 | 深度（厘米） | 0.25～1.00毫米 | 0.05～0.25毫米 | 0.01～0.05毫米 | 0.005～0.01毫米 | 0.001～0.005毫米 | <0.001毫米 | 物理性黏粒（%） | 质地 |
|---|---|---|---|---|---|---|---|---|---|---|
| 九井镇良种场一队西北井117 | A | 7～8 | 0.36 | 6.95 | 37.52 | 9.70 | 14.85 | 30.35 | 54.90 | 重壤土 |
| | AB | 30～40 | 0.21 | 8.15 | 42.00 | 8.17 | 12.73 | 28.74 | 49.64 | 重壤土 |
| | B | 80～90 | 20.76 | 26.96 | 24.56 | 4.61 | 7.89 | 15.22 | 27.72 | 轻壤土 |
| | C | 120～140 | 3.95 | 16.67 | 44.64 | 4.85 | 11.59 | 18.31 | 34.75 | 中壤土 |
| 宽余林场水库北莱95 | A | 25～35 | 4.75 | 23.76 | 30.75 | 8.15 | 13.10 | 19.49 | 40.74 | 中壤土 |
| | B | 70～90 | 10.95 | 18.25 | 27.58 | 8.63 | 10.95 | 23.64 | 43.22 | 中壤土 |
| | C | 120～140 | 11.33 | 21.49 | 28.63 | 7.93 | 7.07 | 23.55 | 38.55 | 中壤土 |

表 3-130 沙黏底潜育草甸土理化性质

| 剖面地点及编号 | 土种 | 层次 | 深度（厘米） | 有机质（克/千克） | 全量（克/千克） | | | pH | 容重（克/厘米³） | 总孔隙度（%） |
|---|---|---|---|---|---|---|---|---|---|---|
| | | | | | 氮 | 磷 | 钾 | | | |
| 龙河镇高潮村南十里龙89 | 中层沙黏底潜育草甸土 | A | 7~8 | 37.10 | 2.402 | 1.81 | 26.9 | 6.0 | — | — |
| | | AB | 30~40 | 22.10 | 1.342 | 11.56 | 28.8 | 5.9 | — | — |
| | | B | 80~90 | 12.50 | — | — | — | 6.5 | — | — |
| | | C | 120~140 | 14.10 | — | — | — | 6.3 | — | — |
| 九井镇安仁村四队队西北四里井120 | 厚层沙黏底潜育草甸土 | A | 25~35 | 64.84 | 3.074 | 1.66 | 27.5 | 7.1 | 0.97 | 63.40 |
| | | B | 70~90 | 6.10 | — | — | — | 6.5 | — | — |
| | | C | 120~140 | 4.02 | — | — | — | 6.5 | — | — |

表 3-130 说明，沙黏底潜育草甸土表层土壤显微酸性至中性，容重较小，总孔隙度大，有机质等全量养分含量也相当丰富。其表层养分含量状况见表 3-131。

表 3-131 沙黏底潜育草甸土养分含量统计

| 项目 | 平均值 | 最高值 | 最低值 | 极差 | 标准差 |
|---|---|---|---|---|---|
| 有机质（克/千克） | 67.8 | 86.3 | 49.3 | 37 | 2.63 |
| 全氮（克/千克） | 3.242 | 4.016 | 2.468 | 1.548 | 0.109 |
| 碱解氮（毫克/千克） | 241.5 | 287 | 196 | 91 | 63.35 |
| 有效磷（毫克/千克） | 18.9 | 25.2 | 12.6 | 12.6 | 8.90 |
| 速效钾（毫克/千克） | 387.5 | 402 | 373 | 29 | 20.51 |

（4）沙底潜育草甸土。该土属面积为 3172 公顷，占潜育草甸土面积的 7.89%。其中耕地 1047 公顷，占该土属面积的 33.01%。分布于嫩江左岸学田镇西部山湾村以及二克浅镇的西北部，龙河镇等乡（镇、场）也有零星分布。沙底潜育草甸土的土体特征是底层为沙子，质地轻，划分有薄层沙底潜育草甸土、中层沙底潜育草甸土、厚层沙底潜育草甸土 3 个土种，面积分布情况见表 3-132。

表 3-132 沙底潜育草甸土各土种面积统计

| 土种 | 面积（公顷） | 占本土属（%） | 其中：耕地（公顷） | 占该土种（%） |
|---|---|---|---|---|
| 薄层沙底潜育草甸土 | 1154 | 36.38 | 452 | 39.17 |
| 中层沙底潜育草甸土 | 1880 | 59.27 | 526 | 27.98 |
| 厚层沙底潜育草甸土 | 138 | 4.35 | 68 | 49.28 |
| 合计 | 3172 | 100.00 | 1047 | 33.01 |

以学田镇 122 号剖面为例说明其机械组成和理化性质，见表 3-133、表 3-134。其表层养分状况见表 3-135。

表 3-133 沙底潜育草甸土机械组成分析结果

| 剖面地点及编号 | 层次 | 深度（厘米） | 土壤各粒级含量（%） | | | | | | 物理性黏粒（%） | 质地 |
|---|---|---|---|---|---|---|---|---|---|---|
| | | | 0.25～1.00毫米 | 0.05～0.25毫米 | 0.01～0.05毫米 | 0.005～0.01毫米 | 0.001～0.005毫米 | <0.001毫米 | | |
| 学田镇友谊村山湾屯南学122 | A | 1～50 | 4.13 | 21.06 | 32.65 | 11.22 | 15.85 | 15.09 | 42.16 | 中壤土 |
| | AB | 50～80 | 8.17 | 34.38 | 18.86 | 6.85 | 8.75 | 22.95 | 38.59 | 中壤土 |
| | B | 80～100 | 5.75 | 30.53 | 21.57 | 6.57 | 6.94 | 28.64 | 42.15 | 中壤土 |
| | C | 100～150 | 66.53 | 13.06 | 8.35 | 1.83 | 2.66 | 7.52 | 12.06 | 沙壤土 |

表 3-134 厚层沙底潜育草甸土理化性质

| 剖面地点及编号 | 层次 | 深度（厘米） | 有机质（克/千克） | 全量（克/千克） | | | pH | 代换量（毫克当量/100克土） | 容重（克/厘米³） | 总孔隙度（%） |
|---|---|---|---|---|---|---|---|---|---|---|
| | | | | 氮 | 磷 | 钾 | | | | |
| 学田镇友谊村山湾屯南学122 | A | 1～50 | 80.80 | 4.814 | 1.90 | 28.9 | 6.4 | 44.22 | 1.05 | 60.38 |
| | AB | 50～80 | 7.93 | | | | 7.0 | — | — | — |
| | B | 80～100 | 11.54 | | | | 6.9 | — | — | — |
| | C | 100～150 | 11.53 | | | | 7.3 | — | — | — |

表 3-135 沙底潜育草甸土养分含量统计

| 项目 | 平均值 | 最高值 | 最低值 | 极差 | 标准差 |
|---|---|---|---|---|---|
| 有机质（克/千克） | 60.3 | 78.9 | 41.3 | 37.6 | 1.90 |
| 全氮（克/千克） | 2.545 | 3.691 | 1.832 | 1.859 | 0.100 |
| 碱解氮（毫克/千克） | 234.5 | 307 | 144 | 163 | 78.97 |
| 有效磷（毫克/千克） | 14.34 | 20.4 | 8.6 | 11.8 | 5.07 |
| 速效钾（毫克/千克） | 249.3 | 363 | 187 | 176 | 79.90 |

**3. 碳酸盐草甸土** 该亚类土壤面积为 7 063 公顷，占草甸土类面积的 4.89%。其中耕地 5 204 公顷，占该亚类面积的 73.68%，只有黏底碳酸盐草甸土 1 个土属。

碳酸盐草甸土主要分布在讷谟尔河下游两岸高漫滩向阶地过渡区，包括二克浅、六合、讷南、九井等乡（镇），有些已垦为稻田。碳酸盐草甸土的主要特点是所处地形低平，地下水位高，地下水矿化度高，淋洗作用差，通体都有石灰反应，尤以表层反应强烈，并有少量可溶性盐分，是在草甸化过程中伴随钙积过程中形成的。通常都有 20～50 厘米厚的黑土层，也可分出腐殖质层（A 层）、过渡层（AB、Bca）及母质层（Cca）等基本层次。根据黑土层厚薄分出薄层黏底碳酸盐草甸土、中层黏底碳酸盐草甸土、厚层黏底碳酸盐草甸土 3 个土种，各土种面积见表 3-136。

表 3 - 136　黏底碳酸盐草甸土各土种面积

| 土种 | 面积（公顷） | 占本土属（%） | 其中：耕地（公顷） | 占该土种（%） |
|---|---|---|---|---|
| 薄层黏底碳酸盐草甸土 | 2 041 | 28.90 | 1 610 | 78.88 |
| 中层黏底碳酸盐草甸土 | 4 562 | 64.59 | 3 254 | 71.33 |
| 厚层黏底碳酸盐草甸土 | 460 | 6.51 | 340 | 73.91 |
| 合计 | 7 063 | 100.00 | 5 204 | 73.68 |

以讷南镇 43 号剖面为例说明其机械组成、理化性质和剖面特点（该剖面在荒地上），见表 3 - 137、表 3 - 138。

表 3 - 137　黏底碳酸盐草甸土机械组成分析结果

| 剖面地点及编号 | 层次 | 深度（厘米） | 土壤各粒级含量（%） | | | | | | 物理性黏粒（%） | 质地 |
|---|---|---|---|---|---|---|---|---|---|---|
| | | | 0.25～1.00毫米 | 0.05～0.25毫米 | 0.01～0.05毫米 | 0.005～0.01毫米 | 0.001～0.005毫米 | <0.001毫米 | | |
| 讷南镇火烽村胜43 | A | 0～30 | 4.29 | 16.76 | 30.15 | 7.08 | 18.67 | 23.65 | 48.80 | 重壤土 |
| | B | 50～60 | 3.22 | 15.83 | 29.00 | 6.98 | 18.62 | 26.55 | 51.95 | 重壤土 |
| | C | 90～100 | 4.06 | 9.72 | 25.40 | 6.24 | 20.94 | 33.64 | 60.82 | 轻黏土 |

表 3 - 138　黏底碳酸盐草甸土理化性质

| 剖面地点及编号 | 层次 | 深度（厘米） | 有机质（克/千克） | 全量（克/千克） | | | pH | 代换量（毫克当量/100克土） | 容重（克/厘米³） | 总孔隙度（%） |
|---|---|---|---|---|---|---|---|---|---|---|
| | | | | 氮 | 磷 | 钾 | | | | |
| 讷南镇火烽村胜43 | A | 0～30 | 64.90 | 3.628 | 2.13 | 26.0 | 8.2 | 41.44 | 0.90 | 66.04 |
| | B | 50～60 | 33.70 | — | 1.47 | — | 8.2 | — | — | — |
| | C | 90～100 | 11.40 | — | — | — | 8.0 | — | — | — |

表 3 - 137 说明，黏底碳酸盐草甸土表层土壤质地为重壤土，但越往土体下层黏粒比例越大，越黏重，土质细腻。

表 3 - 138 说明，黏底碳酸盐草甸土表层土壤显微碱性，越往下层碱性越小，表层土壤容重较小，总孔隙度较大，有机质等全量养分含量丰富。其表层养分状况见表 3 - 139。

表 3 - 139　黏底碳酸盐草甸土表层养分含量统计

| 土种 | 有机质（克/千克） | 全氮（克/千克） | 碱解氮（毫克/千克） | 有效磷（毫克/千克） | 速效钾（毫克/千克） | 样品数（个） |
|---|---|---|---|---|---|---|
| 薄层黏底碳酸盐草甸土 | 51.5 | 3.649 | 212.7 | 10.63 | 269.3 | 3 |
| 中层黏底碳酸盐草甸土 | 54.0 | 2.707 | 205.4 | 16.41 | 247.7 | 15 |
| 厚层黏底碳酸盐草甸土 | 48.9 | 2.046 | 205 | 11.57 | 279.1 | 7 |

讷南镇 43 号剖面土体形态特征如下：

A 层：0～30 厘米，黑色、团块状结构，重壤土，较紧实，湿，植物根系多，石灰反应强烈，层次过渡不明显。

B 层：30～75 厘米，棕灰色，粒状结构，重壤土，紧实，湿，植物根系较少，石灰反应中等，层次过渡不明显。

C 层：75 厘米以下，小粒状结构，重壤土，紧实，湿，锈斑较多，植物根系少，有石灰反应，层次过渡不明显。

剖面综合评述：通体有石灰反应，表层最强烈，湿度大，底层有锈纹锈斑，层次过渡不明显。黏底碳酸盐草甸土垦后不宜种植大豆，因该土壤显碱性，含石灰多，并含少量盐分，种大豆容易患线虫病。而且耕种几年后，如不注意培肥养地，会使土壤黏糠，耕翻起坷垃，孔隙度大，易跑风，播种费籽实，不保苗，农民习惯叫"漏风地"，或碱性黑糠土。所以，耕种要注意整地，勤铲趟，减少地表水分蒸发，防止发生土壤次生盐渍化。

**4. 碳酸盐潜育草甸土** 该亚类土壤面积较小，只零星分布于同心乡等地的平岗间沟底，因该土壤所处地形低洼，排水不良，土质较黏，淋溶作用差，低地积钙，除了草甸化、钙积化过程以外，又附加有潜育化过程，表土层开始即有较多的锈纹锈斑，通体石灰反应强烈。划分有中层碳酸盐潜育草甸土、厚层碳酸盐潜育草甸土 2 个土种，面积构成见表 3-140。以同心乡 25 号剖面为例说明其剖面特点，机械组成和理化性质见表 3-141、表 3-142。

表 3-140　碳酸盐潜育草甸土各土种面积统计

| 土种 | 面积（公顷） | 占本土属（%） | 其中：耕地（公顷） | 占该土种（%） |
| --- | --- | --- | --- | --- |
| 中层碳酸盐潜育草甸土 | 1 710 | 99.36 | 1 071 | 62.63 |
| 厚层碳酸盐潜育草甸土 | 11 | 0.64 | 10 | 90.91 |
| 合计 | 1 721 | 100.00 | 1 081 | 62.81 |

表 3-141　厚层碳酸盐潜育草甸土机械组成分析结果

| 剖面地点及编号 | 层次 | 深度（厘米） | 土壤各粒级含量（%） | | | | | | 物理性黏粒（%） | 质地 |
| --- | --- | --- | --- | --- | --- | --- | --- | --- | --- | --- |
| | | | 0.25～1.00 毫米 | 0.05～0.25 毫米 | 0.01～0.05 毫米 | 0.005～0.01 毫米 | 0.001～0.005 毫米 | <0.001 毫米 | | |
| 同心乡保育村保利屯南心 25 | A | 30～40 | 0.60 | 17.77 | 25.02 | 15.65 | 16.93 | 24.03 | 56.61 | 重壤土 |
| | AB | 70～80 | 1.03 | 14.80 | 27.66 | 9.64 | 18.20 | 28.67 | 56.51 | 重壤土 |
| | B | 110～120 | 0.62 | 16.61 | 26.51 | 9.60 | 16.21 | 30.45 | 56.25 | 重壤土 |
| | C | 140～150 | 0.47 | 16.56 | 26.57 | 9.63 | 18.16 | 28.61 | 56.40 | 重壤土 |

表3-142 厚层碳酸盐潜育草甸土理化性质统计

| 剖面地点及编号 | 层次 | 深度（厘米） | 有机质（克/千克） | 全量（克/千克） | | | pH | 代换量（毫克当量/100克土） | 容重（克/厘米³） | 总孔隙度（%） |
|---|---|---|---|---|---|---|---|---|---|---|
| | | | | 氮 | 磷 | 钾 | | | | |
| 同心乡保育村保利屯南心25 | A | 30～40 | 42.56 | 2.304 | 1.65 | 24.5 | 8.0 | 40.19 | 1.26 | 52.46 |
| | AB | 70～80 | 20.04 | — | — | — | 8.0 | — | — | — |
| | B | 110～120 | 17.84 | — | — | — | 8.0 | — | — | — |
| | C | 140～150 | 19.61 | — | — | — | 8.0 | — | — | — |

同心乡25号剖面土体构型及剖面形态特征如下：

A层：0～60厘米，暗灰色，团粒状结构，重壤土，较松散，湿，有较多锈纹锈斑和铁锰结核，植物根系较多，石灰反应强烈，层次过渡不明显。

AB层：60～90厘米，淡棕灰色，团粒状结构，较紧，湿，有锈纹锈斑和铁锰结核，石灰反应强烈，层次过渡不明显。

B层：90～130厘米，褐色，核块状结构，紧实，湿，有锈色胶膜和铁锰结核，石灰反应强烈，层次过渡不明显。

C层：130～160厘米，灰褐色，核块状结构，石灰反应强烈，层次过渡不明显。

剖面综合评述：通体石灰反应强烈，层次过渡不明显，有较多锈纹锈斑和铁锰结核，土质较黏，含水多。

由表3-141可以看出，碳酸盐潜育草甸土通体为重壤土，机械组成比较均匀，在各粒级含量中，以粗粉粒和黏粒所占比重较大，约各占1/4，其次是细沙粒和细粉粒。

表3-142说明，碳酸盐潜育草甸土显微碱性，表层土壤有机质等全量养分含量较丰富，代换量和土壤容重适中，仍属较好的土壤类型，若能注意养地排水，降低地下水位，培肥地力，防止次生盐渍化发生，也可作为农用土壤。

**5. 生草草甸土** 该亚类土壤面积为27 669公顷，占草甸土面积的19.16%。其中耕地7 671公顷，占该亚类面积的27.72%。生草草甸土集中分布在本市江河两岸的河漫滩上，距离河床较近，土层薄，一般只有十几厘米到几十厘米的生草层，其下便是沙子和砾石。该亚类是在河流冲积物上发育起来的年轻土壤，常受洪涝影响，当地人习惯称其为"江套子地"或"河套地"。其中，除少部分地形部位较高的生草草甸土被间断垦殖外，其余大部分为荒草甸子，着生小叶樟、旱柳等喜湿植物，生长不繁茂，覆被率较低。有薄层生草草甸土和中层生草草甸土2个土种，面积分布情况见表3-143。

表3-143 生草草甸土各土种面积统计

| 土种 | 面积（公顷） | 占本土属（%） | 其中：耕地（公顷） | 占该土种（%） |
|---|---|---|---|---|
| 薄层生草草甸土 | 25 645 | 92.68 | 7 312 | 28.51 |
| 中层生草草甸土 | 2 024 | 7.32 | 359 | 17.74 |
| 合计 | 27 669 | 100.00 | 7 671 | 27.72 |

以学田镇县80号剖面和二克浅镇102号、103号剖面为例说明其机械组成和理化性

质，见表 3 - 144、表 3 - 145。

表 3 - 144    生草草甸土机械组成分析结果

| 剖面地点及编号 | 层次 | 深度（厘米） | 土壤各粒级含量（%） | | | | | | 物理性黏粒（%） | 质地 |
| | | | 0.25～1.00 毫米 | 0.05～0.25 毫米 | 0.01～0.05 毫米 | 0.005～0.01 毫米 | 0.001～0.005 毫米 | <0.001 毫米 | | |
| 学田镇光明五队西县克 80 | A | 8～15 | 0.41 | 23.37 | 30.28 | 12.57 | 18.64 | 14.73 | 45.94 | 重壤土 |
| | BC | 45～65 | 0.61 | 21.40 | 32.34 | 10.64 | 19.45 | 15.56 | 45.65 | 重壤土 |
| | C | 100～120 | 38.53 | 23.01 | 16.61 | 6.46 | 9.28 | 6.05 | 21.79 | 轻壤土 |
| 二克浅镇二里种畜场西南六里处克 103 | A | 5～15 | 72.93 | 0.89 | 18.89 | 3.64 | 3.65 | 0 | 7.29 | 紧沙土 |
| | C | 45～70 | — | — | — | — | — | — | — | — |
| 二克浅镇二里种畜场酒厂前二里处克 102 | A | 15～25 | 3.83 | 23.37 | 23.34 | 11.37 | 16.89 | 21.36 | 49.56 | 重壤土 |
| | BC | 50～60 | 4.52 | 16.07 | 24.98 | 8.41 | 20.13 | 25.89 | 75.44 | 重壤土 |
| | C | 75～85 | 4.31 | 18.26 | 23.93 | 10.78 | 20.33 | 22.39 | 53.5 | 重壤土 |

表 3 - 145    生草草甸土理化性质

| 剖面地点及编号 | 土种 | 层次 | 深度（厘米） | 有机质（克/千克） | 全量（克/千克） | | | pH | 容重（克/厘米$^3$） | 总孔隙度（%） |
| | | | | | 氮 | 磷 | 钾 | | | |
| 学田镇光明五队西县克 80 | 薄层生草草甸土 | A | 8～15 | 26.69 | — | 1.9 | 26.5 | 5.7 | 0.91 | 65.50 |
| | | BC | 45～65 | 24.50 | 1.596 | 1.38 | | 5.7 | — | — |
| | | C | 100～120 | 10.46 | | | | 6.0 | — | — |
| 二克浅镇二里种畜场西南六里处克 103 | 中层生草草甸土 | A | 5～15 | 3.76 | 2.019 | 1.33 | 31.1 | 6.1 | 1.29 | 51.32 |
| | | C | 45～70 | 0.29 | | | | 7.0 | | |
| 二克浅镇二里种畜场酒厂前二里处克 102 | 厚层生草草甸土 | A | 15～25 | 50.27 | 2.717 | 1.49 | 28.6 | 5.2 | 1.19 | 55.09 |
| | | BC | 50～60 | 2.163 | 1.326 | 1.34 | 31.5 | 5.0 | | |
| | | C | 75～85 | 15.86 | | | | 5.1 | | |

表 3 - 144 说明，二克浅镇 102 号剖面所处地形稍高，土层较厚，生草过程较强，为中层生草草甸土。从机械组分析结果看，生草草甸土质地划分虽属重壤土，但因未经耕植，表土没被破坏，土壤结构尚好，属粒状至团粒状结构，质地也较普通草甸土轻，草甸化过程弱，腐殖质积累少，表土颜色较浅，为棕灰色。

表 3 - 145 说明，生草草甸土表层土壤容重较小，总孔隙度大，显酸性至微酸性，有

机质等全量养分含量中等偏低。该土壤作为草场还是可以的，但作为农田则不适宜。原因是易受水害，土层浅，不耐耕植，距村屯较远。其表层养分状况见表3-146。

表3-146 生草草甸土养分含量

| 项目 | 平均值 | 最高值 | 最低值 | 极差 | 标准差 |
|---|---|---|---|---|---|
| 有机质（克/千克） | 48.5 | 83.8 | 29.7 | 54.1 | 1.52 |
| 全氮（克/千克） | 2.140 | 2.809 | 1.871 | 0.938 | 0.04 |
| 碱解氮（毫克/千克） | 193.6 | 356 | 127 | 229 | 70.81 |
| 有效磷（毫克/千克） | 23.48 | 72.8 | 7.3 | 65.5 | 19.16 |
| 速效钾（毫克/千克） | 167.3 | 436 | 80 | 356 | 115.85 |

**6. 层状草甸土** 该亚类面积为3 709公顷，占草甸土类面积的2.57%。其中耕地1 258公顷，占该亚类面积的33.92%。划分有薄层层状草甸土、中层层状草甸土2个土种，面积构成情况见表3-147。

表3-147 层状草甸土各土种面积统计

| 土种 | 面积（公顷） | 占本土属（%） | 其中：耕地（公顷） | 占该土种（%） |
|---|---|---|---|---|
| 薄层层状草甸土 | 861 | 23.21 | 268 | 31.13 |
| 中层层状草甸土 | 2 848 | 76.79 | 990 | 34.76 |
| 合计 | 3 709 | 100.00 | 1 258 | 33.92 |

层状草甸土在地理分布上处于江河两岸低河滩上，位于生草草甸土和普通草甸土之间，也是在洪水冲积沉积物上发育起来的。所以，除草甸化过程外还附加有冲积沉积过程，表现出层状排列的特殊土体层次。各个层次质地粗细不一，或泥或沙，颜色或深或浅，层状纹理分明，通体含沙多，质地轻。因冲积沉积年代比较久远，加之人类防洪措施的保护，土体有较好的发育，很多层状草甸土已垦为农田。以兴旺乡3号剖面和二克浅镇60号剖面为例说明其机械组成和理化性质，见表3-148、表3-149。其表层养分状况见表3-150。

表3-148 层状草甸土机械组成分析结果

| 剖面地点及编号 | 层次 | 深度（厘米） | 土壤各粒级含量（%） | | | | | | 物理性黏粒（%） | 质地 |
|---|---|---|---|---|---|---|---|---|---|---|
| | | | 0.25~1.00毫米 | 0.05~0.25毫米 | 0.01~0.05毫米 | 0.005~0.01毫米 | 0.001~0.005毫米 | <0.001毫米 | | |
| 兴旺乡狼洞山后县概查3 | A | 0~15 | 19.65 | 34.17 | 19.65 | 6.68 | 10.95 | 8.90 | 26.53 | 轻壤土 |
| | AB | 60~80 | 20.10 | 39.91 | 13.40 | 5.48 | 12.21 | 8.90 | 26.59 | 轻壤土 |
| | C₁ | 98~125 | 59.37 | 31.54 | 7.43 | 1.66 | 0 | — | 1.66 | 松沙土 |
| | C₂ | 130~140 | 47.46 | 41.80 | 1.35 | 1.82 | 5.66 | 1.41 | 3.89 | 紧沙土 |

（续）

| 剖面地点及编号 | 层次 | 深度（厘米） | 土壤各粒级含量（%） | | | | | | 物理性黏粒（%） | 质地 |
|---|---|---|---|---|---|---|---|---|---|---|
| | | | 0.25~1.00毫米 | 0.05~0.25毫米 | 0.01~0.05毫米 | 0.005~0.01毫米 | 0.001~0.005毫米 | <0.001毫米 | | |
| 二克浅镇二克浅七队西北四里处克60 | $A_1$ | 5~15 | 26.44 | 36.95 | 20.40 | 6.93 | 7.52 | 1.74 | 16.19 | 沙壤土 |
| | $C_1$ | 15~25 | 46.76 | 40.23 | 6.51 | 1.82 | 4.68 | — | 6.50 | 紧沙土 |
| | $C_2$ | 45~55 | 7.87 | 34.98 | 28.00 | 13.82 | 13.57 | 1.76 | 29.15 | 轻壤土 |
| | $C_3$ | 70~80 | 26.30 | 45.89 | 16.31 | 3.78 | 4.60 | 3.03 | 11.41 | 沙壤土 |
| | $C_4$ | 90~100 | 16.19 | 46.97 | 21.42 | 8.56 | 2.91 | 3.95 | 16.42 | 沙壤土 |
| | $C_5$ | 120~130 | 58.48 | 3.39 | 32.44 | 3.72 | 1.91 | 0.06 | 5.69 | 紧沙土 |

表3-149 层状草甸土理化性质

| 剖面地点及编号 | 土种 | 层次 | 深度（厘米） | 有机质（克/千克） | 全量（克/千克） | | | pH | 代换量（毫克当量/100克土） |
|---|---|---|---|---|---|---|---|---|---|
| | | | | | 氮 | 磷 | 钾 | | |
| 兴旺乡狼洞山后县概查3 | 薄层层状草甸土 | A | 0~15 | 33.96 | 2.055 | 1.02 | 31.1 | 6.4 | 22.27 |
| | | AB | 60~80 | 3.29 | 0.605 | 0.7 | 31.2 | 6.3 | — |
| | | $C_1$ | 98~125 | 1.17 | — | — | — | 6.7 | — |
| | | $C_2$ | 130~140 | 0.778 | — | — | — | 6.2 | — |
| 二克浅镇二克浅七队西北四里处克60 | 厚层层状草甸土 | $A_1$ | 5~15 | 29.62 | 1.717 | 1.18 | 35.6 | 5.9 | — |
| | | $C_1$ | 15~25 | 10.04 | 0.628 | 0.8 | 39.4 | 6.1 | — |
| | | $C_2$ | 45~55 | 22.79 | — | — | — | 6.3 | — |
| | | $C_3$ | 70~80 | 8.19 | — | — | — | 6.6 | — |
| | | $C_4$ | 90~100 | 7.21 | — | — | — | 6.6 | — |
| | | $C_5$ | 120~130 | 3.14 | — | — | — | 7.0 | — |

表3-150 层状草甸土表层养分含量

| 土种 | 有机质（克/千克） | 全氮（克/千克） | 碱解氮（毫克/千克） | 有效磷（毫克/千克） | 速效钾（毫克/千克） | 样品数（个） |
|---|---|---|---|---|---|---|
| 薄层层状草甸土 | 48.5 | 2.426 | 193.8 | 16.00 | 269.9 | 18 |
| 中层层状草甸土 | 48.8 | 2.867 | 166.4 | 9.94 | 175.5 | 5 |

**7. 盐化草甸土** 该亚类土壤面积为1 240公顷，占草甸土类面积的0.86%。其中耕地面积811公顷，占该土属面积的65.40%。当地人称其为盐碱甸子或盐碱地，其成土过程除草甸化过程外，又附加了盐化过程，盐分类型以苏打为主。集中分布在兴旺乡中南部大岗下至新江林场东南角一带。以新江林场8号剖面和兴旺乡110号剖面为例说明其机械组成与理化性质及剖面特征，见表3-151、表3-152。

表3-151 苏打盐化草甸土机械组成分析结果

| 剖面地点及编号 | 层次 | 深度（厘米） | 土壤各粒级含量（%） | | | | | | 物理性黏粒（%） | 质地 |
|---|---|---|---|---|---|---|---|---|---|---|
| | | | 0.25～1.00毫米 | 0.05～0.25毫米 | 0.01～0.05毫米 | 0.005～0.01毫米 | 0.001～0.005毫米 | <0.001毫米 | | |
| 新江林场东南1700米新8 | A | 0～15 | 25.87 | 27.28 | 14.48 | 1.87 | 9.72 | 20.78 | 32.37 | 中壤土 |
| | AB | 20～30 | 17.62 | 27.61 | 13.44 | 6.73 | 7.84 | 24.76 | 41.33 | 中壤土 |
| | B | 35～45 | 14.50 | 24.70 | 14.73 | 4.76 | 16.95 | 24.36 | 46.07 | 重壤土 |
| | BC | 55～65 | 20.82 | 18.09 | 14.80 | 4.78 | 17.03 | 24.48 | 46.29 | 重壤土 |
| | C | 90～100 | 11.25 | 18.74 | 22.82 | 7.92 | 10.42 | 28.85 | 47.19 | 重壤土 |
| 兴旺乡新兴村（一良用地）团110 | A | 0～15 | 6.34 | 30.58 | 19.04 | 8.77 | 9.36 | 25.91 | 44.04 | 中壤土 |
| | B | 30～40 | 7.17 | 21.99 | 17.19 | 5.91 | 16.66 | 31.08 | 53.65 | 重壤土 |
| | BC | 70～80 | 7.19 | 15.42 | 21.66 | 6.92 | 13.61 | 35.20 | 55.73 | 重壤土 |

表3-152 苏打盐化草甸土理化性质统计

| 剖面地点及编号 | 层次 | 深度（厘米） | 有机质（克/千克） | 全量（克/千克） | | | pH | 代换量（毫克当量/100克土） | 容重（克/厘米³） | 总孔隙度（%） |
|---|---|---|---|---|---|---|---|---|---|---|
| | | | | 氮 | 磷 | 钾 | | | | |
| 新江林场东南1700米新8 | A | 0～15 | 40.00 | 2.345 | 0.89 | 31.8 | 8.0 | — | 1.17 | 55.89 |
| | AB | 20～30 | 27.90 | 1.717 | 0.84 | 26.4 | 8.2 | — | | |
| | B | 35～45 | 11.10 | — | — | — | 8.2 | — | | |
| | BC | 55～65 | 7.90 | — | — | — | 8.2 | — | | |
| | C | 90～100 | 4.20 | — | — | — | 8.2 | — | | |
| 兴旺乡新兴村（一良用地）团110 | A | 0～15 | 53.76 | 3.506 | 1.22 | 28.5 | 8.3 | 33.07 | | |
| | B | 30～40 | 14.56 | 0.849 | 0.83 | 26.9 | 9.9 | | | |
| | BC | 70～80 | 7.24 | — | — | — | 8.9 | | | |

从表3-151和表3-152可以看出，苏打盐化草甸土表层土壤显微碱性至碱性，容重较小，B层则显碱性至强碱性。表层土壤有机质等全量养分含量较高，土壤质地由表层往下越来越黏重。所以，苏打盐化草甸土不宜作为农田使用，以防土壤黏糊起大块，盐渍化程度加剧。

苏打盐化草甸土剖面形态特征如下（兴旺乡110号剖面）：

A层：0～15厘米，暗灰色，粒状结构，重壤土，较紧，湿，植物根系多，石灰反应强烈，层次过渡不太明显。

B层：15～20厘米，淡灰色，块状结构，黏紧，湿，植物根系较多，石灰反应强烈，层次过渡不太明显。

BC层：55～110厘米（以下出水，不能观察），淡灰色，核块状结构，黏紧，湿，有铁锰结核，植物根系较少，石灰反应强烈，层次过渡不明显。

剖面综合评述：通体石灰反应强烈，土壤质地黏重，地下水位高，层次过渡不明显。

## 五、沼泽土

讷河市沼泽土面积为 14 701 公顷，占全市土壤总面积的 2.23％。其中可耕地面积 4 161 公顷，占该土类面积的 28.30％（表 3 - 153）。其中，除少部分（1 886 公顷）被开垦外，大多是沼泽积水湿地。沼泽土分布于本市江河泡积水地带，尤以北部丘陵漫岗区沟谷集水线两侧为多，呈带状或片状分布，也是全市重要的土壤资源。

表 3 - 153　沼泽土面积统计

| 单位名称 | 面积（公顷） | 占本土壤面积（％） | 其中：可耕地（公顷） | 占本耕地土壤（％） |
|---|---|---|---|---|
| 乡（镇）计 | 10 903 | 74.17 | 3 503 | 84.20 |
| 讷河 | 255 | 1.74 | 38 | 0.91 |
| 二克浅 | 73 | 0.50 | 7 | 0.17 |
| 学田 | 118 | 0.80 | 77 | 1.85 |
| 清和 | 100 | 0.68 | 69 | 1.65 |
| 孔国 | 148 | 1.01 | 59 | 1.42 |
| 进化 | 282 | 1.92 | 153 | 3.68 |
| 龙河 | 546 | 3.71 | 97 | 2.32 |
| 友好 | 1 060 | 7.21 | 348 | 8.36 |
| 讷南 | 232 | 1.58 | 97 | 2.32 |
| 全胜 | 2 159 | 14.68 | 605 | 14.54 |
| 太和 | 5 217 | 35.49 | 1 848 | 44.42 |
| 长发 | 47 | 0.32 | 2 | 0.04 |
| 团结 | 656 | 4.46 | 96 | 2.30 |
| 同心 | 9 | 0.06 | 8 | 0.20 |
| 永丰 | 1 | 0.00 | 0 | 0.01 |
| 市属农林牧场计 | 2 665 | 18.13 | 127 | 3.05 |
| 一良 | 42 | 0.28 | 0 | 0.00 |
| 四良 | 4 | 0.03 | 3 | 0.08 |
| 青色草原马场 | 194 | 1.32 | 113 | 2.71 |
| 国庆林场 | 494 | 3.36 | 7 | 0.17 |
| 茂山林场 | 1 931 | 13.14 | 4 | 0.09 |
| 非市属国有农场计 | 1 105 | 7.52 | 510 | 12.26 |
| 红五月农场 | 1 105 | 7.52 | 510 | 12.26 |

（续）

| 单位名称 | 面积（公顷） | 占本土壤面积（%） | 其中：可耕地（公顷） | 占本耕地土壤（%） |
|---|---|---|---|---|
| 非市属驻军农场计 | 18 | 0.12 | 14 | 0.34 |
| 81874 部队农场 | 8 | 0.05 | 8 | 0.19 |
| 81876 部队农场 | 10 | 0.07 | 6 | 0.15 |
| 外县使用讷河土地 | 10 | 0.07 | 6 | 0.14 |
| 合计 | 14 701 | 100.00 | 4 161 | 100.00 |

沼泽土所处地形低洼，常年或季节性积水，着生喜水的塔头薹草、大叶樟、小叶樟、芦苇、空心柳、莎草等植物。主要成土过程是在长期过湿条件下泥质化过程和潜育化共同作用的结果。根据剖面特征、成土条件和成土过程的差异，讷河市沼泽土分为草甸沼泽土、碳酸盐草甸沼泽土、泥炭腐殖质沼泽土和泥炭沼泽土 4 个亚类。

**1. 草甸沼泽土** 该亚类土壤面积为 8 609 公顷，占沼泽土类面积的 58.56%。其中除少部分垦为水田外，大部分为荒地，是潜育草甸土和泥炭腐殖质沼泽土的中间过渡类型，大多分布于塔头沟外围低湿地，呈条带状分布，以讷谟尔河下游的六合、讷南、孔国、讷河镇等乡（镇）面积较大。剖面形态特征是无泥炭层，有较薄的草根层（A$_S$ 层），其下是腐殖质层（A 层）和潜育层（G 层），呈灰蓝色（见第一良种场 8 号和全胜乡 8 号、9 号样本）。因各单位都没采集剖面分析样本，因此未做剖面分析。其表层养分含量情况见表3 - 154。

表 3 - 154 草甸沼泽土表层养分平均含量统计

| 土种 | 有机质（克/千克） | 全氮（克/千克） | 碱解氮（毫克/千克） | 有效磷（毫克/千克） | 速效钾（毫克/千克） | 样品数（个） |
|---|---|---|---|---|---|---|
| 薄层草甸沼泽土 | 82.5 | 5.60 | 331.0 | 55.94 | 395.1 | 8 |
| 厚层草甸沼泽土 | 49.5 | 2.86 | 234.7 | 16.50 | 282.8 | 9 |

草甸沼泽土划分为薄层草甸沼泽土和厚层草甸沼泽土 2 个土种，面积分布情况见表3 - 155。

表 3 - 155 草甸沼泽土面积情况统计

| 土种 | 面积（公顷） | 占本土属（%） | 其中：耕地（公顷） | 占该土种（%） |
|---|---|---|---|---|
| 薄层草甸沼泽土 | 3 087 | 35.86 | 745 | 24.13 |
| 厚层草甸沼泽土 | 5 522 | 64.14 | 1 530 | 27.70 |
| 合计 | 8 609 | 100.00 | 2 275 | 26.43 |

**2. 碳酸盐草甸沼泽土** 该亚类土壤面积为 2 475 公顷，占沼泽土类面积的 16.84%。其成土过程除了沼泽化、草甸化过程以外，又附加了碳酸盐的积聚。该土壤的下层（1 米左右以下）常埋藏有较厚的草炭层（如六合镇 52 号剖面）。在地理分布上也以讷谟尔河下游两侧低湿沼泽地最为集中，尤以六合镇面积最大。以六合镇 52 号剖面为例说明土体机械组成和理化性质，见表 3 - 156、表 3 - 157。

表 3-156 碳酸盐草甸沼泽土机械组成分析结果

| 剖面地点及编号 | 层次 | 深度（厘米） | 土壤各粒级含量（%） | | | | | | 物理性黏粒（%） | 质地 |
|---|---|---|---|---|---|---|---|---|---|---|
| | | | 0.25～1.00毫米 | 0.05～0.25毫米 | 0.01～0.05毫米 | 0.005～0.01毫米 | 0.001～0.005毫米 | <0.001毫米 | | |
| 六合镇前进村胜52 | $A_1$ | 0～10 | 1.90 | 20.40 | 30.52 | 6.76 | 12.88 | 27.54 | 47.18 | 重壤土 |
| | AB | 10～20 | 0.85 | 16.85 | 27.59 | 10.00 | 14.94 | 29.77 | 54.71 | 重壤土 |
| | $B_{Ca}$ | 50～60 | 0.22 | 5.40 | 9.08 | 15.78 | 23.95 | 45.57 | 85.30 | 重壤土 |
| | T | 80～90 | 2.38 | 16.99 | 32.19 | 8.96 | 7.08 | 32.40 | 48.44 | 重壤土 |

表 3-157 碳酸盐草甸沼泽土理化性质统计

| 剖面地点及编号 | 层次 | 深度（厘米） | 有机质（克/千克） | 全量（克/千克） | | | pH | 代换量（毫克当量/100克土） | 容重（克/厘米³） | 总孔隙度（%） |
|---|---|---|---|---|---|---|---|---|---|---|
| | | | | 氮 | 磷 | 钾 | | | | |
| 六合镇前进村胜52 | $A_1$ | 0～10 | 24.60 | 1.836 | 1.04 | 29.6 | 9.0 | 30.65 | 1.48 | 44.15 |
| | AB | 10～20 | 27.20 | 1.396 | 1.10 | 31.0 | 8.4 | — | — | — |
| | $B_{Ca}$ | 50～60 | 25.70 | — | — | — | 6.9 | — | — | — |
| | T | 80～90 | 110.70 | — | — | — | 6.8 | — | — | — |

表 3-156 表明，碳酸盐草甸沼泽土土体中上轻下黏，黏粒沉淀明显。

**3. 泥炭腐殖质沼泽土** 该亚类土壤面积为 3 616 公顷，占沼泽土类面积的 24.60%。自然景观为塔头沟沼泽地，大部分未经开垦，集中分布于河流两岸低洼积水处和沟谷集水线两侧，尤以讷谟尔河下游和北部低山丘陵状台地间的沟谷沼泽地段面积较大。划分为薄层泥炭腐殖质沼泽土、厚层泥炭腐殖质沼泽土 2 个土种，面积分布情况见表 3-158。

表 3-158 泥炭腐殖质沼泽土面积情况统计

| 土种 | 面积（公顷） | 占本土属（%） | 其中：耕地（公顷） | 占该土种（%） |
|---|---|---|---|---|
| 薄层泥炭腐殖质沼泽土 | 2 046 | 56.58 | 693 | 33.87 |
| 厚层泥炭腐殖质沼泽土 | 1 570 | 43.42 | 71 | 4.52 |
| 合计 | 3 616 | 100.00 | 764 | 21.13 |

泥炭腐殖质沼泽土的成土过程是沼泽化和泥炭腐殖质化过程。剖面形态特征：表层为很薄的泥炭层，第二层为腐殖质层，第三层为潜育层。以位于讷谟尔河南岸塔头沟沼泽地龙河镇龙河村 87 号剖面为例，说明其机械组成和理化性质，见表 3-159、表 3-160。

表 3 - 159 泥炭腐殖质沼泽土机械组成分析结果

| 剖面地点及编号 | 层次 | 深度（厘米） | 土壤各粒级含量（%） | | | | | | 物理性黏粒（%） | 质地 |
| | | | 0.25～1.00毫米 | 0.05～0.25毫米 | 0.01～0.05毫米 | 0.005～0.01毫米 | 0.001～0.005毫米 | <0.001毫米 | | |
|---|---|---|---|---|---|---|---|---|---|---|
| 龙河镇龙河村龙87 | At | 8～10 | 1.06 | 14.43 | 32.53 | 9.09 | 12.53 | 30.36 | 51.98 | 重壤土 |
| | A₁ | 25～30 | 65.74 | 13.79 | 5.58 | 3.00 | 1.93 | 9.96 | 14.89 | 沙壤土 |
| | C | 60～80 | — | — | — | — | — | — | — | 沙砾层 |

表 3 - 160 泥炭腐殖质沼泽土理化性质统计

| 剖面地点及编号 | 层次 | 深度（厘米） | 有机质（克/千克） | 全量（克/千克） | | | pH | 代换量（毫克当量/100克土） |
| | | | | 氮 | 磷 | 钾 | | |
|---|---|---|---|---|---|---|---|---|
| 龙河镇龙河村龙87 | At | 8～10 | 68.90 | 3.698 | 1.27 | 25.6 | 5.5 | 32.47 |
| | A₁ | 25～30 | 66.40 | 3.659 | 1.92 | 26.4 | 5.5 | — |
| | C | 60～80 | 15.90 | — | — | — | 5.9 | — |

**4. 泥炭沼泽土** 该亚类土壤分布于长期浸水、质地更为低洼的河谷集水沼泽地段（其面积难以查清）。剖面构型有两种情况：一是表层即为泥炭层，大多在30厘米左右，以下为潜育层，如讷南镇双泉村北讷谟尔河南岸26号剖面；二是覆盖型，即在土体中间有泥炭夹层，如学田镇合庆一队沟底38号剖面。以学田镇38号剖面为例说明其机械组成和理化性质，见表3-161和表3-162。

表 3 - 161 泥炭沼泽土机械组成分析结果

| 剖面地点及编号 | 层次 | 深度（厘米） | 土壤各粒级含量（%） | | | | | | 物理性黏粒（%） | 质地 |
| | | | 0.25～1.00毫米 | 0.05～0.25毫米 | 0.01～0.05毫米 | 0.005～0.01毫米 | 0.001～0.005毫米 | <0.001毫米 | | |
|---|---|---|---|---|---|---|---|---|---|---|
| 学田镇合庆村南甸子学38 | A | 0～30 | 1.24 | 18.41 | 41.89 | 1.03 | 13.62 | 23.81 | 38.46 | 中壤土 |
| | AB | 30～50 | 52.95 | 7.22 | 5.83 | 4.26 | 15.27 | 14.48 | 34.00 | 中壤土 |
| | T | 50～70 | 15.34 | 37.82 | 14.57 | 9.26 | 10.53 | 12.48 | 32.27 | 中壤土 |
| | G | 70～～120 | 33.82 | 39.14 | 8.86 | 2.01 | 7.45 | 8.72 | 18.18 | 沙壤土 |

表 3 - 162 泥炭沼泽土理化性质统计

| 剖面地点及编号 | 层次 | 深度（厘米） | 有机质（克/千克） | 全量（克/千克） | | | pH | 容重（克/厘米³） | 总孔隙度（%） |
| | | | | 氮 | 磷 | 钾 | | | |
|---|---|---|---|---|---|---|---|---|---|
| 学田镇合庆村南甸子学38 | A | 0～30 | 48.22 | 2.183 | 1.32 | 27.9 | 7.7 | 0.99 | 62.64 |
| | AB | 30～50 | 56.43 | 2.212 | 0.70 | 28.6 | 7.2 | — | — |
| | T | 50～70 | 85.48 | — | — | — | 6.4 | — | — |
| | G | 70～120 | 60.39 | — | — | — | 7.5 | — | — |

综上所述，沼泽土表层土壤多草根、草皮、草垡子，有机质等全量养分含量较高，土壤容重小，孔隙大。

## 六、沙土

讷河市沙土面积为 11 399 公顷，占全市土壤总面积的 1.73%。其中耕地 5 457 公顷，占本土类面积的 47.87%。该土类集中分布于江河两岸河漫滩和一级阶地上，包括本市兴旺、拉哈、二克浅、学田、龙河等乡（镇）。见表 3 - 163。

表 3 - 163 沙土面积统计

| 单位名称 | 面积（公顷） | 占本土壤面积（%） | 其中：耕地（公顷） | 占本耕地土壤（%） |
|---|---|---|---|---|
| 乡（镇）计 | 6 819 | 59.83 | 4 285 | 78.51 |
| 拉哈 | 8 | 0.07 | 7 | 0.13 |
| 二克浅 | 1 800 | 15.79 | 894 | 16.39 |
| 学田 | 1 805 | 15.83 | 1 399 | 25.64 |
| 清和 | 501 | 4.39 | 369 | 6.76 |
| 孔国 | 571 | 5.01 | 60 | 1.11 |
| 友好 | 199 | 1.75 | 123 | 2.25 |
| 团结 | 1 935 | 16.99 | 1 432 | 26.24 |
| 市属农林牧场计 | 1 836 | 16.10 | 380 | 6.96 |
| 二里种畜场 | 866 | 7.59 | 362 | 6.64 |
| 富源林场 | 970 | 8.51 | 18 | 0.33 |
| 非市属农林牧场计 | 2 684 | 23.54 | 746 | 13.66 |
| 新江林场 | 1 570 | 13.77 | 283 | 5.19 |
| 老莱农场 | 1 114 | 9.77 | 463 | 8.48 |
| 外县使用讷河土地 | 60 | 0.52 | 47 | 0.86 |
| 合计 | 11 399 | 100.00 | 5 457 | 100.00 |

沙土的主要特点是通体含沙量大，土质热潮，松散，质地均一，层次过渡不明显，腐殖质等全量养分含量低。根据沙土土体的发育程度、成土过程和剖面特征，本次普查划分为生草沙土和草甸土型沙土 2 个亚类。

**1. 生草沙土** 该亚类土壤面积为 2 606 公顷，占沙土类的 22.86%。主要分布在新江林场、学田等乡（镇、场）的高河滩地或一级阶地上。当地习惯称其为沙包子或沙土岗子。自然植被以柴胡、问荆、破肚杨等旱生植物为主，草木稀疏，覆被率低。剖面形态特征是通体细沙，表层呈灰棕色，没有石灰反应，层次分化较差，过渡不明显。以新江林场 6 号、11 号 2 个剖面为例，说明其机械组成和理化性质，见表 3 - 164、表 3 - 165；其表层养分状况见表 3 - 166。

表3-164 生草沙土机械组成分析结果

| 剖面地点及编号 | 层次 | 深度（厘米） | 土壤各粒级含量（%） | | | | | | 物理性黏粒（%） | 质地 |
|---|---|---|---|---|---|---|---|---|---|---|
| | | | 0.25~1.00毫米 | 0.05~0.25毫米 | 0.01~0.05毫米 | 0.005~0.01毫米 | 0.001~0.005毫米 | <0.001毫米 | | |
| 新江林场新11 | A | 0~35 | 44.03 | 39.21 | 2.92 | — | 4.75 | 9.00 | 13.84 | 沙壤土 |
| | $C_1$ | 35~80 | 45.04 | 35.93 | 4.25 | — | 6.48 | 9.30 | 14.78 | 沙壤土 |
| | $C_2$ | 80~120 | 42.46 | 38.53 | 3.24 | 1.01 | 3.80 | 10.96 | 15.77 | 沙壤土 |
| | $C_3$ | 120~150 | 20.73 | 28.56 | 22.34 | 4.56 | 14.57 | 9.24 | 28.37 | 轻壤土 |
| 新江林场新6 | A | 0~20 | 47.22 | 23.69 | 10.19 | 3.04 | 3.82 | 11.27 | 18.13 | 沙壤土 |
| | BC | 20~60 | 45.97 | 23.31 | 10.32 | 3.25 | 2.95 | 14.20 | 20.40 | 轻壤土 |
| | $C_1$ | 60~80 | 55.63 | 22.79 | 8.42 | — | 1.00 | 13.16 | 13.16 | 沙壤土 |
| | $C_2$ | 100~120 | 21.20 | 27.96 | 29.83 | 6.58 | 11.43 | 3.60 | 21.61 | 轻壤土 |

表3-165 生草沙土理化性质统计

| 剖面地点及编号 | 层次 | 深度（厘米） | 有机质（克/千克） | 全量（克/千克） | | | pH | 容重（克/厘米³） | 总孔隙度（%） |
|---|---|---|---|---|---|---|---|---|---|
| | | | | 氮 | 磷 | 钾 | | | |
| 新江林场新11 | A | 0~35 | 18.20 | 0.788 | 0.45 | 36.4 | 5.9 | — | |
| | $C_1$ | 35~80 | 8.30 | 0.449 | 0.44 | 37.4 | 5.5 | — | |
| | $C_2$ | 80~120 | 2.80 | — | — | — | 5.0 | — | |
| | $C_3$ | 120~150 | 6.40 | — | — | — | 4.2 | — | |
| 新江林场新6 | A | 0~20 | 61.60 | 1.642 | 0.78 | 38.1 | 7.3 | 1.27 | 52.08 |
| | BC | 20~60 | 8.30 | 0.443 | 0.44 | 36.1 | 6.8 | — | |
| | $C_1$ | 60~80 | 2.63 | — | — | — | 6.5 | — | |
| | $C_2$ | 100~120 | 4.10 | — | — | — | 6.4 | — | |

表3-166 岗地生草棕沙土养分含量

| 项目 | 平均值 | 最高值 | 最低值 | 极差 | 标准差 |
|---|---|---|---|---|---|
| 有机质（克/千克） | 20.3 | 37.7 | 8.7 | 29 | 0.97 |
| 全氮（克/千克） | 1.595 | 1.866 | 1.440 | 0.426 | 0.024 |
| 碱解氮（毫克/千克） | 103.7 | 145 | 64 | 81 | 32.97 |
| 有效磷（毫克/千克） | 11.13 | 19.5 | 4.2 | 15.3 | 4.91 |
| 速效钾（毫克/千克） | 143.4 | 214 | 89 | 125 | 39.16 |

**2. 草甸土型沙土** 该亚类土壤面积为8 793公顷，占沙土类面积的77.14%。其中耕地4 578公顷，占该亚类面积的52.06%。分布于高河漫滩的较低部位，地下水位高。划分为薄层草甸土亚沙土、中层草甸土亚沙土2个土种，面积分布情况见表3-167。

表 3-167 草甸土型沙土各土种面积统计

| 土种 | 面积（公顷） | 占本土属（%） | 其中：耕地（公顷） | 占该土种（%） |
|---|---|---|---|---|
| 薄层草甸土型沙土 | 7 760 | 88.25 | 3 643 | 46.94 |
| 中层草甸土型沙土 | 1 033 | 11.75 | 935 | 90.53 |
| 合计 | 8 793 | 100.00 | 4 578 | 52.06 |

　　草甸土型沙土的成土过程是流沙的固定附加草甸化过程。土体特征是表层呈灰色，沙壤至轻壤土，物理性黏粒在 20% 左右，往下层颜色渐浅，B 层或 C 层有锈斑。以新江林场 10 号剖面和龙河镇 22 号剖面为例说明其机械组成和理化性质，见表 3-168、表 3-169；其表层养分状况见表 3-170。

表 3-168 草甸土型沙土机械组成分析结果

| 剖面地点及编号 | 层次 | 深度（厘米） | 土壤各粒级含量（%） | | | | | | 物理性黏粒（%） | 质地 |
|---|---|---|---|---|---|---|---|---|---|---|
| | | | 0.25~1.00毫米 | 0.05~0.25毫米 | 0.01~0.05毫米 | 0.005~0.01毫米 | 0.001~0.005毫米 | <0.001毫米 | | |
| 新江林场西南十里处新10 | A | 0~30 | 45.46 | 26.23 | 8.97 | 2.23 | 3.96 | 13.15 | 19.34 | 沙壤土 |
| | $C_1$ | 30~60 | 39.58 | 25.88 | 12.85 | 3.47 | 3.00 | 15.16 | 21.69 | 轻壤土 |
| | $C_2$ | 60~120 | 21.54 | 23.64 | 23.84 | 4.66 | 4.51 | 21.81 | 30.98 | 中壤土 |
| | $C_3$ | 120~150 | 19.38 | 25.81 | 35.43 | 5.26 | 6.70 | 7.42 | 19.38 | 沙壤土 |
| 龙河镇友好村好22 | A | 10~20 | 77.12 | 10.40 | 8.60 | 0.91 | 2.97 | — | 3.88 | 松沙土 |
| | AC | 30~40 | 92.59 | 1.24 | 1.00 | — | 0.90 | 4.27 | 5.17 | 紧沙土 |
| | C | 70~80 | 83.59 | 6.34 | 0.90 | — | 1.00 | 5.17 | 6.17 | 紧沙土 |

表 3-169 草甸土型沙土理化性质统计

| 剖面地点及编号 | 层次 | 深度（厘米） | 有机质（克/千克） | 全量（克/千克） | | | pH | 容重（克/厘米³） | 总孔隙度（%） |
|---|---|---|---|---|---|---|---|---|---|
| | | | | 氮 | 磷 | 钾 | | | |
| 新江林场西南十里处新10 | A | 0~30 | 29.80 | 1.626 | 0.72 | 34.0 | 6.8 | — | — |
| | $C_1$ | 30~60 | 4.21 | 0.228 | 0.46 | 34.2 | 6.6 | — | — |
| | $C_2$ | 60~120 | 5.48 | — | — | — | 7.0 | — | — |
| | $C_3$ | 120~150 | 5.41 | — | — | — | 6.1 | — | — |
| 龙河镇友好村好22 | A | 10~20 | 27.23 | 2.813 | 2.10 | 36.2 | 6.9 | 1.11 | 58.11 |
| | AC | 30~40 | 7.59 | 0.429 | 0.54 | 43.1 | 7.0 | — | — |
| | C | 70~80 | 3.47 | — | — | — | 6.9 | — | — |

表3-170　草甸土型沙土表层养分平均含量统计

| 土种名称 | 有机质<br>（克/千克） | 全氮<br>（克/千克） | 碱解氮<br>（毫克/千克） | 有效磷<br>（毫克/千克） | 速效钾<br>（毫克/千克） | 样品数<br>（个） |
|---|---|---|---|---|---|---|
| 薄层草甸土型沙土 | 38 | 1.202 | 159 | 4.23 | 209 | 1 |
| 中层草甸土型沙土 | 43.5 | 2.707 | 181.3 | 12.6 | 145.3 | 3 |

## 七、盐土和碱土

当地农民习惯上将盐土和碱土笼统地叫盐碱土，也就是盐土和碱土的统称。因这两类土壤相连，常与盐渍化草甸黑钙土或盐化草甸土相间分布，呈土壤复区存在，且面积较少，总面积仅1 367公顷，集中分布的讷河市兴旺乡南部与和盛乡西南部的平缓阶地上。

**1. 盐土**　讷河市盐土属苏打草甸盐土，面积为557公顷，见表3-171。成土过程除积盐过程外，也附加草甸化过程。自然剖面特点是：表层为1厘米左右厚灰白色盐结皮，间有黄褐色斑点，A层深灰色，小核状结构，B层为灰蓝白混合色，层次过渡不明显。当地农民习惯上称这类土壤为"碱疙瘩"或"光板地"，也有叫碱土的，自然景观是盐碱甸子或盐碱沟。现存的盐碱坑表层大多遭到破坏，被当地农民刮去抹房屋，称为"抢碱土"。其机械组成和化学性质可以兴旺乡验2号剖面为例说明，见表3-172、表3-173。

表3-171　盐土面积统计

| 单位名称 | 面积（公顷） | 占本土壤面积（%） | 其中：耕地（公顷） | 占本耕地土壤（%） |
|---|---|---|---|---|
| 乡（镇）计 | 543 | 97.49 | 375 | 95.60 |
| 团结 | 459 | 82.41 | 234 | 73.35 |
| 和盛 | 53 | 9.51 | 44 | 13.79 |
| 同义 | 31 | 5.57 | 27 | 8.46 |
| 嫩江农场局科研所 | 14 | 2.51 | 17 | 4.4 |
| 合计 | 557 | 100.00 | 392 | 100.00 |

表3-172　盐土、碱土机械组成分析结果

| 剖面地点及编号 | 土名 | 深度（厘米） | 土壤各粒级含量（%） | | | | | | 物理性黏粒（%） | 质地 |
|---|---|---|---|---|---|---|---|---|---|---|
| | | | 0.25～1.00毫米 | 0.05～0.25毫米 | 0.01～0.05毫米 | 0.005～0.01毫米 | 0.001～0.005毫米 | <0.001毫米 | | |
| 兴旺乡黑龙一队团验1 | 苏打草甸盐土 | 0～10 | 5.49 | 35.73 | 22.25 | 6.28 | 12.15 | 18.10 | 36.53 | 重壤土 |
| | | 10～20 | 7.01 | 37.29 | 12.72 | 5.44 | 11.15 | 26.39 | 42.98 | 轻黏土 |
| | | 20～30 | 6.24 | 35.37 | 13.77 | 3.75 | 13.59 | 27.28 | 44.62 | 轻黏土 |
| | | 30～40 | 6.91 | 31.38 | 17.90 | 14.82 | 25.26 | 3.73 | 43.81 | 轻黏土 |
| | | 40～50 | 5.78 | 27.26 | 16.55 | 6.64 | 15.60 | 28.17 | 50.41 | 中黏土 |

（续）

| 剖面地点及编号 | 土名 | 深度（厘米） | 土壤各粒级含量（%） | | | | | | 物理性黏粒（%） | 质地 |
|---|---|---|---|---|---|---|---|---|---|---|
| | | | 0.25～1.00毫米 | 0.05～0.25毫米 | 0.01～0.05毫米 | 0.005～0.01毫米 | 0.001～0.005毫米 | <0.001毫米 | | |
| 兴旺乡康乐村西沟团验2 | 苏打盐化草甸碱土 | 0～3 | 2.66 | 46.33 | 28.42 | 5.73 | 11.05 | 5.81 | 22.59 | 中壤土 |
| | | 3～17 | 1.62 | 34.62 | 29.45 | 6.70 | 11.56 | 16.05 | 34.31 | 重壤土 |
| | | 20～30 | 1.68 | 22.57 | 21.59 | 6.71 | 17.60 | 29.85 | 54.16 | 中黏土 |
| | | 65～75 | 2.14 | 18.18 | 19.36 | 6.13 | 20.55 | 33.64 | 60.32 | 中黏土 |
| | | 120～135 | 2.30 | 16.13 | 22.30 | 7.04 | 18.62 | 33.60 | 59.26 | 中黏土 |

表3-173　盐土、碱土理化性质统计

| 剖面地点及编号 | 土名 | 深度（厘米） | 有机质（克/千克） | 全量（克/千克） | | | pH | 代换量（毫克当量/100克土） | 全盐（%） |
|---|---|---|---|---|---|---|---|---|---|
| | | | | 氮 | 磷 | 钾 | | | |
| 新江林场新11 | 苏打草甸盐土 | 0～10 | 19.57 | 0.737 | 0.89 | 31.4 | 10.1 | — | 0.065 7 |
| | | 10～20 | 14.27 | 0.435 | 0.68 | 31.4 | 10.1 | — | 0.293 7 |
| | | 20～30 | 11.27 | 0.292 | 0.63 | 29.9 | 10.0 | — | 0.469 0 |
| | | 30～40 | 5.87 | 0.218 | 0.64 | 30.1 | 9.4 | — | 0.370 0 |
| | | 40～50 | 3.98 | — | 0.62 | — | 10.0 | — | 0.218 0 |
| 新江林场新6 | 苏打盐化草甸碱土 | 0～3 | 35.74 | 1.865 | 1.00 | 31.5 | 9.0 | 31.88 | 0.656 0 |
| | | 3～17 | 47.07 | 2.530 | 1.16 | 30.1 | 9.6 | 26.09 | 0.587 8 |
| | | 20～30 | 18.31 | 0.881 | 1.21 | 36.4 | 9.4 | — | 0.536 0 |
| | | 65～75 | 7.24 | — | — | — | 9.0 | — | 0.445 0 |
| | | 120～135 | 4.30 | — | — | — | 10.1 | — | 0.397 0 |

**2. 碱土**　讷河市碱土属苏打盐草甸碱土，大都分布在盐土（碱疙瘩）的外围，面积为810公顷，见表3-174。

表3-174　碱土面积统计

| 乡（镇） | 面积（公顷） | 占本土壤面积（%） | 其中：耕地（公顷） | 占本耕地土壤（%） |
|---|---|---|---|---|
| 兴旺 | 658 | 81.25 | 332 | 73.09 |
| 和盛 | 152 | 18.75 | 122 | 26.91 |
| 合计 | 810 | 100.00 | 454 | 100.00 |

# 八、石质土

讷河市石质土面积为3 323公顷，占全市土壤面积的0.50%。多属荒山秃岭，当地人称为石砬子地或石头山，山石裸露，土层极薄，目前是废弃地。以本市西北部学田、富源林场及老莱农场西北部的笔架山、红马山、三棵山等面积分布较大，市境东北部的龙河镇、青色草原牧场东南部也有零星分布。根据石质土土体发育程度和母质类型的区别，全市石质土分为生草石质土、腐殖质石质土和腐殖质火山砾质土3个亚类，面积分布情况见表3-175。

表3-175 石质土面积统计

| 项目名称 | 面积（公顷） | 占本土壤面积（%） | 其中：耕地（公顷） | 占本耕地土壤（%） |
|---|---|---|---|---|
| 乡（镇）计 | 2 211 | 66.56 | 1 816 | 90.02 |
| 学田 | 1 333 | 40.15 | 1 195 | 59.26 |
| 清和 | 878 | 26.42 | 620 | 30.76 |
| 市属农林牧场计 | 648 | 19.49 | 29 | 1.45 |
| 青色草原马场 | 32 | 0.96 | 0 | 0.00 |
| 富源林场 | 616 | 18.53 | 29 | 1.45 |
| 非市属农林牧场计 | 36 | 1.07 | 13 | 0.64 |
| 老莱农场 | 36 | 1.07 | 13 | 0.64 |
| 非市属驻军农场计 | 403 | 12.11 | 137 | 6.81 |
| 装司农场 | 403 | 12.11 | 137 | 6.81 |
| 外县使用讷河土地 | 25 | 0.76 | 22 | 1.07 |
| 合计 | 3 323 | 100.00 | 2 017 | 100.00 |

# 第四章　耕地土壤属性

土壤是人类最基础的生产资料，被称为"衣食之源，生存之本"。它不仅是农业生产的基础、作物的生活基地和人类衣食住行所需物质及能量的主要来源，而且是物质和能量转化的场地。通过它使物质和能量不断循环，满足作物和人类生活的需要。

耕地是保障一个地区经济社会实现可持续发展的基础性、不可替代性的重要资源。耕地保护是一个综合性的问题，其目的是资源的永续利用，更好地为经济社会发展服务。

土壤是人类赖以生存的重要资源之一，土壤肥力是土壤的基本特征，在土壤肥力组成的水、肥、气、热四大要素中，土壤养分是重要组成部分之一。在作物栽培过程中，对土壤肥力控制程度较大的也是土壤养分含量，人们通过施肥来调整土壤养分的多少，尽可能地满足农作物生长发育的需要。因此，了解土壤养分的现状、合理划分养分等级、掌握本地各类土壤养分含量特征以及土壤养分变化趋势，对正确指导土壤施肥具有重要的实际意义。

全国第二次土壤普查的土壤养分分级标准是按照当时的耕地生产水平以及土壤养分状况制定的，从 1982 年至今已经近 40 年，由于耕作制度的改变、农作物品种的更新、施肥水平的提高等农业生产条件的变化，土壤养分的分级标准也相应地要进行修正。特别是多年来有机肥的施用减少和氮肥施用量的增加，土壤中有机质、全氮、碱解氮含量也发生了很大的变化。随着农作物单产的提高、施肥结构的改变，原来的土壤养分标准已经不能完全反映土壤养分水平的高低了。因此，根据近年的肥效试验结果、土壤养分含量结构的变化以及当前实际生产条件的改变，有必要对全国第二次土壤普查的土壤养分分级标准进行修正。本次耕地地力调查参照 2009 年 6 月 10 日，经黑龙江省耕地地力评价领导小组第四次专家组会议审定，确定的《黑龙江省耕地地力评价养分分级指标（试行）》进行评价分级，见表 4-1。

表 4-1　黑龙江省耕地地力评价养分分级指标

| 分级 | 一级 | 二级 | 三级 | 四级 | 五级 | 六级 |
|---|---|---|---|---|---|---|
| 有机质（克/千克） | >60 | 40~60 | 30~40 | 20~30 | 10~20 | <10 |
| 碱解氮（N）（毫克/千克） | >250 | 180~250 | 150~180 | 120~150 | 80~120 | <80 |
| 全氮（N）（克/千克） | >2.5 | 2.0~2.5 | 1.5~2.0 | 1.0~1.5 | <1.0 | — |
| 全磷（P）（克/千克） | >2.0 | 1.5~2.0 | 1.0~1.5 | 0.5~1.0 | <0.5 | — |
| 全钾（K）（克/千克） | >30 | 25~30 | 20~25 | 15~20 | 10~15 | <10 |
| 有效磷（P）（毫克/千克） | >60 | 40~60 | 20~40 | 10~20 | 5~10 | <5 |
| 速效钾（K）（毫克/千克） | >200 | 150~200 | 100~150 | 50~100 | 30~50 | <30 |

（续）

| 分级 | 一级 | 二级 | 三级 | 四级 | 五级 | 六级 |
|---|---|---|---|---|---|---|
| 有效锰（Mn）（毫克/千克） | >15 | 10~15 | 7.5~10 | 5.0~7.5 | <5 | — |
| 有效铁（Fe）（毫克/千克） | >4.5 | 3.0~4.5 | 2~3 | <2 | — | — |
| 有效硫（S）（毫克/千克） | >40 | 24~40 | 12~24 | <12 | — | — |
| 有效铜（Cu）（毫克/千克） | >1.8 | 1.0~1.8 | 0.2~1.0 | 0.1~0.2 | <0.1 | — |
| 有效锌（Zn）（毫克/千克） | >2.0 | 1.5~2.0 | 1.0~1.5 | 0.5~1.0 | <0.5 | — |
| 有效硼（B）（毫克/千克） | >1.0 | 0.8~1.0 | 0.4~0.8 | <0.4 | — | — |
| pH | >8.5 | 7.5~8.5 | 6.5~7.5 | 5.5~6.5 | <5.5 | — |

　　耕地土壤自 1982 年土壤普查以来，经过 30 多年的耕作制度改革和各种自然因素的影响，土壤的基础肥力状况已经发生了明显的变化。总的变化趋势是：土壤有机质含量呈下降趋势，土壤酸性增强。

　　本次调查采集土壤耕层样本（0~20 厘米）3 155 个，分析了土壤 pH、有机质、全氮、全磷、全钾、碱解氮、有效磷、速效钾、速效铜、速效铁、速效锰、速效锌土壤理化属性项目 12 项，分析数据 37 860 个。根据讷河市县域耕地资源信息管理系统共确定评价单元数 6 635 个，并采用空间插值法得到数据。以下耕地面积均由土壤图上根据空间插值法所得数据，与实际数据和全国第二次土壤普查数据会有些差异，整理分析结果见表 4-2~表 4-4。

表 4-2　讷河市耕地属性统计

| 项目 | 平均值 | 最大值 | 最小值 | 极差 |
|---|---|---|---|---|
| pH | 7.04 | 8.25 | 5.5 | 2.75 |
| 有机质（克/千克） | 38.5 | 87.38 | 8.74 | 78.64 |
| 有效磷（毫克/千克） | 33.11 | 93.03 | 4.2 | 88.83 |
| 速效钾（毫克/千克） | 199.71 | 685 | 43 | 642 |
| 碱解氮（毫克/千克） | 241.58 | 378.76 | 143.64 | 235.12 |
| 全氮（克/千克） | 1.17 | 1.94 | 0.41 | 1.53 |
| 全磷（克/千克） | 1.4 | 2.4 | 0.4 | 2 |
| 全钾（克/千克） | 24.41 | 36.8 | 12.9 | 23.9 |
| 有效铜（毫克/千克） | 1.59 | 2.11 | 1.07 | 1.04 |
| 有效锌（毫克/千克） | 0.62 | 1.12 | 0.38 | 0.74 |
| 有效锰（毫克/千克） | 25.81 | 31.9 | 18.4 | 13.5 |
| 有效铁（毫克/千克） | 25.96 | 32.7 | 22 | 10.7 |
| 坡度（°） | 2.32 | 7 | 0 | 7 |
| 有效土层厚（厘米） | 35.27 | 130 | 6 | 124 |
| 障碍层厚度（厘米） | 20.52 | 67 | 5 | 62 |
| 容重（克/厘米$^3$） | 1.16 | 1.38 | 0.71 | 0.67 |

### 表 4-3 讷河市土壤分级频率统计

单位：%

| 项目 | 一级 | 二级 | 三级 | 四级 | 五级 | 六级 |
|---|---|---|---|---|---|---|
| 有机质 | 1.55 | 32.89 | 45.65 | 18.53 | 1.37 | 0.01 |
| 碱解氮 | 36.21 | 61.83 | 1.86 | 0.10 | 0 | 0 |
| 有效磷 | 1.56 | 24.62 | 63.09 | 9.73 | 0.99 | 0.01 |
| 速效钾 | 44.90 | 32.65 | 18.81 | 3.64 | 0 | 0 |
| 全氮 | 0 | 0 | 9.06 | 54.89 | 36.05 | 0 |
| 全磷 | 3.65 | 20.46 | 55.76 | 19.68 | 0.44 | 0 |
| 全钾 | 11.07 | 24.48 | 55.85 | 8.30 | 0.30 | 0 |
| pH | 0 | 17.23 | 73.27 | 9.50 | 0 | 0 |

| 地貌 | 河谷平原 | 平原 | 河漫滩 | 丘陵 | 低山丘陵 | 丘陵漫岗 |
|---|---|---|---|---|---|---|
| | 18.29 | 13.56 | 7.14 | 55.37 | 4.65 | 0.98 |

| 地形部位 | 高河漫滩 | 平岗地 | 低洼地 | 低平地 | 丘陵上部 | 丘陵缓坡 |
|---|---|---|---|---|---|---|
| | 3.28 | 11.36 | 19.99 | 3.58 | 17.18 | 12.00 |
| | 丘陵中部 | 岗丘上部 | 低山丘陵中下部 | | 河流一级阶地 | |
| | 22.30 | 0.94 | 6.87 | | 0.32 | |
| | 河漫滩和一级阶地 | | 低山岗丘的上部 | | 低山下部，丘陵下部 | |
| | 0.78 | | 0.04 | | 0.04 | |
| | 江河两岸滩地 | | 漫川漫岗 | | | |
| | 0 | | 1.32 | | | |

| 成土母质 | 黄土母质 | 冲积物 | 风积物 | 坡积物 | 淤积物 | |
|---|---|---|---|---|---|---|
| | 65.00 | 20.57 | 0.78 | 3.46 | 1.10 | |
| | 冲积沉积物 | | 冲积淤积物 | | 风化残积物和坡积物 | |
| | 2.40 | | 5.04 | | 0.94 | |
| | 风化或半风化的碎石 | | 岩石风化残积物 | | 河湖相沉积物 | |
| | 0.64 | | 0.04 | | 0.04 | |

| 障碍层 | 黏盘层 | 沙漏层 | 盐积层 | 潜育层 | | |
|---|---|---|---|---|---|---|
| | 70.76 | 22.84 | 0.27 | 6.13 | | |

| 质地 | 重壤土 | 中壤土 | 沙壤土 | 轻壤土 | | |
|---|---|---|---|---|---|---|
| | 71.64 | 27.00 | 0.78 | 0.58 | | |

| 坡向 | 东北 | 平地 | 正北 | 正东 | 西北 | |
|---|---|---|---|---|---|---|
| | 6.26 | 46.38 | 5.85 | 6.10 | 7.71 | |
| | 东南 | 正西 | 西南 | 正南 | | |
| | 7.17 | 11.08 | 5.12 | 4.33 | | |

## 表4-4　讷河市土壤各属性面积统计结果

单位：公顷

| 项目 | 一级 | 二级 | 三级 | 四级 | 五级 | 六级 |
|---|---|---|---|---|---|---|
| 有机质 | 6 291 | 133 114 | 184 714 | 74 981 | 5 533 | 34 |
| 碱解氮 | 146 524 | 250 215 | 7 542 | 385 | 0 | 0 |
| 有效磷 | 6 319 | 99 614 | 255 305 | 39 359 | 4 026 | 44 |
| 速效钾 | 181 687 | 132 111 | 76 115 | 14 743 | 10 | 0 |
| 全氮 | 0 | 0 | 36 647 | 222 140 | 145 879 | 0 |
| 全磷 | 14 779 | 82 814 | 225 639 | 79 642 | 1 792 | 0 |
| 全钾 | 44 794 | 99 048 | 226 009 | 33 592 | 1 223 | 0 |
| pH | 0 | 69 707 | 296 496 | 38 444 | 19 | 0 |
| 地貌 | 河谷平原<br>74 032 | 平原<br>54 867 | 河漫滩<br>28 908 | 丘陵<br>224 068 | 低山丘陵<br>18 830 | 丘陵漫岗<br>3 962 |
| 地形部位 | 高河漫滩<br>13 291 | 平岗地<br>45 953 | 低洼地<br>80 880 | 低平地<br>14 496 | 丘陵上部<br>69 505 | 丘陵缓坡<br>48 556 |
| | 丘陵中部<br>90 232 | 岗丘上部<br>3 785 | 低山丘陵中下部<br>27 786 | | 河流一级阶地<br>1 301 | |
| | 河漫滩和一级阶地<br>3 173 | | 漫川漫岗<br>5 351 | | 低山下部，丘陵下部<br>176 | |
| | 低山岗丘的上部<br>165 | | 江河两岸滩地<br>16 | | | |
| 母质 | 冲积物<br>83 226 | 黄土母质<br>263 050 | 风积物<br>3 173 | 坡积物<br>14 000 | 淤积物<br>4 431 | |
| | 冲积沉积物<br>9 707 | | 冲积淤积物<br>20 377 | | 风化残积物和坡积物<br>3 785 | |
| | 风化或半风化的碎石<br>2 574 | | 岩石风化残积物<br>167 | | 河湖相沉积物<br>176 | |
| 障碍层 | 黏盘层<br>286 323 | 沙漏层<br>92 427 | 盐积层<br>1 107 | 潜育层<br>24 809 | | |
| 质地 | 重壤土<br>289 882 | 中壤土<br>109 255 | 沙壤土<br>3 173 | 轻壤土<br>2 356 | | |
| 坡向 | 东北<br>25 264 | 平地<br>187 311 | 正北<br>23 607 | 正东<br>24 627 | 西北<br>31 143 | 东南<br>28 968 |
| | 正西<br>44 746 | 西南<br>20 676 | 正南<br>17 494 | | | |

## 第一节　有机质及大量元素

### 一、土壤有机质

土壤有机质是耕地地力的重要指标。它可以为植物生长提供必要的氮、磷、钾等营养元素；可以改善耕地土壤的结构性能，以及生物学和物理、化学性质。通常在其他立地条件相似的情况下，有机质含量的多少可以反映出耕地地力水平的高低。

在《黑龙江省第二次土壤普查技术规程》分级基础上，将全市耕地土壤有机质分为 6 个等级。其中，有机质含量＞60 克/千克的耕地面积占总耕地面积的 1.55％，有机质含量在 40～60 克/千克的耕地面积占总耕地面积的 32.89％，有机质含量在 30～40 克/千克的耕地面积占总耕地面积的 45.65％，有机质含量在 20～30 克/千克的耕地面积占总耕地面积的 18.53％，有机质含量在 10～20 克/千克的耕地面积占总耕地面积的 1.37％，有机质含量＜10 克/千克的耕地面积占总耕地面积的 0.01％。

与全国第二次土壤普查调查结果比较，土壤有机质平均含量均有下降；土壤有机质的分布也发生了相应的变化。全国第二次土壤普查时耕地主要集中在有机质含量 40 克/千克以上的一级、二级地，占耕地总面积的 74.6％；而本次调查结果表明，耕地主要集中在有机质含量为 30～60 克/千克的二级、三级地，面积占总耕地面积的 78.54％。具体有机质分级频率统计见表 4-5，各乡（镇）有机质分级面积统计见表 4-6，各土壤类型及土种有机质分级面积统计见表 4-7、表 4-8。

#### 表 4-5　有机质分级频率统计

单位:％

| 年份 | 一级 | 二级 | 三级 | 四级 | 五级 | 六级 |
|---|---|---|---|---|---|---|
| 2010 | 1.55 | 32.89 | 45.65 | 18.53 | 1.37 | 0.01 |
| 1982 | 20.21 | 54.59 | 19.96 | 4.42 | 0.80 | 0.02 |

#### 表 4-6　各乡（镇）有机质分级面积统计

单位:公顷

| 乡（镇） | 面积 | 一级 | 二级 | 三级 | 四级 | 五级 | 六级 |
|---|---|---|---|---|---|---|---|
| 兴旺乡 | 27 421 | 10 | 648 | 10 974 | 15 185 | 571 | 33 |
| 和盛乡 | 19 616 | 0 | 8 346 | 10 804 | 466 | 0 | 0 |
| 九井镇 | 26 353 | 0 | 3 140 | 23 148 | 64 | 0 | 0 |
| 讷南镇 | 30 782 | 0 | 1 004 | 23 903 | 4 929 | 945 | 0 |
| 孔国乡 | 30 754 | 201 | 16 411 | 12 917 | 1 224 | 0 | 0 |
| 通南镇 | 29 158 | 0 | 5 995 | 19 448 | 3 433 | 281 | 0 |
| 同义镇 | 24 343 | 71 | 3 109 | 10 917 | 9 779 | 468 | 0 |

（续）

| 乡（镇） | 面积 | 一级 | 二级 | 三级 | 四级 | 五级 | 六级 |
|---|---|---|---|---|---|---|---|
| 拉哈镇 | 4 620 | 0 | 131 | 2 035 | 2 453 | 0 | 0 |
| 同心乡 | 24 713 | 98 | 7 338 | 14 372 | 2 905 | 0 | 0 |
| 六合镇 | 33 104 | 84 | 23 027 | 9 772 | 222 | 0 | 0 |
| 龙河镇 | 31 419 | 3 401 | 22 354 | 5 228 | 359 | 77 | 0 |
| 长发镇 | 17 212 | 0 | 1 196 | 8 410 | 7 605 | 0 | 0 |
| 学田镇 | 28 350 | 1 177 | 17 092 | 6 229 | 3 319 | 533 | 0 |
| 二克浅镇 | 38 523 | 0 | 3 600 | 15 054 | 17 223 | 2 646 | 0 |
| 讷河镇 | 4 025 | 0 | 672 | 1 374 | 1 969 | 10 | 0 |
| 老莱镇 | 34 274 | 1 250 | 19 051 | 10 129 | 3 845 | 0 | 0 |
| 合计 | 404 667 | 6 291 | 133 115 | 184 714 | 74 981 | 5 532 | 33 |

表4-7　各土壤类型有机质分级面积统计

单位：公顷

| 土类 | 面积 | 一级 | 二级 | 三级 | 四级 | 五级 | 六级 |
|---|---|---|---|---|---|---|---|
| 草甸土 | 95 335 | 1 761 | 30 780 | 41 428 | 20 350 | 984 | 33 |
| 黑钙土 | 54 867 | 10 | 12 480 | 30 732 | 11 190 | 455 | 0 |
| 风沙土 | 3 173 | 0 | 397 | 1 526 | 1 249 | 0 | 0 |
| 黑土 | 242 732 | 4 134 | 82 738 | 109 722 | 42 056 | 4 082 | 0 |
| 暗棕壤 | 4 128 | 386 | 2 300 | 1 294 | 135 | 11 | 0 |
| 沼泽土 | 4 432 | 0 | 4 420 | 12 | 0 | 0 | 0 |
| 合计 | 404 667 | 6 291 | 133 115 | 184 714 | 74 981 | 5 532 | 33 |

表4-8　讷河市耕地土种有机质分级面积统计

单位：公顷

| 土种 | 面积 | 一级 | 二级 | 三级 | 四级 | 五级 | 六级 |
|---|---|---|---|---|---|---|---|
| 薄层沙壤质草甸土 | 4 358 | 0 | 0 | 229 | 3 770 | 359 | 0 |
| 厚层黄土质淋溶黑钙土 | 1 122 | 0 | 529 | 174 | 207 | 212 | 0 |
| 中层黄土质淋溶黑钙土 | 5 282 | 0 | 2 484 | 1 742 | 854 | 202 | 0 |
| 薄层黏壤质石灰性草甸土 | 1 758 | 0 | 0 | 36 | 1 722 | 0 | 0 |
| 固定草甸风沙土 | 3 173 | 0 | 397 | 1 526 | 1 249 | 0 | 0 |
| 薄层黄土质黑钙土 | 12 049 | 0 | 1 773 | 6 313 | 3 963 | 0 | 0 |
| 中度苏打盐化草甸土 | 926 | 0 | 13 | 624 | 289 | 0 | 0 |
| 中层沙壤质草甸土 | 153 | 0 | 12 | 49 | 93 | 0 | 0 |

（续）

| 土种 | 面积 | 一级 | 二级 | 三级 | 四级 | 五级 | 六级 |
|---|---|---|---|---|---|---|---|
| 中层黏壤质石灰性草甸土 | 6 786 | 0 | 1 812 | 3 848 | 1 092 | 0 | 33 |
| 中层黄土质黑钙土 | 15 504 | 0 | 2 598 | 8 584 | 4 282 | 41 | 0 |
| 薄层黄土质石灰性黑钙土 | 8 058 | 0 | 1 748 | 5 531 | 779 | 0 | 0 |
| 薄层盐化草甸黑钙土 | 181 | 10 | 49 | 122 | 0 | 0 | 0 |
| 厚层黏壤质草甸土 | 8 204 | 68 | 3 284 | 3 623 | 1 213 | 16 | 0 |
| 厚层黏壤质潜育草甸土 | 5 339 | 86 | 1 542 | 3 209 | 422 | 80 | 0 |
| 薄层黄土质黑土 | 68 019 | 2 102 | 24 314 | 34 352 | 7 201 | 49 | 0 |
| 薄层黄土质草甸黑土 | 1 307 | 32 | 233 | 958 | 85 | 0 | 0 |
| 薄层沙砾底草甸土 | 29 912 | 198 | 9 833 | 13 873 | 5 557 | 451 | 0 |
| 中层沙砾底草甸土 | 14 894 | 132 | 3 733 | 8 871 | 2 159 | 0 | 0 |
| 中层黄土质黑土 | 85 644 | 707 | 28 344 | 36 206 | 18 565 | 1 823 | 0 |
| 薄层沙砾底潜育草甸土 | 646 | 0 | 118 | 451 | 77 | 0 | 0 |
| 中层沙砾底潜育草甸土 | 9 014 | 666 | 3 062 | 2 967 | 2 320 | 0 | 0 |
| 中层黄土质草甸黑土 | 35 736 | 321 | 9 634 | 17 543 | 8 013 | 225 | 0 |
| 厚层黄土质黑土 | 4 588 | 0 | 335 | 3 226 | 612 | 415 | 0 |
| 薄层砾底黑土 | 15 955 | 757 | 9 475 | 3 904 | 1 706 | 113 | 0 |
| 砾沙质暗棕壤 | 3 785 | 320 | 2 141 | 1 191 | 134 | 0 | 0 |
| 薄层沙底黑土 | 9 122 | 85 | 1 882 | 2 967 | 2 761 | 1 427 | 0 |
| 中层砾底黑土 | 2 709 | 60 | 2004 | 644 | 2 | 0 | 0 |
| 厚层黄土质草甸黑土 | 8 297 | 71 | 1 710 | 5 543 | 973 | 0 | 0 |
| 薄层沙底草甸黑土 | 1 301 | 0 | 565 | 210 | 496 | 31 | 0 |
| 中层石灰性草甸黑钙土 | 37 | 0 | 0 | 33 | 4 | 0 | 0 |
| 中层黄土质草甸黑钙土 | 2 682 | 0 | 629 | 1 788 | 265 | 0 | 0 |
| 薄层黄土质淋溶黑钙土 | 1 445 | 0 | 1 029 | 417 | 0 | 0 | 0 |
| 薄层石灰性草甸黑钙土 | 740 | 0 | 443 | 297 | 0 | 0 | 0 |
| 薄层黄土质草甸黑钙土 | 709 | 0 | 11 | 627 | 71 | 0 | 0 |
| 厚层黄土质草甸黑钙土 | 4 565 | 0 | 797 | 3 767 | 0 | 0 | 0 |
| 中层黏壤质草甸土 | 6 072 | 0 | 2 546 | 2 175 | 1 350 | 0 | 0 |
| 破皮黄黄土质黑土 | 1 487 | 0 | 827 | 48 | 611 | 0 | 0 |
| 中层沙底黑土 | 1 301 | 0 | 507 | 704 | 91 | 0 | 0 |
| 厚层沙底草甸黑土 | 254 | 0 | 0 | 111 | 143 | 0 | 0 |
| 厚层黏壤质石灰性草甸土 | 238 | 0 | 192 | 39 | 6 | 0 | 0 |

（续）

| 土种 | 面积 | 一级 | 二级 | 三级 | 四级 | 五级 | 六级 |
|---|---|---|---|---|---|---|---|
| 厚层黏质草甸沼泽土 | 4 432 | 0 | 4 420 | 12 | 0 | 0 | 0 |
| 中层砾底草甸黑土 | 68 | 0 | 48 | 20 | 0 | 0 | 0 |
| 中层黄土质表潜黑土 | 18 105 | 0 | 568 | 1 055 | 188 | 0 | 0 |
| 薄层黏壤质草甸土 | 220 | 0 | 220 | 0 | 0 | 0 | 0 |
| 中层黄土质石灰性黑钙土 | 209 | 0 | 25 | 184 | 0 | 0 | 0 |
| 薄层黄土质表潜黑土 | 3 049 | 0 | 1 355 | 1 366 | 328 | 0 | 0 |
| 厚层沙砾底草甸土 | 1 425 | 0 | 483 | 844 | 99 | 0 | 0 |
| 中层黏壤质潜育草甸土 | 4 985 | 541 | 3 665 | 530 | 172 | 77 | 0 |
| 厚层黄土质黑钙土 | 40 | 0 | 0 | 40 | 0 | 0 | 0 |
| 薄层沙质黑钙土 | 2 244 | 0 | 365 | 1 113 | 766 | 0 | 0 |
| 中层沙底草甸黑土 | 1 090 | 0 | 174 | 635 | 281 | 0 | 0 |
| 厚层黄土质表潜黑土 | 492 | 2 | 261 | 229 | 0 | 0 | 0 |
| 薄层砾底草甸黑土 | 505 | 0 | 504 | 1 | 0 | 0 | 0 |
| 暗矿质暗棕壤 | 166 | 66 | 54 | 32 | 2 | 11 | 0 |
| 厚层沙砾底潜育草甸土 | 215 | 0 | 159 | 45 | 12 | 0 | 0 |
| 薄层黏壤质潜育草甸土 | 179 | 56 | 107 | 17 | 0 | 0 | 0 |
| 黄土质草甸暗棕壤 | 177 | 0 | 106 | 71 | 0 | 0 | 0 |
| 中层砾底草甸土 | 12 | 12 | 0 | 0 | 0 | 0 | 0 |
| 合计 | 404 667 | 6 291 | 133 115 | 184 714 | 74 981 | 5 532 | 33 |

从行政区域看，龙河镇土壤有机质含量较高，平均含量为 46.9 克/千克；其次是学田镇，有机质平均含量为 44.3 克/千克。从土壤类型看，暗棕壤有机质平均含量最高，平均含量为 47.2 克/千克；其次是沼泽土，平均含量为 45.2 克/千克；在土种中，中层砾底草甸土有机质含量最高，平均值为 73.0 克/千克；其次是暗矿质暗棕壤，有机质平均含量 56.4 克/千克，因为这两种土壤宜耕性差，开垦较晚。见表 4-9～表 4-11。

表 4-9　各乡（镇）耕地土壤有机质含量统计

单位：克/千克

| 乡（镇） | 平均值 | 最大值 | 最小值 | 样本数（个） |
|---|---|---|---|---|
| 兴旺乡 | 30.2 | 66.0 | 8.7 | 322 |
| 和盛乡 | 39.0 | 55.2 | 25.1 | 205 |
| 九井镇 | 37.5 | 54.7 | 29.0 | 550 |
| 讷南镇 | 34.0 | 49.7 | 15.4 | 586 |
| 孔国乡 | 40.1 | 61.6 | 23.4 | 477 |

（续）

| 乡（镇） | 平均值 | 最大值 | 最小值 | 样本数（个） |
|---|---|---|---|---|
| 通南镇 | 36.0 | 55.8 | 17.5 | 294 |
| 同义镇 | 32.2 | 84.6 | 10.2 | 302 |
| 拉哈镇 | 30.2 | 50.8 | 23.0 | 70 |
| 同心乡 | 37.3 | 64.4 | 22.6 | 350 |
| 六合镇 | 40.4 | 64.6 | 22.8 | 519 |
| 龙河镇 | 46.9 | 83.7 | 12.2 | 774 |
| 长发镇 | 31.2 | 42.7 | 21.9 | 179 |
| 学田镇 | 44.3 | 77.3 | 18.3 | 584 |
| 二克浅镇 | 31.7 | 56.2 | 10.7 | 600 |
| 讷河镇 | 30.9 | 44.8 | 18.6 | 89 |
| 老莱镇 | 43.7 | 87.4 | 22.3 | 734 |

表 4-10　各土壤类型耕地有机质含量统计

单位：克/千克

| 土类 | 平均值 | 最大值 | 最小值 | 样本数 |
|---|---|---|---|---|
| 草甸土 | 38.9 | 85.8 | 8.7 | 2 679 |
| 黑钙土 | 35.5 | 66.0 | 10.2 | 539 |
| 风沙土 | 34.8 | 59.1 | 24.6 | 41 |
| 黑土 | 38.2 | 87.4 | 10.7 | 3 188 |
| 暗棕壤 | 47.2 | 83.7 | 18.6 | 141 |
| 沼泽土 | 45.2 | 58.6 | 39.2 | 47 |

表 4-11　各土种耕地有机质含量统计

单位：克/千克

| 土种 | 平均值 | 最大值 | 最小值 | 样本数 |
|---|---|---|---|---|
| 薄层沙壤质草甸土 | 24.5 | 39.9 | 17.2 | 48 |
| 厚层黄土质淋溶黑钙土 | 37.0 | 47.2 | 17.5 | 26 |
| 中层黄土质淋溶黑钙土 | 33.5 | 50.9 | 10.2 | 67 |
| 薄层黏壤质石灰性草甸土 | 26.6 | 31.3 | 22.6 | 10 |
| 固定草甸风沙土 | 34.8 | 59.1 | 24.6 | 41 |
| 薄层黄土质黑钙土 | 34.7 | 55.2 | 22.2 | 117 |
| 中度苏打盐化草甸土 | 32.6 | 51.1 | 22.3 | 50 |
| 中层沙壤质草甸土 | 35.5 | 55.4 | 23.4 | 9 |
| 中层黏壤质石灰性草甸土 | 34.6 | 50.2 | 8.7 | 149 |

（续）

| 土种 | 平均值 | 最大值 | 最小值 | 样本数 |
|---|---|---|---|---|
| 中层黄土质黑钙土 | 33.4 | 49.0 | 19.0 | 114 |
| 薄层黄土质石灰性黑钙土 | 37.3 | 50.2 | 28.0 | 53 |
| 薄层盐化草甸黑钙土 | 46.7 | 66.0 | 30.7 | 6 |
| 厚层黏壤质草甸土 | 38.7 | 62.0 | 19.2 | 287 |
| 厚层黏壤质潜育草甸土 | 41.0 | 74.3 | 18.3 | 194 |
| 薄层黄土质黑土 | 39.9 | 83.7 | 18.6 | 719 |
| 薄层黄土质草甸黑土 | 38.5 | 62.8 | 25.0 | 22 |
| 薄层沙砾底草甸土 | 39.0 | 67.3 | 15.7 | 928 |
| 中层沙砾底草甸土 | 38.7 | 75.8 | 22.1 | 284 |
| 中层黄土质黑土 | 37.2 | 83.4 | 16.3 | 806 |
| 薄层沙砾底潜育草甸土 | 34.5 | 53.6 | 26.4 | 25 |
| 中层沙砾底潜育草甸土 | 39.3 | 85.8 | 22.8 | 308 |
| 中层黄土质草甸黑土 | 37.6 | 87.4 | 12.5 | 676 |
| 厚层黄土质黑土 | 32.7 | 46.4 | 15.6 | 64 |
| 薄层砾底黑土 | 43.4 | 75.8 | 18.6 | 246 |
| 砾沙质暗棕壤 | 45.8 | 83.7 | 26.8 | 112 |
| 薄层沙底黑土 | 34.2 | 80.4 | 10.7 | 132 |
| 中层砾底黑土 | 45.0 | 77.3 | 29.5 | 62 |
| 厚层黄土质草甸黑土 | 36.4 | 84.6 | 24.4 | 202 |
| 薄层沙底草甸黑土 | 34.9 | 56.9 | 18.6 | 51 |
| 中层石灰性草甸黑钙土 | 31.4 | 33.3 | 29.5 | 2 |
| 中层黄土质草甸黑钙土 | 36.6 | 55.2 | 25.1 | 40 |
| 薄层黄土质淋溶黑钙土 | 41.5 | 52.3 | 31.9 | 18 |
| 薄层石灰性草甸黑钙土 | 39.0 | 44.8 | 30.5 | 13 |
| 薄层黄土质草甸黑钙土 | 35.3 | 44.0 | 29.8 | 10 |
| 厚层黄土质草甸黑钙土 | 39.1 | 47.2 | 30.5 | 37 |
| 中层黏壤质草甸土 | 39.3 | 71.1 | 20.3 | 201 |
| 破皮黄黄土质黑土 | 31.7 | 41.7 | 23.6 | 13 |
| 中层沙底黑土 | 37.3 | 47.8 | 20.3 | 25 |
| 厚层沙底草甸黑土 | 29.9 | 33.4 | 25.5 | 9 |
| 厚层黏壤质石灰性草甸土 | 39.4 | 45.3 | 29.7 | 7 |
| 厚层黏质草甸沼泽土 | 45.2 | 58.6 | 39.2 | 47 |
| 中层砾底草甸黑土 | 39.9 | 50.1 | 30.0 | 4 |
| 中层黄土质表潜黑土 | 35.0 | 51.1 | 22.2 | 64 |

（续）

| 土种 | 平均值 | 最大值 | 最小值 | 样本数 |
|---|---|---|---|---|
| 薄层黏壤质草甸土 | 43.1 | 43.8 | 41.2 | 7 |
| 中层黄土质石灰性黑钙土 | 36.5 | 41.7 | 31.6 | 6 |
| 薄层黄土质表潜黑土 | 40.2 | 52.0 | 23.1 | 53 |
| 厚层沙砾底草甸土 | 38.0 | 49.9 | 29.8 | 23 |
| 中层黏壤质潜育草甸土 | 48.3 | 83.7 | 12.2 | 136 |
| 厚层黄土质黑钙土 | 37.8 | 37.8 | 37.8 | 1 |
| 薄层沙质黑钙土 | 34.1 | 50.8 | 22.1 | 29 |
| 中层沙底草甸黑土 | 32.3 | 47.0 | 21.4 | 22 |
| 厚层黄土质表潜黑土 | 47.7 | 68.5 | 34.3 | 8 |
| 薄层砾底草甸黑土 | 45.5 | 56.4 | 39.8 | 10 |
| 暗矿质暗棕壤 | 56.4 | 74.2 | 18.6 | 23 |
| 厚层沙砾底潜育草甸土 | 36.7 | 53.4 | 21.5 | 7 |
| 薄层黏壤质潜育草甸土 | 44.0 | 61.5 | 35.5 | 5 |
| 黄土质草甸暗棕壤 | 38.0 | 45.9 | 33.4 | 6 |
| 中层砾底草甸土 | 73.0 | 73.0 | 73.0 | 1 |

## 二、土壤全氮

土壤中的氮素仍然是我国农业生产中最重要的养分限制因子。土壤全氮是土壤供氮能力的重要指标，在实际生产中有着重要的意义。

讷河市耕地土壤中全氮含量与全国第二次土壤普查调查结果比较，土壤全氮的分布也发生了相应的变化。全国第二次土壤普查时耕地主要集中在全氮含量在2克/千克以上的一级、二级地，占耕地总面积的79.8%；而本次调查结果表明，耕地主要集中在全氮含量在0～1.5克/千克的四、五级地，面积占总耕地面积的90.94%。全市耕地全氮含量在1.5～2克/千克的三级耕地面积占总耕地的9.06%，全氮含量在1.0～1.5克/千克的四级耕地面积占总耕地面积的54.89%，全氮含量在0～1.0克/千克的五级耕地面积占总耕地面积的36.05%。全氮分级频率统计见表4-12，各乡（镇）、各土壤类型、各土壤全氮分级面积统计见表4-13～表4-15。

表4-12 全氮分级频率统计

单位:%

| 年份 | 一级 | 二级 | 三级 | 四级 | 五级 |
|---|---|---|---|---|---|
| 2010 | 0 | 0 | 9.06 | 54.89 | 36.05 |
| 1982 | 12.8 | 67.0 | 13.9 | 5.4 | 0.87 |

### 表 4-13　各乡（镇）全氮分级面积统计

单位：公顷

| 乡（镇） | 面积 | 三级 | 四级 | 五级 |
|---|---|---|---|---|
| 兴旺乡 | 27 421 | 0 | 145 | 27 277 |
| 和盛乡 | 19 616 | 0 | 168 | 19 448 |
| 九井镇 | 26 353 | 27 | 23 855 | 2 471 |
| 讷南镇 | 30 782 | 0 | 4 911 | 26 071 |
| 孔国乡 | 30 754 | 3 178 | 26 895 | 680 |
| 通南镇 | 29 158 | 1 853 | 19 204 | 8 101 |
| 同义镇 | 24 343 | 0 | 3 623 | 20 720 |
| 拉哈镇 | 4 620 | 0 | 989 | 3 631 |
| 同心乡 | 24 713 | 0 | 19 805 | 4 908 |
| 六合镇 | 33 104 | 0 | 23 167 | 9 938 |
| 龙河镇 | 31 419 | 22 568 | 8 851 | 0 |
| 长发镇 | 17 212 | 0 | 12 575 | 4 637 |
| 学田镇 | 28 350 | 4 077 | 23 972 | 301 |
| 二克浅镇 | 38 523 | 176 | 24 107 | 14 241 |
| 讷河镇 | 4 025 | 0 | 918 | 3 107 |
| 老莱镇 | 34 274 | 4 768 | 29 157 | 349 |
| 合计 | 404 667 | 36 647 | 222 140 | 145 880 |

### 表 4-14　各土壤类型全氮分级面积频率统计

单位：公顷

| 土类 | 面积 | 三级 | 四级 | 五级 |
|---|---|---|---|---|
| 草甸土 | 95 335 | 7 957 | 55 790 | 31 589 |
| 黑钙土 | 54 867 | 120 | 9 101 | 45 646 |
| 风沙土 | 3 173 | 92 | 1 363 | 1 718 |
| 黑土 | 242 732 | 26 647 | 149 158 | 66 927 |
| 暗棕壤 | 4 128 | 1 832 | 2 295 | 0 |
| 沼泽土 | 4 432 | 0 | 4 431 | 0 |
| 合计 | 404 667 | 36 647 | 222 140 | 145 880 |

表 4-15　讷河市耕地土种全氮分级面积统计

单位：公顷

| 土类 | 面积 | 三级 | 四级 | 五级 |
|---|---|---|---|---|
| 薄层沙壤质草甸土 | 4 358 | 0 | 202 | 4 156 |
| 厚层黄土质淋溶黑钙土 | 1 122 | 0 | 354 | 768 |
| 中层黄土质淋溶黑钙土 | 5 282 | 0 | 841 | 4 441 |
| 薄层黏壤质石灰性草甸土 | 1 758 | 0 | 0 | 1 758 |
| 固定草甸风沙土 | 3 173 | 92 | 1 363 | 1 718 |
| 薄层黄土质黑钙土 | 12 049 | 0 | 728 | 11 321 |
| 中度苏打盐化草甸土 | 926 | 0 | 0 | 926 |
| 中层沙壤质草甸土 | 153 | 0 | 19 | 134 |
| 中层黏壤质石灰性草甸土 | 6 786 | 0 | 2 700 | 4 086 |
| 中层黄土质黑钙土 | 15 504 | 120 | 2 858 | 12 526 |
| 薄层黄土质石灰性黑钙土 | 8 058 | 0 | 0 | 8 058 |
| 薄层盐化草甸黑钙土 | 181 | 0 | 0 | 181 |
| 厚层黏壤质草甸土 | 8 204 | 110 | 5 323 | 2 771 |
| 厚层黏壤质潜育草甸土 | 5 339 | 356 | 4 913 | 69 |
| 薄层黄土质黑土 | 68 019 | 5 879 | 44 306 | 17 834 |
| 薄层黄土质草甸黑土 | 1 307 | 83 | 1 025 | 199 |
| 薄层沙砾底草甸土 | 29 912 | 2 607 | 18 994 | 8 311 |
| 中层沙砾底草甸土 | 14 894 | 144 | 9 097 | 5 654 |
| 中层黄土质黑土 | 85 644 | 8 876 | 47 518 | 29 250 |
| 薄层沙砾底潜育草甸土 | 646 | 120 | 19 | 507 |
| 中层沙砾底潜育草甸土 | 9 014 | 0 | 7 020 | 1 993 |
| 中层黄土质草甸黑土 | 35 736 | 2 730 | 22 380 | 10 625 |
| 厚层黄土质黑土 | 4 588 | 0 | 3 194 | 1 395 |
| 薄层砾底黑土 | 15 955 | 5 812 | 9 079 | 1 064 |
| 砾沙质暗棕壤 | 3 785 | 1 656 | 2 130 | 0 |
| 薄层沙底黑土 | 9 122 | 516 | 7 648 | 958 |
| 中层砾底黑土 | 2 709 | 608 | 1 923 | 177 |
| 厚层黄土质草甸黑土 | 8 297 | 132 | 4 346 | 3 819 |
| 薄层沙底草甸黑土 | 1 301 | 445 | 642 | 214 |
| 中层石灰性草甸黑钙土 | 37 | 0 | 33 | 4 |
| 中层黄土质草甸黑钙土 | 2 682 | 0 | 1 008 | 1 674 |
| 薄层黄土质淋溶黑钙土 | 1 445 | 0 | 481 | 964 |
| 薄层石灰性草甸黑钙土 | 740 | 0 | 2 | 738 |

（续）

| 土类 | 面积 | 三级 | 四级 | 五级 |
|---|---|---|---|---|
| 薄层黄土质草甸黑钙土 | 709 | 0 | 10 | 699 |
| 厚层黄土质草甸黑钙土 | 4 565 | 0 | 2 543 | 2 022 |
| 中层黏壤质草甸土 | 6 072 | 885 | 4 619 | 568 |
| 破皮黄黄土质黑土 | 1 487 | 0 | 1 046 | 441 |
| 中层沙底黑土 | 1 301 | 1 033 | 256 | 12 |
| 厚层沙底草甸黑土 | 254 | 0 | 51 | 203 |
| 厚层黏壤质石灰性草甸土 | 238 | 0 | 155 | 82 |
| 厚层黏质草甸沼泽土 | 4 432 | 0 | 4 432 | 0 |
| 中层砾底草甸黑土 | 68 | 48 | 20 | 0 |
| 中层黄土质表潜黑土 | 1 811 | 213 | 1 230 | 368 |
| 薄层黏壤质草甸土 | 220 | 0 | 0 | 220 |
| 中层黄土质石灰性黑钙土 | 209 | 0 | 106 | 103 |
| 薄层黄土质表潜黑土 | 3 049 | 0 | 2 950 | 99 |
| 厚层沙砾底草甸土 | 1 425 | 152 | 1 079 | 194 |
| 中层黏壤质潜育草甸土 | 4 985 | 3 398 | 1 447 | 141 |
| 厚层黄土质黑钙土 | 40 | 0 | 40 | 0 |
| 薄层沙质黑钙土 | 2 244 | 0 | 96 | 2 148 |
| 中层沙底草甸黑土 | 1 090 | 174 | 916 | 0 |
| 厚层黄土质表潜黑土 | 492 | 24 | 198 | 270 |
| 薄层砾底草甸黑土 | 505 | 76 | 429 | 0 |
| 暗矿质暗棕壤 | 166 | 0 | 166 | 0 |
| 厚层沙砾底潜育草甸土 | 215 | 186 | 30 | 0 |
| 薄层黏壤质潜育草甸土 | 179 | 0 | 161 | 18 |
| 黄土质草甸暗棕壤 | 177 | 177 | 0 | 0 |
| 中层砾底草甸土 | 12 | 0 | 12 | 0 |
| 合计 | 404 667 | 36 647 | 222 140 | 145 880 |

本次调查结果表明，讷河市龙河镇和老莱镇土壤全氮平均含量最高，平均含量分别为1.576克/千克和1.384克/千克；全氮平均含量最低为和盛乡，平均含量为0.554克/千克，其分布与有机质的变化情况相似。见表4－16。

表4－16　各乡（镇）耕地土壤全氮含量统计

单位：克/千克

| 乡（镇） | 平均值 | 最大值 | 最小值 | 样本数 |
|---|---|---|---|---|
| 兴旺乡 | 0.702 | 1.250 | 0.410 | 322 |
| 和盛乡 | 0.554 | 1.050 | 0.410 | 205 |
| 九井镇 | 1.219 | 1.530 | 0.900 | 550 |

（续）

| 乡（镇） | 平均值 | 最大值 | 最小值 | 样本数 |
|---|---|---|---|---|
| 讷南镇 | 0.923 | 1.490 | 0.630 | 586 |
| 孔国乡 | 1.376 | 1.780 | 0.770 | 477 |
| 通南镇 | 1.147 | 1.860 | 0.510 | 294 |
| 同义镇 | 0.846 | 1.400 | 0.470 | 302 |
| 拉哈镇 | 0.943 | 1.370 | 0.590 | 70 |
| 同心乡 | 1.074 | 1.310 | 0.710 | 350 |
| 六合镇 | 1.132 | 1.420 | 0.690 | 519 |
| 龙河镇 | 1.576 | 1.940 | 1.120 | 774 |
| 长发镇 | 1.024 | 1.260 | 0.690 | 179 |
| 学田镇 | 1.346 | 1.750 | 0.850 | 584 |
| 二克浅镇 | 1.090 | 1.830 | 0.670 | 600 |
| 讷河镇 | 0.912 | 1.180 | 0.680 | 89 |
| 老莱镇 | 1.384 | 1.830 | 0.710 | 734 |

在讷河市各主要类型的土壤中，暗棕壤、沼泽土全氮含量最高，平均含量分别为 1.53 克/千克和 1.28 克/千克；黑钙土全氮含量最低，平均含量为 0.78 克/千克。土种中以黄土质草甸暗棕壤和厚层沙砾底潜育草甸土全氮含量最高，平均含量分别为 1.823 克/千克和 1.623 克/千克；全氮含量最低为薄层黄土质石灰性黑钙土，平均含量 0.554 克/千克。见表 4 - 17、表 4 - 18。

### 表 4 - 17　各土壤类型耕地全氮含量统计

单位：克/千克

| 土类 | 平均值 | 最大值 | 最小值 | 样本数 |
|---|---|---|---|---|
| 草甸土 | 1.19 | 1.94 | 0.41 | 2 679 |
| 黑钙土 | 0.78 | 1.67 | 0.41 | 539 |
| 风沙土 | 1.09 | 1.79 | 0.70 | 41 |
| 黑土 | 1.20 | 1.94 | 0.51 | 3 188 |
| 暗棕壤 | 1.53 | 1.94 | 1.11 | 141 |
| 沼泽土 | 1.28 | 1.42 | 1.12 | 47 |

### 表 4 - 18　各土种耕地全氮含量统计

单位：克/千克

| 土种 | 平均值 | 最大值 | 最小值 | 样本数 |
|---|---|---|---|---|
| 薄层沙壤质草甸土 | 0.809 | 1.300 | 0.700 | 48 |
| 厚层黄土质淋溶黑钙土 | 0.955 | 1.250 | 0.600 | 26 |

（续）

| 土种 | 平均值 | 最大值 | 最小值 | 样本数 |
|---|---|---|---|---|
| 中层黄土质淋溶黑钙土 | 0.835 | 1.300 | 0.440 | 67 |
| 薄层黏壤质石灰性草甸土 | 0.752 | 0.770 | 0.710 | 10 |
| 固定草甸风沙土 | 1.087 | 1.790 | 0.700 | 41 |
| 薄层黄土质黑钙土 | 0.683 | 1.200 | 0.410 | 117 |
| 中度苏打盐化草甸土 | 0.698 | 0.830 | 0.540 | 50 |
| 中层沙壤质草甸土 | 0.902 | 1.330 | 0.620 | 9 |
| 中层黏壤质石灰性草甸土 | 0.911 | 1.420 | 0.410 | 149 |
| 中层黄土质黑钙土 | 0.809 | 1.670 | 0.410 | 114 |
| 薄层黄土质石灰性黑钙土 | 0.554 | 0.710 | 0.440 | 53 |
| 薄层盐化草甸黑钙土 | 0.730 | 0.830 | 0.570 | 6 |
| 厚层黏壤质草甸土 | 1.105 | 1.860 | 0.440 | 287 |
| 厚层黏壤质潜育草甸土 | 1.298 | 1.870 | 0.900 | 194 |
| 薄层黄土质黑土 | 1.195 | 1.940 | 0.600 | 719 |
| 薄层黄土质草甸黑土 | 1.120 | 1.850 | 0.710 | 22 |
| 薄层沙砾底草甸土 | 1.237 | 1.940 | 0.690 | 928 |
| 中层沙砾底草甸土 | 1.178 | 1.940 | 0.650 | 284 |
| 中层黄土质黑土 | 1.157 | 1.870 | 0.510 | 806 |
| 薄层沙砾底潜育草甸土 | 1.054 | 1.820 | 0.710 | 25 |
| 中层沙砾底潜育草甸土 | 1.136 | 1.470 | 0.700 | 308 |
| 中层黄土质草甸黑土 | 1.201 | 1.860 | 0.680 | 676 |
| 厚层黄土质黑土 | 1.031 | 1.350 | 0.730 | 64 |
| 薄层砾底黑土 | 1.440 | 1.940 | 0.670 | 246 |
| 砾沙质暗棕壤 | 1.552 | 1.940 | 1.110 | 112 |
| 薄层沙底黑土 | 1.227 | 1.770 | 0.590 | 132 |
| 中层砾底黑土 | 1.368 | 1.770 | 0.720 | 62 |
| 厚层黄土质草甸黑土 | 1.047 | 1.770 | 0.600 | 202 |
| 薄层沙底草甸黑土 | 1.299 | 1.790 | 0.590 | 51 |
| 中层石灰性草甸黑钙土 | 0.920 | 1.250 | 0.590 | 2 |
| 中层黄土质草甸黑钙土 | 0.726 | 1.340 | 0.460 | 40 |
| 薄层黄土质淋溶黑钙土 | 0.760 | 1.170 | 0.460 | 18 |
| 薄层石灰性草甸黑钙土 | 0.580 | 1.170 | 0.440 | 13 |
| 薄层黄土质草甸黑钙土 | 0.684 | 1.110 | 0.500 | 10 |

（续）

| 土种 | 平均值 | 最大值 | 最小值 | 样本数 |
|---|---|---|---|---|
| 厚层黄土质草甸黑钙土 | 1.110 | 1.420 | 0.720 | 37 |
| 中层黏壤质草甸土 | 1.331 | 1.780 | 0.730 | 201 |
| 破皮黄黄土质黑土 | 0.996 | 1.370 | 0.810 | 13 |
| 中层沙底黑土 | 1.454 | 1.660 | 1.000 | 25 |
| 厚层沙底草甸黑土 | 0.922 | 1.370 | 0.710 | 9 |
| 厚层黏壤质石灰性草甸土 | 0.939 | 1.180 | 0.780 | 7 |
| 厚层黏质草甸沼泽土 | 1.276 | 1.420 | 1.120 | 47 |
| 中层砾底草甸黑土 | 1.538 | 1.650 | 1.490 | 4 |
| 中层黄土质表潜黑土 | 1.190 | 1.750 | 0.700 | 64 |
| 薄层黏壤质草甸土 | 0.893 | 0.940 | 0.840 | 7 |
| 中层黄土质石灰性黑钙土 | 1.028 | 1.230 | 0.660 | 6 |
| 薄层黄土质表潜黑土 | 1.342 | 1.450 | 0.840 | 53 |
| 厚层沙砾底草甸土 | 1.290 | 1.830 | 0.850 | 23 |
| 中层黏壤质潜育草甸土 | 1.582 | 1.830 | 0.810 | 136 |
| 厚层黄土质黑钙土 | 1.050 | 1.050 | 1.050 | 1 |
| 薄层沙质黑钙土 | 0.839 | 1.110 | 0.590 | 29 |
| 中层沙底草甸黑土 | 1.314 | 1.810 | 1.130 | 22 |
| 厚层黄土质表潜黑土 | 1.205 | 1.620 | 0.720 | 8 |
| 薄层砾底草甸黑土 | 1.381 | 1.850 | 1.030 | 10 |
| 暗矿质暗棕壤 | 1.323 | 1.330 | 1.310 | 23 |
| 厚层沙砾底潜育草甸土 | 1.623 | 1.940 | 1.150 | 7 |
| 薄层黏壤质潜育草甸土 | 1.024 | 1.040 | 1.000 | 5 |
| 黄土质草甸暗棕壤 | 1.823 | 1.940 | 1.760 | 6 |
| 中层砾底草甸土 | 1.330 | 1.330 | 1.330 | 1 |

## 三、土壤碱解氮

土壤碱解氮是土壤当季供氮能力的重要指标，在测土施肥指导实践中有着重要的意义。按照《规程》要求，本次耕地地力调查作为评价指标，我们选择了全部样本，并进行统计分析。

本次调查结果表明，按照面积分级统计分析，讷河市耕地面积主要集中在碱解氮含量在 143.64～378.76 毫克/千克的耕地，平均碱解氮含量为 241.58 毫克/千克。

与全国第二次土壤普查调查结果比较，土壤碱解氮的分布也发生了相应的变化。全国第二次土壤普查时耕地主要集中在土壤碱解氮含量在180毫克/千克以上的一级、二级地，占耕地总面积的92.0%。本次调查结果表明，从分布频率上看，碱解氮含量>250毫克/千克的耕地面积占总耕地面积的36.21%，碱解氮含量在180~250毫克/千克的耕地面积占总耕地面积的61.83%，碱解氮含量在150~180毫克/千克的耕地面积占总耕地面积的1.86%，碱解氮含量在120~150毫克/千克的耕地面积占总耕地面积的0.10%。耕地主要集中在二级水平，占总耕地面积的61.83%。见表4-19。

**表4-19 碱解氮分级频率统计**

| 年份 | 一级 | 二级 | 三级 | 四级 |
|---|---|---|---|---|
| 1982 | >200毫克/千克<br>58.4% | 150~200毫克/千克<br>33.6% | <80毫克/千克<br>8.0% | — <br>— |
| 2010 | >250毫克/千克<br>36.21% | 180~250毫克/千克<br>61.83% | 150~180毫克/千克<br>1.86% | 120~150毫克/千克<br>0.10% |

本次调查结果表明，讷河市主要耕地土壤碱解氮含量最高的是沼泽土，平均含量达到248.0毫克/千克；碱解氮含量最低的是暗棕壤，平均含量为224.3毫克/千克，见表4-20。从乡（镇）碱解氮平均含量来看，通南镇碱解氮含量最高，平均含量为255.4毫克/千克；其次是讷南镇，平均含量为254.5毫克/千克；碱解氮含量最低为讷河镇和拉哈镇，平均含量分别是212.9毫克/千克和213.4毫克/千克。从土种碱解氮平均含量来看，厚层黄土质黑土碱解氮含量最高，为262.4毫克/千克；其次为中层砾底草甸黑土，为260.2毫克/千克；碱解氮含量最低为中层石灰性草甸黑钙土，平均含量为201.1毫克/千克。见表4-21、表4-22。

**表4-20 各土壤类型耕地碱解氮含量统计**

单位：毫克/千克

| 土类 | 平均值 | 最大值 | 最小值 | 样本数 |
|---|---|---|---|---|
| 草甸土 | 236.1 | 376.5 | 152.7 | 2 679 |
| 黑钙土 | 240.2 | 311.5 | 152.7 | 539 |
| 风沙土 | 245.5 | 290.3 | 231.3 | 41 |
| 黑土 | 239.7 | 378.8 | 143.6 | 3 188 |
| 暗棕壤 | 224.3 | 365.9 | 146.7 | 141 |
| 沼泽土 | 248.0 | 281.0 | 204.1 | 47 |

**表4-21 各乡（镇）耕地土壤碱解氮含量统计**

单位：毫克/千克

| 乡（镇） | 平均值 | 最大值 | 最小值 | 样本数 |
|---|---|---|---|---|
| 兴旺乡 | 237.2 | 309.2 | 175.4 | 322 |
| 和盛乡 | 252.9 | 346.2 | 183.0 | 205 |

（续）

| 乡（镇） | 平均值 | 最大值 | 最小值 | 样本数 |
|---|---|---|---|---|
| 九井镇 | 243.3 | 355.3 | 171.6 | 550 |
| 讷南镇 | 254.5 | 355.3 | 172.4 | 586 |
| 孔国乡 | 246.5 | 305.4 | 158.8 | 477 |
| 通南镇 | 255.4 | 361.4 | 169.3 | 294 |
| 同义镇 | 241.5 | 362.9 | 152.7 | 302 |
| 拉哈镇 | 213.4 | 275.2 | 166.3 | 70 |
| 同心乡 | 249.4 | 319.8 | 183.0 | 350 |
| 六合镇 | 241.7 | 325.1 | 189.1 | 519 |
| 龙河镇 | 246.5 | 378.8 | 153.5 | 774 |
| 长发镇 | 253.5 | 326.6 | 152.7 | 179 |
| 学田镇 | 225.6 | 317.5 | 146.7 | 584 |
| 二克浅镇 | 223.7 | 300.9 | 158.3 | 600 |
| 讷河镇 | 212.9 | 295.9 | 164.8 | 89 |
| 老莱镇 | 241.6 | 319.0 | 143.6 | 734 |

表 4 - 22　各土种耕地碱解氮含量统计

单位：毫克/千克

| 土种 | 平均值 | 最大值 | 最小值 | 样本数 |
|---|---|---|---|---|
| 薄层沙壤质草甸土 | 251.6 | 297.7 | 190.5 | 48 |
| 厚层黄土质淋溶黑钙土 | 245.0 | 309.2 | 204.1 | 26 |
| 中层黄土质淋溶黑钙土 | 245.6 | 311.5 | 152.7 | 67 |
| 薄层黏壤质石灰性草甸土 | 256.5 | 290.3 | 231.3 | 10 |
| 固定草甸风沙土 | 245.5 | 290.3 | 187.5 | 41 |
| 薄层黄土质黑钙土 | 242.7 | 303.9 | 175.4 | 117 |
| 中度苏打盐化草甸土 | 227.6 | 299.4 | 179.6 | 50 |
| 中层沙壤质草甸土 | 212.6 | 248.2 | 162.9 | 9 |
| 中层黏壤质石灰性草甸土 | 234.5 | 307.7 | 187.5 | 149 |
| 中层黄土质黑钙土 | 241.5 | 310.0 | 178.8 | 114 |
| 薄层黄土质石灰性黑钙土 | 235.7 | 308.7 | 179.9 | 53 |
| 薄层盐化草甸黑钙土 | 227.5 | 277.5 | 202.6 | 6 |
| 厚层黏壤质草甸土 | 246.7 | 320.0 | 169.3 | 287 |
| 厚层黏壤质潜育草甸土 | 238.0 | 312.2 | 167.5 | 194 |
| 薄层黄土质黑土 | 242.2 | 378.8 | 146.7 | 719 |
| 薄层黄土质草甸黑土 | 235.3 | 296.4 | 189.0 | 22 |
| 薄层沙砾底草甸土 | 248.8 | 376.5 | 158.8 | 928 |

（续）

| 土种 | 平均值 | 最大值 | 最小值 | 样本数 |
|---|---|---|---|---|
| 中层沙砾底草甸土 | 237.1 | 337.2 | 152.7 | 284 |
| 中层黄土质黑土 | 242.9 | 375.0 | 157.2 | 806 |
| 薄层沙砾底潜育草甸土 | 223.9 | 258.0 | 194.2 | 25 |
| 中层沙砾底潜育草甸土 | 234.2 | 296.6 | 197.3 | 308 |
| 中层黄土质草甸黑土 | 239.8 | 326.6 | 153.5 | 676 |
| 厚层黄土质黑土 | 262.4 | 323.1 | 161.8 | 64 |
| 薄层砾底黑土 | 240.4 | 350.8 | 158.8 | 246 |
| 砾沙质暗棕壤 | 242.3 | 365.9 | 171.6 | 112 |
| 薄层沙底黑土 | 225.2 | 279.7 | 163.3 | 132 |
| 中层砾底黑土 | 231.6 | 365.9 | 155.9 | 62 |
| 厚层黄土质草甸黑土 | 249.7 | 312.2 | 197.6 | 202 |
| 薄层沙底草甸黑土 | 232.0 | 300.9 | 187.5 | 51 |
| 中层石灰性草甸黑钙土 | 201.1 | 211.3 | 190.8 | 2 |
| 中层黄土质草甸黑钙土 | 255.9 | 300.9 | 183.0 | 40 |
| 薄层黄土质淋溶黑钙土 | 249.6 | 294.8 | 202.6 | 18 |
| 薄层石灰性草甸黑钙土 | 250.2 | 304.8 | 195.4 | 13 |
| 薄层黄土质草甸黑钙土 | 247.2 | 269.1 | 232.9 | 10 |
| 厚层黄土质草甸黑钙土 | 241.1 | 291.3 | 212.0 | 37 |
| 中层黏壤质草甸土 | 232.8 | 310.0 | 158.3 | 201 |
| 破皮黄黄土质黑土 | 241.0 | 283.5 | 204.4 | 13 |
| 中层沙底黑土 | 227.0 | 272.8 | 143.6 | 25 |
| 厚层沙底草甸黑土 | 237.3 | 275.2 | 169.8 | 9 |
| 厚层黏壤质石灰性草甸土 | 220.0 | 253.8 | 157.2 | 7 |
| 厚层黏质草甸沼泽土 | 248.0 | 281.0 | 204.1 | 47 |
| 中层砾底草甸黑土 | 260.2 | 299.4 | 223.8 | 4 |
| 中层黄土质表潜黑土 | 232.3 | 326.6 | 168.6 | 64 |
| 薄层黏壤质草甸土 | 244.1 | 250.7 | 240.3 | 7 |
| 中层黄土质石灰性黑钙土 | 246.7 | 287.3 | 211.6 | 6 |
| 薄层黄土质表潜黑土 | 250.9 | 303.9 | 207.1 | 53 |
| 厚层沙砾底草甸土 | 222.3 | 246.1 | 167.8 | 23 |
| 中层黏壤质潜育草甸土 | 251.7 | 356.8 | 186.0 | 136 |
| 厚层黄土质黑钙土 | 244.9 | 244.9 | 244.9 | 1 |

（续）

| 土种 | 平均值 | 最大值 | 最小值 | 样本数 |
|---|---|---|---|---|
| 薄层沙质黑钙土 | 228.3 | 275.2 | 166.3 | 29 |
| 中层沙底草甸黑土 | 230.0 | 261.2 | 189.4 | 22 |
| 厚层黄土质表潜黑土 | 244.6 | 294.1 | 205.8 | 8 |
| 薄层砾底草甸黑土 | 229.9 | 254.5 | 186.0 | 10 |
| 暗矿质暗棕壤 | 208.2 | 262.2 | 146.7 | 23 |
| 厚层沙砾底潜育草甸土 | 233.6 | 252.0 | 212.2 | 7 |
| 薄层黏壤质潜育草甸土 | 234.3 | 258.3 | 184.5 | 5 |
| 黄土质草甸暗棕壤 | 222.3 | 260.2 | 199.8 | 6 |
| 中层砾底草甸土 | 236.1 | 236.1 | 236.1 | 1 |

各乡（镇）、各土壤类型、各土种碱解氮分级面积统计见表 4-23～表 4-25。

### 表 4-23 各乡（镇）碱解氮分级面积统计

单位：公顷

| 乡（镇） | 面积 | 一级 | 二级 | 三级 | 四级 |
|---|---|---|---|---|---|
| 兴旺乡 | 27 421 | 9 805 | 16 964 | 651 | 0 |
| 和盛乡 | 19 616 | 9 141 | 10 475 | 0 | 0 |
| 九井镇 | 26 353 | 9 622 | 16 570 | 161 | 0 |
| 讷南镇 | 30 782 | 15 714 | 15 007 | 60 | 0 |
| 孔国乡 | 30 754 | 9 279 | 21 384 | 91 | 0 |
| 通南镇 | 29 158 | 12 680 | 16 451 | 27 | 0 |
| 同义镇 | 24 343 | 9 302 | 14 824 | 217 | 0 |
| 拉哈镇 | 4 620 | 133 | 3 934 | 553 | 0 |
| 同心乡 | 24 713 | 12 615 | 12 098 | 0 | 0 |
| 六合镇 | 33 104 | 12 965 | 20 139 | 0 | 0 |
| 龙河镇 | 31 419 | 14 345 | 16 429 | 645 | 0 |
| 长发镇 | 17 212 | 9 528 | 7 631 | 53 | 0 |
| 学田镇 | 28 350 | 5 023 | 22 642 | 675 | 10 |
| 二克浅镇 | 38 523 | 2 385 | 32 572 | 3 566 | 0 |
| 讷河镇 | 4 025 | 207 | 3 186 | 632 | 0 |
| 老莱镇 | 34 274 | 13 781 | 19 907 | 211 | 375 |
| 合计 | 404 667 | 146 524 | 250 215 | 7 542 | 385 |

#### 表 4 - 24　各土壤类型碱解氮分级面积统计

单位：公顷

| 土类 | 面积 | 一级 | 二级 | 三级 | 四级 |
|---|---|---|---|---|---|
| 草甸土 | 95 335 | 33 729 | 60 279 | 1 327 | 0 |
| 黑钙土 | 54 867 | 20 362 | 33 596 | 909 | 0 |
| 风沙土 | 3 173 | 1 831 | 1 341 | 0 | 0 |
| 黑土 | 242 732 | 88 698 | 148 412 | 5 243 | 380 |
| 暗棕壤 | 4 128 | 1 181 | 2 880 | 63 | 4 |
| 沼泽土 | 4 432 | 724 | 3 708 | 0 | 0 |
| 合计 | 404 667 | 146 524 | 250 215 | 7 542 | 385 |

#### 表 4 - 25　讷河市耕地土种碱解氮分级面积统计

单位：公顷

| 土种 | 面积 | 一级 | 二级 | 三级 | 四级 |
|---|---|---|---|---|---|
| 薄层沙壤质草甸土 | 4 358 | 1 700 | 2 658 | 0 | 0 |
| 厚层黄土质淋溶黑钙土 | 1 122 | 507 | 615 | 0 | 0 |
| 中层黄土质淋溶黑钙土 | 5 282 | 1 560 | 3 565 | 158 | 0 |
| 薄层黏壤质石灰性草甸土 | 1 758 | 1 730 | 28 | 0 | 0 |
| 固定草甸风沙土 | 3 173 | 1 831 | 1 341 | 0 | 0 |
| 薄层黄土质黑钙土 | 12 049 | 5 313 | 6 226 | 509 | 0 |
| 中度苏打盐化草甸土 | 926 | 114 | 802 | 10 | 0 |
| 中层沙壤质草甸土 | 153 | 0 | 149 | 4 | 0 |
| 中层黏壤质石灰性草甸土 | 6 786 | 2 430 | 4 356 | 0 | 0 |
| 中层黄土质黑钙土 | 15 504 | 6 540 | 8 927 | 37 | 0 |
| 薄层黄土质石灰性黑钙土 | 8 058 | 2 801 | 5 125 | 132 | 0 |
| 薄层盐化草甸黑钙土 | 181 | 16 | 165 | 0 | 0 |
| 厚层黏壤质草甸土 | 8 204 | 3 382 | 4 763 | 60 | 0 |
| 厚层黏壤质潜育草甸土 | 5 339 | 1 350 | 3 894 | 95 | 0 |
| 薄层黄土质黑土 | 68 019 | 26 308 | 40 074 | 1 632 | 5 |
| 薄层黄土质草甸黑土 | 1 307 | 418 | 889 | 0 | 0 |
| 薄层沙砾底草甸土 | 29 912 | 11 367 | 17 893 | 652 | 0 |
| 中层沙砾底草甸土 | 14 894 | 4 890 | 9 897 | 107 | 0 |
| 中层黄土质黑土 | 85 644 | 33 899 | 50 742 | 1 003 | 0 |
| 薄层沙砾底潜育草甸土 | 646 | 1 | 645 | 0 | 0 |
| 中层沙砾底潜育草甸土 | 9 014 | 3 000 | 6 013 | 0 | 0 |
| 中层黄土质草甸黑土 | 35 736 | 10 738 | 23 187 | 1 811 | 0 |
| 厚层黄土质黑土 | 4 588 | 2 601 | 1 971 | 17 | 0 |

（续）

| 土种 | 面积 | 一级 | 二级 | 三级 | 四级 |
|---|---|---|---|---|---|
| 薄层砾底黑土 | 15 955 | 5 096 | 10 772 | 87 | 0 |
| 砾沙质暗棕壤 | 3 785 | 1 060 | 2 685 | 41 | 0 |
| 薄层沙底黑土 | 9 122 | 1 274 | 7 802 | 46 | 0 |
| 中层砾底黑土 | 2 709 | 646 | 1 573 | 490 | 0 |
| 厚层黄土质草甸黑土 | 8 297 | 3 580 | 4 716 | 0 | 0 |
| 薄层沙底草甸黑土 | 1 301 | 535 | 766 | 0 | 0 |
| 中层石灰性草甸黑钙土 | 37 | 0 | 37 | 0 | 0 |
| 中层黄土质草甸黑钙土 | 2 682 | 1 234 | 1 449 | 0 | 0 |
| 薄层黄土质淋溶黑钙土 | 1 445 | 727 | 719 | 0 | 0 |
| 薄层石灰性草甸黑钙土 | 740 | 476 | 263 | 0 | 0 |
| 薄层黄土质草甸黑钙土 | 709 | 457 | 252 | 0 | 0 |
| 厚层黄土质草甸黑钙土 | 4 565 | 624 | 3 941 | 0 | 0 |
| 中层黏壤质草甸土 | 6 072 | 1 174 | 4 556 | 342 | 0 |
| 破皮黄黄土质黑土 | 1 487 | 828 | 659 | 0 | 0 |
| 中层沙底黑土 | 1 301 | 114 | 723 | 89 | 375 |
| 厚层沙底草甸黑土 | 254 | 71 | 142 | 41 | 0 |
| 厚层黏壤质石灰性草甸土 | 238 | 6 | 226 | 6 | 0 |
| 厚层黏质草甸沼泽土 | 4 432 | 724 | 3 708 | 0 | 0 |
| 中层砾底草甸黑土 | 68 | 48 | 20 | 0 | 0 |
| 中层黄土质表潜黑土 | 1 811 | 772 | 1 012 | 27 | 0 |
| 薄层黏壤质草甸土 | 220 | 1 | 219 | 0 | 0 |
| 中层黄土质石灰性黑钙土 | 209 | 25 | 184 | 0 | 0 |
| 薄层黄土质表潜黑土 | 3 049 | 1 532 | 1 517 | 0 | 0 |
| 厚层沙砾底草甸土 | 1 425 | 0 | 1 375 | 51 | 0 |
| 中层黏壤质潜育草甸土 | 4 985 | 2 551 | 2 434 | 0 | 0 |
| 厚层黄土质黑钙土 | 40 | 0 | 40 | 0 | 0 |
| 薄层沙质黑钙土 | 2 244 | 81 | 2 088 | 74 | 0 |
| 中层沙底草甸黑土 | 1 090 | 39 | 1 051 | 0 | 0 |
| 厚层黄土质表潜黑土 | 492 | 198 | 294 | 0 | 0 |
| 薄层砾底草甸黑土 | 505 | 1 | 504 | 0 | 0 |
| 暗矿质暗棕壤 | 166 | 17 | 122 | 22 | 4 |
| 厚层沙砾底潜育草甸土 | 215 | 13 | 202 | 0 | 0 |
| 薄层黏壤质潜育草甸土 | 179 | 18 | 161 | 0 | 0 |
| 黄土质草甸暗棕壤 | 177 | 104 | 73 | 0 | 0 |
| 中层砾底草甸土 | 12 | 0 | 12 | 0 | 0 |
| 合计 | 404 667 | 146 524 | 250 215 | 7 542 | 385 |

## 四、土壤有效磷

磷是构成植物体的重要组成元素之一。土壤全磷中易被植物吸收利用的部分称之为有效磷，它是土壤供磷水平的重要指标。

本次耕地地力调查，按照含量分级数字出现频率分析，土壤中有效磷为30~100毫克/千克的占总耕地面积的87.71%。各等级分布分别为，有效磷含量>100毫克/千克的耕地占总耕地面积的1.56%，有效磷含量在40~100毫克/千克的耕地占总耕地面积的24.62%，有效磷含量在30~40毫克/千克的耕地面积占总耕地面积的63.09%，有效磷含量在20~30毫克/千克的耕地面积占总耕地面积的9.73%，有效磷含量在10~20毫克/千克的耕地面积占总耕地面积的0.99%，有效磷含量<10毫克/千克的耕地面积占总耕地面积的0.01%。与全国第二次土壤普查调查结果比较，土壤有效磷的分布也发生了相应的变化。全国第二次土壤普查时耕地土壤主要集中有效磷在5~20毫克/千克的四级、五级地，占耕地总面积的81.9%。有效磷分级频率统计见表4-26，讷河市各乡（镇）、各土壤类型、各土种有效磷分级面积统计见表4-27~表4-29。

表4-26 有效磷分级频率统计

单位:%

| 年份 | 一级 | 二级 | 三级 | 四级 | 五级 | 六级 |
|---|---|---|---|---|---|---|
| 1982 | 0.3 | 2.1 | 12.3 | 56.5 | 25.4 | 3.4 |
| 2010 | 1.56 | 24.62 | 63.09 | 9.73 | 0.99 | 0.01 |

表4-27 讷河市各乡（镇）耕地有效磷分级面积统计

单位：公顷

| 乡（镇） | 面积 | 一级 | 二级 | 三级 | 四级 | 五级 | 六级 |
|---|---|---|---|---|---|---|---|
| 兴旺乡 | 27 421 | 1 039 | 1 557 | 18 531 | 5 951 | 343 | 0 |
| 和盛乡 | 19 616 | 201 | 1 200 | 10 895 | 6 491 | 830 | 0 |
| 九井镇 | 26 353 | 629 | 17 615 | 8 097 | 12 | 0 | 0 |
| 讷南镇 | 30 782 | 692 | 5 600 | 23 682 | 808 | 0 | 0 |
| 孔国乡 | 30 754 | 322 | 1 988 | 23 694 | 4 384 | 365 | 0 |
| 通南镇 | 29 158 | 0 | 2 590 | 20 323 | 6 166 | 79 | 0 |
| 同义镇 | 24 343 | 559 | 10 599 | 13 001 | 185 | 0 | 0 |
| 拉哈镇 | 4 620 | 0 | 0 | 3 460 | 1 149 | 10 | 0 |
| 同心乡 | 24 713 | 0 | 3 540 | 20 889 | 284 | 0 | 0 |
| 六合镇 | 33 104 | 0 | 16 412 | 15 457 | 811 | 424 | 0 |
| 龙河镇 | 31 419 | 1 228 | 7 351 | 20 956 | 1 885 | 0 | 0 |
| 长发镇 | 17 212 | 826 | 2 589 | 13 655 | 143 | 0 | 0 |

（续）

| 乡（镇） | 面积 | 一级 | 二级 | 三级 | 四级 | 五级 | 六级 |
|---|---|---|---|---|---|---|---|
| 学田镇 | 28 350 | 511 | 8 055 | 11 703 | 6 581 | 1 457 | 43 |
| 二克浅镇 | 38 523 | 0 | 16 854 | 21 057 | 561 | 51 | 0 |
| 讷河镇 | 4 025 | 0 | 638 | 3 387 | 0 | 0 | 0 |
| 老莱镇 | 34 274 | 313 | 3 026 | 26 520 | 3 947 | 467 | 0 |
| 合计 | 404 667 | 6 319 | 99 614 | 255 306 | 39 359 | 4 026 | 43 |

表 4-28　各土壤类型有效磷分级面积统计

单位：公顷

| 土类 | 面积 | 一级 | 二级 | 三级 | 四级 | 五级 | 六级 |
|---|---|---|---|---|---|---|---|
| 草甸土 | 95 335 | 1 003 | 26 660 | 58 560 | 8 484 | 628 | 0 |
| 黑钙土 | 54 867 | 1 309 | 5 294 | 35 343 | 11 842 | 1 080 | 0 |
| 风沙土 | 3 173 | 0 | 806 | 1 409 | 940 | 19 | 0 |
| 黑土 | 242 732 | 3 894 | 63 082 | 156 388 | 17 042 | 2 283 | 43 |
| 暗棕壤 | 4 128 | 113 | 667 | 2 298 | 1 034 | 16 | 0 |
| 沼泽土 | 4 432 | 0 | 3 105 | 1 308 | 18 | 0 | 0 |
| 合计 | 404 667 | 6 319 | 99 614 | 255 306 | 39 359 | 4 026 | 43 |

表 4-29　讷河市耕地土种有效磷分级面积统计

单位：公顷

| 土种 | 面积 | 一级 | 二级 | 三级 | 四级 | 五级 | 六级 |
|---|---|---|---|---|---|---|---|
| 薄层沙壤质草甸土 | 4 358 | 163 | 98 | 2 663 | 1 434 | 0 | 0 |
| 厚层黄土质淋溶黑钙土 | 1 122 | 0 | 503 | 362 | 258 | 0 | 0 |
| 中层黄土质淋溶黑钙土 | 5 282 | 0 | 587 | 3 496 | 1 199 | 0 | 0 |
| 薄层黏壤质石灰性草甸土 | 1 758 | 0 | 0 | 1 669 | 82 | 7 | 0 |
| 固定草甸风沙土 | 3 173 | 0 | 806 | 1 409 | 940 | 19 | 0 |
| 薄层黄土质黑钙土 | 12 049 | 925 | 304 | 7 240 | 3 191 | 389 | 0 |
| 中度苏打盐化草甸土 | 926 | 1 | 220 | 503 | 185 | 17 | 0 |
| 中层沙壤质草甸土 | 153 | 0 | 0 | 145 | 8 | 0 | 0 |
| 中层黏壤质石灰性草甸土 | 6 786 | 0 | 3 271 | 3 247 | 199 | 69 | 0 |
| 中层黄土质黑钙土 | 15 504 | 233 | 1 556 | 12 024 | 1 691 | 0 | 0 |
| 薄层黄土质石灰性黑钙土 | 8 058 | 150 | 1 236 | 3 062 | 3 041 | 568 | 0 |
| 薄层盐化草甸黑钙土 | 181 | 0 | 0 | 16 | 165 | 0 | 0 |
| 厚层黏壤质草甸土 | 8 204 | 19 | 1 581 | 5 038 | 1 567 | 0 | 0 |

（续）

| 土种 | 面积 | 一级 | 二级 | 三级 | 四级 | 五级 | 六级 |
|---|---|---|---|---|---|---|---|
| 厚层黏壤质潜育草甸土 | 5 339 | 10 | 2 911 | 1 782 | 483 | 153 | 0 |
| 薄层黄土质黑土 | 68 019 | 880 | 23 316 | 38 710 | 4 046 | 1 067 | 0 |
| 薄层黄土质草甸黑土 | 1 307 | 65 | 895 | 348 | 0 | 0 | 0 |
| 薄层沙砾底草甸土 | 29 912 | 195 | 8 484 | 19 513 | 1 345 | 375 | 0 |
| 中层沙砾底草甸土 | 14 894 | 194 | 5 994 | 7 711 | 996 | 0 | 0 |
| 中层黄土质黑土 | 85 644 | 1 558 | 19 538 | 58 386 | 5 553 | 610 | 0 |
| 薄层沙砾底潜育草甸土 | 646 | 70 | 399 | 177 | 0 | 0 | 0 |
| 中层沙砾底潜育草甸土 | 9 014 | 156 | 521 | 7 706 | 631 | 0 | 0 |
| 中层黄土质草甸黑土 | 35 736 | 415 | 8 183 | 25 512 | 1 626 | 0 | 0 |
| 厚层黄土质黑土 | 4 588 | 242 | 830 | 2 593 | 924 | 0 | 0 |
| 薄层砾底黑土 | 15 955 | 347 | 1 740 | 11 203 | 2 119 | 504 | 43 |
| 砾沙质暗棕壤 | 3 785 | 101 | 456 | 2 248 | 980 | 0 | 0 |
| 薄层沙底黑土 | 9 122 | 0 | 2 629 | 5 357 | 1 136 | 0 | 0 |
| 中层砾底黑土 | 2 709 | 0 | 280 | 1 734 | 681 | 13 | 0 |
| 厚层黄土质草甸黑土 | 8 297 | 71 | 3 284 | 4 449 | 493 | 0 | 0 |
| 薄层沙底草甸黑土 | 1 301 | 94 | 485 | 711 | 12 | 0 | 0 |
| 中层石灰性草甸黑钙土 | 37 | 0 | 0 | 37 | 0 | 0 | 0 |
| 中层黄土质草甸黑钙土 | 2 682 | 0 | 186 | 2 126 | 370 | 0 | 0 |
| 薄层黄土质淋溶黑钙土 | 1 445 | 0 | 0 | 1 029 | 312 | 104 | 0 |
| 薄层石灰性草甸黑钙土 | 740 | 0 | 0 | 652 | 88 | 0 | 0 |
| 薄层黄土质草甸黑钙土 | 709 | 0 | 0 | 709 | 0 | 0 | 0 |
| 厚层黄土质草甸黑钙土 | 4 565 | 0 | 893 | 2 194 | 1 478 | 0 | 0 |
| 中层黏壤质草甸土 | 6 072 | 0 | 1 640 | 3 707 | 718 | 7 | 0 |
| 破皮黄黄土质黑土 | 1 487 | 0 | 310 | 1 177 | 0 | 0 | 0 |
| 中层沙底黑土 | 1 301 | 41 | 315 | 945 | 0 | 0 | 0 |
| 厚层沙底草甸黑土 | 254 | 0 | 48 | 145 | 60 | 0 | 0 |
| 厚层黏壤质石灰性草甸土 | 238 | 0 | 39 | 79 | 119 | 0 | 0 |
| 厚层黏质草甸沼泽土 | 4 432 | 0 | 3 105 | 1 308 | 18 | 0 | 0 |
| 中层砾底草甸黑土 | 68 | 0 | 0 | 48 | 20 | 0 | 0 |
| 中层黄土质表潜黑土 | 1 811 | 0 | 247 | 1 250 | 225 | 89 | 0 |
| 薄层黏壤质草甸土 | 220 | 0 | 51 | 169 | 0 | 0 | 0 |
| 中层黄土质石灰性黑钙土 | 209 | 0 | 0 | 209 | 0 | 0 | 0 |
| 薄层黄土质表潜黑土 | 3 049 | 184 | 357 | 2 360 | 149 | 0 | 0 |

（续）

| 土种 | 面积 | 一级 | 二级 | 三级 | 四级 | 五级 | 六级 |
|---|---|---|---|---|---|---|---|
| 厚层沙砾底草甸土 | 1 425 | 0 | 0 | 1 374 | 52 | 0 | 0 |
| 中层黏壤质潜育草甸土 | 4 985 | 196 | 1 437 | 2 686 | 666 | 0 | 0 |
| 厚层黄土质黑钙土 | 40 | 0 | 0 | 40 | 0 | 0 | 0 |
| 薄层沙质黑钙土 | 2 244 | 0 | 28 | 2 148 | 49 | 19 | 0 |
| 中层沙底草甸黑土 | 1 090 | 0 | 270 | 820 | 0 | 0 | 0 |
| 厚层黄土质表潜黑土 | 492 | 0 | 185 | 307 | 0 | 0 | 0 |
| 薄层砾底草甸黑土 | 505 | 0 | 172 | 333 | 0 | 0 | 0 |
| 暗矿质暗棕壤 | 166 | 11 | 34 | 51 | 53 | 16 | 0 |
| 厚层沙砾底潜育草甸土 | 215 | 0 | 14 | 201 | 0 | 0 | 0 |
| 薄层黏壤质潜育草甸土 | 179 | 0 | 0 | 179 | 0 | 0 | 0 |
| 黄土质草甸暗棕壤 | 177 | 0 | 177 | 0 | 0 | 0 | 0 |
| 中层砾底草甸土 | 12 | 0 | 0 | 12 | 0 | 0 | 0 |
| 合计 | 404 667 | 6 319 | 99 614 | 255 306 | 39 359 | 4 026 | 43 |

本次调查结果表明，讷河市耕地有效磷平均含量为31.9毫克/千克，变化幅度在4.2～93.0毫克/千克。从行政区域看，九井镇有效磷含量最高，平均含量为41.7毫克/千克；其次是同义镇，有效磷平均含量为37.8毫克/千克；有效磷含量最低是和盛乡，平均含量为24.9毫克/千克。从土壤类型看，草甸土有效磷含量最高，平均含量为34.5毫克/千克；沼泽土有效磷含量其次，平均含量为33.9毫克/千克；黑钙土有效磷含量最低，平均含量为28.3毫克/千克。从土种上看，有效磷含量最高是薄层沙砾底潜育草甸土，平均含量为43.5毫克/千克；有效磷含量最低是薄层盐化草甸黑钙土，平均含量为14.9毫克/千克。见表4-30～表4-32。

表4-30　各乡（镇）耕地土壤有效磷含量统计

单位：毫克/千克

| 乡（镇） | 平均值 | 最大值 | 最小值 | 样本数 |
|---|---|---|---|---|
| 兴旺乡 | 26.3 | 83.6 | 7.5 | 322 |
| 和盛乡 | 24.9 | 88.0 | 6.9 | 205 |
| 九井镇 | 41.7 | 70.2 | 16.9 | 550 |
| 讷南镇 | 36.7 | 93.0 | 13.4 | 586 |
| 孔国乡 | 28.2 | 72.6 | 8.1 | 477 |
| 通南镇 | 26.6 | 57.5 | 6.3 | 294 |
| 同义镇 | 37.8 | 71.7 | 10.7 | 302 |
| 拉哈镇 | 23.0 | 33.5 | 9.8 | 70 |
| 同心乡 | 31.4 | 55.8 | 14.0 | 350 |

（续）

| 乡（镇） | 平均值 | 最大值 | 最小值 | 样本数 |
|---|---|---|---|---|
| 六合镇 | 37.3 | 50.1 | 8.9 | 519 |
| 龙河镇 | 36.5 | 83.3 | 12.2 | 774 |
| 长发镇 | 32.3 | 72.9 | 14.9 | 179 |
| 学田镇 | 28.6 | 82.1 | 4.2 | 584 |
| 二克浅镇 | 37.6 | 55.1 | 9.2 | 600 |
| 讷河镇 | 32.9 | 48.6 | 21.0 | 89 |
| 老莱镇 | 28.3 | 86.2 | 8.3 | 734 |

表 4-31　各土壤类型耕地有效磷含量统计

单位：毫克/千克

| 土类 | 平均值 | 最大值 | 最小值 | 样本数 |
|---|---|---|---|---|
| 草甸土 | 34.5 | 83.3 | 6.3 | 2 679 |
| 黑钙土 | 28.3 | 88.0 | 6.9 | 539 |
| 风沙土 | 30.5 | 43.2 | 7.2 | 41 |
| 黑土 | 32.8 | 93.0 | 4.2 | 3 188 |
| 暗棕壤 | 32.6 | 83.3 | 8.1 | 141 |
| 沼泽土 | 33.9 | 47.4 | 13.4 | 47 |

表 4-32　各土种耕地有效磷含量统计

单位：毫克/千克

| 乡（镇） | 平均值 | 最大值 | 最小值 | 样本数 |
|---|---|---|---|---|
| 薄层沙壤质草甸土 | 25.7 | 60.2 | 15.6 | 48 |
| 厚层黄土质淋溶黑钙土 | 36.5 | 50.1 | 12.2 | 26 |
| 中层黄土质淋溶黑钙土 | 29.8 | 56.5 | 12.5 | 67 |
| 薄层黏壤质石灰性草甸土 | 22.0 | 32.8 | 8.6 | 10 |
| 固定草甸风沙土 | 30.5 | 43.2 | 7.2 | 41 |
| 薄层黄土质黑钙土 | 26.6 | 88.0 | 7.5 | 117 |
| 中度苏打盐化草甸土 | 29.2 | 61.7 | 8.9 | 50 |
| 中层沙壤质草甸土 | 27.4 | 31.9 | 18.9 | 9 |
| 中层黏壤质石灰性草甸土 | 33.0 | 53.9 | 8.1 | 149 |
| 中层黄土质黑钙土 | 28.3 | 68.8 | 12.2 | 114 |
| 薄层黄土质石灰性黑钙土 | 24.6 | 64.6 | 8.1 | 53 |
| 薄层盐化草甸黑钙土 | 14.9 | 23.9 | 10.1 | 6 |
| 厚层黏壤质草甸土 | 30.1 | 68.8 | 12.7 | 287 |

（续）

| 乡（镇） | 平均值 | 最大值 | 最小值 | 样本数 |
|---|---|---|---|---|
| 厚层黏壤质潜育草甸土 | 36.2 | 73.2 | 6.3 | 194 |
| 薄层黄土质黑土 | 34.3 | 86.2 | 7.9 | 719 |
| 薄层黄土质草甸黑土 | 42.2 | 60.8 | 26.6 | 22 |
| 薄层沙砾底草甸土 | 36.2 | 77.6 | 8.1 | 928 |
| 中层沙砾底草甸土 | 36.9 | 64.3 | 14.9 | 284 |
| 中层黄土质黑土 | 32.8 | 93.0 | 6.3 | 806 |
| 薄层沙砾底潜育草甸土 | 43.5 | 65.1 | 20.4 | 25 |
| 中层沙砾底潜育草甸土 | 34.1 | 77.6 | 14.9 | 308 |
| 中层黄土质草甸黑土 | 32.2 | 74.1 | 10.7 | 676 |
| 厚层黄土质黑土 | 33.3 | 71.7 | 14.4 | 64 |
| 薄层砾底黑土 | 29.5 | 82.1 | 4.2 | 246 |
| 砾沙质暗棕壤 | 33.2 | 83.3 | 10.9 | 112 |
| 薄层沙底黑土 | 31.4 | 59.9 | 10.7 | 132 |
| 中层砾底黑土 | 26.6 | 58.3 | 9.1 | 62 |
| 厚层黄土质草甸黑土 | 34.6 | 61.6 | 12.2 | 202 |
| 薄层沙底草甸黑土 | 37.4 | 64.1 | 18.6 | 51 |
| 中层石灰性草甸黑钙土 | 28.6 | 30.5 | 26.8 | 2 |
| 中层黄土质草甸黑钙土 | 30.0 | 49.2 | 13.2 | 40 |
| 薄层黄土质淋溶黑钙土 | 26.1 | 37.1 | 6.9 | 18 |
| 薄层石灰性草甸黑钙土 | 24.5 | 35.0 | 13.8 | 13 |
| 薄层黄土质草甸黑钙土 | 27.4 | 37.4 | 21.5 | 10 |
| 厚层黄土质草甸黑钙土 | 33.0 | 47.6 | 17.5 | 37 |
| 中层黏壤质草甸土 | 31.3 | 51.2 | 8.9 | 201 |
| 破皮黄黄土质黑土 | 37.6 | 59.9 | 24.8 | 13 |
| 中层沙底黑土 | 40.3 | 62.8 | 23.7 | 25 |
| 厚层沙底草甸黑土 | 34.2 | 59.9 | 19.3 | 9 |
| 厚层黏壤质石灰性草甸土 | 31.4 | 41.9 | 14.1 | 7 |
| 厚层黏质草甸沼泽土 | 33.9 | 47.4 | 13.4 | 47 |
| 中层砾底草甸黑土 | 23.0 | 29.7 | 15.6 | 4 |
| 中层黄土质表潜黑土 | 28.1 | 51.0 | 8.1 | 64 |
| 薄层黏壤质草甸土 | 41.0 | 45.5 | 39.0 | 7 |
| 中层黄土质石灰性黑钙土 | 30.8 | 39.2 | 25.8 | 6 |
| 薄层黄土质表潜黑土 | 28.3 | 60.2 | 15.8 | 53 |

（续）

| 乡（镇） | 平均值 | 最大值 | 最小值 | 样本数 |
|---|---|---|---|---|
| 厚层沙砾底草甸土 | 30.6 | 39.4 | 13.7 | 23 |
| 中层黏壤质潜育草甸土 | 37.3 | 83.3 | 13.1 | 136 |
| 厚层黄土质黑钙土 | 27.0 | 27.0 | 27.0 | 1 |
| 薄层沙质黑钙土 | 28.9 | 41.4 | 9.8 | 29 |
| 中层沙底草甸黑土 | 37.9 | 47.7 | 29.9 | 22 |
| 厚层黄土质表潜黑土 | 39.3 | 59.4 | 28.0 | 8 |
| 薄层砾底草甸黑土 | 35.2 | 47.2 | 25.1 | 10 |
| 暗矿质暗棕壤 | 25.5 | 82.1 | 8.1 | 23 |
| 厚层沙砾底潜育草甸土 | 35.6 | 40.6 | 29.7 | 7 |
| 薄层黏壤质潜育草甸土 | 29.7 | 36.8 | 26.0 | 5 |
| 黄土质草甸暗棕壤 | 49.8 | 54.7 | 44.8 | 6 |
| 中层砾底草甸土 | 20.9 | 20.9 | 20.9 | 1 |

## 五、土壤速效钾

土壤速效钾是指水溶性钾和黏土矿物晶体外表面吸持的交换性钾，这一部分钾可被植物直接吸收利用，对植物生长及其品质起着重要作用。其含量水平的高低反映了土壤供钾能力的程度，是土壤质量的主要指标。

本次耕地地力调查，按照分级数字出现频率分析，全市耕地中耕层土壤速效钾含量＞200毫克/千克的耕地面积占总耕地面积的44.90%，速效钾含量在150～200毫克/千克的耕地面积占总耕地面积的32.65%，速效钾含量在100～150毫克/千克的耕地面积占总耕地面积的18.81%，速效钾含量在50～100毫克/千克的耕地面积占总耕地面积的3.64%，速效钾含量＞150毫克/千克的耕地面积占总耕地面积的78.55%。与全国第二次土壤普查调查结果比较，土壤速效钾含量的分布也发生了相应的变化。全国第二次土壤普查时耕地土壤主要集中速效钾含量在150毫克/千克以上的一级、二级地，占耕地总面积的89%。速效钾分级频率统计见表4-33，讷河市各乡（镇）、各土壤类型、各土种速效钾分级面积统计见表4-34～表4-36。

### 表4-33　速效钾分级频率统计

单位：%

| 年份 | 一级 | 二级 | 三级 | 四级 |
|---|---|---|---|---|
| 1982 | 67.00 | 22.00 | 8.50 | 2.40 |
| 2010 | 44.9 | 32.65 | 18.81 | 3.64 |

### 表 4－34　讷河市各乡（镇）耕层土壤速效钾分级面积统计

单位：公顷

| 乡（镇） | 面积 | 一级 | 二级 | 三级 | 四级 | 五级 |
|---|---|---|---|---|---|---|
| 兴旺乡 | 27 421 | 12 182 | 12 510 | 2 426 | 302 | 0 |
| 和盛乡 | 19 616 | 13 018 | 5 669 | 929 | 0 | 0 |
| 九井镇 | 26 353 | 20 321 | 2 946 | 2 514 | 572 | 0 |
| 讷南镇 | 30 782 | 19 030 | 5 375 | 6 349 | 28 | 0 |
| 孔国乡 | 30 754 | 4 278 | 12 906 | 11 097 | 2 472 | 0 |
| 通南镇 | 29 158 | 21 633 | 7 093 | 432 | 0 | 0 |
| 同义镇 | 24 343 | 6 070 | 7 660 | 9 599 | 1 015 | 0 |
| 拉哈镇 | 4 620 | 0 | 1 201 | 2 618 | 801 | 0 |
| 同心乡 | 24 713 | 18 512 | 5 326 | 632 | 234 | 8 |
| 六合镇 | 33 104 | 1 278 | 21 168 | 10 526 | 133 | 0 |
| 龙河镇 | 31 419 | 21 064 | 8 451 | 1 904 | 0 | 0 |
| 长发镇 | 17 212 | 5 131 | 4 037 | 4 452 | 3 592 | 0 |
| 学田镇 | 28 350 | 5 150 | 13 766 | 9 435 | 0 | 0 |
| 二克浅镇 | 38 523 | 13 473 | 10 998 | 8 736 | 5 317 | 0 |
| 讷河镇 | 4 025 | 2 101 | 919 | 883 | 122 | 0 |
| 老莱镇 | 34 274 | 18 448 | 12 088 | 3 582 | 155 | 0 |
| 合计 | 404 667 | 181 689 | 132 112 | 76 115 | 14 743 | 8 |

### 表 4－35　讷河市各土类耕层土壤速效钾分级面积统计

单位：公顷

| 土类 | 面积 | 一级 | 二级 | 三级 | 四级 | 五级 |
|---|---|---|---|---|---|---|
| 草甸土 | 95 335 | 33 585 | 32 385 | 25 253 | 4 103 | 8 |
| 黑钙土 | 54 867 | 30 393 | 18 503 | 5 501 | 470 | 0 |
| 风沙土 | 3 173 | 996 | 1 991 | 186 | 0 | 0 |
| 黑土 | 242 732 | 115 682 | 73 485 | 43 395 | 10 170 | 0 |
| 暗棕壤 | 4 128 | 1 032 | 2 024 | 1 071 | 0 | 0 |
| 沼泽土 | 4 432 | 0 | 3 723 | 708 | 0 | 0 |
| 合计 | 404 667 | 181 689 | 132 112 | 76 115 | 14 743 | 8 |

### 表4-36　讷河市各土种耕层土壤速效钾分级面积统计

单位：公顷

| 土种 | 面积 | 一级 | 二级 | 三级 | 四级 | 五级 |
|---|---|---|---|---|---|---|
| 薄层沙壤质草甸土 | 4 358 | 1 250 | 1 530 | 1 415 | 163 | 0 |
| 厚层黄土质淋溶黑钙土 | 1 122 | 184 | 697 | 242 | 0 | 0 |
| 中层黄土质淋溶黑钙土 | 5 282 | 2 974 | 1 462 | 847 | 0 | 0 |
| 薄层黏壤质石灰性草甸土 | 1 758 | 0 | 1 758 | 0 | 0 | 0 |
| 固定草甸风沙土 | 3 173 | 996 | 1 991 | 187 | 0 | 0 |
| 薄层黄土质黑钙土 | 12 049 | 7 554 | 4 412 | 83 | 0 | 0 |
| 中度苏打盐化草甸土 | 926 | 573 | 312 | 41 | 0 | 0 |
| 中层沙壤质草甸土 | 153 | 84 | 21 | 15 | 34 | 0 |
| 中层黏壤质石灰性草甸土 | 6 786 | 2 462 | 3 032 | 1 292 | 0 | 0 |
| 中层黄土质黑钙土 | 15 504 | 6 518 | 6 042 | 2 579 | 365 | 0 |
| 薄层黄土质石灰性黑钙土 | 8 058 | 5 067 | 2 436 | 555 | 0 | 0 |
| 薄层盐化草甸黑钙土 | 181 | 3 | 65 | 8 | 106 | 0 |
| 厚层黏壤质草甸土 | 8 204 | 3 392 | 2 999 | 1 582 | 222 | 8 |
| 厚层黏壤质潜育草甸土 | 5 339 | 2 533 | 1 552 | 814 | 440 | 0 |
| 薄层黄土质黑土 | 68 019 | 33 946 | 16 443 | 14 736 | 2 893 | 0 |
| 薄层黄土质草甸黑土 | 1 307 | 938 | 170 | 116 | 83 | 0 |
| 薄层沙砾底草甸土 | 29 912 | 8 068 | 10 371 | 9 789 | 1 684 | 0 |
| 中层沙砾底草甸土 | 14 894 | 5 992 | 5 201 | 2 903 | 798 | 0 |
| 中层黄土质黑土 | 85 644 | 42 023 | 27 930 | 12 626 | 3 065 | 0 |
| 薄层沙砾底潜育草甸土 | 646 | 476 | 19 | 151 | 0 | 0 |
| 中层沙砾底潜育草甸土 | 9 014 | 3 123 | 1 098 | 4 620 | 173 | 0 |
| 中层黄土质草甸黑土 | 35 736 | 18 233 | 8 316 | 6 668 | 2 518 | 0 |
| 厚层黄土质黑土 | 4 588 | 2 759 | 1 135 | 695 | 0 | 0 |
| 薄层砾底黑土 | 15 955 | 7 026 | 6 738 | 2 190 | 2 | 0 |
| 砾沙质暗棕壤 | 3 785 | 889 | 1 905 | 991 | 0 | 0 |
| 薄层沙底黑土 | 9 122 | 1 768 | 3 911 | 2 825 | 618 | 0 |
| 中层砾底黑土 | 2 709 | 314 | 2 297 | 99 | 0 | 0 |
| 厚层黄土质草甸黑土 | 8 297 | 3 223 | 2 573 | 1 984 | 517 | 0 |
| 薄层沙底草甸黑土 | 1 301 | 367 | 538 | 240 | 157 | 0 |
| 中层石灰性草甸黑钙土 | 37 | 0 | 0 | 37 | 0 | 0 |
| 中层黄土质草甸黑钙土 | 2 682 | 1 884 | 787 | 12 | 0 | 0 |
| 薄层黄土质淋溶黑钙土 | 1 445 | 1 001 | 340 | 104 | 0 | 0 |
| 薄层石灰性草甸黑钙土 | 740 | 717 | 23 | 0 | 0 | 0 |

（续）

| 土种 | 面积 | 一级 | 二级 | 三级 | 四级 | 五级 |
|---|---|---|---|---|---|---|
| 薄层黄土质草甸黑钙土 | 709 | 652 | 58 | 0 | 0 | 0 |
| 厚层黄土质草甸黑钙土 | 4 565 | 3 400 | 964 | 202 | 0 | 0 |
| 中层黏壤质草甸土 | 6 072 | 1 823 | 2 639 | 1 385 | 226 | 0 |
| 破皮黄黄土质黑土 | 1 487 | 599 | 829 | 59 | 0 | 0 |
| 中层沙底黑土 | 1 301 | 1 008 | 228 | 65 | 0 | 0 |
| 厚层沙底草甸黑土 | 254 | 99 | 51 | 44 | 60 | 0 |
| 厚层黏壤质石灰性草甸土 | 238 | 33 | 39 | 165 | 0 | 0 |
| 厚层黏质草甸沼泽土 | 4 432 | 0 | 3 723 | 708 | 0 | 0 |
| 中层砾底草甸黑土 | 68 | 48 | 20 | 0 | 0 | 0 |
| 中层黄土质表潜黑土 | 1 811 | 554 | 817 | 395 | 45 | 0 |
| 薄层黏壤质草甸土 | 220 | 0 | 220 | 0 | 0 | 0 |
| 中层黄土质石灰性黑钙土 | 209 | 106 | 103 | 0 | 0 | 0 |
| 薄层黄土质表潜黑土 | 3 049 | 1 868 | 1 152 | 30 | 0 | 0 |
| 厚层沙砾底草甸土 | 1 425 | 854 | 171 | 37 | 364 | 0 |
| 中层黏壤质潜育草甸土 | 4 985 | 2 527 | 1 414 | 1 044 | 0 | 0 |
| 厚层黄土质黑钙土 | 40 | 40 | 0 | 0 | 0 | 0 |
| 薄层沙质黑钙土 | 2 244 | 294 | 1 117 | 833 | 0 | 0 |
| 中层沙底草甸黑钙土 | 1 090 | 150 | 128 | 600 | 212 | 0 |
| 厚层黄土质表潜黑土 | 492 | 375 | 93 | 24 | 0 | 0 |
| 薄层砾底草甸黑土 | 505 | 386 | 119 | 0 | 0 | 0 |
| 暗矿质暗棕壤 | 166 | 39 | 118 | 8 | 0 | 0 |
| 厚层沙砾底潜育草甸土 | 215 | 204 | 12 | 0 | 0 | 0 |
| 薄层黏壤质潜育草甸土 | 179 | 179 | 0 | 0 | 0 | 0 |
| 黄土质草甸暗棕壤 | 177 | 104 | 2 | 71 | 0 | 0 |
| 中层砾底草甸土 | 12 | 12 | 0 | 0 | 0 | 0 |
| 合计 | 404 667 | 181 689 | 132 112 | 76 115 | 14 743 | 8 |

　　本次调查结果表明，讷河市土壤速效钾含量平均为 196 毫克/千克，变化幅度在 53～685 毫克/千克。从乡（镇）来看，九井镇速效钾含量最高，平均含量为 250.66 毫克/千克；六合镇速效钾含量最低，平均含量为 133.48 毫克/千克。从土壤类型来看，黑钙土速效钾含量最高，平均含量为 213.13 毫克/千克；速效钾含量最低为沼泽土，平均含量为 167.89 毫克/千克。从土种来看，厚层黄土质黑钙土速效钾含量最高，平均含量为 279.00 毫克/千克；中层石灰性草甸黑钙土速效钾含量最低，平均含量为 136.00 毫克/千克。见表 4 - 37～表 4 - 39。

表4-37　讷河市各乡（镇）耕层土壤速效钾含量统计

单位：毫克/千克

| 乡（镇） | 平均值 | 最大值 | 最小值 | 样本数 |
|---|---|---|---|---|
| 兴旺乡 | 203.44 | 353.00 | 64.00 | 322 |
| 和盛乡 | 236.81 | 561.00 | 132.00 | 205 |
| 九井镇 | 250.66 | 685.00 | 81.00 | 550 |
| 讷南镇 | 202.92 | 555.00 | 89.00 | 5 860 |
| 孔国乡 | 162.25 | 430.00 | 68.00 | 477 |
| 通南镇 | 237.34 | 551.00 | 131.00 | 294 |
| 同义镇 | 166.13 | 329.00 | 86.00 | 302 |
| 拉哈镇 | 127.44 | 187.00 | 69.00 | 70 |
| 同心乡 | 220.85 | 340.00 | 43.00 | 350 |
| 六合镇 | 161.32 | 310.00 | 77.00 | 519 |
| 龙河镇 | 232.17 | 559.00 | 109.00 | 774 |
| 长发镇 | 166.33 | 414.00 | 76.00 | 179 |
| 学田镇 | 172.13 | 323.00 | 105.00 | 584 |
| 二克浅镇 | 173.61 | 370.00 | 53.00 | 600 |
| 讷河镇 | 205.48 | 491.00 | 70.00 | 89 |
| 老莱镇 | 210.48 | 411.00 | 54.00 | 734 |

表4-38　讷河市各土类耕层土壤速效钾含量统计

单位：公顷

| 土类 | 平均值 | 最大值 | 最小值 | 样本数 |
|---|---|---|---|---|
| 草甸土 | 198.54 | 685 | 43 | 2 679 |
| 黑钙土 | 213.13 | 551 | 64 | 539 |
| 风沙土 | 187.61 | 342 | 109 | 41 |
| 黑土 | 199.36 | 625 | 53 | 3 188 |
| 暗棕壤 | 192.50 | 411 | 116 | 141 |
| 沼泽土 | 167.89 | 192 | 121 | 47 |

表4-39　讷河市各土种耕层土壤速效钾分级面积统计

单位：公顷

| 土种 | 平均值 | 最大值 | 最小值 | 样本数 |
|---|---|---|---|---|
| 薄层沙壤质草甸土 | 171.77 | 308.00 | 91.00 | 48 |
| 厚层黄土质淋溶黑钙土 | 176.46 | 240.00 | 133.00 | 26 |
| 中层黄土质淋溶黑钙土 | 191.64 | 308.00 | 106.00 | 67 |

（续）

| 土种 | 平均值 | 最大值 | 最小值 | 样本数 |
|---|---|---|---|---|
| 薄层黏壤质石灰性草甸土 | 176.90 | 199.00 | 157.00 | 10 |
| 固定草甸风沙土 | 187.61 | 342.00 | 109.00 | 41 |
| 薄层黄土质黑钙土 | 229.60 | 454.00 | 144.00 | 117 |
| 中度苏打盐化草甸土 | 207.54 | 309.00 | 118.00 | 50 |
| 中层沙壤质草甸土 | 174.89 | 308.00 | 96.00 | 9 |
| 中层黏壤质石灰性草甸土 | 202.94 | 345.00 | 104.00 | 149 |
| 中层黄土质黑钙土 | 203.12 | 372.00 | 86.00 | 114 |
| 薄层黄土质石灰性黑钙土 | 235.87 | 345.00 | 141.00 | 53 |
| 薄层盐化草甸黑钙土 | 159.33 | 224.00 | 64.00 | 6 |
| 厚层黏壤质草甸土 | 203.67 | 411.00 | 43.00 | 287 |
| 厚层黏壤质潜育草甸土 | 226.81 | 685.00 | 83.00 | 194 |
| 薄层黄土质黑土 | 200.75 | 625.00 | 68.00 | 719 |
| 薄层黄土质草甸黑土 | 231.18 | 442.00 | 81.00 | 22 |
| 薄层沙砾底草甸土 | 198.47 | 559.00 | 77.00 | 928 |
| 中层沙砾底草甸土 | 218.14 | 477.00 | 83.00 | 284 |
| 中层黄土质黑土 | 202.77 | 561.00 | 53.00 | 806 |
| 薄层沙砾底潜育草甸土 | 197.64 | 300.00 | 104.00 | 25 |
| 中层沙砾底潜育草甸土 | 164.78 | 421.00 | 77.00 | 308 |
| 中层黄土质草甸黑土 | 203.79 | 540.00 | 54.00 | 676 |
| 厚层黄土质黑土 | 210.59 | 391.00 | 132.00 | 64 |
| 薄层砾底黑土 | 204.70 | 536.00 | 97.00 | 246 |
| 砾沙质暗棕壤 | 195.40 | 411.00 | 116.00 | 112 |
| 薄层沙底黑土 | 165.16 | 320.00 | 65.00 | 132 |
| 中层砾底黑土 | 183.69 | 411.00 | 136.00 | 62 |
| 厚层黄土质草甸黑土 | 183.92 | 410.00 | 69.00 | 202 |
| 薄层沙底草甸黑土 | 189.92 | 372.00 | 65.00 | 51 |
| 中层石灰性草甸黑钙土 | 136.00 | 138.00 | 134.00 | 2 |
| 中层黄土质草甸黑钙土 | 222.45 | 352.00 | 112.00 | 40 |
| 薄层黄土质淋溶黑钙土 | 215.11 | 272.00 | 132.00 | 18 |
| 薄层石灰性草甸黑钙土 | 235.46 | 310.00 | 160.00 | 13 |
| 薄层黄土质草甸黑钙土 | 238.10 | 297.00 | 154.00 | 10 |
| 厚层黄土质草甸黑钙土 | 232.32 | 551.00 | 131.00 | 37 |
| 中层黏壤质草甸土 | 178.82 | 316.00 | 84.00 | 201 |

（续）

| 土种 | 平均值 | 最大值 | 最小值 | 样本数 |
|---|---|---|---|---|
| 破皮黄黄土质黑土 | 192.38 | 246.00 | 145.00 | 13 |
| 中层沙底黑土 | 233.84 | 406.00 | 146.00 | 25 |
| 厚层沙底草甸黑土 | 169.44 | 268.00 | 75.00 | 9 |
| 厚层黏壤质石灰性草甸土 | 149.29 | 202.00 | 114.00 | 7 |
| 厚层黏质草甸沼泽土 | 167.89 | 192.00 | 121.00 | 47 |
| 中层砾底草甸黑土 | 223.75 | 270.00 | 179.00 | 4 |
| 中层黄土质表潜黑土 | 187.72 | 414.00 | 82.00 | 64 |
| 薄层黏壤质草甸土 | 181.43 | 189.00 | 162.00 | 7 |
| 中层黄土质石灰性黑钙土 | 228.17 | 290.00 | 164.00 | 6 |
| 薄层黄土质表潜黑土 | 210.62 | 448.00 | 121.00 | 53 |
| 厚层沙砾底草甸土 | 200.61 | 257.00 | 97.00 | 23 |
| 中层黏壤质潜育草甸土 | 217.35 | 362.00 | 112.00 | 136 |
| 厚层黄土质黑钙土 | 279.00 | 279.00 | 279.00 | 1 |
| 薄层沙质黑钙土 | 180.79 | 310.00 | 120.00 | 29 |
| 中层沙底草甸黑土 | 152.18 | 282.00 | 72.00 | 22 |
| 厚层黄土质表潜黑土 | 212.00 | 271.00 | 149.00 | 8 |
| 薄层砾底草甸黑土 | 209.60 | 282.00 | 166.00 | 10 |
| 暗矿质暗棕壤 | 187.43 | 262.00 | 142.00 | 23 |
| 厚层沙砾底潜育草甸土 | 214.29 | 239.00 | 192.00 | 7 |
| 薄层黏壤质潜育草甸土 | 257.00 | 269.00 | 236.00 | 5 |
| 黄土质草甸暗棕壤 | 157.67 | 230.00 | 120.00 | 6 |
| 中层砾底草甸土 | 201.00 | 201.00 | 201.00 | 1 |

## 六、土壤全钾

土壤全钾是土壤中各种形态钾的总量，缓效钾的不断释放可以使速效钾维持在适当的水平。在评价土壤的长期供钾能力时，应主要考虑土壤全钾的含量。

本次调查结果表明，讷河市耕地土壤全钾平均含量为 23.75 克/千克，变化幅度在 14.40～36.80 克/千克。从行政区域来看，老莱镇全钾含量最高，平均含量为 28.7 克/千克；长发镇全钾含量最低，平均含量为 21.15 克/千克。从土壤类型来看，黑土全钾含量最高，平均含量为 24.89 克/千克；其次是暗棕壤，平均含量为 24.8 克/千克；最低为沼泽土，平均含量为 21.8 克/千克。讷河市各乡（镇）、各土壤类型、各土种土壤全钾含量见表 4-40～表 4-42。

表4－40　各乡（镇）耕地土壤全钾含量统计

单位：克/千克

| 乡（镇） | 平均值 | 最大值 | 最小值 | 样本数 |
|---|---|---|---|---|
| 兴旺乡 | 23.3 | 29.3 | 18.4 | 322 |
| 和盛乡 | 22.2 | 28.5 | 17.1 | 205 |
| 九井镇 | 25.7 | 35.6 | 20.2 | 550 |
| 讷南镇 | 25.7 | 32.5 | 17.4 | 586 |
| 孔国乡 | 22.5 | 30.9 | 16.2 | 477 |
| 通南镇 | 21.9 | 32.8 | 14.4 | 294 |
| 同义镇 | 24.0 | 33.8 | 18.1 | 302 |
| 拉哈镇 | 21.5 | 25.0 | 18.1 | 70 |
| 同心乡 | 26.3 | 36.8 | 20.7 | 350 |
| 六合镇 | 21.4 | 36.0 | 19.3 | 519 |
| 龙河镇 | 25.9 | 34.6 | 12.9 | 774 |
| 长发镇 | 21.15 | 28.8 | 17.7 | 179 |
| 学田镇 | 23.6 | 33.0 | 19.9 | 584 |
| 二克浅镇 | 23.0 | 32.8 | 16.2 | 600 |
| 讷河镇 | 23.4 | 31.0 | 19.4 | 89 |
| 老莱镇 | 28.7 | 36.2 | 18.8 | 734 |

表4－41　讷河市各类土壤耕层全钾统计

单位：克/千克

| 土类 | 平均值 | 最大值 | 最小值 | 样本数 |
|---|---|---|---|---|
| 草甸土 | 24.3 | 36.2 | 14.1 | 2 679 |
| 黑钙土 | 22.6 | 33.8 | 14.4 | 539 |
| 风沙土 | 23.0 | 29.3 | 20.1 | 41 |
| 黑土 | 24.9 | 36.8 | 12.9 | 3 188 |
| 暗棕壤 | 24.8 | 35.6 | 15.4 | 141 |
| 沼泽土 | 21.8 | 36.0 | 20.3 | 47 |

表4－42　讷河市土种耕层全钾统计

单位：克/千克

| 土种 | 平均值 | 最大值 | 最小值 | 样本数 |
|---|---|---|---|---|
| 薄层沙壤质草甸土 | 24.9 | 29.3 | 19.3 | 48 |
| 厚层黄土质淋溶黑钙土 | 22.9 | 29.3 | 18.9 | 26 |
| 中层黄土质淋溶黑钙土 | 23.7 | 30.0 | 18.3 | 67 |

（续）

| 土种 | 平均值 | 最大值 | 最小值 | 样本数 |
|---|---|---|---|---|
| 薄层黏壤质石灰性草甸土 | 27.9 | 29.3 | 24.7 | 10 |
| 固定草甸风沙土 | 23.0 | 29.3 | 20.1 | 41 |
| 薄层黄土质黑钙土 | 22.7 | 29.3 | 15.9 | 117 |
| 中度苏打盐化草甸土 | 23.7 | 28.5 | 20 | 50 |
| 中层沙壤质草甸土 | 21.4 | 23.6 | 19.3 | 9 |
| 中层黏壤质石灰性草甸土 | 22.9 | 31.4 | 19.9 | 149 |
| 中层黄土质黑钙土 | 23.3 | 33.8 | 14.4 | 114 |
| 薄层黄土质石灰性黑钙土 | 22.6 | 28.5 | 20.3 | 53 |
| 薄层盐化草甸黑钙土 | 20.6 | 22 | 20 | 6 |
| 厚层黏壤质草甸土 | 25.9 | 34.4 | 18.3 | 287 |
| 厚层黏壤质潜育草甸土 | 25.4 | 34.8 | 19.9 | 194 |
| 薄层黄土质黑土 | 25.6 | 35.6 | 14.4 | 719 |
| 薄层黄土质草甸黑土 | 25.3 | 34 | 20.4 | 22 |
| 薄层沙砾底草甸土 | 22.8 | 31.7 | 14.1 | 928 |
| 中层沙砾底草甸土 | 23.0 | 33.9 | 18 | 284 |
| 中层黄土质黑土 | 24.3 | 36.2 | 12.9 | 806 |
| 薄层沙砾底潜育草甸土 | 27.0 | 34.6 | 20.3 | 25 |
| 中层沙砾底潜育草甸土 | 26.6 | 36.2 | 16.2 | 308 |
| 中层黄土质草甸黑土 | 25.5 | 36.8 | 14.4 | 676 |
| 厚层黄土质黑土 | 25.6 | 32.1 | 17.4 | 64 |
| 薄层砾底黑土 | 25.5 | 35.6 | 18.1 | 246 |
| 砾沙质暗棕壤 | 25.3 | 35.6 | 15.4 | 112 |
| 薄层沙底黑土 | 22.3 | 31.4 | 18.1 | 132 |
| 中层砾底黑土 | 24.0 | 30.8 | 12.9 | 62 |
| 厚层黄土质草甸黑土 | 23.4 | 34.8 | 17.4 | 202 |
| 薄层沙底草甸黑土 | 23.3 | 30 | 19.9 | 51 |
| 中层石灰性草甸黑钙土 | 23.3 | 24.1 | 22.5 | 2 |
| 中层黄土质草甸黑钙土 | 21.3 | 25.6 | 17.1 | 40 |
| 薄层黄土质淋溶黑钙土 | 21.6 | 22.3 | 20.6 | 18 |
| 薄层石灰性草甸黑钙土 | 19.4 | 23.7 | 17.1 | 13 |
| 薄层黄土质草甸黑钙土 | 19.5 | 22.3 | 17.1 | 10 |
| 厚层黄土质草甸黑钙土 | 21.8 | 27.8 | 18.7 | 37 |
| 中层黏壤质草甸土 | 24.6 | 32.1 | 20.9 | 201 |
| 破皮黄黄土质黑土 | 27.1 | 30.4 | 18.1 | 13 |

（续）

| 土种 | 平均值 | 最大值 | 最小值 | 样本数 |
|---|---|---|---|---|
| 中层沙底黑土 | 26.4 | 35.6 | 18.1 | 25 |
| 厚层沙底草甸黑土 | 24.1 | 29.8 | 18.1 | 9 |
| 厚层黏壤质石灰性草甸土 | 23.7 | 28.3 | 20.6 | 7 |
| 厚层黏质草甸沼泽土 | 21.8 | 36 | 20.3 | 47 |
| 中层砾底草甸黑土 | 22.1 | 23.3 | 21.6 | 4 |
| 中层黄土质表潜黑土 | 23.3 | 32.7 | 19.1 | 64 |
| 薄层黏壤质草甸土 | 21.1 | 21.5 | 20.1 | 7 |
| 中层黄土质石灰性黑钙土 | 26.9 | 30.9 | 24.3 | 6 |
| 薄层黄土质表潜黑土 | 27.6 | 32.8 | 19.9 | 53 |
| 厚层沙砾底草甸土 | 23.4 | 28.1 | 16.9 | 23 |
| 中层黏壤质潜育草甸土 | 26.6 | 34.6 | 15.1 | 136 |
| 厚层黄土质黑钙土 | 30.8 | 30.8 | 30.8 | 1 |
| 薄层沙质黑钙土 | 21.4 | 24.1 | 19.3 | 29 |
| 中层沙底草甸黑土 | 27.4 | 32.8 | 22.6 | 22 |
| 厚层黄土质表潜黑土 | 24.7 | 32.6 | 21.2 | 8 |
| 薄层砾底草甸黑土 | 25.1 | 33.5 | 18.1 | 10 |
| 暗矿质暗棕壤 | 21.6 | 27 | 19.9 | 23 |
| 厚层沙砾底潜育草甸土 | 29.6 | 34 | 21.3 | 7 |
| 薄层黏壤质潜育草甸土 | 28.0 | 28.1 | 27.9 | 5 |
| 黄土质草甸暗棕壤 | 28.1 | 31.2 | 21.3 | 6 |
| 中层砾底草甸土 | 20.4 | 20.4 | 20.4 | 1 |

本次调查结果表明，讷河市耕地土壤全钾分级分布主要集中在二级、三级地，占全市耕地总面积的80.33%。>30克/千克的耕地面积占总耕地面积的11.07%，全钾含量在25～30克/千克的耕地面积占总耕地面积的24.48%，全钾含量在20～25克/千克的耕地面积占总耕地面积的55.85%，全钾含量在15～20克/千克的耕地面积占总耕地面积的8.30%，全钾含量在10～15克/千克的耕地面积占总耕地面积的0.30%。讷河市各乡（镇）、各土壤类型、各土种耕层全钾分级面积统计见表4-43～表4-45。

**表4-43 讷河市各乡（镇）耕层全钾分级面积统计**

单位：公顷

| 乡（镇） | 面积 | 一级 | 二级 | 三级 | 四级 | 五级 |
|---|---|---|---|---|---|---|
| 兴旺乡 | 27 421 | 0 | 5 208 | 20 626 | 1 586 | 0 |
| 和盛乡 | 19 616 | 0 | 2 862 | 14 607 | 2 147 | 0 |
| 九井镇 | 26 353 | 10 879 | 7 993 | 7 481 | 0 | 0 |

（续）

| 乡（镇） | 面积 | 一级 | 二级 | 三级 | 四级 | 五级 |
|---|---|---|---|---|---|---|
| 讷南镇 | 30 782 | 3 081 | 15 143 | 12 376 | 182 | 0 |
| 孔国乡 | 30 754 | 75 | 5 088 | 21 907 | 3 683 | 0 |
| 通南镇 | 29 158 | 1 176 | 901 | 18 542 | 7 747 | 793 |
| 同义镇 | 24 343 | 413 | 7 401 | 14 181 | 2 348 | 0 |
| 拉哈镇 | 4 620 | 0 | 0 | 4 110 | 509 | 0 |
| 同心乡 | 24 713 | 4 360 | 11 681 | 8 672 | 0 | 0 |
| 六合镇 | 33 104 | 139 | 668 | 27 972 | 4 326 | 0 |
| 龙河镇 | 31 419 | 9 985 | 8 391 | 11 111 | 1 501 | 431 |
| 长发镇 | 17 212 | 0 | 413 | 12 808 | 3 990 | 0 |
| 学田镇 | 28 350 | 1 009 | 8 269 | 15 640 | 3 432 | 0 |
| 二克浅镇 | 38 523 | 2 054 | 9 144 | 25 964 | 1 362 | 0 |
| 讷河镇 | 4 025 | 115 | 972 | 2 690 | 247 | 0 |
| 老莱镇 | 34 274 | 11 508 | 14 914 | 7 322 | 531 | 0 |
| 合计 | 404 667 | 44 794 | 99 048 | 226 009 | 33 592 | 1 223 |

表4-44　讷河市各土壤类型耕层全钾分级面积统计

单位：公顷

| 土类 | 面积 | 一级 | 二级 | 三级 | 四级 | 五级 |
|---|---|---|---|---|---|---|
| 草甸土 | 95 335 | 9 614 | 23 075 | 56 296 | 6 329 | 21 |
| 黑钙土 | 54 867 | 1 003 | 9 316 | 40 240 | 4 132 | 176 |
| 风沙土 | 3 173 | 0 | 644 | 2 529 | 0 | 0 |
| 黑土 | 242 732 | 32 935 | 64 718 | 121 078 | 22 975 | 1 026 |
| 暗棕壤 | 4 128 | 1 103 | 1 252 | 1 617 | 155 | 0 |
| 沼泽土 | 4 432 | 139 | 44 | 4 249 | 0 | 0 |
| 合计 | 404 667 | 44 794 | 99 048 | 226 009 | 33 592 | 1 223 |

表4-45　讷河市各土种耕层全钾分级面积统计

单位：公顷

| 土种 | 面积 | 一级 | 二级 | 三级 | 四级 | 五级 |
|---|---|---|---|---|---|---|
| 薄层沙壤质草甸土 | 4 358 | 0 | 1 606 | 2 337 | 415 | 0 |
| 厚层黄土质淋溶黑钙土 | 1 122 | 0 | 249 | 796 | 77 | 0 |
| 中层黄土质淋溶黑钙土 | 5 282 | 0 | 973 | 4 010 | 299 | 0 |
| 薄层黏壤质石灰性草甸土 | 1 758 | 0 | 146 | 1 612 | 0 | 0 |

（续）

| 土种 | 面积 | 一级 | 二级 | 三级 | 四级 | 五级 |
|---|---|---|---|---|---|---|
| 固定草甸风沙土 | 3 173 | 0 | 644 | 2 529 | 0 | 0 |
| 薄层黄土质黑钙土 | 12 049 | 0 | 2 353 | 8 414 | 1 281 | 0 |
| 中度苏打盐化草甸土 | 926 | 0 | 272 | 653 | 1 | 0 |
| 中层沙壤质草甸土 | 153 | 0 | 0 | 79 | 74 | 0 |
| 中层黏壤质石灰性草甸土 | 6 786 | 629 | 1 564 | 4 533 | 60 | 0 |
| 中层黄土质黑钙土 | 15 504 | 949 | 3 800 | 10 271 | 308 | 176 |
| 薄层黄土质石灰性黑钙土 | 8 058 | 0 | 1 593 | 6 464 | 0 | 0 |
| 薄层盐化草甸黑钙土 | 181 | 0 | 0 | 132 | 49 | 0 |
| 厚层黏壤质草甸土 | 8 204 | 1 343 | 2 665 | 3 876 | 321 | 0 |
| 厚层黏壤质潜育草甸土 | 5 339 | 962 | 1 874 | 2 193 | 310 | 0 |
| 薄层黄土质黑土 | 68 019 | 13 209 | 19 784 | 31 890 | 2 827 | 308 |
| 薄层黄土质草甸黑土 | 1 307 | 326 | 95 | 886 | 0 | 0 |
| 薄层沙砾底草甸土 | 29 912 | 832 | 5 330 | 22 761 | 968 | 21 |
| 中层沙砾底草甸土 | 14 894 | 1 499 | 2 931 | 8 764 | 1 701 | 0 |
| 中层黄土质黑土 | 85 644 | 7 640 | 19 564 | 45 395 | 12 678 | 367 |
| 薄层沙砾底潜育草甸土 | 646 | 147 | 343 | 156 | 0 | 0 |
| 中层沙砾底潜育草甸土 | 9 014 | 3 192 | 2 211 | 2 033 | 1 577 | 0 |
| 中层黄土质草甸黑土 | 35 736 | 5 232 | 11 716 | 16 907 | 1 539 | 341 |
| 厚层黄土质黑土 | 4 588 | 1 203 | 2 201 | 1 162 | 22 | 0 |
| 薄层砾底黑土 | 15 955 | 2 404 | 4 238 | 6 937 | 2 377 | 0 |
| 砾沙质暗棕壤 | 3 785 | 996 | 1 150 | 1 508 | 131 | 0 |
| 薄层沙底黑土 | 9 122 | 78 | 860 | 7 284 | 900 | 0 |
| 中层砾底黑土 | 2 709 | 421 | 272 | 1 182 | 825 | 9 |
| 厚层黄土质草甸黑土 | 8 297 | 527 | 1 740 | 5 025 | 1 005 | 0 |
| 薄层沙底草甸黑土 | 1 301 | 0 | 276 | 971 | 54 | 0 |
| 中层石灰性草甸黑钙土 | 37 | 0 | 0 | 37 | 0 | 0 |
| 中层黄土质草甸黑钙土 | 2 682 | 0 | 75 | 2 284 | 324 | 0 |
| 薄层黄土质淋溶黑钙土 | 1 445 | 0 | 0 | 1 445 | 0 | 0 |
| 薄层石灰性草甸黑钙土 | 740 | 0 | 0 | 119 | 621 | 0 |
| 薄层黄土质草甸黑钙土 | 709 | 0 | 0 | 141 | 569 | 0 |
| 厚层黄土质草甸黑钙土 | 4 565 | 0 | 82 | 3 994 | 489 | 0 |

（续）

| 土种 | 面积 | 一级 | 二级 | 三级 | 四级 | 五级 |
|---|---|---|---|---|---|---|
| 中层黏壤质草甸土 | 6 072 | 112 | 1 475 | 4 486 | 0 | 0 |
| 破皮黄黄土质黑土 | 1 487 | 507 | 668 | 94 | 218 | 0 |
| 中层沙底黑土 | 1 301 | 402 | 710 | 107 | 83 | 0 |
| 厚层沙底草甸黑土 | 254 | 0 | 99 | 104 | 51 | 0 |
| 厚层黏壤质石灰性草甸土 | 238 | 0 | 36 | 202 | 0 | 0 |
| 厚层黏质草甸沼泽土 | 4 432 | 139 | 44 | 4 249 | 0 | 0 |
| 中层砾底草甸黑土 | 68 | 0 | 0 | 68 | 0 | 0 |
| 中层黄土质表潜黑土 | 1 811 | 276 | 204 | 1 178 | 153 | 0 |
| 薄层黏壤质草甸土 | 220 | 0 | 0 | 220 | 0 | 0 |
| 中层黄土质石灰性黑钙土 | 209 | 14 | 192 | 4 | 0 | 0 |
| 薄层黄土质表潜黑土 | 3 049 | 306 | 1 964 | 537 | 243 | 0 |
| 厚层沙砾底草甸土 | 1 425 | 0 | 115 | 451 | 860 | 0 |
| 中层黏壤质潜育草甸土 | 4 985 | 856 | 2 183 | 1 903 | 43 | 0 |
| 厚层黄土质黑钙土 | 40 | 40 | 0 | 0 | 0 | 0 |
| 薄层沙质黑钙土 | 2 244 | 0 | 0 | 2 129 | 115 | 0 |
| 中层沙底草甸黑土 | 1 090 | 188 | 207 | 695 | 0 | 0 |
| 厚层黄土质表潜黑土 | 492 | 144 | 2 | 346 | 0 | 0 |
| 薄层砾底草甸黑土 | 505 | 76 | 118 | 310 | 1 | 0 |
| 暗矿质暗棕壤 | 166 | 0 | 34 | 107 | 24 | 0 |
| 厚层沙砾底潜育草甸土 | 215 | 43 | 147 | 25 | 0 | 0 |
| 薄层黏壤质潜育草甸土 | 179 | 0 | 179 | 0 | 0 | 0 |
| 黄土质草甸暗棕壤 | 177 | 108 | 67 | 2 | 0 | 0 |
| 中层砾底草甸土 | 12 | 0 | 0 | 12 | 0 | 0 |
| 合计 | 404 667 | 44 794 | 99 049 | 226 009 | 33 592 | 1 223 |

## 七、土壤全磷

本次调查结果表明，讷河市耕地土壤全磷含量平均为 1.296 克/千克，变化幅度在 0.400～2.400 克/千克。从行政区域来看，龙河镇全磷含量最高，平均含量为 1.854/千克；其次是学田镇，平均含量为 1.675 克/千克；和盛乡全磷含量最低，平均含量为 0.695 克/千克。从土壤类型来看，暗棕壤全磷含量最高，平均含量为 1.802 克/千克；黑钙土全磷含量最低，平均含量为 0.969 克/千克。从土种来看，全磷含量最高是厚层沙砾底潜育草甸土，全磷平均含量是 1.957 克/千克；其次是黄土质草甸暗棕壤，全磷平均含量是 1.933 克/千克；最低是薄层石灰性草甸黑钙土，全磷平均含量是 0.738 克/千克。见表 4－46～表 4－48。

表 4－46　各乡（镇）耕地土壤全磷含量统计

单位：克/千克

| 乡（镇） | 平均值 | 最大值 | 最小值 | 样本数 |
|---|---|---|---|---|
| 兴旺乡 | 0.877 | 1.600 | 0.400 | 322 |
| 和盛乡 | 0.695 | 1.300 | 0.400 | 205 |
| 九井镇 | 1.478 | 1.700 | 1.100 | 550 |
| 讷南镇 | 1.122 | 1.600 | 0.700 | 586 |
| 孔国乡 | 1.518 | 2.200 | 0.900 | 477 |
| 通南镇 | 1.346 | 1.500 | 0.600 | 294 |
| 同义镇 | 1.072 | 1.700 | 0.600 | 302 |
| 拉哈镇 | 1.100 | 1.600 | 0.600 | 70 |
| 同心乡 | 1.305 | 1.500 | 0.900 | 350 |
| 六合镇 | 1.367 | 1.700 | 0.900 | 519 |
| 龙河镇 | 1.854 | 2.400 | 1.400 | 774 |
| 长发镇 | 1.242 | 1.500 | 0.900 | 179 |
| 学田镇 | 1.675 | 2.100 | 0.900 | 584 |
| 二克浅镇 | 1.287 | 2.300 | 0.800 | 600 |
| 讷河镇 | 1.125 | 1.300 | 0.800 | 89 |
| 老莱镇 | 1.672 | 2.300 | 1.100 | 734 |

表 4－47　讷河市各类型土壤耕层全磷含量统计

单位：克/千克

| 土类 | 平均值 | 最大值 | 最小值 | 样本数 |
|---|---|---|---|---|
| 草甸土 | 1.401 | 2.400 | 0.400 | 2 679 |
| 黑钙土 | 0.969 | 1.600 | 0.500 | 539 |
| 风沙土 | 1.298 | 2.100 | 0.900 | 41 |
| 黑土 | 1.463 | 2.400 | 0.600 | 3 188 |
| 暗棕壤 | 1.802 | 2.400 | 1.300 | 141 |
| 沼泽土 | 1.496 | 1.500 | 1.400 | 47 |

### 表 4-48　讷河市土种耕层全磷含量统计

单位：克/千克

| 土种 | 平均值 | 最大值 | 最小值 | 样本数 |
|---|---|---|---|---|
| 薄层沙壤质草甸土 | 0.996 | 1.600 | 0.900 | 48 |
| 厚层黄土质淋溶黑钙土 | 1.242 | 1.500 | 0.800 | 26 |
| 中层黄土质淋溶黑钙土 | 1.037 | 1.500 | 0.500 | 67 |
| 薄层黏壤质石灰性草甸土 | 0.900 | 0.900 | 0.900 | 10 |
| 固定草甸风沙土 | 1.298 | 2.100 | 0.900 | 41 |
| 薄层黄土质黑钙土 | 0.877 | 1.500 | 0.500 | 117 |
| 中度苏打盐化草甸土 | 0.906 | 1.100 | 0.700 | 50 |
| 中层沙壤质草甸土 | 1.078 | 1.600 | 0.700 | 9 |
| 中层黏壤质石灰性草甸土 | 1.072 | 1.500 | 0.500 | 149 |
| 中层黄土质黑钙土 | 0.975 | 1.500 | 0.500 | 114 |
| 薄层黄土质石灰性黑钙土 | 0.743 | 1.000 | 0.600 | 53 |
| 薄层盐化草甸黑钙土 | 0.917 | 1.000 | 0.800 | 6 |
| 厚层黏壤质草甸土 | 1.361 | 1.900 | 0.400 | 287 |
| 厚层黏壤质潜育草甸土 | 1.572 | 2.200 | 1.100 | 194 |
| 薄层黄土质黑土 | 1.450 | 2.400 | 0.700 | 719 |
| 薄层黄土质草甸黑土 | 1.382 | 2.000 | 0.900 | 22 |
| 薄层沙砾底草甸土 | 1.385 | 2.400 | 0.900 | 928 |
| 中层沙砾底草甸土 | 1.410 | 2.400 | 0.700 | 284 |
| 中层黄土质黑土 | 1.413 | 2.300 | 0.600 | 806 |
| 薄层沙砾底潜育草甸土 | 1.252 | 2.100 | 0.900 | 25 |
| 中层沙砾底潜育草甸土 | 1.327 | 1.700 | 0.900 | 308 |
| 中层黄土质草甸黑土 | 1.447 | 2.300 | 0.700 | 676 |
| 厚层黄土质黑土 | 1.272 | 1.600 | 0.900 | 64 |
| 薄层砾底黑土 | 1.759 | 2.400 | 1.000 | 246 |
| 砾沙质暗棕壤 | 1.840 | 2.400 | 1.300 | 112 |
| 薄层沙底黑土 | 1.489 | 2.200 | 0.600 | 132 |
| 中层砾底黑土 | 1.648 | 2.200 | 1.300 | 62 |
| 厚层黄土质草甸黑土 | 1.315 | 2.200 | 0.700 | 202 |
| 薄层沙底草甸黑土 | 1.539 | 2.100 | 0.600 | 51 |
| 中层石灰性草甸黑钙土 | 1.100 | 1.600 | 0.600 | 2 |
| 中层黄土质草甸黑钙土 | 0.883 | 1.500 | 0.500 | 40 |
| 薄层黄土质淋溶黑钙土 | 0.972 | 1.500 | 0.600 | 18 |
| 薄层石灰性草甸黑钙土 | 0.738 | 1.500 | 0.500 | 13 |

（续）

| 土种 | 平均值 | 最大值 | 最小值 | 样本数 |
|---|---|---|---|---|
| 薄层黄土质草甸黑钙土 | 0.860 | 1.400 | 0.600 | 10 |
| 厚层黄土质草甸黑钙土 | 1.389 | 1.500 | 0.900 | 37 |
| 中层黏壤质草甸土 | 1.635 | 2.100 | 0.800 | 201 |
| 破皮黄黄土质黑土 | 1.238 | 1.400 | 1.100 | 13 |
| 中层沙底黑土 | 1.768 | 2.100 | 1.200 | 25 |
| 厚层沙底草甸黑土 | 1.144 | 1.400 | 0.900 | 9 |
| 厚层黏壤质石灰性草甸土 | 1.200 | 1.500 | 1.000 | 7 |
| 厚层黏质草甸沼泽土 | 1.496 | 1.500 | 1.400 | 47 |
| 中层砾底草甸黑土 | 1.675 | 1.800 | 1.500 | 4 |
| 中层黄土质表潜黑土 | 1.492 | 2.100 | 0.900 | 64 |
| 薄层黏壤质草甸土 | 1.029 | 1.100 | 1.000 | 7 |
| 中层黄土质石灰性黑钙土 | 1.117 | 1.300 | 0.800 | 6 |
| 薄层黄土质表潜黑土 | 1.604 | 1.900 | 1.000 | 53 |
| 厚层沙砾底草甸土 | 1.535 | 2.300 | 1.000 | 23 |
| 中层黏壤质潜育草甸土 | 1.899 | 2.200 | 1.000 | 136 |
| 厚层黄土质黑钙土 | 1.300 | 1.300 | 1.300 | 1 |
| 薄层沙质黑钙土 | 1.003 | 1.400 | 0.600 | 29 |
| 中层沙底草甸黑土 | 1.468 | 2.000 | 1.300 | 22 |
| 厚层黄土质表潜黑土 | 1.563 | 2.000 | 1.200 | 8 |
| 薄层砾底草甸黑土 | 1.520 | 2.000 | 1.200 | 10 |
| 暗矿质暗棕壤 | 1.583 | 1.800 | 1.500 | 23 |
| 厚层沙砾底潜育草甸土 | 1.957 | 2.400 | 1.400 | 7 |
| 薄层黏壤质潜育草甸土 | 1.300 | 1.300 | 1.300 | 5 |
| 黄土质草甸暗棕壤 | 1.933 | 2.400 | 1.700 | 6 |
| 中层砾底草甸土 | 1.500 | 1.500 | 1.500 | 1 |

本次调查结果表明，讷河市各乡（镇）、各土壤类型耕层全磷分级面积统计见表4-49、表4-50。

### 表4-49 讷河市各乡（镇）耕层全磷分级面积统计

单位：公顷

| 乡（镇） | 面积 | 一级 | 二级 | 三级 | 四级 | 五级 |
|---|---|---|---|---|---|---|
| 兴旺乡 | 27 421 | 0 | 127 | 2 546 | 23 995 | 753 |
| 和盛乡 | 19 616 | 0 | 0 | 377 | 18 200 | 1 038 |
| 九井镇 | 26 353 | 0 | 5 902 | 20 451 | 0 | 0 |

（续）

| 乡（镇） | 面积 | 一级 | 二级 | 三级 | 四级 | 五级 |
|---|---|---|---|---|---|---|
| 讷南镇 | 30 782 | 0 | 1 059 | 20 743 | 8 980 | 0 |
| 孔国乡 | 30 754 | 114 | 14 288 | 14 816 | 1 536 | 0 |
| 通南镇 | 29 158 | 0 | 0 | 29 139 | 19 | 0 |
| 同义镇 | 24 343 | 0 | 8 | 13 159 | 11 176 | 0 |
| 拉哈镇 | 4 620 | 0 | 74 | 2 386 | 2 160 | 0 |
| 同心乡 | 24 713 | 0 | 0 | 23 810 | 903 | 0 |
| 六合镇 | 33 104 | 0 | 1 478 | 29 789 | 1 837 | 0 |
| 龙河镇 | 31 419 | 9 146 | 17 829 | 4 444 | 0 | 0 |
| 长发镇 | 17 212 | 0 | 0 | 17 086 | 126 | 0 |
| 学田镇 | 28 350 | 2 027 | 19 191 | 7 067 | 66 | 0 |
| 二克浅镇 | 38 523 | 158 | 796 | 28 414 | 9 155 | 0 |
| 讷河镇 | 4 025 | 0 | 0 | 2 536 | 1 489 | 0 |
| 老莱镇 | 34 274 | 3 334 | 22 063 | 8 877 | 0 | 0 |
| 合计 | 404 667 | 14 779 | 82 814 | 225 639 | 79 643 | 1 791 |

表4-50　讷河市各类型土壤耕层全磷分级面积统计

单位：公顷

| 土类 | 面积 | 一级 | 二级 | 三级 | 四级 | 五级 |
|---|---|---|---|---|---|---|
| 草甸土 | 95 335 | 2 197 | 19 069 | 51 754 | 22 227 | 89 |
| 黑钙土 | 54 867 | 0 | 33 | 17 757 | 35 375 | 1 702 |
| 风沙土 | 3 173 | 92 | 375 | 988 | 1 718 | 0 |
| 黑土 | 242 732 | 11 470 | 60 979 | 149 960 | 20 323 | 0 |
| 暗棕壤 | 4 128 | 1 021 | 2 358 | 749 | 0 | 0 |
| 沼泽土 | 4 432 | 0 | 0 | 4 431 | 0 | 0 |
| 合计 | 404 667 | 14 779 | 82 814 | 225 639 | 79 643 | 1 791 |

# 第二节　土壤微量元素

土壤微量元素是人们依据各种化学元素在土壤中存在的数量划分的一部分含量很低的元素。微量元素与其他元素一样，在植物生理功能上是同等重要的，并且是不可相互替代的。土壤养分库中微量元素的不足也会影响作物的生长、产量和品质。因此，土壤中微量元素的多少也是耕地地力的重要指标。

## 一、土壤有效锌

锌是农作物生长发育不可缺少的微量营养元素，在缺锌的土壤上容易发生玉米"白化苗"和水稻赤枯病。因此，土壤有效锌是影响作物产量和质量的重要因素。

根据本次土壤普查分级标准，全市耕地有效锌含量以四级地为主，占总耕地面积的94.27%；其次为五级地，占总耕地面积的5.31%；三级地占总耕地面积的0.42%。讷河市各乡（镇）、各土壤类型、各土种土壤有效锌含量统计见表4-51～表4-53。

**表4-51 各乡（镇）耕地土壤有效锌含量统计**

单位：毫克/千克

| 乡（镇） | 平均值 | 最大值 | 最小值 | 样本数 |
|---|---|---|---|---|
| 兴旺乡 | 0.60 | 0.77 | 0.40 | 322 |
| 和盛乡 | 0.61 | 0.74 | 0.46 | 205 |
| 九井镇 | 0.66 | 0.78 | 0.58 | 550 |
| 讷南镇 | 0.62 | 0.76 | 0.48 | 586 |
| 孔国乡 | 0.60 | 0.81 | 0.38 | 477 |
| 通南镇 | 0.68 | 1.12 | 0.55 | 294 |
| 同义镇 | 0.57 | 0.72 | 0.38 | 302 |
| 拉哈镇 | 0.59 | 0.77 | 0.51 | 70 |
| 同心乡 | 0.61 | 0.79 | 0.46 | 350 |
| 六合镇 | 0.61 | 0.77 | 0.39 | 519 |
| 龙河镇 | 0.66 | 0.81 | 0.55 | 774 |
| 长发镇 | 0.61 | 0.77 | 0.46 | 179 |
| 学田镇 | 0.60 | 0.44 | 0.44 | 584 |
| 二克浅镇 | 0.60 | 0.70 | 0.38 | 600 |
| 讷河镇 | 0.58 | 0.70 | 0.41 | 89 |
| 老莱镇 | 0.59 | 0.73 | 0.44 | 734 |

**表4-52 各土壤类型耕地有效锌含量统计**

单位：毫克/千克

| 土类 | 平均值 | 最大值 | 最小值 | 样本数 |
|---|---|---|---|---|
| 草甸土 | 0.61 | 1.12 | 0.38 | 2 679 |
| 黑钙土 | 0.62 | 1.00 | 0.45 | 539 |
| 风沙土 | 0.59 | 0.70 | 0.53 | 41 |
| 黑土 | 0.62 | 1.12 | 0.38 | 3 188 |
| 暗棕壤 | 0.62 | 0.75 | 0.44 | 141 |
| 沼泽土 | 0.62 | 0.73 | 0.59 | 47 |

## 表 4-53　各土种耕地有效锌含量统计

单位：毫克/千克

| 土种 | 平均值 | 最大值 | 最小值 | 样本数 |
|---|---|---|---|---|
| 薄层沙壤质草甸土 | 0.62 | 0.77 | 0.53 | 48 |
| 厚层黄土质淋溶黑钙土 | 0.64 | 0.73 | 0.45 | 26 |
| 中层黄土质淋溶黑钙土 | 0.63 | 0.76 | 0.46 | 67 |
| 薄层黏壤质石灰性草甸土 | 0.65 | 0.69 | 0.56 | 10 |
| 固定草甸风沙土 | 0.59 | 0.70 | 0.53 | 41 |
| 薄层黄土质黑钙土 | 0.62 | 0.69 | 0.5 | 117 |
| 中度苏打盐化草甸土 | 0.61 | 0.69 | 0.4 | 50 |
| 中层沙壤质草甸土 | 0.59 | 0.69 | 0.48 | 9 |
| 中层黏壤质石灰性草甸土 | 0.61 | 0.76 | 0.48 | 149 |
| 中层黄土质黑钙土 | 0.60 | 1.00 | 0.45 | 114 |
| 薄层黄土质石灰性黑钙土 | 0.61 | 0.67 | 0.49 | 53 |
| 薄层盐化草甸黑钙土 | 0.62 | 0.67 | 0.52 | 6 |
| 厚层黏壤质草甸土 | 0.61 | 1.12 | 0.45 | 287 |
| 厚层黏壤质潜育草甸土 | 0.64 | 0.72 | 0.56 | 194 |
| 薄层黄土质黑土 | 0.62 | 0.79 | 0.45 | 719 |
| 薄层黄土质草甸黑土 | 0.64 | 0.69 | 0.53 | 22 |
| 薄层沙砾底草甸土 | 0.62 | 0.81 | 0.4 | 928 |
| 中层沙砾底草甸土 | 0.64 | 0.76 | 0.39 | 284 |
| 中层黄土质黑土 | 0.62 | 1.12 | 0.38 | 806 |
| 薄层沙砾底潜育草甸土 | 0.64 | 0.70 | 0.55 | 25 |
| 中层沙砾底潜育草甸土 | 0.57 | 0.70 | 0.38 | 308 |
| 中层黄土质草甸黑土 | 0.62 | 1.12 | 0.41 | 676 |
| 厚层黄土质黑土 | 0.62 | 0.72 | 0.5 | 64 |
| 薄层砾底黑土 | 0.62 | 0.75 | 0.44 | 246 |
| 砾沙质暗棕壤 | 0.61 | 0.72 | 0.44 | 112 |
| 薄层沙底黑土 | 0.61 | 0.72 | 0.51 | 132 |
| 中层砾底黑土 | 0.61 | 0.68 | 0.52 | 62 |
| 厚层黄土质草甸黑土 | 0.60 | 0.73 | 0.39 | 202 |
| 薄层沙底草甸黑土 | 0.63 | 0.72 | 0.55 | 51 |
| 中层石灰性草甸黑钙土 | 0.75 | 0.77 | 0.72 | 2 |
| 中层黄土质草甸黑钙土 | 0.63 | 0.74 | 0.55 | 40 |
| 薄层黄土质淋溶黑钙土 | 0.61 | 0.66 | 0.51 | 18 |

（续）

| 土种 | 平均值 | 最大值 | 最小值 | 样本数 |
|---|---|---|---|---|
| 薄层石灰性草甸黑钙土 | 0.60 | 0.67 | 0.55 | 13 |
| 薄层黄土质草甸黑钙土 | 0.60 | 0.66 | 0.53 | 10 |
| 厚层黄土质草甸黑钙土 | 0.64 | 0.73 | 0.55 | 37 |
| 中层黏壤质草甸土 | 0.60 | 0.75 | 0.44 | 201 |
| 破皮黄黄土质黑土 | 0.61 | 0.69 | 0.51 | 13 |
| 中层沙底黑土 | 0.61 | 0.7 | 0.51 | 25 |
| 厚层沙底草甸黑土 | 0.60 | 0.72 | 0.51 | 9 |
| 厚层黏壤质石灰性草甸土 | 0.62 | 0.69 | 0.51 | 7 |
| 厚层黏质草甸沼泽土 | 0.62 | 0.73 | 0.59 | 47 |
| 中层砾底草甸黑土 | 0.67 | 0.69 | 0.63 | 4 |
| 中层黄土质表潜黑土 | 0.61 | 0.7 | 0.44 | 64 |
| 薄层黏壤质草甸土 | 0.68 | 0.69 | 0.65 | 7 |
| 中层黄土质石灰性黑钙土 | 0.56 | 0.61 | 0.48 | 6 |
| 薄层黄土质表潜黑土 | 0.58 | 0.7 | 0.45 | 53 |
| 厚层沙砾底草甸土 | 0.62 | 0.71 | 0.4 | 23 |
| 中层黏壤质潜育草甸土 | 0.66 | 0.81 | 0.51 | 136 |
| 厚层黄土质黑钙土 | 0.59 | 0.59 | 0.59 | 1 |
| 薄层沙质黑钙土 | 0.62 | 0.74 | 0.53 | 29 |
| 中层沙底草甸黑土 | 0.64 | 0.75 | 0.56 | 22 |
| 厚层黄土质表潜黑土 | 0.56 | 0.63 | 0.44 | 8 |
| 薄层砾底草甸黑土 | 0.61 | 0.69 | 0.46 | 10 |
| 暗矿质暗棕壤 | 0.65 | 0.68 | 0.6 | 23 |
| 厚层沙砾底潜育草甸土 | 0.66 | 0.7 | 0.59 | 7 |
| 薄层黏壤质潜育草甸土 | 0.61 | 0.61 | 0.61 | 5 |
| 黄土质草甸暗棕壤 | 0.71 | 0.75 | 0.66 | 6 |
| 中层砾底草甸土 | 0.68 | 0.68 | 0.68 | 1 |

## 二、土壤有效铁

铁参与植物的呼吸作用和代谢活动，又为合成叶绿体所必需。因此，作物缺铁会导致叶失绿，严重的甚至枯萎死亡。

本次调查结果表明，讷河市耕地有效铁平均含量为 25.86 毫克/千克，变化范围在 22.0～32.7 毫克/千克。讷河市所有地块土壤都在不缺铁范围内，有效铁含量都在 4.5 毫克/千克以上，说明讷河市耕地土壤有效铁含量极为丰富。其中，龙河镇有效铁平均含量最高，为26.91毫克/千克；和盛乡有效铁平均含量最低，为25.10毫克/千克。从土壤类型来看，暗棕壤有效铁含量最高，平均含量为26.64毫克/千克；风沙土有效铁含量最低，平均含量为25.43毫克/千克。见表4-54～表4-56。

表4-54 讷河市各乡（镇）耕层土壤有效铁分析统计

单位：毫克/千克

| 乡（镇） | 平均值 | 最大值 | 最小值 | 样本数 |
|---|---|---|---|---|
| 兴旺乡 | 25.38 | 27.00 | 22.80 | 322 |
| 和盛乡 | 25.10 | 26.40 | 22.00 | 205 |
| 九井镇 | 26.85 | 32.70 | 23.40 | 550 |
| 讷南镇 | 26.02 | 29.30 | 23.50 | 586 |
| 孔国乡 | 26.00 | 28.00 | 24.60 | 477 |
| 通南镇 | 25.42 | 27.40 | 23.50 | 294 |
| 同义镇 | 25.58 | 27.50 | 22.40 | 302 |
| 拉哈镇 | 26.32 | 27.30 | 24.20 | 70 |
| 同心乡 | 26.30 | 27.70 | 24.40 | 350 |
| 六合镇 | 25.41 | 28.70 | 23.70 | 519 |
| 龙河镇 | 26.91 | 29.00 | 24.50 | 774 |
| 长发镇 | 25.68 | 27.90 | 24.10 | 179 |
| 学田镇 | 26.20 | 32.20 | 23.50 | 584 |
| 二克浅镇 | 25.50 | 32.20 | 22.80 | 600 |
| 讷河镇 | 25.47 | 27.40 | 24.40 | 89 |
| 老莱镇 | 25.62 | 28.50 | 24.30 | 734 |

表4-55 讷河市各土壤类型耕地有效铁含量统计

单位：毫克/千克

| 土类 | 平均值 | 最大值 | 最小值 | 样本数 |
|---|---|---|---|---|
| 草甸土 | 26.08 | 32.70 | 22.70 | 2 679 |
| 黑钙土 | 25.49 | 28.70 | 22.00 | 539 |
| 风沙土 | 25.43 | 27.60 | 22.80 | 41 |
| 黑土 | 25.93 | 32.70 | 22.40 | 3 188 |
| 暗棕壤 | 26.64 | 29.00 | 24.60 | 141 |
| 沼泽土 | 25.62 | 28.70 | 23.80 | 47 |

## 表 4 - 56  讷河市各土种耕地有效铁含量统计

单位：毫克/千克

| 土种 | 平均值 | 最大值 | 最小值 | 样本数 |
|---|---|---|---|---|
| 薄层沙壤质草甸土 | 24.85 | 27.10 | 22.80 | 48 |
| 厚层黄土质淋溶黑钙土 | 25.00 | 28.00 | 22.80 | 26 |
| 中层黄土质淋溶黑钙土 | 25.32 | 27.70 | 22.00 | 67 |
| 薄层黏壤质石灰性草甸土 | 23.42 | 24.80 | 22.80 | 10 |
| 固定草甸风沙土 | 25.43 | 27.60 | 22.80 | 41 |
| 薄层黄土质黑钙土 | 25.47 | 27.00 | 22.80 | 117 |
| 中度苏打盐化草甸土 | 25.42 | 27.10 | 22.90 | 50 |
| 中层沙壤质草甸土 | 26.02 | 27.00 | 24.80 | 9 |
| 中层黏壤质石灰性草甸土 | 25.71 | 27.50 | 24.50 | 149 |
| 中层黄土质黑钙土 | 25.71 | 27.70 | 22.50 | 114 |
| 薄层黄土质石灰性黑钙土 | 25.61 | 27.00 | 23.90 | 53 |
| 薄层盐化草甸黑钙土 | 26.40 | 26.70 | 25.60 | 6 |
| 厚层黏壤质草甸土 | 25.72 | 32.70 | 22.70 | 287 |
| 厚层黏壤质潜育草甸土 | 26.57 | 32.70 | 23.40 | 194 |
| 薄层黄土质黑土 | 25.88 | 32.70 | 22.80 | 719 |
| 薄层黄土质草甸黑土 | 29.09 | 32.70 | 25.30 | 22 |
| 薄层沙砾底草甸土 | 26.17 | 32.70 | 24.20 | 928 |
| 中层沙砾底草甸土 | 26.32 | 32.70 | 24.20 | 284 |
| 中层黄土质黑土 | 25.89 | 32.20 | 22.40 | 806 |
| 薄层沙砾底潜育草甸土 | 26.46 | 27.40 | 25.60 | 25 |
| 中层沙砾底潜育草甸土 | 25.57 | 29.30 | 24.30 | 308 |
| 中层黄土质草甸黑土 | 25.96 | 32.70 | 23.50 | 676 |
| 厚层黄土质黑土 | 25.91 | 27.50 | 23.90 | 64 |
| 薄层砾底黑土 | 25.83 | 28.50 | 23.50 | 246 |
| 砾沙质暗棕壤 | 26.73 | 29.00 | 24.60 | 112 |
| 薄层沙底黑土 | 25.52 | 28.90 | 23.60 | 132 |
| 中层砾底黑土 | 26.73 | 29.10 | 24.90 | 62 |
| 厚层黄土质草甸黑土 | 25.65 | 29.90 | 23.30 | 202 |
| 薄层沙底草甸黑土 | 26.45 | 29.00 | 23.60 | 51 |
| 中层石灰性草甸黑钙土 | 25.50 | 26.80 | 24.20 | 2 |
| 中层黄土质草甸黑钙土 | 24.97 | 26.10 | 22.00 | 40 |
| 薄层黄土质淋溶黑钙土 | 25.52 | 26.20 | 24.60 | 18 |
| 薄层石灰性草甸黑钙土 | 24.97 | 26.10 | 24.30 | 13 |

（续）

| 土种 | 平均值 | 最大值 | 最小值 | 样本数 |
|---|---|---|---|---|
| 薄层黄土质草甸黑钙土 | 25.01 | 26.10 | 24.30 | 10 |
| 厚层黄土质草甸黑钙土 | 25.59 | 28.70 | 23.80 | 37 |
| 中层黏壤质草甸土 | 26.47 | 32.20 | 22.80 | 201 |
| 破皮黄黄土质黑土 | 25.69 | 26.60 | 24.30 | 13 |
| 中层沙底黑土 | 25.87 | 29.00 | 24.30 | 25 |
| 厚层沙底草甸黑土 | 26.11 | 27.50 | 24.30 | 9 |
| 厚层黏壤质石灰性草甸土 | 25.57 | 27.10 | 24.30 | 7 |
| 厚层黏质草甸沼泽土 | 25.62 | 28.70 | 23.80 | 47 |
| 中层砾底草甸黑土 | 26.90 | 27.30 | 25.90 | 4 |
| 中层黄土质表潜黑土 | 26.49 | 32.20 | 24.70 | 64 |
| 薄层黏壤质草甸土 | 25.66 | 25.90 | 25.10 | 7 |
| 中层黄土质石灰性黑钙土 | 26.97 | 27.60 | 25.80 | 6 |
| 薄层黄土质表潜黑土 | 26.07 | 27.00 | 24.10 | 53 |
| 厚层沙砾底草甸土 | 25.71 | 28.00 | 24.40 | 23 |
| 中层黏壤质潜育草甸土 | 26.77 | 29.00 | 24.30 | 136 |
| 厚层黄土质黑钙土 | 26.10 | 26.10 | 26.10 | 1 |
| 薄层沙质黑钙土 | 25.68 | 26.90 | 24.30 | 29 |
| 中层沙底草甸黑土 | 26.05 | 28.10 | 24.70 | 22 |
| 厚层黄土质表潜黑土 | 26.16 | 27.50 | 24.70 | 8 |
| 薄层砾底草甸黑土 | 25.95 | 26.90 | 25.00 | 10 |
| 暗矿质暗棕壤 | 25.83 | 26.10 | 25.10 | 23 |
| 厚层沙砾底潜育草甸土 | 27.09 | 28.50 | 26.10 | 7 |
| 薄层黏壤质潜育草甸土 | 25.76 | 26.00 | 25.60 | 5 |
| 黄土质草甸暗棕壤 | 28.02 | 28.50 | 27.50 | 6 |
| 中层砾底草甸土 | 26.10 | 26.10 | 26.10 | 1 |

## 三、土壤有效锰

锰是植物生长和发育的必需营养元素之一。它在植物体内直接参与光合作用，锰也是植物许多酶的重要组成部分，影响植物组织中生长素的水平，参与硝酸还原成氨的作用等。根据土壤有效锰的分级标准，土壤有效锰含量＞15 毫克/千克为丰富。讷河市各乡（镇）耕地土壤有效锰含量均达到丰富的标准，没有缺锰现象。从行政区域来看，九井镇土壤有效锰含量最高，平均含量为 27.89 毫克/千克；通南镇土壤有效锰含量最低，平均含量为 21.81 毫克/千克。从土壤类型来看，风沙土有效锰含量最高，平均含量为26.28毫克/千克；黑钙土有效锰含量最低，平均含量为23.59毫克/千克。见表4-57～表4-59。

表4-57 讷河市各乡（镇）耕层土壤有效锰含量分析统计

单位：毫克/千克

| 乡（镇） | 平均值 | 最大值 | 最小值 | 样本数 |
|---|---|---|---|---|
| 兴旺乡 | 24.02 | 28.60 | 20.00 | 322 |
| 和盛乡 | 22.24 | 28.60 | 20.00 | 205 |
| 九井镇 | 27.89 | 31.90 | 21.90 | 550 |
| 讷南镇 | 27.32 | 30.40 | 21.90 | 586 |
| 孔国乡 | 24.48 | 30.30 | 21.10 | 477 |
| 通南镇 | 21.81 | 29.20 | 18.40 | 294 |
| 同义镇 | 26.89 | 31.30 | 22.60 | 302 |
| 拉哈镇 | 25.17 | 27.50 | 23.50 | 70 |
| 同心乡 | 26.49 | 31.30 | 20.40 | 350 |
| 六合镇 | 26.21 | 29.70 | 24.50 | 519 |
| 龙河镇 | 23.40 | 28.40 | 20.10 | 774 |
| 长发镇 | 27.19 | 31.30 | 25.40 | 179 |
| 学田镇 | 27.41 | 29.90 | 24.80 | 584 |
| 二克浅镇 | 26.48 | 28.50 | 24.10 | 600 |
| 讷河镇 | 26.95 | 28.50 | 25.80 | 89 |
| 老莱镇 | 26.59 | 29.70 | 22.20 | 734 |

表4-58 各土壤类型耕地有效锰含量统计

单位：毫克/千克

| 土类 | 平均值 | 最大值 | 最小值 | 样本数 |
|---|---|---|---|---|
| 草甸土 | 25.92 | 31.90 | 19.10 | 2 679 |
| 黑钙土 | 23.59 | 31.30 | 18.40 | 539 |
| 风沙土 | 26.28 | 27.50 | 23.70 | 41 |
| 黑土 | 26.12 | 31.90 | 18.40 | 3 188 |
| 暗棕壤 | 25.36 | 29.70 | 22.20 | 141 |
| 沼泽土 | 25.58 | 28.90 | 24.90 | 47 |

表4-59 讷河市耕层土壤有效锰含量统计

单位：毫克/千克

| 土种 | 平均值 | 最大值 | 最小值 | 样本数 |
|---|---|---|---|---|
| 薄层沙壤质草甸土 | 24.85 | 27.10 | 22.80 | 48 |
| 厚层黄土质淋溶黑钙土 | 25.00 | 28.00 | 22.80 | 26 |

（续）

| 土种 | 平均值 | 最大值 | 最小值 | 样本数 |
|---|---|---|---|---|
| 中层黄土质淋溶黑钙土 | 25.32 | 27.70 | 22.00 | 67 |
| 薄层黏壤质石灰性草甸土 | 23.42 | 24.80 | 22.80 | 10 |
| 固定草甸风沙土 | 25.43 | 27.60 | 22.80 | 41 |
| 薄层黄土质黑钙土 | 25.47 | 27.00 | 22.80 | 117 |
| 中度苏打盐化草甸土 | 25.42 | 27.10 | 22.90 | 50 |
| 中层沙壤质草甸土 | 26.02 | 27.00 | 24.80 | 9 |
| 中层黏壤质石灰性草甸土 | 25.71 | 27.50 | 24.50 | 149 |
| 中层黄土质黑钙土 | 25.71 | 27.70 | 22.50 | 114 |
| 薄层黄土质石灰性黑钙土 | 25.61 | 27.00 | 23.90 | 53 |
| 薄层盐化草甸黑钙土 | 26.40 | 26.70 | 25.60 | 6 |
| 厚层黏壤质草甸土 | 25.72 | 32.70 | 22.70 | 287 |
| 厚层黏壤质潜育草甸土 | 26.57 | 32.70 | 23.40 | 194 |
| 薄层黄土质黑土 | 25.88 | 32.70 | 22.80 | 719 |
| 薄层黄土质草甸黑土 | 29.09 | 32.70 | 25.30 | 22 |
| 薄层沙砾底草甸土 | 26.17 | 32.70 | 24.20 | 928 |
| 中层沙砾底草甸土 | 26.32 | 32.70 | 24.20 | 284 |
| 中层黄土质黑土 | 25.89 | 32.20 | 22.40 | 806 |
| 薄层沙砾底潜育草甸土 | 26.46 | 27.40 | 25.60 | 25 |
| 中层沙砾底潜育草甸土 | 25.57 | 29.30 | 24.30 | 308 |
| 中层黄土质草甸黑土 | 25.96 | 32.70 | 23.50 | 676 |
| 厚层黄土质黑土 | 25.91 | 27.50 | 23.90 | 64 |
| 薄层砾底黑土 | 25.83 | 28.50 | 23.50 | 246 |
| 砾沙质暗棕壤 | 26.73 | 29.00 | 24.60 | 112 |
| 薄层沙底黑土 | 25.52 | 28.90 | 23.60 | 132 |
| 中层砾底黑土 | 26.73 | 29.10 | 24.90 | 62 |
| 厚层黄土质草甸黑土 | 25.65 | 29.90 | 23.30 | 202 |
| 薄层沙底草甸黑土 | 26.45 | 29.00 | 23.60 | 51 |
| 中层石灰性草甸黑钙土 | 25.50 | 26.80 | 24.20 | 2 |
| 中层黄土质草甸黑钙土 | 24.97 | 26.10 | 22.00 | 40 |
| 薄层黄土质淋溶黑钙土 | 25.52 | 26.20 | 24.60 | 18 |
| 薄层石灰性草甸黑钙土 | 24.97 | 26.10 | 24.30 | 13 |
| 薄层黄土质草甸黑钙土 | 25.01 | 26.10 | 24.30 | 10 |

（续）

| 土种 | 平均值 | 最大值 | 最小值 | 样本数 |
|---|---|---|---|---|
| 厚层黄土质草甸黑钙土 | 25.59 | 28.70 | 23.80 | 37 |
| 中层黏壤质草甸土 | 26.47 | 32.20 | 22.80 | 201 |
| 破皮黄黄土质黑土 | 25.69 | 26.60 | 24.30 | 13 |
| 中层沙底黑土 | 25.87 | 29.00 | 24.30 | 25 |
| 厚层沙底草甸黑土 | 26.11 | 27.50 | 24.30 | 9 |
| 厚层黏壤质石灰性草甸土 | 25.57 | 27.10 | 24.30 | 7 |
| 厚层黏质草甸沼泽土 | 25.62 | 28.70 | 23.80 | 47 |
| 中层砾底草甸黑土 | 26.90 | 27.30 | 25.90 | 4 |
| 中层黄土质表潜黑土 | 26.49 | 32.20 | 24.70 | 64 |
| 薄层黏壤质草甸土 | 25.66 | 25.90 | 25.10 | 7 |
| 中层黄土质石灰性黑钙土 | 26.97 | 27.60 | 25.80 | 6 |
| 薄层黄土质表潜黑土 | 26.07 | 27.00 | 24.10 | 53 |
| 厚层沙砾底草甸土 | 25.71 | 28.00 | 24.40 | 23 |
| 中层黏壤质潜育草甸土 | 26.77 | 29.00 | 24.30 | 136 |
| 厚层黄土质黑钙土 | 26.10 | 26.10 | 26.10 | 1 |
| 薄层沙质黑钙土 | 25.68 | 26.90 | 24.30 | 29 |
| 中层沙底草甸黑土 | 26.05 | 28.10 | 24.70 | 22 |
| 厚层黄土质表潜黑土 | 26.16 | 27.50 | 24.70 | 8 |
| 薄层砾底草甸黑土 | 25.95 | 26.90 | 25.00 | 10 |
| 暗矿质暗棕壤 | 25.83 | 26.10 | 25.10 | 23 |
| 厚层沙砾底潜育草甸土 | 27.09 | 28.50 | 26.10 | 7 |
| 薄层黏壤质潜育草甸土 | 25.76 | 26.00 | 25.60 | 5 |
| 黄土质草甸暗棕壤 | 28.02 | 28.50 | 27.50 | 6 |
| 中层砾底草甸土 | 26.10 | 26.10 | 26.10 | 1 |

## 四、土壤有效铜

铜元素是作物体内许多酶的组成成分，与叶绿素的蛋白质合成有关，它可增强叶绿素和其他色素的稳定性，参与作物体内氧化还原过程，增强呼吸作用，放出能量，参与碳水化合物及氮的代谢。

从有效铜分布频率来看，全市土壤有效铜含量均＞1毫克/千克，说明讷河市耕地有效铜含量丰富。从行政区域来看，龙河镇土壤有效铜含量最高，平均含量为 1.68 毫克/千克；和盛乡土壤有效铜含量最低，平均含量为 1.52 毫克/千克。从土壤类型来看，暗棕壤有效铜含量最高，平均含量为 1.63 毫克/千克；风沙土有效铜含量最低，平均含量为 1.43 毫克/千克。见表 4-60～表 4-62。

表 4-60 讷河市耕地土壤有效铜含量统计

单位：毫克/千克

| 乡（镇） | 平均值 | 最大值 | 最小值 | 样本数 |
|---|---|---|---|---|
| 兴旺乡 | 1.56 | 1.89 | 1.19 | 322 |
| 和盛乡 | 1.52 | 1.79 | 1.31 | 205 |
| 九井镇 | 1.60 | 2.00 | 1.23 | 550 |
| 讷南镇 | 1.64 | 1.91 | 1.29 | 586 |
| 孔国乡 | 1.64 | 2.00 | 1.36 | 477 |
| 通南镇 | 1.56 | 2.06 | 1.07 | 294 |
| 同义镇 | 1.53 | 1.93 | 1.36 | 302 |
| 拉哈镇 | 1.38 | 1.67 | 1.19 | 70 |
| 同心乡 | 1.54 | 1.93 | 1.33 | 350 |
| 六合镇 | 1.60 | 2.03 | 1.36 | 519 |
| 龙河镇 | 1.68 | 1.87 | 1.44 | 774 |
| 长发镇 | 1.65 | 2.11 | 1.13 | 179 |
| 学田镇 | 1.53 | 1.80 | 1.35 | 584 |
| 二克浅镇 | 1.58 | 2.00 | 1.26 | 600 |
| 讷河镇 | 1.65 | 1.74 | 1.41 | 89 |
| 老莱镇 | 1.55 | 1.81 | 1.34 | 734 |

表 4-61 讷河市耕地土壤类型有效铜含量统计

单位：毫克/千克

| 土类 | 平均值 | 最大值 | 最小值 | 样本数 |
|---|---|---|---|---|
| 草甸土 | 1.60 | 2.00 | 1.19 | 2 679 |
| 黑钙土 | 1.55 | 1.93 | 1.07 | 539 |
| 风沙土 | 1.43 | 1.79 | 1.21 | 41 |
| 黑土 | 1.59 | 2.11 | 1.07 | 3 188 |
| 暗棕壤 | 1.63 | 1.87 | 1.34 | 141 |
| 沼泽土 | 1.56 | 1.88 | 1.37 | 47 |

### 表 4-62 讷河市耕地土种有效铜含量统计

单位：毫克/千克

| 土种 | 平均值 | 最大值 | 最小值 | 样本数 |
|---|---|---|---|---|
| 薄层沙壤质草甸土 | 1.47 | 1.79 | 1.19 | 48 |
| 厚层黄土质淋溶黑钙土 | 1.55 | 1.79 | 1.34 | 26 |
| 中层黄土质淋溶黑钙土 | 1.55 | 1.93 | 1.26 | 67 |
| 薄层黏壤质石灰性草甸土 | 1.65 | 1.79 | 1.33 | 10 |
| 固定草甸风沙土 | 1.43 | 1.79 | 1.21 | 41 |
| 薄层黄土质黑钙土 | 1.60 | 1.8 | 1.21 | 117 |
| 中度苏打盐化草甸土 | 1.57 | 1.89 | 1.36 | 50 |
| 中层沙壤质草甸土 | 1.45 | 1.51 | 1.34 | 9 |
| 中层黏壤质石灰性草甸土 | 1.62 | 1.86 | 1.26 | 149 |
| 中层黄土质黑钙土 | 1.55 | 1.93 | 1.07 | 114 |
| 薄层黄土质石灰性黑钙土 | 1.53 | 1.83 | 1.31 | 53 |
| 薄层盐化草甸黑钙土 | 1.64 | 1.75 | 1.57 | 6 |
| 厚层黏壤质草甸土 | 1.56 | 2 | 1.31 | 287 |
| 厚层黏壤质潜育草甸土 | 1.57 | 1.83 | 1.23 | 194 |
| 薄层黄土质黑土 | 1.58 | 2 | 1.07 | 719 |
| 薄层黄土质草甸黑土 | 1.58 | 1.73 | 1.38 | 22 |
| 薄层沙砾底草甸土 | 1.62 | 2 | 1.19 | 928 |
| 中层沙砾底草甸土 | 1.62 | 1.87 | 1.29 | 284 |
| 中层黄土质黑土 | 1.60 | 2.11 | 1.07 | 806 |
| 薄层沙砾底潜育草甸土 | 1.62 | 1.84 | 1.19 | 25 |
| 中层沙砾底潜育草甸土 | 1.62 | 1.91 | 1.38 | 308 |
| 中层黄土质草甸黑土 | 1.59 | 2.11 | 1.07 | 676 |
| 厚层黄土质黑土 | 1.56 | 1.75 | 1.36 | 64 |
| 薄层砾底黑土 | 1.55 | 1.87 | 1.34 | 246 |
| 砾沙质暗棕壤 | 1.65 | 1.87 | 1.34 | 112 |
| 薄层沙底黑土 | 1.56 | 2 | 1.19 | 132 |
| 中层砾底黑土 | 1.56 | 1.73 | 1.35 | 62 |
| 厚层黄土质草甸黑土 | 1.61 | 2.00 | 1.23 | 202 |
| 薄层沙底草甸黑土 | 1.56 | 1.69 | 1.26 | 51 |
| 中层石灰性草甸黑钙土 | 1.40 | 1.53 | 1.26 | 2 |
| 中层黄土质草甸黑钙土 | 1.51 | 1.67 | 1.31 | 40 |
| 薄层黄土质淋溶黑钙土 | 1.55 | 1.91 | 1.31 | 18 |
| 薄层石灰性草甸黑钙土 | 1.59 | 1.76 | 1.33 | 13 |
| 薄层黄土质草甸黑钙土 | 1.56 | 1.69 | 1.31 | 10 |

（续）

| 土种 | 平均值 | 最大值 | 最小值 | 样本数 |
|---|---|---|---|---|
| 厚层黄土质草甸黑钙土 | 1.57 | 1.70 | 1.44 | 37 |
| 中层黏壤质草甸土 | 1.56 | 1.93 | 1.33 | 201 |
| 破皮黄黄土质黑土 | 1.68 | 1.74 | 1.54 | 13 |
| 中层沙底黑土 | 1.57 | 1.74 | 1.34 | 25 |
| 厚层沙底草甸黑土 | 1.45 | 1.67 | 1.19 | 9 |
| 厚层黏壤质石灰性草甸土 | 1.63 | 1.89 | 1.4 | 7 |
| 厚层黏质草甸沼泽土 | 1.56 | 1.88 | 1.37 | 47 |
| 中层砾底草甸黑土 | 1.64 | 1.73 | 1.57 | 4 |
| 中层黄土质表潜黑土 | 1.58 | 1.88 | 1.13 | 64 |
| 薄层黏壤质草甸土 | 1.50 | 1.54 | 1.49 | 7 |
| 中层黄土质石灰性黑钙土 | 1.47 | 1.56 | 1.37 | 6 |
| 薄层黄土质表潜黑土 | 1.59 | 1.79 | 1.35 | 53 |
| 厚层沙砾底草甸土 | 1.52 | 1.66 | 1.37 | 23 |
| 中层黏壤质潜育草甸土 | 1.66 | 1.81 | 1.37 | 136 |
| 厚层黄土质黑钙土 | 1.55 | 1.55 | 1.55 | 1 |
| 薄层沙质黑钙土 | 1.49 | 1.73 | 1.26 | 29 |
| 中层沙底草甸黑土 | 1.61 | 1.87 | 1.26 | 22 |
| 厚层黄土质表潜黑土 | 1.65 | 1.75 | 1.47 | 8 |
| 薄层砾底草甸黑土 | 1.62 | 1.73 | 1.45 | 10 |
| 暗矿质暗棕壤 | 1.53 | 1.60 | 1.4 | 23 |
| 厚层沙砾底潜育草甸土 | 1.76 | 1.87 | 1.64 | 7 |
| 薄层黏壤质潜育草甸土 | 1.64 | 1.66 | 1.63 | 5 |
| 黄土质草甸暗棕壤 | 1.74 | 1.87 | 1.65 | 6 |
| 中层砾底草甸土 | 1.56 | 1.56 | 1.56 | 1 |

讷河市各土种、各土壤类型、各乡（镇）耕地有效铜分级面积统计见表4-63～表4-65。

**表4-63　讷河市各土种耕地有效铜分级面积统计**

单位：公顷

| 土种 | 面积 | 一级 | 二级 |
|---|---|---|---|
| 薄层沙壤质草甸土 | 4 358 | 0 | 4 358 |
| 厚层黄土质淋溶黑钙土 | 1 122 | 0 | 1 122 |
| 中层黄土质淋溶黑钙土 | 5 282 | 397 | 4 885 |
| 薄层黏壤质石灰性草甸土 | 1 758 | 0 | 1 758 |

（续）

| 土种 | 面积 | 一级 | 二级 |
|---|---|---|---|
| 固定草甸风沙土 | 3 173 | 0 | 3 173 |
| 薄层黄土质黑钙土 | 12 049 | 0 | 12 049 |
| 中度苏打盐化草甸土 | 926 | 80 | 846 |
| 中层沙壤质草甸土 | 153 | 0 | 153 |
| 中层黏壤质石灰性草甸土 | 6 786 | 190 | 6 596 |
| 中层黄土质黑钙土 | 15 504 | 1 616 | 13 889 |
| 薄层黄土质石灰性黑钙土 | 8 058 | 138 | 7 920 |
| 薄层盐化草甸黑钙土 | 181 | 0 | 181 |
| 厚层黏壤质草甸土 | 8 204 | 102 | 8 102 |
| 厚层黏壤质潜育草甸土 | 5 339 | 14 | 5 325 |
| 薄层黄土质黑土 | 68 019 | 1 862 | 66 157 |
| 薄层黄土质草甸黑土 | 1 307 | 0 | 1 307 |
| 薄层沙砾底草甸土 | 29 912 | 2 747 | 27 166 |
| 中层沙砾底草甸土 | 14 894 | 142 | 14 752 |
| 中层黄土质黑土 | 85 644 | 2 463 | 83 180 |
| 薄层沙砾底潜育草甸土 | 646 | 32 | 614 |
| 中层沙砾底潜育草甸土 | 9 014 | 630 | 8 384 |
| 中层黄土质草甸黑土 | 35 736 | 1 893 | 33 842 |
| 厚层黄土质黑土 | 4 588 | 0 | 4 588 |
| 薄层砾底黑土 | 15 955 | 250 | 15 705 |
| 砾沙质暗棕壤 | 3 785 | 258 | 3 527 |
| 薄层沙底黑土 | 9 122 | 644 | 8 478 |
| 中层砾底黑土 | 2 709 | 0 | 2 709 |
| 厚层黄土质草甸黑土 | 8 297 | 204 | 8 093 |
| 薄层沙底草甸黑土 | 1 301 | 0 | 1 301 |
| 中层石灰性草甸黑钙土 | 37 | 0 | 37 |
| 中层黄土质草甸黑钙土 | 2 682 | 0 | 2 682 |
| 薄层黄土质淋溶黑钙土 | 1 445 | 39 | 1 407 |
| 薄层石灰性草甸黑钙土 | 740 | 0 | 740 |
| 薄层黄土质草甸黑钙土 | 709 | 0 | 709 |
| 厚层黄土质草甸黑钙土 | 4 565 | 0 | 4 565 |
| 中层黏壤质草甸土 | 6 072 | 190 | 5 882 |
| 破皮黄黄土质黑土 | 1 487 | 0 | 1 487 |

（续）

| 土种 | 面积 | 一级 | 二级 |
|---|---|---|---|
| 中层沙底黑土 | 1 301 | 0 | 1 301 |
| 厚层沙底草甸黑土 | 254 | 0 | 254 |
| 厚层黏壤质石灰性草甸土 | 238 | 119 | 118 |
| 厚层黏质草甸沼泽土 | 4 432 | 12 | 4 420 |
| 中层砾底草甸黑土 | 68 | 0 | 68 |
| 中层黄土质表潜黑土 | 1 811 | 14 | 1 797 |
| 薄层黏壤质草甸土 | 220 | 0 | 220 |
| 中层黄土质石灰性黑钙土 | 209 | 0 | 209 |
| 薄层黄土质表潜黑土 | 3 049 | 0 | 3 049 |
| 厚层沙砾底草甸土 | 1 425 | 0 | 1 425 |
| 中层黏壤质潜育草甸土 | 4 985 | 14 | 4 971 |
| 厚层黄土质黑钙土 | 40 | 0 | 40 |
| 薄层沙质黑钙土 | 2 244 | 0 | 2 244 |
| 中层沙底草甸黑土 | 1 090 | 32 | 1 058 |
| 厚层黄土质表潜黑土 | 492 | 0 | 492 |
| 薄层砾底草甸黑土 | 505 | 0 | 505 |
| 暗矿质暗棕壤 | 166 | 0 | 166 |
| 厚层沙砾底潜育草甸土 | 215 | 159 | 57 |
| 薄层黏壤质潜育草甸土 | 179 | 0 | 179 |
| 黄土质草甸暗棕壤 | 177 | 63 | 113 |
| 中层砾底草甸土 | 12 | 0 | 12 |
| 合计 | 404 667 | 14 302 | 390 365 |

表 4-64　讷河市各土壤类型耕地有效铜分级面积统计

单位：公顷

| 土类 | 面积 | 一级 | 二级 |
|---|---|---|---|
| 草甸土 | 95 335 | 4 418 | 90 917 |
| 黑钙土 | 54 867 | 2 189 | 52 678 |
| 风沙土 | 3 173 | 0 | 3 173 |
| 黑土 | 242 732 | 7 361 | 235 371 |
| 暗棕壤 | 4 128 | 322 | 3 806 |
| 沼泽土 | 4 432 | 12 | 4 420 |
| 合计 | 404 667 | 14 301 | 390 365 |

**表 4-65　讷河市各乡（镇）耕地有效铜分级面积统计**

单位：公顷

| 乡（镇） | 面积 | 一级 | 二级 |
|---|---|---|---|
| 兴旺乡 | 27 421 | 217 | 27 204 |
| 和盛乡 | 19 616 | 0 | 19 616 |
| 九井镇 | 26 353 | 327 | 26 026 |
| 讷南镇 | 30 782 | 1 315 | 29 467 |
| 孔国乡 | 30 754 | 2 562 | 28 191 |
| 通南镇 | 29 158 | 2 930 | 26 228 |
| 同义镇 | 24 343 | 160 | 24 183 |
| 拉哈镇 | 4 620 | 0 | 4 620 |
| 同心乡 | 24 713 | 556 | 24 157 |
| 六合镇 | 33 104 | 1 588 | 31 517 |
| 龙河镇 | 31 419 | 1 438 | 29 981 |
| 长发镇 | 17 212 | 1 692 | 15 520 |
| 学田镇 | 28 350 | 0 | 28 350 |
| 二克浅镇 | 38 523 | 483 | 38 041 |
| 讷河镇 | 4 025 | 0 | 4 025 |
| 老莱镇 | 34 274 | 1 034 | 33 239 |
| 合计 | 404 667 | 14 301 | 390 365 |

# 第三节　土壤理化性状

## 土壤 pH

从行政区域来看，兴旺乡 pH 最高，平均为 7.72；龙河镇 pH 最低，平均为 6.56。从土壤类型来看，沼泽土 pH 最高，为 7.49；暗棕壤 pH 最低，为 6.68。见表 4-66～表 4-68。

**表 4-66　讷河市各乡（镇）土壤 pH 分析统计**

| 乡（镇） | 平均值 | 最大值 | 最小值 | 样本数 |
|---|---|---|---|---|
| 兴旺乡 | 7.72 | 8.21 | 6.65 | 322 |
| 和盛乡 | 7.41 | 8.06 | 6.17 | 205 |
| 九井镇 | 6.97 | 7.62 | 5.51 | 550 |
| 讷南镇 | 6.97 | 7.84 | 6.20 | 586 |
| 孔国乡 | 7.14 | 7.63 | 6.46 | 477 |

（续）

| 乡（镇） | 平均值 | 最大值 | 最小值 | 样本数 |
|---|---|---|---|---|
| 通南镇 | 7.35 | 7.89 | 6.71 | 294 |
| 同义镇 | 6.98 | 7.86 | 5.83 | 302 |
| 拉哈镇 | 7.23 | 7.95 | 6.52 | 70 |
| 同心乡 | 7.14 | 8.05 | 6.28 | 350 |
| 六合镇 | 7.21 | 8.23 | 5.92 | 519 |
| 龙河镇 | 6.56 | 7.89 | 5.50 | 774 |
| 长发镇 | 7.28 | 8.03 | 6.09 | 179 |
| 学田镇 | 6.76 | 7.70 | 5.77 | 584 |
| 二克浅镇 | 7.13 | 8.25 | 5.90 | 600 |
| 讷河镇 | 7.01 | 7.64 | 6.36 | 89 |
| 老莱镇 | 7.03 | 7.87 | 5.73 | 734 |

表 4-67　讷河市各土壤类型 pH 分析统计

| 土类 | 平均值 | 最大值 | 最小值 | 样本数 |
|---|---|---|---|---|
| 草甸土 | 7.07 | 8.25 | 5.55 | 2 679 |
| 黑钙土 | 7.44 | 8.21 | 6.17 | 539 |
| 风沙土 | 7.23 | 7.85 | 6.16 | 41 |
| 黑土 | 6.96 | 8.05 | 5.50 | 3 188 |
| 暗棕壤 | 6.68 | 7.32 | 5.77 | 141 |
| 沼泽土 | 7.49 | 7.83 | 6.23 | 47 |

表 4-68　讷河市耕地各土种 pH 分析统计

| 土种 | 平均值 | 最大值 | 最小值 | 样本数 |
|---|---|---|---|---|
| 薄层沙壤质草甸土 | 7.55 | 8.14 | 6.86 | 48 |
| 厚层黄土质淋溶黑钙土 | 7.42 | 8.17 | 6.40 | 26 |
| 中层黄土质淋溶黑钙土 | 7.25 | 7.85 | 6.55 | 67 |
| 薄层黏壤质石灰性草甸土 | 7.13 | 7.38 | 6.94 | 10 |
| 固定草甸风沙土 | 7.23 | 7.85 | 6.16 | 41 |
| 薄层黄土质黑钙土 | 7.63 | 8.17 | 6.62 | 117 |
| 中度苏打盐化草甸土 | 7.90 | 8.16 | 6.83 | 50 |
| 中层沙壤质草甸土 | 7.25 | 7.94 | 6.55 | 9 |
| 中层黏壤质石灰性草甸土 | 7.26 | 8.12 | 6.06 | 149 |
| 中层黄土质黑钙土 | 7.35 | 8.20 | 6.52 | 114 |
| 薄层黄土质石灰性黑钙土 | 7.86 | 8.21 | 7.19 | 53 |

（续）

| 土种 | 平均值 | 最大值 | 最小值 | 样本数 |
|---|---|---|---|---|
| 薄层盐化草甸黑钙土 | 7.95 | 8.11 | 7.38 | 6 |
| 厚层黏壤质草甸土 | 7.10 | 7.99 | 6.14 | 287 |
| 厚层黏壤质潜育草甸土 | 6.89 | 7.62 | 5.63 | 194 |
| 薄层黄土质黑土 | 6.95 | 8.05 | 5.80 | 719 |
| 薄层黄土质草甸黑土 | 7.21 | 7.49 | 6.59 | 22 |
| 薄层沙砾底草甸土 | 7.17 | 8.23 | 5.55 | 928 |
| 中层沙砾底草甸土 | 6.92 | 7.59 | 6.10 | 284 |
| 中层黄土质黑土 | 7.00 | 7.89 | 5.61 | 806 |
| 薄层沙砾底潜育草甸土 | 6.90 | 7.59 | 6.52 | 25 |
| 中层沙砾底潜育草甸土 | 7.01 | 8.23 | 6.26 | 308 |
| 中层黄土质草甸黑土 | 7.00 | 7.89 | 5.86 | 676 |
| 厚层黄土质黑土 | 7.20 | 7.68 | 6.37 | 64 |
| 薄层砾底黑土 | 6.83 | 7.85 | 5.50 | 246 |
| 砾沙质暗棕壤 | 6.68 | 7.32 | 5.77 | 112 |
| 薄层沙底黑土 | 6.93 | 7.88 | 5.80 | 132 |
| 中层砾底黑土 | 6.58 | 7.33 | 5.86 | 62 |
| 厚层黄土质草甸黑土 | 6.97 | 7.97 | 5.51 | 202 |
| 薄层沙底草甸黑土 | 7.04 | 7.85 | 6.00 | 51 |
| 中层石灰性草甸黑钙土 | 7.66 | 7.78 | 7.54 | 2 |
| 中层黄土质草甸黑钙土 | 7.18 | 7.94 | 6.17 | 40 |
| 薄层黄土质淋溶黑钙土 | 7.37 | 7.81 | 6.51 | 18 |
| 薄层石灰性草甸黑钙土 | 7.39 | 7.74 | 7.11 | 13 |
| 薄层黄土质草甸黑钙土 | 7.06 | 7.41 | 6.17 | 10 |
| 厚层黄土质草甸黑钙土 | 7.27 | 7.97 | 6.33 | 37 |
| 中层黏壤质草甸土 | 6.90 | 8.25 | 5.85 | 201 |
| 破皮黄黄土质黑土 | 7.19 | 7.89 | 6.85 | 13 |
| 中层沙底黑土 | 6.50 | 7.23 | 5.73 | 25 |
| 厚层沙底草甸黑土 | 7.12 | 7.68 | 6.27 | 9 |
| 厚层黏壤质石灰性草甸土 | 6.94 | 7.55 | 6.10 | 7 |
| 厚层黏质草甸沼泽土 | 7.49 | 7.83 | 6.23 | 47 |
| 中层砾底草甸黑土 | 6.90 | 7.30 | 6.49 | 4 |
| 中层黄土质表潜黑土 | 7.01 | 8.03 | 6.20 | 64 |

（续）

| 土种 | 平均值 | 最大值 | 最小值 | 样本数 |
|---|---|---|---|---|
| 薄层黏壤质草甸土 | 6.68 | 6.85 | 6.56 | 7 |
| 中层黄土质石灰性黑钙土 | 7.77 | 8.12 | 7.55 | 6 |
| 薄层黄土质表潜黑土 | 6.95 | 7.83 | 6.37 | 53 |
| 厚层沙砾底草甸土 | 7.11 | 7.38 | 6.78 | 23 |
| 中层黏壤质潜育草甸土 | 6.58 | 7.89 | 5.80 | 136 |
| 厚层黄土质黑钙土 | 6.58 | 6.58 | 6.58 | 1 |
| 薄层沙质黑钙土 | 7.32 | 7.94 | 6.65 | 29 |
| 中层沙底草甸黑土 | 6.83 | 7.29 | 6.22 | 22 |
| 厚层黄土质表潜黑土 | 6.87 | 7.53 | 6.33 | 8 |
| 薄层砾底草甸黑土 | 6.96 | 7.24 | 6.59 | 10 |
| 暗矿质暗棕壤 | 6.76 | 7.24 | 6.46 | 23 |
| 厚层沙砾底潜育草甸土 | 6.54 | 7.09 | 6.12 | 7 |
| 薄层黏壤质潜育草甸土 | 6.81 | 7.01 | 6.60 | 5 |
| 黄土质草甸暗棕壤 | 6.47 | 6.67 | 6.32 | 6 |
| 中层砾底草甸土 | 6.67 | 6.67 | 6.67 | 1 |

本次调查结果表明，讷河市各乡（镇）、各土壤类型、各土种 pH 分级面积统计见表 4-69～表 4-71。

**表 4-69　讷河市各乡（镇）耕地土壤 pH 分级面积统计**

单位：公顷

| 乡（镇） | 面积 | 二级 | 三级 | 四级 | 五级 |
|---|---|---|---|---|---|
| 兴旺乡 | 27 421 | 19 440 | 7 981 | 0 | 0 |
| 和盛乡 | 19 616 | 9 801 | 9 627 | 189 | 0 |
| 九井镇 | 26 353 | 265 | 22 799 | 3 289 | 0 |
| 讷南镇 | 30 782 | 175 | 29 348 | 1 259 | 0 |
| 孔国乡 | 30 754 | 1 919 | 28 815 | 20 | 0 |
| 通南镇 | 29 158 | 10 582 | 18 576 | 0 | 0 |
| 同义镇 | 24 343 | 453 | 20 561 | 3 329 | 0 |
| 拉哈镇 | 4 620 | 1 017 | 3 603 | 0 | 0 |
| 同心乡 | 24 713 | 3 818 | 20 162 | 733 | 0 |
| 六合镇 | 33 104 | 11 384 | 17 482 | 4 239 | 0 |
| 龙河镇 | 31 419 | 686 | 16 705 | 14 010 | 18 |
| 长发镇 | 17 212 | 2 111 | 15 031 | 70 | 0 |

（续）

| 乡（镇） | 面积 | 二级 | 三级 | 四级 | 五级 |
|---|---|---|---|---|---|
| 学田镇 | 28 350 | 900 | 20 584 | 6 866 | 0 |
| 二克浅镇 | 38 523 | 4 059 | 32 704 | 1 760 | 0 |
| 讷河镇 | 4 025 | 180 | 3 213 | 632 | 0 |
| 老莱镇 | 34 274 | 2 918 | 29 306 | 2 050 | 0 |
| 合计 | 404 667 | 69 708 | 296 497 | 38 444 | 18 |

表 4-70  讷河市各土类耕地土壤 pH 分级面积统计

单位：公顷

| 土类 | 面积 | 二级 | 三级 | 四级 | 五级 |
|---|---|---|---|---|---|
| 草甸土 | 95 335 | 17 763 | 70 256 | 7 316 | 0 |
| 黑钙土 | 54 867 | 29 764 | 24 970 | 133 | 0 |
| 风沙土 | 3 173 | 927 | 2 137 | 109 | 0 |
| 黑土 | 242 732 | 17 618 | 195 516 | 29 581 | 18 |
| 暗棕壤 | 4 128 | 0 | 2 833 | 1 294 | 0 |
| 沼泽土 | 4 432 | 3 635 | 784 | 12 | 0 |
| 合计 | 404 667 | 69 708 | 296 497 | 38 444 | 18 |

表 4-71  讷河市各土种耕地土壤 pH 分级面积统计

单位：公顷

| 土种 | 面积 | 二级 | 三级 | 四级 | 五级 |
|---|---|---|---|---|---|
| 薄层沙壤质草甸土 | 4 358 | 2 531 | 1 826 | 0 | 0 |
| 厚层黄土质淋溶黑钙土 | 1 122 | 513 | 577 | 32 | 0 |
| 中层黄土质淋溶黑钙土 | 5 282 | 1 853 | 3 429 | 0 | 0 |
| 薄层黏壤质石灰性草甸土 | 1 758 | 0 | 1 758 | 0 | 0 |
| 固定草甸风沙土 | 3 173 | 927 | 2 137 | 109 | 0 |
| 薄层黄土质黑钙土 | 12 049 | 7 570 | 4 479 | 0 | 0 |
| 中度苏打盐化草甸土 | 926 | 859 | 67 | 0 | 0 |
| 中层沙壤质草甸土 | 153 | 36 | 118 | 0 | 0 |
| 中层黏壤质石灰性草甸土 | 6 786 | 1 863 | 4 891 | 32 | 0 |
| 中层黄土质黑钙土 | 15 504 | 8 295 | 7 210 | 0 | 0 |
| 薄层黄土质石灰性黑钙土 | 8 058 | 7 799 | 259 | 0 | 0 |
| 薄层盐化草甸黑钙土 | 181 | 165 | 16 | 0 | 0 |
| 厚层黏壤质草甸土 | 8 204 | 1 608 | 6 026 | 571 | 0 |
| 厚层黏壤质潜育草甸土 | 5 339 | 67 | 4 461 | 811 | 0 |

（续）

| 土种 | 面积 | 二级 | 三级 | 四级 | 五级 |
|---|---|---|---|---|---|
| 薄层黄土质黑土 | 68 019 | 4 682 | 54 962 | 8 375 | 0 |
| 薄层黄土质草甸黑土 | 1 307 | 0 | 1 307 | 0 | 0 |
| 薄层沙砾底草甸土 | 29 912 | 8 310 | 19 841 | 1 761 | 0 |
| 中层沙砾底草甸土 | 14 894 | 862 | 12 960 | 1 072 | 0 |
| 中层黄土质黑土 | 85 644 | 7 351 | 67 815 | 10 478 | 0 |
| 薄层沙砾底潜育草甸土 | 646 | 29 | 617 | 0 | 0 |
| 中层沙砾底潜育草甸土 | 9 014 | 1 000 | 7 928 | 86 | 0 |
| 中层黄土质草甸黑土 | 35 736 | 2 074 | 31 268 | 2 394 | 0 |
| 厚层黄土质黑土 | 4 588 | 627 | 3 737 | 225 | 0 |
| 薄层砾底黑土 | 15 955 | 566 | 12 543 | 2 828 | 18 |
| 砾沙质暗棕壤 | 3 785 | 0 | 2 591 | 1 194 | 0 |
| 薄层沙底黑土 | 9 122 | 601 | 8 025 | 496 | 0 |
| 中层砾底黑土 | 2 709 | 0 | 1 620 | 1 089 | 0 |
| 厚层黄土质草甸黑土 | 8 297 | 576 | 5 792 | 1 929 | 0 |
| 薄层沙底草甸黑土 | 1 301 | 368 | 866 | 68 | 0 |
| 中层石灰性草甸黑钙土 | 37 | 37 | 0 | | 0 |
| 中层黄土质草甸黑钙土 | 2 682 | 594 | 2008 | 81 | 0 |
| 薄层黄土质淋溶黑钙土 | 1 445 | 731 | 714 | 0 | 0 |
| 薄层石灰性草甸黑钙土 | 740 | 108 | 632 | 0 | 0 |
| 薄层黄土质草甸黑钙土 | 709 | 0 | 708 | 2 | 0 |
| 厚层黄土质草甸黑钙土 | 4 565 | 637 | 3 909 | 19 | 0 |
| 中层黏壤质草甸土 | 6 072 | 416 | 4 620 | 1 036 | 0 |
| 破皮黄黄土质黑土 | 1 487 | 261 | 1 225 | 0 | 0 |
| 中层沙底黑土 | 1 301 | 0 | 409 | 892 | 0 |
| 厚层沙底草甸黑土 | 254 | 3 | 240 | 10 | 0 |
| 厚层黏壤质石灰性草甸土 | 238 | 36 | 196 | 6 | 0 |
| 厚层黏质草甸沼泽土 | 4 432 | 3 635 | 784 | 12 | 0 |
| 中层砾底草甸黑土 | 68 | 0 | 59 | 9 | 0 |
| 中层黄土质表潜黑土 | 1 811 | 176 | 1 432 | 202 | 0 |
| 薄层黏壤质草甸土 | 220 | 0 | 220 | 0 | 0 |
| 中层黄土质石灰性黑钙土 | 209 | 209 | 0 | | 0 |
| 薄层黄土质表潜黑土 | 3 049 | 190 | 2 557 | 303 | 0 |

（续）

| 土种 | 面积 | 二级 | 三级 | 四级 | 五级 |
|---|---|---|---|---|---|
| 厚层沙砾底草甸土 | 1 425 | 0 | 1 425 | 0 | 0 |
| 中层黏壤质潜育草甸土 | 4 985 | 148 | 3 068 | 1 770 | 0 |
| 厚层黄土质黑钙土 | 40 | 0 | 40 | 0 | 0 |
| 薄层沙质黑钙土 | 2 244 | 1 254 | 990 | 0 | 0 |
| 中层沙底草甸黑土 | 1 090 | 0 | 1 076 | 13 | 0 |
| 厚层黄土质表潜黑土 | 492 | 144 | 78 | 270 | 0 |
| 薄层砾底草甸黑土 | 505 | 0 | 505 | 0 | 0 |
| 暗矿质暗棕壤 | 166 | 0 | 137 | 29 | 0 |
| 厚层沙砾底潜育草甸土 | 215 | 0 | 43 | 172 | 0 |
| 薄层黏壤质潜育草甸土 | 179 | 0 | 179 | 0 | 0 |
| 黄土质草甸暗棕壤 | 177 | 0 | 106 | 71 | 0 |
| 中层砾底草甸土 | 12 | 0 | 12 | 0 | 0 |
| 合计 | 404 667 | 69 708 | 296 497 | 38 444 | 18 |

# 第五章　耕地地力评价

本次耕地地力评价是一般性目的评价，并不针对某种土地利用类型，而是根据所在地区特定气候区域以及地形地貌、成土母质、土壤理化性状、农田基础设施等要素相互作用表现出来的综合特征，揭示耕地潜在生产能力的高低。通过耕地地力评价全面了解讷河市的耕地质量现状，合理调整农业种植结构；生产无公害农产品、绿色食品、有机食品；针对耕地土壤存在的障碍因素，改造中低产田，保护耕地质量，提高耕地的综合生产能力；建立耕地资源数据网络，为耕地质量实行有效的管理等提供科学依据。

## 第一节　耕地地力评价的原则

耕地地力评价是对耕地的基础地力及其生产能力的全面鉴定。因此，在评价时应遵循以下 3 个原则。

### 一、综合因素研究与主导因素分析相结合的原则

耕地地力是各类要素的综合体现，综合因素研究是对地形地貌、土壤理化性状以及相关的社会经济因素进行综合研究、分析与评价，以全面了解耕地地力状况。主导因素是指对耕地地力起决定作用的、相对稳定的因子，在评价中要着重对其进行研究分析。

### 二、定性与定量相结合的原则

影响耕地地力的因素有定性评价和定量评价。评价时，定量与定性评价相结合。定量的评价因子按其数值参与计算评价；对非数量化的定性因子要充分应用专家知识，先进行数值化处理，再进行计算评价。

### 三、采用 GIS 支持的自动化评价方法的原则

充分应用计算机技术，通过建立数据库、评价模型，实现评价流程的全数字化、自动化。应代表我国目前耕地地力评价的最新技术方法。

## 第二节　耕地地力评价的原理和方法

本次评价工作我们一方面充分收集有关讷河市耕地情况资料，建立起耕地质量管理数

据库；另一方面还进行了外业的补充调查（包括土壤调查和农户的入户调查两部分）和室内化验分析。在此基础上，通过 GIS 系统平台，采用 ARCVIEW 软件对调查的数据和图件进行数值化处理，最后利用扬州土壤肥料工作站开发的《县域耕地资源管理信息系统 V3.2》进行耕地地力评价。主要的技术流程见图 5-1。

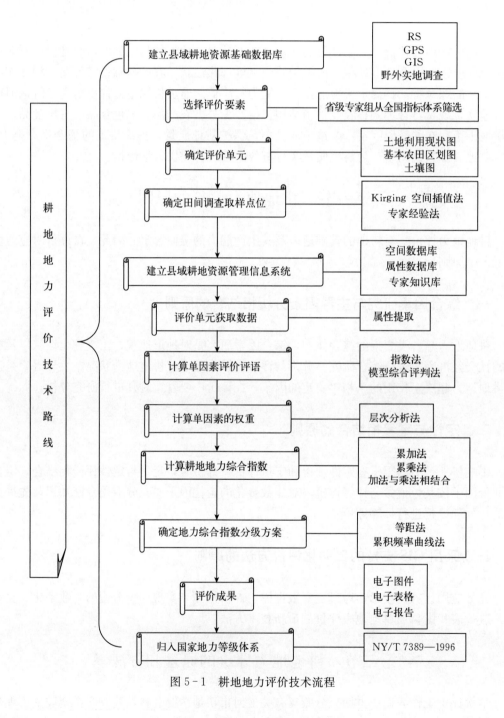

图 5-1　耕地地力评价技术流程

## 一、确定评价单元

评价单元是由对耕地质量具有关键影响的各耕地要素组成的空间实体，是耕地质量评价的最基本单位、对象和基础图斑。同一评价单元内的耕地自然基本条件、耕地的个体属性和经济属性基本一致，不同耕地评价单元之间，既有差异性又有可比性。耕地地力评价就是要通过对每个评价单元的评价，确定其地力级别，把评价结果落实到实地和图上。因此，耕地评价单元划分的合理与否，直接关系到耕地地力评价的结果以及工作量的大小。

耕地评价单元目前通用的确定评价单元方法有 4 种：一是以土壤图为基础，将农业生产影响一致的土壤类型归并在一起成为一个评价单元；二是以耕地类型图为基础，确定评价单元；三是以土地利用现状图为基础，确定评价单元；四是采用网格法确定评价单元。上述方法各有利弊。根据《规程》的要求，采用综合方法确定评价单元，即用 1∶150 000 讷河土壤图、讷河行政区划图，1∶50 000 讷河土地利用现状图。数字化后，在计算机上互相叠加复合生成评价单元图斑，进行综合取舍，形成评价单元。这种方法的优点是考虑全面、综合性强。形成的评价单元，同一评价单元内土壤类型相同、土地利用类型相同，既满足了对耕地地力和质量作出评价，而且便于耕地利用与管理。本次讷河市耕地地力调查共确定形成评价单元 6 635 个，总耕地面积 404 667 公顷。

在本次耕地地力评价所形成工作空间的过程中，对数据字段标准化时，县域耕地资源数据字典中全磷的单位为毫克每千克，而现存的所有学术资料与全磷测定的国家标准均为克每千克，在本次地力评价中全磷单位采用克每千克。

**1. 耕地地力评价单元图斑的生成**　耕地地力评价单元图斑是在矢量化的讷河市土壤图、讷河市行政区划图、讷河市土地利用现状图的基础上，在 ArcMap 中利用矢量图的叠加分析功能，将以上 3 个图件叠加，生成评价单元图斑。

**2. 采样点位图的生成**　采样点位的坐标用 GPS 进行野外采集，在 ArcInfo 中将采集的点位坐标转换成与矢量图一致的北京 54 坐标。将转换后的点位图转换成可以与 Arcmap 进行交换的 shp. 格式。

## 二、确定耕地地力评价因子

评价因子是指参与评定耕地地力等级的耕地的诸属性。影响耕地地力的因素很多，本次评价工作侧重于为农业生产服务。

### (一) 选取评价因子的原则

**1. 重要性原则**　选取的因子对耕地地力有比较大的影响，如土壤因素、障碍因素、养分变化等。

**2. 易获取性原则**　通过常规的方法可以获取。有些评价指标很重要，但是获取不易，无法作为评价指标，可以用相关参数替代。

**3. 差异性原则**　选取的因子在评价区域内变异较大，便于划分耕地地力的等级。如在冲积平原地区，土壤的质地对耕地地力有很大影响，必须列入评价项目之中；但耕地土壤都是由松软的沉积物发育而成，有效土层深厚而且比较均一，就可以不作为参评因素。

**4. 稳定性原则** 选取的评价因素在时间序列上具有相对的稳定性，如土壤的质地、有机质、微量元素含量等，评价的结果能够有较长的有效期。

**5. 评价范围原则** 选取评价因素与评价区域的大小有密切的关系。如在一个县的范围内气候因素变化较小，在进行县域耕地地力评价时，气候因素可以不作为参评因子。

**6. 精简性原则** 并不是选取的评价因子越多越好，选取太多，工作量和费用都要增加。一般选 8～15 个因子就能够满足评价的需要。

经专家组充分讨论，同时结合讷河市土壤条件、耕地基础设施状况、农业生产情况、当前农业生产中耕地存在的突出问题等实际情况，并参照《规程》中所确定的 66 项指标体系，最后确定了有效土层厚度、速效钾、有效磷、有机质、地貌类型、地形部位、质地、障碍层类型、pH、有效锌、坡度、坡向 12 项评价指标。每一个指标的名称、释义、量纲、上下限等定义如下：

（1）地貌类型。地貌类型有低山丘陵、河谷平原、河漫滩、平原、丘陵、丘陵漫岗。

（2）地形部位。地形部位有低平地、低山岗丘的上部、低山丘陵中下部、低山下部、低洼地、岗丘上部、高河漫滩、沟谷地、河流一级阶地、河漫滩和一级阶地、江河两岸滩地、漫川漫岗、平岗地、丘陵缓坡、丘陵中部、丘陵下部等。

（3）质地。质地有重壤土、中壤土、轻壤土、沙壤土、轻黏土。

（4）障碍层类型。障碍层类型有黏盘层、潜育层、沙漏层、盐积层。

（5）有效土层厚度。有效土层厚度平均为 35.27 厘米，最大为 130 厘米，最小为 6 厘米，相差 124 厘米。

（6）有机质。讷河市有机质平均含量 38.5 克/千克，最大含量 87.38 克/千克，最小含量 8.74 克/千克，相差 78.64 克/千克。

（7）有效磷。有效磷平均含量 33.11 毫克/千克，最大含量 93.03 毫克/千克，最小含量 4.2 毫克/千克，相差 88.83 毫克/千克。

（8）速效钾。速效钾平均含量 199.71 毫克/千克，最大含量 685 毫克/千克，最小含量 31 毫克/千克，相差 654 毫克/千克。

（9）pH。pH 平均 7.04，最大 8.25，最小 5.5，相差 2.75。

（10）有效锌。有效锌平均含量 0.62 毫克/千克，最大含量 1.12 毫克/千克，最小含量 0.38 毫克/千克，相差 0.74 毫克/千克。

（11）坡度。坡度平均 2.32°，最大 7°，最小 0°，相差 7°。

（12）坡向。坡向有平地、南、东南、西南、西、西北、东、东北、北。

## （二）选取评价因子的方法

根据各评价因子的空间分布图或属性数据库，将各评价因子数据赋值给评价单元。主要采取以下方法：

（1）对点位数据，如全氮、有效磷、速效钾等，采用插值的方法形成栅格图与评价单元图叠加，通过统计给评价单元赋值。

（2）对矢量分布图，如腐殖质层厚度、容重、地形部位等，直接与评价单元图叠加，通过加权统计、属性提取，给评价单元赋值。

（3）对等高线，使用数字高程模型，形成坡度图、坡向图，与评价单元图叠加，通过统计给评价单元赋值。

## 三、评价指标的标准化

所谓评价指标标准化就是要对每一个评价单元不同数量级、不同量纲的评价指标数据进行 0~1 数值型指标的标准化，采用数学方法进行处理；概念型指标标准化，先采用专家经验法，对定性指标进行数值化描述，然后进行标准化处理。

模糊评价法是数值标准化最通用的方法。它是采用模糊数学的原理，建立起评价指标值与耕地生产能力的隶属函数关系，其数学表达式 $\mu = f(x)$。$\mu$ 是隶属度，这里代表生产能力；$x$ 代表评价指标值。根据隶属函数关系，可以对每个 $x$ 算出其对应的隶属度 $\mu$，是 0→1 中间的数值。在本次评价中，我们将选定的评价指标与耕地生产能力的关系分为戒上型函数、戒下型函数、峰型函数、直线型函数以及概念型 5 种类型的隶属函数。前 4 种类型可以先通过专家打分的办法对一组评价单元值评估出相应的一组隶属度，根据这两组数据拟合隶属函数，计算所有评价单元的隶属度；后一种是采用专家直接打分评估法，确定每一种概念型的评价单元的隶属度。以下是各个评价指标隶属函数的建立和标准化结果。

### 1. 隶属函数模型

（1）戒上型函数模型。

$$y_i = \begin{cases} 0 & u_i \leqslant u_t \\ 1/[1+a_i(u_i-c_i)] & u_t < u_i < c_i \\ 1 & c_i \leqslant u_i \end{cases}$$

式中，$y_i$ 为 $t$ 第 $i$ 因素评语，$u_i$ 为样品观测值；$c_i$ 为标准指标；$a_i$ 为系数；$u_t$ 为指标下限值。

（2）戒下型函数模型。

$$y = \begin{cases} 0 & u_t \leqslant u_i \\ 1/[1+a_i(u_i-c_i)^2] & c_i < u_i < u_t \\ 1 & u_i \leqslant c_i \end{cases} \quad （式中：u_t 为指标上限值）$$

（3）峰型函数模型。

$$y = \begin{cases} 0 & u_i > u_{t1} 或 u < u_{t2} \\ 1/[1+a_i(u_i-c_i)^2] & u_{t1} < u_i < u_{t2} \\ 1 & u_i = c_i \end{cases} \quad （式中：u_{t1}、u_{t2} 为指标上、下限值）$$

（4）概念型函数模型（散点型）。

**2. 评价指标隶属函数的建立和标准化结果**

（1）有机质。戒上型，有机质隶属函数专家评估、曲线拟合见图5-2、图5-3。

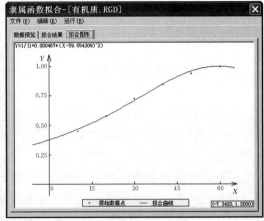

图5-2 有机质隶属函数专家评估　　　　图5-3 有机质隶属函数曲线拟合

有机质隶属函数 $Y=1/[1+0.000\,467\times(X-59.554\,309)^2]$

（2）有效磷。戒上型，有效磷隶属函数专家评估、曲线拟合见图5-4、图5-5。

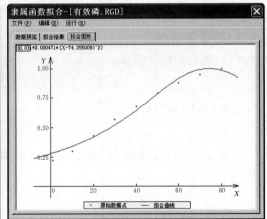

图5-4 有效磷隶属函数专家评估　　　　图5-5 有效磷隶属函数曲线拟合

有效磷隶属函数 $Y=1/[1+0.000\,471\times(X-74.255\,009)^2]$

（3）速效钾。戒上型，速效钾隶属函数专家评估、曲线拟合见图5-6、图5-7。

速效钾隶属函数 $Y=1/[1+0.000\,018\times(X-341.269\,648)^2]$

（4）有效锌。戒上型，有效锌隶属函数专家评估、曲线拟合见图5-8、图5-9。

有效锌隶属函数 $Y=1/[1+0.947\,129\times(X-1.283\,308)^2]$

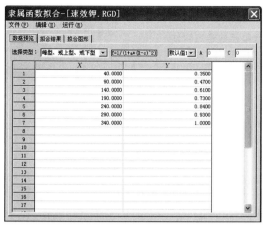

图 5-6 速效钾隶属函数专家评估

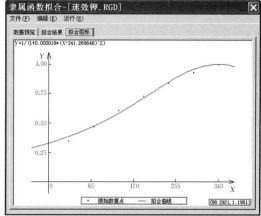

图 5-7 速效钾隶属函数曲线拟合

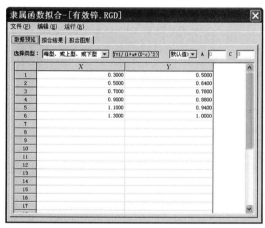

图 5-8 有效锌隶属函数专家评估

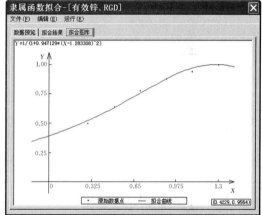

图 5-9 有效锌隶属函数曲线拟合

（5）质地。概念型，质地隶属函数专家评估见表 5-1。

表 5-1 质地隶属函数专家评估

| 质地 | 隶属度 |
|---|---|
| 重壤土 | 1 |
| 中壤土 | 0.9 |
| 轻黏土 | 0.75 |
| 轻壤土 | 0.5 |
| 沙壤土 | 0.1 |

（6）障碍层类型。概念型，障碍层类型隶属函数专家评估见表 5-2。

表 5-2 障碍层类型隶属函数专家评估

| 障碍层类型 | 隶属度 |
|---|---|
| 黏盘层 | 1 |
| 潜育层 | 0.75 |
| 沙漏层 | 0.5 |
| 盐积层 | 0.2 |

（7）地形部位。概念型，地形部位隶属函数专家评估见表5-3。

**表5-3　地形部位隶属函数专家评估**

| 地形部位 | 隶属度 |
|---|---|
| 漫川漫岗 | 1 |
| 平岗地 | 0.9 |
| 丘陵下部 | 0.85 |
| 丘陵缓坡 | 0.75 |
| 丘陵中部 | 0.75 |
| 低平地 | 0.7 |
| 低山丘陵中下部 | 0.5 |
| 低山下部、丘陵下部 | 0.5 |
| 河流一级阶地 | 0.5 |
| 低山岗丘的上部 | 0.4 |
| 岗丘上部 | 0.4 |
| 高河漫滩 | 0.3 |
| 沟谷地 | 0.2 |
| 低洼地 | 0.1 |
| 河漫滩和一级阶地 | 0.1 |
| 江河两岸滩地 | 0.1 |

（8）地貌类型。概念型，地貌类型隶属函数专家评估见表5-4。

**表5-4　地貌类型隶属函数专家评估**

| 地貌类型 | 隶属度 |
|---|---|
| 河漫滩 | 1 |
| 河谷平原 | 0.9 |
| 平原 | 0.7 |
| 丘陵漫岗 | 0.5 |
| 丘陵 | 0.4 |
| 低山丘陵 | 0.2 |

（9）坡度。峰型，坡度隶属函数专家评估、曲线拟合见图5-10、图5-11。

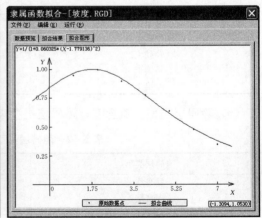

图5-10　坡度隶属函数专家评估　　　　　图5-11　坡度隶属函数曲线拟合

坡度隶属函数 $Y=1/[1+0.060\,325\times(X-1.779\,136)^2]$

（10）pH。峰型，pH 隶属函数专家评估、曲线拟合见图 5-12、图 5-13。

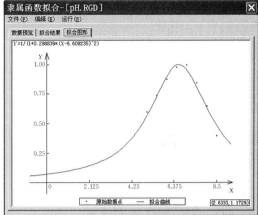

图 5-12　pH 隶属函数专家评估　　　　图 5-13　pH 隶属函数曲线拟合

pH 隶属函数 $Y=1/[1+0.298\,839\times(X-6.609\,235)^2]$

（11）有效土层厚度。戒上型，有效土层厚度隶属函数专家评估、曲线拟合见图 5-14、图 5-15。

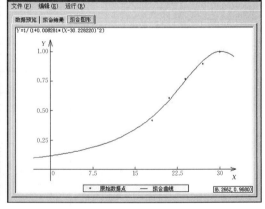

图 5-14　有效土层厚度隶属函数专家评估　　　　图 5-15　有效土层厚度隶属函数曲线拟合

有效土层厚度隶属函数 $Y=1/[1+0.008\,281\times(X-30.228\,220)^2]$

（12）坡向。概念型，坡向隶属函数专家评估见表 5-5。

表 5-5　坡向隶属函数专家评估

| 坡向 | 隶属度 |
| --- | --- |
| 平地 | 1 |
| 南 | 0.95 |

(续)

| 坡向 | 隶属度 |
|------|--------|
| 东南 | 0.85 |
| 西南 | 0.9 |
| 西 | 0.75 |
| 西北 | 0.5 |
| 东 | 0.6 |
| 东北 | 0.4 |
| 北 | 0.2 |

## 四、各因素权重的确定

单因素权重应用层次分析法进行确定，即按照因素之间的隶属关系排出一定的层次，对每一层次进行相对重要性比较，得出它们之间的关系，从而确定各因素的权重。

**1. 构造评价指标层次结构图**  根据各评价因素间的关系，构造了层次结构，见图 5-16。

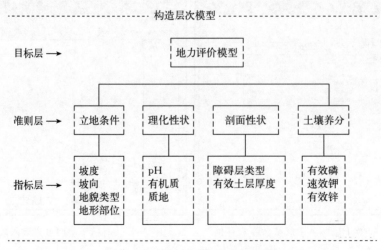

图 5-16  耕地地力评价指标结构

**2. 建立层次判断矩阵**  采用专家评估法，比较同一层次各因素对上一层次的相对重要性，给出数量化的评估。专家评估的初步结果经合适的数学处理后（包括实际计算的最终结果——组合权重）反馈给专家，请专家重新修改或确认。经多轮反复形成最终的判断矩阵。

**3. 确定各评价因素的组合权重**  利用层次分析计算方法确定每一个评价因素的综合评价权重。结果如下：

**模型名称：讷河市耕地地力评价分析模型**

**目标层判别矩阵原始资料：**

| | | | |
|---|---|---|---|
| 1.000 0 | 3.333 3 | 3.333 3 | 5.000 0 |
| 0.300 0 | 1.000 0 | 0.769 2 | 2.000 0 |
| 0.300 0 | 1.300 0 | 1.000 0 | 3.333 3 |
| 0.200 0 | 0.500 0 | 0.300 0 | 1.000 0 |

特征向量：［0.539 3，0.162 1，0.214 5，0.084 1］

最大特征根为：4.054 0

CI＝1.799 473 764 197 85E－02

RI＝0.9

CR＝CI/RI＝0.019 994 15＜0.1

一致性检验通过！

**准则层（1）判别矩阵原始资料：**

| | | | |
|---|---|---|---|
| 1.000 0 | 2.000 0 | 0.500 0 | 0.333 3 |
| 0.500 0 | 1.000 0 | 0.250 0 | 0.166 7 |
| 2.000 0 | 4.000 0 | 1.000 0 | 0.666 7 |
| 3.000 0 | 6.000 0 | 1.500 0 | 1.000 0 |

特征向量：［0.153 8，0.076 9，0.307 7，0.461 5］

最大特征根为：4.000 0

CI＝1.249 988 281 267 4E－05

RI＝0.9

CR＝CI/RI＝0.000 013 89＜0.1

一致性检验通过！

**准则层（2）判别矩阵原始资料：**

| | | |
|---|---|---|
| 1.000 0 | 1.428 6 | 1.666 7 |
| 0.700 0 | 1.000 0 | 1.250 0 |
| 0.600 0 | 0.800 0 | 1.000 0 |

特征向量：［0.434 3，0.311 1，0.254 7］

最大特征根为：3.000 5

CI＝2.711 275 815 421 3E－04

RI＝0.58

CR＝CI/RI＝0.000 467 46＜0.1

一致性检验通过！

**准则层（3）判别矩阵原始资料：**

| | |
|---|---|
| 1.000 0 | 1.666 7 |

0.600 0          1.000 0

特征向量：[0.625 0，0.375 0]

最大特征根为：2.000 0

$CI = 9.999\ 950\ 000\ 505\ 46E - 06$

$RI = 0$

$CR = CI/RI = 0.000\ 000\ 00 < 0.1$

一致性检验通过！

---

准则层（4）判别矩阵原始资料：

1.000 0          2.500 0          5.000 0

0.400 0          1.000 0          2.000 0

0.200 0          0.500 0          1.000 0

特征向量：[0.625 0，0.250 0，0.125 0]

最大特征根为：3.000 0

$CI = 0$

$RI = 0.58$

$CR = CI/RI = 0.000\ 000\ 00 < 0.1$

一致性检验通过！

---

层次总排序一致性检验：

$CI = 5.284\ 644\ 971\ 430\ 66E - 05$

$RI = 0.628\ 189\ 385\ 613\ 679$

$CR = CI/RI = 0.000\ 084\ 13 < 0.1$

总排序一致性检验通过！

层次分析结果

| 层次 A | 层次 C | | | | 组合权重 |
| --- | --- | --- | --- | --- | --- |
| | 立地条件 | 理化性状 | 剖面性状 | 土壤养分 | $\sum C_i A_i$ |
| | 0.539 3 | 0.162 1 | 0.214 5 | 0.084 1 | |
| 坡度 | 0.153 8 | | | | 0.083 0 |
| 坡向 | 0.076 9 | | | | 0.041 5 |
| 地貌类型 | 0.307 7 | | | | 0.165 9 |
| 地形部位 | 0.461 5 | | | | 0.248 9 |
| pH | | 0.434 3 | | | 0.070 4 |
| 有机质 | | 0.311 1 | | | 0.050 4 |
| 质地 | | 0.254 7 | | | 0.041 3 |
| 障碍层类型 | | | 0.625 0 | | 0.134 0 |

| | | |
|---|---|---|
| 有效土层厚度 | 0.375 0 | 0.080 4 |
| 有效磷 | 0.625 0 | 0.052 6 |
| 速效钾 | 0.250 0 | 0.021 0 |
| 有效锌 | 0.125 0 | 0.010 5 |

注：由《县域耕地资源管理信息系统 V3.2》分析提供。

## 五、耕地地力生产性能综合指数（IFI）

根据加、乘法则，在相互交叉的同类采用加法模型进行综合性指数计算。

$$IFI = \sum F_i \times C_i (i = 1, 2, 3 \cdots\cdots)$$

式中：$IFI$（Integrated Fertility Index）——耕地地力综合指数；

$F_i$——第 $i$ 个因素评语；

$C_i$——第 $i$ 个因素的组合权重。

## 六、确定综合指数分级方案，划分评价等级

采取累积曲线分级法划分耕地地力等级，用加法模型计算耕地生产性能综合指数（IFI），将讷河市耕地地力划分为五级。见表 5-6。

表 5-6 讷河市耕地地力指数分级

| 地力分级 | 地力综合指数分级（IFI） |
|---|---|
| 一级 | ＞0.825 0 |
| 二级 | 0.808 0～0.825 0 |
| 三级 | 0.785 5～0.808 0 |
| 四级 | 0.549 0～0.785 5 |
| 五级 | ＜0.549 0 |

## 七、归并农业农村部地力等级指标划分标准

耕地地力的另一种表达方式，即以产量表达耕地地力水平。农业部于 1997 年颁布了《全国耕地类型区耕地地力等级划分》农业行业标准，将全国耕地地力根据粮食单产水平划分为 10 个等级。

参照农业农村部关于本次耕地地力评价《规程》中所规定的分级标准，将讷河市基本农田划分为 5 个等级。其中，一级地属于高产农田，二级、三级地属于中产农田，四级、五级属于低产农田。讷河市耕地划分为国家等级地力三级、四级、五级、六级、七级。见表 5-7。

**表 5-7　讷河市耕地地力评价统计（2012 年）**

| 耕地等级 | 综合指数分级（IFI） | 面积（公顷） | 国家等级 |
|---|---|---|---|
| 一级 | ＞0.825 0 | 71 821 | 三级 |
| 二级 | 0.808 0～0.825 0 | 130 030 | 四级 |
| 三级 | 0.785 5～0.808 0 | 108 597 | 五级 |
| 四级 | 0.549 0～0.785 5 | 67 540 | 六级 |
| 五级 | ＜0.549 0 | 26 679 | 七级 |
| 合计 | — | 404 667 | — |

# 第三节　耕地地力评价结果与分析

本次调查结果表明，讷河市耕地地力划分为 5 个等级。一级地面积为 71 821 公顷，占全市耕地总面积的 17.75％；二级地面积为 130 030 公顷，占全市耕地总面积的 32.13％；三级地面积为 108 597 公顷，占全市耕地总面积的 26.84％；四级地面积为 67 540 公顷，占全市耕地总面积的 16.69％；五级地面积为 26 679 公顷，占全市耕地总面积的 6.59％（表 5-8）。讷河市土壤养分统计见表 5-9，各乡（镇）、各土类分级面积统计见表 5-10、表 5-11。

**表 5-8　耕地地力等级面积统计**

| 耕地等级 | 面积（公顷） | 占比（％） |
|---|---|---|
| 一级 | 71 821 | 17.75 |
| 二级 | 130 030 | 32.13 |
| 三级 | 108 597 | 26.84 |
| 四级 | 67 540 | 16.69 |
| 五级 | 26 679 | 6.59 |
| 合计 | 404 667 | 100.00 |

**表 5-9　讷河市土壤养分统计**

| 项目 | 平均值 | 最大值 | 最小值 | 极差 |
|---|---|---|---|---|
| pH | 7.04 | 8.25 | 5.5 | 2.75 |
| 有机质（克/千克） | 38.5 | 87.38 | 8.74 | 78.64 |
| 有效磷（毫克/千克） | 33.11 | 93.03 | 4.2 | 88.83 |
| 速效钾（毫克/千克） | 199.71 | 685 | 43 | 642 |
| 碱解氮（毫克/千克） | 241.58 | 378.76 | 143.64 | 235.12 |

（续）

| 项目 | 平均值 | 最大值 | 最小值 | 极差 |
|---|---|---|---|---|
| 全氮（克/千克） | 1.17 | 1.94 | 0.41 | 1.53 |
| 全磷（克/千克） | 1.4 | 2.4 | 0.4 | 2 |
| 全钾（克/千克） | 24.41 | 36.8 | 12.9 | 23.9 |
| 有效铜（毫克/千克） | 1.59 | 2.11 | 1.07 | 1.04 |
| 有效锌（毫克/千克） | 0.62 | 1.12 | 0.38 | 0.74 |
| 有效锰（毫克/千克） | 25.81 | 31.9 | 18.4 | 13.5 |
| 有效铁（毫克/千克） | 25.96 | 32.7 | 22 | 10.7 |
| 坡度（°） | 2.32 | 7 | 0 | 7 |
| 有效土层厚度（厘米） | 35.27 | 130 | 6 | 124 |
| 障碍层厚度（厘米） | 20.52 | 67 | 5 | 62 |
| 容重（克/厘米³） | 1.16 | 1.38 | 0.71 | 0.67 |

**表 5－10　讷河市各乡（镇）分级面积统计**

单位：公顷

| 乡（镇） | 面积 | 一级 | 二级 | 三级 | 四级 | 五级 |
|---|---|---|---|---|---|---|
| 兴旺乡 | 27 421 | 8 988 | 5 711 | 4 316 | 4 331 | 4 076 |
| 和盛乡 | 19 616 | 11 029 | 2 148 | 6 337 | 87 | 16 |
| 九井镇 | 26 353 | 10 664 | 8 127 | 918 | 6 441 | 203 |
| 讷南镇 | 30 782 | 1 354 | 13 396 | 6 201 | 7 724 | 2 107 |
| 孔国乡 | 30 754 | 1 235 | 10 474 | 9 665 | 5 189 | 4 191 |
| 通南镇 | 29 158 | 5 214 | 12 410 | 11 514 | 21 | 0 |
| 同义镇 | 24 343 | 10 249 | 7 931 | 3 320 | 2 714 | 129 |
| 拉哈镇 | 4 620 | 194 | 0 | 1 538 | 535 | 2 352 |
| 同心乡 | 24 713 | 4 754 | 13 386 | 4 842 | 1 552 | 179 |
| 六合镇 | 33 104 | 3 690 | 8 955 | 7 085 | 9 036 | 4 340 |
| 龙河镇 | 31 419 | 5 697 | 7 361 | 7 342 | 8 835 | 2 184 |
| 长发镇 | 17 212 | 993 | 7 730 | 6 470 | 1 417 | 601 |
| 学田镇 | 28 350 | 3 789 | 6 295 | 11 436 | 5 886 | 944 |
| 二克浅镇 | 38 523 | 1 176 | 13 732 | 14 543 | 5 785 | 3 289 |
| 讷河镇 | 4 025 | 552 | 2 633 | 431 | 208 | 201 |
| 老莱镇 | 34 274 | 2 244 | 9 742 | 12 642 | 7 780 | 1 866 |
| 合计 | 404 667 | 71 821 | 130 030 | 108 597 | 67 540 | 26 679 |

表 5-11  讷河市各级地土类分布面积统计

单位：公顷

| 土类 | 面积 | 一级 | 二级 | 三级 | 四级 | 五级 |
|---|---|---|---|---|---|---|
| 草甸土 | 95 335 | 0 | 523 | 22 813 | 49 153 | 22 846 |
| 黑钙土 | 54 867 | 33 947 | 7 998 | 12 632 | 108 | 181 |
| 风沙土 | 3 173 | 0 | 0 | 0 | 0 | 3 173 |
| 黑土 | 242 732 | 37 874 | 121 509 | 70 252 | 13 099 | 0 |
| 暗棕壤 | 4 128 | 0 | 0 | 2 900 | 1 090 | 138 |
| 沼泽土 | 4 432 | 0 | 0 | 0 | 4 091 | 341 |
| 合计 | 404 667 | 71 821 | 130 030 | 108 597 | 67 540 | 26 679 |

## 一、一级地

讷河市一级地面积为 71 821 公顷，占全市耕地总面积的 17.75%。16 个乡（镇）均有分布。其中，分布面积最大的是和盛乡，为 11 029 公顷；面积最小的是拉哈镇，仅为 194 公顷（表 5-12）。从土壤类型来看，只有黑钙土和黑土有一级地分布，其他土类没有一级地分布。其中，黑土面积为 37 874 公顷，占一级地面积的 52.73%；黑钙土面积为 33 947 公顷，占一阶地面积的 47.27%。见表 5-13、表 5-14。

表 5-12  讷河市各乡（镇）一级地分布面积统计

| 乡（镇） | 面积（公顷） | 一级地（公顷） | 占本乡（镇）面积（%） | 占一级地面积（%） |
|---|---|---|---|---|
| 兴旺乡 | 27 421 | 8 988 | 32.78 | 12.52 |
| 和盛乡 | 19 616 | 11 029 | 56.22 | 15.36 |
| 九井镇 | 26 353 | 10 664 | 40.47 | 14.85 |
| 讷南镇 | 30 782 | 1 354 | 4.40 | 1.89 |
| 孔国乡 | 30 754 | 1 235 | 4.02 | 1.72 |
| 通南镇 | 29 158 | 5 214 | 17.88 | 7.26 |
| 同义镇 | 24 343 | 10 249 | 42.10 | 14.27 |
| 拉哈镇 | 4 620 | 194 | 4.20 | 0.27 |
| 同心乡 | 24 713 | 4 754 | 19.24 | 6.62 |
| 六合镇 | 33 104 | 3 690 | 11.14 | 5.14 |
| 龙河镇 | 31 419 | 5 697 | 18.13 | 7.93 |
| 长发镇 | 17 212 | 993 | 5.77 | 1.38 |
| 学田镇 | 28 350 | 3 789 | 13.37 | 5.28 |
| 二克浅镇 | 38 523 | 1 176 | 3.05 | 1.64 |
| 讷河镇 | 4 025 | 552 | 13.72 | 0.77 |
| 老莱镇 | 34 274 | 2 244 | 6.55 | 3.12 |
| 合计 | 404 667 | 71 821 | 17.75 | 100.00 |

表 5-13　讷河市一级地土类分布面积统计

| 土类 | 面积（公顷） | 一级地（公顷） | 占本土类面积（%） | 占一级地面积（%） |
|---|---|---|---|---|
| 草甸土 | 95 335 | 0 | 0 | 0 |
| 黑钙土 | 54 867 | 33 947 | 61.87 | 47.27 |
| 风沙土 | 3 173 | 0 | 0 | 0 |
| 黑土 | 242 732 | 37 874 | 15.6 | 52.73 |
| 暗棕壤 | 4 128 | 0 | 0 | 0 |
| 沼泽土 | 4 432 | 0 | 0 | 0 |
| 合计 | 404 667 | 71 821 | 17.75 | 100.00 |

表 5-14　讷河市一级地土种分布面积统计

| 土种 | 面积（公顷） | 一级地（公顷） | 占本土种面积（%） | 占一级地面积（%） |
|---|---|---|---|---|
| 薄层沙壤质草甸土 | 4 358 | 0 | 0 | 0 |
| 厚层黄土质淋溶黑钙土 | 1 122 | 1 089 | 97.07 | 1.52 |
| 中层黄土质淋溶黑钙土 | 5 282 | 5 023 | 95.10 | 6.99 |
| 薄层黏壤质石灰性草甸土 | 1 758 | 0 | 0 | 0 |
| 固定草甸风沙土 | 3 173 | 0 | 0 | 0 |
| 薄层黄土质黑钙土 | 12 049 | 7 666 | 63.63 | 10.67 |
| 中度苏打盐化草甸土 | 926 | 0 | 0 | 0 |
| 中层沙壤质草甸土 | 153 | 0 | 0 | 0 |
| 中层黏壤质石灰性草甸土 | 6 786 | 0 | 0 | 0 |
| 中层黄土质黑钙土 | 15 504 | 15 206 | 98.07 | 21.17 |
| 薄层黄土质石灰性黑钙土 | 8 058 | 3 661 | 45.44 | 5.10 |
| 薄层盐化草甸黑钙土 | 1801 | 0 | 0 | 0 |
| 厚层黏壤质草甸土 | 8 204 | 0 | 0 | 0 |
| 厚层黏壤质潜育草甸土 | 5 339 | 0 | 0 | 0 |
| 薄层黄土质黑土 | 68 019 | 14 412 | 21.19 | 20.07 |
| 薄层黄土质草甸黑土 | 1 307 | 0 | 0 | 0 |
| 薄层沙砾底草甸土 | 29 912 | 0 | 0 | 0 |
| 中层沙砾底草甸土 | 14 894 | 0 | 0 | 0 |
| 中层黄土质黑土 | 85 644 | 12 035 | 14.05 | 16.76 |
| 薄层沙砾底潜育草甸土 | 646 | 0 | 0 | 0 |
| 中层沙砾底潜育草甸土 | 9 014 | 0 | 0 | 0 |
| 中层黄土质草甸黑土 | 35 736 | 4 579 | 12.81 | 6.38 |
| 厚层黄土质黑土 | 4 588 | 831 | 18.10 | 1.16 |
| 薄层砾底黑土 | 15 955 | 0 | 0 | 0 |

（续）

| 土种 | 面积（公顷） | 一级地（公顷） | 占本土种面积（%） | 占一级地面积（%） |
|---|---|---|---|---|
| 砾沙质暗棕壤 | 3 785 | 0 | 0 | 0 |
| 薄层沙底黑土 | 9 122 | 0 | 0 | 0 |
| 中层砾底黑土 | 2 709 | 0 | 0 | 0 |
| 厚层黄土质草甸黑土 | 8 297 | 2 773 | 33.43 | 3.86 |
| 薄层沙底草甸黑土 | 1 301 | 0 | 0 | 0 |
| 中层石灰性草甸黑钙土 | 37 | 0 | 0 | 0 |
| 中层黄土质草甸黑钙土 | 2 682 | 0 | 0 | 0 |
| 薄层黄土质淋溶黑钙土 | 1 445 | 1 053 | 72.85 | 1.47 |
| 薄层石灰性草甸黑钙土 | 740 | 0 | 0 | 0 |
| 薄层黄土质草甸黑钙土 | 709 | 0 | 0 | 0 |
| 厚层黄土质草甸黑钙土 | 4 565 | 0 | 0 | 0 |
| 中层黏壤质草甸土 | 6 072 | 0 | 0 | 0 |
| 破皮黄黄土质黑土 | 1 487 | 0 | 0 | 0 |
| 中层沙底黑土 | 1 301 | 0 | 0 | 0 |
| 厚层沙底草甸黑土 | 254 | 0 | 0 | 0 |
| 厚层黏壤质石灰性草甸土 | 238 | 0 | 0 | 0 |
| 厚层黏质草甸沼泽土 | 4 431 | 0 | 0 | 0 |
| 中层砾底草甸黑土 | 68 | 0 | 0 | 0 |
| 中层黄土质表潜黑土 | 1 811 | 1 425 | 78.68 | 1.98 |
| 薄层黏壤质草甸土 | 220 | 0 | 0 | 0 |
| 中层黄土质石灰性黑钙土 | 209 | 209 | 100.00 | 0.29 |
| 薄层黄土质表潜黑土 | 3 049 | 1 329 | 43.58 | 1.85 |
| 厚层沙砾底草甸土 | 1 425 | 0 | 0 | 0 |
| 中层黏壤质潜育草甸土 | 4 985 | 0 | 0 | 0 |
| 厚层黄土质黑钙土 | 40 | 40 | 100.00 | 0.06 |
| 薄层沙质黑钙土 | 2 244 | 0 | 0 | 0 |
| 中层沙底草甸黑土 | 1 090 | 0 | 0 | 0 |
| 厚层黄土质表潜黑土 | 492 | 490 | 99.67 | 0.68 |
| 薄层砾底草甸黑土 | 505 | 0 | 0 | 0 |
| 暗矿质暗棕壤 | 166 | 0 | 0 | 0 |
| 厚层沙砾底潜育草甸土 | 215 | 0 | 0 | 0 |
| 薄层黏壤质潜育草甸土 | 179 | 0 | 0 | 0 |
| 黄土质草甸暗棕壤 | 177 | 0 | 0 | 0 |
| 中层砾底草甸土 | 12 | 0 | 0 | 0 |
| 合计 | 404 667 | 71 821 | 17.75 | 100.00 |

根据土壤养分测定结果，各评价指标总结如下：

**1. 有机质**　讷河市一级地土壤有机质含量平均为 38.48 克/千克，变幅在 10.20～84.60 克/千克。含量＞60 克/千克的频率为 0.39％，含量在 40～60 克/千克的频率为 36.26％，含量在 30～40 克/千克的频率为 49.33％，含量在 20～30 克/千克的频率为 12.99％，含量在 10～20 克/千克的频率为 1.03％。

**2. pH**　讷河市一级地土壤 pH 平均为 7.06，变幅在 5.87～8.2。

**3. 有效磷**　讷河市一级地土壤有效磷平均含量为 36.87 毫克/千克，变幅在 6.87～93.03 毫克/千克。含量＞60 毫克/千克的频率为 4.75％，含量在 40～60 毫克/千克的频率为 39.35％，含量在 20～40 毫克/千克的频率为 48.40％，含量在 10～20 毫克/千克的频率为 6.95％，含量在 5～10 毫克/千克的频率为 0.55％。

**4. 速效钾**　讷河市一级地土壤速效钾平均含量为 222.63 毫克/千克，变幅在 86.00～625.00 毫克/千克。含量＞200 毫克/千克的频率为 60.13％，含量在 150～200 毫克/千克的频率为 27.73％，含量在 100～150 毫克/千克的频率为 10.81％，含量在 50～100 毫克/千克的频率为 1.33％。

**5. 全氮**　讷河市一级地土壤全氮平均含量为 1.02 克/千克，变幅在 0.41～1.94 克/千克。含量在 1.5～2.0 克/千克的频率为 6.32％，含量在 1.0～1.5 克/千克的频率为 38.13％，含量＜1 克/千克的频率为 55.56％。

**6. 全磷**　讷河市一级地土壤全磷平均含量为 1.26 克/千克，变幅在 0.50～2.40 克/千克。含量＞2 克/千克的频率为 3.22％，含量在 1.5～2.0 克/千克的频率为 10.82％，含量在 1.0～1.5 克/千克的频率为 47.11％，含量在 0.5～1.0 克/千克的频率为 36.62％，含量＜0.5 毫克/千克的频率为 2.23％。

**7. 全钾**　讷河市一级地土壤全钾平均含量为 24.80 克/千克，变幅在 14.40～35.60 克/千克。含量＞30 克/千克的频率为 14.55％，含量在 25～30 克/千克的频率为 25.21％，含量在 20～25 克/千克的频率为 56.63％，含量在 15～20 克/千克的频率为 3.37％，含量在 10～15 克/千克的频率为 0.25％，含量＜10 毫克/千克的频率为 0.25％。

**8. 土壤有效锌**　一级地土壤有效锌平均含量为 0.62 毫克/千克，最低值为 0.44 毫克/千克，最高值为 1 毫克/千克。含量在 0.5～1.0 毫克/千克的频率为 95.09％，含量＜0.5 毫克/千克的频率为 4.91％。

**9. 有效铁**　一级地土壤有效铁平均含量为 25.98 毫克/千克，最低值为 22.00 毫克/千克，最高值为 32.70 毫克/千克。

**10. 有效铜**　一级地土壤有效铜平均含量为 1.59 毫克/千克，最低值为 1.07 毫克/千克，最高值为 2.00 毫克/千克。

**11. 有效锰**　一级地土壤有效锰平均含量为 25.40 毫克/千克，最低值为 18.40 毫克/千克，最高值为 31.90 毫克/千克。

**12. 土壤有效土层厚度**　一级地土壤有效土层厚度平均值为 37.90 厘米，变动幅度为 15.00～75.00 厘米。

**13. 碱解氮**　一级地土壤碱解氮平均含量为 242.84 毫克/千克，最低值为 152.71 毫克/千克，最高值为 326.59 毫克/千克。含量＞250 毫克/千克的频率为 39.29％，含量在

180~250毫克/千克的频率为59.65%，含量在150~180毫克/千克的频率为1.06%。

**14. 坡度** 一级地平均坡度为1.82°，最低值为1°，最高值为4°。

**15. 障碍层厚度** 一级地土壤障碍层厚度为9.85厘米，最低值为5.00厘米，最高值为13.00厘米。

**16. 容重** 一级地土壤容重平均值为1.31克/厘米³，最低值为0.76克/厘米³，最高值为1.37克/厘米³。

**17. 障碍层类型** 一级地障碍层类型主要为黏盘层，占一级地面积的100%。

**18. 成土母质** 一级地土壤成土母质是黄土母质，占一级地面积的100%。

**19. 土壤质地** 一级地土壤质地由重壤土和中壤土组成，其中重壤土占一级地面积的93.90%；中壤土占一级地面积的6.10%。

**20. 地形部位** 一级地地形部位主要位于平岗地，占一级地面积47.27%；依次是丘陵上部，占一级地面积20.07%；丘陵中部，占一级地面积17.91%；丘陵缓坡，占一级地面积10.24%；漫川漫岗，占一级地面积4.52%。

**21. 地貌类型** 地貌类型主要位于平原和丘陵，分别占一级地面积的47.27%和52.73%。

讷河市一级地土壤养分统计及分级面积频率统计见表5-15和表5-16。

表5-15 讷河市一级地土壤养分统计

| 项目 | 平均值 | 最大值 | 最小值 | 极差 |
|---|---|---|---|---|
| pH | 7.06 | 8.21 | 5.87 | 2.34 |
| 有机质（克/千克） | 38.48 | 84.60 | 10.20 | 74.4 |
| 有效磷（毫克/千克） | 36.87 | 93.03 | 6.87 | 86.16 |
| 速效钾（毫克/千克） | 222.63 | 625.00 | 86.00 | 539.00 |
| 碱解氮（毫克/千克） | 242.84 | 326.59 | 152.71 | 173.88 |
| 全氮（克/千克） | 1.02 | 1.94 | 0.41 | 1.53 |
| 全磷（克/千克） | 1.26 | 2.40 | 0.50 | 1.90 |
| 全钾（克/千克） | 24.80 | 35.6 | 14.40 | 21.20 |
| 有效铜（毫克/千克） | 1.59 | 2.00 | 1.07 | 0.93 |
| 有效锌（毫克/千克） | 0.62 | 1.00 | 0.44 | 0.56 |
| 有效锰（毫克/千克） | 25.40 | 31.90 | 18.40 | 13.50 |
| 有效铁（毫克/千克） | 25.98 | 32.70 | 22.00 | 10.70 |
| 坡度（°） | 1.82 | 4.00 | 1.00 | 3.00 |
| 有效土层厚度（厘米） | 37.90 | 75.00 | 15.00 | 60.00 |
| 障碍层厚度（厘米） | 9.85 | 13.00 | 5.00 | 8.00 |
| 容重（克/厘米³） | 1.31 | 1.37 | 0.76 | 0.61 |

### 表 5-16 一级地养分分级面积频率统计

单位：%

| 项目 | 一级 | 二级 | 三级 | 四级 | 五级 | 六级 |
|------|------|------|------|------|------|------|
| pH | 0 | 25.45 | 60.02 | 14.53 | 0 | 0 |
| 有机质 | 0.39 | 36.26 | 49.33 | 12.99 | 1.03 | 0 |
| 全氮 | 0 | 0 | 6.32 | 38.13 | 55.56 | 0 |
| 全磷 | 3.22 | 10.82 | 47.11 | 36.62 | 2.23 | 0 |
| 全钾 | 14.55 | 25.21 | 56.63 | 3.37 | 0.25 | 0 |
| 碱解氮 | 39.29 | 59.65 | 1.06 | 0 | 0 | 0 |
| 有效磷 | 4.75 | 39.35 | 48.40 | 6.95 | 0.55 | 0 |
| 速效钾 | 60.13 | 27.73 | 10.81 | 1.33 | 0 | 0 |
| 有效锌 | 0 | 0 | 0 | 95.09 | 4.91 | 0 |
| 地貌类型 | 河谷平原 | 平原 | 河漫滩 | 丘陵 | 低山丘陵 | 丘陵漫岗 |
|  | 0 | 47.27 | 0 | 52.73 | 0 | 0 |
| 地形部位 | 平岗地 | 丘陵上部 | 丘陵缓坡 | 丘陵中部 | 漫川漫岗 | |
|  | 47.27 | 20.07 | 10.24 | 17.91 | 4.52 | |
| 成土母质 | 黄土母质 | 0 | 0 | 0 | | |
|  | 100.00 | 0 | 0 | 0 | | |
| 障碍层类型 | 黏盘层 | 沙漏层 | 盐积层 | 潜育层 | | |
|  | 100.00 | 0 | 0 | 0 | | |
| 质地 | 重壤土 | 中壤土 | 沙壤土 | 轻壤土 | | |
|  | 93.90 | 6.10 | 0 | 0 | | |

## 二、二级地

讷河市二级地面积为 130 030 公顷，占全市耕地面积的 32.13%。二级地分布面积最大的是二克浅镇，面积为 13 732 公顷；其次是讷南镇，二级地面积为 13 396 公顷；拉哈镇没有二级地分布。见表 5-17。

### 表 5-17 讷河市各乡（镇）二级地分布面积统计

| 乡（镇） | 乡（镇）面积（公顷） | 二级地（公顷） | 占本乡（镇）面积（%） | 占二级地面积（%） |
|------|------|------|------|------|
| 兴旺乡 | 27 421 | 5 711 | 20.82 | 4.39 |
| 和盛乡 | 19 616 | 2 148 | 10.95 | 1.65 |
| 九井镇 | 26 353 | 8 127 | 30.84 | 6.25 |
| 讷南镇 | 30 782 | 13 396 | 43.52 | 10.30 |
| 孔国乡 | 30 754 | 10 474 | 34.06 | 8.05 |

（续）

| 乡（镇） | 乡（镇）面积（公顷） | 二级地（公顷） | 占本乡（镇）面积（%） | 占二级地面积（%） |
|---|---|---|---|---|
| 通南镇 | 29 158 | 12 410 | 42.56 | 9.54 |
| 同义镇 | 24 343 | 7 931 | 32.58 | 6.10 |
| 拉哈镇 | 4 620 | 0 | 0 | 0 |
| 同心乡 | 24 713 | 13 386 | 54.17 | 10.29 |
| 六合镇 | 33 104 | 8 955 | 27.05 | 6.89 |
| 龙河镇 | 31 419 | 7 361 | 23.43 | 5.66 |
| 长发镇 | 17 212 | 7 730 | 44.91 | 5.95 |
| 学田镇 | 28 350 | 6 295 | 22.20 | 4.84 |
| 二克浅镇 | 38 523 | 13 732 | 35.65 | 10.56 |
| 讷河镇 | 4 025 | 2 633 | 65.43 | 2.03 |
| 老莱镇 | 34 274 | 9 742 | 28.43 | 7.49 |
| 合计 | 404 667 | 130 030 | 32.13 | 100.00 |

　　从土壤组成看，讷河市二级地包括黑土、草甸土、黑钙土3个土类，其中黑土分布面积最大，二级地面积121 508.5公顷，占全市二级地面积93.45%；黑钙土二级地面积7 998.11公顷，占全市二级地面积6.15%；草甸土二级地面积522.9公顷，占全市二级地面积0.4%。土种中19个土种有分布，其中二级地面积最大的是中层黄土质黑土，二级地面积50 960.17公顷。见表5-18、表5-19。

表5-18　讷河市二级地土壤分布面积统计

| 土类 | 面积（公顷） | 二级地（公顷） | 占本土类面积（%） | 占二级地面积（%） |
|---|---|---|---|---|
| 草甸土 | 95 335 | 523 | 0.55 | 0.40 |
| 黑钙土 | 54 867 | 7 998 | 14.58 | 6.15 |
| 风沙土 | 3 173 | 0 | 0 | 0 |
| 黑土 | 242 732 | 121 509 | 50.06 | 93.45 |
| 暗棕壤 | 4 128 | 0 | 0 | 0 |
| 沼泽土 | 4 432 | 0 | 0 | 0 |
| 合计 | 404 667 | 130 030 | 32.13 | 100.00 |

表5-19　讷河市二级地土种分布面积统计

| 土种 | 面积（公顷） | 二级地（公顷） | 占本土种面积（%） | 占二级地面积（%） |
|---|---|---|---|---|
| 薄层沙壤质草甸土 | 4 358 | 0 | 0 | 0 |
| 厚层黄土质淋溶黑钙土 | 1 122 | 33 | 2.93 | 0.03 |
| 中层黄土质淋溶黑钙土 | 5 282 | 181 | 3.42 | 0.14 |
| 薄层黏壤质石灰性草甸土 | 1 758 | 0 | 0 | 0 |

（续）

| 土种 | 面积（公顷） | 二级地（公顷） | 占本土种面积（%） | 占二级地面积（%） |
|---|---|---|---|---|
| 固定草甸风沙土 | 3 173 | 0 | 0 | 0 |
| 薄层黄土质黑钙土 | 12 049 | 4 150 | 34.44 | 3.19 |
| 中度苏打盐化草甸土 | 926 | 0 | 0 | 0 |
| 中层沙壤质草甸土 | 153 | 0 | 0 | 0 |
| 中层黏壤质石灰性草甸土 | 6 786 | 0 | 0 | 0 |
| 中层黄土质黑钙土 | 15 504 | 299 | 1.93 | 0.23 |
| 薄层黄土质石灰性黑钙土 | 8 058 | 2 944 | 36.53 | 2.26 |
| 薄层盐化草甸黑钙土 | 181 | 0 | 0 | 0 |
| 厚层黏壤质草甸土 | 8 204 | 523 | 6.37 | 0.40 |
| 厚层黏壤质潜育草甸土 | 5 339 | 0 | 0 | 0 |
| 薄层黄土质黑土 | 68 019 | 36 296 | 53.36 | 27.91 |
| 薄层黄土质草甸黑土 | 1 307 | 740 | 56.66 | 0.57 |
| 薄层沙砾底草甸土 | 29 912 | 0 | 0 | 0 |
| 中层沙砾底草甸土 | 14 894 | 0 | 0 | 0 |
| 中层黄土质黑土 | 85 644 | 50 960 | 59.50 | 39.19 |
| 薄层沙砾底潜育草甸土 | 646 | 0 | 0 | 0 |
| 中层沙砾底潜育草甸土 | 9 014 | 0 | 0 | 0 |
| 中层黄土质草甸黑土 | 35 736 | 23 936 | 66.98 | 18.41 |
| 厚层黄土质黑土 | 4 588 | 2 836 | 61.81 | 2.18 |
| 薄层砾底黑土 | 15 955 | 0 | 0 | 0 |
| 砾沙质暗棕壤 | 3 785 | 0 | 0 | 0 |
| 薄层沙底黑土 | 9 122 | 0 | 0 | 0 |
| 中层砾底黑土 | 2 709 | 0 | 0 | 0 |
| 厚层黄土质草甸黑土 | 8 297 | 4 520 | 54.48 | 3.48 |
| 薄层沙底草甸黑土 | 1 301 | 0 | 0 | 0 |
| 中层石灰性草甸黑钙土 | 37 | 0 | 0 | 0 |
| 中层黄土质草甸黑钙土 | 2 682 | 0 | 0 | 0 |
| 薄层黄土质淋溶黑钙土 | 1 445 | 392 | 27.15 | 0.30 |
| 薄层石灰性草甸黑钙土 | 740 | 0 | 0 | 0 |
| 薄层黄土质草甸黑钙土 | 709 | 0 | 0 | 0 |
| 厚层黄土质草甸黑钙土 | 4 565 | 0 | 0 | 0 |
| 中层黏壤质草甸土 | 6 072 | 0 | 0 | 0 |
| 破皮黄黄土质黑土 | 1 487 | 614 | 41.30 | 0.47 |

（续）

| 土种 | 面积（公顷） | 二级地（公顷） | 占本土种面积（%） | 占二级地面积（%） |
|---|---|---|---|---|
| 中层沙底黑土 | 1 301 | 0 | 0 | 0 |
| 厚层沙底草甸黑土 | 254 | 0 | 0 | 0 |
| 厚层黏壤质石灰性草甸土 | 237 | 0 | 0 | 0 |
| 厚层黏质草甸沼泽土 | 4 431 | 0 | 0 | 0 |
| 中层砾底草甸黑土 | 68 | 0 | 0 | 0 |
| 中层黄土质表潜黑土 | 1 811 | 386 | 21.32 | 0.30 |
| 薄层黏壤质草甸土 | 220 | 0 | 0 | 0 |
| 中层黄土质石灰性黑钙土 | 209 | 0 | 0 | 0 |
| 薄层黄土质表潜黑土 | 3 049 | 1 219 | 39.97 | 0.94 |
| 厚层沙砾底草甸土 | 1 425 | 0 | 0 | 0 |
| 中层黏壤质潜育草甸土 | 4 985 | 0 | 0 | 0 |
| 厚层黄土质黑钙土 | 40 | 0 | 0 | 0 |
| 薄层沙质黑钙土 | 2 244 | 0 | 0 | 0 |
| 中层沙底草甸黑土 | 1 090 | 0 | 0 | 0 |
| 厚层黄土质表潜黑土 | 492 | 2 | 0.33 | 0 |
| 薄层砾底草甸黑土 | 505 | 0 | 0 | 0 |
| 暗矿质暗棕壤 | 166 | 0 | 0 | 0 |
| 厚层沙砾底潜育草甸土 | 215 | 0 | 0 | 0 |
| 薄层黏壤质潜育草甸土 | 179 | 0 | 0 | 0 |
| 黄土质草甸暗棕壤 | 177 | 0 | 0 | 0 |
| 中层砾底草甸土 | 12 | 0 | 0 | 0 |
| 合计 | 404 667 | 130 030 | 32.13 | 100.00 |

根据土壤养分测定结果，各养分含量情况总结如下：

**1. 有机质** 讷河市二级地土壤有机质平均含量为 37.71 克/千克，变幅在 12.50～87.38 克/千克。含量＞60 克/千克的频率为 1.34%，含量在 40～60 克/千克的频率为 30.11%，含量在 30～40 克/千克的频率为 50.04%，含量在 20～30 克/千克的频率为 17.32%，含量在 10～20 克/千克的频率为 1.19%。

**2. pH** 讷河市二级地土壤 pH 平均为 7.04，变幅在 5.51～8.17。

**3. 有效磷** 讷河市二级地土壤有效磷平均含量为 32.12 毫克/千克，变幅在 7.46～86.22 毫克/千克。含量＞60 毫克/千克的频率为 0.97%，含量在 40～60 毫克/千克的频率为 21.86%，含量在 20～40 毫克/千克的频率为 68.62%，含量在 10～20 毫克/千克的频率为 7.71%，含量在 5～10 毫克/千克的频率为 0.84%。

**4. 速效钾** 讷河市二级地土壤速效钾平均含量为 198.52 毫克/千克，变幅在 63.00～

561.00 毫克/千克。含量>200 毫克/千克的频率为 49.54％，含量在 150～200 毫克/千克的频率为 29.14％，含量在 100～150 毫克/千克的频率为 16.47％，含量在 50～100 毫克/千克的频率为 4.85％。

**5. 全氮**　讷河市二级地土壤全氮平均含量为 1.13 克/千克，变幅在 0.45～1.94 克/千克。含量在 1.5～2.0 克/千克的频率为 5.59％，含量在 1.0～1.5 克/千克的频率为 57.31％，含量<1.0 克/千克的频率为 37.10％。

**6. 全磷**　讷河市二级地土壤全磷平均含量为 1.38 克/千克，变幅 0.60～2.40 克/千克。含量>2 克/千克的频率为 2.08％，含量在 1.5～2.0 克/千克的频率为 19.58％，含量在 1～1.5 克/千克的频率为 64.25％，含量在 0.5～1.0 克/千克的频率为 14.10％。

**7. 全钾**　讷河市二级地土壤全钾平均含量为 24.87 克/千克，变幅在 12.90～36.80 克/千克。含量>30 克/千克的频率为 12.32％，含量在 25～30 克/千克的频率为 26.80％，含量在 20～25 克/千克的频率为 50.01％，含量在 15～20 克/千克的频率为 10.10％，含量在 10～15 克/千克的频率为 0.77％。

**8. 土壤有效锌**　二级地土壤有效锌平均含量为 0.62 毫克/千克，最低值为 0.38 毫克/千克，最高值为 1.12 毫克/千克。含量在 1～1.5 毫克/千克的频率为 0.76％，含量在 0.5～1.0 毫克/千克的频率为 94.33％，含量小于 0.5 毫克/千克的频率为 4.91％。

**9. 有效铁**　二级地土壤有效铁平均含量为 25.85 毫克/千克，最低值为 22.4 毫克/千克，最高值为 32.7 毫克/千克。

**10. 有效铜**　二级地土壤有效铜平均含量为 1.59 毫克/千克，最低值为 1.07 毫克/千克，最高值为 2.11 毫克/千克。

**11. 有效锰**　二级地土壤有效锰平均含量为 26.00 毫克/千克，最低值为 18.40 毫克/千克，最高值为 31.30 毫克/千克。

**12. 土壤有效土层厚度**　二级地土壤有效土层厚度平均值为 40.57 厘米，变动幅度 7.00～75.00 厘米。

**13. 碱解氮**　二级地土壤碱解氮平均含量为 242.61 毫克/千克，最低值为 153.47 毫克/千克，最高值为 378.76 毫克/千克。含量>250 毫克/千克的频率为 37.54％，含量在 180～250 毫克/千克的频率为 59.89％，含量在 150～180 毫克/千克的频率为 2.57％。

**14. 坡度**　二级地平均坡度为 2.18°，最低值为 1°，最高值为 6°。

**15. 障碍层厚度**　二级地土壤障碍层厚度为 10.28 厘米，最低值为 5.00 厘米，最高值为 15.00 厘米。

**16. 容重**　二级地土壤容重平均值为 1.36 克/厘米$^3$，最低值为 0.76 克/厘米$^3$，最高值为 1.38 克/厘米$^3$。

**17. 障碍层类型**　二级地障碍层类型主要为黏盘层，占二级地面积的 100％。

**18. 成土母质**　二级地土壤成土母质是黄土母质，占二级地面积的 100％。

**19. 土壤质地**　二级地土壤质地由重壤土和中壤土组成。其中，重壤土占二级地面积的 97.33％；中壤土占二级地面积的 2.67％。

**20. 地形部位**　二级地地形部位，平岗地占二级地面积的 6.15％；丘陵上部占二级地面积的 28.39％；丘陵缓坡占二级地面积的 22.45％；丘陵中部占二级地面积的 41.37％；

漫川漫岗占二级地面积的 1.24%。

**21. 地貌构成** 地貌类型有河谷平原占二级地面积的 0.40%；平原占二级地面积的 6.15%；丘陵占二级地面积的 93.45%。

讷河市二级地土壤养分统计见表 5-20，二级地土壤养分分级频率统计见表 5-21。

表 5-20 讷河市二级地土壤养分统计

| 项目 | 平均值 | 最大值 | 最小值 | 极差 |
|---|---|---|---|---|
| pH | 7.04 | 8.17 | 5.51 | 2.66 |
| 有机质（克/千克） | 37.71 | 87.38 | 12.5 | 74.88 |
| 有效磷（毫克/千克） | 32.12 | 86.22 | 7.46 | 78.76 |
| 速效钾（毫克/千克） | 198.52 | 561 | 63 | 498 |
| 碱解氮（毫克/千克） | 242.61 | 378.76 | 153.47 | 225.29 |
| 全氮（克/千克） | 1.13 | 1.94 | 0.45 | 1.49 |
| 全磷（克/千克） | 1.38 | 2.4 | 0.6 | 1.8 |
| 全钾（克/千克） | 24.87 | 36.8 | 12.9 | 23.9 |
| 有效铜（毫克/千克） | 1.59 | 2.11 | 1.07 | 1.04 |
| 有效锌（毫克/千克） | 0.62 | 1.12 | 0.38 | 0.74 |
| 有效锰（毫克/千克） | 26 | 31.3 | 18.4 | 12.9 |
| 有效铁（毫克/千克） | 25.85 | 32.7 | 22.4 | 10.3 |
| 坡度（°） | 2.18 | 6 | 1 | 5 |
| 有效土层厚度（厘米） | 40.57 | 75 | 7 | 68 |
| 障碍层厚度（厘米） | 10.28 | 15 | 5 | 10 |
| 容重（克/厘米³） | 1.36 | 1.38 | 0.76 | 0.62 |

表 5-21 二级地土壤养分分级频率统计

单位：%

| 项目 | 一级 | 二级 | 三级 | 四级 | 五级 | 六级 |
|---|---|---|---|---|---|---|
| pH | 0 | 11.76 | 80.72 | 7.52 | 0 | 0 |
| 有机质 | 1.34 | 30.11 | 50.04 | 17.32 | 1.19 | 0 |
| 全氮 | 0 | 0 | 5.59 | 57.31 | 37.10 | 0 |
| 全磷 | 2.08 | 19.58 | 64.25 | 14.10 | 0 | 0 |
| 全钾 | 12.32 | 26.80 | 50.01 | 10.10 | 0.77 | 0 |
| 碱解氮 | 37.54 | 59.89 | 2.57 | 0 | 0 | 0 |
| 有效磷 | 0.97 | 21.86 | 68.62 | 7.71 | 0.84 | 0 |
| 速效钾 | 49.54 | 29.14 | 16.47 | 4.85 | 0 | 0 |
| 有效锌 | 0 | 0 | 0.76 | 94.33 | 4.91 | 0 |

（续）

| 项目 | 一级 | 二级 | 三级 | 四级 | 五级 | 六级 |
|---|---|---|---|---|---|---|
| 地貌类型 | 河谷平原<br>0.40 | 平原<br>6.15 | 河漫滩<br>0 | 丘陵<br>93.45 | 低山丘陵<br>0 | 丘陵漫岗<br>0 |
| 地形部位 | 平岗地<br>6.15 | 丘陵上部<br>28.39 | 丘陵缓坡<br>22.45 | 丘陵中部<br>41.37 | 漫川漫岗<br>1.24 | |
| 成土母质 | 黄土母质<br>100.00 | | | | | |
| 障碍层类型 | 黏盘层<br>100.00 | 沙漏层<br>0 | 盐积层<br>0 | 潜育层<br>0 | | |
| 质地 | 重壤土<br>97.33 | 中壤土<br>2.67 | 沙壤土<br>0 | 轻壤土<br>0 | | |

## 三、三级地

讷河市三级地面积为 108 597 公顷，占全市耕地总面积的 26.84%。分布在全市 16 个乡（镇）。其中，面积最大的是二克浅镇，三级地面积为 14 543 公顷；其次为老莱镇，三级地面积为 12 642 公顷；面积最小的是讷河镇，三级地面积为 431 公顷。见表 5-22。

**表 5-22　讷河市各乡（镇）三级地分布面积统计**

| 乡（镇） | 面积（公顷） | 三级地（公顷） | 占本乡（镇）面积（%） | 占三级地面积（%） |
|---|---|---|---|---|
| 兴旺乡 | 27 421 | 4 316 | 15.74 | 3.97 |
| 和盛乡 | 19 616 | 6 337 | 32.30 | 5.83 |
| 九井镇 | 26 353 | 918 | 3.48 | 0.85 |
| 讷南镇 | 30 782 | 6 201 | 20.15 | 5.71 |
| 孔国乡 | 30 754 | 9 665 | 31.43 | 8.90 |
| 通南镇 | 29 158 | 11 514 | 39.49 | 10.60 |
| 同义镇 | 24 343 | 3 320 | 13.64 | 3.06 |
| 拉哈镇 | 4 620 | 1 538 | 33.29 | 1.42 |
| 同心乡 | 24 713 | 4 842 | 19.59 | 4.46 |
| 六合镇 | 33 104 | 7 085 | 21.40 | 6.52 |
| 龙河镇 | 31 419 | 7 342 | 23.37 | 6.76 |
| 长发镇 | 17 212 | 6 470 | 37.59 | 5.96 |
| 学田镇 | 28 350 | 11 436 | 40.34 | 10.53 |
| 二克浅镇 | 38 523 | 14 543 | 37.75 | 13.39 |
| 讷河镇 | 4 025 | 431 | 10.72 | 0.40 |
| 老莱镇 | 34 274 | 12 642 | 36.88 | 11.64 |
| 合计 | 404 667 | 108 597 | 26.84 | 100.00 |

从土壤组成看，讷河市三级地分布在草甸土、黑土、暗棕壤、黑钙土。其中，黑土面积最大，面积为70 252公顷，占三级地面积的64.69%；黑钙土面积为12 632公顷，占三级地面积的11.63%；草甸土面积22 318公顷，占三级地面积的21.01%。土种中有35个土种有三级地面积分布，其中中层黄土质黑土面积分布最大，为22 648公顷。见表5-23、表5-24。

表5-23　讷河市三级地土壤分布面积统计

| 土类 | 面积（公顷） | 三级地（公顷） | 占本土类面积（%） | 占三级地面积（%） |
|---|---|---|---|---|
| 草甸土 | 95 335 | 22 813 | 23.93 | 21.01 |
| 黑钙土 | 54 867 | 12 632 | 23.02 | 11.63 |
| 风沙土 | 3 173 | 0 | 0 | 0 |
| 黑土 | 242 732 | 70 252 | 28.94 | 64.69 |
| 暗棕壤 | 4 128 | 2 900 | 70.24 | 2.67 |
| 沼泽土 | 4 432 | 0 | 0 | 0 |
| 合计 | 404 667 | 108 597 | 26.84 | 100.00 |

表5-24　三级地耕地土种面积分布频率

| 土种 | 面积（公顷） | 三级地（公顷） | 占本土种面积（%） | 占三级地面积（%） |
|---|---|---|---|---|
| 薄层沙壤质草甸土 | 4 358 | 0 | 0 | 0 |
| 厚层黄土质淋溶黑钙土 | 1 122 | 0 | 0 | 0 |
| 中层黄土质淋溶黑钙土 | 5 282 | 78 | 1.48 | 0.07 |
| 薄层黏壤质石灰性草甸土 | 1 758 | 1 747 | 99.38 | 1.61 |
| 固定草甸风沙土 | 3 173 | 0 | 0 | 0 |
| 薄层黄土质黑钙土 | 12 049 | 233 | 1.93 | 0.21 |
| 中度苏打盐化草甸土 | 926 | 0 | 0 | 0 |
| 中层沙壤质草甸土 | 153 | 70 | 46 | 0.06 |
| 中层黏壤质石灰性草甸土 | 6 786 | 6 786 | 100.00 | 6.25 |
| 中层黄土质黑钙土 | 15 504 | 0 | 0 | 0 |
| 薄层黄土质石灰性黑钙土 | 8 058 | 1 453 | 18.03 | 1.34 |
| 薄层盐化草甸黑钙土 | 181 | 0 | 0 | 0 |
| 厚层黏壤质草甸土 | 8 204 | 7 682 | 93.63 | 7.07 |
| 厚层黏壤质潜育草甸土 | 5 339 | 0 | 0 | 0 |
| 薄层黄土质黑土 | 68 018 | 17 310 | 25.45 | 15.94 |
| 薄层黄土质草甸黑土 | 1 307 | 566 | 43.34 | 0.52 |
| 薄层沙砾底草甸土 | 29 912 | 0 | 0 | 0 |
| 中层沙砾底草甸土 | 14 894 | 0 | 0 | 0 |
| 中层黄土质黑土 | 85 644 | 22 648 | 26.44 | 20.86 |
| 薄层沙砾底潜育草甸土 | 646 | 0 | 0 | 0 |
| 中层沙砾底潜育草甸土 | 9 014 | 0 | 0 | 0 |

（续）

| 土种 | 面积（公顷） | 三级地（公顷） | 占本土种面积（%） | 占三级地面积（%） |
|---|---|---|---|---|
| 中层黄土质草甸黑土 | 35 736 | 7 221 | 20.21 | 6.65 |
| 厚层黄土质黑土 | 4 588 | 922 | 20.09 | 0.85 |
| 薄层砾底黑土 | 15 955 | 4 719 | 29.58 | 4.35 |
| 砾沙质暗棕壤 | 3 785 | 2 723 | 71.93 | 2.51 |
| 薄层沙底黑土 | 9 122 | 8 448 | 92.61 | 7.78 |
| 中层砾底黑土 | 2 709 | 1 521 | 56.14 | 1.40 |
| 厚层黄土质草甸黑土 | 8 297 | 1 003 | 12.09 | 0.92 |
| 薄层沙底草甸黑土 | 1 301 | 1 301 | 100.00 | 1.20 |
| 中层石灰性草甸黑钙土 | 37 | 37 | 100.00 | 0.03 |
| 中层黄土质草甸黑钙土 | 2 682 | 2 663 | 99.29 | 2.45 |
| 薄层黄土质淋溶黑钙土 | 1 445 | 0 | 0 | 0 |
| 薄层石灰性草甸黑钙土 | 740 | 651 | 87.96 | 0.60 |
| 薄层黄土质草甸黑钙土 | 709 | 709 | 100.00 | 0.65 |
| 厚层黄土质草甸黑钙土 | 4 565 | 4 565 | 100.00 | 4.20 |
| 中层黏壤质草甸土 | 6 072 | 6 072 | 100.00 | 5.59 |
| 破皮黄黄土质黑土 | 1 487 | 873 | 58.70 | 0.80 |
| 中层沙底黑土 | 1 301 | 1 301 | 100.00 | 1.20 |
| 厚层沙底草甸黑土 | 254 | 254 | 100.00 | 0.23 |
| 厚层黏壤质石灰性草甸土 | 237 | 237 | 100.00 | 0.22 |
| 厚层黏质草甸沼泽土 | 4 431 | 0 | 0 | 0 |
| 中层砾底草甸黑土 | 68 | 68 | 100.00 | 0.06 |
| 中层黄土质表潜黑土 | 1 811 | 0 | 0 | 0 |
| 薄层黏壤质草甸土 | 220 | 220 | 100.00 | 0.20 |
| 中层黄土质石灰性黑钙土 | 209 | 0 | 0 | 0 |
| 薄层黄土质表潜黑土 | 3 049 | 502 | 16.45 | 0.46 |
| 厚层沙砾底草甸土 | 1 425 | 0 | 0 | 0 |
| 中层黏壤质潜育草甸土 | 4 985 | 0 | 0 | 0 |
| 厚层黄土质黑钙土 | 40 | 0 | 0 | 0 |
| 薄层沙质黑钙土 | 2 244 | 2 244 | 100.00 | 2.07 |
| 中层沙底草甸黑土 | 1 090 | 1 090 | 100.00 | 1.00 |
| 厚层黄土质表潜黑土 | 493 | 0 | 0 | 0 |
| 薄层砾底草甸黑土 | 505 | 505 | 100.00 | 0.46 |
| 暗矿质暗棕壤 | 166 | 0 | 0 | 0 |
| 厚层沙砾底潜育草甸土 | 215 | 0 | 0 | 0 |
| 薄层黏壤质潜育草甸土 | 179 | 0 | 0 | 0 |
| 黄土质草甸暗棕壤 | 177 | 177 | 100.00 | 0.16 |
| 中层砾底草甸土 | 12 | 0 | 0 | 0 |
| 合计 | 404 667 | 108 597 | 26.84 | 100.00 |

根据土壤养分测定结果，各化学性质及物理性状总结如下：

**1. 有机质**　讷河市三级地土壤有机质含量平均为 37.48 克/千克，变幅在 8.74～83.69 克/千克。含量＞60 克/千克的频率为 1.67%，含量在 40～60 克/千克的频率为 30.49%，含量在 30～40 克/千克的频率为 43.17%，含量在 20～30 克/千克的频率为 23.18%，含量在 10～20 克/千克的频率为 1.47%。

**2. pH**　讷河市三级地土壤 pH 平均为 7.03，变幅在 5.73～8.25。

**3. 有效磷**　讷河市三级地土壤有效磷平均含量为 30.83 毫克/千克，变幅在 6.27～83.26 毫克/千克。含量＞60 毫克/千克的频率为 0.30%，含量在 40～60 毫克/千克的频率为 15.84%，含量在 20～40 毫克/千克的频率为 69.30%，含量在 10～20 毫克/千克的频率为 13.25%，含量在 5～10 毫克/千克的频率为 1.33%。

**4. 速效钾**　讷河市三级地土壤速效钾平均含量为 193.97 毫克/千克，变幅在 43.00～551.00 毫克/千克。含量＞200 毫克/千克的频率为 38.00%，含量在 150～200 毫克/千克的频率为 37.55%，含量在 100～150 毫克/千克的频率为 21.01%，含量在 50～100 毫克/千克的频率为 3.43%，含量在 30～50 毫克/千克的频率为 0.01%。

**5. 全氮**　讷河市三级地土壤全氮平均含量为 1.18 克/千克，变幅在 0.41～1.94 克/千克。含量在 1.5～2.0 克/千克的频率为 11.59%，含量在 1～1.5 克/千克的频率为 57.95%，含量＜1 克/千克的频率为 30.46%。

**6. 全磷**　讷河市三级地土壤全磷平均含量为 1.43 克/千克，变幅在 0.40～2.40 克/千克。含量＞2 克/千克的频率为 4.35%，含量在 1.5～2 克/千克的频率为 25.56%，含量在 1～1.5 克/千克的频率为 53.55%，含量在 0.5～1 克/千克的频率为 16.37%，含量＜0.5 克/千克的频率为 0.18%。

**7. 全钾**　讷河市三级地土壤全钾平均含量为 24.31 克/千克，变幅在 12.90～36.20 克/千克。含量＞30 克/千克出的现频率为 7.95%，含量在 25～30 克/千克的频率为 23.27%，含量在 20～25 克/千克的频率为 59.45%，含量在 15～20 克/千克的频率为 9.31%，含量在 10～15 克/千克的频率为 0.02%。

**8. 土壤有效锌**　三级地土壤有效锌平均含量为 0.61 毫克/千克，最低值为 0.39 毫克/千克，最高值为 1.12 毫克/千克。含量在 1～1.5 毫克/千克的频率为 0.66%，含量在 0.5～1.0 毫克/千克的频率为 94.90%，含量＜0.5 毫克/千克的频率为 4.44%。

**9. 有效铁**　三级地土壤有效铁平均含量为 25.88 毫克/千克，最低值为 22.00 毫克/千克，最高值为 32.70 毫克/千克。

**10. 有效铜**　三级地土壤有效铜平均含量为 1.58 毫克/千克，最低值为 1.07 毫克/千克，最高值为 2.11 毫克/千克。

**11. 有效锰**　三级地土壤有效锰平均含量为 25.77 毫克/千克，最低值为 18.40 毫克/千克，最高值为 31.30 毫克/千克。

**12. 土壤有效土层厚度**　三级地土壤有效土层厚度平均值为 36.31 厘米，变动幅度 7.00～75.00 厘米。

**13. 碱解氮**　三级地土壤碱解氮平均含量为 239.45 毫克/千克，最低值为 143.64 毫克/千克，最高值为 362.88 毫克/千克。含量＞250 毫克/千克的频率为 34.23%，含量在

180～250 毫克/千克的频率为 63.29%，含量在 150～180 毫克/千克的频率为 2.13%，含量在 120～150 毫克/千克的频率为 0.35%。

**14. 坡度**　三级地平均坡度为 2.73°，最低值为 0°，最高值为 7°。

**15. 障碍层厚度**　三级地土壤障碍层厚度平均为 15.40 厘米，最低值为 5.00 厘米，最高值为 45.00 厘米。

**16. 容重**　三级地土壤容重平均值为 1.20 克/厘米$^3$，最低值为 0.71 克/厘米$^3$，最高值为 1.38 克/厘米$^3$。

**17. 障碍层类型**　三级地障碍层类型主要为黏盘层，占三级地面积的 77.68%；其次为沙漏层，占三级地面积的 22.32%。

**18. 成土母质**　三级地土壤成土母质较多，以黄土母质为主，占三级地面积的 56.57%；冲积物占三级地面积的 27.93%，冲积沉积物占三级地面积的 8.08%，坡积物占三级地面积的 3.60%，风化残积物和坡积物占三级地面积的 2.51%，风化或半风化的碎石占三级地面积的 1.15%，河湖相沉积物占三级地面积的 0.16%。

**19. 土壤质地**　三级地土壤质地由重壤土、中壤土、轻壤土组成。其中，重壤土占三级地面积的 59.10%，中壤土占三级地面积的 38.83%，轻壤土占三级地面积的 2.07%。

**20. 地形部位**　三级地地形部位较多，丘陵中部分布频率占 21.70%，丘陵上部分布频率占 16.74%，低山丘陵中下部分布频率占 13.52%，低平地分布频率占 12.87%，丘陵缓坡分布频率占 11.06%，高河漫滩分布频率占 8.14%，低洼地分布频率占 7.94%，平岗地分布频率占 3.69%，岗丘上部分布频率占 2.51%，河流一级阶地分布频率占 1.20%。

**21. 地貌构成**　三级地地貌类型主要位于丘陵，占三级地面积的 58.94%；河谷平原占三级地面积的 21.01%，平原占三级地面积的 11.63%，低山丘陵占三级地面积的 5.75%，丘陵漫岗占三级地面积的 2.67%。

讷河市三级地土壤养分统计见表 5 - 25，土壤养分面积分级频率统计见表 5 - 26。

表 5 - 25　三级地土壤养分统计

| 项目 | 平均值 | 最大值 | 最小值 | 极差 |
|---|---|---|---|---|
| pH | 7.03 | 8.25 | 5.73 | 2.52 |
| 有机质（克/千克） | 37.48 | 83.69 | 8.74 | 74.95 |
| 有效磷（毫克/千克） | 30.83 | 83.26 | 6.27 | 76.99 |
| 速效钾（毫克/千克） | 193.97 | 551.00 | 43.00 | 508.00 |
| 碱解氮（毫克/千克） | 239.45 | 362.88 | 143.64 | 219.24 |
| 全氮（克/千克） | 1.18 | 1.94 | 0.41 | 1.53 |
| 全磷（克/千克） | 1.43 | 2.40 | 0.40 | 2.00 |
| 全钾（克/千克） | 24.31 | 36.2 | 12.9 | 23.3 |
| 有效铜（毫克/千克） | 1.58 | 2.11 | 1.07 | 1.04 |
| 有效锌（毫克/千克） | 0.61 | 1.12 | 0.39 | 0.73 |

（续）

| 项目 | 平均值 | 最大值 | 最小值 | 极差 |
|---|---|---|---|---|
| 有效锰（毫克/千克） | 25.77 | 31.30 | 18.40 | 12.9 |
| 有效铁（毫克/千克） | 25.88 | 32.70 | 22.00 | 10.7 |
| 坡度（°） | 2.73 | 7.00 | 0 | 7.00 |
| 有效土层厚度（厘米） | 36.31 | 75.00 | 7.00 | 68.00 |
| 障碍层厚度（厘米） | 15.40 | 45.00 | 5.00 | 40.00 |
| 容重（克/厘米³） | 1.20 | 1.38 | 0.71 | 0.67 |

表 5 - 26　三级地土壤养分面积分级频率统计

单位：%

| 项目 | 一级 | 二级 | 三级 | 四级 | 五级 | 六级 |
|---|---|---|---|---|---|---|
| pH | 0 | 15.56 | 76.02 | 8.42 | 0 | 0 |
| 有机质 | 1.67 | 30.49 | 43.17 | 23.18 | 1.47 | 0.03 |
| 全氮 | 0 | 0 | 11.59 | 57.95 | 30.46 | 0 |
| 全磷 | 4.35 | 25.56 | 53.55 | 16.37 | 0.18 | 0 |
| 全钾 | 7.95 | 23.27 | 59.45 | 9.31 | 0.02 | 0 |
| 碱解氮 | 34.23 | 63.29 | 2.13 | 0.35 | 0 | 0 |
| 有效磷 | 0.30 | 15.84 | 69.30 | 13.25 | 1.33 | 0 |
| 速效钾 | 38.00 | 37.55 | 21.01 | 3.43 | 0.01 | 0 |
| 有效锌 | 0 | 0 | 0.67 | 94.90 | 4.44 | 0 |

| 地貌类型 | 河谷平原 | 平原 | 河漫滩 | 丘陵 | 低山丘陵 | 丘陵漫岗 |
|---|---|---|---|---|---|---|
| | 21.01 | 11.63 | 0 | 58.94 | 5.75 | 2.67 |

| 地形部位 | 高河漫滩 | 平岗地 | 低洼地 | 低平地 | 低山丘陵中下部 | |
|---|---|---|---|---|---|---|
| | 8.14 | 3.69 | 7.94 | 12.87 | 13.52 | |
| | 丘陵缓坡 | 丘陵中部 | 丘陵上部 | 岗丘上部 | 河流级一阶地 | |
| | 11.06 | 21.70 | 16.74 | 2.51 | 1.20 | |

| 成土母质 | 冲积物 | 黄土母质 | 坡积物 | 风化残积物和坡积物 | | |
|---|---|---|---|---|---|---|
| | 27.93 | 56.57 | 3.60 | 2.51 | | |
| | 冲积沉积物 | 河湖相沉积物 | | 风化或半风化的碎石 | | |
| | 8.08 | 0.16 | | 1.15 | | |

| 障碍层类型 | 沙漏层 | 黏盘层 | 盐积层 | 潜育层 | | |
|---|---|---|---|---|---|---|
| | 22.32 | 77.68 | 0 | 0 | | |

| 质地 | 重壤土 | 中壤土 | 沙壤土 | 轻壤土 | | |
|---|---|---|---|---|---|---|
| | 59.11 | 38.83 | 0 | 2.07 | | |

## 四、四级地

讷河市四级地面积为 67 540 公顷，占全市耕地总面积的 16.69%。其中，四级地分布面积最大的是六合镇，面积为 9 036 公顷；其次是龙河镇，面积为 8 835 公顷；四级地分布面积最小的是通南镇，面积仅为 21 公顷。见表 5-27。

表 5-27　讷河市各乡镇四级地分布面积统计

| 乡（镇） | 面积（公顷） | 四级地（公顷） | 占本乡（镇）面积（%） | 占四级地面积（%） |
|---|---|---|---|---|
| 兴旺乡 | 27 421 | 4 331 | 15.79 | 6.41 |
| 和盛乡 | 19 616 | 87 | 0.44 | 0.13 |
| 九井镇 | 26 353 | 6 441 | 24.44 | 9.54 |
| 讷南镇 | 30 782 | 7 724 | 25.09 | 11.43 |
| 孔国乡 | 30 754 | 5 189 | 16.87 | 7.68 |
| 通南镇 | 29 158 | 21 | 0.07 | 0.03 |
| 同义镇 | 24 343 | 2 714 | 11.15 | 4.02 |
| 拉哈镇 | 4 620 | 535 | 11.59 | 0.79 |
| 同心乡 | 24 713 | 1 552 | 6.28 | 2.30 |
| 六合镇 | 33 104 | 9 036 | 27.29 | 13.38 |
| 龙河镇 | 31 419 | 8 835 | 28.12 | 13.08 |
| 长发镇 | 17 212 | 1 417 | 8.23 | 2.10 |
| 学田镇 | 28 350 | 5 886 | 20.76 | 8.71 |
| 二克浅镇 | 38 523 | 5 785 | 15.02 | 8.57 |
| 讷河镇 | 4 025 | 208 | 5.17 | 0.31 |
| 老莱镇 | 34 274 | 7 780 | 22.70 | 11.52 |
| 合计 | 404 667 | 67 540 | 16.69 | 100.00 |

从土壤组成看，讷河市四级地除风沙土外，草甸土、黑土、黑钙土、暗棕壤、沼泽土 5 个土类均有分布。四级地面积最大的是草甸土，面积为 49 153 公顷，占四级地面积的 72.78%；黑土四级地面积为 13 099 公顷，占四级地面积的 19.39%；沼泽土四级地面积为 4 091 公顷，占四级地面积的 6.06%；暗棕壤四级地面积为 1 090 公顷，占四级地面积的 1.61%；黑钙土四级地面积为 108 公顷，占四级地面积的 0.16%。在所有土种中共 19 个土种有四级地分布，其中薄层沙砾底草甸土四级地面积最大，为 16 406 公顷；其次为中层沙砾底草甸土，四级地面积 13 783 公顷。见表 5-28、表 5-29。

表 5-28  讷河市四级地土类分布面积统计

| 土类 | 面积（公顷） | 四级地（公顷） | 占本土类面积（%） | 占四级地面积（%） |
|---|---|---|---|---|
| 草甸土 | 95 335 | 49 153 | 51.56 | 72.78 |
| 黑钙土 | 54 867 | 108 | 0.20 | 0.16 |
| 风沙土 | 3 173 | 0 | 0 | 0 |
| 黑土 | 242 732 | 13 099 | 5.40 | 19.39 |
| 暗棕壤 | 4 128 | 1 090 | 26.41 | 1.61 |
| 沼泽土 | 4 432 | 4 091 | 92.31 | 6.06 |
| 合计 | 404 667 | 67 540 | 16.69 | 100.00 |

表 5-29  讷河市四级地土种分布面积统计

| 土种 | 面积（公顷） | 四级地（公顷） | 占本土种面积（%） | 占四级地面积（%） |
|---|---|---|---|---|
| 薄层沙壤质草甸土 | 4 358 | 4 357 | 99.98 | 6.45 |
| 厚层黄土质淋溶黑钙土 | 1 122 | 0 | 0 | 0 |
| 中层黄土质淋溶黑钙土 | 5 282 | 0 | 0 | 0 |
| 薄层黏壤质石灰性草甸土 | 1 758 | 11 | 0.62 | 0.02 |
| 固定草甸风沙土 | 3 173 | 0 | 0 | 0 |
| 薄层黄土质黑钙土 | 12 049 | 0 | 0 | 0 |
| 中度苏打盐化草甸土 | 926 | 0 | 0 | 0 |
| 中层沙壤质草甸土 | 153 | 83 | 54.03 | 0.12 |
| 中层黏壤质石灰性草甸土 | 6 786 | 0 | 0 | 0 |
| 中层黄土质黑钙土 | 15 504 | 0 | 0 | 0 |
| 薄层黄土质石灰性黑钙土 | 8 058 | 0 | 0 | 0 |
| 薄层盐化草甸黑钙土 | 1801 | 0 | 0 | 0 |
| 厚层黏壤质草甸土 | 8 204 | 0 | 0 | 0 |
| 厚层黏壤质潜育草甸土 | 5 339 | 4 888 | 91.55 | 7.24 |
| 薄层黄土质黑土 | 68 019 | 0 | 0 | 0 |
| 薄层黄土质草甸黑土 | 1 307 | 0 | 0 | 0 |
| 薄层沙砾底草甸土 | 29 912 | 16 406 | 54.85 | 24.29 |
| 中层沙砾底草甸土 | 14 894 | 13 783 | 92.54 | 20.41 |
| 中层黄土质黑土 | 85 644 | 0 | 0 | 0 |
| 薄层沙砾底潜育草甸土 | 646 | 139 | 21.59 | 0.21 |
| 中层沙砾底潜育草甸土 | 9 014 | 4 850 | 53.81 | 7.18 |
| 中层黄土质草甸黑土 | 35 736 | 0 | 0 | 0 |
| 厚层黄土质黑土 | 4 588 | 0 | 0 | 0 |
| 薄层砾底黑土 | 15 955 | 11 236 | 70.42 | 16.64 |

（续）

| 土种 | 面积（公顷） | 四级地（公顷） | 占本土种面积（%） | 占四级地面积（%） |
|---|---|---|---|---|
| 砾沙质暗棕壤 | 3 785 | 1 063 | 28.07 | 1.57 |
| 薄层沙底黑土 | 9 122 | 674 | 7.39 | 1.00 |
| 中层砾底黑土 | 2 709 | 1 188 | 43.86 | 1.76 |
| 厚层黄土质草甸黑土 | 8 297 | 0 | 0 | 0 |
| 薄层沙底草甸黑土 | 1 301 | 0 | 0 | 0 |
| 中层石灰性草甸黑钙土 | 37 | 0 | 0 | 0 |
| 中层黄土质草甸黑钙土 | 2 682 | 19 | 0.71 | 0.03 |
| 薄层黄土质淋溶黑钙土 | 1 445 | 0 | 0 | 0 |
| 薄层石灰性草甸黑钙土 | 740 | 89 | 12.04 | 0.13 |
| 薄层黄土质草甸黑钙土 | 709 | 0 | 0 | 0 |
| 厚层黄土质草甸黑钙土 | 4 565 | 0 | 0 | 0 |
| 中层黏壤质草甸土 | 6 072 | 0 | 0 | 0 |
| 破皮黄黄土质黑土 | 1 487 | 0 | 0 | 0 |
| 中层沙底黑土 | 1 301 | 0 | 0 | 0 |
| 厚层沙底草甸黑土 | 254 | 0 | 0 | 0 |
| 厚层黏壤质石灰性草甸土 | 237 | 0 | 0 | 0 |
| 厚层黏质草甸沼泽土 | 4 431 | 4 091 | 92.31 | 6.06 |
| 中层砾底草甸黑土 | 68 | 0 | 0 | 0 |
| 中层黄土质表潜黑土 | 1 811 | 0 | 0 | 0 |
| 薄层黏壤质草甸土 | 220 | 0 | 0 | 0 |
| 中层黄土质石灰性黑钙土 | 209 | 0 | 0 | 0 |
| 薄层黄土质表潜黑土 | 3 049 | 0 | 0 | 0 |
| 厚层沙砾底草甸土 | 1 425 | 1 263 | 88.59 | 1.87 |
| 中层黏壤质潜育草甸土 | 4 985 | 3 291 | 66.02 | 4.87 |
| 厚层黄土质黑钙土 | 40 | 0 | 0 | 0 |
| 薄层沙质黑钙土 | 2 244 | 0 | 0 | 0 |
| 中层沙底草甸黑土 | 1 090 | 0 | 0 | 0 |
| 厚层黄土质表潜黑土 | 492 | 0 | 0 | 0 |
| 薄层砾底草甸黑土 | 505 | 0 | 0 | 0 |
| 暗矿质暗棕壤 | 1668 | 27 | 16.58 | 0.04 |
| 厚层沙砾底潜育草甸土 | 215 | 82 | 38.07 | 0.12 |
| 薄层黏壤质潜育草甸土 | 179 | 0 | 0 | 0 |
| 黄土质草甸暗棕壤 | 177 | 0 | 0 | 0 |
| 中层砾底草甸土 | 12 | 0 | 0 | 0 |
| 合计 | 404 667 | 67 540 | 16.69 | 100.00 |

根据土壤养分测定结果，各评价指标总结如下：

**1. 有机质** 讷河市四级地土壤有机质含量平均为 40.05 克/千克，变幅在 15.69～85.77 克/千克。含量＞60 克/千克的频率为 3.14%，含量在 40～60 克/千克的频率为 38.93%，含量在 30～40 克/千克的频率为 40.15%，含量在 20～30 克/千克的频率为 16.16%，含量在 10～20 克/千克的频率为 1.62%。

**2. pH** 讷河市四级地土壤 pH 平均为 6.96，变幅在 5.50～8.14。

**3. 有效磷** 讷河市四级地土壤有效磷平均含量为 36.38 毫克/千克，变幅在 4.20～83.26 毫克/千克。含量＞60 毫克/千克的频率为 1.91%，含量在 40～60 毫克/千克的频率为 34.00%，含量在 20～40 毫克/千克的频率为 53.78%，含量在 10～20 毫克/千克的频率为 9.32%，含量在 5～10 毫克/千克的频率为 0.93%。

**4. 速效钾** 讷河市四级地土壤速效钾平均含量为 212.68 毫克/千克，变幅在 83.00～685.00 毫克/千克。含量＞200 毫克/千克的频率为 39.24%，含量在 150～200 毫克/千克的频率为 36.41%，含量在 100～150 毫克/千克的频率为 21.57%，含量在 50～100 毫克/千克的频率为 2.78%。

**5. 全氮** 讷河市四级地土壤全氮平均含量为 1.25 克/千克，变幅在 0.46～1.94 克/千克。含量在 1.5～2.0 克/千克的频率为 15.24%，含量在 1～1.5 克/千克的频率为 60.51%，含量小于 1 克/千克的频率为 24.25%。

**6. 全磷** 讷河市四级地土壤全磷平均含量为 1.47 克/千克，变幅在 0.60～2.40 克/千克。含量＞2 克/千克的频率为 6.59%，含量在 1.5～2 克/千克的频率为 25.71%，含量在 1.0～1.5 克/千克的频率为 54.36%，含量在 0.5～1.0 克/千克的频率为 13.34%。

**7. 全钾** 讷河市四级地土壤全钾平均含量为 24.24 克/千克，变幅在 14.10～36.20 克/千克。含量＞30 克/千克的频率为 12.25%，含量在 25～30 克/千克的频率为 23.49%，含量在 20～25 克/千克的频率为 55.88%，含量在 15～20 克/千克的频率为 8.35%，含量在 10～15 克/千克的频率为 0.02%。

**8. 土壤有效锌** 四级地土壤有效锌平均含量为 0.62 毫克/千克，最低值为 0.38 毫克/千克，最高值为 0.81 毫克/千克。含量在 0.5～1.0 毫克/千克的频率为 93.98%，含量＜0.5 毫克/千克的频率为 6.02%。

**9. 有效铁** 四级地土壤有效铁平均含量为 26.25 毫克/千克，最低值为 22.80 毫克/千克，最高值为 32.70 毫克/千克。

**10. 有效铜** 四级地土壤有效铜平均含量为 1.61 毫克/千克，最低值为 1.19 毫克/千克，最高值为 2.00 毫克/千克。

**11. 有效锰** 四级地土壤有效锰平均含量为 26.10 毫克/千克，最低值为 20.10 毫克/千克，最高值为 31.90 毫克/千克。

**12. 土壤有效土层厚度** 四级地土壤有效土层厚度平均值为 31.95 厘米，变动幅度 7.00～130.00 厘米。

**13. 碱解氮** 四级地土壤碱解氮平均含量为 242.06 毫克/千克，最低值为 152.71 毫克/千克，最高值为 365.90 毫克/千克。含量＞250 毫克/千克的频率为 30.42%，含量在 180～250 毫克/千克的频率为 69.07%，含量在 150～180 毫克/千克的频率为 0.51%。

**14. 坡度** 四级地平均坡度为 2.13°，最低值为 1.00°，最高值为 7.00°。

**15. 障碍层厚度** 四级地土壤障碍层厚度为 36.21 厘米，最低值为 6.00 厘米，最高值为 67.00 厘米。

**16. 容重** 四级地土壤容重为 0.97 克/厘米³，最低值为 0.71 克/厘米³，最高值为 1.36 克/厘米³。

**17. 障碍层类型** 四级地障碍层类型主要为沙漏层，占 74.15%；其次为潜育层，占 25.67%；黏盘层占 0.18%。

**18. 成土母质** 四级地土壤成土种类母质较多。其中，冲积物分布频率占 55.64%，冲积淤积物分布频率占 19.62%，坡积物分布频率占 14.93%，淤积物分布频率占 6.06%，风化或半风化的碎石分布频率占 1.96%，风化残积物和坡积物分布频率占 1.57%，黄土母质分布频率占 0.16%，岩石风化残积物分布频率占 0.04%，冲积沉积物分布频率占 0.02%。

**19. 土壤质地** 四级地土壤质地由重壤土、中壤土、轻壤土组成。其中，重壤土占 34.23%，中壤土占 65.76%，轻壤土占 0.01%。

**20. 地形部位** 四级地地形部位，低洼地分布频率占 72.40%，低山丘陵中下部分布频率占 19.39%，高河漫滩分布频率占 6.59%，岗丘上部分布频率占 1.57%，低山岗丘的上部分布频率占 0.04%。

**21. 地貌构成** 四级地地貌类型主要位于河谷平原，分布频率占 53.16%；河漫滩分布频率占 25.68%，低山丘陵分布频率占 18.44%，丘陵漫岗分布频率占 1.57%，丘陵分布频率占 1.00%，平原分布频率占 0.16%。

讷河市四级地土壤养分统计见表 5-30，四级地土壤养分分级频率见表 5-31。

表 5-30 讷河市四级地土壤养分统计

| 项目 | 平均值 | 最大值 | 最小值 | 极差 |
|---|---|---|---|---|
| pH | 6.96 | 8.14 | 5.5 | 2.64 |
| 有机质（克/千克） | 40.05 | 85.77 | 15.69 | 70.08 |
| 有效磷（毫克/千克） | 36.38 | 83.26 | 4.2 | 79.06 |
| 速效钾（毫克/千克） | 212.68 | 685 | 83 | 602 |
| 碱解氮（毫克/千克） | 242.06 | 365.9 | 152.71 | 213.19 |
| 全氮（克/千克） | 1.25 | 1.94 | 0.46 | 1.48 |
| 全磷（克/千克） | 1.47 | 2.4 | 0.6 | 1.8 |
| 全钾（克/千克） | 24.24 | 36.2 | 14.1 | 22.1 |
| 有效铜（毫克/千克） | 1.61 | 2 | 1.19 | 0.81 |
| 有效锌（毫克/千克） | 0.62 | 0.81 | 0.38 | 0.43 |
| 有效锰（毫克/千克） | 26.1 | 31.9 | 20.1 | 11.8 |
| 有效铁（毫克/千克） | 26.25 | 32.7 | 22.8 | 9.9 |

（续）

| 项目 | 平均值 | 最大值 | 最小值 | 极差 |
|---|---|---|---|---|
| 坡度（°） | 2.13 | 7 | 1 | 6 |
| 有效土层厚度（厘米） | 31.95 | 130 | 7 | 123 |
| 障碍层厚度（厘米） | 36.21 | 67 | 6 | 61 |
| 容重（克/厘米³） | 0.97 | 1.36 | 0.71 | 0.65 |

表 5-31　四级地土壤养分面积分级频率

单位：%

| 项目 | 一级 | 二级 | 三级 | 四级 | 五级 | 六级 |
|---|---|---|---|---|---|---|
| pH | 0 | 15.78 | 72.81 | 11.38 | 0.03 | 0 |
| 有机质 | 3.14 | 38.93 | 40.15 | 16.16 | 1.62 | 0 |
| 全氮 | 0 | 0 | 15.24 | 60.51 | 24.25 | 0 |
| 全磷 | 6.59 | 25.71 | 54.36 | 13.34 | 0 | 0 |
| 全钾 | 12.25 | 23.49 | 55.88 | 8.35 | 0.02 | 0 |
| 碱解氮 | 30.42 | 69.07 | 0.51 | 0 | 0 | 0 |
| 有效磷 | 1.91 | 34.00 | 53.78 | 9.32 | 0.93 | 0.06 |
| 速效钾 | 39.24 | 36.41 | 21.57 | 2.78 | 0 | 0 |
| 有效锌 | 0 | 0 | 0 | 93.98 | 6.02 | 0 |
| 地貌类型 | 河谷平原 | 平原 | 河漫滩 | 丘陵 | 低山丘陵 | 丘陵漫岗 |
| | 53.16 | 0.16 | 25.68 | 1.00 | 18.44 | 1.57 |
| 地形部位 | 高河漫滩 | 低洼地 | 岗丘上部 | 低山丘陵中下部 | | 低山岗丘的上部 |
| | 6.59 | 72.40 | 1.57 | 19.39 | | 0.04 |
| 成土母质 | 冲积物 | 黄土母质 | 坡积物 | 淤积物 | 风化残积物和坡积物 | |
| | 55.64 | 0.16 | 14.93 | 6.06 | 1.57 | |
| | 冲积沉积物 | 冲积淤积物 | 岩石风化残积物 | | 风化或半风化的碎石 | |
| | 0.02 | 19.62 | 0.04 | | 1.96 | |
| 障碍层类型 | 黏盘层 | 沙漏层 | 盐积层 | 潜育层 | | |
| | 0.18 | 74.15 | 0 | 25.68 | | |
| 质地 | 重壤土 | 中壤土 | 沙壤土 | 轻壤土 | | |
| | 34.23 | 65.769 | 0 | 0.01 | | |

## 五、五级地

讷河市五级地总面积为 26 679 公顷，占全市耕地的 6.59%。分布面积最大的是六合镇，五级地面积为 4 340 公顷；其次是孔国乡，五级地面积为 4 191 公顷；通南镇没有五级地分布（表 5－32）。

表 5－32　讷河市各乡镇五级地分布面积统计

| 乡（镇） | 面积（公顷） | 五级地（公顷） | 占本乡（镇）面积（%） | 占五级地面积（%） |
|---|---|---|---|---|
| 兴旺乡 | 27 421 | 4 076 | 14.86 | 15.28 |
| 和盛乡 | 19 616 | 16 | 0.08 | 0.06 |
| 九井镇 | 26 353 | 203 | 0.77 | 0.76 |
| 讷南镇 | 30 782 | 2 107 | 6.85 | 7.90 |
| 孔国乡 | 30 754 | 4 191 | 13.63 | 15.71 |
| 通南镇 | 29 158 | 0 | 0 | 0 |
| 同义镇 | 24 343 | 129 | 0.53 | 0.48 |
| 拉哈镇 | 4 620 | 2 352 | 50.92 | 8.82 |
| 同心乡 | 24 713 | 179 | 0.72 | 0.67 |
| 六合镇 | 33 104 | 4 340 | 13.11 | 16.27 |
| 龙河镇 | 31 419 | 2 184 | 6.95 | 8.19 |
| 长发镇 | 17 212 | 601 | 3.49 | 2.25 |
| 学田镇 | 28 350 | 944 | 3.33 | 3.54 |
| 二克浅镇 | 38 523 | 3 289 | 8.54 | 12.33 |
| 讷河镇 | 4 025 | 201 | 4.97 | 0.75 |
| 老莱镇 | 34 274 | 1 866 | 5.44 | 6.99 |
| 合计 | 404 667 | 26 679 | 6.59 | 100.00 |

从土类上看，讷河市只有黑土没有五级地分布；草甸土分布面积最大，五级地面积为 22 846 公顷，占五级地面积的 85.63%；风沙土五级地面积为 3 173 公顷，占五级地面积的 11.89%；沼泽土五级地面积为 341 公顷，占五级地面积的 1.28%；黑钙土五级地面积为 181 公顷，占五级地面积的 0.68%；暗棕壤五级地面积 138 公顷，占五级地面积的 0.52%。从土种上看，有 16 个土种有五级地分布，其中薄层沙砾底草甸土五级地面积最大，五级地面积为 13 506 公顷。见表 5－33、表 5－34。

表 5－33　讷河市五级地土类分布面积统计

| 土类 | 面积（公顷） | 五级地（公顷） | 占本土类面积（%） | 占五级地面积（%） |
|---|---|---|---|---|
| 草甸土 | 95 335 | 22 846 | 23.96 | 85.63 |
| 黑钙土 | 54 867 | 181 | 0.33 | 0.68 |
| 风沙土 | 3 173 | 3 173 | 100 | 11.89 |
| 黑土 | 242 732 | 0 | 0 | 0 |
| 暗棕壤 | 4 128 | 138 | 3.35 | 0.52 |
| 沼泽土 | 4 432 | 341 | 7.69 | 1.28 |
| 合计 | 404 667 | 26 679 | 6.59 | 100.00 |

表 5 - 34 讷河市五级地土种分布面积统计

| 土种 | 面积（公顷） | 五级地（公顷） | 占本土种面积（%） | 占五级地面积（%） |
|---|---|---|---|---|
| 薄层沙壤质草甸土 | 4 358 | 1 | 0.02 | 0 |
| 厚层黄土质淋溶黑钙土 | 1 122 | 0 | 0 | 0 |
| 中层黄土质淋溶黑钙土 | 5 282 | 0 | 0 | 0 |
| 薄层黏壤质石灰性草甸土 | 1 758 | 0 | 0 | 0 |
| 固定草甸风沙土 | 3 173 | 3 173 | 100.00 | 11.89 |
| 薄层黄土质黑钙土 | 12 049 | 0 | 0 | 0 |
| 中度苏打盐化草甸土 | 926 | 926 | 100.00 | 3.47 |
| 中层沙壤质草甸土 | 153 | 0 | 0 | 0 |
| 中层黏壤质石灰性草甸土 | 6 786 | 0 | 0 | 0 |
| 中层黄土质黑钙土 | 15 504 | 0 | 0 | 0 |
| 薄层黄土质石灰性黑钙土 | 8 058 | 0 | 0 | 0 |
| 薄层盐化草甸黑钙土 | 181 | 181 | 100.00 | 0.68 |
| 厚层黏壤质草甸土 | 8 204 | 0 | 0 | 0 |
| 厚层黏壤质潜育草甸土 | 5 339 | 451 | 8.45 | 1.69 |
| 薄层黄土质黑土 | 68 019 | 0 | 0 | 0 |
| 薄层黄土质草甸黑土 | 1 307 | 0 | 0 | 0 |
| 薄层沙砾底草甸土 | 29 912 | 13 506 | 45.15 | 50.62 |
| 中层沙砾底草甸土 | 14 894 | 1 111 | 7.46 | 4.17 |
| 中层黄土质黑土 | 85 644 | 0 | 0 | 0 |
| 薄层沙砾底潜育草甸土 | 646 | 506 | 78.41 | 1.90 |
| 中层沙砾底潜育草甸土 | 9 014 | 4 164 | 46.19 | 15.61 |
| 中层黄土质草甸黑土 | 35 736 | 0 | 0 | 0 |
| 厚层黄土质黑土 | 4 588 | 0 | 0 | 0 |
| 薄层砾底黑土 | 15 955 | 0 | 0 | 0 |
| 砾沙质暗棕壤 | 3 785 | 0 | 0 | 0 |
| 薄层沙底黑土 | 9 122 | 0 | 0 | 0 |
| 中层砾底黑土 | 2 709 | 0 | 0 | 0 |
| 厚层黄土质草甸黑土 | 8 297 | 0 | 0 | 0 |
| 薄层沙底草甸黑土 | 1 301 | 0 | 0 | 0 |
| 中层石灰性草甸黑钙土 | 37 | 0 | 0 | 0 |
| 中层黄土质草甸黑钙土 | 2 682 | 0 | 0 | 0 |
| 薄层黄土质淋溶黑钙土 | 1 445 | 0 | 0 | 0 |
| 薄层石灰性草甸黑钙土 | 740 | 0 | 0 | 0 |
| 薄层黄土质草甸黑钙土 | 709 | 0 | 0 | 0 |

（续）

| 土种 | 面积（公顷） | 五级地（公顷） | 占本土种面积（%） | 占五级地面积（%） |
|---|---|---|---|---|
| 厚层黄土质草甸黑钙土 | 4 565 | 0 | 0 | 0 |
| 中层黏壤质草甸土 | 6 072 | 0 | 0 | 0 |
| 破皮黄黄土质黑土 | 1 487 | 0 | 0 | 0 |
| 中层沙底黑土 | 1 301 | 0 | 0 | 0 |
| 厚层沙底草甸黑土 | 254 | 0 | 0 | 0 |
| 厚层黏壤质石灰性草甸土 | 237 | 0 | 0 | 0 |
| 厚层黏壤草甸沼泽土 | 4 431 | 341 | 7.69 | 1.28 |
| 中层砾底草甸黑土 | 68 | 0 | 0 | 0 |
| 中层黄土质表潜黑土 | 1 811 | 0 | 0 | 0 |
| 薄层黏壤质草甸土 | 220 | 0 | 0 | 0 |
| 中层黄土质石灰性黑钙土 | 209 | 0 | 0 | 0 |
| 薄层黄土质表潜黑土 | 3 049 | 0 | 0 | 0 |
| 厚层沙砾底草甸土 | 1 425 | 163 | 11.41 | 0.61 |
| 中层黏壤质潜育草甸土 | 4 985 | 1 694 | 33.98 | 6.35 |
| 厚层黄土质黑钙土 | 40 | 0 | 0 | 0 |
| 薄层沙质黑钙土 | 2 244 | 0 | 0 | 0 |
| 中层沙底草甸黑土 | 1 090 | 0 | 0 | 0 |
| 厚层黄土质表潜黑土 | 492 | 0 | 0 | 0 |
| 薄层砾底草甸黑土 | 505 | 0 | 0 | 0 |
| 暗矿质暗棕壤 | 166 | 138 | 83.42 | 0.52 |
| 厚层沙砾底潜育草甸土 | 215 | 133 | 61.93 | 0.50 |
| 薄层黏壤质潜育草甸土 | 179 | 179 | 100.00 | 0.67 |
| 黄土质草甸暗棕壤 | 177 | 0 | 0 | 0 |
| 中层砾底草甸土 | 12 | 12 | 100.00 | 0.05 |
| 合计 | 404 667 | 26 679 | 6.59 | 100.00 |

根据土壤养分测定结果，各评价指标总结如下：

**1. 有机质**　讷河市五级地土壤有机质平均含量为 39.49 克/千克，变幅在 12.21～85.77 克/千克。含量＞60 克/千克的频率为 1.24%，含量在 40～60 克/千克的频率为 31.92%，含量在 30～40 克/千克的频率为 38.31%，含量在 20～30 克/千克的频率为 26.43%，含量在 10～20 克/千克的频率为 2.10%。

**2. pH**　讷河市五级地土壤 pH 平均为 7.20，变幅在 5.55～8.23。

**3. 有效磷**　讷河市五级地土壤有效磷平均含量为 31.05 毫克/千克，变幅在 6.27～

82.08 毫克/千克。含量＞60 毫克/千克的频率为 0.15％，含量在 40～60 毫克/千克的频率为 10.38％，含量在 20～40 毫克/千克的频率为 73.99％，含量在 10～20 毫克/千克的频率为 13.72％，含量在 5～10 毫克/千克的频率为 1.75％。

**4. 速效钾** 讷河市五级地土壤速效钾平均含量为 172.16 毫克/千克，变幅在 64.00～508.00 毫克/千克。含量＞200 毫克/千克的频率为 23.66％，含量在 150～200 毫克/千克的频率为 33.50％，含量在 100～150 毫克/千克的频率为 35.79％，含量在 50～100 毫克/千克的频率为 7.05％。

**5. 全氮** 讷河市五级地土壤全氮平均含量为 1.21 克/千克，变幅在 0.54～1.94 克/千克。含量在 1.5～2.0 克/千克的频率为 7.35％，含量在 1.0～1.5 克/千克的频率为 61.59％，含量＜1 克/千克的频率为 31.05％。

**6. 全磷** 讷河市五级地土壤全磷平均含量为 1.40 克/千克，变幅在 0.70～2.40 克/千克。含量＞2 克/千克的频率为 2.20％，含量在 1.5～2 克/千克的频率为 16.75％，含量在 1.0～1.5 克/千克的频率为 50.23％，含量在 0.5～1.0 克/千克的频率为 30.82％。

**7. 全钾** 讷河市五级地土壤全钾平均含量为 23.76 克/千克，变幅在 14.10～36.20 克/千克。含量＞30 克/千克的频率为 5.30％，含量在 25～30 克/千克的频率为 18.61％，含量在 20～25 克/千克的频率为 67.49％，含量在 15～20 克/千克的频率为 8.58％，含量在 10～15 克/千克的频率为 0.02％。

**8. 有效锌** 五级地土壤有效锌平均含量为 0.61 毫克/千克，最低值为 0.38 毫克/千克，最高值为 0.81 毫克/千克。含量在 0.5～1 毫克/千克的频率为 89.96％，小于 0.5 毫克/千克的频率为 10.04％。

**9. 有效铁** 五级地土壤有效铁平均含量为 25.84 毫克/千克，最低值为 22.80 毫克/千克，最高值为 29.00 毫克/千克。

**10. 有效铜** 五级地土壤有效铜平均含量为 1.59 毫克/千克，最低值为 1.19 毫克/千克，最高值为 2.00 毫克/千克。

**11. 有效锰** 五级地土壤有效锰平均含量为 25.43 毫克/千克，最低值为 20.70 毫克/千克，最高值为 30.40 毫克/千克。

**12. 土壤有效土层厚度** 五级地有效土层厚度平均值为 26.89 厘米，变化幅度 6.00～130.00 厘米。

**13. 碱解氮** 五级地土壤碱解氮平均含量为 242.66 毫克/千克，最低值为 146.66 毫克/千克，最高值为 376.49 毫克/千克。含量＞250 毫克/千克的频率为 44.15％，含量在 180～250 毫克/千克的频率为 53.92％，含量在 150～180 毫克/千克的频率为 2.91％，含量在 120～150 毫克/千克的频率为 0.02％。

**14. 坡度** 五级地平均坡度为 2.43°，最低值为 0°，最高值为 7.00°。

**15. 障碍层厚度** 五级地土壤障碍层厚度为 32.22 厘米，最低值为 18.00 厘米，最高值为 67.00 厘米。

**16. 容重** 五级地土壤容重平均值为 0.95 克/厘米$^3$，容重最低值为 0.71 克/厘米$^3$，容重最高值为 1.36 克/厘米$^3$。

**17. 障碍层类型** 五级地障碍层类型主要为沙漏层，占五级地面积的 67.86％；其次为潜育层，占五级地面积的 27.99%；盐积层占五级地面积的 4.15%。

**18. 成土母质**　五级地土壤成土母质较多。冲积物占五级地面积的 55.45%，冲积淤积物占五级地面积的 26.72%，风积物占五级地面积的 11.89%，冲积沉积物占五级地面积的 3.47%，淤积物占五级地面积的 1.28%，黄土母质占五级地面积的 0.68%，岩石风化残积物占五级地面积的 0.52%。

**19. 土壤质地**　五级地土壤各种质地都有分布。重壤土占五级地面积的 32.14%，中壤土占五级地面积的 55.58%，沙壤土占五级地面积的 11.89%，轻壤土占五级地面积的 0.39%。

**20. 地形部位**　五级地地形部位主要位于低洼地，占五级地面积的 87.54%；河漫滩和一级阶地占五级地面积的 11.89%，低山岗丘的上部占五级地面积的 0.52%，江河两岸滩地占五级地面积的 0.05%。

**21. 地貌构成**　地貌类型主要位于河谷平原和河漫滩，河谷平原分占五级地面积的 55.45%，河漫滩占五级地面积的 43.36%，平原占五级地面积的 0.68%，低山丘陵占五级地面积的 0.52%。

讷河市五级地土壤养分统计见表 5-35，五级地土壤养分面积分级频率见表 5-36。

**表 5-35　讷河市五级地土壤养分统计**

| 项目 | 平均值 | 最大值 | 最小值 | 极差 |
|---|---|---|---|---|
| pH | 7.2 | 8.23 | 5.55 | 2.68 |
| 有机质（克/千克） | 39.49 | 85.77 | 12.21 | 73.56 |
| 有效磷（毫克/千克） | 31.05 | 82.08 | 6.27 | 75.81 |
| 速效钾（毫克/千克） | 172.16 | 508 | 64 | 444 |
| 碱解氮（毫克/千克） | 242.66 | 376.49 | 146.66 | 229.83 |
| 全氮（克/千克） | 1.21 | 1.94 | 0.54 | 1.4 |
| 全磷（克/千克） | 1.4 | 2.4 | 0.7 | 1.7 |
| 全钾（克/千克） | 23.76 | 36.2 | 14.1 | 22.1 |
| 有效铜（毫克/千克） | 1.59 | 2 | 1.19 | 0.81 |
| 有效锌（毫克/千克） | 0.61 | 0.81 | 0.38 | 0.43 |
| 有效锰（毫克/千克） | 25.43 | 30.4 | 20.7 | 9.7 |
| 有效铁（毫克/千克） | 25.84 | 29 | 22.8 | 6.2 |
| 坡度（°） | 2.43 | 7 | 0 | 7 |
| 有效土层厚度（厘米） | 26.89 | 130 | 6 | 124 |
| 障碍层厚度（厘米） | 32.22 | 67 | 18 | 49 |
| 容重（克/厘米³） | 0.95 | 1.36 | 0.71 | 0.65 |

### 表 5-36 五级地土壤养分面积分级频率

单位:%

| 项目 | 一级 | 二级 | 三级 | 四级 | 五级 | 六级 |
|------|------|------|------|------|------|------|
| pH | 0 | 32.17 | 62.59 | 5.24 | 0 | 0 |
| 有机质 | 1.24 | 31.92 | 38.31 | 26.43 | 2.10 | 0 |
| 全氮 | 0 | 0 | 7.35 | 61.59 | 31.05 | 0 |
| 全磷 | 2.20 | 16.75 | 50.23 | 30.82 | 0 | 0 |
| 全钾 | 5.30 | 18.61 | 67.49 | 8.58 | 0.02 | 0 |
| 碱解氮 | 44.15 | 52.92 | 2.91 | 0.02 | 0 | 0 |
| 有效磷 | 0.15 | 10.38 | 73.99 | 13.72 | 1.75 | 0 |
| 速效钾 | 23.66 | 33.50 | 35.79 | 7.05 | 0 | 0 |
| 有效锌 | 0 | 0 | 0 | 89.96 | 10.04 | 0 |
| 地貌类型 | 河谷平原 | 平原 | 河漫滩 | 丘陵 | 低山丘陵 | 丘陵漫岗 |
| | 55.45 | 0.68 | 43.36 | 0 | 0.52 | 0 |
| 地形部位 | 河漫滩和一级阶地 | | 低洼地 | 江河两岩滩地 | 低山岗丘的上部 | |
| | 11.89 | | 87.54 | 0.05 | 0.52 | |
| 成土母质 | 冲积物 | 黄土母质 | 冲积沉积物 | | 风积物 | |
| | 55.45 | 0.68 | 3.47 | | 11.89 | |
| | 冲积淤积物 | | 淤积物 | 岩石风化残积物 | | |
| | 26.72 | | 1.28 | 0.52 | | |
| 障碍层类型 | 黏盘层 | 沙漏层 | 盐积层 | 潜育层 | | |
| | 0 | 67.86 | 4.15 | 27.99 | | |
| 质地 | 重壤土 | 中壤土 | 沙壤土 | 轻壤土 | | |
| | 32.14 | 55.58 | 11.89 | 0.39 | | |

# 第六章　耕地区域配方施肥

通过耕地地力评价，建立了较为完善的土壤数据库，科学合理地划分了区域施肥单元，避免了过去人为划分施肥单元指导测土配方施肥的弊端。过去在测土施肥确定施肥单元，多是根据区域土壤类型、基础地力产量、农户常年施肥量等信息为农民提供施肥配方。本次地力评价是采用地理信息系统提供的多项评价指标，综合各种施肥因素和施肥参数来确定较精确的施肥单元。主要根据耕地质量评价情况，按照耕地所在地的养分状况、自然条件、生产条件及产量状况，结合讷河市多年的测土配方施肥肥效小区试验工作，按照不同地力等级情况确定了玉米的施肥比例。同时，对施肥配方按照高产区和中低产区进行了细化，在大配方的基础上，制定了按土测值、目标产量及种植品种特性确定的精准施肥配方。综合评价了各施肥单元的地力水平，为精确科学地开展测土配方施肥工作提供依据。本次地力评价为全市所确定的施肥分区，具有一定的针对性、精确性和科学性，完成了测土配方施肥技术从估测分析到精准实施的提升过程。

## 第一节　区域耕地施肥区划分

讷河市境内玉米区，按地形、地貌、土壤类型、土壤养分及土壤属性等划分为3个测土施肥区域。

### 一、高产田施肥区

通过对讷河市耕地进行评价，将讷河市耕地划分为5个等级。一级地面积为71821公顷，占全市耕地总面积的17.75%；是全市高产田施肥区，各乡（镇）都有分布。在高产田分布中，兴旺乡有高产田8988公顷，占高产田面积12.52%；和盛乡有高产田11029公顷，占高产田面积15.36%；九井镇有高产田面积10664公顷，占高产田面积14.85%；讷南镇有高产田1354公顷，占高产田面积1.89%；孔国乡有高产田1235公顷，占高产田面积1.72%；通南镇有高产田5214公顷，占高产田面积7.26%；同义镇有高产田10249公顷，占高产田面积14.27%；拉哈镇有高产田194公顷，占高产田面积0.27%；同心乡有高产田4754公顷，占高产田面积6.62%；六合镇有高产田3690公顷，占高产田面积5.14%；龙河镇有高产田5698公顷，占高产田面积7.93%；长发镇有高产田993公顷，占高产田面积1.38%；学田镇有高产田3789公顷，占高产田面积5.28%；二克浅镇有高产田1176公顷，占高产田面积1.64%；讷河镇有高产田552公顷，占高产田面积0.77%；老莱镇有高产田2244公顷，占高产田面积3.12%。见表6-1。

表 6-1 讷河市高产田各乡（镇）分布面积统计

| 乡（镇） | 面积（公顷） | 高产田（公顷） | 占本乡（镇）面积（%） | 占高产田面积（%） |
|---|---|---|---|---|
| 兴旺乡 | 27 421 | 8 988 | 32.78 | 12.52 |
| 和盛乡 | 19 616 | 11 029 | 56.22 | 15.36 |
| 九井镇 | 26 353 | 10 664 | 40.47 | 14.85 |
| 讷南镇 | 30 782 | 1 354 | 4.40 | 1.89 |
| 孔国乡 | 30 754 | 1 235 | 4.02 | 1.72 |
| 通南镇 | 29 158 | 5 214 | 17.88 | 7.26 |
| 同义镇 | 24 343 | 10 249 | 42.10 | 14.27 |
| 拉哈镇 | 4 620 | 193 | 4.20 | 0.27 |
| 同心乡 | 24 713 | 4 754 | 19.24 | 6.62 |
| 六合镇 | 33 104 | 3 690 | 11.14 | 5.14 |
| 龙河镇 | 31 419 | 5 698 | 18.13 | 7.93 |
| 长发镇 | 17 212 | 993 | 5.77 | 1.38 |
| 学田镇 | 28 350 | 3 789 | 13.37 | 5.28 |
| 二克浅镇 | 38 523 | 1 176 | 3.05 | 1.64 |
| 讷河镇 | 4 025 | 552 | 13.72 | 0.77 |
| 老莱镇 | 34 274 | 2 244 | 6.55 | 3.12 |
| 合计 | 404 667 | 71 821 | 17.75 | 100.00 |

从土类上看，只有黑钙土和黑土有高产田分布，其他土类没有高产田分布。其中，黑土有高产田 37 874 公顷，占高产田面积的 52.73%；黑钙土有高产田 33 947 公顷，占高产田面积的 47.27%。见表 6-2。

表 6-2 讷河市高产田土类分布面积统计

| 土类 | 面积（公顷） | 高产田（公顷） | 占本土类面积（%） | 占高产田面积（%） |
|---|---|---|---|---|
| 草甸土 | 95 335 | 0 | 0 | 0 |
| 黑钙土 | 54 867 | 33 947 | 61.87 | 47.27 |
| 风沙土 | 3 173 | 0 | 0 | 0 |
| 黑土 | 242 732 | 37 874 | 15.60 | 52.73 |
| 暗棕壤 | 4 128 | 0 | 0 | 0 |
| 沼泽土 | 4 432 | 0 | 0 | 0 |
| 合计 | 404 667 | 71 821 | 17.75 | 100.00 |

讷河市高产田土壤养分含量统计见表 6-3、养分分级面积频率统计见表 6-4。

表 6-3　讷河市高产田土壤养分含量统计

| 项目 | 平均值 | 最大值 | 最小值 | 极差 |
|---|---|---|---|---|
| pH | 7.06 | 8.21 | 5.87 | 2.34 |
| 有机质（克/千克） | 38.48 | 84.6 | 10.2 | 74.4 |
| 有效磷（毫克/千克） | 36.87 | 93.03 | 6.87 | 86.16 |
| 速效钾（毫克/千克） | 222.63 | 625 | 86 | 539 |
| 碱解氮（毫克/千克） | 242.84 | 326.59 | 152.71 | 173.88 |
| 全氮（克/千克） | 1.02 | 1.94 | 0.41 | 1.53 |
| 全磷（克/千克） | 1.26 | 2.4 | 0.5 | 1.9 |
| 全钾（克/千克） | 24.8 | 35.6 | 14.4 | 21.2 |
| 有效铜（毫克/千克） | 1.59 | 2 | 1.07 | 0.93 |
| 有效锌（毫克/千克） | 0.62 | 1 | 0.44 | 0.56 |
| 有效锰（毫克/千克） | 25.4 | 31.9 | 18.4 | 13.5 |
| 有效铁（毫克/千克） | 25.98 | 32.7 | 22 | 10.7 |
| 坡度（°） | 1.82 | 4 | 1 | 3 |
| 有效土层厚度（厘米） | 37.9 | 75 | 15 | 60 |
| 障碍层厚度（厘米） | 9.85 | 13 | 5 | 8 |
| 容重（克/厘米³） | 1.31 | 1.37 | 0.76 | 0.61 |

表 6-4　高产田养分分级面积频率统计

单位：%

| 项目 | 一级 | 二级 | 三级 | 四级 | 五级 | 六级 |
|---|---|---|---|---|---|---|
| pH | 0 | 25.45 | 60.02 | 14.53 | 0 | 0 |
| 有机质 | 0.39 | 36.26 | 49.33 | 12.99 | 1.03 | 0 |
| 全氮 | 0 | 0 | 6.32 | 38.13 | 55.56 | 0 |
| 全磷 | 3.22 | 10.82 | 47.11 | 36.62 | 2.23 | 0 |
| 全钾 | 14.55 | 25.21 | 56.63 | 3.37 | 0.25 | 0 |
| 碱解氮 | 39.29 | 59.65 | 1.06 | 0 | 0 | 0 |
| 有效磷 | 4.75 | 39.35 | 48.40 | 6.95 | 0.55 | 0 |
| 速效钾 | 60.13 | 27.73 | 10.81 | 1.33 | 0 | 0 |
| 有效锌 | 0 | 0 | 0 | 95.09 | 4.91 | 0 |
| 地貌类型 | 河谷平原 | 平原 | 河漫滩 | 丘陵 | 低山丘陵 | 丘陵漫岗 |
| | 0 | 47.27 | 0 | 52.73 | | |
| 地形部位 | 平岗地 | 丘陵上部 | 丘陵缓坡 | 丘陵中部 | 漫川漫岗 | |
| | 47.27 | 20.07 | 10.24 | 17.91 | 4.52 | |
| 成土母质 | 黄土母质 | | | | | |
| | 100.00 | | | | | |
| 障碍层类型 | 黏盘层 | 沙漏层 | 盐积层 | 潜育层 | | |
| | 100.00 | 0 | 0 | 0 | | |
| 质地 | 重壤土 | 中壤土 | 沙壤土 | 轻壤土 | | |
| | 93.90 | 6.10 | 0 | 0 | | |

高产田所处地势起伏平缓，主要分布在平原和丘陵，以黑土和黑钙土为主。高产田耕层深厚，结构较好，多为粒状或小团块状结构。母质为黄土母质，侵蚀和障碍因素较少，以重壤土为主，保水保肥性好。微生物活动旺盛，潜在肥力容易发挥，施肥见效快；抗旱、排涝能力强。该级耕地属高肥、适应性广土壤，适于种植大豆、玉米、甜菜等作物，作物产量水平高。

## 二、中产田施肥区

二级、三级地是讷河市中产田施肥区，主要分布在丘陵区，面积为 238 627 公顷，占全市总耕地面积的 58.97%。其中，兴旺乡有中产田 10 027 公顷，占中产田面积 4.20%；和盛乡有中产田 8 484 公顷，占中产田面积 3.56%；九井镇有中产田 9 045 公顷，占中产田面积 3.79%；讷南镇有中产田 19 597 公顷，占中产田面积 8.21%；孔国乡有中产田 20 138 公顷，占中产田面积 8.44%；通南镇有中产田 23 924 公顷，占中产田面积 10.03%；同义镇有中产田 11 251 公顷，占中产田面积 4.71%；拉哈镇有中产田 1 538 公顷，占中产田面积 0.64%；同心乡有中产田 18 228 公顷，占中产田面积 7.64%；六合镇有中产田 16 040 公顷，占中产田面积 6.72%；龙河镇有中产田 14 703 公顷，占中产田面积 6.16%；长发镇有中产田 14 200 公顷，占中产田面积 5.95%；学田镇有中产田 17 731 公顷，占中产田面积 7.43%；二克浅镇有中产田 28 274 公顷，占中产田面积 11.85%；讷河镇有中产田 3 064 公顷，占中产田面积 1.28%；老莱镇有中产田 22 384 公顷，占中产田面积 9.38%。见表 6-5。

表 6-5　讷河市中产田各乡（镇）分布面积统计

| 乡（镇） | 面积（公顷） | 中产田面积（公顷） | 占本乡（镇）面积（%） | 占中产田面积（%） |
|---|---|---|---|---|
| 兴旺乡 | 27 421 | 10 027 | 36.56 | 4.20 |
| 和盛乡 | 19 616 | 8 484 | 43.25 | 3.56 |
| 九井镇 | 26 353 | 9 045 | 34.32 | 3.79 |
| 讷南镇 | 30 782 | 19 597 | 63.66 | 8.21 |
| 孔国乡 | 30 754 | 20 138 | 65.48 | 8.44 |
| 通南镇 | 29 158 | 23 924 | 82.05 | 10.03 |
| 同义镇 | 24 343 | 11 251 | 46.22 | 4.71 |
| 拉哈镇 | 4 620 | 1 538 | 33.29 | 0.64 |
| 同心乡 | 24 713 | 18 228 | 73.76 | 7.64 |
| 六合镇 | 33 104 | 16 040 | 48.45 | 6.72 |
| 龙河镇 | 31 419 | 14 703 | 46.80 | 6.16 |
| 长发镇 | 17 212 | 14 200 | 82.50 | 5.95 |
| 学田镇 | 28 350 | 17 731 | 62.54 | 7.43 |

（续）

| 乡（镇） | 面积（公顷） | 中产田面积（公顷） | 占本乡（镇）面积（%） | 占中产田面积（%） |
|---|---|---|---|---|
| 二克浅镇 | 38 523 | 28 274 | 73.40 | 11.85 |
| 讷河镇 | 4 025 | 3 064 | 76.15 | 1.28 |
| 老莱镇 | 34 274 | 22 384 | 65.31 | 9.38 |
| 合计 | 404 667 | 238 627 | 58.97 | 100.00 |

从土类上看，黑土有中产田 191 760 公顷，占中产田面积的 80.36%；黑钙土有中产田 20 630 公顷，占中产田面积的 8.65%；草甸土有中产田 23 336 公顷，占中产田面积的 9.78%；暗棕壤有中产田 2 900 公顷，占中产田面积的 1.21%。见表 6-6。

表 6-6 讷河市中产田土类分布面积统计

| 土类 | 面积（公顷） | 中产田面积（公顷） | 占本土类面积（%） | 占中产田面积（%） |
|---|---|---|---|---|
| 草甸土 | 95 335 | 23 336 | 24.48 | 9.78 |
| 黑钙土 | 54 867 | 20 630 | 37.60 | 8.65 |
| 风沙土 | 3 173 | 0 | 0 | 0 |
| 黑土 | 242 732 | 191 760 | 79.00 | 80.36 |
| 暗棕壤 | 4 128 | 2 900 | 70.24 | 1.21 |
| 沼泽土 | 4 432 | 0 | 0 | 0 |
| 合计 | 404 667 | 238 627 | 58.97 | 100.00 |

讷河市中产田土壤养分含量统计见表 6-7、养分分级面积频率统计见表 6-8。

表 6-7 讷河市中产田土壤养分含量统计

| 项目 | 平均值 | 最大值 | 最小值 | 极差 |
|---|---|---|---|---|
| pH | 7.04 | 8.25 | 5.51 | 2.74 |
| 有机质（克/千克） | 37.60 | 87.38 | 8.74 | 78.64 |
| 有效磷（毫克/千克） | 31.48 | 86.22 | 6.27 | 79.95 |
| 速效钾（毫克/千克） | 196.25 | 561.00 | 43.00 | 518.00 |
| 碱解氮（毫克/千克） | 241.03 | 378.76 | 143.64 | 235.12 |
| 全氮（克/千克） | 1.16 | 1.94 | 0.41 | 1.53 |
| 全磷（克/千克） | 1.41 | 2.40 | 0.40 | 2.00 |
| 全钾（克/千克） | 24.59 | 36.80 | 12.90 | 23.90 |
| 有效铜（毫克/千克） | 1.59 | 2.11 | 1.07 | 1.04 |
| 有效锌（毫克/千克） | 0.62 | 1.12 | 0.39 | 0.73 |
| 有效锰（毫克/千克） | 25.89 | 31.30 | 18.40 | 12.90 |

（续）

| 项目 | 平均值 | 最大值 | 最小值 | 极差 |
|---|---|---|---|---|
| 有效铁（毫克/千克） | 25.87 | 32.70 | 22.00 | 10.70 |
| 坡度（°） | 2.46 | 7.00 | 0.00 | 7.00 |
| 有效土层厚度（厘米） | 38.44 | 75.00 | 7.00 | 68.00 |
| 障碍层厚度（厘米） | 12.84 | 15.00 | 5.00 | 10.00 |
| 容重（克/厘米$^3$） | 1.28 | 1.38 | 0.71 | 0.67 |

表 6-8　中产田养分分级面积频率统计

单位：%

| 项目 | 一级 | 二级 | 三级 | 四级 | 五级 |
|---|---|---|---|---|---|
| pH | 0 | 13.49 | 78.58 | 7.93 | 0 |
| 有机质 | 1.49 | 30.28 | 46.91 | 19.98 | 1.31 |
| 全氮 | 0 | 0 | 8.32 | 57.60 | 34.08 |
| 全磷 | 3.11 | 22.30 | 59.38 | 15.13 | 0.08 |
| 全钾 | 10.33 | 25.19 | 54.31 | 9.74 | 0.43 |
| 碱解氮 | 36.03 | 61.44 | 2.37 | 0.16 | 0 |
| 有效磷 | 0.66 | 19.12 | 68.93 | 10.23 | 1.06 |
| 速效钾 | 44.29 | 32.97 | 18.54 | 4.20 | 0 |
| 有效锌 | 0 | 0 | 0.72 | 94.59 | 4.70 |
| 地貌类型 | 河谷平原 9.78 | 平原 8.65 | 河漫滩 0 | 丘陵 77.74 | 低山丘陵 2.61 | 丘陵漫岗 1.21 |

| 地形部位 | 高河漫滩 3.70 | 平岗地 5.03 | 丘陵缓坡 17.27 | 低洼地 3.61 | 低平地 6.07 | 丘陵上部 23.09 |
| | 丘陵中部 32.42 | 岗丘上部 1.14 | 低山丘陵中下部 6.16 | | 河流一级阶地 0.55 | |
| | 低山下部、丘陵下部 0.07 | | 漫川漫岗 0.88 | | | |

| 成土母质 | 冲积物 12.93 | 黄土母质 80.02 | 风化或半风化的碎石 0.52 | | 冲积沉积物 3.68 | |
| | 坡积物 1.64 | 河湖相沉积物 0.07 | | | 风化残积物和坡积物 1.14 | |

| 障碍层类型 | 黏盘层 89.84 | 沙漏层 10.16 | 盐积层 0 | 潜育层 0 | | |

| 质地 | 重壤土 79.93 | 中壤土 19.12 | 沙壤土 0 | 轻壤土 0.94 | | |

　　中产田施肥区大都处在讷谟尔河两岸的漫川漫岗上，坡度大部分大于2°，排水良好，有轻度到中度的土壤侵蚀。黑土层厚度基本在7～75厘米，土壤多为块状结构和小粒状结

构，质地为重壤土至轻黏土和中黏土，土壤容重在 0.71～1.38 克/厘米³；土壤呈中性偏酸，pH 在 8.25～5.51 范围内；土壤有机质平均含量也较高，在 8.74～87.38 克/千克；其他养分含量中等，全氮含量在 0.41～1.94 克/千克，碱解氮含量在 143.64～378.76 毫克/千克，有效磷含量在 6.27～86.22 毫克/千克，速效钾含量在 43～561 毫克/千克；低坡地和低平原上的保肥性能较好，土壤的蓄水和抗旱、排涝能力中等偏下，在岗坡地的岗顶上保肥性能较差，土壤的蓄水和抗旱、排涝能力中等偏下。该区耕地亦属中低适应性土壤至中适应性土壤，基本适宜种植玉米及大豆、甜菜、马铃薯等多种作物。

## 三、低产田施肥区

低产田施肥区为四级、五级地，讷河市各乡（镇）低产田总面积为 94 219 公顷，占全市耕地总面积的 23.28%。其中，兴旺乡有低产田 8 406 公顷，占低产田面积 8.92%；和盛乡有低产田 103 公顷，占低产田面积 0.11%；九井镇有低产田 6 644 公顷，占低产田面积 7.05%；讷南镇有低产田 9 830 公顷，占低产田面积 10.43%；孔国乡有低产田 9 380 公顷，占低产田面积 9.96%；通南镇有低产田 21 公顷，占低产田面积 0.02%；同义镇有低产田 2 844 公顷，占低产田面积 3.02%；拉哈镇有低产田 2 888 公顷，占低产田面积 3.06%；同心乡有低产田 1 731 公顷，占低产田面积 1.84%；六合镇有低产田 13 376 公顷，占低产田面积 14.20%；龙河镇有低产田 11 019 公顷，占低产田面积 11.70%；长发镇有低产田 2 018 公顷，占低产田面积的 2.14%；学田镇有低产田 6 830 公顷，占低产田面积 7.25%；二克浅镇有低产田 9 074 公顷，占低产田面积的 9.63%；讷河镇有低产田 408 公顷，占低产田面积的 0.43%；老莱镇有低产田 9 646 公顷，占低产田面积的 10.24%。见表 6-9。

表 6-9　讷河市低产田各乡（镇）分布面积统计

| 乡（镇） | 面积（公顷） | 低产田面积（公顷） | 占本乡（镇）面积（%） | 占低产田面积（%） |
|---|---|---|---|---|
| 兴旺乡 | 27 421 | 8 406 | 30.66 | 8.92 |
| 和盛乡 | 19 616 | 103 | 0.52 | 0.11 |
| 九井镇 | 26 353 | 6 644 | 25.21 | 7.05 |
| 讷南镇 | 30 782 | 9 830 | 31.93 | 10.43 |
| 孔国乡 | 30 754 | 9 380 | 30.50 | 9.96 |
| 通南镇 | 29 158 | 21 | 0.07 | 0.02 |
| 同义镇 | 24 343 | 2 844 | 11.68 | 3.02 |
| 拉哈镇 | 4 620 | 2 888 | 62.51 | 3.06 |
| 同心乡 | 24 713 | 1 731 | 7.00 | 1.84 |
| 六合镇 | 33 104 | 13 376 | 40.40 | 14.20 |
| 龙河镇 | 31 419 | 11 019 | 35.07 | 11.70 |
| 长发镇 | 17 212 | 2 018 | 11.73 | 2.14 |

（续）

| 乡（镇） | 面积（公顷） | 低产田面积（公顷） | 占本乡（镇）面积（%） | 占低产田面积（%） |
|---|---|---|---|---|
| 学田镇 | 28 350 | 6 830 | 24.09 | 7.25 |
| 二克浅镇 | 38 523 | 9 074 | 23.56 | 9.63 |
| 讷河镇 | 4 025 | 408 | 10.14 | 0.43 |
| 老莱镇 | 34 274 | 9 646 | 28.14 | 10.24 |
| 合计 | 404 667 | 94 219 | 23.28 | 100.00 |

从土类上看，黑土有低产田 13 099 公顷，占低产田面积的 13.90%；黑钙土有低产田 289 公顷，占低产田面积的 0.31%；草甸土有低产田 71 999 公顷，占低产田面积的 76.42%；暗棕壤土有低产田 1 228 公顷，占低产田面积的 1.30%；风沙土有低产田 3 173 公顷，占低产田面积的 3.37%；沼泽土有低产田 4 432 公顷，占低产田面积的 4.70%。见表 6-10。

表 6-10　讷河市低产田土类分布面积统计

| 土类 | 面积（公顷） | 低产田面积（公顷） | 占本土类面积（%） | 占低产田面积（%） |
|---|---|---|---|---|
| 草甸土 | 95 335 | 71 999.0 | 75.52 | 76.42 |
| 黑钙土 | 54 867 | 289.4 | 0.53 | 0.31 |
| 风沙土 | 3 173 | 3 172.8 | 100.00 | 3.37 |
| 黑土 | 242 732 | 13 098.6 | 5.40 | 13.90 |
| 暗棕壤 | 4 128 | 1 227.5 | 29.76 | 1.30 |
| 沼泽土 | 4 432 | 4 431.5 | 100.00 | 4.70 |
| 合计 | 404 667 | 94 218.71 | 23.28 | 100.00 |

讷河市低产田土壤养分含量统计见表 6-11、养分分级面积频率统计见表 6-12。

表 6-11　讷河市低产田土壤养分含量统计

| 项目 | 平均值 | 最大值 | 最小值 | 极差 |
|---|---|---|---|---|
| pH | 7.08 | 8.14 | 5.50 | 2.64 |
| 有机质（克/千克） | 39.77 | 85.77 | 12.21 | 73.56 |
| 有效磷（毫克/千克） | 33.72 | 83.26 | 4.20 | 79.06 |
| 速效钾（毫克/千克） | 192.42 | 685.00 | 64.00 | 621.00 |
| 碱解氮（毫克/千克） | 242.36 | 376.49 | 146.66 | 229.83 |
| 全氮（克/千克） | 1.23 | 1.94 | 0.46 | 1.48 |
| 全磷（克/千克） | 1.44 | 2.40 | 0.60 | 1.80 |
| 全钾（克/千克） | 24.00 | 36.20 | 14.10 | 22.10 |

（续）

| 项目 | 平均值 | 最大值 | 最小值 | 极差 |
|---|---|---|---|---|
| 有效铜（毫克/千克） | 1.60 | 2.00 | 1.19 | 0.81 |
| 有效锌（毫克/千克） | 0.62 | 0.81 | 0.38 | 0.43 |
| 有效锰（毫克/千克） | 25.77 | 31.90 | 20.10 | 11.80 |
| 有效铁（毫克/千克） | 26.05 | 32.70 | 22.80 | 9.90 |
| 坡度（°） | 2.28 | 7.00 | 0 | 7.00 |
| 有效土层厚度（厘米） | 29.42 | 130.00 | 6.00 | 124.00 |
| 障碍层厚度（厘米） | 34.22 | 67.00 | 6.00 | 61.00 |
| 容重（克/厘米$^3$） | 0.96 | 1.36 | 0.71 | 0.65 |

### 表 6-12　低产田养分分级面积频率统计

单位：%

| 项目 | 一级 | 二级 | 三级 | 四级 | 五级 |
|---|---|---|---|---|---|
| pH | 0 | 20.42 | 69.92 | 9.64 | 0.02 |
| 有机质 | 2.60 | 36.94 | 39.63 | 19.07 | 1.76 |
| 全氮 | 0 | 0 | 13.01 | 60.82 | 26.18 |
| 全磷 | 5.35 | 23.17 | 53.19 | 18.29 | 0 |
| 全钾 | 10.33 | 25.19 | 54.31 | 9.74 | 0.43 |
| 碱解氮 | 34.31 | 64.50 | 1.19 | 0 | 0 |
| 有效磷 | 1.41 | 27.31 | 59.50 | 10.56 | 1.16 |
| 速效钾 | 34.83 | 35.58 | 25.60 | 3.99 | 0 |
| 有效锌 | 0 | 0 | 0 | 92.85 | 7.15 |

| 地貌类型 | 河谷平原 | 平原 | 河漫滩 | 丘陵 | 低山丘陵 | 丘陵漫岗 |
|---|---|---|---|---|---|---|
| | 53.80 | 0.31 | 30.68 | 0.72 | 13.36 | 1.13 |

| 地形部位 | 高河漫滩 | 岗丘上部 | 低洼地 | 河漫滩和一级阶地 |
|---|---|---|---|---|
| | 4.72 | 1.13 | 76.69 | 3.37 |
| | 低山丘陵中下部 | | 低山岗丘的上部 | 江河两岸滩地 |
| | 13.90 | | 0.18 | 0.01 |

| 成土母质 | 冲积物 | 黄土母质 | 坡积物 | 风积物 | 淤积物 |
|---|---|---|---|---|---|
| | 55.58 | 0.31 | 10.70 | 3.37 | 4.70 |
| | 风化残积物和坡积物 | | 风化或半风化的碎石 | | 冲积沉积物 |
| | 1.13 | | 1.41 | | 0.99 |
| | 岩石风化残积物 | | 冲积淤积物 | | |
| | 0.18 | | 21.63 | | |

（续）

| 项目 | 一级 | 二级 | 三级 | 四级 | 五级 |
|---|---|---|---|---|---|
| 障碍层类型 | 黏盘层 | 沙漏层 | 盐积层 | 潜育层 | |
| | 0.13 | 72.36 | 1.17 | 26.33 | |
| 质地 | 重壤土 | 中壤土 | 沙壤土 | 轻壤土 | |
| | 33.64 | 62.88 | 3.37 | 0.12 | |

低产田大部分处于河谷平原或河漫滩的洼地和低洼地上，所处地形低洼，多积水且排水不畅；丘陵陡坡的中上部，坡度大，水土流失严重，表土层薄；pH 较大或较小的地方，碱性强；风沙土区，表土层薄，保水保肥能力差，土体多存在障碍因素；黑土层较厚，结构较差，多为块状结构或沙土；障碍层以沙漏层和潜育层为主；沙漏层渗水性强，不利于保水、保肥，潜育层渗水性差，易产生内涝；土壤容重偏低，平均约为 0.96 克/厘米³，土壤呈中性偏酸，pH 在 5.5～8.14 范围内；土壤有机质平均含量 39.77 克/千克，养分含量较低；全氮平均 1.23 克/千克，碱解氮平均 242.36 毫克/千克，有效磷平均 33.72 毫克/千克，速效钾平均 192.42 毫克/千克。保肥性能较差，或易内涝和排涝能力弱。该区耕地属低适应性土壤，在水源条件较好的情况下种植水稻或种植耐瘠薄、耐涝作物。

# 第二节　施肥分区方案

## 一、施肥区土壤理化性状

根据以上 3 个施肥分区，统计各区土壤理化性状。见表 6-13。

表 6-13　区域施肥区土壤理化性状统计

| 区域施肥区 | pH | 有机质<br>（克/千克） | 有效磷<br>（毫克/千克） | 速效钾<br>（毫克/千克） | 碱解氮<br>（毫克/千克） |
|---|---|---|---|---|---|
| 高产田施肥区 | 7.06 | 38.48 | 36.87 | 222.63 | 242.84 |
| 中产田施肥区 | 7.04 | 37.60 | 31.47 | 196.24 | 241.03 |
| 低产田施肥区 | 7.08 | 39.77 | 33.71 | 192.42 | 242.36 |

高产田、中产田和低产田施肥区 pH、有机质、有效磷、速效钾和碱解氮等含量相差不大，但中、低产田施肥区存在较多的障碍因素，影响作物的生长发育。

## 二、推荐施肥原则

合理施肥是指在一定的气候和土壤条件下，为栽培某种作物所采用的正确的施肥措施，包括有机肥和化肥的配合，各种营养元素的比例搭配、化肥品种的选择、经济的施肥量、适宜的施肥时期和施肥方法等。合理施肥所要求的两个重要指标是提高肥料利用率和提高经济效益，增产增收。试验证明，在作物生长发育所需的其他各项生活条件都适宜时，合理施肥的增产作用可达到全部增产作用的 50％以上。可见，合理施肥是一项重要的增产措施。要想做到合理施肥，必须坚持如下几项基本原则。

**1. 根据作物不同生育时期所需的营养特性进行合理施肥**　在各个生育时期作物对养分的吸收数量、比例是不同的。总的规律是，作物生长初期吸收数量、强度都较低，随着作物的生长，对营养物质的吸收逐渐增加，形成养分吸收高峰，到成熟阶段又趋于减少。养分吸收高峰和各生长期对养分吸收数量和比例的要求，不同作物是有差别的，如禾本科作物的养分吸收高峰大致在拔节期，而开花期对养分需求量则有所下降。玉米不同生育时期对氮、磷、钾的吸收与干物质积累过程相一致，幼株吸收养分的速率慢，开花期以后增快，植株开始衰老，吸收速率降低。在籽粒开始形成以前，植株已吸收 60％的氮、55％的磷和 60％的钾。

**2. 根据土壤养分状况合理施肥**　土壤是农业生产的宝贵财富，土壤中的有机质和氮、磷、钾等是作物养分的基本来源。由于土壤类型、熟化程度和利用方式不同，各种土壤养分含量是不一样的。能够及时供给作物生长发育的氮素叫速效氮，这部分氮素以无机态（铵态和硝态）和简单的有机态存在于土壤中。土壤中的磷大部分是难溶态的，作物很难吸收利用，只有少部分是水溶态的，这部分称为有效磷。根据试验，一般当有效磷＜5 毫克/千克时，作物会出现严重的缺磷现象，有效磷＞20 毫克/千克时，磷素能满足作物生长。土壤中的钾多以无机态存在。因此，在施肥上应根据土壤养分状况，增施有机肥，稳施氮肥，巧施磷肥，普施钾肥，并配合施用锌、硼、钼等微肥。

**3. 根据肥料特性施肥**　特性不同，其性质也不一样。因此，在合理施肥上采用的施肥方法也不尽相同。

**4. 以有机肥为主，化肥为辅；基肥为主，追肥为辅；氮、磷、钾肥料配合**　有机肥料不仅肥源广阔，施用经济，而且含有作物所需要的多种营养元素。长期施用可以改善土壤物理性状，提高土壤肥力，这是化学肥料所不能比拟的。所以，在作物施肥上，应本着有机肥为主，化肥为辅的原则进行施肥。


## 三、推荐施肥方案

讷河市按照高产田施肥区域、中产田施肥区域、低产田施肥区域及不同施肥单元，特制订玉米各个施肥区域推荐方案。

### （一）分区施肥属性查询

本次耕地地力调查，共采集土样 3 155 个，确定了 pH、有机质、有效磷、速效钾、有效锌、有效土层厚度、地貌类型、地形部位、坡度、坡向、障碍层类型等 12 项评价指标。在地力评价数据库中建立了耕地资源管理单元图、土壤养分分区图。按照不同作物、不同地力等级产量指标和地块、农户综合生产条件可形成针对地域分区特点的区域施肥配方；针对农户特定生产条件的分户施肥配方。

### （二）施肥单元关联施肥分区代码

根据"3414"试验、肥效校正试验、多年氮磷钾最佳施肥量试验建立起来的施肥参数体系和土壤养分丰缺指标体系，选择适合讷河市区域特定施肥单元的测土施肥配方推荐方法（养分平衡法、丰缺指标法、氮磷钾比例法、以磷定氮法、目标产量法），计算不同级别施肥分区代码的推荐施肥量（N、$P_2O_5$、$K_2O$）。见表6-14。

**表6-14 施肥分区代码与作物（玉米）施肥推荐关联查询**

| 施肥分区代码 | 碱解氮含量（毫克/千克） | 施肥量纯氮（千克/公顷） | 有效磷含量（毫克/千克） | 施肥量五氧化二磷（千克/公顷） | 速效钾含量（毫克/千克） | 施肥量氧化钾（千克/公顷） |
|---|---|---|---|---|---|---|
| 1 | ＞250 | 97.5 | ＞60 | 37.5 | ＞200 | 42.0 |
| 2 | 180～250 | 100.5 | 40～60 | 45.0 | 200～150 | 48.0 |
| 3 | 150～180 | 105.0 | 20～40 | 52.5 | 100～150 | 58.5 |
| 4 | 120～150 | 112.5 | 10～20 | 60.0 | 50～100 | 69.0 |
| 5 | 80～120 | 120.0 | 10～5 | 67.5 | 30～50 | 79.5 |
| 6 | ＜80 | 135.0 | ＜5 | 75.0 | ＜30 | 90.0 |

# 第七章　作物适宜性评价

## 第一节　大豆适宜性评价

大豆是讷河市的第一大作物，年种植面积保持在 20 万公顷左右。大豆单产较低，但由于其适应性强，机械化水平高，现在仍保持比较大的种植面积。大豆在不同酸碱度的土壤上表现不一样，差异明显。因此，适宜性评价时将 pH 进行了调整，其余指标与地力评价指标相同。

### 一、评价指标的标准化

**土壤 pH**　pH 隶属度专家评估和隶属函数模型拟合见图 7-1 和图 7-2。

图 7-1　pH 隶属度专家评估

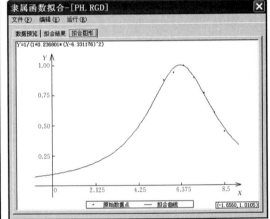

图 7-2　pH 隶属函数模型拟合

pH 隶属函数 $Y=1/[1+0.236\,801\times(X-6.331\,176)^2]$

### 二、确定指标权重

采用层次分析法确定每一个评价因素对耕地综合地力的贡献大小。

**（一）构造评价指标层次结构图**

根据各个评价因素间的关系，构造了层次结构图，见图 7-3。

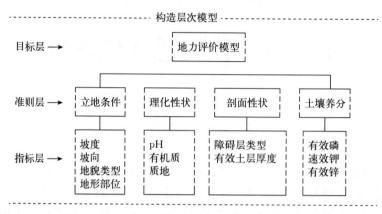

图 7-3　层次分析构造矩阵

## (二) 建立判断矩阵

采用专家评估法，比较同一层次各因素对上一层次的相对重要性，给出数量化的评估。专家评估的初步结果经合适的数学处理后（包括实际计算的最终结果——组合权重）反馈给专家，请专家重新修改或确认。经多轮反复形成最终的判断矩阵。

## (三) 确定各评价因素的综合权重

利用层次分析计算方法确定每一个评价因素的综合评价权重。

目标层判别矩阵原始资料：

### 层次分析报告

模型名称：讷河市大豆适宜性评价模型分析

计算时间：2011-12-3 12:22:34

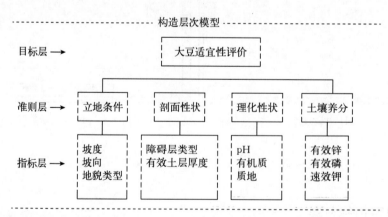

目标层判别矩阵原始资料：

| | | | |
|---|---|---|---|
| 1.000 0 | 2.500 0 | 3.333 3 | 5.000 0 |
| 0.400 0 | 1.000 0 | 1.250 0 | 2.000 0 |
| 0.300 0 | 0.800 0 | 1.000 0 | 1.666 7 |
| 0.200 0 | 0.500 0 | 0.600 0 | 1.000 0 |

特征向量：[0.525 9，0.207 0，0.164 7，0.102 5]

最大特征根为 4.001 1

CI＝3.537 149 285 7 994E－04

RI＝0.9

CR＝CI/RI＝0.000 393 02＜0.1

一致性检验通过！

准则层（1）判别矩阵原始资料：

| | | |
|---|---|---|
| 1.000 0 | 2.222 2 | 0.555 6 |
| 0.450 0 | 1.000 0 | 0.250 0 |
| 1.800 0 | 4.000 0 | 1.000 0 |

特征向量：[0.307 7，0.138 5，0.553 8]

最大特征根为 3.000 0

CI＝1.166 657 592 59 948E－05

RI＝0.58

CR＝CI/RI＝0.000 020 11＜0.1

一致性检验通过！

准则层（2）判别矩阵原始资料：

| | |
|---|---|
| 1.000 0 | 1.666 7 |
| 0.600 0 | 1.000 0 |

特征向量：[0.625 0，0.375 0]

最大特征根为：2.000 0

CI＝9.999 950 000 50 546E－06

RI＝0

CR＝CI/RI＝0.000 000 00＜0.1

一致性检验通过！

准则层（3）判别矩阵原始资料：

| | | |
|---|---|---|
| 1.000 0 | 0.833 3 | 0.666 7 |
| 1.200 0 | 1.000 0 | 0.769 2 |
| 1.500 0 | 1.300 0 | 1.000 0 |

特征向量：[0.270 0，0.319 8，0.410 3]

最大特征根为 3.000 2

CI＝8.074 337 252 13 969E－05

RI＝0.58

CR＝CI/RI＝0.000 139 21＜0.1

一致性检验通过！

------------------------------------

准则层（4）判别矩阵原始资料：

| | | |
|---|---|---|
| 1.000 0 | 0.333 3 | 0.500 0 |
| 3.000 0 | 1.000 0 | 1.428 6 |
| 2.000 0 | 0.700 0 | 1.000 0 |

特征向量：［0.167 1，0.493 2，0.339 7］

最大特征根为 3.000 2

CI＝1.191 350 413 42 755E－04

RI＝0.58

CR＝CI/RI＝0.000 205 41＜0.1

一致性检验通过！

------------------------------------

层次总排序一致性检验：

CI＝3.371 009 954 22 425E－05

RI＝0.459 952 627 840 872

CR＝CI/RI＝0.000 073 29＜0.1

总排序一致性检验通过！

层次分析结果

| 层次 A | 层次 C | | | | 组合权重 |
|---|---|---|---|---|---|
| | 立地条件 | 剖面性状 | 理化性状 | 土壤养分 | |
| | 0.525 9 | 0.207 0 | 0.164 7 | 0.102 5 | $\sum C_i A_i$ |
| 坡度 | 0.307 7 | | | | 0.161 8 |
| 坡向 | 0.138 5 | | | | 0.072 8 |
| 地貌类型 | 0.553 8 | | | | 0.291 2 |
| 障碍层类型 | | 0.625 0 | | | 0.129 4 |
| 有效土层厚度 | | 0.375 0 | | | 0.077 6 |
| pH | | | 0.270 0 | | 0.044 5 |
| 有机质 | | | 0.319 8 | | 0.052 7 |
| 质地 | | | 0.410 3 | | 0.067 6 |
| 有效锌 | | | | 0.167 1 | 0.017 1 |
| 有效磷 | | | | 0.493 2 | 0.050 5 |
| 速效钾 | | | | 0.339 7 | 0.034 8 |

本报告由《县域耕地资源管理信息系统 V3.2》分析提供。

大豆适宜性指数分级见表7-1。

**表7-1　大豆适宜性指数分级**

| 地力分级 | 地力综合指数分级（IFI） |
|---|---|
| 高度适宜 | ＞0.77 |
| 适宜 | 0.7～0.77 |
| 勉强适宜 | 0.65～0.7 |
| 不适宜 | ＜0.65 |

## 三、评价结果与分析

本次大豆适宜性评价将讷河市耕地划分为4个适宜性等级。高度适宜耕地面积75 459公顷，占全市耕地总面积的18.65%；适宜耕地面积141 782公顷，占全市耕地总面积的35.04%；勉强适宜耕地面积172 655公顷，占全市耕地总面积的42.67%；不适宜耕地面积14 771公顷，占全市耕地总面积的3.65%。见表7-2。

**表7-2　大豆不同适宜性耕地地块数及面积统计**

| 适宜性 | 面积（公顷） | 占耕地面积（%） |
|---|---|---|
| 高度适宜 | 75 459 | 18.65 |
| 适宜 | 141 782 | 35.04 |
| 勉强适宜 | 172 655 | 42.66 |
| 不适宜 | 14 771 | 3.65 |
| 合计 | 404 667 | 100.00 |

大豆适宜性乡（镇）面积分布统计见表7-3，大豆适宜性土类面积分布统计见表7-4。

**表7-3　大豆适宜性乡（镇）面积分布统计**

单位：公顷

| 乡（镇） | 面积 | 高度适宜 | 适宜 | 勉强适宜 | 不适宜 |
|---|---|---|---|---|---|
| 兴旺乡 | 27 421 | 228 | 8 409 | 15 748 | 3 036 |
| 和盛乡 | 19 616 | 2 770 | 8 939 | 7 099 | 808 |
| 九井镇 | 26 353 | 7 558 | 11 421 | 7 235 | 139 |
| 讷南镇 | 30 782 | 8 076 | 8 144 | 13 920 | 642 |
| 孔国乡 | 30 754 | 1 764 | 13 500 | 13 617 | 1 873 |
| 通南镇 | 29 158 | 8 604 | 16 182 | 4 373 | 0 |
| 同义镇 | 24 343 | 8 509 | 9 710 | 6 067 | 57 |
| 拉哈镇 | 4 620 | 0 | 194 | 3 414 | 1 011 |

（续）

| 乡（镇） | 面积 | 高度适宜 | 适宜 | 勉强适宜 | 不适宜 |
|---|---|---|---|---|---|
| 同心乡 | 24 713 | 8 135 | 11 711 | 4 863 | 3 |
| 六合镇 | 33 104 | 6 882 | 6 287 | 18 836 | 1 098 |
| 龙河镇 | 31 419 | 6 995 | 6 704 | 16 001 | 1 719 |
| 长发镇 | 17 212 | 2 718 | 10 165 | 3 728 | 601 |
| 学田镇 | 28 350 | 1 437 | 9 843 | 15 813 | 1 257 |
| 二克浅镇 | 38 523 | 6 153 | 10 185 | 20 175 | 2 010 |
| 讷河镇 | 4 025 | 1 154 | 2 299 | 500 | 73 |
| 老莱镇 | 34 274 | 4 475 | 8 090 | 21 266 | 442 |
| 合计 | 404 667 | 75 459 | 141 782 | 172 655 | 14 771 |

表 7 - 4　大豆适宜性土类面积分布统计

单位：公顷

| 土类 | 土类面积 | 高度适宜 | 适宜 | 勉强适宜 | 不适宜 |
|---|---|---|---|---|---|
| 草甸土 | 95 335 | 0 | 0 | 85 234 | 10 102 |
| 黑钙土 | 54 867 | 8 913 | 29 365 | 15 952 | 637 |
| 风沙土 | 3 173 | 0 | 0 | 0 | 3 173 |
| 黑土 | 242 732 | 66 546 | 112 278 | 63 498 | 411 |
| 暗棕壤 | 4 128 | 0 | 139 | 3 850 | 138 |
| 沼泽土 | 4 432 | 0 | 0 | 4 122 | 310 |
| 合计 | 404 667 | 75 459 | 141 782 | 172 655 | 14 771 |

　　从大豆不同适宜性耕地的地力等级的分布特征来看，耕地等级的高低与地形部位、地貌类型、障碍层类型及土壤质地密切相关。适宜耕地从行政区域看，主要分布在通南、同义、同心、讷南等乡（镇），这一地区土壤类型以黑土和黑钙土为主，地势起伏较平缓，母质以黄土质为主；低产土壤则主要分布在江河沟等两侧地势低洼、排水不畅或山地、地形起伏较大的低山丘陵地区，行政区域包括老莱、二克浅和六合等乡（镇），土壤类型主要是草甸土、黑土、暗棕壤、黑钙土、沼泽土和沙土。大豆不同适宜性耕地相关指标平均值见表 7 - 5。

表 7 - 5　大豆不同适宜性耕地相关指标平均值

| 项目 | 高度适宜 | 适宜 | 勉强适宜 | 不适宜 | 全市 |
|---|---|---|---|---|---|
| pH | 6.97 | 7.09 | 7.02 | 7.15 | 7.04 |
| 有机质（克/千克） | 39.14 | 36.79 | 38.97 | 39.47 | 38.5 |
| 有效磷（毫克/千克） | 36.48 | 31.55 | 33.28 | 31.37 | 33.11 |
| 速效钾（毫克/千克） | 222.29 | 195.62 | 198.74 | 182.88 | 199.71 |

（续）

| 项目 | 高度适宜 | 适宜 | 勉强适宜 | 不适宜 | 全市 |
|---|---|---|---|---|---|
| 碱解氮（毫克/千克） | 244.10 | 242.41 | 240.99 | 239.08 | 241.58 |
| 全氮（克/千克） | 1.13 | 1.09 | 1.21 | 1.20 | 1.17 |
| 全磷（克/千克） | 1.39 | 1.33 | 1.44 | 1.40 | 1.4 |
| 全钾（克/千克） | 25.18 | 24.37 | 24.35 | 23.70 | 24.41 |
| 有效铜（毫克/千克） | 1.60 | 1.58 | 1.59 | 1.58 | 1.59 |
| 有效锌（毫克/千克） | 0.63 | 0.61 | 0.62 | 0.61 | 0.62 |
| 有效锰（毫克/千克） | 25.90 | 25.80 | 25.86 | 25.46 | 25.81 |
| 有效铁（毫克/千克） | 25.94 | 25.85 | 26.04 | 25.80 | 25.96 |
| 坡度（°） | 1.72 | 2.30 | 2.37 | 2.97 | 2.32 |
| 有效土层厚度（厘米） | 47.67 | 38.07 | 32.41 | 26.39 | 35.27 |
| 障碍层厚度（厘米） | 10.43 | 10.19 | 25.89 | 31.68 | 20.52 |
| 容重（克/厘米³） | 1.36 | 1.34 | 1.07 | 0.95 | 1.16 |

**1. 高度适宜** 讷河市大豆高度适宜耕地主要分布在通南、同义、同心、讷南等乡（镇），面积最大的是通南镇。土壤类型以黑土、黑钙土为主。大豆高度适宜耕地相关指标统计见表7-6。

**表7-6 大豆高度适宜耕地相关指标统计**

| 项目 | 平均值 | 最大值 | 最小值 | 极差 |
|---|---|---|---|---|
| pH | 6.97 | 8.04 | 5.61 | 2.43 |
| 有机质（克/千克） | 39.14 | 84.6 | 12.5 | 72.1 |
| 有效磷（毫克/千克） | 36.48 | 93.03 | 8.35 | 84.68 |
| 速效钾（毫克/千克） | 222.29 | 625 | 69 | 556 |
| 碱解氮（毫克/千克） | 244.1 | 361.37 | 153.47 | 207.9 |
| 全氮（克/千克） | 1.13 | 1.94 | 0.45 | 1.49 |
| 全磷（克/千克） | 1.39 | 2.4 | 0.5 | 1.9 |
| 全钾（克/千克） | 25.18 | 36.8 | 14.4 | 22.4 |
| 有效铜（毫克/千克） | 1.6 | 2.06 | 1.07 | 0.99 |
| 有效锌（毫克/千克） | 0.63 | 1.12 | 0.38 | 0.74 |
| 有效锰（毫克/千克） | 25.9 | 31.9 | 18.4 | 13.5 |
| 有效铁（毫克/千克） | 25.94 | 32.7 | 22 | 10.7 |
| 坡度（°） | 1.72 | 4 | 1 | 3 |
| 有效土层厚度（厘米） | 47.67 | 75 | 15 | 60 |
| 障碍层厚度（厘米） | 10.43 | 15 | 5 | 10 |
| 容重（克/厘米³） | 1.36 | 1.37 | 1.21 | 0.16 |

大豆高度适宜耕地所处地形起伏平缓，有一定的排水能力，但侵蚀较小。耕层各项养分含量高。土壤结构较好，质地适宜，一般为重壤土。容重适中，土壤大都呈中性至偏酸性，pH 在 5.61～8.04。养分含量丰富，有机质平均值 39.14 克/千克、有效磷平均值 36.48 毫克/千克、速效钾平均值 222.29 毫克/千克，保水保肥性能较好，有一定的排涝能力。该级地适于种植大豆，障碍层次较好，产量水平高。

**2. 适宜** 讷河市大豆适宜耕地主要分布在通南、孔国和同心等乡（镇），面积最大的是通南镇。土壤类型以黑土、黑钙土为主。大豆适宜耕地相关指标统计见表 7-7。

表 7-7 大豆适宜耕地相关指标统计

| 项目 | 平均值 | 最大值 | 最小值 | 极差 |
|---|---|---|---|---|
| pH | 7.09 | 8.21 | 5.51 | 2.7 |
| 有机质（克/千克） | 36.79 | 87.38 | 10.2 | 77.18 |
| 有效磷（毫克/千克） | 31.55 | 88 | 6.27 | 81.73 |
| 速效钾（毫克/千克） | 195.62 | 506 | 53 | 453 |
| 碱解氮（毫克/千克） | 242.41 | 378.76 | 152.71 | 226.05 |
| 全氮（克/千克） | 1.09 | 1.94 | 0.41 | 1.53 |
| 全磷（克/千克） | 1.33 | 2.4 | 0.5 | 1.9 |
| 全钾（克/千克） | 24.37 | 36.2 | 12.9 | 23.3 |
| 有效铜（毫克/千克） | 1.58 | 2.11 | 1.07 | 1.04 |
| 有效锌（毫克/千克） | 0.61 | 1.12 | 0.39 | 0.73 |
| 有效锰（毫克/千克） | 25.8 | 31.3 | 18.4 | 12.9 |
| 有效铁（毫克/千克） | 25.85 | 32.7 | 22 | 10.7 |
| 坡度（°） | 2.3 | 5 | 1 | 4 |
| 有效土层厚度（厘米） | 38.07 | 75 | 7 | 68 |
| 障碍层厚度（厘米） | 10.19 | 45 | 5 | 40 |
| 容重（克/厘米³） | 1.34 | 1.37 | 0.71 | 0.66 |

大豆适宜地块所处地形平缓，侵蚀和障碍因素小。各项养分含量较高。质地适宜，一般为重壤土。容重适中，土壤大都呈中性至微酸性，pH 在 5.51～8.21。养分含量较丰富，有机质平均值为 36.79 克/千克、有效磷平均值为 31.55 毫克/千克、速效钾平均值为 195.62 毫克/千克、有效锌平均值为 0.61 毫克/千克，保肥性能好。该级地适于种植大豆，产量水平较高。

**3. 勉强适宜** 讷河市大豆勉强适宜耕地主要分布在老莱、二克浅、六合等乡（镇），其中老莱镇面积最大，其次是二克浅镇。土壤类型以草甸土、黑土、黑钙土为主。大豆勉强适宜耕地相关指标统计见表 7-8。

表 7-8 大豆勉强适宜耕地相关指标统计

| 项目 | 平均值 | 最大值 | 最小值 | 极差 |
|---|---|---|---|---|
| pH | 7.02 | 8.25 | 5.5 | 2.75 |
| 有机质（克/千克） | 38.97 | 85.77 | 8.74 | 77.03 |
| 有效磷（毫克/千克） | 33.28 | 83.26 | 4.2 | 79.06 |
| 速效钾（毫克/千克） | 198.74 | 685 | 43 | 642 |
| 碱解氮（毫克/千克） | 240.99 | 365.9 | 143.64 | 222.26 |
| 全氮（克/千克） | 1.21 | 1.94 | 0.41 | 1.53 |
| 全磷（克/千克） | 1.44 | 2.4 | 0.4 | 2.0 |
| 全钾（克/千克） | 24.35 | 36.2 | 12.9 | 23.3 |
| 有效铜（毫克/千克） | 1.59 | 2.06 | 1.19 | 0.87 |
| 有效锌（毫克/千克） | 0.62 | 1.12 | 0.38 | 0.74 |
| 有效锰（毫克/千克） | 25.86 | 31.9 | 19.1 | 12.8 |
| 有效铁（毫克/千克） | 26.04 | 32.7 | 22.4 | 10.3 |
| 坡度（°） | 2.37 | 7 | 1 | 6.0 |
| 有效土层厚度（厘米） | 32.41 | 130 | 7 | 123 |
| 障碍层厚度（厘米） | 25.89 | 67 | 5 | 62 |
| 容重（克/厘米$^3$） | 1.07 | 1.38 | 0.71 | 0.67 |

大豆勉强适宜地块处于低山丘陵和江河两岸的一级阶地上，侵蚀和障碍因素大。各项养分含量偏低。质地较差，一般为重壤土或沙壤土。土壤以中性为主，pH 在 5.50～8.25。养分含量较低，有效锌平均值为 0.62 毫克/千克、有效磷平均值为 33.28 毫克/千克、速效钾平均值为 198.74 毫克/千克。该级地勉强适于种植大豆，产量水平较低。

**4. 不适宜** 讷河市大豆不适宜耕地主要分布在兴旺、二克浅、孔国等乡（镇），面积最大的是兴旺乡。土壤类型以草甸土和风沙土为主。大豆不适宜耕地相关指标统计见表 7-9。

表 7-9 大豆不适宜耕地相关指标统计

| 项目 | 平均值 | 最大值 | 最小值 | 极差 |
|---|---|---|---|---|
| pH | 7.15 | 8.23 | 5.55 | 2.68 |
| 有机质（克/千克） | 39.47 | 85.77 | 12.21 | 73.56 |
| 有效磷（毫克/千克） | 31.37 | 83.26 | 6.27 | 76.99 |
| 速效钾（毫克/千克） | 182.88 | 508 | 77 | 431 |
| 碱解氮（毫克/千克） | 239.08 | 376.49 | 146.66 | 229.83 |
| 全氮（克/千克） | 1.2 | 1.94 | 0.44 | 1.5 |
| 全磷（克/千克） | 1.4 | 2.4 | 0.6 | 1.8 |
| 全钾（克/千克） | 23.7 | 36.2 | 14.1 | 22.1 |
| 有效铜（毫克/千克） | 1.58 | 2 | 1.19 | 0.81 |
| 有效锌（毫克/千克） | 0.61 | 0.78 | 0.38 | 0.4 |

（续）

| 项目 | 平均值 | 最大值 | 最小值 | 极差 |
|---|---|---|---|---|
| 有效锰（毫克/千克） | 25.46 | 30.4 | 20.7 | 9.7 |
| 有效铁（毫克/千克） | 25.8 | 29 | 22.8 | 6.2 |
| 坡度（°） | 2.97 | 7 | 0 | 7 |
| 有效土层厚度（厘米） | 26.39 | 130 | 6 | 124 |
| 障碍层厚度（厘米） | 31.68 | 67 | 6 | 61 |
| 容重（克/厘米³） | 0.95 | 1.38 | 0.71 | 0.67 |

大豆不适宜地块处于低山丘陵区和江河两岸，地势起伏较大或洼地，侵蚀和障碍因素大，各项养分含量低。pH 在 5.55～8.23。养分含量较低，有效锌平均值为 0.61 毫克/千克、有效磷平均值为 31.37 毫克/千克、速效钾平均值为 182.88 毫克/千克。该级地不适于种植大豆，产量水平低。

# 第二节　玉米适宜性评价

玉米是讷河市主要的粮食作物，年种植面积保持在 10 万公顷左右。玉米产量高，适应性较强，根深，耐涝耐旱。玉米的抗逆性强、高产、稳产的特性表现出来，同时玉米种植机械化水平不断提高，使玉米种植面积逐年增大。玉米对 pH 比较敏感，在中性土壤上表现较好，在不同的土壤上表现不一样，差异明显。因此，适宜性评价时将 pH 进行了调整，其余指标与地力评价指标相同。

## 一、评价指标的标准化

**土壤 pH**　pH 隶属度专家评估见图 7-4，pH 隶属函数模型拟合见图 7-5。

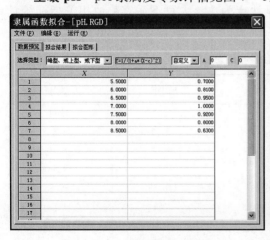

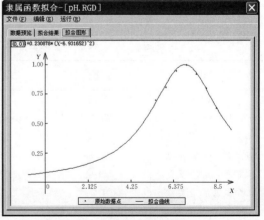

图 7-4　pH 隶属度专家评估　　　　图 7-5　pH 隶属函数模型拟合

pH 隶属函数 $Y=1/[1+0.230\,878\times(X-6.931\,652)^2]$

## 二、确定指标权重

采用层次分析法确定每一个评价因素对耕地综合地力的贡献大小。

### （一）构造评价指标层次结构图

根据各个评价因素间的关系，构造了层次结构，见图7-6。

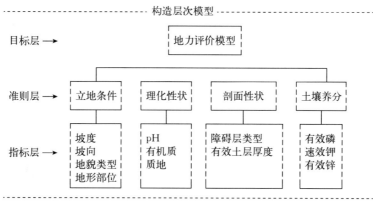

图7-6 层次分析构造矩阵

### （二）建立判断矩阵

采用专家评估法，比较同一层次各因素对上一层次的相对重要性，给出数量化的评估。专家评估的初步结果经合适的数学处理后（包括实际计算的最终结果——组合权重）反馈给专家，请专家重新修改或确认。经多轮反复形成最终的判断矩阵。

### （三）确定各评价因素的综合权重

利用层次分析计算方法确定每一个评价因素的综合评价权重。

评价指标的专家评估及权重值：

层次分析报告

模型名称：讷河市玉米适宜性层次模型

计算时间：2011 - 12 - 3 11:54:11

────────────────────── 构造层次模型 ──────────────────────

目标层 → ［玉米适宜性评价］

准则层 → ［立地条件］ ［理化性状］ ［剖面性状］ ［土壤养分］

指标层 → ［坡度 坡向 地貌类型 地形部位］ ［pH 质地 有机质］ ［有效土层厚度 障碍层类型］ ［有效锌 有效磷 速效钾］

目标层判别矩阵原始资料：

| 1.000 0 | 2.500 0 | 2.000 0 | 5.000 0 |
| 0.400 0 | 1.000 0 | 0.714 3 | 1.666 7 |
| 0.500 0 | 1.400 0 | 1.000 0 | 2.500 0 |
| 0.200 0 | 0.600 0 | 0.400 0 | 1.000 0 |

特征向量：[0.477 2, 0.177 5, 0.245 4, 0.100 0]

最大特征根为 4.003 2

$CI = 1.063\ 228\ 374\ 80\ 969E - 03$

$RI = 0.9$

$CR = CI/RI = 0.001\ 181\ 36 < 0.1$

一致性检验通过！

---

准则层（1）判别矩阵原始资料：

| 1.000 0 | 2.500 0 | 0.666 7 |
| 0.400 0 | 1.000 0 | 0.250 0 |
| 1.500 0 | 4.000 0 | 1.000 0 |

特征向量：[0.342 0, 0.133 9, 0.524 1]

最大特征根为 3.000 5

$CI = 2.399\ 320\ 337\ 41\ 619E - 04$

$RI = 0.58$

$CR = CI/RI = 0.000\ 413\ 68 < 0.1$

一致性检验通过！

---

准则层（2）判别矩阵原始资料：

| 1.000 0 | 0.666 7 | 0.833 3 |
| 1.500 0 | 1.000 0 | 1.428 6 |
| 1.200 0 | 0.700 0 | 1.000 0 |

特征向量：[0.269 1, 0.422 0, 0.308 9]

最大特征根为 3.002 0

$CI = 9.965\ 981\ 567\ 94\ 315E - 04$

$RI = 0.58$

$CR = CI/RI = 0.001\ 718\ 27 < 0.1$

一致性检验通过！

---

准则层（3）判别矩阵原始资料：

| 1.000 0 | 0.500 0 |
| 2.000 0 | 1.000 0 |

特征向量：[0.333 3, 0.666 7]

最大特征根为 2.000 0

CI＝0

RI＝0

CR＝CI/RI＝0.000 000 00＜0.1

一致性检验通过！

---

准则层（4）判别矩阵原始资料：

| | | |
|---|---|---|
| 1.000 0 | 0.333 3 | 1.000 0 |
| 3.000 0 | 1.000 0 | 3.333 3 |
| 1.000 0 | 0.300 0 | 1.000 0 |

特征向量：［0.197 2，0.612 4，0.190 4］

最大特征根为 3.001 2

CI＝5.978 801 327 70 401E－04

RI＝0.5

CR＝CI/RI＝0.001 030 83＜0.1

一致性检验通过！

---

层次总排序一致性检验：

CI＝3.511 188 182 36 774E－04

RI＝0.437 668 545 581 596

CR＝CI/RI＝0.000 802 25＜0.1

总排序一致性检验通过！

层次分析结果

| 层次 A | 层次 C | | | | 组合权重 |
|---|---|---|---|---|---|
| | 立地条件 | 理化性状 | 剖面性状 | 土壤养分 | |
| | 0.477 2 | 0.177 5 | 0.245 4 | 0.100 0 | $\sum C_i A_i$ |
| 坡度 | 0.342 0 | | | | 0.163 2 |
| 坡向 | 0.133 9 | | | | 0.063 9 |
| 地貌类型 | 0.524 1 | | | | 0.250 1 |
| pH | | 0.269 1 | | | 0.047 8 |
| 质地 | | 0.422 0 | | | 0.074 9 |
| 有机质 | | 0.308 9 | | | 0.054 8 |
| 有效土层厚度 | | | 0.333 3 | | 0.081 8 |
| 障碍层类型 | | | 0.666 7 | | 0.163 6 |
| 有效锌 | | | | 0.197 2 | 0.019 7 |

| | | |
|---|---|---|
| 有效磷 | 0.612 4 | 0.061 2 |
| 速效钾 | 0.190 4 | 0.019 0 |

本报告由《县域耕地资源管理信息系统 V3.2》分析提供。

玉米适宜性指数分级统计见表 7-10。

表 7-10  玉米适宜性指数分级统计

| 地力分级 | 地力综合指数分级（IFI） |
|---|---|
| 高度适宜 | ＞0.77 |
| 适宜 | 0.7～0.77 |
| 勉强适宜 | 0.65～0.7 |
| 不适宜 | ＜0.65 |

## 三、评价结果与分析

本次玉米适宜性评价将讷河市耕地划分为 4 个适宜性等级。高度适宜耕地 46 675 公顷，占全市耕地总面积的 11.53%；适宜耕地 150 424 公顷，占全市耕地总面积 37.17%；勉强适宜耕地 154 816 公顷，占全市耕地总面积的 38.26%；不适宜耕地 52 752 公顷，占全市耕地总面积的 13.04%。见表 7-11。

表 7-11  玉米不同适宜性耕地面积统计

| 适宜性 | 面积（公顷） | 占耕地面积（%） |
|---|---|---|
| 高度适宜 | 46 675 | 11.53 |
| 适宜 | 150 424 | 37.17 |
| 勉强适宜 | 154 816 | 38.26 |
| 不适宜 | 52 752 | 13.04 |
| 合计 | 404 667 | 100.00 |

从玉米不同适宜性耕地地力等级的分布特征来看，耕地等级的高低与地形部位、地貌类型、障碍层类型及土壤质地密切相关。高、中适宜耕地主要集中在漫川漫岗上，从行政区域看，主要分布在通南、同心、九井、同义、二克浅等乡（镇），这一地区土壤类型以黑土和黑钙土为主，地势起伏；低产土壤则主要分布嫩江左岸、讷谟尔河两岸和老云沟两侧及其他河沟两侧的低洼地和丘陵陡坡上，主要分布在兴旺、二克浅、六合、孔国、龙河等乡（镇）（表 7-12）。土壤类型有草甸土、黑土、黑钙土、暗棕壤、沼泽土和风沙土（表 7-13）。玉米不同适宜性耕地相关指标平均值见表 7-14。

### 表 7-12　玉米适宜性乡（镇）面积分布统计

单位：公顷

| 乡（镇） | 面积 | 高度适宜 | 适宜 | 勉强适宜 | 不适宜 |
|---|---|---|---|---|---|
| 兴旺乡 | 27 421 | 197 | 5 867 | 17 206 | 4 152 |
| 和盛乡 | 19 616 | 868 | 9 254 | 8 670 | 824 |
| 九井镇 | 26 353 | 5 173 | 13 108 | 7 531 | 541 |
| 讷南镇 | 30 782 | 5 352 | 10 071 | 12 262 | 3 096 |
| 孔国乡 | 30 754 | 1 041 | 10 457 | 14 804 | 4 451 |
| 通南镇 | 29 158 | 3 671 | 17 985 | 7 501 | 0 |
| 同义镇 | 24 343 | 6 793 | 11 325 | 6 059 | 167 |
| 拉哈镇 | 4 620 | 0 | 167 | 2 644 | 1 809 |
| 同心乡 | 24 713 | 5 595 | 13 239 | 5 700 | 179 |
| 六合镇 | 33 104 | 3 608 | 8 994 | 16 521 | 3 981 |
| 龙河镇 | 31 419 | 4 892 | 6 549 | 11 808 | 8 170 |
| 长发镇 | 17 212 | 1 457 | 9 882 | 5 208 | 665 |
| 学田镇 | 28 350 | 727 | 9 679 | 10 463 | 7 482 |
| 二克浅镇 | 38 523 | 3 819 | 11 561 | 17 341 | 5 803 |
| 讷河镇 | 4 025 | 698 | 2 765 | 160 | 402 |
| 老莱镇 | 34 274 | 2 785 | 9 522 | 10 939 | 11 029 |
| 合计 | 404 667 | 46 675 | 150 424 | 154 816 | 52 752 |

### 表 7-13　玉米适宜性土类面积分布统计

单位：公顷

| 土类 | 面积 | 高度适宜 | 适宜 | 勉强适宜 | 不适宜 |
|---|---|---|---|---|---|
| 草甸土 | 95 335 | 19 | 7 120 | 63 015 | 25 182 |
| 黑钙土 | 54 867 | 5 665 | 25 432 | 22 281 | 1 489 |
| 风沙土 | 3 173 | 0 | 0 | 0 | 3 173 |
| 黑土 | 242 732 | 40 992 | 117 871 | 63 414 | 20 456 |
| 暗棕壤 | 4 128 | 0 | 1 | 2 565 | 1 561 |
| 沼泽土 | 4 432 | 0 | 0 | 3 540 | 891 |
| 合计 | 404 667 | 46 675 | 150 424 | 154 816 | 52 752 |

### 表 7-14　玉米不同适宜性耕地相关指标平均值

| 项目 | 高度适宜 | 适宜 | 勉强适宜 | 不适宜 | 全市 |
|---|---|---|---|---|---|
| pH | 6.98 | 7.08 | 7.07 | 6.97 | 7.12 |
| 有机质（克/千克） | 40.46 | 36.96 | 37.92 | 40.87 | 36.59 |

（续）

| 项目 | 高度适宜 | 适宜 | 勉强适宜 | 不适宜 | 全市 |
|---|---|---|---|---|---|
| 有效磷（毫克/千克） | 39.65 | 31.98 | 33.59 | 31.09 | 31.89 |
| 速效钾（毫克/千克） | 221.28 | 200.36 | 201.41 | 187.36 | 195.59 |
| 碱解氮（毫克/千克） | 244.87 | 241.93 | 242.67 | 237.71 | 239.98 |
| 全氮（克/千克） | 1.14 | 1.10 | 1.18 | 1.27 | 1.08 |
| 全磷（克/千克） | 1.40 | 1.34 | 1.39 | 1.51 | 1.30 |
| 全钾（克/千克） | 25.29 | 24.64 | 23.94 | 24.73 | 23.75 |
| 有效铜（毫克/千克） | 1.60 | 1.58 | 1.60 | 1.59 | 1.58 |
| 有效锌（毫克/千克） | 0.63 | 0.62 | 0.62 | 0.61 | 0.61 |
| 有效锰（毫克/千克） | 25.99 | 25.92 | 25.76 | 25.72 | 25.66 |
| 有效铁（毫克/千克） | 26.01 | 25.86 | 26.01 | 26.00 | 25.86 |
| 坡度（°） | 1.66 | 1.33 | 2.40 | 2.77 | 2.26 |
| 有效土层厚度（厘米） | 49.54 | 40.83 | 32.55 | 28.44 | 34.73 |
| 障碍层厚度（厘米） | 10.54 | 9.81 | 22.90 | 32.92 | 20.79 |
| 容重（克/厘米³） | 1.36 | 2.04 | 1.08 | 1.04 | 1.16 |

**1. 高度适宜**　讷河市玉米高度适宜耕地主要分布在同义、同心、讷南、九井等乡（镇），面积最大的是同义镇。土壤类型以黑土、黑钙土为主。玉米高度适宜耕地相关指标统计见表 7 - 15。

表 7 - 15　玉米高度适宜耕地相关指标统计

| 项目 | 平均值 | 最大值 | 最小值 | 极差 |
|---|---|---|---|---|
| pH | 6.98 | 8.04 | 5.83 | 2.21 |
| 有机质（克/千克） | 40.46 | 84.6 | 15.6 | 69 |
| 有效磷（毫克/千克） | 39.65 | 93.03 | 8.64 | 84.39 |
| 速效钾（毫克/千克） | 221.28 | 625 | 86 | 539 |
| 碱解氮（毫克/千克） | 244.87 | 361.37 | 163.67 | 197.7 |
| 全氮（克/千克） | 1.14 | 1.86 | 0.46 | 1.4 |
| 全磷（克/千克） | 1.4 | 2.3 | 0.5 | 1.8 |
| 全钾（克/千克） | 25.29 | 36.8 | 14.4 | 22.4 |
| 有效铜（毫克/千克） | 1.6 | 2 | 1.07 | 0.93 |
| 有效锌（毫克/千克） | 0.63 | 1.12 | 0.39 | 0.73 |
| 有效锰（毫克/千克） | 25.99 | 31.3 | 18.4 | 12.9 |
| 有效铁（毫克/千克） | 26.01 | 32.7 | 22 | 10.7 |
| 坡度（°） | 1.66 | 4 | 1 | 3 |
| 有效土层厚度（厘米） | 49.54 | 75 | 22 | 53 |
| 障碍层厚度（厘米） | 10.54 | 15 | 5 | 10 |
| 容重（克/厘米³） | 1.36 | 1.38 | 1.21 | 0.17 |

玉米高度适宜耕地所处地形有一定起伏，侵蚀和障碍因素很小。耕层各项养分含量高。土壤结构较好，质地适宜，一般为重壤土至轻黏土。容重适中，土壤大都呈中性至偏酸性，pH 在 5.83～8.04。养分含量丰富，有机质平均含量为 40.46 克/千克、有效磷平均含量为 39.65 毫克/千克、速效钾平均含量为 221.28 毫克/千克，保水保肥性能较好。该级地适于种植玉米，产量水平高。

**2. 适宜**　讷河市玉米适宜耕地主要分布在通南、同心、九井、二克浅等乡（镇），面积最大为通南镇。土壤类型以黑土、黑钙土、草甸土为主。玉米适宜耕地相关指标统计见表 7-16。

表 7-16　玉米适宜耕地相关指标统计

| 项目 | 平均值 | 最大值 | 最小值 | 极差 |
|---|---|---|---|---|
| pH | 7.08 | 8.2 | 5.51 | 2.69 |
| 有机质（克/千克） | 36.96 | 87.38 | 10.2 | 77.18 |
| 有效磷（毫克/千克） | 31.98 | 88 | 6.27 | 81.73 |
| 速效钾（毫克/千克） | 200.36 | 574 | 53 | 521 |
| 碱解氮（毫克/千克） | 241.93 | 374.98 | 152.71 | 222.27 |
| 全氮（克/千克） | 1.1 | 1.94 | 0.41 | 1.53 |
| 全磷（克/千克） | 1.34 | 2.4 | 0.4 | 2 |
| 全钾（克/千克） | 24.64 | 36.2 | 12.9 | 23.3 |
| 有效铜（毫克/千克） | 1.58 | 2.11 | 1.07 | 1.04 |
| 有效锌（毫克/千克） | 0.62 | 1.12 | 0.38 | 0.74 |
| 有效锰（毫克/千克） | 25.92 | 31.9 | 18.4 | 13.5 |
| 有效铁（毫克/千克） | 25.86 | 32.7 | 22.3 | 10.4 |
| 坡度（°） | 1.33 | 1.38 | 0.71 | 0.67 |
| 有效土层厚度（厘米） | 40.83 | 75 | 7 | 68 |
| 障碍层厚度（厘米） | 9.81 | 15 | 5 | 10 |
| 容重（克/厘米³） | 1.04 | 1.38 | 0.71 | 0.67 |

玉米适宜地块所处地形平缓，侵蚀和障碍因素小。各项养分含量较高。质地适宜，一般为重壤土。容重适中，pH 在 5.51～8.20。养分含量较丰富，有机质平均值为 36.96 克/千克、有效磷平均值为 31.38 毫克/千克、速效钾平均值为 200.36 毫克/千克、有效锌平均值为 0.62 毫克/千克，保肥性能好。该级地适于种植玉米，产量水平较高。

**3. 勉强适宜**　讷河市玉米勉强适宜耕地主要分布在兴旺、二克浅、六合、孔国等乡（镇），其中二克浅镇面积最大。土壤类型以黑土、黑钙土、草甸土为主。玉米勉强适宜耕地相关指标统计见表 7-17。

表 7-17 玉米勉强适宜耕地相关指标统计

| 项目 | 平均值 | 最大值 | 最小值 | 极差 |
|---|---|---|---|---|
| pH | 7.07 | 8.25 | 5.55 | 2.7 |
| 有机质（克/千克） | 37.92 | 83.69 | 8.74 | 74.95 |
| 有效磷（毫克/千克） | 33.59 | 83.26 | 6.27 | 76.99 |
| 速效钾（毫克/千克） | 201.41 | 685 | 43 | 642 |
| 碱解氮（毫克/千克） | 242.67 | 378.76 | 143.64 | 235.12 |
| 全氮（克/千克） | 1.18 | 1.94 | 0.41 | 1.53 |
| 全磷（克/千克） | 1.39 | 2.4 | 0.4 | 2.0 |
| 全钾（克/千克） | 23.94 | 36.2 | 14.1 | 22.1 |
| 有效铜（毫克/千克） | 1.6 | 2.11 | 1.07 | 1.04 |
| 有效锌（毫克/千克） | 0.62 | 1.12 | 0.39 | 0.73 |
| 有效锰（毫克/千克） | 25.76 | 31.9 | 18.4 | 13.5 |
| 有效铁（毫克/千克） | 26.01 | 32.7 | 22 | 10.7 |
| 坡度（°） | 2.4 | 7 | 1 | 6.0 |
| 有效土层厚度（厘米） | 32.55 | 130 | 7 | 123 |
| 障碍层厚度（厘米） | 22.9 | 67 | 5 | 62 |
| 容重（克/厘米$^3$） | 1.08 | 1.38 | 0.71 | 0.67 |

玉米勉强适宜地块处于江河两侧的一级、二级阶地上，侵蚀和障碍因素大。各项养分含量偏低。质地较差，一般为重壤土或沙壤土。pH 在 5.55～8.25。养分含量较低，有机质平均值为 37.92 克/千克、有效磷平均值为 33.59 毫克/千克、速效钾平均值为 201.41 毫克/千克、有效锌平均值 0.62 毫克/千克。该级地勉强适于种植玉米，产量水平较低。

**4. 不适宜** 讷河市玉米不适宜耕地主要分布在老莱、龙河、学田、二克浅等乡（镇），面积最大的是老莱镇。土壤类型以黑土、草甸土为主。玉米不适宜耕地相关指标统计见表7-18。

表 7-18 玉米不适宜耕地相关指标统计

| 项目 | 平均值 | 最大值 | 最小值 | 极差 |
|---|---|---|---|---|
| pH | 6.97 | 8.23 | 5.5 | 2.73 |
| 有机质（克/千克） | 40.87 | 85.77 | 11.75 | 74.02 |
| 有效磷（毫克/千克） | 31.09 | 83.26 | 4.2 | 79.06 |
| 速效钾（毫克/千克） | 187.36 | 550 | 64 | 486 |
| 碱解氮（毫克/千克） | 237.71 | 376.49 | 146.66 | 229.83 |
| 全氮（克/千克） | 1.27 | 1.94 | 0.44 | 1.5 |
| 全磷（克/千克） | 1.51 | 2.4 | 0.6 | 1.8 |

（续）

| 项目 | 平均值 | 最大值 | 最小值 | 极差 |
|---|---|---|---|---|
| 全钾（克/千克） | 24.73 | 36.2 | 12.9 | 23.3 |
| 有效铜（毫克/千克） | 1.59 | 2 | 1.19 | 0.81 |
| 有效锌（毫克/千克） | 0.61 | 0.81 | 0.38 | 0.43 |
| 有效锰（毫克/千克） | 25.72 | 31 | 20.1 | 10.9 |
| 有效铁（毫克/千克） | 26 | 32.7 | 22.8 | 9.9 |
| 坡度（°） | 2.77 | 7 | 0 | 7 |
| 有效土层厚度（厘米） | 28.44 | 130 | 6 | 124 |
| 障碍层厚度（厘米） | 32.92 | 67 | 6 | 61 |
| 容重（克/厘米$^3$） | 1.04 | 1.38 | 0.71 | 0.67 |

　　玉米不适宜地块处于江河两侧的低洼地和低山丘陵区，包括水田区和部分低山丘陵坡度较大的地块，障碍因素大。pH 在 5.50～8.23。养分含量：有机质平均含量为 40.87 克/千克、有效磷平均含量为 31.09 毫克/千克、速效钾平均含量为 187.36 毫克/千克、有效锌平均含量为 0.61 毫克/千克。该级地不适于种植玉米，产量水平低。

# 附录

## 附录 1　讷河市耕地地力评价工作报告

讷河市位于黑龙江省西部，松嫩平原的北部，往西北和东北逐渐过渡到大、小兴安岭低山丘陵区。讷河市是齐齐哈尔市下属的县级市，北靠嫩江县，东与五大连池市、克山县接壤，南与依安、富裕两县为邻，西与甘南县和内蒙古自治区的莫力达瓦达翰尔族自治旗隔嫩江相望。地处北纬 47°57′37″—48°55′55″，东经 124°18′28″—125°59′23″。全市东西两极点长 122.4 公里，南北两极点宽 108.6 公里，总面积 6 660 平方公里。

讷河市 2010 年市属耕地面积 404 667 公顷，2006 年粮豆总产 73.85 亿千克，农业总产值 509 992 万元，乡镇农民人均收入 4 237 元。市辖 12 个镇、1 个民族乡、3 个乡，共有 172 个行政村 1 100 多个自然屯。2006 年统计局统计结果，全市总人口 723 763 人。其中，非农业人口 136 632 人，占总人口的 18.88％；农业人口 587 131 人，占总人口的 71.12％；农村劳动力 27.81 万人，占农业人口的 47.37％。讷河市是黑龙江省重要的商品粮生产基地。

2005 年，讷河市被正式确定为国家测土配方施肥资金补贴项目市。几年来，在黑龙江省土壤肥料管理站的正确指导和亲切关怀下，在讷河市委、市政府的高度重视和正确领导下，全市各乡（镇）、村领导和群众积极配合下，由讷河市农业技术推广中心组织 5 个工作组 20 多名科技人员在全市开展了项目实施工作。按照《规程》和《规范》采集土样，土样干燥后进行化验，检测出全市耕地土壤中各种养分含量及其他数据。积极组织科技人员参加黑龙江省土壤肥料管理站召开的 GPS 卫星定位及采样标准技术培训等各种会议，为项目的实施积累了人才技术保障。通过电视台跟踪报道，使测土配方施肥项目既宣传得轰轰烈烈，每个工作环节又落实得扎扎实实。开展了测土配方施肥电视讲座 20 多次，建立测土配方施肥科技示范户 7 000 余户，采集化验土壤样品 18 000 个，施肥建议卡入户率达 90％以上。按照黑龙江省土壤肥料管理站要求采集评价代表土样 3 155 个。目前，全市形成了以农业技术推广中心为核心、以各乡镇农业站为主线、以村农民科技示范户为重点的测土配方施肥项目实施网络，为全市 16 个乡（镇）172 个行政村 3 万户农民提供测土配方技术服务。

### 一、项目实施的目的意义

讷河市的耕地地力调查与评价工作，是按照农业部办公厅、财政部办公厅、农办农〔2005〕43 号文件、黑龙江省农业委员会、黑龙江省财政厅、黑农委联发〔2005〕192 号文件精神，按照全国农业技术推广服务中心《耕地地力评价指南》的要求，讷河市于2006 年正式开展工作。

　　组织实施好测土配方施肥，对于提高讷河市粮食单产、降低生产成本、实现粮食稳定增产和农民持续增收具有重要的现实意义。

　　耕地地力评价是测土配方施肥补贴项目实施的一项重要内容。测土配方施肥不仅仅是一项技术，而是一项惠农工程。讷河市在20世纪80年代初进行过第二次土壤普查，在以后的20多年中，农村经营管理体制、耕作制度、作物品种、肥料使用种类和数量、种植结构、产量水平、病虫害防治手段等许多方面都发生了巨大的变化。这些变化对耕地的土壤肥力以及环境质量必然会产生影响。然而，自全国第二次土壤普查以来，讷河市的耕地土壤却没有进行过全面的调查。全市农村仍以小农经济为主，千家万户地块分割，种植制度、肥力水平和种田水平千差万别，造成了土壤特性在不同空间位置上的量值不相等。传统统计方法仅凭经验将土地划分为若干较为均一的区域，以均值概括土壤特性的全貌。因此，开展耕地地力评价工作，对讷河市优化种植业结构、建立各种专用农产品生产基地、推广先进的农业技术、确保粮食安全是非常必要的。

## （一）保障国家粮食生产安全的需要

　　为确保国家粮食生产安全，解决13亿中国人的吃饭问题，使广大人民群众由温饱型向更高生活水准迈进，那就要进一步增加粮食产量，必须建立在良好的土壤环境条件下，为农作物提供最佳的生产空间，解决耕地数量减少与需粮增长的矛盾。通过耕地地力评价，科学分析、准确掌握讷河市耕地生产能力，运用现有成果因地制宜地加强全市耕地质量建设，指导种植业调整，使全市从耕地面积大市向粮食产量大市、农业强市转变。

## （二）实现农业可持续发展的必然需要

　　土地是人们赖以生存和发展的最根本的物质基础，是一切物质生产最基本的源泉。切实保护好耕地，对于提高耕地综合生产能力、保障粮食安全具有深远的历史意义和重大的现实意义。讷河市是全国粮食生产基地市，随着工业化、城镇化建设步伐的加快，大量无机肥料的应用，生活废弃物的堆积，工业废水的污染对农业和整个生态环境造成了极大的负面影响。因此，开展耕地地力评价，有利于更科学合理地利用有限的耕地资源，全面提高讷河市耕地综合生产能力，遏制耕地质量退化，确保地力不断向好的方向发展。

## （三）开展耕地地力评价工作是提高耕地质量的需要

　　组织实施好测土配方施肥，对于提高肥料利用率、减少肥料浪费、保护农业生态环境、改善耕地养分状况、实现农业可持续发展具有深远影响。多年来，讷河市耕地地力经历了从盲目开发到科学可持续利用的过程，适时开展测土配方施肥项目是发展效益农业、绿色生态农业、可持续发展农业的有力举措。

　　随着测土配方施肥项目的常规化，新的数据不断地获得，耕地资源管理信息系统不断更新，使我们及时有效地掌握耕地地力状态。因此，耕地地力评价是加强耕地地力建设必不可少的基础工作。利用高新技术和现代化手段对耕地地力进行监测和管理是农业现代化的一个重要标志。通过采用当前国际上公认的"3S"耕地地力调查的先进技术，对耕地地力进行调查和地力评价，不仅克服了传统调查与评价周期长、精度低、时效差的弊端，而且及时有效地将调查成果应用于讷河市农业结构调整、绿色无公害农产品产地建设，为农民科学施肥提供技术指导，为领导指导生产提供决策支持理论依据，从而推进了全市优势农产品生产向优势产地集中。同时，应用现代科技手段，创建网络平台，通过计算机网络可简便快捷地为涉农企业、农技推广和广大农户提供及时有效的咨询服务。

## 二、工作组织

根据《规范》和黑龙江省土壤肥料管理站的具体要求，组织人员开展此项工作。

### （一）成立领导组织，强化协助实施力度

**1. 讷河市成立了工作领导小组**　由管农业的副市长任组长，农业委员会主任任副组长，成员包括农业技术推广中心和各涉农部门领导等。领导小组负责组织协调，制订工作方案，落实人员，安排资金，指导全面工作。领导小组下设讷河市测土配方施肥项目工作办公室，由讷河市农业技术推广中心主任任组长，成员由讷河市农业技术推广中心的有关人员组成，按照黑龙江省土壤肥料管理站的统一安排，具体组织实施各项工作任务。

**2. 成立专家顾问组**　由黑龙江省土壤肥料管理站、东北农业大学、省农业科学院成立了专家顾问组，负责技术指导、实施方案审定、评价指标选定、指标权重值测定、单因子隶属度评估和成果资料审查。工作中遇到问题及时向专家请教，并得到了专家们的大力支持，尤其是在数字化建设、软件的应用方面得到了中国科学院东北地理与农业生态研究所、哈尔滨万图信息技术开发有限公司的鼎力相助，使我们的工作得以顺利地开展下去。

**3. 成立技术指导小组**　技术指导小组组长由讷河市农业技术推广中心主任担任，副组长由业务副主任、土壤肥料管理站站长、化验室主任担任，成员由中心业务骨干组成，负责外业卫星定位和土样采集等技术指导和室内土壤化验、数据录入、分析配方等工作。制定了《讷河市测土配方施肥工作方案》《讷河市测土配方施肥技术方案》《讷河市野外调查及采样技术规程》。同时负责科技人员及农民的技术培训。

### （二）成立专业队，严格按质量标准进行野外调查

讷河市测土配方施肥严格按照测土、配方、配肥、供肥、施肥指导5个环节开展了工作。

**1. 精心准备**　在外业调查之前，按照黑龙江省土壤肥料管理站要求，我们根据讷河市土壤的实际结果，对全市的土壤分类作了系统整理，全市土壤共分为6个土类、17个亚类，34个土属，74个土种。

**2. 业务培训**　2008年4月，农业技术推广中心组织召开讷河市测土配方施肥技术培训会，由推广中心主管业务副主任、土壤肥料管理站人员、化验室主任等同志讲授野外采集土样、入户调查表格的填写和GPS的使用方法等，将各样点土样装入特制布袋中，填写好标签，内外各1份，标明编号、经纬度、采样地点、时间、采集人、土类、作物等项目。标签用铅笔填写，同时避开路边、田埂、沟边、肥堆等特殊部位。共培训市、乡技术骨干47人。

**3. 野外调查和土样采集**　2006年，第一次采集土样4 000个。6年来，先后采集土样14 000多个。及时下发配方施肥建议卡，推广应用配方肥2 000多吨。采样点采用GPS定位仪定位，确定经纬度。每个采样点都附有一套采样点基本情况调查表和农业生产情况调

查表，其中内容包括乡（镇）、村、屯，立地条件，剖面形状，土地整理，污染情况，土壤管理；肥料、农药、种子、机械投入等方面内容。采样点覆盖全市 16 个乡（镇），172 个行政村。

野外调查包括入户调查、实地调查、采集土样以及填写各种表格等多项工作，调查范围广、项目多、要求严、时间紧。为保证工作进度和质量，野外调查专业队由讷河市农业技术推广中心负责技术指导。在野外调查阶段，讷河市农业技术推广中心组织分片检查，由中心主任带队，发现问题就地纠正解决。外业工作共分两个阶段进行，在每一个阶段工作完成以后，都进行检查验收。在化验期间，技术指导小组对化验结果进行抽检，以保证数据的准确性，同时及时将数据录入计算机。按黑龙江省土壤肥料管理站要求，制订配方、派专人到配肥站监督肥料生产，并及时送到农民家中。生产期间科技人员跟踪进行技术指导服务，确保项目的实施。

本项工作由讷河市农业委员会、国土资源局、水务局、环保局、林业局、统计局、气象局、财政局等部门协调完成。

**（三）收集材料，为项目实施做好准备工作**

从 2006 年 5 月开始，搜集讷河市土壤方面的材料。确定了骨干技术人员，提前进入工作状态。主要是收集各种资料，其中包括图件资料、有关文字资料、数字资料；同时对资料进行整理、分析、编绘、录入；还有水利资料、气象资料、统计资料和水质环境等。对野外调查和室内化验工作进行了全面安排和准备。

**1. 图件资料**

（1）从讷河市国土资源局收集了讷河市土地利用现状图。

（2）农业技术推广中心提供了全市各乡（镇）土壤图。

（3）从讷河市民政局收集了讷河市行政区划图。

**2. 文字和数据资料**

（1）由农业技术推广中心提供了全国第二次土壤普查部分相关资料及数据。

（2）由讷河市史志办提供了《讷河市志》等相关资料及数据。

（3）由讷河市国土资源局提供了全市耕地面积、基本农田面积等相关资料及数据。

（4）由讷河市统计局提供了全市农业总产值、农村人均产值、种植业产值、粮食产量（各种作物产量情况）、施肥情况、国民生产总值等相关资料及数据。

（5）由讷河市气象局提供了全市气象资料及数据。

（6）由讷河市水务局提供了水利、水资源、农田灌溉情况和水质污染等相关资料及数据。

**（四）按《规范》要求开展室内化验**

土壤测试是制订肥料配方的重要依据。按照《规范》要求，讷河市按每 80 公顷耕地采集 1 个土样，选择有代表性的点，对测土配方施肥的效果进行了跟踪调查。室内化验主要做了土壤物理性状分析、土壤养分性状的分析。

**1. 土壤物理性状分析**　项目包括：土壤容重（环刀法）、土壤含水量（烘干法）。

**2. 土壤养分性状分析**　项目包括：土壤碱解氮（碱解扩散法）、pH（电位法）、有机质（油浴加热重铬酸钾氧化容量法）、全氮（凯氏蒸馏法）、全磷（氢氧化钠熔融-钼锑抗比色法）、全钾（氢氧化钠熔融-原子吸收分光光度法）、有效磷（碳酸氢钠提取-钼锑抗比色法）、速效钾（乙酸铵浸提-原子吸收分光光度计法）。

**3. 微量元素分析**  土壤有效铜、有效铁、有效锰、有效锌，DTPA 浸提-原子吸收分光光度法。

**（五）调查表的汇总和数据库的录入**

**1. 调查表的汇总和录入**  调查表的汇总主要包括采样点基本情况调查表和农业生产情况调查表的汇总及数据的录入，4 年来共录入 10 000 多份。

**2. 数据库的录入**  将土壤养分分析项目、物理性状分析项目输入数据库，为建立耕地资源管理信息系统提供依据。

**（六）图件的数字化**

对收集的图件进行扫描、拼接、定位等整理后，在 ArcInfo、ArcView 绘图软件系统支持下进行图件的数字化。将数字化的土壤图、土地利用现状图、基本农田保护区规划图、行政区划图等在 ArcMap 模块下叠加形成了讷河市评价单元图。

**（七）建立讷河市耕地资源管理信息系统**

根据化验结果分析，将所有数据和资料收集整理，按样点的 GPS 定位仪定位坐标，在 ArcInfo 中转换成点位图，采用 Kriging（克立格法）分别对土壤有机质、全氮、有效磷、速效钾等进行空间插值的方法，生成了系列养分图件。

利用黑龙江省土壤肥料管理站提供的县级耕地资源管理信息系统，建立评价元素的隶属函数，对评价单元赋值、层次分析、计算综合指标值，确定并评价了全市耕地地力等级等相关工作。

## 三、主要工作成果

**1. 文字报告**

（1）讷河市耕地地力评价工作报告。

（2）讷河市耕地地力评价技术报告。

（3）讷河市耕地地力评价专题利用报告。

**2. 讷河市耕地质量管理信息系统**

（1）摸索出测土配方施肥的实际效果。

（2）完善了测土配方施肥管理体系。

（3）形成了测土配方施肥技术体系。

（4）建立了测土配方施肥技术服务体系。

**3. 数字化成果图**

（1）讷河市耕地土壤图。

（2）讷河市耕地地力等级图。

（3）讷河市土地利用现状图。

（4）讷河市行政区规划图。

（5）讷河市大豆适宜性评价图。

（6）讷河市采样点图。

（7）讷河市土壤有机质分布图。

（8）讷河市全氮分布图。

（9）讷河市有效磷分布图。

（10）讷河市速效钾分布图。

（11）讷河市有效锌分布图。

（12）讷河市有效锰分布图。

（13）讷河市有效铜分布图。

（14）讷河市全钾分布图。

（15）讷河市全磷分布图。

（16）讷河市碱解氮分布图。

## 四、主要做法与经验

### （一）主要做法

**1. 因地制宜，根据时间分段进行**　讷河市主要农作物的收获时间在 9 月中下旬开始，到 10 月中旬陆续结束，11 月 5 日前后土壤完全冻结。从秋收结束到土壤封冻也就是 20 天左右的时间，在这 20 天左右的时间内完成所有的外业任务，比较困难。根据这一实际情况，我们把外业的所有任务分为入户调查和采集土壤样品两部分。入户调查安排在秋收前进行，而采集土样则集中在秋收后土壤封冻前进行。这样，既保证了工作质量，又使外业工作在土壤封冻前顺利完成。

**2. 统一计划、合理分工、密切合作**　耕地地力评价是由多项任务指标组成，各项任务又相互联系成一个有机的整体。任何一个具体环节出现问题都会影响整体工作的质量。因此，在具体工作中，根据农业部制定的总体工作方案和技术规程，在黑龙江省土壤肥料管理站的指导下，我们采取了统一计划、分工合作的做法。按照省里统一的工作方案，对各项具体工作内容、质量标准、起止时间都提出了具体而明确的要求，并作了详尽的安排。承担不同工作任务的同志都根据该方案分别制订了各自的工作计划和工作日程，并注意到了互相之间的协作和各项任务的衔接。

### （二）主要经验

**1. 全面安排，抓住重点工作**　耕地地力评价工作的最终目的是对调查区域内的耕地地力情况进行科学的评价，这是开展这项工作的重点。我们在努力全面保证工作质量的基础上，突出了耕地地力评价这一重点。除充分发挥专家顾问的作用外，还多方征求意见，对评价指标的选定和各参评指标的权重等进行了多次研究和探讨，提高了评价的质量。

**2. 发挥市级政府的职能作用，搞好各部门的协作**　进行耕地地力评价，需要多方面的资料图件，包括历史资料和现状资料。涉及农业委员会、国土资源局、水务局、环保局、林业局、统计局、气象局、财政局等各个部门，单靠农业部门很难在这样短的时间内顺利完成。通过市政府协调各部门的工作，保证了在较短的时间内把资料收集全，并能做到准确无误。

**3. 紧密联系生产实际，为当地农业生产服务** 开展耕地地力评价，本身就是与当地农业生产实际联系十分密切的工作。特别是专题报告的选定与撰写，要符合当地农业生产的实际情况，反映当地农业生产发展的需求。因此，在调查过程中，结合讷河市农业生产的实际撰写的专题报告，充分应用了这次调查成果。

**4. 全面安排，细化进程，突出重点** 耕地地力评价这一工作的最终目的是对调查区域内的耕地地力进行科学的实事求是的评价，这是开展这项工作的重点。所以，在努力保证全面工作质量的基础上，突出了耕地地力评价这一重点。除充分发挥专家顾问组的作用外，还多方征求意见，对评价指标的选定、各参评指标的权重等进行了多次研究和探讨，细化每个环节，责任到人，为提高评价工作的质量奠定了基础。

## 五、存在的突出问题及建议

**1. 专业人员少** 此项调查工作要求技术性很高，如图件的数字化、经纬坐标与地理坐标的转换、采样点位图的生成、等高线生成高程、坡度、坡向图等技术及评价信息系统与属性数据、空间数据的挂接、插值等技术都要请省级或市级的专业技术人员帮助才能完成。

**2. 与全国第二次土壤普查衔接难度大** 本次调查评价工作是在全国第二次土壤普查的基础上开展的，也是为了掌握两次调查之间土壤地力的变化情况。充分利用已有的土壤普查资料开展工作。应该看到本次土壤调查的对象是在土壤类型的基础上，由于土地人为利用的不同，土壤性状发生了一系列的变化。本次耕地地力评价技术含量高、全面系统，而全国第二次土壤普查较为粗浅。参加本次调查的有关人员大多数只能参与取样工作，因此在某些方面衔接难度大。

**3. 收集历史资料难度大** 讷河市经过多次行政区划变更、历史资料不全，而且由于各部门档案专业人员少，管理不规范，造成了有些资料很难收集，给本次耕地地力评价带来一定的影响。

# 附录 2 讷河市耕地地力调查与平衡施肥专题调查报告

## 第一节 概 况

讷河市是国家重点商品粮生产基地县，2006 年全市耕地面积为 404 667 公顷。近年来，随着测土配方施肥技术的应用，农作物总产量有了很大的提高。1980 年，全市粮豆薯总产 37.92 万吨，化肥施用量 19 213 吨；2010 年，全市粮豆薯总产 163.78 万吨，化肥施用量 29 027 吨。化肥的施用已经成为促进粮食增产的一项重要措施。

### 一、开展专题调查的背景

讷河市垦殖已有 100 多年的历史，化肥应用也有近 50 年的历史，从肥料应用和发展历史来看，大致可分为 4 个阶段：

**1. 20 世纪 60 年代以前** 耕地主要依靠有机肥料来维持作物生产和保持土壤肥力，作物产量不高，施肥面积约占耕地面积的 80％左右。主要种植大豆、小麦、高粱、谷子、糜子等作物，肥料以有机肥为主。

**2. 20 世纪 70～80 年代** 以有机肥为主、化肥为辅，化肥主要靠国家计划拨付。主要种植粮食作物和少量经济作物；除氮肥外，磷肥得到了一定范围的推广应用，主要是硝酸铵、硫酸铵和过磷酸钙。

**3. 20 世纪 80～90 年代** 党的十一届三中全会后，农村实行家庭联产承包责任制，农民有了土地的自主经营权。随着化肥在粮食生产作用的提高，农民对化肥形成了强烈的依赖，化肥开始大面积推广应用，施用有机肥的面积和数量逐渐减少。90 年代末开展了因土、因作物的测土配方施肥，氮、磷、钾的配施在农业生产中得到应用，氮肥主要是硝酸铵、尿素、硫酸铵，磷肥以磷酸二铵为主，钾肥、复合肥、微肥、生物肥和叶面肥推广面积也逐渐增加。

**4. 20 世纪 90 年代至今** 随着农业部测土配方施肥技术的深化和推广，黑龙江省土壤肥料管理站先后开展了推荐施肥技术和测土配方施肥技术的研究和推广，广大土肥科技工作者积极参与，针对当地农业生产实际进行了施肥技术的重大改革，随后在全市范围内开展了耕地培肥技术的全面普及推广工作。大力推广农家肥、化肥、生物肥相结合的施肥方式，全市完成了一个周期的土壤测试和配方施肥。从此，讷河市从盲目施肥走向科学施肥，开始了大面积推广应用钾肥，提出了稳氮、调磷、增钾的施肥原则，使化肥的施用比例趋于合理，粮豆薯产量开始逐年提高，收到了良好的经济效益、社会效益和生态效益。

### 二、开展专题调查的必要性

耕地是作物生长的基础，了解耕地土壤的地力状况和供肥能力是实施平衡施肥最重要的技术环节。因此，开展耕地地力调查，查清耕地中各种营养元素的状况，对提高科学施肥技术水平、提高化肥的利用率、改善作物品质、防止环境污染、维持农业可持续发展等都有着重要的意义。

**（一）开展耕地地力调查是稳定粮食生产、保证粮食安全的需要**

粮食安全不仅关系到经济发展和社会稳定，还有深远的政治意义。近几年来，我国一直把粮食安全作为各项工作的重中之重。随着经济和社会的不断发展，耕地逐渐减少和人口不断增加的矛盾更加激烈。21 世纪人类将面临粮食等农产品不足的巨大压力，讷河市作为国家粮食生产基地，必须充分发挥科技的作用，保证粮食的持续稳产和高产。平衡施肥技术是节本增效、增加粮食产量的一项重要技术。随着作物品种的更新、布局的变化，土壤的基础肥力也发生了变化。在原有基础上建立起来的平衡施肥技术不能适应新形势下农业生产的需要，必须结合本次耕地地力调查和评价结果对平衡施肥技术进行重新研究，制订适合本地农业生产实际的平衡施肥方案。

**（二）开展耕地地力调查，提高平衡施肥技术水平是增加农民收入的需要**

讷河市是以农业为主的农业大县，粮食生产收入占农民收入的很大比重，是维持农民生产和生活所需的根本。在现有条件下，自然生产力低下，农民不得不靠大量投入来维持粮食的高产，化肥投入占整个农业生产投入的 50％以上，但化肥效益却逐年下降，如何科学合理地搭配肥料品种和施用技术，以期达到提高化肥利用率、增加产量、提高效益的目的。要实现这一目的，必须结合本次耕地地力调查与之进行平衡施肥技术的研究。

**（三）开展耕地地力调查、提高平衡施肥技术水平是实现绿色农业的需要**

随着中国经济的发展对农产品提出了更高的要求，农产品流通不畅就是由于质量低、成本高造成的，农业生产必须从单纯地追求高产、高效向绿色（无公害）农产品方向发展，这对施肥技术提出了更高、更严的要求；这些问题的解决都必须要求了解和掌握耕地土壤肥力状况、掌握绿色（无公害）农产品对肥料施用的质化和量化的要求，所以，必须进行平衡施肥的专题研究。

# 第二节　调查方法和内容

## 一、样点布设

依据《规程》，利用讷河市归并土种后数据的土壤图、基本农田保护图和土地利用现状图叠加产生的图斑作为耕地地力调查的调查单元。讷河市基本农田面积 404 667 公顷，本次共设 3 155 个样点，样点布设基本覆盖全市主要的土种。

## 二、调查内容

布点完成后，对取样农户农业生产基本情况进行了入户调查。

### 三、肥料施用情况

**1. 农家肥**　分为牲畜过圈肥、秸秆肥、堆肥、沤肥等。

**2. 有机商品肥**　指经过工厂化生产并已经商品化，在市场上购买的有机肥。

**3. 有机无机复合肥**　指经过工厂化并已经商品化，在市场销售的有机无机复（混）肥。

**4. 氮素化肥、磷素化肥、钾素化肥**　应填写肥料的商品名称、养分含量、购买价格、生产企业。

**5. 无机复（混）肥**　调查地块施入的复（混）肥的含量、购买价格等。

**6. 微肥**　调查地块施用微肥的数量、购买价格、生产企业等。

**7. 微生物肥料**　调查地块施用微生物肥料的数量。

**8. 叶面肥**　用于叶面喷施的肥料，如喷施宝、双效微肥等。

### 四、样品采集

土样采集是在作物成熟收获后进行的。在采样时，首先向农民了解作物种植情况，按照《规程》要求逐项填写调查内容，并用 GPS 定位仪进行定位，在选定的地块上进行采样。大田采样深度为 0～20 厘米，每块地平均选取 15 个点，用四分法留取土样 1 千克做化验分析。

## 第三节　专题调查的结果与分析

### 一、耕地肥力状况调查结果与分析

本次耕地地力评价工作，共对 1 419 个土样的有机质、全氮、全磷、全钾和微量元素，3 155 个土样的有效磷、速效钾、碱解氮等含量进行了分析，同时对其他土壤属性进行了调查，结果见附表 2-1。

附表 2-1　讷河市耕地土壤属性

| 项目 | 平均值 | 最大值 | 最小值 | 极差 |
|---|---|---|---|---|
| pH | 7.04 | 8.25 | 5.5 | 2.75 |
| 有机质（克/千克） | 38.5 | 87.38 | 8.74 | 78.64 |
| 有效磷（毫克/千克） | 33.11 | 93.03 | 4.2 | 88.83 |
| 速效钾（毫克/千克） | 199.71 | 685 | 43 | 642 |
| 碱解氮（毫克/千克） | 241.58 | 378.76 | 143.64 | 235.12 |
| 全氮（克/千克） | 1.17 | 1.94 | 0.41 | 1.53 |
| 全磷（克/千克） | 1.4 | 2.4 | 0.4 | 2 |

（续）

| 项目 | 平均值 | 最大值 | 最小值 | 极差 |
|---|---|---|---|---|
| 全钾（克/千克） | 24.41 | 36.8 | 12.9 | 23.9 |
| 有效铜（毫克/千克） | 1.59 | 2.11 | 1.07 | 1.04 |
| 有效锌（毫克/千克） | 0.62 | 1.12 | 0.38 | 0.74 |
| 有效锰（毫克/千克） | 25.81 | 31.9 | 18.4 | 13.5 |
| 有效铁（毫克/千克） | 25.96 | 32.7 | 22 | 10.7 |
| 坡度（°） | 2.32 | 7 | 0 | 7 |
| 有效土层厚度（厘米） | 35.27 | 130 | 6 | 124 |
| 障碍层厚度（厘米） | 20.52 | 67 | 5 | 62 |
| 容重（克/厘米³） | 1.16 | 1.38 | 0.71 | 0.67 |

讷河市土壤各属性面积分级频率统计见附表2-2。

附表2-2 讷河市土壤各属性面积分级频率统计

单位：%

| 项目 | 一级 | 二级 | 三级 | 四级 | 五级 | 六级 |
|---|---|---|---|---|---|---|
| 有机质 | 1.55 | 32.89 | 45.65 | 18.53 | 1.37 | 0.01 |
| 碱解氮 | 36.21 | 61.83 | 1.86 | 0.10 | 0 | 0 |
| 有效磷 | 1.56 | 24.62 | 63.09 | 9.73 | 0.99 | 0.01 |
| 速效钾 | 44.90 | 32.65 | 18.81 | 3.64 | 0 | 0 |
| 全氮 | 0 | 0 | 9.06 | 54.89 | 36.05 | 0 |
| 全磷 | 3.65 | 20.46 | 55.76 | 19.68 | 0.44 | 0 |
| 全钾 | 11.07 | 24.48 | 55.85 | 8.30 | 0.30 | 0 |
| pH | 0 | 17.23 | 73.27 | 9.50 | 0 | 0 |

| 地貌 | 河谷平原 | 平原 | 河漫滩 | 丘陵 | 低山丘陵 | 丘陵漫岗 |
|---|---|---|---|---|---|---|
| | 18.29 | 13.56 | 7.14 | 55.37 | 4.65 | 0.98 |

| 地形部位 | 高河漫滩 | 平岗地 | 低洼地 | 低平地 | 丘陵上部 | 丘陵缓坡 |
|---|---|---|---|---|---|---|
| | 3.28 | 11.36 | 19.99 | 3.58 | 17.18 | 12.00 |
| | 丘陵中部 | 岗丘上部 | 低山丘陵中下部 | | 河流一级阶地 | |
| | 22.30 | 0.94 | 6.87 | | 0.32 | |
| | 河漫滩和一级阶地 | | 低山岗丘的上部 | | 低山下部，丘陵下部 | |
| | 0.78 | | 0.04 | | 0.04 | |
| | 江河两岸滩地 | | 漫川漫岗 | | | |
| | 0 | | 1.32 | | | |

| 成土母质 | 黄土母质 | 冲积物 | 风积物 | 坡积物 | 淤积物 | |
|---|---|---|---|---|---|---|
| | 65.00 | 20.57 | 0.78 | 3.46 | 1.10 | |
| | 冲积沉积物 | | 冲积淤积物 | | 风化残积物和坡积物 | |
| | 2.40 | | 5.04 | | 0.94 | |
| | 风化或半风化的碎石 | | 岩石风化残积物 | | 河湖相沉积物 | |
| | 0.64 | | 0.04 | | 0.04 | |

（续）

| 项目 | 一级 | 二级 | 三级 | 四级 | 五级 | 六级 |
|---|---|---|---|---|---|---|
| 障碍层 | 黏盘层 | 沙漏层 | 盐积层 | 潜育层 | | |
| | 70.76 | 22.84 | 0.27 | 6.13 | | |
| 质地 | 重壤土 | 中壤土 | 沙壤土 | 轻壤土 | | |
| | 71.64 | 27.00 | 0.78 | 0.58 | | |
| 坡向 | 东北 | 平地 | 正北 | 正东 | 西北 | |
| | 6.26 | 46.38 | 5.85 | 6.10 | 7.71 | |
| | 东南 | 正西 | 西南 | 正南 | | |
| | 7.17 | 11.08 | 5.12 | 4.33 | | |

### （一）土壤有机质及大量元素

**1. 土壤有机质**　调查结果表明，讷河市耕地土壤有机质平均含量为 36.5 克/千克，变化幅度在 8.74～87.38 克/千克。其中，土壤有机质含量＞60 克/千克占耕地总面积的 1.55%，含量在 40～60 克/千克的占耕地总面积的 32.89%，含量在 30～40 克/千克的占耕地总面积的 45.65%，含量在 20～30 克/千克的占耕地总面积的 18.53%，含量在 10～20 克/千克的占耕地总面积的 1.37%。1982 年、2010 年有机质分级频率统计见附表 2-3。

附表 2-3　有机质分级频率统计

单位：%

| 年份 | 一级 | 二级 | 三级 | 四级 | 五级 | 六级 |
|---|---|---|---|---|---|---|
| 1982 | 20.21 | 54.59 | 19.96 | 4.42 | 0.8 | 0.02 |
| 2010 | 1.55 | 32.89 | 45.65 | 18.53 | 1.37 | 0.01 |

**2. 土壤全氮**　讷河市耕地土壤中全氮平均含量为 1.17 克/千克，变化幅度在 0.41～1.94 克/千克。土壤全氮含量主要集中在 0～1.5 克/千克的四级、五级地，面积占总耕地面积的 90.94%。本次调查表明，按照面积分级统计分析，全市耕地全氮含量在 1.5～2 克/千克的占耕地总面积的 9.06%，含量在 1.0～1.5 克/千克的占耕地总面积的 54.89%，含量在 0～1.5 克/千克的占耕地总面积的 36.05%。1982 年、2010 年全氮分级频率统计见附表 2-4。

附表 2-4　全氮分级频率统计

单位：%

| 年份 | 一级 | 二级 | 三级 | 四级 | 五级 |
|---|---|---|---|---|---|
| 1982 | 12.8 | 67.0 | 13.9 | 5.4 | 0.87 |
| 2010 | 0 | 0 | 9.06 | 54.89 | 36.05 |

**3. 土壤有效磷**　本次调查表明，讷河市耕地有效磷平均含量为 31.9 毫克/千克，变化幅度在 4.2～93.0 毫克/千克。本次耕地地力调查表明，土壤有效磷含量在 30～100 毫

克/千克,占耕地面积的 87.71%。各等级分布分别为,有效磷含量>100 毫克/千克的占耕地面积 1.56%,含量在 40～100 毫克/千克的占耕地总面积的 24.62%,含量在 30～40 毫克/千克的占耕地总面积的 63.09%,含量在 20～30 毫克/千克的占耕地总面积的 9.73%,含量在 10～20 毫克/千克的占耕地总面积的 0.99%,含量<10 毫克/千克的占耕地总面积的 0.01%。1982 年、2010 年有效磷分级频率统计见附表 2－5。

附表 2－5　有效磷分级频率统计

单位:%

| 年份 | 一级 | 二级 | 三级 | 四级 | 五级 | 六级 |
|------|------|------|------|------|------|------|
| 1982 | 0.3 | 2.1 | 12.3 | 56.5 | 25.4 | 3.4 |
| 2010 | 1.56 | 24.62 | 63.09 | 9.73 | 0.99 | 0.01 |

**4. 土壤速效钾**　本次耕地地力调查表明,讷河市土壤速效钾含量平均在 199.71 毫克/千克,变化幅度在 53～685 毫克/千克。按照含量分级频率分析,全市速效钾含量>200 毫克/千克的占耕地总面积的 44.90%,含量在 150～200 毫克/千克的占耕地总面积的 32.65%,含量在 100～150 毫克/千克的占耕地总面积的 18.81%,含量在 50～100 毫克/千克的占耕地总面积的 3.64%。速效钾含量>150 毫克/千克的占耕地总面积的 78.55%,与 20 世纪 80 年代开展的全国第二次土壤普查调查结果比较,土壤速效钾含量的分布也发生了相应的变化。全国第二次土壤普查时,耕地土壤速效钾含量主要集中在 150 毫克/千克以上的一级、二级地,占耕地总面积的 89%。1982 年、2010 年速效钾分级频率统计见附表 2－6。

附表 2－6　速效钾分级频率统计

单位:%

| 分级 | 一级 | 二级 | 三级 | 四级 |
|------|------|------|------|------|
| 1982 | 67.00 | 22.00 | 8.50 | 2.4 |
| 2010 | 44.9 | 32.65 | 18.81 | 3.64 |

**5. 土壤碱解氮**　调查表明,按照面积分级统计分析,讷河市耕地碱解氮含量主要集中在 143.64～378.76 毫克/千克,平均含量为 241.58 毫克/千克;从分布频率上看,碱解氮含量>250 毫克/千克的占耕地总面积的 36.21%,碱解氮含量在 180～250 毫克/千克的占耕地总面积的 61.83%,碱解氮含量在 150～180 毫克/千克的占耕地总面积的 1.86%,碱解氮含量在 120～150 毫克/千克的占耕地总面积的 0.10%。2010 年土壤碱解氮含量主要集中在二级,占耕地总面积的 61.83%。1982 年、2010 年碱解氮分级频率统计见附表 2－7。

附表 2－7　碱解氮分级频率统计

| 年份 | 一级 | 二级 | 三级 | 四级 |
|------|------|------|------|------|
| 1982 | >200 毫克/千克 | 150～200 毫克/千克 | <80 毫克/千克 | 0 |
| | 58.4% | 33.6% | 8.0% | 0 |

（续）

| 年份 | 一级 | 二级 | 三级 | 四级 |
|---|---|---|---|---|
| 2010 | ＞250毫克/千克 | 180～250毫克/千克 | 150～180毫克/千克 | 120～150毫克/千克 |
| | 36.21% | 61.83% | 1.86% | 0.10% |

## （二）微量元素

土壤微量元素虽然作物需求量不大，但它们同大量元素一样，在植物生理功能上是同样重要和不可替代的。微量元素的缺乏不仅会影响作物生长发育、产量和品质，而且会造成一些生理性病害，如缺锌导致玉米"花白病"和水稻赤枯病。因此，在耕地地力评价中把微量元素作为衡量耕地地力的一项重要指标。

**1. 土壤有效锌**　本次耕地地力调查表明，讷河市耕地土壤有效锌平均含量为0.62毫克/千克，变化幅度在0.38～1.12毫克/千克。按照调查样本有效锌含量分级数字出现的频率分析，全市有效锌含量以四级地为主，占耕地总面积的94.27%；其次为五级地，占耕地总面积的5.31%；三级地占耕地总面积的0.42%。

**2. 土壤有效铁**　本次耕地地力调查表明，讷河市耕地有效铁平均含量为25.96毫克/千克，变化幅度在22.0～32.7毫克/千克。讷河市所有地块土壤有效铁含量均在4.5毫克/千克以上，说明讷河市耕地土壤有效铁极丰富。其中，龙河镇平均含量最高，为26.9毫克/千克；和盛乡有效铁含量最低，为25.1毫克/千克。从土壤类型来看，暗棕壤有效铁含量最高，平均含量为26.64毫克/千克；风沙土有效铁含量最低，平均含量为25.43毫克/千克。

**3. 土壤有效锰**　本次耕地地力调查结果表明，讷河市耕地有效锰平均含量为25.81毫克/千克，变化幅度在18.4～31.9毫克/千克。根据土壤有效锰含量的分级标准，土壤有效锰含量＞15毫克/千克为丰富。讷河市各乡（镇）耕地土壤有效锰含量均达到丰富的标准，没有缺锰现象。从行政区域来看，九井镇土壤有效锰含量最高，为27.9毫克/千克；通南镇土壤有效锰含量最低，为21.8毫克/千克。从土壤类型来看，风沙土有效锰含量最高，为26.3毫克/千克；黑钙土有效锰含量最低，为23.6毫克/千克。

**4. 土壤有效铜**　本次耕地地力调查表明，讷河市耕地有效铜平均含量为1.59毫克/千克，变化幅度在1.07～2.11毫克/千克。从有效铜分布频率上看，全市有效铜含量均＞1毫克/千克，说明讷河市铜含量丰富。从行政区域来看，龙河镇土壤有效铜含量最高，为1.68毫克/千克；和盛乡土壤有效铜含量最低，为1.52毫克/千克。从土壤类型来看，暗棕壤有效铜平均含量最高，为1.63毫克/千克；风沙土有效铜平均含量最低，为1.43毫克/千克。

## 二、施肥情况调查结果与分析

本次耕地地力调查农户肥料施用情况，共计调查农户673户。

在调查的673户农户中，只有37户施用有机肥，占总调查户数的5.5%，平均施用量为15 000千克/公顷，主要是禽畜过圈粪和秸秆肥等。肥料品种已由过去的单质尿素、磷酸二铵、钾肥向高浓度复合肥、长效化复（混）肥和生物肥方向发展，氮肥主要来自尿素、复合肥和磷酸二铵，磷肥主要来自磷酸二铵和复合肥，钾肥主要来自复合肥和硫酸钾、氯化钾。讷河市玉米施肥情况统计见附表2-8。

附表2-8　讷河市玉米施肥情况统计

| 类型 | N（千克/公顷） | $P_2O_5$（千克/公顷） | $K_2O$（千克/公顷） | $N：P_2O_5：K_2O$ |
|---|---|---|---|---|
| 高产田 | 201.00 | 72.00 | 22.11 | 1：0.36：0.11 |
| 中产田 | 151.50 | 63.00 | 18.18 | 1：0.42：0.12 |
| 低产田 | 136.50 | 56.25 | 16.38 | 1：0.41：0.12 |

# 第四节　耕地土壤养分与肥料施用存在的问题

## 一、耕地土壤养分失衡

本次耕地地力调查表明，讷河市耕地土壤中大量营养元素有所改善，特别是土壤有效磷增加的幅度比较大，这有利于土壤磷库的建立。

## 二、重化肥轻农肥的倾向严重，有机肥投入少、质量差

目前，农业生产中普遍存在着重化肥轻农肥的现象，过去传统的积肥方法已不复存在。由于农村农业机械的普及，有机肥源相对集中在少量养殖户家中，造成农肥施用的不均衡和施用总量的不足。在农肥的积造上，由于没有专门的场地，农肥积造过程基本上是露天存放，风吹雨淋势必造成养分的流失，使有效养分降低，影响有机肥的施用效果。

## 三、化肥的使用比例不合理

随着高产品种的普及推广，化肥的施用量逐年增加，但施用化肥数量并不是完全符合作物生长所需，化肥投入氮肥偏少、磷肥适中、钾肥不足，造成了N、P、K比例不平衡。加之施用方法不科学，特别是有些农民为了省工省时，未从耕地土壤的实际情况出发，实行一次性施肥不追肥，这样在保水保肥条件不好的瘠薄性地块，容易造成养分流失、脱肥，尤其是氮肥流失严重，降低肥料的利用率，作物高产限制因素未消除，大量的化肥投入并未发挥出群体增产优势，高投入未能获得高产出。因此，应根据讷河市各土壤类型的实际情况，有针对性地制订新的施肥指导意见。

## 四、平衡施肥服务不配套

平衡施肥技术已经普及推广了多年，并已形成一套比较完善的技术体系。但在实际应

用过程中，技术推广与物资服务相脱节，购买不到所需肥料，造成平衡施肥难以发挥应有的科技优势。

# 第五节　平衡施肥规划和对策

## 一、平衡施肥规划

本次耕地地力评价依据《规程》，讷河市基本农田保护区耕地分为 5 个等级。见附表 2-9。

**附表 2-9　讷河市各地力等级基本农田统计**

| 地力等级 | 一级 | 二级 | 三级 | 四级 | 五级 | 合计 |
|---|---|---|---|---|---|---|
| 面积（公顷） | 71 821 | 130 030 | 108 597 | 67 540 | 26 679 | 404 667 |
| 占总面积（%） | 17.75 | 32.13 | 26.84 | 16.69 | 6.59 | 100.00 |

根据各类土壤评等定级标准，把讷河市各类土壤划分为 3 个耕地类型：高肥力土壤：包括一级地；中肥力土壤：包括二级、三级地；低肥力土壤：包括四级、五级地。根据 3 个耕地土壤类型制订讷河市平衡施肥总体规划。

**玉米平衡施肥技术**　根据耕地地力等级，玉米种植方式、产量水平及有机肥使用情况，确定讷河市玉米平衡施肥技术指导意见。区域施肥区土壤理化性状统计见附表 2-10，讷河市玉米不同肥力施肥模式见附表 2-11。

**附表 2-10　区域施肥区土壤理化性状统计**

| 区域施肥区 | pH | 有机质（克/千克） | 有效磷（毫克/千克） | 速效钾（毫克/千克） | 碱解氮（毫克/千克） |
|---|---|---|---|---|---|
| 高产田施肥区 | 7.06 | 38.48 | 36.87 | 222.63 | 242.84 |
| 中产田施肥区 | 7.04 | 37.60 | 31.47 | 196.24 | 241.03 |
| 低产田施肥区 | 7.08 | 39.77 | 33.71 | 192.42 | 242.36 |

**附表 2-11　讷河市玉米不同肥力施肥模式**

单位：千克/公顷

| 地力等级 | 目标产量 | 有机肥 | N | $P_2O_5$ | $K_2O$ | N：P：K |
|---|---|---|---|---|---|---|
| 高肥力 | 9 750 | 15 000 | 180 | 90 | 90 | 1：0.5：0.5 |
| 中肥力 | 8 250 | 15 000 | 150 | 75 | 75 | 1：0.5：0.5 |
| 低肥力 | 6 750 | 15 000 | 120 | 60 | 48 | 1：0.5：0.4 |

在肥料施用上，底肥与追肥相结合，有机肥深层施入。全部磷肥、钾肥、30%～40% 氮肥作底肥或种肥一次施入，另外 60%～70% 的氮肥作追肥。要适当施用硫酸锌，每公顷施用量为 1 千克左右。

## 二、平衡施肥对策

通过开展耕地地力评价、施肥情况调查和平衡施肥技术，讷河市总体施肥概况为总量偏高、比例失调等，方法不尽合理。具体表现在氮肥普遍偏低，磷肥投入偏高，钾和微量元素肥料相对不足。根据讷河市农业生产实际，科学合理施用的总原则是增氮、减磷、加钾和补微。围绕种植业生产制订出平衡施肥的相应对策和措施。

### （一）增施优质有机肥料，保持和提高土壤肥力

积极引导农民转变观念，从农业生产的长远利益和大局出发，加大有机肥积造数量，提高有机肥质量，扩大有机肥施用面积，制订出沃土工程的近期目标。一是在根茬还田的基础上，逐步实施高根茬还田，增加土壤有机质含量。二是大力发展畜牧业，通过过腹还田，补充或增加堆肥、沤肥数量，提高肥料质量。三是大力推广畜禽养殖场，将粪肥工厂化处理，发展有机复合肥生产，实现有机肥的产业化、商品化。四是针对不同类型土壤制订出不同的技术措施，并对这些土壤进行跟踪化验，建立技术档案，设点监测观察结果。

### （二）加大平衡施肥的配套服务

推广平衡施肥技术，关键在技术和物资的配套服务，解决好有方无肥、有肥不专的问题，因此，要把平衡施肥技术落到实处，必须实行"测、配、产、供、施"一条龙服务。通过配肥站的建立，生产出各施肥区域所需的专用型肥料，农民依据配肥站储存的技术档案购买自己所需的配方肥，确保技术实施到位。

### （三）制定和实施耕地保养的长效机制

在《黑龙江省基本农田保护条例》的基础上，尽快制定出适合当地农业生产实际、能有效保护耕地资源、提高耕地质量的地方性政策法规，建立科学耕地养护机制，使耕地发展利用向良性方向发展。

# 附录3　讷河市耕地地力评价与土壤改良利用专题报告

## 第一节　概　　况

### 一、讷河市耕地概况

由于多年来，广大农民为了追求高产，盲目增施化肥，重用地轻养地，导致耕地质量呈严重退化趋势，已成为限制讷河市农业生产的重要因素。所以，提高耕地质量是确保粮食稳产、高产的基础。而耕地地力评价是对耕地基础地力的评价，也是对耕地土壤的地形、地貌条件、成土母质、农田基础设施及培肥水平、土壤理化性状等综合因素构成的耕地生产力的评价。通过本次耕地地力评价，利用县域耕地资源管理信息系统将讷河市耕地地力等级划分为5个等级。一级地面积为71 821公顷，占全市耕地总面积的17.75％；二级地面积为130 030公顷，占全市耕地总面积的32.13％；三级地面积为108 597公顷，占全市耕地总面积的26.84％；四级地面积为67 540公顷，占全市耕地总面积的16.69％；五级地面积为26 679公顷，占全市耕地总面积的6.59％。

讷河市一级地属高产土壤，也是全市高产田施肥区，土壤类型中只有黑钙土和黑土有一级地分布；成土母质为黄土母质，地势起伏较小，排水条件好，多为重壤土，保水保肥性强。讷河市二级、三级地是中产土壤，主要分布在全市丘陵区；中产田施肥区大都处在讷谟尔河两岸的漫川漫岗上，坡度大部分大于2°，排水良好，有轻度到中度的土壤侵蚀。讷河市低产土壤为四级、五级地，低产田大部分处河谷平原上或河漫滩上的洼地和低洼地上，所处地形低洼，多积水且排水不畅；丘陵陡坡的中上部，坡度大，水土流失严重，表土层薄；pH较大或较小的地方，碱性强；风沙土区，表土层薄，保水保肥能力差；土体多存在障碍因素；黑土层较厚；结构较差，多为块状结构或沙土，障碍层以沙漏层和潜育层为主。沙漏层渗水性强，不利于保水保肥，潜育层渗水性差，易产生内涝。讷河市地力评价等级面积分布统计见附表3-1。

附表3-1　地力评价等级面积分布统计

| 项目 | 一级 | 二级 | 三级 | 四级 | 五级 | 合计 |
|---|---|---|---|---|---|---|
| 面积（公顷） | 71 821 | 130 030 | 108 597 | 67 540 | 26 679 | 404 667 |
| 比例（％） | 17.75 | 32.13 | 26.84 | 16.69 | 6.59 | 100.00 |

### 二、土壤资源与农业生产概况

#### （一）土壤资源概况

讷河市耕地总面积为404 667公顷，占总土壤面积的60.63％。耕地土壤类型主要是黑土、草甸土、黑钙土、风沙土、沼泽土、暗棕壤，其中以黑土面积最大；依次分别为草甸土、黑钙土、暗棕壤、沼泽土和风沙土。

### （二）农业生产概况

讷河市是典型的农业区，种植制度为一年一熟制，种植作物以大豆、玉米、水稻、马铃薯等作物为主。据讷河市统计局统计，2010 年全市玉米播种面积为 87 612 公顷，总产量为 773 717 吨；大豆播种面积为 253 446 公顷，总产量为 570 296 吨；水稻播种面积为 23 534 公顷，总产量为 176 456 吨。2010 年讷河市主要作物面积及产量见附表 3 - 2。

**附表 3 - 2　2010 年讷河市主要作物面积及产量**

| 农作物 | 播种面积（公顷） | 占比例（%） | 总产量（吨） | 单产（千克/公顷） |
|---|---|---|---|---|
| 玉　米 | 87 612 | 21.65 | 773 717 | 8 831 |
| 水　稻 | 23 534 | 5.82 | 176 456 | 7 498 |
| 大　豆 | 253 446 | 62.63 | 570 295 | 2 250 |
| 马铃薯 | 17 450 | 4.31 | 94 218 | 5 399 |

# 第二节　调查方法

## 一、评价原则

本次讷河市耕地地力评价是完全按照《规程》进行的。在工作中主要坚持了以下几个原则：一是统一的原则，即统一调查项目、统一调查方法、统一野外编号、统一调查表格、统一组织化验、统一进行评价；二是充分利用现有成果的原则，即以全国第二次土壤普查、讷河市土地利用现状调查、讷河市行政区划等已有的成果作为评价的基础资料；三是应用高新技术的原则，即在调查方法、数据采集及处理、成果表达等方面全部采用了高新技术。

## 二、调查内容

本次讷河市耕地地力调查的内容是根据当地政府的要求和生产实践的需求确定的，充分考虑了成果的实用性和公益性。主要有以下几个方面：一是耕地的立地条件，包括地形地貌、地形部位；二是土壤属性，包括耕层理化性状和耕层养分状况，具体有耕层厚度、质地、容重、pH、有机质、全氮、全磷、全钾、碱解氮、有效磷、速效钾、有效锌、有效铜、有效铁、有效锰等；三是土壤障碍因素，包括障碍层类型等；四是农田基础设施条件，包括抗旱能力、排涝能力和农田防护林网建设等；五是农业生产情况，包括良种应用、化肥施用、病虫害防治、轮作制度、耕翻深度、秸秆还田和灌溉保证率等。

## 三、评价方法

在收集讷河市有关耕地情况资料，并进行外业补充调查（包括土壤调查和农户的入户调查）及室内化验分析的基础上，建立起讷河市耕地地力管理数据库，通过 GIS 系统平台，采用 ArcInfo 软件对调查的数据和图件进行数字化处理，最后利用扬州土壤肥料工作站开发的《全国耕地地力评价软件系统 V3.2》进行耕地地力评价。

**1. 建立空间数据库**　将讷河市土壤图、行政区划图、土地利用现状图等基本图件扫描后进行数字化，即建成讷河市地力评价系统空间数据库。

**2. 建立属性数据库**　将收集、调查和分析化验的数据资料按照数据字典的要求规范整理后，输入数据库系统，即建成讷河市地力评价系统属性数据库。

**3. 确定评价因子**　根据全国耕地地力调查评价指标体系，经过专家采用经验法进行选取，将讷河市耕地地力评价因子确定为 8 个，其中立地条件包括地貌类型和地形部位；剖面性状包括土壤质地、障碍层类型、有效土层厚度；土壤养分包括有机质、有效磷、速效钾。

**4. 确定评价单元**　把数字化后的讷河市土壤图、行政区划图和土地利用现状图 3 个图层进行叠加，形成的图斑即为讷河市耕地资源管理评价单元，共确定形成评价单元 6 635 个。

**5. 确定指标权重**　组织专家对所选定的各评价因子进行经验评估，确定指标权重。

**6. 数据标准化**　选用隶属函数法和专家经验法等数据标准化方法，对讷河市耕地评价指标进行数据标准化，并对定性数据进行数值化描述。

**7. 计算综合地力指数**　选用累加法计算每个评价单元的综合地力指数。

**8. 划分地力等级**　根据综合地力指数分布，确定分级方案，划分地力等级。

**9. 归入全国耕地地力等级体系**　依据《全国耕地类型区、耕地地力等级划分》（NY/T 309—1996），归纳整理各级耕地地力要素主要指标，结合专家经验，将讷河市各级耕地归入全国耕地地力等级体系。

**10. 划分中低产田类型**　依据《全国中低产田类型划分与改良技术规范》（NY/T 310—1996），分析评价单元耕地土壤主导障碍因素，划分并确定讷河市中低产田类型。

## 第三节　调查结果

本次耕地地力调查表明，讷河市耕地地力等级划分为 5 个等级，全市总耕地面积404 666.7 公顷。一级地面积为 71 821 公顷，占全市耕地总面积的 17.75%；二级地面积为 130 030 公顷，占全市耕地总面积的 32.13%；三级地面积为 108 597 公顷，占全市耕地总面积的 26.84%；四级地面积为 67 540 公顷，占全市耕地总面积的 16.69%；五级地面积为 26 679 公顷，占全市耕地总面积的 6.59%。见附表 3-3。

附表 3-3　耕地地力综合指数分级与等级面积分布统计

| 耕地等级 | 综合指数分级（IFI） | 面积（公顷） | 占总耕地面积（%） |
|---|---|---|---|
| 一级 | >0.825 0 | 71 821 | 17.75 |
| 二级 | 0.808 0～0.825 0 | 130 030 | 32.13 |
| 三级 | 0.785 5～0.808 0 | 108 597 | 26.84 |

（续）

| 耕地等级 | 综合指数分级（IFI） | 面积（公顷） | 占总耕地面积（%） |
|---|---|---|---|
| 四级 | 0.549 0～0.785 5 | 67 540 | 16.69 |
| 五级 | ＜0.549 0 | 26 679 | 6.59 |
| 总计 | — | 404 667 | 100.00 |

讷河市土壤养分统计结果见附表3-4，各级耕地乡（镇）分布面积统计见附表3-5，各级耕地土类分布面积统计见附表3-6。

附表3-4　讷河市土壤养分统计结果

| 项目 | 平均值 | 最大值 | 最小值 | 极差 |
|---|---|---|---|---|
| pH | 7.04 | 8.25 | 5.5 | 2.75 |
| 有机质（克/千克） | 38.5 | 87.38 | 8.74 | 78.64 |
| 有效磷（毫克/千克） | 33.11 | 93.03 | 4.2 | 88.83 |
| 速效钾（毫克/千克） | 199.71 | 685 | 43 | 642 |
| 碱解氮（毫克/千克） | 241.58 | 378.76 | 143.64 | 235.12 |
| 全氮（克/千克） | 1.17 | 1.94 | 0.41 | 1.53 |
| 全磷（克/千克） | 1.4 | 2.4 | 0.4 | 2 |
| 全钾（克/千克） | 24.41 | 36.8 | 12.9 | 23.9 |
| 有效铜（毫克/千克） | 1.59 | 2.11 | 1.07 | 1.04 |
| 有效锌（毫克/千克） | 0.62 | 1.12 | 0.38 | 0.74 |
| 有效锰（毫克/千克） | 25.81 | 31.9 | 18.4 | 13.5 |
| 有效铁（毫克/千克） | 25.96 | 32.7 | 22 | 10.7 |
| 坡度（°） | 2.32 | 7 | 0 | 7 |
| 有效土层厚度（厘米） | 35.27 | 130 | 6 | 124 |
| 障碍层厚度（厘米） | 20.52 | 67 | 5 | 62 |
| 容重（克/厘米$^3$） | 1.16 | 1.38 | 0.71 | 0.67 |

附表3-5　讷河市各级耕地乡（镇）分布面积统计

单位：公顷

| 乡（镇） | 面积 | 一级 | 二级 | 三级 | 四级 | 五级 |
|---|---|---|---|---|---|---|
| 兴旺乡 | 27 421 | 8 988 | 5 711 | 4 316 | 4 331 | 4 076 |
| 和盛乡 | 19 616 | 11 029 | 2 148 | 6 337 | 87 | 16 |
| 九井镇 | 26 353 | 10 664 | 8 127 | 918 | 6 441 | 203 |
| 讷南镇 | 30 782 | 1 354 | 13 396 | 6 201 | 7 724 | 2 107 |
| 孔国乡 | 30 754 | 1 235 | 10 474 | 9 665 | 5 189 | 4 191 |
| 通南镇 | 29 158 | 5 214 | 12 410 | 11 514 | 21 | 0 |
| 同义镇 | 24 343 | 10 249 | 7 931 | 3 320 | 2 714 | 129 |
| 拉哈镇 | 4 620 | 194 | 0 | 1 538 | 535 | 2 352 |

（续）

| 乡（镇） | 面积 | 一级 | 二级 | 三级 | 四级 | 五级 |
|---|---|---|---|---|---|---|
| 同心乡 | 24 713 | 4 754 | 13 386 | 4 842 | 1 552 | 179 |
| 六合镇 | 33 104 | 3 690 | 8 955 | 7 085 | 9 036 | 4 340 |
| 龙河镇 | 31 419 | 5 697 | 7 361 | 7 342 | 8 835 | 2 184 |
| 长发镇 | 17 212 | 993 | 7 730 | 6 470 | 1 417 | 601 |
| 学田镇 | 28 350 | 3 789 | 6 295 | 11 436 | 5 886 | 944 |
| 二克浅镇 | 38 523 | 1 176 | 13 732 | 14 543 | 5 785 | 3 289 |
| 讷河镇 | 4 025 | 552 | 2 633 | 431 | 208 | 201 |
| 老莱镇 | 34 274 | 2 244 | 9 742 | 12 642 | 7 780 | 1 866 |
| 合计 | 404 667 | 71 821 | 130 030 | 108 597 | 67 540 | 26 679 |

附表 3-6　讷河市各级地土类分布面积统计

单位：公顷

| 土类 | 合计 | 一级 | 二级 | 三级 | 四级 | 五级 |
|---|---|---|---|---|---|---|
| 草甸土 | 95 335 | 0 | 523 | 22 813 | 49 153 | 22 846 |
| 黑钙土 | 54 867 | 33 947 | 7 998 | 12 632 | 108 | 181 |
| 风沙土 | 3 173 | 0 | 0 | 0 | 0 | 3 173 |
| 黑土 | 242 732 | 37 874 | 121 509 | 70 252 | 13 099 | 0 |
| 暗棕壤 | 4 128 | 0 | 0 | 2 900 | 1 090 | 138 |
| 沼泽土 | 4 432 | 0 | 0 | 0 | 4 091 | 341 |
| 合计 | 404 667 | 71 821 | 130 030 | 108 597 | 67 540 | 26 679 |

## 一、一级地

讷河市一级地面积为 71 821 公顷，占全市耕地总面积的 17.75%。16 个乡（镇）均有分布。其中，分布面积最大的是和盛乡，其次是九井镇和同义镇，面积最小的是拉哈镇。从土壤类型来看，只有黑钙土和黑土有一级地分布，其他土类没有一级地分布。

## 二、二级地

讷河市二级地面积为 130 030 公顷，占全市耕地面积的 32.13%。二级地分布面积最大的是二克浅镇，其次是讷南镇，拉哈镇没有二级地分布。从土壤组成看，讷河市二级地包括黑土、草甸土、黑钙土3 个土类，其中黑土分布面积最大。

## 三、三级地

讷河市三级地面积为 108 598 公顷，占全市耕地总面积的 26.84%。分布在全市 16 个乡（镇）。其中，面积最大的是二克浅镇，其次是老莱镇，面积最小的是讷河镇。从土壤组成看，讷河市三级地分布在草甸土、黑土、暗棕壤、黑钙土。

## 四、四级地

讷河市四级地面积为 67 540 公顷，占全市耕地总面积的 16.69％。其中，四级地分布面积最大的是六合镇，其次是龙河镇，四级地分布面积最小的是通南镇。从土壤组成看，讷河市四级地除风沙土外，草甸土、黑土、黑钙土、暗棕壤、沼泽土 5 个土类都有分布。

## 五、五级地

讷河市五级地总面积为 26 679 公顷，占全市耕地总面积的 6.59％。分布面积最大的是六合镇，其次是孔国乡，通南镇没有五级地分布。从土壤组成看，讷河市只有黑土没有五级地分布，草甸土分布面积最大。

本次耕地地力评价，讷河市各乡（镇）分级面积具体情况，各土类、土种面积分级具体情况，各级土壤养分统计具体情况见本书第五章。

# 第四节　耕地存在的问题

耕地退化是指耕地受自然力或人类不合理开发利用导致耕地肥力衰退、质量下降、生产力衰退或丧失的过程，是土壤环境和土壤理化性状恶化的综合表现。风蚀和水蚀致使耕地物质流失造成土壤侵蚀，表土层变浅，土壤有机质含量下降，营养元素含量减少，表土层的长期流失可导致土地荒漠化和沙化。土壤结构遭到破坏、土体板结，土壤的物理、化学和生物特性或经济特性退化使自然植被长期丧失，造成土地的荒漠化。干旱、洪水、大风、暴雨、海潮等自然力，可导致土地沙化、流失、盐碱化等。人类不适当的开垦、滥伐，不合理的种植制度和灌溉，农药、化肥使用不当等，会引起土地沙化、土壤侵蚀、土壤盐碱化、土壤肥力下降、土壤有害物质的增加等。

土壤有机质含量下降，是土壤退化的主要标志。在干旱、半干旱地区，原来的植被受到破坏，耕地退化的最后结果，坡地土层全部被侵蚀露出母质层，最终导致土地沙化；低洼地大量的农药化肥和其他化学物质大量积累，导致土地盐碱化。

## 一、土壤侵蚀问题

因讷河市地貌类型多属漫川漫岗，地形波状起伏，坡耕地多，又属大陆性季风气候，春季大风干旱，加之毁林、毁草盲目开荒，造成自然植被破坏，土壤侵蚀（包括风蚀和水蚀）加重。受侵蚀最重的是暗棕壤和黑土两个土类。土壤侵蚀造成的危害主要有：

**1. 蚀掉沃土，丧失宝贵的表土资源，降低了耕地的生产能力**　据讷河市水土保护办公室 2007 年调查统计，全市共有侵蚀沟 1 487 条，侵蚀模数为 1 864 吨/千米$^2$，每年有 947 万吨表土被侵蚀掉，损失氮素 0.8 万吨、磷素 1.13 万吨、钾素 1.6 万吨，相当于 2006 年全市施用化肥总量的 0.75 倍。受侵蚀的地块，每年有 3 厘米厚的表土被侵蚀掉，使土壤有机质以每年 0.04% 的速度下降。特别是大雨、暴雨，在很短的时间里造成很大的危害。表土层厚度由开垦初的 80～100 厘米减少到现在的 20～30 厘米，土壤抗冲抗蚀性能降低。随着表土的流失，土壤板结，养分含量减少，耕地土壤有机质含量已由垦初的 12% 下降到现在的平均不到 4%，耕地地力明显减退。这也是新中国成立以来尽管采取很多农业措施，而部分地块单位面积产量没有提高的众多原因之一。

**2. 破坏农田，缩减耕地面积，影响机械的田间作业**　据 2007 年调查，讷河市有侵蚀沟 1 487 条，平均每 310 公顷耕地就有 1 条，沟壑密度为 210 米/千米$^2$。沟壑增多，耕地总面积不断减少，每块耕地面积不断减小。因流水形成的侵蚀沟，不论是线状侵蚀还是片状侵蚀或沟头向源侵蚀，其对农田的切割和侵吞作用都十分严重。侵蚀沟不仅影响机械田间作业，降低了农业生产效率，也缩减了农田面积。

**3. 泥沙下泄，抬高河床，淤塞渠系，影响防洪安全**　因水土流失造成的泥沙下泄，淤塞渠、库的现象讷河市几乎到处可见。每逢汛期，洪水暴涨，河岸崩塌，江河水泥沙量猛增，水色浑黄，淤塞水系，江河改道，境内江河沿岸屡见不鲜。由于水土流失不断加剧，致使大量泥沙淤积河道、水库，降低了水利设施调蓄功能和天然河道泄洪能力，影响防洪安全。如讷河市 20 世纪 50 年代修建的永丰水库，原来最大水深达 10 米，现在已经不足 5 米了。

**4. 毁坏幼苗，造成毁种、补种，乃至绝产**　讷河市因风蚀水蚀造成的庄稼毁种、补种现象几乎每年都有。1980 年一次大雨，讷南镇鲁民南沟因坡水下泄，淹地 200 公顷，并将大量化肥冲进稻田，使水稻徒长倒伏，造成 160 公顷水稻减产；2008 年夏季一场大雨就造成老云沟沿岸 200 公顷耕地被淹。

**5. 恶化了土壤性质，加重了旱涝灾害**　由于耕地土壤表层受到侵蚀，使耕层土壤物理性质变坏。表现为土壤容重增加、坚实，由粒状或团粒状结构转为核块状结构，蓄水保墒和供水能力降低，既不抗涝也不抗旱。特别是沿讷谟尔河两岸的潜育化黑土区以及漫川漫岗底部低洼地，耕层下形成了很厚的犁底层，阻碍了作物根系的发展，影响了土壤水分的运动。

## 二、旱、涝问题

旱、涝问题是讷河市作物产量不稳的又一重要原因。全市农业为雨养农业，降水量的年较差和月较差都很大，容易形成旱涝灾害。春季干旱严重，十年九春旱；夏涝也比较容易发生，其中成灾的为十年一遇；不少年份还春涝加夏涝，另加低温和早霜，成了讷河市农业生产的主要自然灾害；所以有"十年九春旱""春旱夏涝秋早霜"的说法。可见，全市土壤旱、涝灾害是十分严重的。例如，2003 年春旱连夏旱，一直到 7 月中旬才下透雨，收成只有平年的 7.5%。造成全市耕地旱涝的主要原因有：一是气候因素，二是地形因素，三是耕地土壤因素。

**1. 气候因素**　讷河市属于北寒温带大陆性季风型气候。冬季漫长，受蒙古冷高压控制，寒冷、干燥少雪、多西北风；春季，气旋活动频繁，短暂多风，低温易旱；夏季，受西太平洋副热带高压影响，盛行西南暖湿气流，温热多雨；年度和季节间降水量的不均一，是造成土壤旱涝的直接原因。有气象记录以来，讷河市最大年降水量为717.3毫米（1998年），最小年降水量为291.4毫米（1954年），高低相差2.4倍。降水主要集中在6月、7月、8月，7月降水量平均为140.9毫米，占全年平均降水量的29％；5～9月平均降水量为417.5毫米，占全年平均降水量的87％。讷河市最大一次暴雨降水量竟达137毫米，造成大面积农田被淹。作物主要生长季节的6～8月，各月份降水量年度间变化也很大，月份降水量最多年份较降水量最小年份差10倍以上。

**2. 地形因素**　讷河市地形波状起伏，多漫川漫岗，坡耕地占60％以上，而且大部分是顺坡起垄，这也为降水的地表径流形成创造了便利条件。雨水降落以后，其中部分渗入土壤，当土壤水分饱和后转为缓慢渗漏阶段，多余的水分以径流形式，沿斜坡向低地集中，降水量达到一定程度就造成低洼地内涝。

**3. 土壤因素**　黑土是讷河市主要耕地土壤，占全市总耕地面积的半数以上。土质黏重，多为重壤土至轻黏土，下层土壤容重在1.5～1.6克/厘米$^3$，透水性差，形成了托水滞水层，尤以表潜黑土（潜育化黑土）表现最为突出。加之地下水埋藏深，发挥不了作用，土壤水分经常在20～40厘米厚的表土层范围变动。当一次连续降水超过60毫米，土壤即达到饱和。如连续几个晴天，土壤水分又消退到作物感到缺水的程度。这一土壤水分性质也决定了全市土壤抗旱、抗涝的能力都相对不足。

除了客观原因以外，人为因素对土壤的影响也是导致土壤侵蚀的另一原因。盲目毁林开荒、毁草开荒，过度放牧，掠夺式经营，过早或极度地打草、搂草等，破坏了草原植被，破坏了森林，使土地覆被率极度下降，加重了水土流失和土壤水分的蒸发，影响土壤蓄水保墒能力。

## 三、土壤肥力减退问题

虽然讷河市垦殖历史较短，但经过人为活动的影响，土壤肥力有了很大变化，总的趋势是肥力下降了。肥力下降的具体表现如下：

**1. 黑土层变薄，坡度较大的岗坡地最为严重**　如讷河市孔国乡隆昌村后大岗，开垦之初黑土层厚达100厘米，目前个别地方黑土层已经不足20厘米了。

**2. 土壤有机质含量减少**　20世纪80年代初，讷河市土壤有机质含量大于40克/千克，经过熟化，碳氮比合理的地块占总面积的65％以上，目前却仅占30％。有机质含量下降将直接影响土壤的理化性质，具体表现在土壤的保水、持水能力上，外在表现就是土壤抗旱、抗涝能力下降。有机质含量减少固然与土壤侵蚀有关，但更为重要的原因是有机肥投入严重不足。由于小四轮拖拉机多了，铁牛代替了黄牛，肥源就明显不足了。20世纪90年代中期，广大农民才逐渐认识到了有机肥的重要性，可是由于每家每户的责任田面临二轮承包的现实，人们基本不投入有机肥。二轮承包后，由于粮价的低迷、近几年农民外出务工的兴起，以及有机肥源不足，都影响了有机肥的投入；对于有机肥的投入，国家目前尚没有出台相应的鼓励政策。

**3. 土壤速效养分含量比例失调**　土壤经人为耕作施肥的影响，氮、磷、钾比例发生了严重的比例失调，在很大程度上影响了土壤肥力的发挥；连作以及施肥单一是形成这一问题的主要因素。全国第二次土壤普查时，讷河市土壤普遍氮钾充足、磷素不足，当时大量投入了以磷酸二铵为主的磷肥，确实起到了明显的增产、增收效果，当时农民经常说的"一靠政策二靠天，三靠美国老二铵"就是这一情况的真实写照。随着时间的推移，到了20世纪90年代中期，由于连年大量施用磷肥以及受市场影响，大豆连续多年重迎茬问题开始显现出来，农民普遍感到化肥的增产作用不明显了，严酷的现实迫使农民不得不探索增产的新举措。本次地力评价中我们发现有效磷普遍增加，氮、钾则明显下降，微量元素硼、钼也由于大豆的多年连作而含量不足。

**4. 土壤物理性质变差**　较为普遍的现象是表层土壤容重增加。与20世纪80年代相比，土壤容重普遍增加0.1～0.2克/厘米$^3$。产生这一问题固然与土壤有机质含量下降有很大关系，更重要的是与耕作方式有关。20世纪80年代初翻地普遍使用大型拖拉机配套四铧犁，播种则是一家一户用牛、马完成起垄、播种和中耕。随着小型四轮拖拉机保有量的增加，使用牛、马耕种的比例越来越少。而且，由于每家每户生产规模的限制，大型机械使用越来越少，很多地块多年不翻或者用小四轮拖拉机草草翻一下了事。多年积累下来，土壤犁底层加厚、耕层变薄、有效土层减少，作物根系浅，可利用营养和水分少。

**5. 出现了一部分低产土壤类型**　主要有以下几种：

（1）瘦而干的破皮黄型：耕层很薄，仅有十几厘米厚，养分含量低，易旱，产量低。

（2）瘦而硬的破皮硬型：该种土壤耕层薄，有机质含量少，在很薄的耕层（3～10厘米）下有厚5～10厘米紧实坚硬的犁底层，是易旱、易涝、隔水隔气的障碍层。

（3）贫而散的破皮沙型：该种土壤腐殖质层很薄，有的则属生草层，有机质含量低，耕层下便是松散的沙层，易旱、易受侵蚀，产量低。这种土壤多见于讷河市中西部嫩江滩地向岗地过渡的岗坡上，江河两岸的生草草甸土。草甸土型沙土也属这种类型，沙砾层部位高，破皮即见沙砾。

（4）黏而糗的上黏下糗型：该类土壤质地为重壤土至轻黏土。有的土壤黑土层并不薄，有机质含量也不低，但滞水部位高，土壤黏糗、冷浆、速效养分少，不发小苗，又易贪青。当地农民习惯上称为"尿炕地""水簸箩地"或糗泥岗、糗泥土。多见于黏底表潜黑土及潜育草甸土。

（5）碱而糗的破皮碱型：该类土壤集中分布于兴旺、和盛2个乡。特点是耕层很薄，仅有几厘米到十几厘米，春季返盐碱，夏季又脱去，干湿交替，植被稀疏。齐加铁路位于讷河市境内的青水山站到团结站之间，铁路两侧随处可见寸草不生的盐碱斑，土壤中下部黏糗又富含盐分。当地农民对这种土壤的性状有一个形象的描述："干时刀枪不入，湿时滴水不漏"，怕旱，更怕涝，产量低且不稳。

## 四、土壤盐渍化和沙化问题

在讷河市西部、西南部以及讷谟尔河两侧的坡地，分布有10 000公顷沙土、1 350公顷盐渍土和 72 430 公顷石灰性土壤，也是全市土壤资源的重要组成部分。

盐渍化土壤显中性至碱性（pH 为 7.3～8.5），部分盐渍化严重的土壤，显碱性至强碱性（pH 为 8.3～10.1）。表层土壤（0～25 厘米）全盐含量，耕地为 0.051％～0.164％、荒地为 0.086％～0.656％。耕地土壤盐分含量虽然不算很高，但随季节而有变动。春季返浆季节，不耐盐碱的作物幼苗常因土壤干旱而造成死苗和缺苗断条。这种以苏打为主的盐碱，除了直接危害作物，也恶化土壤性质，使土壤表现为土黏、土糗，干时硬、湿时泞、冷浆，怕旱而又不耐涝的不良性状。虽然土壤养分含量不算太低，甚至有一部分含量还很高，但是也发挥不出应有作用，产量只有黑土区的 1/3～1/2。在一些地形低洼部分，随着次生盐渍化的发生和挖碱土破坏草原，碱沟碱坑越来较大，其中寸草不生的光板地，有的达到了整个地块面积的 50％～70％，而且还有继续发展的趋势。

耕地的沙化，主要是由于植被的严重破坏，使本来已经固定或半固定的沙丘、沙垄、沙岗变成了流沙。每遇大风，黄沙飞扬，或扒平垄体、毁苗毁种，或填平沟渠、掩盖良田，主要集中在讷河市西南部，尤其是与富裕县、甘南县交界一带。对于土壤沙化、盐渍化要引起足够的重视，不应掉以轻心。

### 五、土壤有害物质的增加问题

讷河市最主要的表现为除草剂的残留，其次为化肥的残留。除草剂大面积的应用，占全市耕地面积 95％以上的农田应用除草剂除草。一是盲目加大使用量，有的甚至达到正常用量的 150％～250％，春季干旱时还可以，施用前后有降雨，土壤过湿时，就会造成大面积的药害，尤其是春季降透雨后，连续几日晴天高温，采用苗前封闭灭草的地块，药害发生更为严重。二是高残效除草剂的应用，使很多耕地不能种植马铃薯、甜菜等经济作物和蔬菜，给农业结构调整造成一定的困难。同时，除草剂随水土流失，可间接地造成河水和其他耕地有害物质的增加。曾多次发生过利用河淤土作水稻苗床土造成水稻秧苗死亡，用风剥土育甜菜苗和西瓜苗发生药害的事件。化肥使用不合理，重施磷肥、轻氮肥、忽视钾肥，利用率低，大部分散失在土壤和水体中，直接或间接地使耕地有害物质增加。

## 第五节　土壤改良的主要途径

耕地退化是自然原因（内因）和人为原因（外因）共同作用的结果，自然原因是耕地退化的基础和潜在因子，人为原因是耕地退化的诱发因子。耕地退化的影响范围，不仅涉及大田耕地，而且也涉及林地、果树、园地、草原、荒地等所有具有一定生产能力的耕地。防治耕地退化，是自然资源保护的重要内容之一。防治耕地退化的主要措施包括制止乱垦、滥伐和过度放牧，合理开发利用耕地、合理施肥和灌溉，对退化耕地进行综合治理等。治理措施主要有工程措施、生物措施和农业技术措施。

耕地退化直接影响着耕地的生产力，因而它对当地的经济和社会的发展与兴衰有重大影响。地力减退的原因很多，除了水土流失以外，盲目开荒、广种薄收、用养脱节、掠夺式经营也是重要原因。所谓土壤肥力降低，是说本来没开荒前土壤库中存有那么多养分，由于只种不养，或拿走得多归还得少，肥力必然要减少。随着集约化农业生产和单位面积产量的不断提高，靠自然恢复地力是不太可能了，必须在现有生产条件允许范围内，增施尽可能多的优质农肥，以保肥力不减、地力常新。增施有机肥，对于改良土壤理化性质，补充微量元素方面的效果尤为突出。

对于耕地退化所造成的危害，有关部门采取了一些相应的防治措施，取得了一定成绩。如讷河市从20世纪50年代后期开始，就陆续开展了水土保持工作，对部分土地进行了初步治理。近几年，讷河市国土资源部门实施了土地整理项目，使一部分退化严重的地块又恢复了生机。截至2008年上半年已累计完成700公顷。要想根治耕地退化问题，就要采取农业、生物和水利工程相结合的综合防治措施。加强以养地、培肥地力为主的基础工作，尤其是国家要在这方面加强立法，把这项工作纳入法制轨道。与此同时，国家还应进一步加大投入，在重视耕地数量的前提下更加注重耕地质量建设。

## 一、农业措施

坚持调整垄向，变顺坡垄为横坡垄的原则。3°坡地横垄比顺垄径流量可减少32％～39％、冲刷量减少44％～53％，土壤含水量可提高2％～5％。横坡打垄是大面积控制坡耕地水土流失的有效措施。现阶段实行横坡打垄的确有一定困难，主要是土地包产到户，一家几条垄，改横坡打垄后，坡顶和坡底的地没人愿意要。为解决这一难题，一方面加强宣传，提高农民认识程度，更主要的是利用国家鼓励农民自发成立专业合作社、土地适度规模经营的契机，变顺坡垄为横坡垄，从而克服由于土地分散小规模经营而无法跨越的鸿沟。农业措施中还包括耕作施肥改良土壤，以改善土壤结构，提高土壤蓄水保墒能力。近几年提倡的少耕或免耕法，也是防止土壤侵蚀的有效措施。

深耕深松，增施有机肥料，改良土壤结构，加厚肥沃土层，以增加土壤的蓄水保墒能力。如结合中耕，施行垄沟深松以后，土壤接纳降雨、蓄水保墒能力明显增加，地表径流减少，也提高了土壤通透性，特别是多雨年份。此法还应继续推广，国家要加大投入推广大型整地机械，一家一户的小四轮无法承担这样的工作。如果深松结合施有机肥效果会更理想，因有机肥不仅能为作物增加养分、改善土壤的理化性状，其本身也有极强的调节水分能力。

合理施用化肥，当前的问题是如何合理施用的问题。提倡采用配方施肥，增加肥料的利用率，减少浪费。

根据讷河市很大一部分薄层黏底黑土、黑钙土，黑土层薄，底土黏重，土壤持水量较小，怕旱怕涝的特点，应继续施行土壤深耕并推广深松法，结合深松增施农肥，以加厚耕层，提高土壤蓄水保墒能力，恢复地力，减轻旱涝，特别在讷谟尔河以北表潜黑土区更应提倡。深松后的土壤蓄水保墒能力增加，土壤深松后孔隙度增加，通透性变好，土温可提高0.4～1.6℃，整个生育期可以提高积温50℃，可增产3％～5％，秋早霜和春季低温寡照年增产幅度更大。深松后的耕地耕作层加厚了，作物根系发育好，扎得深，分支多。

秸秆还田在实际做法上，以浅为宜，即把秸秆耙入耕地浅层（10～20厘米），能更大地刺激土壤各类微生物数量的增长，有利于秸秆有机残体的腐解。特别是讷河市属高寒地区，翻入较深的底层，因土温低、微生物少，很难分解或分解较慢。在秸秆还田后，要注意适量增施氮肥。这是因为秸秆在分解时需要消耗土壤中的氮素，若不适当补充氮肥有可能造成缺氮影响产量。

采用客土，即用腐殖质含量高的淤黑土，并掺沙直接改土。对于黑土层薄、有机质含量少、土质黏重的破皮黄、盐渍化土壤都有良好效果。"沙压碱，赛金板"已是农民成熟的经验。此种方法用工量大，只能小面积使用，不便于大面积推广。

盐碱土改良方法：一是挖排水沟，降低水位；二是增施优质农肥，增加土壤有机质，以肥压碱、以肥改土；三是种植绿肥和耐盐碱作物（如甜菜、向日葵、高粱等），以生物排碱；四是实行浅翻（10厘米）深松（30厘米），防止把盐碱土翻到地表；五是对小块碱地可采取客土加沙改良；六是打造农田防护林，创造优良的农田生态环境，严禁乱挖碱土、乱垦荒地，把那些产量很低的盐碱地退耕还草。

对于土壤沙化的防治，最好的办法是弃耕还林还草，打造防风固沙林带。一时不能全退的也要粮草轮作，并增施有机肥或河塘泥，以增加土壤黏粒和腐殖质含量，改良沙性。

## 二、生物措施

主要指植树和种草，增加土地覆盖度。众所周知，森林能改善农田生态环境，涵养水源，防治风沙，缓解旱涝，被誉为"土地的保姆"。据测定，在森林植被下，雨水有14%～40%被树冠截留、5%～10%被林下枯枝落叶层吸收、50%～80%缓慢渗入地下，形成径流沿地表流失的水量不超过1%。3 333公顷森林的蓄水量相当于100万米$^3$的水库；农田防护林可以降低风速25%～48%、土壤水分可增加3.3%～4.7%。可见，森林既蓄住了水分，也缓解了旱涝和水土流失。那种怕占耕地而不愿造林的想法是不对的，占地是为了保地，当然造林也有个合理问题。据黑龙江省林业科学院测定，农田防护林网以250米×1 000米，林带宽3～5米，占地4%～6%即可达到保护农田的效果。近年来，随着"三北"防护林规划的实施，讷河市已初见成效，除农田防护林外，还应种植以水土保持为目的的沟头、沟坡等水土保持林及水分涵养林。对坡度大于8°的坡耕地一定要有计划地逐步退耕还林。目前全市有防护林32 054公顷、经济林3 469公顷、薪炭林7 107公顷、其他林32公顷。

在生物措施中除了植树，还包括对一年生、二年生作物和草地的管理。要配合养畜，在坡地种植牧草，并对保护性差和保护性好的作物施行带状间作，也能起到保持水土的作用。

## 三、工程措施

包括蓄（如修水库、修蓄水池等）、截（截流沟）、排（排水沟）、防（修防洪堤坝）、灌（灌水工程，如电机井、自流灌等），这些措施中应适当强调蓄水的作用。因蓄水既可以灌溉，又可以减轻低地涝害，还可以借以发展渔业生产，达到旱涝兼治的目的。

在水土流失严重的地段，特别是陡坡、沟头、河岸等地，仅用生物措施还不能达到预期目的，必须配合以工程措施，如修筑梯田，挖掘截流沟，修跌水池、小型蓄水池、小型水库等，都能起到一定程度的水土保持作用。但是，由于工程措施投资较大、成本高，需要国家政策和资金的支持，而且必须与农业、生物措施结合才能发挥最大效益。

### 四、水土流失综合防治

对不同水土流失类型区，采取不同的治理模式。根据不同水土流失类型区的特点，宜林则林，宜牧则牧，因地制宜，因害设防，探索出了不同的治理模式。

**1. 漫川漫岗区探索出了"三道防线"治理模式**　即坡顶建设农田防护林；坡面采取改垄耕作、修筑地埂植物带、坡式梯田和水平梯田等水土保持措施；侵蚀沟采取沟头修跌水池、沟底建谷坊、沟坡削坡插柳、育林封沟。

**2. 丘陵沟壑区探索出了"一林戴帽，二林围顶，果牧拦腰，两田穿靴，一垄座底"的小流域"金字塔"综合治理模式**　即山顶营造防护林；坡上部布设截流沟、营造水土保持涵养林；坡中部修筑果树台田或水平槽，发展特色经济林果；坡下部通过改垄、修筑地埂植物带、梯田改造坡耕地，建设旱涝保收的稳产农田。坡底的沟川地则是配套完善灌排水利设施，建设高标准的稳产高产良田，提高抗灾能力。

**3. 农牧交错区探索出了"三结合、三为主"的生态建设模式**　即坚持生态保护与生态治理相结合，以保护和促进生态自然修复为主；工程治理与生物治理相结合，以综合防治为主；生态效益与经济效益相结合，以畜牧业和草料基地建设配套为主，探索出生态保护与畜牧发展相结合的新路子。

## 第六节　讷河市耕地土壤改良利用对策及建议

土壤是在各种自然因素长期综合作用下形成的，也受到人类活动的深刻影响，土壤类型复杂多样。农业生产是以一定规格的地块和区域进行布局的，而不是以土壤界限作为土地界线。在农业生产实践中，常常把相似的自然条件、生产水平、种植种类，以及生产发展方向相一致的土壤归纳成组合，进行分区划片，称之为区域。这对生产活动和生产发展有一定的指导意义。土壤改良利用分区，便是把相同土类、相同土壤利用途径、相似改良方式归纳为同一区，以便发挥土壤资源的利用价值。

土壤分区是结合利用改良，综合地形、水文、气候、植被等特点进行，以便于农、林、牧、副、渔各业充分利用土壤资源，合理布局；为因地制宜地评土改土，合理施肥，建设高产稳产农田服务；为部署科学研究利用土壤和科学种田提供依据。

### 一、分区的原则和依据

土壤改良利用分区不是简单类型的拼合，而是将土壤普查所得的资料（类型、分布、数量、质量、生产特性等）经过认真分析整理，既依据土壤类型的特性和土壤改良利用的方向和方法的近似性或一致性，又考虑到自然条件（地形、植被、气温、降水等）、农业生态环境、生产力水平、发展方向和当地习惯进行分区的。所以，土壤改良利用分区属于综合性的农业分区。

为了搞好农业区划和农、林、牧、副、渔业总体规划，以山、水、田、林、草综合治理，农、林、牧、副、渔全面发展为指导思想。把土壤类型相近、地理条件、水文条件、气候条件、肥力水平、自然环境和利用途径、土壤组合基本一致的地区划分为一个改良利用区，属于综合分区。分区要保持界线的完整性，二级分区，先分大区，因自然条件和利用方向的不同可分为几个亚区，每个亚区是同一地貌单元内的土壤类型、土属相似，改良利用相一致的土种结合。根据肥力特征、利用方式划分不同亚区，以利用方式和土壤改良措施来命名。亚区主要以土壤类型命名，指出改良利用方向，确实体现每个区的基本特点。适合地貌多样的实际情况。讷河市的分区原则是以"五性"为标准。

**1. 科学性**　如实客观地反映肥力特点，根据本区的实际情况和自然规律，揭示区限差异。在同一区内，成土条件、土壤组合、基本性质和肥力水平有相近性。

**2. 生产性**　在同一区主要生产问题相一致，各区内有主攻方向和切实改良利用措施，反映出该区的生产性能。

**3. 群众性**　应总结农民用地、养地经验和改土培肥经验，尊重农民固有的、历史的、传统的划片方法进行分区。

**4. 综合性**　坚持土壤和其他自然客观条件综合因素，来考虑分区。

**5. 预见性**　改良利用方向和措施基本一致，根据自然条件发展方向看到未来的发展远景，适应将来发展趋势的要求，适应农业的发展规律。

讷河市改良利用分区定为两级，第一级为区，区下分亚区。区级的划分是根据同一自然景观单元内土壤的近似性和改良利用方向的相对一致性；亚区的划分主要根据同一区内土壤组合、肥力状况及改良利用措施的一致性。在分区命名上，区级采用地貌、改良利用、主要土壤类型相结合的综合命名方式；亚区则突出地形、现实农业生产特点和主要土壤亚类及生产潜力，确切地体现每一区的特点。讷河市整体是北高南低、东高西低，东北最高、西南最低，河流走向与此一致，以此把全市划分出 4 个区，含 8 个亚区。

## 二、分区概述

### （一）北部岗丘暗棕壤林农牧副渔区

该区位于讷河市北部，总面积为 114 509 公顷，占全市土地总面积的 17.16%。尤以东北部面积最大；其次是西北部，包括市属富源、宽余、国庆、茂山、保安 5 个大型国有林场和青色草原种畜场的大部；还有学田镇的西部、北部和东北部，二克浅镇的西部临江陡坡上，老莱镇的西北、东北部，孔国乡的东北部，龙河镇的西北部和北部，非市属的老莱农场、九三局所属红五月农场的大部分土地。本区主要特点是地势较高，坡度较大，地形切割较破碎，0.5°～1°的坡地约占 35％、1°～3°的坡地约占 45％，气候冷凉湿润，降雨较多，无霜期较短，为讷河市冷凉半湿润区，林木多，是全市主要的天然次生林区。主要土壤类型为暗棕壤，位于岗丘中上部，上层虽薄，但养分丰富；其次为暗棕壤型黑土，是本区的主要坡地土壤；岗丘间沟谷地为草甸土和草甸沼泽土。按其土壤和地形特点，可进一步划分为低山丘陵状台地暗棕壤宜林多种经营亚区和山前漫岗暗棕壤型黑土、草甸沼泽土农牧渔亚区。

**1. 低山丘陵状台地暗棕壤宜林多种经营亚区**　该亚区总面积为 63 456 公顷，占该区土地总面积的 55.42％。主要指该区中地形起伏和相对高差大、坡陡、土层薄、地下水埋藏深、水土流失严重的低山丘陵状台地，当地人习惯称其为山（如三棵山、笔架山、红马山、敖包山、莲花山、五指山、东山、西山、北山、南山等）。属讷河市的冷凉半湿润区。主要土壤是石质、沙石质和沙质、沙壤质暗棕壤，以及部分草甸暗棕壤。土壤呈微酸性至中性，黑土层厚 10～20 厘米，该亚区因受单一经营、盲目开荒的影响，不少地方、林木已被砍伐光，一些耕地已延至山顶。有些不能耕种的土地弃耕后形成了荒山秃岭。为充分发挥土壤资源优势，做到地尽其力，该亚区应确立以营林为重点的发展方向，实行营林和多种经营相结合的方针，逐步建成林木生产和木材加工基地。应注意抓好以下措施。

（1）植树造林，防止水土流失。要尽可能地动员一切人力物力，落实经济政策和生产责任制；实行国有、集体和个人多种形式的培育管护造林制度，尽快把荒山秃岭绿化起来，以营林固土、涵养水源、改良小气候，防止水土流失。

（2）有计划地逐步退耕还林。该亚区内的部分耕地要实行有计划的退耕还林，做到"地进川，林上山"，地尽其用。一时不能退耕的也要实行横坡打垄，并挖掘截流沟，营造农田防护林和水土保持林。自从实行退耕还林政策以来，讷河市就把该区作为退耕还林的重点。

（3）做到合理采伐，加速林相更新。该亚区是讷河市最主要的木材产区，必须加强采伐管理。对有培育前途的树种要采取抚育伐结合的方式促进林木速生。对劣质树种和残破林相要进行带状或块状改造，逐步实行针阔混交林向红松、落叶松用材林或阔叶用材林区发展。

（4）发挥土壤优势，充分利用山产资源。要发挥该亚区土地面积较大，土质肥沃的优势，养用结合，充分利用山地资源，发展养蜂、养蚕、养耳，采集山果、山野菜，种植药材、果树和其他经济林，加工编织等多种经营。20 世纪 50 年代成立蚕蜂指导站，开始饲养柞蚕，现每年放养柞蚕 100 余把。

**2. 山前漫岗暗棕壤型黑土、草甸沼泽土农牧渔亚区**　该亚区主要指该区中的岗坡地和沟谷地，土地总面积 51 053 公顷，占该区土地面积的 44.58％。该亚区土壤是暗棕壤向黑土过渡的中间类型，兼有黑土和暗棕壤 2 个土类的特点，表土层较厚，黑土层 20～30 厘米，1 米以下的底层为沙石，称其为暗棕壤型黑土。表层土壤较黏重，养分较丰富，土壤呈微酸性至中性。气候条件与暗棕壤宜林多种经营区近似。现该亚区除部分沟谷平地生长有小叶樟、薹草等草甸沼泽植被未经开垦外，多数已垦为农田，只在部分岗顶残存有榛柴、柞木疏林；岗间谷地尚有多处中、小型水库。该亚区在改良利用上实行农牧、渔林相结合的方针，岗坡上部或顶部仍以营林为主，中下部维护现有农田，沟谷或林缘作为放牧地，水库可兼养鱼。在改良防护措施上应采取以下措施：

（1）植树造林，防止水土流失。改造现有天然次生林，促其速生，并营造农田防护林，逐步把水土保持林、水分涵养林和薪炭林有机地结合起来。对岗坡地实行横坡打垄，挖截流沟等方法，防止水土流失。

（2）增施有机肥，深松改土。该亚区虽垦殖年限较短，但表土仍有部分流失，加之坡度大、施有机肥少，部分土壤肥力已衰减较重，"破皮黄""火烧云"已有发生。而且，表土板结黏糊现象也较为普遍，故应注意养地，增施农家肥，活化耕层，深松改土。

（3）建立合理的耕作制度，选用早熟高产品种。应推行轮作、轮耕、轮施肥的三区三制配套的耕作制度，因该亚区积温偏低，无霜期偏短，在选用作物品种时一定要注意早熟和高产。但轮作制度受长残留除草剂多年连续过量使用的限制以及粮食价格的影响，短期内难以有大的改变。

（4）维护草场，恢复草质。对现有沟谷地不应再蚕食开垦，应维护现有草场，注意载畜量。严禁不待牧草成熟就过早打草，使已经退化的草场恢复草质，增加覆盖度，农林牧各业均衡发展，尽快建成"林茂、草丰、粮增产"的良好生态环境。

### （二）讷谟尔河南北漫川漫岗黑土旱作农区

该区包括讷谟尔河南北两侧的大部分漫川漫岗，是讷河市黑土的主要分布区，也是农区的主体部分。总面积为 330 665 公顷，占全市总面积的 49.45％。该区地形呈叶脉状起伏，当地人习惯称其为漫川漫岗。海拔在 240～280 米，其中，1°～3°的坡耕地约占 45％，3°～7°的坡耕地占 10％，岗顶平地约占 30％。该区因南北跨度大，气候条件也有较明显的变化。北部属温凉半湿润气候区，表潜黑土居多；南部属温和半干旱气候区，以普通黑土为主。该区利用方向：以旱作农业为主，农、牧、林结合。按其土壤特点和气候条件，该区也可分为讷谟尔河北岸漫岗表潜黑土玉、豆、薯亚区，讷谟尔河南岸温凉旱岗普通黑土玉、豆、杂亚区。

**1. 讷谟尔河北岸漫岗表潜黑土玉、豆、薯亚区** 该亚区主要在讷谟尔河以北，包括学田、老莱、讷河、二克浅、孔国、龙河 6 个乡（镇）的 66 个村，也包括讷谟尔河南的同心、六和、讷南，长发 4 个乡（镇）的 7 个村。总面积 162 534 公顷，占该亚区面积的 49.15％。

该亚区土壤类型以表潜黑土为主，当地农民习惯称其为黑土水岗地。黑土层较厚，潜在肥力较高，土壤呈微酸性，是讷河市主要的大豆产区。因该区土壤质地较黏重、冷浆，不少地块土壤容重较大、热量不足，在改良利用上应抓好以下措施：

（1）建立合理的耕作制度。因该区地下水埋藏深，成井困难，地表水较丰富，加之土壤黏重滞水。所以，在耕作上要立足于保墒，加强深耕、深松，活化表土，实行轮作、轮耕、轮施肥的耕作制度。在农肥数量不足、质量较差情况下，实行两年一耕翻，两年或三年一茬粪，保留一定面积的豆科绿肥作物养地。大田作物实行原垄播种，防止"大开膛"，并结合中耕进行深松，以加深活化土层，接纳伏秋降雨，形成以合理轮作为中心，松、翻、搅、耙、种原垄的良好土壤耕作制度。

（2）选用早熟高产品种，防止贪青晚熟减产。因该区积温热量不足，在选用作物品种上一定要选用早熟高产的品种，杜绝越区种植或强种满贯品种碰运气。注意早播、细管、勤铲趟，促进作物早熟，防止低温冷害。

（3）农牧副有机结合，以副养农，以畜促农。尽管该区草场较少，应大力发展养猪为主的饲养业。鼓励农民养牛、养羊、养禽、养兔、养鸡，充分利用农副产品，搞好粮食转化，增加有机肥料资源，逐步实现以副养农、以牧促农，农牧副相结合，产供销一条龙，走农业良性循环道路。例如，二克浅镇的远大、红旗村，目前全村种地基本不用化肥，而且旱涝保收，所产粮食基本就地转化，形成了良性循环。

（4）植树造林、种草、防风固土蓄墒。因该区地形起伏较大，水土流失也重，应继续抓好植树造林种草工作，以增加地面植被覆盖度，涵养水源，防风固土蓄墒。除农田防护林外，为缓和并解决本区日益紧张的烧柴问题，要实现薪炭林的造林任务。特别把那些岗间沟谷地充分利用起来，插柳、种草，恢复原来的柳条通景观，也可用以发展编织加工业，帮助农民发展沼气。

**2. 讷谟尔河南岸温凉旱岗普通黑土玉、豆、杂亚区**　该亚区位于讷谟尔河以南，包括六合、讷南、九井、长发、同心、同义、通南7个乡（镇）的63个村。总面积168 131公顷，占本区面积的50.85％。该亚区也属漫川漫岗，但比讷谟尔河北岸平缓，海拔也不及讷谟尔河北岸高。土壤类型以普通黑土为主，只有同心和六合东北部岗上土壤与讷谟尔河北岸土壤剖面形态相似。该亚区热量较讷谟尔河北岸充足，降雨不及讷谟尔河北岸多，属讷河市温和半干旱气候区。

该亚区因垦殖年限较长，气候较干燥，加之用养脱节，水土保持较差，土壤养分消耗大于积累，地力耗损严重。如九井镇讷谟尔河南岸部分岗地，黑土层大都<25厘米，还有部分"破皮黄"。讷南镇的岗地土壤也是薄层、中层、厚层参差不齐，但厚层黑土极少，尚且有相当面积的"破皮黄"黑土。该亚区耕层土壤呈微酸性至中性。对于该亚区在土壤改良利用上，除采用讷谟尔河北岸亚区的有关措施以外，还应侧重抓好以下几项措施：

（1）增施有机肥，培肥地力。根据该亚区相当面积的土壤黑土层薄、养分含量偏低的现状，应狠抓增施农家肥、培肥地力工作。

（2）加强土壤水土保持工作。该亚区有不少坡度较大的"岗头"部位出现了侵蚀性黑土，即表土层已被风、水侵蚀掉，现在裸露地表的已不是原来黑土的表层结构，而是亚表层。所以，水土保持工作已显得相当重要，应把固土防风措施落到实处。

（3）调整作物种植比例，适当增加杂粮和经济作物面积。因该亚区气候和土壤特点与讷谟尔河北岸有所不同，又极少有草场可供放牧，所以在作物种植比例上也应有所不同。应适当扩大种植杂粮和经济作物面积，以增加农副产品数量和农民收入，使农民可以用多余的粗杂粮发展家庭饲养业。如以养猪业为主，兼顾养牛、养羊、养禽、养兔，转而提供更多更好的优质农肥，为改善土壤结构、培肥、恢复地力提供物质保证。

**（三）西部、西南部平岗黑钙土农副牧区**

该区位于讷河市西部和西南部，包括学田、二克浅、六合、兴旺、同义、同心、和盛、通南 8 个乡（镇），总面积 93 459 公顷，占全市面积的 14.0％。本区特点是地形起伏小，多为岗平地，降雨偏少，积温偏高，干燥度较大，土壤类型以黑钙土为主，间有部分沙土和盐碱土，农民有种植杂粮和经济作物的习惯。表层土壤养分含量和代换量不如黑土区高，土壤呈中性至微碱性。根据土壤特性，本区分为黏底黑钙土杂粮亚区，沙壤质黑钙土、沙底及沙黏底黑土经济作物亚区。

**1. 黏底黑钙土杂粮亚区**　该亚区位于讷河市南部，包括同义、同心、通南 3 个乡（镇）的西南部，和盛和兴旺铁路以东的大部分土地。总面积 61 598 公顷，占该区面积的 65.91％。主要土壤类型是黏底淋溶黑钙土和普通黑钙土。土壤呈中性。总的来看，养分状况不如黑土区高，与土壤垦殖较久、气候干燥、养分消耗大于积累有关。在改良利用上，应抓好以下措施：

（1）增施有机肥，提高地力。该亚区是讷河市主要杂粮产区，地力耗损较重，增施有机肥料，培肥地力是该亚区的长期工作。要想不断提高作物单位面积产量，克服黑土层较薄、肥力低、土壤板结等弱点，增施优质农肥必不可少。

（2）合理深耕深松，加厚耕作层。土壤只有保持足够厚度的活土层，才能提高蓄水供肥能力，特别对垦殖较久、耕层较浅的老耕地更应加强深耕深松，打破犁底层，为作物创造出水、肥、气、热协调，较深厚的活土层。深耕深松要因土、因时、因气候制宜，并结合增施肥料合理进行。

（3）营造防护林，防风固土。为了防风固土，解决烧柴紧张状况，该亚区仍需继续抓好农田防护林和薪炭林的营造工作。

（4）大力发展养殖业。该亚区牧地虽少，但不应放松养殖业。要充分落实各项政策，鼓励农民多养猪、养羊、养禽、养兔、养蜂、养奶牛，发展农副产品加工业。以副养农，以畜促农。

**2. 沙壤质黑钙土、沙底及沙黏底黑土经济作物亚区**　该亚区位于讷河市西部，处于漫岗向嫩江左岸滩地过渡部位。包括学田、二克浅、六合、同义、兴旺 5 个乡（镇）的 21 个村。总面积 31 861 公顷，占本区面积的 34.09％。该亚区气候干旱、风大、土壤热燥，多为沙质和沙壤质土壤，土壤呈中性。土壤形成受风积和淤积两方面的影响。根据该亚区土壤养分偏低、土壤热燥、通透性好、风蚀严重等特点，在改良利用上应主要采取以下措施：

（1）大力营造防护林。因该亚区受西部江风影响较大，常有风沙侵蚀覆被农田，特别是风口处，风蚀严重，因风剥造成毁种的现象常有发生。当地农民说这里是"春天风大刮平垄，夏季雨大流沙浆"。可见，大力营造农田防护林势在必行。

（2）增施有机肥，巧用化肥，提高地力。因该亚区土壤沙性大，应不断增施有机肥料，或以河塘泥改土，增加土壤的保肥供肥能力。克服该区土壤发小苗不发老苗，即中后期因脱肥影响作物生长的现象。在化肥施用上要本着"少吃多餐"的原则，即每次少施，多施几次，但也要根据化肥性质，看天看苗施肥。

（3）发挥土壤优势，扩种经济作物：因该亚区土质热潮，发苗快，作物成熟早、品质好。要扩大蔬菜、瓜果和烟草种植面积。

（4）种植绿肥作物，培肥地力。要积极推广种植沙打旺，草木樨、紫花苜蓿等绿肥豆科养地植物，以不断培肥地力。特别对土壤极度贫瘠的地块要退耕种草，或粮草轮作。

### （四）中西部河谷平原草甸土、沼泽土、沙土农牧林渔区

该区主要指讷河市的西部嫩江左岸和中部讷谟尔河两岸的江河滩地。总面积 106 421 公顷，占全市总面积的 15.94%，海拔 166～220 米。分为阶地下草甸土、潜育草甸土宜农水田亚区，江河滩地生草草甸土、沼泽土、沙土林牧渔亚区。

**1. 阶地下草甸土、潜育草甸土宜农水田亚区**　该亚区处于嫩江左岸和讷谟尔河两侧阶地下部，是滩地向岗地过渡地段。面积为 51 490 公顷，占本区面积的 48.38%。分属于二克浅、孔国、龙河、九井、讷南、六合、拉哈、兴旺 8 个乡（镇）的 42 个行政村。

该亚区地势较平坦，地下水埋深 1～5 米，储量大，成井条件好。属温和半干旱气候区。土壤类型以潜育草甸土、草甸土为主，间有部分草甸黑土、碳酸盐潜育草甸土、草甸沼泽土。土壤呈微酸至微碱性。土质细腻、土层较厚、土壤肥沃，是讷河市主要的水稻产区，也是全市朝鲜族聚居的地方。但因该亚区部分土壤旱季缺乏自流水，汛期又易受洪水威胁，今后在土壤改良利用上应注意以下几点：

（1）进一步搞好农田基本建设，合理开采利用地下水。对现有土地要进一步平整，特别是水田，要做到条田化，以利于机械插秧。对已有渠系要进一步整修，完善排灌系统，防止内涝和次生沼泽化发生。还应统筹安排电机井，合理开采地下水，对新建井要适当控制，已有井群要加强管理，以延长使用寿命、提高经济效益。

（2）增肥改土，提高单产。对于潜育草甸土，要增施有机肥，改变种植水稻不施有机肥、单靠化肥增产的做法，防止土壤板结，不断提高地力。要充分利用就地取材的便利条件，用河沙、草炭、煤灰改土，以改善土壤理化性质，提高单位面积产量。

（3）适当扩大水田面积，推广先进种稻技术。因该亚区水土条件适合水稻生长，应充分利用当地水土资源，适当扩大水田种植面积，不断引进、示范、推广种植水田新技术，逐步把该亚区建成旱涝保收、稳产高产的稻米之乡。

**2. 江河滩地生草草甸土、沼泽土、沙土林牧渔亚区**　该亚区位于江河两岸，距河床较近，为季节性洪水泛滥地段。总面积 54 931 公顷，占本区面积的 51.62%。

该亚区地势平坦，微地形复杂，古河道纵横交错，泡沼星罗棋布，并有十几条支流注入，正常年份水量"平槽"，洪汛期宽溢数里。气象条件与前亚区近似，主要土壤类型为生草草甸土（原称泛滥土或河淤土）、泥炭腐殖质沼泽土，间有部分沙土和层状草甸土。土壤特点是土层薄、质地较粗、养分含量偏低，但土质热潮、松散、代换量较小，土壤呈微酸性至中性，着生小叶樟等喜湿性草甸杂草。前些年，毁草开荒屡屡发生，后果是既不能丰收，又浪费了资金和人力，还破坏了草甸植被及柳通灌丛，造成江河两岸水土流失严重，泥沙下泄，抬高河床，影响排洪，洪水泛滥，江河改道。为了更好地发挥该亚区土壤资源的优势，今后应抓好以下工作：

（1）加强草原管理，严禁毁草开荒。要加强该区的土地管理。严禁继续毁草开荒，禁止过早打草、过度放牧等破坏草原的现象出现。对已垦耕地要根据效益情况逐年退耕还牧或种植牧草，实行粮草轮作，优化再生草原，逐步把该区恢复和建成优质高产的草场和季节性牧场。

（2）发展畜牧业，建设牧业基地。在恢复和建设优质高产牧场的同时，要抓好奶牛生产，改良黄牛、奶山羊、绵羊等畜牧业生产。在放牧方式上，要根据草原条件，实行季节性放牧或分区划片轮牧，逐步把该区建成讷河市的牧业基地。

（3）植树造林，防止水土流失。要以生物措施和水利工程措施相结合的办法，解决讷谟尔河沿岸水土流失、河道加宽、泥沙淤积、抬高河床的问题。在江河两岸要营造足够数量的护岸林，把柳条通尽快恢复起来。对江河支流发源地亦应加强管理，禁止毁林、毁草、开荒搞副业。

（4）搞好防洪排涝工程。对江河两岸应经过勘查并有计划地逐步修筑防洪堤坝，可结合 G111 国道在讷河市境内开工建设的契机挖运河沙，有目的地取直河道，清理河底，建立完善的排涝系统，防止季节性客水进地，侵害农田，制止内涝发生，确保农业丰收。

（5）保护渔业资源，发展渔业生产。该亚区拥有 5 300 公顷的水面，约占全市水域面积的 2/3，是讷河市天然水面最大、最集中的地区。应充分利用好、保护好现有水面资源，防止水源有害物质的增加，杜绝污水注入江河，适当发展水产养殖业。加强渔业队伍建设，普及渔业知识，搞好鱼苗、鱼种基地建设。

讷河市土壤改良利用分区见附表 3-7。

附表 3-7 讷河市土壤改良利用分区

| 分区 | 面积（公顷） | 占本区面积（%） | 土壤改良利用方向 |
|---|---|---|---|
| （一）北部岗丘暗棕壤林农牧副渔区 | 114 509 | 100.00 | 低山丘陵以营林为重点的发展方向，实行营林和多种经营相结合的方针；有计划地逐步退耕还林；做到合理采伐，加速林相更新；发挥土壤优势，充分利用山产资源 |
| 1. 低山丘陵状台地暗棕壤宜林多种经营亚区 | 63 456 | 55.42 | |
| 2. 山前漫岗暗棕壤型黑土、草甸沼泽土农牧渔亚区 | 51 053 | 44.6 | 山前漫岗实行农牧、渔林相结合的方针，维护现有农田，沟谷或林缘为放牧地，水库可兼养鱼 |
| （二）讷谟尔河南北漫川漫岗黑土旱作农区 | 330 065 | 100.00 | 建立合理的耕作制度；调整作物种植比例，适当增加杂粮和经济作物种植面积；选用早熟高产品种，防止贪青晚熟减产；加强水土保持工作；植树造林、种草、防风固土蓄墒 |
| 1. 讷谟尔河北岸漫岗表潜黑土玉、豆、薯亚区 | 162 534 | 49.16 | |
| 2. 讷谟尔河南岸温凉旱岗普通黑土玉、豆、杂亚区 | 168 131 | 50.85 | 增施有机肥，培肥地力。农畜副有机结合，以副养农，以畜促农 |
| （三）西部、西南部平岗黑钙土农副牧区 | 93 459 | 100.00 | 增施有机肥，提高地力；合理深耕深松，加厚耕作层；营造防护林，防风固土；大力发展养殖业；发挥土壤优势，扩种经济作物 |
| 1. 黏底黑钙土杂粮亚区 | 61 598 | 65.91 | |
| 2. 沙壤质黑钙土、沙底及沙黏底黑土经济作物亚区 | 31 861 | 34.09 | |

（续）

| 分区 | 面积<br>（公顷） | 占本区面积<br>（%） | 土壤改良利用方向 |
|---|---|---|---|
| （四）中西部河谷平原草甸土、沼泽土、沙土农牧林渔区 | 106 421 | 100.00 | 搞好防洪排涝工程；加强农田基本建设，合理开采利用地下水；增肥改土，提高单产；适当扩大水田面积，推广先进种稻技术加强草原管理，发展畜牧业，建设牧业基地；植树造林，防止水土流失；保护渔业资源，发展渔业生产 |
| 1. 阶地下草甸土、潜育草甸土宜农水田亚区 | 51 490 | 48.38 | |
| 2. 江河滩地生草草甸土、沼泽土，沙土林牧渔亚区 | 54 931 | 51.62 | |

注：不包括克山农场。

# 附录 4　讷河市耕地地力评价与种植业结构调整

## 一、概况

讷河市自土地承包到户以来，随着种植品种、种植结构和种植模式的改变，土壤结构发生很大的变化。讷河市开展耕地地力与种植业布局专题调查，目的是了解土壤肥力状况，科学指导农业生产，使全市农业向着良性、可持续方向发展。

讷河市是以农业为主的市，1980 年，耕地面积为 253 601 公顷，粮豆薯总产 400 094 吨，作物以小麦、大豆、谷子为主。2010 年，耕地面积 404 667 公顷，粮豆薯总产 1 615 804 吨，大豆种植面积不断增加，小麦种植面积减少。作物以大豆、玉米、水稻、马铃薯为主。近年来，随着种植业结构调整，玉米和水稻面积不断增加，大豆面积减少。

1980 年讷河市农作物播种面积及产量见附表 4 - 1，2010 年讷河市农作物播种面积及产量见附表 4 - 2。

附表 4 - 1　1980 年讷河市农作物播种面积及产量

| 农作物 | 播种面积（公顷） | 占比例（%） | 总产量（吨） | 单产（千克/公顷） |
| --- | --- | --- | --- | --- |
| 小麦 | 69 572 | 27.43 | 134 415 | 1 935 |
| 大豆 | 60 650 | 23.92 | 96 254 | 1 590 |
| 玉米 | 28 441 | 11.21 | 58 576 | 2 063 |
| 水稻 | 810 | 0.32 | 2 336 | 2 888 |
| 马铃薯 | 15 463 | 6.10 | 37 547 | 2 430 |
| 甜菜 | 715 | 0.28 | 10 342 | 14 955 |
| 谷子 | 30 263 | 11.93 | 70 966 | 1 170 |
| 葵花籽 | 17 455 | 6.88 | 29 184 | 1 672 |

附表 4 - 2　2010 年讷河市农作物播种面积及产量

| 农作物 | 播种面积（公顷） | 占比例（%） | 总产量（吨） | 单产（千克/公顷） |
| --- | --- | --- | --- | --- |
| 大豆 | 253 446 | 62.63 | 570 295 | 2 250 |
| 玉米 | 87 612 | 21.65 | 773 717 | 8 831 |
| 水稻 | 23 534 | 5.82 | 176 456 | 7 498 |
| 马铃薯 | 17 450 | 4.31 | 94 218 | 5 399 |
| 甜菜 | 6 985 | 1.73 | 230 505 | 33 000 |
| 小麦 | 276 | 0.07 | 1 118 | 4 051 |

## 二、调查的背景

### （一）讷河市种植业布局的发展

从讷河市种植业发展情况看，大致分为两个阶段。

**1. 家庭承包经营前**　此阶段多以生产队形式进行集体化耕作，种植业布局以粮食作物和经济作物为主，在一定程度上能够做到合理轮作。种植的作物有小麦、谷子、糜子、玉米、水稻、高粱、马铃薯、大豆、甜菜、烟草、向日葵、苏子、油菜籽、线麻、亚麻等，种植作物种类多。

**2. 家庭承包经营后**　此阶段随着新品种和新技术的应用，粮食单产有了大幅提高，但也存在作物由多元化向简单化方向转变。具体表现为：小麦种植面积不断减少，小作物，如谷子、糜子、高粱、麻类等基本上没有种植；大豆种植面积不断加大，轮作体系被破坏。

### （二）开展专题调查的必要性

土壤是农作物赖以生存的基础，土壤理化性状的好坏直接影响作物的产量。因此，开展耕地地力调查，查清耕地的各种营养元素状况，作出作物适宜性评价，科学指导农业生产，实现农业良性发展，确保粮食安全，为国家千亿斤粮食工程的顺利实现提供保障。

开展耕地地力调查，了解土壤的养分状况，实现平衡施肥，避免盲目施肥带来的产量降低、肥料利用率低和污染环境等一系列问题。可在等量或减少化肥投入情况下提高作物产量，达到节本增效的目的；可提高化肥利用率，防止地下水被污染，提高环境保护质量，对发展生态农业和绿色食品生产都具有一定的益处，能最大限度地保证农业收入的稳步增加。

开展耕地地力调查，为农业提供合理布局，降低由于不良的栽培习惯给农业生产带来的风险，促进农民增收。近些年，农民在自己的土地上栽培作物的单一化以及过度依赖化肥，使化肥的投入量逐年增加，给土壤环境造成破坏，造成土壤的养分状况失衡，土壤板结现象日趋严重。做好耕地地力调查，可充分了解土壤状况，降低农民在农业生产中的过度投入，降低生产成本，真正实现农民增收的目标。

## 三、方法与内容

采用耕地地力调查与测土配方施肥工作相结合，依据《规程》规定的程序及技术路线实施。利用讷河市归并土种后的数据土壤图、行政区划图和土地利用现状图叠加产生的图斑作为耕地地力调查的基本单元。讷河市耕地面积为 404 667 公顷，样点布设基本覆盖了全市所有的土壤类型。土样采集是在作物成熟收获后进行的。在选定的地块上进行采样，每 120 公顷耕地布设 1 个取样点，采样深度为 0～20 厘米，每块地平均选取 7～15 个点混合成 1 个样，用四分法留取土样 1 千克做化验分析，并用 GPS 定位仪进行定位。

## 四、调查结果与分析

讷河市主要土壤类型为黑土、黑钙土、草甸土、暗棕壤、沼泽土、风沙土。其中，黑土面积 242 732 公顷，占全市总耕地面积的 59.98%；黑钙土面积为 54 867 公顷，占全市总耕地面积的 13.56%；草甸土面积为 95 335 公顷，占全市总耕地面积的 23.56%；暗棕壤面积为 4 128 公顷，占全市总耕地面积的 1.02%；沼泽土面积为 4 432 公顷，占全市总耕地面积的 1.10%；风沙土面积为 3 173 公顷，占全市总耕地面积的 0.78%。本次耕地地力调查与评价将讷河市耕地划分为 5 个等级。见附表 4-3。

附表 4-3　讷河市耕地各土类不同地力等级面积统计

单位：公顷

| 土类 | 面积 | 一级 | 二级 | 三级 | 四级 | 五级 | 占总面积（%） |
|---|---|---|---|---|---|---|---|
| 草甸土 | 95 335 | 0 | 523 | 22 813 | 49 152 | 22 846 | 24 |
| 黑钙土 | 54 867 | 33 947 | 7 998 | 12 632 | 108 | 181 | 14 |
| 风沙土 | 3 173 | 0 | 0 | 0 | 0 | 3 173 | 1 |
| 黑土 | 242 732 | 37 874 | 121 509 | 70 252 | 13 098 | 0 | 60 |
| 暗棕壤 | 4 128 | 0 | 0 | 2 900 | 1 090 | 138 | 1 |
| 沼泽土 | 4 432 | 0 | 0 | 0 | 4 091 | 341 | 1 |
| 合计 | 404 667 | 71 821 | 130 030 | 108 597 | 67 540 | 26 679 | 100 |

讷河市各乡（镇）不同地力等级面积统计见附表 4-4，不同等级相关属性统计见附表 4-5。

附表 4-4　讷河市各乡（镇）不同地力等级面积统计

单位：公顷

| 乡（镇） | 面积 | 一级地 | 二级地 | 三级地 | 四级地 | 五级地 |
|---|---|---|---|---|---|---|
| 兴旺乡 | 27 421 | 8 988 | 5 711 | 4 316 | 4 331 | 4 076 |
| 和盛乡 | 19 616 | 11 029 | 2 148 | 6 337 | 87 | 16 |
| 九井镇 | 26 353 | 10 664 | 8 127 | 918 | 6 441 | 203 |
| 讷南镇 | 30 782 | 1 354 | 13 396 | 6 201 | 7 724 | 2 107 |
| 孔国乡 | 30 754 | 1 235 | 10 474 | 9 665 | 5 189 | 4 191 |
| 通南镇 | 29 158 | 5 214 | 12 410 | 11 514 | 21 | 0 |
| 同义镇 | 24 343 | 10 249 | 7 931 | 3 320 | 2 714 | 129 |
| 拉哈镇 | 4 620 | 194 | 0 | 1 538 | 535 | 2 352 |
| 同心乡 | 24 713 | 4 754 | 13 386 | 4 842 | 1 552 | 179 |
| 六合镇 | 33 104 | 3 690 | 8 955 | 7 085 | 9 036 | 4 340 |
| 龙河镇 | 31 419 | 5 697 | 7 361 | 7 342 | 8 835 | 2 184 |

（续）

| 乡（镇） | 面积 | 一级地 | 二级地 | 三级地 | 四级地 | 五级地 |
|---|---|---|---|---|---|---|
| 长发镇 | 17 212 | 993 | 7 730 | 6 470 | 1 417 | 601 |
| 学田镇 | 28 350 | 3 789 | 6 295 | 11 436 | 5 886 | 944 |
| 二克浅镇 | 38 523 | 1 176 | 13 732 | 14 543 | 5 785 | 3 289 |
| 讷河镇 | 4 025 | 552 | 2 633 | 431 | 208 | 201 |
| 老莱镇 | 34 274 | 2 244 | 9 742 | 12 642 | 7 780 | 1 866 |
| 合计 | 404 667 | 71 821 | 130 030 | 108 597 | 67 540 | 26 679 |

附表 4-5　不同等级耕地相关属性统计

| 项目 | 平均值 | 一级地 | 二级地 | 三级地 | 四级地 | 五级地 |
|---|---|---|---|---|---|---|
| pH | 7.04 | 7.06 | 7.04 | 7.03 | 6.96 | 7.20 |
| 有机质（克/千克） | 38.50 | 38.48 | 37.71 | 37.48 | 40.05 | 39.49 |
| 有效磷（毫克/千克） | 33.11 | 36.87 | 32.12 | 30.83 | 36.38 | 31.05 |
| 速效钾（毫克/千克） | 199.71 | 222.63 | 198.52 | 193.97 | 212.68 | 172.16 |
| 有效氮（毫克/千克） | 241.58 | 242.84 | 242.61 | 239.45 | 242.06 | 242.66 |
| 全氮（克/千克） | 1.17 | 1.02 | 1.13 | 1.18 | 1.25 | 1.21 |
| 全磷（克/千克） | 1.40 | 1.26 | 1.38 | 1.43 | 1.47 | 1.40 |
| 全钾（克/千克） | 24.41 | 24.80 | 24.87 | 24.31 | 24.24 | 23.76 |
| 有效铜（毫克/千克） | 1.59 | 1.59 | 1.59 | 1.58 | 1.61 | 1.59 |
| 有效锌（毫克/千克） | 0.62 | 0.62 | 0.62 | 0.61 | 0.62 | 0.61 |
| 有效锰（毫克/千克） | 25.81 | 25.40 | 26.00 | 25.77 | 26.10 | 25.43 |
| 有效铁（毫克/千克） | 25.96 | 25.98 | 25.85 | 25.88 | 26.25 | 25.84 |
| 坡度（°） | 2.32 | 1.82 | 2.18 | 2.73 | 2.13 | 2.43 |
| 有效土层厚度（厘米） | 35.27 | 37.90 | 40.57 | 36.31 | 31.95 | 26.89 |
| 障碍层厚度（厘米） | 20.52 | 9.85 | 10.28 | 15.40 | 36.21 | 32.22 |
| 容重（克/厘米$^3$） | 1.16 | 1.31 | 1.36 | 1.20 | 0.97 | 0.95 |

## 五、讷河市种植业布局

种植业是讷河市域经济的重要组成部分，在市域经济中占较大比重。纵观讷河市农业发展，耕地面积在不断扩大，粮食单产和总产都有较大的提升，土地经营向规模化和产业化逐步迈进，为适应新形势下市场的需求，种植业结构不断发生变化。

**1. 大豆**　2010 年，讷河市大豆种植面积为 253 446 公顷，总产为 570 295 吨，单产为 2 250 千克/公顷。

**2. 玉米**　2010 年，讷河市玉米种植面积为 87 612 公顷，总产为 773 717 吨，单产为

8 831 千克/公顷。

**3. 水稻** 2010 年，讷河市水稻种植面积为 23 534 公顷，总产为 176 456 吨，单产为 7 498 千克/公顷。

**4. 马铃薯** 2010 年，讷河市马铃薯种植面积为 17 450 公顷，总产为 94 218 吨，单产为 5 399 千克/公顷。

## 六、种植结构调整存在的问题

**1. 有关政策的扶持和保护力度不够** 讷河市现行的农业政策在行政措施、经济手段等方面对种植业虽有一定的扶持，但由于政府财力的限制，扶持的力度不够，种植业还处于较低的水平。

**2. 品种结构复杂，主产业不突出** 目前，讷河市种植业中以大豆为主，其次是水稻、玉米、马铃薯。没有形成一定的品种规模优势，品种过多过杂，没有主栽品种，单一品种的种植面积小。品种过多和分散经营造成讷河市无法形成品牌，大大限制了优势特色产品的发展。

**3. 农业基础设施落后** 虽然技术力量较为雄厚，但由于硬件设施的不完备，雨养农业的现状还是制约了种植业的发展。

**4. 农产品加工水平落后，流通环节不畅** 大豆、玉米、水稻是讷河市种植主要产品，但几乎没有深加工途径，主要以输出为主，农产品的附加值极低。

## 七、对策与建议

讷河市通过开展耕地地力调查与质量评价，基本查清了全市耕地类型的地力状况及农业生产现状，为讷河市农业发展及种植业结构优化提供了较可靠的科学依据。种植业结构调整除了因地种植外，还要与讷河市的经济、社会发展紧密相连。

### （一）国民经济和社会发展的需求

随着人民群众生活水平和消费层次的不断提高，对自身的生活质量已由原来的数量满足型向质量提高型转变。大力推进农业和农村经济结构的战略性调整，使农业增效、农民增收已经成为农业和农村的重要任务。因此，种植业生产结构和布局的调整要以市场为导向，按市场定生产，发展优势项目。在农村种植业结构调整中，应做到因地制宜、扬长避短，实现人无我有、人有我优、人优我廉。在现有条件下，应在传统的大豆、水稻、马铃薯上做文章，生产绿色水稻、绿色大豆、高油大豆，还有市场较为抢手的芽豆；发挥传统产业的优势，逐步开拓南方市场，形成特色产业，做到基地和企业相结合，形成产供销一条龙这样一个良好的链条。只有这样发展，种植业在市场上才能立于不败之地。

### （二）科学发展，使农业向着良性轨道运行

**1. "良种良法"配套** 积极推进单产水平的提高和专业化生产。选择先进科学技术是调整种植结构，发展优质、低耗、高效农业的基础。加速科技进步、加强技术创新，是提高农产品市场竞争力的根本途径。优化结构，促进产业升级，除了解决好品种问题之外，

还需要有相应配套的现代农业技术作为支撑。应重点加强与新品种相对应的施肥培肥技术、耕作技术等。为促进主要作物专业化生产和满足不同社会需求，重点是发展高油与高蛋白大豆、优质水稻、各种加工专用型与饲用型玉米。

**2. 加强标准化生产**　从大豆、玉米、水稻等重点粮食作物抓起，把先进适用技术综合组装配套，转化成易于操作的农艺措施，让农民看得见、摸得着、学得来、用得上，用生产过程的标准化保证粮食产品质量的标准化。从种子、整地、播种、田间管理、收获和加工等关键环节抓起，快速提高单位面积产量。在有条件的地方，实行粮食的标准化生产，为高标准搞好春耕生产提供了基础和条件。粮食标准化生产的实施要搞好技术培训，加大高产优质高效粮食生产栽培技术的培训力度，确保技术到村、到户、到田间地头。

**（三）加强农业基础设施建设，提高农业抵御自然灾害的能力**

**1. 加强农业基础设施的投入和体制创新**　通过加强农业基础设施的投入和体制创新，以及增加财政用于农业特别是农田水利设施投资的比例，改变讷河市农田水利基础设施落后的面貌。加强基本农田建设，以基本农田建设为重点，改善局地土壤条件，拦蓄降雨，减少径流和土壤流失，提高保水保土保肥能力。

**2. 改良土壤**　通过深松、精耙中耕、培施改土、合理轮作等措施，促进土壤养分活化。同时使土壤理化性状得以改善，增加土壤储水，提高土壤蓄水保墒能力。不断加大有机肥的投入量，保持和提高土壤肥力。对中低产田可以通过农艺、生物综合措施进行改良，使其逐步变成高产稳产农田。营造经济型生态林，改善生态环境。同时，要控制工业废料对农田的污染。

**3. 发展绿色和特色产业**　提高农产品质量安全水平是调整农业结构的有效途径，不仅仅是要调整各种农产品数量比例关系，更重要的是要调整农产品品质结构，全面提高农产品质量。减少劣质品种的生产、选择优质品种、探索最佳种植模式等，已成为当前农业结构调整的重点。必须大力发展优质高效农业，扩大优质产品在整个农产品中所占的比重，实现农产品生产以大路货产品为主向以优质专用农产品为主的转变。

针对讷河市的实际情况，做大做强绿色水稻、玉米、蔬菜生产这些主导产业。同时，按照讷河市农村经济发展的战略要求，强化耕地质量管理与保护，优化土地资源，因地制宜，提出科学的建议，具有十分重要的意义。

# 附录5　讷河市村级土壤属性统计表

附表 5-1　各村土壤 pH 统计结果

| 村名称 | 一级地 | 二级地 | 三级地 | 四级地 | 五级地 | 样本数 | 平均值 | 最小值 | 最大值 |
|---|---|---|---|---|---|---|---|---|---|
| 忠孝村 | — | 7.12 | 7.29 | 7.15 | 6.99 | 19 | 7.12 | 6.88 | 7.37 |
| 治河村 | 6.74 | 7.29 | 7.14 | — | | 59 | 7.20 | 6.71 | 7.63 |
| 志诚村 | 6.87 | 6.58 | 6.74 | — | — | 26 | 6.71 | 5.83 | 7.64 |
| 照耀村 | 6.56 | 6.87 | 6.92 | 6.91 | 7.04 | 69 | 6.93 | 6.06 | 7.59 |
| 兆林村 | 6.79 | 7.19 | 7.07 | 7.13 | 7.10 | 44 | 7.11 | 6.71 | 7.51 |
| 增产村 | 6.77 | 6.52 | 6.61 | 6.70 | | 44 | 6.63 | 5.85 | 7.26 |
| 远大村 | 7.20 | 7.12 | 6.97 | 6.91 | 6.97 | 54 | 6.99 | 6.71 | 7.54 |
| 育民村 | 6.83 | 6.61 | 6.60 | 6.49 | — | 31 | 6.61 | 5.51 | 7.10 |
| 友好村 | 6.59 | 6.69 | 6.60 | 6.54 | 6.49 | 75 | 6.58 | 6.11 | 7.85 |
| 勇进村 | 6.61 | 6.66 | — | 6.69 | 6.70 | 38 | 6.67 | 6.32 | 7.19 |
| 永强村 | 6.86 | 7.02 | 6.95 | 7.15 | — | 30 | 6.98 | 6.43 | 7.32 |
| 永久村 | 7.67 | 7.88 | 7.78 | 7.84 | | 34 | 7.78 | 6.79 | 8.13 |
| 永发村 | 6.83 | — | 7.10 | 7.03 | — | 12 | 7.07 | 6.83 | 7.44 |
| 学田村 | 6.42 | 6.74 | 6.52 | 6.17 | 7.03 | 24 | 6.46 | 5.77 | 7.15 |
| 旭光村 | 6.75 | 7.07 | 6.33 | 7.59 | 7.59 | 18 | 7.01 | 6.15 | 7.78 |
| 兴业村 | 6.96 | 7.05 | 7.01 | 7.10 | 6.92 | 39 | 7.03 | 6.61 | 7.37 |
| 兴旺村 | 7.91 | 7.98 | 7.25 | 7.50 | 7.70 | 37 | 7.61 | 6.99 | 8.14 |
| 兴胜村 | — | 7.34 | 7.31 | 7.26 | — | 8 | 7.31 | 7.05 | 7.73 |
| 兴隆村 | 7.48 | 7.33 | 7.44 | — | | 52 | 7.39 | 7.01 | 7.66 |
| 信义村 | — | 7.30 | 7.37 | 6.84 | 7.49 | 56 | 7.27 | 6.52 | 7.60 |
| 新兴村 | 7.16 | 7.83 | 7.07 | 7.28 | 7.46 | 33 | 7.28 | 6.94 | 8.11 |
| 新祥村 | 7.43 | 7.84 | 7.53 | — | — | 27 | 7.57 | 6.51 | 7.91 |
| 新世纪村 | 6.13 | 6.59 | 6.36 | 6.33 | 6.46 | 57 | 6.35 | 5.50 | 6.86 |
| 新生活村 | — | 6.97 | 6.52 | 6.60 | 6.59 | 32 | 6.57 | 5.87 | 7.28 |
| 新化村 | 6.52 | 7.18 | 7.02 | 6.37 | | 17 | 7.00 | 6.35 | 7.48 |
| 新合村 | 7.10 | 7.04 | 7.03 | — | — | 41 | 7.05 | 5.87 | 7.73 |
| 新富村 | 7.30 | 7.20 | 7.25 | | | 22 | 7.23 | 6.77 | 7.40 |
| 新安村 | 6.89 | 6.84 | 7.32 | 7.52 | 7.59 | 133 | 7.39 | 6.23 | 8.23 |
| 向阳村 | 6.88 | 6.88 | 6.81 | 6.87 | | 51 | 6.84 | 6.16 | 7.40 |
| 向荣村 | 6.53 | 6.81 | 6.85 | 6.85 | — | 27 | 6.82 | 6.53 | 7.12 |
| 祥云村 | 6.79 | 6.78 | — | 6.61 | | 42 | 6.71 | 6.48 | 7.19 |

（续）

| 村名称 | 一级地 | 二级地 | 三级地 | 四级地 | 五级地 | 样本数 | 平均值 | 最小值 | 最大值 |
|---|---|---|---|---|---|---|---|---|---|
| 祥乐村 | — | 7.09 | 7.21 | 6.69 | — | 18 | 7.11 | 6.69 | 7.61 |
| 鲜兴村 | 6.69 | 6.99 | 6.84 | 7.48 | 7.47 | 35 | 7.35 | 6.29 | 8.23 |
| 先锋村 | 6.33 | 6.50 | 6.46 | 6.35 | 6.18 | 28 | 6.36 | 5.55 | 7.26 |
| 西庄村 | — | 7.18 | 7.13 | 7.27 | 7.36 | 32 | 7.24 | 6.71 | 8.23 |
| 五一村 | — | 6.90 | 6.94 | 6.90 | — | 14 | 6.91 | 6.67 | 7.08 |
| 五星村 | 6.72 | 7.09 | 6.98 | — | — | 13 | 6.94 | 5.90 | 7.84 |
| 五福村 | 7.21 | 7.09 | 7.21 | — | — | 57 | 7.15 | 6.53 | 7.84 |
| 文明村 | — | 7.20 | 7.19 | 7.20 | 7.35 | 27 | 7.23 | 6.60 | 7.51 |
| 文化村 | 6.84 | 6.88 | 6.63 | — | — | 14 | 6.84 | 6.44 | 7.16 |
| 文光村 | 6.95 | 7.02 | 7.07 | — | — | 52 | 7.03 | 6.44 | 7.78 |
| 万兴村 | 7.01 | 6.97 | 6.94 | — | — | 21 | 6.96 | 6.25 | 7.25 |
| 万宝村 | 6.97 | 7.26 | 6.88 | — | — | 24 | 6.95 | 6.33 | 7.26 |
| 团结村 | 7.80 | 8.11 | 7.40 | 7.07 | 8.02 | 37 | 7.86 | 6.65 | 8.15 |
| 同义村 | 7.12 | 7.19 | 7.21 | — | — | 24 | 7.17 | 6.77 | 7.55 |
| 同心村 | 7.59 | 7.40 | 7.58 | — | — | 41 | 7.53 | 6.78 | 8.05 |
| 通胜村 | — | 7.43 | 7.50 | — | — | 15 | 7.47 | 7.24 | 7.66 |
| 通南村 | 7.23 | 7.31 | 7.27 | — | — | 25 | 7.28 | 6.83 | 7.78 |
| 天津村 | 7.57 | — | 7.59 | 7.56 | 7.53 | 29 | 7.57 | 7.01 | 7.94 |
| 太和村 | 6.51 | 6.58 | 6.58 | 7.58 | 7.59 | 21 | 7.00 | 6.41 | 7.59 |
| 索伦村 | — | — | — | 7.75 | 7.60 | 11 | 7.64 | 7.49 | 7.78 |
| 四季青村 | 7.13 | — | 7.03 | 7.15 | 7.39 | 30 | 7.21 | 6.52 | 7.92 |
| 双兴村 | 6.81 | 6.97 | — | 6.70 | 6.45 | 49 | 6.72 | 6.19 | 7.36 |
| 双喜村 | 6.82 | 6.90 | 6.79 | 6.77 | — | 18 | 6.86 | 6.64 | 7.23 |
| 双泉村 | — | 7.12 | 7.49 | 7.31 | 7.35 | 67 | 7.27 | 6.24 | 7.49 |
| 双乐村 | 7.45 | 7.36 | 7.50 | — | — | 14 | 7.45 | 7.04 | 7.62 |
| 双合村 | 6.80 | 7.03 | 7.13 | 7.23 | 7.26 | 69 | 7.15 | 6.37 | 7.87 |
| 双发村 | — | 7.31 | 7.23 | 7.27 | 7.30 | 20 | 7.29 | 6.83 | 7.63 |
| 胜利村 | 7.24 | 7.23 | 7.38 | 7.28 | 7.24 | 101 | 7.28 | 6.35 | 7.81 |
| 升平村 | 6.82 | 6.56 | 6.64 | — | 6.96 | 19 | 6.72 | 6.10 | 7.10 |
| 三星村 | 6.86 | 7.11 | 7.09 | 7.03 | 7.07 | 34 | 7.05 | 6.66 | 7.36 |
| 三山村 | 7.40 | 7.42 | 7.34 | — | — | 21 | 7.39 | 7.15 | 7.54 |
| 三合村 | 7.00 | 6.91 | — | 7.11 | — | 29 | 7.00 | 6.27 | 7.17 |
| 荣胜村 | 6.41 | 6.51 | 6.39 | — | — | 11 | 6.48 | 6.32 | 6.76 |

（续）

| 村名称 | 一级地 | 二级地 | 三级地 | 四级地 | 五级地 | 样本数 | 平均值 | 最小值 | 最大值 |
|---|---|---|---|---|---|---|---|---|---|
| 荣光村 | 6.57 | 7.11 | 6.91 | 7.09 | 6.95 | 23 | 7.00 | 6.49 | 7.45 |
| 仁厚村 | 7.57 | — | 7.63 | — | 7.38 | 16 | 7.59 | 7.10 | 8.00 |
| 仁和村 | 6.55 | 6.78 | 6.79 | 7.58 | 7.59 | 31 | 7.21 | 6.46 | 7.59 |
| 仁爱村 | — | 7.03 | 7.01 | 6.85 | 7.09 | 42 | 6.95 | 6.69 | 7.62 |
| 群英村 | 6.85 | 7.00 | 6.96 | 6.68 | — | 42 | 6.94 | 6.29 | 7.27 |
| 全胜村 | — | — | 7.03 | 6.85 | — | 25 | 6.87 | 6.80 | 7.17 |
| 庆祥村 | 7.37 | 6.96 | 7.07 | — | — | 32 | 7.06 | 6.50 | 7.69 |
| 庆丰村 | — | 6.97 | 7.19 | — | — | 16 | 7.08 | 6.34 | 7.57 |
| 庆宝村 | 6.91 | 6.78 | 6.99 | 6.99 | — | 30 | 6.90 | 6.48 | 7.32 |
| 清和村 | 7.23 | 6.88 | 6.68 | 6.74 | 6.59 | 52 | 6.74 | 5.87 | 7.41 |
| 青山村 | 7.07 | 7.09 | 6.85 | 7.20 | 7.38 | 90 | 7.15 | 6.58 | 7.51 |
| 勤俭村 | 6.67 | 6.72 | 6.68 | 6.63 | 6.84 | 66 | 6.70 | 5.98 | 6.97 |
| 前卫村 | — | 6.81 | 6.71 | 7.00 | 7.14 | 30 | 6.82 | 6.49 | 7.14 |
| 前进村 | — | 7.20 | 7.01 | 6.84 | 6.92 | 21 | 7.01 | 6.80 | 7.33 |
| 前程村 | 7.08 | 6.92 | 6.85 | — | 7.70 | 15 | 7.11 | 5.92 | 7.79 |
| 谦益村 | 6.72 | 7.21 | 7.37 | 6.79 | — | 63 | 6.90 | 6.54 | 7.50 |
| 启民村 | 7.09 | 7.02 | 7.16 | 6.98 | 7.30 | 27 | 7.10 | 6.79 | 7.47 |
| 平原村 | — | 7.27 | 7.18 | 7.47 | — | 11 | 7.28 | 6.79 | 7.56 |
| 平房村 | — | 6.71 | 6.80 | 6.64 | 6.54 | 41 | 6.61 | 6.52 | 7.14 |
| 平安村 | 7.02 | 7.13 | 7.28 | 7.02 | — | 21 | 7.12 | 6.86 | 7.43 |
| 农乐村 | 6.88 | 7.01 | 6.77 | — | — | 14 | 6.86 | 6.33 | 7.20 |
| 讷南村 | 7.07 | 7.17 | 7.11 | 6.96 | 6.76 | 75 | 6.92 | 6.52 | 7.51 |
| 南阳村 | 7.90 | — | 7.85 | — | — | 6 | 7.86 | 7.81 | 7.90 |
| 明星村 | 7.07 | 6.94 | 7.18 | 6.90 | 6.90 | 34 | 7.01 | 6.24 | 7.70 |
| 民强村 | 7.63 | 7.80 | 7.82 | — | — | 19 | 7.76 | 7.16 | 8.04 |
| 茂林村 | 6.58 | 7.13 | 7.21 | — | — | 15 | 7.09 | 6.58 | 7.57 |
| 满丰村 | 7.38 | 7.30 | 7.49 | — | — | 32 | 7.42 | 6.67 | 7.85 |
| 满仓村 | 6.79 | 6.97 | 7.02 | 7.16 | 7.06 | 23 | 6.99 | 6.73 | 7.18 |
| 鲁民村 | 6.91 | 7.11 | 7.04 | 6.89 | 6.93 | 80 | 6.94 | 6.52 | 7.60 |
| 隆昌村 | — | 7.15 | 7.18 | 7.13 | 7.14 | 102 | 7.15 | 6.69 | 7.34 |
| 龙华村 | 6.77 | 7.09 | 7.14 | — | 7.04 | 53 | 7.04 | 6.37 | 7.64 |
| 龙河村 | 6.44 | 6.62 | 6.53 | 6.46 | 6.30 | 97 | 6.46 | 5.55 | 7.19 |
| 凌云村 | 7.25 | 7.16 | 7.26 | — | 7.01 | 45 | 7.21 | 6.60 | 7.86 |

（续）

| 村名称 | 一级地 | 二级地 | 三级地 | 四级地 | 五级地 | 样本数 | 平均值 | 最小值 | 最大值 |
|---|---|---|---|---|---|---|---|---|---|
| 联盟村 | 6.72 | 7.02 | 6.93 | 7.05 | 6.73 | 19 | 6.96 | 6.72 | 7.15 |
| 利民村 | 6.66 | 6.75 | 6.81 | 6.85 | — | 69 | 6.81 | 5.73 | 7.33 |
| 利国村 | 6.50 | 6.50 | 6.40 | 6.57 | — | 33 | 6.52 | 6.33 | 6.81 |
| 黎明村 | 7.02 | 7.11 | 7.10 | 7.22 | 7.78 | 41 | 7.46 | 6.57 | 7.89 |
| 乐业村 | 7.56 | 7.83 | 7.39 | 7.89 | — | 14 | 7.56 | 6.97 | 7.89 |
| 老莱村 | 6.39 | 6.79 | 6.88 | 6.95 | 7.17 | 63 | 6.92 | 6.31 | 7.50 |
| 孔国村 | 7.26 | 7.11 | 7.26 | 7.35 | 7.46 | 54 | 7.34 | 6.95 | 7.63 |
| 靠山村 | — | 7.24 | 7.08 | 7.31 | — | 35 | 7.15 | 6.14 | 7.85 |
| 康庄村 | 6.43 | 6.47 | 6.63 | 6.50 | 6.39 | 125 | 6.52 | 5.61 | 7.23 |
| 康宁村 | 7.35 | 7.40 | 7.27 | 7.28 | — | 16 | 7.32 | 7.11 | 7.46 |
| 聚宝村 | 6.80 | 6.83 | 6.86 | 6.92 | — | 78 | 6.85 | 6.26 | 7.34 |
| 炬光村 | 6.70 | 6.58 | 6.64 | 6.55 | 6.50 | 40 | 6.58 | 6.28 | 7.16 |
| 巨和村 | 6.87 | 6.99 | 7.06 | 6.76 | 6.79 | 26 | 6.94 | 6.28 | 7.49 |
| 九井村 | 6.83 | 7.06 | 6.93 | 7.19 | 6.88 | 85 | 7.12 | 6.50 | 7.38 |
| 江东村 | — | 6.99 | 6.69 | 6.85 | 6.80 | 22 | 6.81 | 6.14 | 7.34 |
| 建设村 | 7.35 | 7.37 | 7.43 | — | — | 28 | 7.38 | 6.64 | 8.03 |
| 建华村 | — | 7.15 | 7.34 | 7.04 | 6.96 | 11 | 7.04 | 6.71 | 7.42 |
| 继光村 | 6.93 | 6.97 | 6.89 | 6.86 | 7.01 | 132 | 6.92 | 6.26 | 7.37 |
| 吉祥村 | — | 7.57 | 7.56 | — | — | 22 | 7.57 | 7.31 | 7.77 |
| 吉庆村 | 7.37 | 7.26 | 7.32 | — | — | 15 | 7.31 | 7.10 | 7.82 |
| 火烽村 | — | 7.19 | 7.07 | 6.85 | 7.03 | 84 | 7.01 | 6.56 | 7.33 |
| 回民村 | 7.32 | — | 7.27 | 7.39 | 7.11 | 40 | 7.24 | 6.67 | 7.95 |
| 华升村 | 7.90 | 7.89 | 7.88 | — | — | 33 | 7.89 | 7.19 | 8.06 |
| 宏大村 | — | 6.64 | 6.72 | 6.60 | 6.83 | 59 | 6.72 | 5.98 | 7.24 |
| 红星村 | 6.49 | 6.73 | 7.17 | — | — | 30 | 7.09 | 6.23 | 7.72 |
| 黑龙村 | 8.11 | 8.05 | — | — | 8.08 | 28 | 8.09 | 8.04 | 8.21 |
| 河江村 | 7.46 | 8.05 | 6.88 | 7.64 | 7.44 | 32 | 7.54 | 6.86 | 8.17 |
| 和义村 | 7.08 | 7.46 | 7.16 | — | — | 20 | 7.14 | 6.63 | 7.46 |
| 和心村 | 7.45 | 7.25 | 7.40 | — | — | 32 | 7.32 | 6.09 | 7.68 |
| 和盛村 | 7.24 | 7.01 | 7.21 | — | — | 36 | 7.21 | 6.17 | 7.94 |
| 和平村 | 6.51 | 6.63 | 6.64 | — | — | 19 | 6.60 | 6.20 | 7.06 |
| 合庆村 | 7.08 | 7.02 | 7.04 | 6.87 | 6.81 | 30 | 6.99 | 6.33 | 7.37 |
| 合发村 | — | 7.09 | 7.34 | — | — | 18 | 7.19 | 6.82 | 7.87 |

（续）

| 村名称 | 一级地 | 二级地 | 三级地 | 四级地 | 五级地 | 样本数 | 平均值 | 最小值 | 最大值 |
|---|---|---|---|---|---|---|---|---|---|
| 国兴村 | — | 6.83 | 6.84 | 6.50 | — | 28 | 6.75 | 5.86 | 7.29 |
| 国庆村 | 6.87 | 6.36 | 6.58 | 6.59 | 6.77 | 76 | 6.68 | 5.64 | 7.89 |
| 广义村 | 6.70 | 6.91 | 6.47 | — | — | 28 | 6.77 | 6.37 | 7.40 |
| 光芒村 | 7.09 | 6.88 | — | 7.22 | — | 8 | 7.06 | 6.62 | 7.34 |
| 光辉村 | 6.78 | 7.00 | 6.96 | 6.98 | 7.16 | 23 | 6.97 | 6.44 | 7.32 |
| 光华村 | 6.98 | 6.87 | 7.47 | 6.74 | 6.96 | 22 | 6.90 | 6.59 | 7.47 |
| 共福村 | 7.31 | 7.22 | 7.17 | 7.23 | 7.39 | 27 | 7.28 | 6.71 | 7.53 |
| 公安村 | 7.29 | 7.38 | 7.46 | — | — | 19 | 7.36 | 7.06 | 7.60 |
| 更新村 | 6.78 | 6.70 | 6.64 | 6.58 | — | 16 | 6.67 | 6.48 | 7.03 |
| 革新村 | 6.81 | 6.91 | 7.00 | — | — | 43 | 6.93 | 6.48 | 7.40 |
| 高升村 | 7.64 | 7.77 | 7.67 | — | — | 14 | 7.67 | 7.35 | 7.93 |
| 高潮村 | 6.72 | 6.88 | 6.58 | 6.88 | 6.87 | 42 | 6.83 | 6.44 | 7.37 |
| 钢铁村 | 7.79 | 7.98 | 8.08 | — | — | 14 | 7.91 | 7.19 | 8.20 |
| 富裕村 | 6.49 | 6.37 | 6.43 | 6.42 | 6.37 | 77 | 6.41 | 5.65 | 7.85 |
| 富乡村 | — | 7.24 | 6.98 | — | — | 24 | 7.10 | 6.67 | 7.60 |
| 富强村 | 6.58 | 6.83 | 6.89 | 7.41 | 7.70 | 54 | 7.35 | 6.38 | 7.84 |
| 复兴村 | 7.65 | — | 7.28 | 7.60 | — | 15 | 7.60 | 7.08 | 7.75 |
| 福兴村 | — | 7.15 | 7.19 | 7.39 | 7.57 | 97 | 7.43 | 6.88 | 8.25 |
| 凤鸣村 | 7.90 | 7.97 | 8.07 | — | 8.10 | 39 | 8.01 | 7.65 | 8.16 |
| 丰收村 | — | 7.14 | 7.32 | 7.36 | 7.22 | 22 | 7.27 | 7.07 | 7.42 |
| 丰盛村 | — | 6.91 | 7.00 | 7.07 | 7.15 | 45 | 7.02 | 6.31 | 7.85 |
| 丰产村 | 6.68 | 6.65 | 6.52 | 6.59 | — | 73 | 6.57 | 5.86 | 7.28 |
| 繁强村 | 6.99 | 7.34 | 7.47 | 7.56 | 7.73 | 33 | 7.55 | 6.70 | 7.97 |
| 二克浅村 | — | 7.27 | 7.22 | 7.18 | 7.35 | 46 | 7.24 | 6.86 | 7.71 |
| 东兴村 | — | 6.56 | 6.84 | 6.91 | 6.98 | 114 | 6.88 | 6.20 | 7.30 |
| 东方红村 | — | 7.32 | 7.32 | — | 7.27 | 29 | 7.32 | 6.87 | 7.61 |
| 第一良种场 | 6.38 | 6.97 | — | — | — | 11 | 6.92 | 6.36 | 7.43 |
| 第四良种场 | 6.39 | 6.81 | 6.91 | — | — | 9 | 6.76 | 6.39 | 7.32 |
| 第三良种场 | 7.31 | 7.41 | 7.47 | — | — | 16 | 7.43 | 6.94 | 7.89 |
| 第二良种场 | — | 7.00 | 6.72 | 6.60 | 6.92 | 6 | 6.87 | 6.60 | 7.15 |
| 灯塔村 | 6.37 | 6.47 | 7.59 | 7.59 | — | 20 | 7.01 | 6.14 | 7.59 |
| 德宝村 | 6.86 | 6.97 | 7.00 | 6.93 | 7.13 | 39 | 6.97 | 6.46 | 7.18 |
| 城北村 | 6.88 | 7.04 | 7.22 | 7.17 | 7.32 | 21 | 7.16 | 6.88 | 7.62 |

（续）

| 村名称 | 一级地 | 二级地 | 三级地 | 四级地 | 五级地 | 样本数 | 平均值 | 最小值 | 最大值 |
|---|---|---|---|---|---|---|---|---|---|
| 晨光村 | 6.98 | 7.13 | 7.14 | 7.24 | 7.25 | 108 | 7.14 | 6.45 | 7.74 |
| 朝阳村 | 6.67 | 7.00 | 7.11 | — | — | 21 | 6.90 | 6.41 | 7.84 |
| 长兴村 | 6.96 | 6.86 | 6.80 | — | — | 38 | 6.85 | 6.44 | 7.37 |
| 长胜村 | 6.44 | 6.82 | 6.59 | — | — | 26 | 6.64 | 5.96 | 7.35 |
| 长发村 | 7.15 | 7.12 | 7.32 | — | — | 28 | 7.19 | 6.68 | 7.46 |
| 长安村 | 7.08 | 7.06 | 6.87 | 7.15 | 7.29 | 17 | 7.09 | 6.51 | 7.62 |
| 保育村 | 7.10 | 7.34 | 7.35 | — | — | 48 | 7.33 | 6.52 | 7.64 |
| 保国村 | 7.30 | 7.37 | 7.08 | — | — | 29 | 7.23 | 6.27 | 7.68 |
| 保昌村 | — | 6.83 | 6.92 | 6.79 | 6.77 | 71 | 6.82 | 6.15 | 7.52 |
| 保安村 | 7.05 | 7.25 | 6.59 | 7.09 | 7.32 | 21 | 7.01 | 6.26 | 7.57 |
| 百露村 | — | — | — | — | 7.50 | 9 | 7.50 | 7.49 | 7.51 |
| 安仁村 | 6.99 | 7.04 | — | 7.15 | 7.28 | 120 | 7.15 | 6.60 | 7.62 |
| 全市 | 7.06 | 7.04 | 7.03 | 6.96 | 7.20 | 6 635 | 7.04 | 5.50 | 8.25 |

## 附表 5－2　各村土壤有机质含量统计结果

单位：克/千克

| 村名称 | 一级地 | 二级地 | 三级地 | 四级地 | 五级地 | 样本数 | 平均值 | 最小值 | 最大值 |
|---|---|---|---|---|---|---|---|---|---|
| 忠孝村 | — | 40.66 | 29.91 | 42.06 | 40.35 | 19 | 39.33 | 27.65 | 50.93 |
| 治河村 | 45.22 | 35.94 | 36.81 | — | — | 59 | 36.54 | 25.97 | 45.22 |
| 志诚村 | 26.97 | 28.33 | 28.00 | — | — | 26 | 27.85 | 21.30 | 38.88 |
| 照耀村 | 42.95 | 38.25 | 38.80 | 37.01 | 31.22 | 69 | 36.97 | 30.34 | 45.86 |
| 兆林村 | 43.62 | 43.00 | 44.61 | 38.15 | 41.44 | 44 | 41.17 | 34.95 | 54.90 |
| 增产村 | 40.83 | 52.30 | 44.91 | 42.06 | — | 44 | 45.12 | 25.12 | 77.27 |
| 远大村 | 36.62 | 31.14 | 27.38 | 22.25 | 28.21 | 54 | 28.05 | 15.69 | 43.56 |
| 育民村 | 39.53 | 34.30 | 32.41 | 33.94 | — | 31 | 34.54 | 29.27 | 45.07 |
| 友好村 | 47.24 | 48.01 | 45.43 | 47.62 | 50.70 | 75 | 47.40 | 29.33 | 61.24 |
| 勇进村 | 48.51 | 46.29 | — | 52.55 | 49.13 | 38 | 50.01 | 40.68 | 57.70 |
| 永强村 | 47.61 | 34.97 | 37.26 | 24.45 | — | 30 | 36.95 | 20.30 | 53.61 |
| 永久村 | 29.90 | 32.05 | 28.65 | 29.77 | — | 34 | 29.82 | 20.54 | 46.79 |
| 永发村 | 37.82 | — | 40.91 | 40.06 | — | 12 | 40.58 | 37.82 | 45.73 |
| 学田村 | 46.85 | 50.28 | 47.44 | 52.67 | 43.99 | 24 | 49.56 | 33.57 | 61.70 |
| 旭光村 | 44.64 | 46.38 | 42.22 | 42.79 | 42.79 | 18 | 44.28 | 42.22 | 47.18 |
| 兴业村 | 35.95 | 38.48 | 36.49 | 36.52 | 38.78 | 39 | 37.51 | 30.70 | 49.10 |

（续）

| 村名称 | 一级地 | 二级地 | 三级地 | 四级地 | 五级地 | 样本数 | 平均值 | 最小值 | 最大值 |
|---|---|---|---|---|---|---|---|---|---|
| 兴旺村 | 30.39 | 30.12 | 26.52 | 24.81 | 27.20 | 37 | 26.64 | 18.46 | 39.90 |
| 兴胜村 | — | 39.07 | 35.82 | 39.57 | — | 8 | 38.38 | 35.09 | 41.11 |
| 兴隆村 | 36.72 | 32.36 | 32.04 | — | — | 52 | 33.10 | 17.50 | 45.70 |
| 信义村 | — | 39.63 | 36.13 | 32.48 | 38.32 | 56 | 36.47 | 26.40 | 42.98 |
| 新兴村 | 26.17 | 32.23 | 26.41 | 25.94 | 33.02 | 33 | 27.52 | 22.21 | 43.50 |
| 新祥村 | 36.74 | 40.67 | 37.68 | — | — | 27 | 38.04 | 29.84 | 43.98 |
| 新世纪村 | 61.55 | 62.81 | 52.62 | 53.71 | 48.24 | 57 | 53.19 | 33.57 | 75.79 |
| 新生活村 | — | 46.70 | 44.44 | 48.00 | 44.63 | 32 | 45.75 | 33.42 | 64.22 |
| 新化村 | 39.62 | 34.16 | 36.86 | 37.87 | — | 17 | 35.71 | 23.21 | 41.96 |
| 新合村 | 25.46 | 25.02 | 27.96 | — | — | 41 | 26.87 | 18.73 | 40.63 |
| 新富村 | 46.32 | 40.86 | 38.65 | — | — | 22 | 40.00 | 34.78 | 48.27 |
| 新安村 | 44.35 | 40.82 | 41.92 | 41.95 | 36.94 | 133 | 41.26 | 22.75 | 47.18 |
| 向阳村 | 49.58 | 42.57 | 43.74 | 38.22 | — | 51 | 43.48 | 28.19 | 55.61 |
| 向荣村 | 38.39 | 36.09 | 37.63 | 36.71 | — | 27 | 36.91 | 26.30 | 40.98 |
| 祥云村 | 38.21 | 37.24 | — | 36.37 | — | 42 | 37.19 | 35.37 | 45.56 |
| 祥乐村 | — | 37.09 | 38.19 | 33.13 | — | 18 | 37.23 | 26.30 | 41.17 |
| 鲜兴村 | 29.68 | 25.51 | 29.01 | 36.66 | 32.42 | 35 | 32.61 | 22.02 | 41.52 |
| 先锋村 | 53.74 | 52.65 | 41.84 | 48.48 | 50.13 | 28 | 46.95 | 30.80 | 67.33 |
| 西庄村 | — | 27.70 | 24.40 | 24.98 | 24.73 | 32 | 25.68 | 18.58 | 33.90 |
| 五一村 | — | 25.33 | 32.24 | 32.51 | — | 14 | 30.36 | 20.42 | 35.85 |
| 五星村 | 35.02 | 35.22 | 37.19 | — | — | 13 | 35.77 | 32.67 | 43.79 |
| 五福村 | 35.15 | 31.26 | 29.60 | — | — | 57 | 31.14 | 15.35 | 49.72 |
| 文明村 | — | 40.33 | 35.19 | 41.89 | 42.91 | 27 | 39.48 | 23.45 | 58.72 |
| 文化村 | 26.61 | 26.21 | 27.11 | — | — | 14 | 26.39 | 22.24 | 30.21 |
| 文光村 | 38.14 | 37.98 | 36.93 | — | — | 52 | 37.57 | 25.00 | 49.10 |
| 万兴村 | 39.19 | 27.27 | 22.85 | — | — | 21 | 26.30 | 18.58 | 56.15 |
| 万宝村 | 36.36 | 34.71 | 34.81 | — | — | 24 | 35.71 | 25.14 | 48.57 |
| 团结村 | 33.37 | 45.96 | 24.68 | 18.53 | 39.02 | 37 | 35.68 | 8.74 | 52.47 |
| 同义村 | 37.78 | 37.47 | 38.44 | — | — | 24 | 37.84 | 30.03 | 45.13 |
| 同心村 | 32.33 | 31.16 | 31.28 | — | — | 41 | 31.52 | 23.47 | 44.90 |
| 通胜村 | — | 35.79 | 35.65 | — | — | 15 | 35.72 | 29.23 | 41.19 |
| 通南村 | 37.15 | 38.83 | 33.92 | — | — | 25 | 36.60 | 29.57 | 55.80 |
| 天津村 | 32.76 | — | 32.14 | 32.97 | 25.43 | 29 | 31.94 | 21.84 | 43.12 |

（续）

| 村名称 | 一级地 | 二级地 | 三级地 | 四级地 | 五级地 | 样本数 | 平均值 | 最小值 | 最大值 |
|---|---|---|---|---|---|---|---|---|---|
| 太和村 | 39.90 | 40.15 | 37.33 | 42.62 | 42.79 | 21 | 41.04 | 36.91 | 42.79 |
| 索伦村 | — | — | — | 21.67 | 25.18 | 11 | 24.22 | 21.06 | 29.14 |
| 四季青村 | 32.47 | — | 30.75 | 31.63 | 27.77 | 30 | 29.56 | 23.01 | 37.01 |
| 双兴村 | 37.85 | 39.73 | — | 37.81 | 43.52 | 49 | 38.48 | 29.05 | 46.10 |
| 双喜村 | 33.91 | 35.81 | 34.82 | 35.55 | — | 18 | 35.45 | 29.06 | 41.17 |
| 双泉村 | — | 36.28 | 39.42 | 38.94 | 39.38 | 67 | 38.39 | 30.35 | 42.25 |
| 双乐村 | 31.82 | 29.84 | 33.23 | — | — | 14 | 32.06 | 22.30 | 36.30 |
| 双合村 | 40.19 | 39.38 | 41.37 | 47.77 | 47.35 | 69 | 43.54 | 26.00 | 56.01 |
| 双发村 | — | 45.25 | 41.64 | 40.99 | 43.28 | 20 | 43.38 | 38.10 | 61.55 |
| 胜利村 | 53.84 | 37.03 | 31.58 | 52.89 | 55.41 | 101 | 41.23 | 24.10 | 85.77 |
| 升平村 | 29.23 | 31.13 | 33.76 | — | 26.61 | 19 | 31.02 | 25.18 | 43.41 |
| 三星村 | 43.45 | 42.39 | 42.86 | 44.08 | 42.42 | 34 | 42.77 | 30.73 | 51.29 |
| 三山村 | 37.87 | 39.07 | 37.98 | — | — | 21 | 38.47 | 29.93 | 43.50 |
| 三合村 | 40.95 | 36.51 | — | 40.29 | — | 29 | 39.41 | 34.89 | 45.75 |
| 荣胜村 | 28.73 | 33.54 | 26.72 | — | — | 11 | 32.05 | 26.15 | 40.18 |
| 荣光村 | 51.64 | 35.32 | 32.68 | 33.42 | 33.04 | 23 | 35.49 | 26.05 | 54.30 |
| 仁厚村 | 37.27 | — | 36.84 | — | 39.31 | 16 | 37.21 | 25.42 | 43.89 |
| 仁和村 | 41.47 | 38.92 | 36.68 | 42.60 | 42.79 | 31 | 40.85 | 32.04 | 47.93 |
| 仁爱村 | — | 41.59 | 32.11 | 36.12 | 39.43 | 42 | 37.38 | 28.55 | 55.01 |
| 群英村 | 46.76 | 44.66 | 43.85 | 45.52 | — | 42 | 44.44 | 33.60 | 52.93 |
| 全胜村 | — | — | 33.52 | 34.89 | — | 25 | 34.78 | 29.49 | 37.54 |
| 庆祥村 | 30.00 | 31.99 | 27.10 | — | — | 32 | 27.81 | 11.75 | 43.50 |
| 庆丰村 | — | 30.23 | 24.96 | — | — | 16 | 27.59 | 20.09 | 41.48 |
| 庆宝村 | 43.53 | 37.60 | 36.92 | 44.04 | — | 30 | 40.69 | 28.11 | 84.60 |
| 清和村 | 51.09 | 44.93 | 52.58 | 48.67 | 49.34 | 52 | 48.67 | 18.71 | 62.02 |
| 青山村 | 34.87 | 36.23 | 36.44 | 40.09 | 36.97 | 90 | 38.55 | 32.28 | 54.66 |
| 勤俭村 | 43.50 | 45.03 | 43.73 | 44.17 | 45.24 | 66 | 44.39 | 31.28 | 55.17 |
| 前卫村 | — | 41.52 | 41.22 | 35.21 | 29.80 | 30 | 40.22 | 26.00 | 54.30 |
| 前进村 | — | 31.04 | 33.06 | 33.81 | 34.96 | 21 | 33.11 | 29.49 | 37.54 |
| 前程村 | 36.61 | 37.80 | 39.65 | — | 45.23 | 15 | 40.56 | 28.60 | 53.88 |
| 谦益村 | 36.07 | 37.10 | 38.67 | 36.25 | — | 63 | 36.54 | 35.35 | 42.27 |
| 启民村 | 35.97 | 34.49 | 33.92 | 30.29 | 28.04 | 27 | 33.09 | 23.12 | 44.42 |
| 平原村 | — | 31.04 | 25.92 | 33.04 | — | 11 | 30.76 | 25.92 | 36.74 |

（续）

| 村名称 | 一级地 | 二级地 | 三级地 | 四级地 | 五级地 | 样本数 | 平均值 | 最小值 | 最大值 |
|---|---|---|---|---|---|---|---|---|---|
| 平房村 | — | 26.86 | 21.34 | 27.97 | 27.19 | 41 | 27.17 | 16.28 | 37.04 |
| 平安村 | 39.60 | 37.27 | 30.42 | 39.25 | — | 21 | 36.84 | 25.00 | 42.14 |
| 农乐村 | 38.19 | 43.88 | 37.29 | — | — | 14 | 38.68 | 32.87 | 46.00 |
| 讷南村 | 37.32 | 34.32 | 35.78 | 33.65 | 30.88 | 75 | 32.77 | 26.00 | 43.76 |
| 南阳村 | 30.25 | — | 32.24 | | | 6 | 31.91 | 30.25 | 34.12 |
| 明星村 | 50.20 | 50.72 | 50.06 | 52.92 | 53.03 | 34 | 51.28 | 39.48 | 65.36 |
| 民强村 | 29.52 | 32.61 | 31.49 | — | | 19 | 31.33 | 25.42 | 39.62 |
| 茂林村 | 37.80 | 33.03 | 34.24 | — | — | 15 | 34.23 | 24.95 | 39.20 |
| 满丰村 | 37.57 | 39.57 | 37.92 | — | — | 32 | 38.03 | 22.63 | 49.90 |
| 满仓村 | 43.82 | 44.18 | 38.03 | 42.35 | 41.78 | 23 | 41.91 | 32.45 | 50.89 |
| 鲁民村 | 15.60 | 28.04 | 28.21 | 36.03 | 32.94 | 80 | 33.09 | 15.60 | 39.70 |
| 隆昌村 | — | 39.62 | 38.36 | 37.32 | 35.28 | 102 | 38.01 | 23.37 | 51.90 |
| 龙华村 | 40.09 | 29.88 | 28.98 | — | 31.22 | 53 | 31.34 | 19.17 | 44.75 |
| 龙河村 | 47.48 | 44.09 | 34.76 | 43.32 | 48.91 | 97 | 42.53 | 30.63 | 67.33 |
| 凌云村 | 29.81 | 32.04 | 25.91 | — | 29.70 | 45 | 30.05 | 10.20 | 37.50 |
| 联盟村 | 34.65 | 41.84 | 40.63 | 38.39 | 61.50 | 19 | 41.87 | 34.65 | 61.50 |
| 利民村 | 42.81 | 38.97 | 40.54 | 39.32 | — | 69 | 40.15 | 29.93 | 49.87 |
| 利国村 | 37.27 | 38.02 | 36.88 | 35.75 | — | 33 | 36.81 | 34.21 | 44.54 |
| 黎明村 | 39.95 | 37.07 | 37.70 | 43.42 | 39.56 | 41 | 39.47 | 29.70 | 58.62 |
| 乐业村 | 32.24 | 32.74 | 30.51 | 34.21 | — | 14 | 31.84 | 27.57 | 35.80 |
| 老莱村 | 43.18 | 37.09 | 40.98 | 45.86 | 38.63 | 63 | 40.36 | 30.61 | 85.77 |
| 孔国村 | 39.32 | 37.72 | 37.17 | 41.32 | 45.41 | 54 | 41.57 | 30.04 | 50.12 |
| 靠山村 | — | 29.08 | 30.19 | 28.86 | — | 35 | 29.74 | 20.96 | 49.55 |
| 康庄村 | 48.17 | 44.12 | 48.19 | 50.36 | 50.13 | 125 | 47.75 | 31.64 | 62.85 |
| 康宁村 | 36.78 | 39.23 | 39.02 | 37.47 | — | 16 | 38.71 | 34.35 | 43.21 |
| 聚宝村 | 45.29 | 47.01 | 43.58 | 43.27 | — | 78 | 44.36 | 31.65 | 58.70 |
| 炬光村 | 62.85 | 65.39 | 65.69 | 61.48 | 65.20 | 40 | 64.41 | 49.53 | 83.69 |
| 巨和村 | 45.80 | 38.28 | 43.80 | 39.84 | 38.07 | 26 | 39.65 | 27.50 | 58.19 |
| 九井村 | 35.81 | 36.33 | 35.77 | 37.06 | 48.07 | 85 | 37.06 | 31.07 | 49.73 |
| 江东村 | — | 55.75 | 51.94 | 45.95 | 45.96 | 22 | 49.64 | 40.52 | 64.39 |
| 建设村 | 30.73 | 31.23 | 32.01 | — | | 28 | 31.36 | 26.80 | 37.51 |
| 建华村 | — | 35.69 | 37.15 | 31.22 | 31.96 | 11 | 32.97 | 31.22 | 38.84 |
| 继光村 | 48.11 | 45.71 | 44.80 | 48.49 | 43.64 | 132 | 45.81 | 23.10 | 56.14 |

（续）

| 村名称 | 一级地 | 二级地 | 三级地 | 四级地 | 五级地 | 样本数 | 平均值 | 最小值 | 最大值 |
|---|---|---|---|---|---|---|---|---|---|
| 吉祥村 | — | 35.23 | 34.18 | — | — | 22 | 34.84 | 27.43 | 43.00 |
| 吉庆村 | 40.65 | 32.46 | 29.01 | — | — | 15 | 31.71 | 17.60 | 46.37 |
| 火烽村 | — | 34.47 | 35.91 | 37.04 | 31.60 | 84 | 35.28 | 31.17 | 43.83 |
| 回民村 | 40.00 | — | 31.69 | 30.03 | 25.50 | 40 | 30.60 | 23.08 | 50.80 |
| 华升村 | 41.47 | 43.48 | 41.26 | — | — | 33 | 41.86 | 32.06 | 50.18 |
| 宏大村 | — | 50.90 | 60.39 | 52.97 | 71.34 | 59 | 61.04 | 32.00 | 74.32 |
| 红星村 | 30.20 | 36.07 | 24.77 | — | — | 30 | 26.46 | 10.72 | 43.50 |
| 黑龙村 | 34.24 | 39.62 | — | — | 33.53 | 28 | 34.03 | 26.04 | 39.62 |
| 河江村 | 25.47 | 24.11 | 23.22 | 22.18 | 26.45 | 32 | 23.83 | 17.20 | 35.59 |
| 和义村 | 41.62 | 40.67 | 41.68 | — | — | 20 | 41.60 | 30.48 | 55.24 |
| 和心村 | 30.25 | 31.00 | 28.16 | — | — | 32 | 30.02 | 23.25 | 37.78 |
| 和盛村 | 40.50 | 32.33 | 37.08 | — | — | 36 | 37.86 | 25.85 | 52.32 |
| 和平村 | 44.62 | 37.15 | 33.58 | — | — | 19 | 37.82 | 20.30 | 54.15 |
| 合庆村 | 46.68 | 46.01 | 43.66 | 43.87 | 48.35 | 30 | 44.61 | 32.17 | 58.48 |
| 合发村 | — | 31.12 | 32.16 | — | — | 18 | 31.52 | 12.50 | 44.00 |
| 国兴村 | — | 39.71 | 36.99 | 39.96 | — | 28 | 38.41 | 25.10 | 45.94 |
| 国庆村 | 42.00 | 43.11 | 46.85 | 44.67 | 43.27 | 76 | 43.95 | 21.49 | 75.79 |
| 广义村 | 32.72 | 35.76 | 27.68 | — | — | 28 | 33.73 | 18.70 | 49.50 |
| 光芒村 | 40.87 | 41.45 | — | 36.54 | — | 8 | 40.47 | 36.54 | 53.27 |
| 光辉村 | 37.80 | 36.83 | 36.03 | 34.10 | 33.39 | 23 | 36.13 | 31.69 | 41.73 |
| 光华村 | 32.64 | 34.04 | 41.32 | 33.40 | 34.20 | 22 | 34.04 | 29.07 | 41.32 |
| 共福村 | 61.27 | 56.93 | 50.29 | 56.39 | 70.97 | 27 | 60.57 | 22.30 | 85.77 |
| 公安村 | 42.80 | 42.66 | 43.74 | — | — | 19 | 42.89 | 34.30 | 50.68 |
| 更新村 | 35.34 | 35.95 | 37.72 | 33.49 | — | 16 | 36.64 | 31.35 | 40.14 |
| 革新村 | 43.52 | 40.13 | 39.67 | — | — | 43 | 40.46 | 25.60 | 64.40 |
| 高升村 | 40.70 | 42.40 | 41.59 | — | — | 14 | 41.26 | 32.61 | 50.92 |
| 高潮村 | 49.45 | 50.79 | 48.73 | 41.30 | 42.68 | 42 | 44.10 | 35.82 | 55.44 |
| 钢铁村 | 34.96 | 31.66 | 33.64 | — | — | 14 | 33.35 | 27.95 | 39.30 |
| 富裕村 | 44.03 | 39.68 | 42.78 | 41.97 | 36.07 | 77 | 41.23 | 12.21 | 56.87 |
| 富乡村 | — | 32.25 | 28.71 | — | — | 24 | 30.33 | 20.30 | 37.55 |
| 富强村 | 47.03 | 46.02 | 50.77 | 47.36 | 45.40 | 54 | 46.75 | 37.53 | 64.56 |
| 复兴村 | 42.43 | — | 39.14 | 40.94 | — | 15 | 41.79 | 37.98 | 52.32 |
| 福兴村 | — | 25.95 | 26.10 | 36.07 | 40.11 | 97 | 35.99 | 13.03 | 44.69 |

（续）

| 村名称 | 一级地 | 二级地 | 三级地 | 四级地 | 五级地 | 样本数 | 平均值 | 最小值 | 最大值 |
|---|---|---|---|---|---|---|---|---|---|
| 凤鸣村 | 33.43 | 29.92 | 30.40 | — | 33.51 | 39 | 31.76 | 22.30 | 66.00 |
| 丰收村 | — | 26.76 | 28.00 | 35.11 | 27.72 | 22 | 28.29 | 21.85 | 42.65 |
| 丰盛村 | — | 33.97 | 33.95 | 35.62 | 39.74 | 45 | 35.49 | 29.00 | 45.24 |
| 丰产村 | 34.53 | 38.42 | 38.34 | 34.14 | — | 73 | 37.35 | 20.70 | 50.08 |
| 繁强村 | 48.36 | 40.94 | 41.96 | 45.27 | 43.32 | 33 | 44.18 | 34.79 | 56.45 |
| 二克浅村 | — | 35.72 | 33.83 | 24.49 | 30.79 | 46 | 29.60 | 15.69 | 44.11 |
| 东兴村 | — | 33.45 | 33.94 | 33.91 | 34.20 | 114 | 33.93 | 30.07 | 40.96 |
| 东方红村 | — | 31.58 | 26.32 | — | 25.40 | 29 | 27.65 | 22.05 | 38.70 |
| 第一良种场 | 43.60 | 25.87 | — | — | — | 11 | 27.48 | 18.58 | 43.60 |
| 第四良种场 | 30.67 | 26.05 | 24.95 | — | — | 9 | 26.59 | 20.30 | 32.00 |
| 第三良种场 | 37.51 | 40.58 | 40.66 | — | — | 16 | 40.42 | 37.00 | 48.27 |
| 第二良种场 | — | 41.47 | 42.06 | 41.70 | 44.50 | 6 | 42.11 | 40.64 | 44.50 |
| 灯塔村 | 44.29 | 37.44 | 42.79 | 42.79 | — | 20 | 41.48 | 35.27 | 46.88 |
| 德宝村 | 53.00 | 46.98 | 42.77 | 46.83 | 40.17 | 39 | 45.13 | 35.87 | 59.10 |
| 城北村 | 35.60 | 42.51 | 40.71 | 43.47 | 43.54 | 21 | 42.53 | 35.10 | 50.40 |
| 晨光村 | 46.93 | 46.69 | 45.09 | 48.46 | 48.13 | 108 | 46.38 | 33.10 | 87.38 |
| 朝阳村 | 29.16 | 30.79 | 31.40 | — | — | 21 | 30.31 | 25.87 | 35.95 |
| 长兴村 | 36.32 | 33.82 | 33.58 | — | — | 38 | 33.93 | 25.06 | 39.15 |
| 长胜村 | 34.85 | 40.38 | 30.34 | — | — | 26 | 33.95 | 20.20 | 55.61 |
| 长发村 | 31.49 | 31.98 | 32.45 | — | — | 28 | 32.01 | 26.50 | 37.51 |
| 长安村 | 50.83 | 42.40 | 42.63 | 41.93 | 42.35 | 17 | 43.89 | 35.02 | 53.48 |
| 保育村 | 39.47 | 37.32 | 34.96 | — | — | 48 | 36.03 | 28.24 | 47.10 |
| 保国村 | 31.33 | 29.71 | 31.67 | — | — | 29 | 31.08 | 23.23 | 37.01 |
| 保昌村 | — | 37.13 | 43.39 | 44.44 | 32.04 | 71 | 41.06 | 18.32 | 62.02 |
| 保安村 | 53.44 | 58.45 | 39.66 | 53.36 | 55.95 | 21 | 51.13 | 32.68 | 62.81 |
| 百露村 | — | — | — | — | 30.39 | 9 | 30.39 | 28.94 | 30.80 |
| 安仁村 | 38.19 | 36.01 | — | 37.04 | 38.21 | 120 | 37.34 | 33.02 | 41.97 |
| 全市 | 38.48 | 37.71 | 37.48 | 40.05 | 39.49 | 6 635 | 38.50 | 8.74 | 87.38 |

## 附表 5-3 各村土壤有效磷含量统计结果

单位：毫克/千克

| 村名称 | 一级地 | 二级地 | 三级地 | 四级地 | 五级地 | 样本数 | 平均值 | 最小值 | 最大值 |
|---|---|---|---|---|---|---|---|---|---|
| 忠孝村 | — | 32.12 | 27.84 | 22.63 | 22.94 | 19 | 26.03 | 17.23 | 51.58 |
| 治河村 | 19.60 | 22.67 | 21.90 | — | — | 59 | 22.23 | 14.40 | 34.16 |
| 志诚村 | 42.55 | 40.69 | 43.07 | — | — | 26 | 42.01 | 27.12 | 56.76 |
| 照耀村 | 42.98 | 35.86 | 38.21 | 35.97 | 29.73 | 69 | 35.92 | 25.03 | 45.95 |

（续）

| 村名称 | 一级地 | 二级地 | 三级地 | 四级地 | 五级地 | 样本数 | 平均值 | 最小值 | 最大值 |
|---|---|---|---|---|---|---|---|---|---|
| 兆林村 | 35.36 | 32.92 | 26.63 | 34.52 | 29.26 | 44 | 31.78 | 17.43 | 43.11 |
| 增产村 | 27.63 | 24.74 | 25.82 | 21.12 | — | 44 | 24.94 | 10.72 | 44.30 |
| 远大村 | 41.96 | 39.95 | 38.37 | 39.83 | 40.56 | 54 | 39.22 | 29.92 | 43.29 |
| 育民村 | 48.52 | 34.34 | 29.41 | 36.01 | — | 31 | 35.54 | 20.78 | 57.21 |
| 友好村 | 50.87 | 46.20 | 42.62 | 37.72 | 39.42 | 75 | 42.80 | 27.30 | 75.07 |
| 勇进村 | 35.40 | 31.83 | — | 28.43 | 25.40 | 38 | 30.05 | 13.09 | 49.80 |
| 永强村 | 45.21 | 41.57 | 40.13 | 46.99 | — | 30 | 41.44 | 29.75 | 48.47 |
| 永久村 | 24.54 | 20.88 | 25.65 | 31.88 | — | 34 | 24.42 | 7.46 | 40.92 |
| 永发村 | 40.07 | — | 42.11 | 41.50 | — | 12 | 41.89 | 29.84 | 50.10 |
| 学田村 | 37.51 | 39.27 | 28.99 | 28.01 | 35.90 | 24 | 31.26 | 11.46 | 44.18 |
| 旭光村 | 43.61 | 44.15 | 41.99 | 44.92 | 44.92 | 18 | 43.97 | 37.46 | 47.43 |
| 兴业村 | 40.60 | 27.13 | 29.25 | 31.24 | 40.86 | 39 | 30.52 | 13.38 | 52.32 |
| 兴旺村 | 38.99 | 25.15 | 16.66 | 24.86 | 19.92 | 37 | 22.79 | 8.64 | 60.17 |
| 兴胜村 | — | 53.40 | 37.95 | 49.27 | — | 8 | 48.50 | 35.02 | 67.87 |
| 兴隆村 | 28.15 | 30.39 | 29.63 | — | — | 52 | 29.71 | 6.27 | 57.48 |
| 信义村 | — | 37.81 | 35.51 | 39.73 | 30.88 | 56 | 34.60 | 27.26 | 51.58 |
| 新兴村 | 33.73 | 21.77 | 25.97 | 21.34 | 20.59 | 33 | 26.50 | 14.81 | 83.56 |
| 新祥村 | 27.90 | 15.55 | 20.27 | — | — | 27 | 22.44 | 8.05 | 39.20 |
| 新世纪村 | 42.32 | 26.61 | 40.98 | 38.52 | 37.78 | 57 | 39.14 | 25.03 | 55.43 |
| 新生活村 | — | 44.01 | 42.88 | 37.29 | 34.17 | 32 | 40.18 | 23.08 | 53.65 |
| 新化村 | 33.89 | 33.56 | 29.84 | 41.02 | — | 17 | 33.36 | 16.05 | 43.33 |
| 新合村 | 34.67 | 40.18 | 31.44 | — | — | 41 | 33.45 | 21.67 | 59.87 |
| 新富村 | 42.10 | 29.16 | 28.80 | — | — | 22 | 29.57 | 13.97 | 44.95 |
| 新安村 | 44.84 | 42.24 | 43.29 | 43.62 | 38.90 | 133 | 42.77 | 29.73 | 50.10 |
| 向阳村 | 40.72 | 39.11 | 38.72 | 40.68 | — | 51 | 39.12 | 23.08 | 50.10 |
| 向荣村 | 29.67 | 27.23 | 27.40 | 30.37 | — | 27 | 27.63 | 17.53 | 38.85 |
| 祥云村 | 45.92 | 44.15 | — | 45.94 | — | 42 | 45.59 | 37.15 | 70.23 |
| 祥乐村 | — | 31.90 | 30.58 | 36.48 | — | 18 | 31.72 | 22.12 | 40.34 |
| 鲜兴村 | 39.02 | 43.64 | 38.85 | 41.60 | 40.10 | 35 | 41.02 | 31.44 | 48.32 |
| 先锋村 | 27.40 | 23.60 | 29.07 | 33.72 | 31.15 | 28 | 30.56 | 19.01 | 49.43 |
| 西庄村 | — | 38.36 | 39.06 | 41.98 | 38.22 | 32 | 38.60 | 32.04 | 41.98 |
| 五一村 | — | 30.10 | 29.60 | 36.64 | — | 14 | 32.26 | 27.44 | 48.62 |
| 五星村 | 41.44 | 37.36 | 29.67 | — | — | 13 | 36.25 | 24.63 | 46.18 |

（续）

| 村名称 | 一级地 | 二级地 | 三级地 | 四级地 | 五级地 | 样本数 | 平均值 | 最小值 | 最大值 |
|--------|--------|--------|--------|--------|--------|--------|--------|--------|--------|
| 五福村 | 57.06 | 38.80 | 34.94 | — | — | 57 | 39.81 | 13.68 | 93.03 |
| 文明村 | — | 21.91 | 21.97 | 21.15 | 13.26 | 27 | 19.87 | 8.94 | 28.21 |
| 文化村 | 48.40 | 42.17 | 41.85 | — | — | 14 | 43.02 | 38.87 | 52.76 |
| 文光村 | 32.69 | 25.27 | 24.54 | — | — | 52 | 26.25 | 13.97 | 48.32 |
| 万兴村 | 41.56 | 34.21 | 37.39 | — | — | 21 | 36.43 | 21.38 | 42.70 |
| 万宝村 | 38.91 | 26.30 | 34.22 | — | — | 24 | 36.62 | 22.07 | 88.00 |
| 团结村 | 22.60 | 13.25 | 18.39 | 25.32 | 23.19 | 37 | 21.45 | 9.83 | 40.11 |
| 同义村 | 45.69 | 46.43 | 46.56 | — | — | 24 | 46.25 | 39.76 | 56.61 |
| 同心村 | 32.01 | 34.15 | 30.09 | — | — | 41 | 31.89 | 21.38 | 49.21 |
| 通胜村 | — | 33.85 | 26.18 | — | — | 15 | 29.76 | 22.86 | 50.37 |
| 通南村 | 27.46 | 28.40 | 25.51 | — | — | 25 | 27.09 | 19.00 | 49.77 |
| 天津村 | 26.48 | — | 27.28 | 28.25 | 28.45 | 29 | 27.51 | 19.75 | 34.20 |
| 太和村 | 37.38 | 34.89 | 35.45 | 44.80 | 44.92 | 21 | 39.52 | 32.76 | 44.92 |
| 索伦村 | — | — | — | 25.43 | 22.55 | 11 | 23.33 | 18.13 | 27.58 |
| 四季青村 | 19.91 | — | 21.54 | 28.68 | 23.06 | 30 | 22.32 | 12.20 | 31.44 |
| 双兴村 | 40.77 | 39.75 | — | 47.24 | 37.68 | 49 | 45.30 | 16.93 | 58.71 |
| 双喜村 | 44.03 | 34.89 | 38.87 | 34.71 | — | 18 | 36.32 | 28.83 | 46.25 |
| 双泉村 | — | 31.23 | 19.30 | 33.99 | 33.32 | 67 | 32.69 | 19.30 | 37.66 |
| 双乐村 | 22.38 | 25.60 | 26.54 | — | — | 14 | 25.68 | 17.67 | 39.04 |
| 双合村 | 22.75 | 20.67 | 22.13 | 18.92 | 18.12 | 69 | 20.77 | 8.35 | 31.74 |
| 双发村 | — | 30.45 | 27.45 | 28.57 | 23.19 | 20 | 27.18 | 16.34 | 43.29 |
| 胜利村 | 31.29 | 33.28 | 31.74 | 31.43 | 31.41 | 101 | 32.26 | 23.35 | 49.62 |
| 升平村 | 32.12 | 33.51 | 36.61 | — | 31.79 | 19 | 34.18 | 22.61 | 44.88 |
| 三星村 | 31.64 | 30.34 | 27.91 | 23.84 | 21.11 | 34 | 29.03 | 18.67 | 42.60 |
| 三山村 | 26.56 | 37.12 | 24.97 | — | — | 21 | 31.14 | 18.64 | 52.82 |
| 三合村 | 47.47 | 39.25 | — | 36.47 | — | 29 | 42.26 | 27.74 | 66.09 |
| 荣胜村 | 46.56 | 39.69 | 47.03 | — | — | 11 | 41.60 | 32.76 | 47.03 |
| 荣光村 | 36.97 | 37.51 | 32.77 | 32.40 | 24.91 | 23 | 34.33 | 24.91 | 42.70 |
| 仁厚村 | 21.72 | — | 21.75 | — | 23.87 | 16 | 21.87 | 14.27 | 30.56 |
| 仁和村 | 41.26 | 39.18 | 40.76 | 44.78 | 44.92 | 31 | 42.62 | 32.36 | 44.92 |
| 仁爱村 | — | 28.26 | 23.93 | 30.10 | 32.58 | 42 | 30.25 | 15.45 | 45.06 |
| 群英村 | 34.21 | 29.76 | 28.24 | 31.43 | — | 42 | 29.40 | 23.44 | 42.18 |
| 全胜村 | — | — | 39.14 | 56.89 | — | 25 | 55.47 | 32.04 | 77.64 |

（续）

| 村名称 | 一级地 | 二级地 | 三级地 | 四级地 | 五级地 | 样本数 | 平均值 | 最小值 | 最大值 |
|---|---|---|---|---|---|---|---|---|---|
| 庆祥村 | 32.48 | 38.36 | 40.49 | — | — | 32 | 39.97 | 29.59 | 53.36 |
| 庆丰村 | — | 28.53 | 30.76 | — | — | 16 | 29.65 | 16.93 | 40.62 |
| 庆宝村 | 43.50 | 43.08 | 39.38 | 43.21 | — | 30 | 42.53 | 32.61 | 61.65 |
| 清和村 | 8.40 | 15.56 | 20.16 | 18.44 | 18.72 | 52 | 17.98 | 8.40 | 40.77 |
| 青山村 | 44.40 | 37.26 | 32.41 | 33.26 | 29.52 | 90 | 34.83 | 21.08 | 54.24 |
| 勤俭村 | 32.10 | 31.12 | 26.60 | 30.75 | 33.00 | 66 | 30.11 | 15.16 | 52.91 |
| 前卫村 | — | 36.00 | 35.51 | 32.54 | 34.40 | 30 | 35.37 | 27.59 | 42.70 |
| 前进村 | — | 26.39 | 30.40 | 61.94 | 49.11 | 21 | 35.51 | 23.15 | 77.64 |
| 前程村 | 43.68 | 35.00 | 30.26 | — | 29.31 | 15 | 31.85 | 8.94 | 46.84 |
| 谦益村 | 42.72 | 44.45 | 35.18 | 44.50 | — | 63 | 43.85 | 28.19 | 66.09 |
| 启民村 | 29.90 | 28.27 | 27.99 | 29.34 | 22.14 | 27 | 28.01 | 10.72 | 52.57 |
| 平原村 | — | 33.39 | 32.56 | 28.93 | — | 11 | 32.91 | 23.45 | 62.83 |
| 平房村 | — | 32.19 | 31.96 | 40.43 | 40.28 | 41 | 38.94 | 23.45 | 47.07 |
| 平安村 | 43.99 | 39.81 | 32.66 | 40.07 | — | 21 | 39.85 | 20.93 | 72.90 |
| 农乐村 | 35.95 | 22.27 | 34.34 | — | — | 14 | 33.42 | 11.55 | 48.69 |
| 讷南村 | 32.92 | 27.63 | 31.74 | 32.95 | 34.25 | 75 | 32.45 | 19.30 | 43.88 |
| 南阳村 | 24.98 | — | 16.19 | — | — | 6 | 17.66 | 12.67 | 24.98 |
| 明星村 | 8.13 | 14.07 | 20.34 | 12.95 | 10.86 | 34 | 15.22 | 6.27 | 44.92 |
| 民强村 | 23.68 | 19.66 | 25.28 | — | — | 19 | 23.08 | 12.49 | 37.96 |
| 茂林村 | 27.00 | 30.64 | 31.26 | — | — | 15 | 30.45 | 24.56 | 40.62 |
| 满丰村 | 29.32 | 32.63 | 30.08 | — | — | 32 | 30.17 | 20.19 | 41.22 |
| 满仓村 | 35.52 | 33.60 | 28.03 | 26.94 | 20.49 | 23 | 30.35 | 19.60 | 53.65 |
| 鲁民村 | 59.21 | 34.00 | 34.62 | 42.63 | 39.58 | 80 | 40.05 | 27.77 | 59.21 |
| 隆昌村 | — | 22.55 | 23.85 | 19.98 | 18.67 | 102 | 21.95 | 14.86 | 31.59 |
| 龙华村 | 33.05 | 33.12 | 32.90 | — | 29.73 | 53 | 32.36 | 25.82 | 47.51 |
| 龙河村 | 30.76 | 24.39 | 25.86 | 38.34 | 33.45 | 97 | 35.24 | 18.42 | 48.13 |
| 凌云村 | 30.83 | 29.95 | 25.91 | — | 30.28 | 45 | 30.12 | 12.23 | 42.99 |
| 联盟村 | 36.92 | 32.00 | 31.36 | 35.11 | 36.77 | 19 | 32.44 | 26.69 | 36.92 |
| 利民村 | 32.45 | 29.53 | 27.73 | 24.22 | — | 69 | 27.36 | 16.05 | 41.85 |
| 利国村 | 45.34 | 43.66 | 44.39 | 39.29 | — | 33 | 42.54 | 38.85 | 47.67 |
| 黎明村 | 39.36 | 45.26 | 36.04 | 28.77 | 31.89 | 41 | 33.94 | 13.38 | 46.84 |
| 乐业村 | 26.87 | 17.10 | 30.01 | 13.23 | — | 14 | 25.62 | 13.23 | 41.94 |
| 老莱村 | 32.15 | 23.93 | 24.71 | 26.86 | 22.73 | 63 | 24.64 | 14.86 | 34.87 |

（续）

| 村名称 | 一级地 | 二级地 | 三级地 | 四级地 | 五级地 | 样本数 | 平均值 | 最小值 | 最大值 |
|---|---|---|---|---|---|---|---|---|---|
| 孔国村 | 50.49 | 37.02 | 27.26 | 36.97 | 27.25 | 54 | 32.69 | 8.05 | 53.95 |
| 靠山村 | — | 38.65 | 39.76 | 31.17 | — | 35 | 37.85 | 9.24 | 48.62 |
| 康庄村 | 28.11 | 24.68 | 32.23 | 33.29 | 34.47 | 125 | 30.36 | 14.86 | 83.26 |
| 康宁村 | 28.17 | 26.25 | 23.42 | 21.94 | — | 16 | 24.80 | 17.48 | 33.14 |
| 聚宝村 | 20.92 | 23.67 | 24.76 | 24.39 | — | 78 | 23.99 | 13.09 | 31.89 |
| 炬光村 | 83.26 | 25.38 | 36.24 | 37.50 | 30.69 | 40 | 34.32 | 12.20 | 83.26 |
| 巨和村 | 33.59 | 29.50 | 31.11 | 29.57 | 27.43 | 26 | 29.77 | 22.26 | 39.49 |
| 九井村 | 47.67 | 47.94 | 42.87 | 44.80 | 28.87 | 85 | 45.15 | 28.19 | 53.54 |
| 江东村 | — | 12.00 | 16.84 | 19.14 | 17.54 | 22 | 16.60 | 7.16 | 23.03 |
| 建设村 | 29.49 | 28.59 | 31.35 | — | | 28 | 29.54 | 22.46 | 41.35 |
| 建华村 | — | 31.02 | 22.96 | 29.73 | 30.35 | 11 | 29.69 | 21.02 | 41.02 |
| 继光村 | 51.84 | 32.45 | 31.91 | 32.54 | 29.79 | 132 | 33.36 | 12.49 | 75.56 |
| 吉祥村 | — | 25.33 | 22.34 | — | | 22 | 24.24 | 14.86 | 40.18 |
| 吉庆村 | 46.99 | 23.15 | 25.53 | — | — | 15 | 27.60 | 18.12 | 47.14 |
| 火烽村 | — | 35.19 | 37.72 | 37.96 | 30.52 | 84 | 36.12 | 28.74 | 46.25 |
| 回民村 | 26.62 | — | 23.84 | 27.88 | 20.22 | 40 | 23.55 | 9.83 | 33.52 |
| 华升村 | 22.82 | 19.44 | 15.70 | — | — | 33 | 18.77 | 8.05 | 40.92 |
| 宏大村 | — | 19.85 | 20.32 | 22.38 | 15.52 | 59 | 18.98 | 8.05 | 52.76 |
| 红星村 | 49.80 | 36.93 | 34.98 | — | — | 30 | 35.73 | 20.78 | 49.80 |
| 黑龙村 | 47.56 | 42.89 | — | | 42.92 | 28 | 44.74 | 16.34 | 64.61 |
| 河江村 | 25.22 | 25.68 | 27.24 | 27.02 | 24.87 | 32 | 26.21 | 7.76 | 40.11 |
| 和义村 | 26.10 | 22.63 | 29.56 | — | — | 20 | 27.83 | 17.30 | 46.90 |
| 和心村 | 28.39 | 28.39 | 27.34 | — | — | 32 | 28.06 | 14.86 | 37.66 |
| 和盛村 | 26.06 | 32.98 | 25.43 | — | — | 36 | 26.05 | 14.57 | 42.99 |
| 和平村 | 44.25 | 44.45 | 42.41 | — | — | 19 | 43.42 | 32.27 | 50.99 |
| 合庆村 | 43.69 | 38.28 | 40.32 | 39.05 | 32.92 | 30 | 39.46 | 25.47 | 49.21 |
| 合发村 | — | 34.98 | 34.61 | — | — | 18 | 34.84 | 27.00 | 55.13 |
| 国兴村 | — | 28.76 | 22.48 | 22.33 | — | 28 | 24.02 | 15.16 | 49.95 |
| 国庆村 | 54.22 | 43.94 | 40.17 | 41.80 | 40.39 | 76 | 45.13 | 29.67 | 71.42 |
| 广义村 | 51.08 | 45.75 | 43.88 | — | — | 28 | 48.73 | 31.39 | 71.71 |
| 光芒村 | 50.49 | 42.84 | — | 46.74 | — | 8 | 48.11 | 32.04 | 60.17 |
| 光辉村 | 37.36 | 33.68 | 28.52 | 50.34 | 28.19 | 23 | 34.14 | 14.57 | 64.31 |
| 光华村 | 36.22 | 39.66 | 23.45 | 40.57 | 37.40 | 22 | 38.32 | 22.26 | 52.96 |

（续）

| 村名称 | 一级地 | 二级地 | 三级地 | 四级地 | 五级地 | 样本数 | 平均值 | 最小值 | 最大值 |
|---|---|---|---|---|---|---|---|---|---|
| 共福村 | 39.90 | 40.83 | 32.34 | 31.47 | 25.42 | 27 | 32.26 | 18.42 | 86.22 |
| 公安村 | 23.80 | 27.49 | 22.85 | — | — | 19 | 25.20 | 12.23 | 36.96 |
| 更新村 | 37.15 | 36.09 | 35.51 | 41.51 | — | 16 | 36.20 | 29.96 | 55.78 |
| 革新村 | 34.65 | 31.45 | 32.22 | — | — | 43 | 32.13 | 20.78 | 38.45 |
| 高升村 | 18.04 | 17.38 | 22.29 | — | — | 14 | 18.81 | 6.87 | 23.60 |
| 高潮村 | 34.67 | 32.22 | 30.75 | 35.63 | 34.55 | 42 | 34.42 | 21.67 | 39.73 |
| 钢铁村 | 25.76 | 26.01 | 27.03 | — | — | 14 | 26.05 | 19.23 | 35.60 |
| 富裕村 | 47.69 | 34.31 | 41.49 | 40.83 | 37.98 | 77 | 39.91 | 20.19 | 74.08 |
| 富乡村 | — | 36.01 | 34.26 | — | — | 24 | 35.06 | 28.32 | 44.03 |
| 富强村 | 17.79 | 25.63 | 22.56 | 23.61 | 30.54 | 54 | 27.00 | 12.34 | 46.84 |
| 复兴村 | 19.89 | — | 26.26 | 19.80 | — | 15 | 20.73 | 14.86 | 33.29 |
| 福兴村 | — | 42.88 | 42.07 | 40.26 | 36.52 | 97 | 38.90 | 31.00 | 44.92 |
| 凤鸣村 | 33.91 | 23.74 | 23.02 | — | 16.38 | 39 | 23.58 | 8.94 | 51.58 |
| 丰收村 | — | 36.07 | 27.43 | 38.89 | 26.06 | 22 | 30.76 | 20.93 | 52.40 |
| 丰盛村 | — | 29.24 | 25.92 | 27.20 | 24.91 | 45 | 26.96 | 9.24 | 41.22 |
| 丰产村 | 23.77 | 22.52 | 20.46 | 16.47 | — | 73 | 20.50 | 4.20 | 28.01 |
| 繁强村 | 39.22 | 38.07 | 31.04 | 30.73 | 31.24 | 33 | 32.17 | 23.30 | 50.10 |
| 二克浅村 | — | 41.63 | 41.35 | 42.58 | 40.11 | 46 | 41.46 | 35.65 | 48.03 |
| 东兴村 | — | 26.68 | 28.07 | 46.39 | 36.59 | 114 | 38.74 | 18.04 | 77.64 |
| 东方红村 | — | 34.90 | 28.33 | — | 28.10 | 29 | 30.11 | 23.40 | 47.73 |
| 第一良种场 | 41.22 | 39.72 | — | — | — | 11 | 39.85 | 37.22 | 41.22 |
| 第四良种场 | 50.99 | 43.14 | 42.69 | — | — | 9 | 44.68 | 31.00 | 50.99 |
| 第三良种场 | 40.92 | 35.75 | 42.30 | — | — | 16 | 38.94 | 13.97 | 51.58 |
| 第二良种场 | — | 31.24 | 31.70 | 29.30 | 29.52 | 6 | 30.70 | 29.17 | 32.51 |
| 灯塔村 | 42.37 | 34.38 | 44.92 | 44.92 | — | 20 | 41.25 | 30.56 | 44.92 |
| 德宝村 | 32.34 | 25.96 | 25.13 | 22.11 | 24.00 | 39 | 24.87 | 14.86 | 43.88 |
| 城北村 | 29.97 | 31.40 | 31.54 | 31.46 | 22.09 | 21 | 29.14 | 15.45 | 41.22 |
| 晨光村 | 34.94 | 28.59 | 27.56 | 28.92 | 26.24 | 108 | 28.39 | 10.42 | 72.60 |
| 朝阳村 | 44.31 | 39.39 | 40.19 | — | — | 21 | 41.46 | 24.63 | 53.06 |
| 长兴村 | 36.43 | 35.00 | 31.46 | — | — | 38 | 33.81 | 24.04 | 46.84 |
| 长胜村 | 47.08 | 39.12 | 30.44 | — | — | 26 | 35.03 | 14.27 | 50.99 |
| 长发村 | 36.69 | 34.58 | 28.15 | — | — | 28 | 33.04 | 25.92 | 46.69 |
| 长安村 | 57.55 | 31.93 | 38.09 | 27.59 | 24.55 | 17 | 35.55 | 15.45 | 72.60 |

（续）

| 村名称 | 一级地 | 二级地 | 三级地 | 四级地 | 五级地 | 样本数 | 平均值 | 最小值 | 最大值 |
|---|---|---|---|---|---|---|---|---|---|
| 保育村 | 29.08 | 33.21 | 30.68 | — | — | 48 | 31.28 | 20.19 | 53.55 |
| 保国村 | 37.43 | 38.27 | 40.48 | — | — | 29 | 38.90 | 24.04 | 59.87 |
| 保昌村 | — | 34.74 | 41.12 | 37.40 | 40.46 | 71 | 37.76 | 8.35 | 82.08 |
| 保安村 | 54.21 | 38.17 | 36.21 | 50.22 | 53.98 | 21 | 47.92 | 27.74 | 65.58 |
| 百露村 | — | — | — | — | 30.27 | 9 | 30.27 | 28.00 | 31.47 |
| 安仁村 | 46.99 | 39.31 | — | 41.28 | 36.80 | 120 | 41.24 | 30.56 | 53.95 |
| 全市 | 36.87 | 32.12 | 30.86 | 36.38 | 31.05 | 6 635 | 33.11 | 4.20 | 93.03 |

**附表 5-4　各村土壤速效钾含量统计结果**

单位：毫克/千克

| 村名称 | 一级地 | 二级地 | 三级地 | 四级地 | 五级地 | 样本数 | 平均值 | 最小值 | 最大值 |
|---|---|---|---|---|---|---|---|---|---|
| 忠孝村 | — | 145.40 | 159.67 | 134.83 | 156.20 | 19 | 147.16 | 75.00 | 214.00 |
| 治河村 | 244.00 | 247.25 | 240.80 | — | — | 59 | 243.92 | 173.00 | 369.00 |
| 志诚村 | 163.43 | 152.00 | 162.33 | — | — | 26 | 158.65 | 95.00 | 215.00 |
| 照耀村 | 153.00 | 148.00 | 153.72 | 141.75 | 107.00 | 69 | 141.54 | 107.00 | 223.00 |
| 兆林村 | 207.50 | 156.56 | 159.43 | 213.38 | 167.70 | 44 | 182.52 | 93.00 | 395.00 |
| 增产村 | 153.67 | 186.00 | 166.04 | 177.75 | — | 44 | 170.05 | 132.00 | 323.00 |
| 远大村 | 178.00 | 170.43 | 166.97 | 201.00 | 202.77 | 54 | 177.50 | 76.00 | 256.00 |
| 育民村 | 260.00 | 179.67 | 150.67 | 220.17 | — | 31 | 192.26 | 81.00 | 414.00 |
| 友好村 | 274.75 | 238.70 | 228.46 | 220.47 | 202.17 | 75 | 231.21 | 109.00 | 345.00 |
| 勇进村 | 304.88 | 269.86 | — | 225.94 | 236.83 | 38 | 252.37 | 133.00 | 388.00 |
| 永强村 | 130.00 | 160.42 | 135.43 | 154.00 | — | 30 | 145.50 | 115.00 | 265.00 |
| 永久村 | 217.56 | 211.88 | 209.31 | 161.00 | — | 34 | 210.68 | 158.00 | 300.00 |
| 永发村 | 196.00 | — | 185.60 | 168.00 | — | 12 | 185.00 | 162.00 | 196.00 |
| 学田村 | 224.00 | 134.00 | 159.00 | 160.56 | 142.00 | 24 | 156.71 | 125.00 | 224.00 |
| 旭光村 | 157.56 | 160.33 | 155.00 | 192.00 | 192.00 | 18 | 167.44 | 139.00 | 192.00 |
| 兴业村 | 261.60 | 218.74 | 231.25 | 243.20 | 233.50 | 39 | 230.69 | 119.00 | 282.00 |
| 兴旺村 | 236.00 | 217.60 | 161.75 | 149.67 | 179.92 | 37 | 172.30 | 91.00 | 247.00 |
| 兴胜村 | — | 127.00 | 151.50 | 95.00 | — | 8 | 125.13 | 95.00 | 163.00 |
| 兴隆村 | 177.50 | 208.24 | 217.24 | — | — | 52 | 205.27 | 146.00 | 332.00 |
| 信义村 | — | 95.00 | 116.80 | 159.18 | 98.34 | 56 | 118.16 | 75.00 | 287.00 |
| 新兴村 | 195.42 | 195.67 | 184.60 | 189.56 | 170.50 | 33 | 189.18 | 157.00 | 272.00 |
| 新祥村 | 231.00 | 262.43 | 234.38 | — | — | 27 | 240.15 | 176.00 | 328.00 |
| 新世纪村 | 208.67 | 158.00 | 166.29 | 172.82 | 160.50 | 57 | 170.77 | 123.00 | 225.00 |

（续）

| 村名称 | 一级地 | 二级地 | 三级地 | 四级地 | 五级地 | 样本数 | 平均值 | 最小值 | 最大值 |
|---|---|---|---|---|---|---|---|---|---|
| 新生活村 | — | 329.00 | 172.00 | 170.91 | 161.33 | 32 | 175.53 | 116.00 | 329.00 |
| 新化村 | 249.00 | 222.67 | 247.80 | 294.50 | — | 17 | 240.06 | 184.00 | 310.00 |
| 新合村 | 188.92 | 183.60 | 170.00 | — | — | 41 | 177.20 | 130.00 | 246.00 |
| 新富村 | 202.00 | 231.90 | 247.64 | — | — | 22 | 238.41 | 142.00 | 332.00 |
| 新安村 | 165.38 | 160.17 | 174.36 | 187.05 | 147.17 | 133 | 173.39 | 77.00 | 257.00 |
| 向阳村 | 156.00 | 158.24 | 162.33 | 171.67 | — | 51 | 161.02 | 115.00 | 220.00 |
| 向荣村 | 216.00 | 178.83 | 177.92 | 144.50 | — | 27 | 177.26 | 119.00 | 221.00 |
| 祥云村 | 240.60 | 241.13 | — | 259.32 | — | 42 | 249.17 | 210.00 | 332.00 |
| 祥乐村 | — | 202.27 | 219.67 | 213.00 | — | 18 | 208.67 | 164.00 | 250.00 |
| 鲜兴村 | 289.00 | 251.00 | 283.50 | 258.50 | 260.20 | 35 | 260.46 | 77.00 | 302.00 |
| 先锋村 | 248.00 | 318.50 | 225.40 | 239.44 | 196.50 | 28 | 231.18 | 164.00 | 550.00 |
| 西庄村 | — | 128.82 | 131.63 | 83.00 | 107.00 | 32 | 119.91 | 70.00 | 302.00 |
| 五一村 | — | 186.75 | 305.00 | 230.60 | — | 14 | 244.64 | 119.00 | 430.00 |
| 五星村 | 264.25 | 239.20 | 181.25 | — | — | 13 | 229.08 | 130.00 | 292.00 |
| 五福村 | 325.00 | 211.19 | 212.04 | — | — | 57 | 227.51 | 158.00 | 555.00 |
| 文明村 | — | 159.14 | 173.00 | 212.20 | 160.33 | 27 | 173.85 | 140.00 | 229.00 |
| 文化村 | 274.00 | 217.30 | 214.00 | — | — | 14 | 224.93 | 143.00 | 370.00 |
| 文光村 | 242.78 | 247.33 | 231.64 | — | — | 52 | 239.90 | 43.00 | 321.00 |
| 万兴村 | 182.50 | 165.33 | 186.80 | — | — | 21 | 177.19 | 87.00 | 267.00 |
| 万宝村 | 255.71 | 200.00 | 232.89 | — | — | 24 | 244.83 | 188.00 | 454.00 |
| 团结村 | 201.38 | 183.25 | 185.25 | 249.00 | 198.00 | 37 | 197.59 | 108.00 | 264.00 |
| 同义村 | 137.71 | 121.90 | 112.86 | — | — | 24 | 123.88 | 90.00 | 168.00 |
| 同心村 | 197.00 | 151.85 | 207.47 | — | — | 41 | 187.02 | 93.00 | 277.00 |
| 通胜村 | — | 263.14 | 330.63 | — | — | 15 | 299.13 | 187.00 | 389.00 |
| 通南村 | 239.75 | 237.82 | 259.10 | — | — | 25 | 246.64 | 146.00 | 395.00 |
| 天津村 | 141.00 | — | 154.41 | 150.57 | 176.00 | 29 | 153.59 | 96.00 | 228.00 |
| 太和村 | 165.67 | 168.75 | 161.00 | 193.63 | 192.00 | 21 | 178.52 | 156.00 | 210.00 |
| 索伦村 | — | — | — | 164.67 | 147.75 | 11 | 152.36 | 110.00 | 211.00 |
| 四季青村 | 109.67 | — | 112.08 | 112.00 | 121.79 | 30 | 116.37 | 69.00 | 154.00 |
| 双兴村 | 231.00 | 318.40 | — | 330.49 | 243.00 | 49 | 316.02 | 129.00 | 506.00 |
| 双喜村 | 169.00 | 188.09 | 181.50 | 200.67 | — | 18 | 187.33 | 158.00 | 220.00 |
| 双泉村 | — | 212.32 | 164.00 | 145.00 | 140.17 | 67 | 162.21 | 119.00 | 231.00 |
| 双乐村 | 220.50 | 218.25 | 235.25 | — | — | 14 | 228.29 | 192.00 | 280.00 |

（续）

| 村名称 | 一级地 | 二级地 | 三级地 | 四级地 | 五级地 | 样本数 | 平均值 | 最小值 | 最大值 |
|---|---|---|---|---|---|---|---|---|---|
| 双合村 | 175.00 | 165.86 | 180.65 | 175.21 | 174.50 | 69 | 176.91 | 94.00 | 299.00 |
| 双发村 | — | 121.86 | 115.67 | 117.00 | 140.00 | 20 | 126.55 | 83.00 | 196.00 |
| 胜利村 | 243.67 | 210.90 | 201.81 | 223.58 | 224.72 | 101 | 213.42 | 131.00 | 303.00 |
| 升平村 | 137.40 | 119.00 | 120.38 | — | 121.67 | 19 | 124.84 | 86.00 | 226.00 |
| 三星村 | 240.14 | 229.00 | 212.38 | 239.00 | 214.00 | 34 | 226.35 | 164.00 | 421.00 |
| 三山村 | 181.80 | 219.30 | 177.50 | — | — | 21 | 198.43 | 131.00 | 280.00 |
| 三合村 | 251.31 | 210.11 | — | 203.00 | — | 29 | 226.86 | 156.00 | 363.00 |
| 荣胜村 | 211.50 | 178.63 | 210.00 | — | — | 11 | 187.45 | 144.00 | 213.00 |
| 荣光村 | 100.00 | 152.25 | 168.40 | 190.29 | 235.00 | 23 | 166.39 | 92.00 | 243.00 |
| 仁厚村 | 204.88 | — | 228.43 | — | 191.00 | 16 | 214.31 | 141.00 | 308.00 |
| 仁和村 | 162.00 | 146.88 | 148.00 | 193.80 | 192.00 | 31 | 173.32 | 121.00 | 210.00 |
| 仁爱村 | — | 129.25 | 144.00 | 174.55 | 166.69 | 42 | 165.62 | 89.00 | 256.00 |
| 群英村 | 272.25 | 201.83 | 217.42 | 286.00 | — | 42 | 221.45 | 119.00 | 404.00 |
| 全胜村 | — | — | 203.00 | 206.65 | — | 25 | 206.36 | 199.00 | 225.00 |
| 庆祥村 | 109.00 | 152.50 | 145.26 | — | — | 32 | 145.03 | 65.00 | 285.00 |
| 庆丰村 | — | 196.63 | 219.13 | — | — | 16 | 207.88 | 106.00 | 274.00 |
| 庆宝村 | 165.83 | 174.75 | 173.17 | 189.50 | — | 30 | 172.83 | 86.00 | 282.00 |
| 清和村 | 194.00 | 200.40 | 186.00 | 184.74 | 176.91 | 52 | 186.44 | 146.00 | 266.00 |
| 青山村 | 263.50 | 218.88 | 210.50 | 206.29 | 198.00 | 90 | 212.57 | 135.00 | 377.00 |
| 勤俭村 | 269.14 | 250.04 | 252.53 | 216.92 | 283.25 | 66 | 248.70 | 112.00 | 318.00 |
| 前卫村 | — | 120.00 | 107.71 | 203.25 | 236.00 | 30 | 132.10 | 66.00 | 262.00 |
| 前进村 | — | 203.00 | 240.23 | 208.50 | 203.33 | 21 | 226.62 | 174.00 | 299.00 |
| 前程村 | 219.00 | 159.33 | 194.86 | — | 148.50 | 15 | 177.00 | 132.00 | 310.00 |
| 谦益村 | 271.14 | 244.07 | 234.00 | 283.46 | — | 63 | 270.98 | 176.00 | 339.00 |
| 启民村 | 230.50 | 217.67 | 174.75 | 183.40 | 191.50 | 27 | 191.26 | 130.00 | 310.00 |
| 平原村 | — | 227.44 | 222.00 | 248.00 | — | 11 | 228.82 | 81.00 | 344.00 |
| 平房村 | — | 180.60 | 163.00 | 129.00 | 117.61 | 41 | 131.95 | 96.00 | 287.00 |
| 平安村 | 184.57 | 215.56 | 119.75 | 165.00 | — | 21 | 184.57 | 83.00 | 334.00 |
| 农乐村 | 237.14 | 404.50 | 284.60 | — | — | 14 | 278.00 | 185.00 | 561.00 |
| 讷南村 | 226.00 | 214.57 | 222.00 | 131.50 | 114.20 | 75 | 143.76 | 96.00 | 239.00 |
| 南阳村 | 245.00 | — | 187.00 | — | — | 6 | 196.67 | 156.00 | 245.00 |
| 明星村 | 170.00 | 181.80 | 161.18 | 170.29 | 173.20 | 34 | 171.15 | 118.00 | 251.00 |
| 民强村 | 277.40 | 260.67 | 291.63 | — | — | 19 | 278.11 | 220.00 | 334.00 |

（续）

| 村名称 | 一级地 | 二级地 | 三级地 | 四级地 | 五级地 | 样本数 | 平均值 | 最小值 | 最大值 |
|---|---|---|---|---|---|---|---|---|---|
| 茂林村 | 279.00 | 244.00 | 238.14 | — | — | 15 | 245.93 | 179.00 | 279.00 |
| 满丰村 | 230.62 | 221.60 | 227.36 | — | — | 32 | 227.78 | 179.00 | 304.00 |
| 满仓村 | 155.00 | 166.40 | 189.43 | 110.50 | 200.50 | 23 | 170.52 | 103.00 | 288.00 |
| 鲁民村 | 170.00 | 220.25 | 218.60 | 236.36 | 199.00 | 80 | 225.45 | 89.00 | 300.00 |
| 隆昌村 | — | 161.88 | 156.55 | 179.13 | 146.71 | 102 | 161.60 | 125.00 | 246.00 |
| 龙华村 | 364.43 | 229.84 | 220.10 | — | 107.00 | 53 | 220.28 | 70.00 | 491.00 |
| 龙河村 | 236.00 | 184.33 | 193.06 | 244.67 | 197.33 | 97 | 229.72 | 148.00 | 302.00 |
| 凌云村 | 169.27 | 171.08 | 181.75 | — | 159.33 | 45 | 170.20 | 122.00 | 329.00 |
| 联盟村 | 274.00 | 226.00 | 225.43 | 197.00 | 236.00 | 19 | 227.32 | 160.00 | 274.00 |
| 利民村 | 271.67 | 233.56 | 220.95 | 224.94 | — | 69 | 225.72 | 99.00 | 411.00 |
| 利国村 | 252.00 | 247.43 | 245.50 | 264.00 | — | 33 | 255.36 | 214.00 | 306.00 |
| 黎明村 | 205.67 | 224.67 | 190.56 | 160.40 | 141.90 | 41 | 165.56 | 104.00 | 231.00 |
| 乐业村 | 192.33 | 225.50 | 204.60 | 218.00 | — | 14 | 203.29 | 154.00 | 266.00 |
| 老莱村 | 254.00 | 213.86 | 190.00 | 199.89 | 135.79 | 63 | 186.70 | 54.00 | 344.00 |
| 孔国村 | 154.67 | 165.13 | 165.38 | 137.53 | 134.20 | 54 | 145.46 | 123.00 | 200.00 |
| 靠山村 | — | 216.67 | 190.77 | 185.71 | — | 35 | 194.20 | 109.00 | 265.00 |
| 康庄村 | 246.30 | 230.88 | 225.43 | 250.54 | 255.43 | 125 | 236.72 | 131.00 | 362.00 |
| 康宁村 | 220.00 | 169.60 | 194.63 | 160.00 | — | 16 | 187.81 | 131.00 | 258.00 |
| 聚宝村 | 170.82 | 203.54 | 231.33 | 251.89 | — | 78 | 220.54 | 118.00 | 411.00 |
| 炬光村 | 362.00 | 203.78 | 227.31 | 209.00 | 177.29 | 40 | 212.05 | 144.00 | 362.00 |
| 巨和村 | 253.00 | 229.87 | 245.67 | 234.00 | 265.33 | 26 | 238.04 | 144.00 | 284.00 |
| 九井村 | 227.30 | 174.09 | 182.00 | 199.90 | 214.50 | 85 | 199.92 | 83.00 | 685.00 |
| 江东村 | — | 160.50 | 154.71 | 153.75 | 154.00 | 22 | 155.36 | 105.00 | 238.00 |
| 建设村 | 208.00 | 226.60 | 196.25 | — | — | 28 | 214.61 | 138.00 | 414.00 |
| 建华村 | — | 135.50 | 102.00 | 107.00 | 121.67 | 11 | 119.73 | 100.00 | 171.00 |
| 继光村 | 201.70 | 214.46 | 216.04 | 217.33 | 207.39 | 132 | 213.75 | 121.00 | 323.00 |
| 吉祥村 | — | 245.86 | 264.63 | — | — | 22 | 252.68 | 191.00 | 332.00 |
| 吉庆村 | 353.50 | 310.60 | 334.00 | — | — | 15 | 328.80 | 259.00 | 551.00 |
| 火烽村 | — | 143.54 | 155.97 | 161.41 | 111.73 | 84 | 147.89 | 107.00 | 199.00 |
| 回民村 | 132.33 | — | 138.70 | 119.25 | 136.60 | 40 | 135.75 | 93.00 | 187.00 |
| 华升村 | 272.10 | 294.00 | 237.07 | — | — | 33 | 261.48 | 143.00 | 345.00 |
| 宏大村 | — | 178.90 | 200.67 | 227.15 | 216.48 | 59 | 208.44 | 126.00 | 307.00 |
| 红星村 | 286.00 | 164.50 | 119.92 | — | — | 30 | 131.40 | 65.00 | 286.00 |

（续）

| 村名称 | 一级地 | 二级地 | 三级地 | 四级地 | 五级地 | 样本数 | 平均值 | 最小值 | 最大值 |
|---|---|---|---|---|---|---|---|---|---|
| 黑龙村 | 239.09 | 248.00 | — | — | 222.25 | 28 | 229.79 | 164.00 | 281.00 |
| 河江村 | 231.00 | 165.00 | 301.00 | 204.40 | 184.50 | 32 | 207.28 | 131.00 | 308.00 |
| 和义村 | 231.63 | 153.00 | 238.91 | — | — | 20 | 231.70 | 153.00 | 295.00 |
| 和心村 | 179.75 | 169.22 | 176.10 | — | — | 32 | 172.69 | 102.00 | 257.00 |
| 和盛村 | 245.09 | 304.50 | 245.00 | — | — | 36 | 248.33 | 192.00 | 355.00 |
| 和平村 | 157.83 | 146.25 | 162.78 | — | — | 19 | 157.74 | 122.00 | 298.00 |
| 合庆村 | 148.50 | 145.60 | 151.73 | 144.33 | 128.00 | 30 | 147.43 | 118.00 | 212.00 |
| 合发村 | — | 185.09 | 178.86 | — | — | 18 | 182.67 | 91.00 | 294.00 |
| 国兴村 | — | 168.29 | 170.93 | 161.00 | — | 28 | 167.79 | 133.00 | 199.00 |
| 国庆村 | 239.23 | 214.20 | 208.82 | 204.86 | 204.00 | 76 | 215.89 | 145.00 | 317.00 |
| 广义村 | 201.75 | 173.73 | 205.00 | — | — | 28 | 190.86 | 144.00 | 291.00 |
| 光芒村 | 420.80 | 235.00 | — | 377.00 | — | 8 | 368.88 | 188.00 | 625.00 |
| 光辉村 | 217.50 | 199.22 | 207.88 | 220.67 | 261.00 | 23 | 209.30 | 134.00 | 261.00 |
| 光华村 | 134.25 | 133.38 | 149.00 | 134.67 | 130.00 | 22 | 134.27 | 91.00 | 172.00 |
| 共福村 | 245.33 | 253.75 | 174.00 | 241.58 | 249.29 | 27 | 243.30 | 153.00 | 277.00 |
| 公安村 | 282.63 | 249.63 | 283.67 | — | — | 19 | 268.89 | 135.00 | 372.00 |
| 更新村 | 215.00 | 198.00 | 225.13 | 166.00 | — | 16 | 210.63 | 132.00 | 328.00 |
| 革新村 | 214.83 | 210.08 | 215.00 | — | — | 43 | 212.23 | 179.00 | 249.00 |
| 高升村 | 169.63 | 185.67 | 166.67 | — | — | 14 | 172.43 | 132.00 | 224.00 |
| 高潮村 | 317.33 | 274.40 | 293.20 | 270.26 | 264.00 | 42 | 275.95 | 117.00 | 355.00 |
| 钢铁村 | 242.83 | 235.00 | 224.50 | — | — | 14 | 236.86 | 204.00 | 272.00 |
| 富裕村 | 242.75 | 210.06 | 232.85 | 223.00 | 198.89 | 77 | 222.53 | 112.00 | 372.00 |
| 富乡村 | — | 115.36 | 102.85 | — | — | 24 | 108.58 | 72.00 | 164.00 |
| 富强村 | 132.00 | 149.22 | 147.89 | 145.67 | 151.46 | 54 | 149.17 | 105.00 | 231.00 |
| 复兴村 | 196.91 | — | 239.00 | 212.50 | — | 15 | 204.60 | 156.00 | 250.00 |
| 福兴村 | — | 190.00 | 173.24 | 182.45 | 170.09 | 97 | 175.26 | 146.00 | 241.00 |
| 凤鸣村 | 231.25 | 254.27 | 241.44 | — | 212.73 | 39 | 234.87 | 64.00 | 353.00 |
| 丰收村 | — | 98.33 | 107.31 | 131.00 | 108.00 | 22 | 107.05 | 76.00 | 173.00 |
| 丰盛村 | — | 259.69 | 248.46 | 227.00 | 164.89 | 45 | 230.22 | 126.00 | 357.00 |
| 丰产村 | 150.00 | 154.27 | 156.00 | 157.75 | — | 73 | 155.44 | 123.00 | 199.00 |
| 繁强村 | 172.33 | 176.50 | 166.00 | 165.00 | 150.00 | 33 | 161.03 | 123.00 | 192.00 |
| 二克浅村 | — | 186.50 | 175.86 | 164.18 | 193.23 | 46 | 176.91 | 80.00 | 268.00 |
| 东兴村 | — | 195.91 | 240.96 | 254.00 | 265.32 | 114 | 247.83 | 135.00 | 300.00 |

（续）

| 村名称 | 一级地 | 二级地 | 三级地 | 四级地 | 五级地 | 样本数 | 平均值 | 最小值 | 最大值 |
|---|---|---|---|---|---|---|---|---|---|
| 东方红村 | — | 111.88 | 125.18 | — | 165.00 | 29 | 127.00 | 76.00 | 212.00 |
| 第一良种场 | 263.00 | 160.80 | — | — | — | 11 | 170.09 | 118.00 | 263.00 |
| 第四良种场 | 298.00 | 243.33 | 207.50 | — | — | 9 | 239.56 | 147.00 | 298.00 |
| 第三良种场 | 340.00 | 212.00 | 209.29 | — | — | 16 | 218.81 | 138.00 | 340.00 |
| 第二良种场 | — | 235.33 | 251.00 | 268.00 | 253.00 | 6 | 246.33 | 226.00 | 268.00 |
| 灯塔村 | 147.00 | 169.83 | 192.00 | 192.00 | — | 20 | 176.35 | 140.00 | 192.00 |
| 德宝村 | 262.00 | 180.00 | 183.22 | 247.60 | 142.00 | 39 | 202.05 | 98.00 | 430.00 |
| 城北村 | 329.00 | 193.14 | 182.00 | 169.83 | 171.00 | 21 | 186.62 | 97.00 | 329.00 |
| 晨光村 | 227.00 | 196.41 | 204.39 | 193.25 | 198.09 | 108 | 201.36 | 110.00 | 376.00 |
| 朝阳村 | 256.50 | 260.13 | 216.80 | — | — | 21 | 248.43 | 168.00 | 312.00 |
| 长兴村 | 180.67 | 130.00 | 131.57 | — | — | 38 | 134.58 | 53.00 | 286.00 |
| 长胜村 | 230.33 | 151.38 | 172.33 | — | — | 26 | 172.58 | 115.00 | 298.00 |
| 长发村 | 178.29 | 169.25 | 169.67 | — | — | 28 | 171.64 | 90.00 | 228.00 |
| 长安村 | 163.00 | 95.17 | 100.67 | 103.00 | 116.50 | 17 | 113.59 | 68.00 | 203.00 |
| 保育村 | 234.75 | 234.64 | 228.10 | — | — | 48 | 230.56 | 152.00 | 282.00 |
| 保国村 | 163.90 | 171.00 | 185.92 | — | — | 29 | 174.72 | 112.00 | 236.00 |
| 保昌村 | — | 187.38 | 183.82 | 183.29 | 190.00 | 71 | 185.14 | 136.00 | 307.00 |
| 保安村 | 447.25 | 326.00 | 286.50 | 479.73 | 508.00 | 21 | 430.76 | 190.00 | 559.00 |
| 百露村 | — | — | — | — | 162.11 | 9 | 162.11 | 155.00 | 195.00 |
| 安仁村 | 366.86 | 172.50 | — | 299.62 | 197.33 | 120 | 290.00 | 130.00 | 574.00 |
| 全市 | 222.63 | 198.52 | 193.97 | 212.68 | 172.16 | 6 635 | 199.71 | 43.00 | 685.00 |

附表 5－5　各村土壤碱解氮含量统计结果

单位：毫克/千克

| 村名称 | 一级地 | 二级地 | 三级地 | 四级地 | 五级地 | 样本数 | 平均值 | 最小值 | 最大值 |
|---|---|---|---|---|---|---|---|---|---|
| 忠孝村 | — | 245.41 | 236.86 | 239.76 | 248.09 | 19 | 242.98 | 229.45 | 280.63 |
| 治河村 | 231.34 | 283.11 | 279.94 | — | — | 59 | 280.62 | 231.34 | 316.01 |
| 志诚村 | 238.45 | 246.96 | 257.38 | — | — | 26 | 248.28 | 210.17 | 316.01 |
| 照耀村 | 264.51 | 268.97 | 236.35 | 224.99 | 203.97 | 69 | 231.14 | 203.97 | 291.82 |
| 兆林村 | 233.03 | 261.39 | 252.40 | 244.95 | 240.78 | 44 | 248.01 | 224.70 | 293.33 |
| 增产村 | 208.18 | 208.60 | 208.09 | 215.88 | — | 44 | 209.58 | 184.46 | 264.60 |
| 远大村 | 211.30 | 205.54 | 204.79 | 193.34 | 200.37 | 54 | 203.52 | 185.98 | 241.16 |
| 育民村 | 251.23 | 247.65 | 239.36 | 251.95 | — | 31 | 247.34 | 225.29 | 288.79 |

（续）

| 村名称 | 一级地 | 二级地 | 三级地 | 四级地 | 五级地 | 样本数 | 平均值 | 最小值 | 最大值 |
|---|---|---|---|---|---|---|---|---|---|
| 友好村 | 231.63 | 246.39 | 252.66 | 280.04 | 250.50 | 75 | 254.32 | 181.44 | 365.90 |
| 勇进村 | 231.90 | 219.23 | — | 214.35 | 218.41 | 38 | 219.59 | 193.54 | 284.26 |
| 永强村 | 228.93 | 212.82 | 221.08 | 208.66 | — | 30 | 218.15 | 179.93 | 264.60 |
| 永久村 | 234.30 | 239.21 | 228.87 | 248.22 | — | 34 | 233.31 | 211.68 | 297.86 |
| 永发村 | 221.62 | — | 205.40 | 209.66 | — | 12 | 207.10 | 183.71 | 221.62 |
| 学田村 | 214.33 | 215.55 | 226.12 | 224.58 | 230.30 | 24 | 223.64 | 190.51 | 239.18 |
| 旭光村 | 241.45 | 240.11 | 248.72 | 227.56 | 227.56 | 18 | 237.77 | 225.29 | 248.72 |
| 兴业村 | 235.00 | 249.98 | 259.48 | 241.82 | 221.55 | 39 | 247.50 | 172.37 | 285.77 |
| 兴旺村 | 257.80 | 241.87 | 270.95 | 273.52 | 275.47 | 37 | 269.17 | 221.51 | 297.70 |
| 兴胜村 | — | 234.19 | 209.52 | 205.03 | — | 8 | 220.73 | 205.03 | 258.55 |
| 兴隆村 | 241.05 | 239.93 | 240.00 | — | — | 52 | 240.17 | 169.34 | 291.82 |
| 信义村 | — | 247.15 | 244.06 | 227.48 | 246.61 | 56 | 240.62 | 197.32 | 257.96 |
| 新兴村 | 250.67 | 218.95 | 250.00 | 263.20 | 254.27 | 33 | 251.54 | 179.93 | 290.30 |
| 新祥村 | 243.77 | 235.89 | 235.59 | — | — | 27 | 239.30 | 195.35 | 267.62 |
| 新世纪村 | 245.20 | 252.46 | 224.78 | 247.51 | 245.09 | 57 | 240.35 | 185.98 | 278.11 |
| 新生活村 | — | 245.32 | 230.84 | 222.27 | 202.71 | 32 | 225.71 | 171.61 | 261.20 |
| 新化村 | 262.71 | 252.08 | 263.31 | 279.15 | — | 17 | 259.19 | 220.25 | 288.79 |
| 新合村 | 208.77 | 229.97 | 213.51 | — | — | 41 | 214.13 | 161.78 | 266.11 |
| 新富村 | 229.07 | 243.65 | 247.34 | — | — | 22 | 244.83 | 202.61 | 291.28 |
| 新安村 | 242.41 | 231.74 | 230.43 | 225.74 | 232.90 | 133 | 230.15 | 198.99 | 297.30 |
| 向阳村 | 231.00 | 225.40 | 246.00 | 226.93 | — | 51 | 236.83 | 181.44 | 275.18 |
| 向荣村 | 235.87 | 231.64 | 226.71 | 226.67 | — | 27 | 229.24 | 211.68 | 252.50 |
| 祥云村 | 259.36 | 251.37 | — | 256.91 | — | 42 | 256.73 | 223.64 | 288.79 |
| 祥乐村 | — | 260.32 | 276.35 | 229.82 | — | 18 | 263.97 | 205.63 | 294.36 |
| 鲜兴村 | 171.94 | 167.62 | 198.58 | 229.09 | 227.94 | 35 | 216.44 | 158.26 | 238.90 |
| 先锋村 | 306.94 | 288.04 | 272.44 | 270.55 | 272.58 | 28 | 274.21 | 210.17 | 376.49 |
| 西庄村 | — | 208.00 | 201.24 | 202.43 | 215.25 | 32 | 208.85 | 183.56 | 240.41 |
| 五一村 | — | 204.63 | 220.61 | 233.97 | — | 14 | 220.82 | 189.00 | 262.08 |
| 五星村 | 212.96 | 219.04 | 240.14 | — | — | 13 | 223.66 | 202.61 | 257.04 |
| 五福村 | 297.70 | 270.41 | 264.98 | — | — | 57 | 272.05 | 232.85 | 312.98 |
| 文明村 | — | 239.59 | 230.99 | 238.43 | 251.35 | 27 | 239.12 | 202.61 | 266.87 |
| 文化村 | 214.33 | 199.21 | 212.82 | — | — | 14 | 203.32 | 168.59 | 287.28 |
| 文光村 | 235.83 | 243.68 | 241.10 | — | — | 52 | 241.23 | 190.51 | 289.55 |

（续）

| 村名称 | 一级地 | 二级地 | 三级地 | 四级地 | 五级地 | 样本数 | 平均值 | 最小值 | 最大值 |
|---|---|---|---|---|---|---|---|---|---|
| 万兴村 | 195.01 | 199.02 | 195.87 | — | — | 21 | 197.14 | 175.39 | 241.92 |
| 万宝村 | 271.20 | 277.59 | 276.77 | — | — | 24 | 273.56 | 229.82 | 294.08 |
| 团结村 | 238.37 | 220.89 | 233.23 | 226.21 | 221.38 | 37 | 228.71 | 184.46 | 275.94 |
| 同义村 | 278.45 | 270.22 | 258.07 | — | — | 24 | 269.08 | 235.87 | 309.96 |
| 同心村 | 247.88 | 234.60 | 235.10 | — | — | 41 | 238.37 | 184.46 | 303.91 |
| 通胜村 | — | 234.79 | 237.03 | — | — | 15 | 235.99 | 222.26 | 244.94 |
| 通南村 | 269.71 | 255.56 | 250.30 | — | — | 25 | 255.72 | 208.66 | 317.52 |
| 天津村 | 204.51 | — | 215.97 | 215.94 | 217.03 | 29 | 214.85 | 187.49 | 248.22 |
| 太和村 | 257.07 | 252.29 | 250.40 | 227.31 | 227.56 | 21 | 242.19 | 225.58 | 264.35 |
| 索伦村 | — | — | — | 246.63 | 243.69 | 11 | 244.49 | 217.73 | 279.77 |
| 四季青村 | 216.44 | — | 211.87 | 209.16 | 205.24 | 30 | 209.14 | 166.32 | 275.18 |
| 双兴村 | 262.03 | 258.05 | — | 246.51 | 242.96 | 49 | 248.35 | 210.17 | 312.23 |
| 双喜村 | 225.29 | 242.37 | 230.77 | 246.56 | — | 18 | 239.88 | 205.63 | 279.22 |
| 双泉村 | — | 268.68 | 311.47 | 284.45 | 290.07 | 67 | 282.90 | 228.31 | 355.32 |
| 双乐村 | 230.29 | 234.57 | 233.93 | — | — | 14 | 233.59 | 218.48 | 250.08 |
| 双合村 | 251.23 | 231.12 | 218.57 | 205.32 | 202.66 | 69 | 215.72 | 192.02 | 303.91 |
| 双发村 | — | 227.92 | 220.61 | 236.32 | 240.20 | 20 | 232.38 | 210.92 | 264.10 |
| 胜利村 | 253.76 | 257.68 | 251.78 | 258.57 | 256.73 | 101 | 255.93 | 208.15 | 319.03 |
| 升平村 | 260.76 | 254.10 | 242.13 | — | 235.94 | 19 | 247.95 | 157.25 | 362.88 |
| 三星村 | 234.87 | 237.65 | 234.43 | 229.07 | 231.92 | 34 | 235.56 | 221.51 | 265.10 |
| 三山村 | 244.59 | 248.78 | 235.08 | — | — | 21 | 243.87 | 216.97 | 317.52 |
| 三合村 | 237.44 | 224.15 | — | 238.61 | — | 29 | 233.60 | 171.61 | 264.10 |
| 荣胜村 | 256.11 | 254.81 | 256.37 | — | — | 11 | 255.19 | 243.97 | 279.30 |
| 荣光村 | 248.43 | 233.36 | 225.32 | 219.21 | 204.32 | 23 | 227.35 | 204.32 | 252.10 |
| 仁厚村 | 248.08 | — | 227.77 | — | 277.45 | 16 | 241.03 | 217.73 | 302.40 |
| 仁和村 | 245.32 | 241.57 | 241.70 | 227.28 | 227.56 | 31 | 234.05 | 224.79 | 258.74 |
| 仁爱村 | — | 244.26 | 250.80 | 238.56 | 244.67 | 42 | 241.87 | 199.80 | 271.08 |
| 群英村 | 232.75 | 241.25 | 232.93 | 211.18 | — | 42 | 234.26 | 169.34 | 288.79 |
| 全胜村 | — | — | 235.87 | 261.00 | — | 25 | 258.99 | 220.75 | 279.00 |
| 庆祥村 | 233.60 | 210.35 | 215.39 | — | — | 32 | 215.33 | 163.30 | 250.99 |
| 庆丰村 | — | 214.09 | 192.20 | — | — | 16 | 203.14 | 164.81 | 247.78 |
| 庆宝村 | 258.89 | 263.90 | 256.07 | 234.82 | — | 30 | 256.45 | 220.75 | 288.79 |
| 清和村 | 253.01 | 229.54 | 222.14 | 209.22 | 193.36 | 52 | 212.36 | 157.25 | 300.89 |

（续）

| 村名称 | 一级地 | 二级地 | 三级地 | 四级地 | 五级地 | 样本数 | 平均值 | 最小值 | 最大值 |
|---|---|---|---|---|---|---|---|---|---|
| 青山村 | 244.00 | 248.49 | 255.83 | 238.87 | 245.70 | 90 | 242.71 | 206.79 | 265.36 |
| 勤俭村 | 233.55 | 229.69 | 232.87 | 236.97 | 241.53 | 66 | 232.96 | 164.81 | 291.06 |
| 前卫村 | — | 237.45 | 237.27 | 227.40 | 234.36 | 30 | 235.97 | 208.66 | 247.21 |
| 前进村 | — | 251.63 | 256.02 | 264.60 | 250.49 | 21 | 255.42 | 220.75 | 300.89 |
| 前程村 | 220.12 | 252.95 | 257.92 | — | 291.17 | 15 | 263.28 | 213.19 | 325.08 |
| 谦益村 | 245.87 | 210.81 | 207.61 | 234.80 | — | 63 | 229.40 | 189.00 | 262.79 |
| 启民村 | 238.27 | 234.64 | 246.04 | 246.95 | 251.64 | 27 | 243.51 | 223.78 | 269.14 |
| 平原村 | — | 225.88 | 216.52 | 223.78 | — | 11 | 224.84 | 192.02 | 278.21 |
| 平房村 | — | 222.20 | 223.21 | 213.79 | 201.81 | 41 | 210.01 | 197.32 | 275.18 |
| 平安村 | 269.20 | 251.35 | 267.81 | 242.15 | — | 21 | 260.00 | 198.07 | 316.01 |
| 农乐村 | 278.31 | 298.24 | 290.61 | — | — | 14 | 285.55 | 237.38 | 346.25 |
| 讷南村 | 265.06 | 253.53 | 257.54 | 246.47 | 216.92 | 75 | 236.51 | 197.32 | 311.47 |
| 南阳村 | 266.20 | — | 238.26 | — | — | 6 | 242.91 | 229.72 | 266.20 |
| 明星村 | 248.81 | 239.91 | 231.37 | 211.36 | 206.48 | 34 | 226.62 | 184.46 | 276.70 |
| 民强村 | 226.26 | 234.63 | 216.22 | — | — | 19 | 224.68 | 191.27 | 260.19 |
| 茂林村 | 244.94 | 254.56 | 261.11 | — | — | 15 | 256.33 | 223.78 | 272.92 |
| 满丰村 | 261.69 | 254.81 | 255.07 | — | — | 32 | 257.72 | 204.12 | 294.84 |
| 满仓村 | 247.18 | 245.64 | 239.69 | 263.98 | 232.85 | 23 | 244.44 | 222.26 | 268.13 |
| 鲁民村 | 312.98 | 230.07 | 224.63 | 247.44 | 233.90 | 80 | 240.38 | 197.32 | 312.98 |
| 隆昌村 | — | 263.76 | 263.08 | 261.68 | 252.80 | 102 | 261.52 | 220.00 | 294.84 |
| 龙华村 | 216.77 | 218.51 | 219.90 | — | 203.97 | 53 | 215.52 | 164.81 | 258.55 |
| 龙河村 | 245.32 | 233.60 | 214.37 | 244.24 | 229.17 | 97 | 237.61 | 153.47 | 326.59 |
| 凌云村 | 219.24 | 222.97 | 257.32 | — | 238.10 | 45 | 224.88 | 152.71 | 284.26 |
| 联盟村 | 272.92 | 237.84 | 239.38 | 249.27 | 184.46 | 19 | 238.05 | 184.46 | 272.92 |
| 利民村 | 234.53 | 249.01 | 248.00 | 252.79 | — | 69 | 248.66 | 143.64 | 309.96 |
| 利国村 | 243.63 | 245.36 | 238.67 | 250.51 | — | 33 | 246.41 | 222.95 | 270.65 |
| 黎明村 | 216.82 | 216.66 | 223.88 | 234.99 | 274.95 | 41 | 250.35 | 189.06 | 305.42 |
| 乐业村 | 263.50 | 276.41 | 260.86 | 271.40 | — | 14 | 264.97 | 248.74 | 284.76 |
| 老莱村 | 217.35 | 229.84 | 245.07 | 245.41 | 257.72 | 63 | 243.67 | 175.39 | 287.28 |
| 孔国村 | 239.15 | 226.69 | 231.34 | 256.84 | 246.52 | 54 | 243.79 | 213.19 | 296.58 |
| 靠山村 | — | 224.50 | 225.50 | 225.85 | — | 35 | 225.40 | 179.93 | 279.72 |
| 康庄村 | 243.37 | 236.52 | 256.70 | 256.78 | 257.72 | 125 | 250.44 | 157.25 | 291.06 |
| 康宁村 | 247.70 | 239.99 | 239.97 | 230.43 | — | 16 | 240.34 | 216.97 | 263.39 |

（续）

| 村名称 | 一级地 | 二级地 | 三级地 | 四级地 | 五级地 | 样本数 | 平均值 | 最小值 | 最大值 |
|---|---|---|---|---|---|---|---|---|---|
| 聚宝村 | 217.38 | 251.45 | 230.70 | 219.16 | — | 78 | 230.95 | 183.71 | 303.91 |
| 炬光村 | 291.06 | 284.58 | 264.70 | 270.54 | 267.95 | 40 | 271.86 | 211.68 | 378.76 |
| 巨和村 | 260.75 | 250.45 | 233.59 | 269.29 | 253.09 | 26 | 251.77 | 199.58 | 290.50 |
| 九井村 | 251.20 | 242.64 | 245.53 | 243.40 | 218.41 | 85 | 243.66 | 187.49 | 306.94 |
| 江东村 | — | 225.89 | 220.71 | 216.43 | 213.85 | 22 | 218.69 | 187.49 | 247.36 |
| 建设村 | 250.95 | 251.08 | 242.27 | — | — | 28 | 248.54 | 202.61 | 326.59 |
| 建华村 | — | 241.20 | 275.50 | 203.97 | 204.18 | 11 | 217.36 | 186.47 | 295.94 |
| 继光村 | 247.27 | 248.25 | 245.03 | 243.34 | 242.91 | 132 | 245.15 | 204.88 | 273.67 |
| 吉祥村 | — | 267.22 | 260.77 | — | — | 22 | 264.88 | 233.39 | 361.37 |
| 吉庆村 | 307.69 | 254.52 | 261.57 | — | — | 15 | 265.37 | 212.44 | 326.59 |
| 火烽村 | — | 264.56 | 261.93 | 231.75 | 206.56 | 84 | 242.75 | 203.97 | 276.32 |
| 回民村 | 201.42 | — | 220.68 | 217.51 | 211.03 | 40 | 216.51 | 166.32 | 270.65 |
| 华升村 | 260.39 | 268.08 | 240.78 | — | — | 33 | 253.34 | 201.10 | 284.26 |
| 宏大村 | — | 241.34 | 221.23 | 227.86 | 206.91 | 59 | 221.00 | 146.66 | 288.79 |
| 红星村 | 201.10 | 223.01 | 232.08 | — | — | 30 | 229.83 | 195.05 | 255.53 |
| 黑龙村 | 214.78 | 181.44 | — | — | 219.15 | 28 | 216.08 | 181.44 | 246.20 |
| 河江村 | 245.20 | 291.20 | 236.04 | 235.63 | 249.39 | 32 | 245.22 | 190.51 | 309.20 |
| 和义村 | 249.59 | 249.86 | 246.95 | — | — | 20 | 248.15 | 211.98 | 267.76 |
| 和心村 | 252.22 | 261.29 | 256.77 | — | — | 32 | 258.74 | 234.36 | 284.26 |
| 和盛村 | 254.82 | 271.31 | 241.47 | — | — | 36 | 247.21 | 182.95 | 293.33 |
| 和平村 | 224.08 | 213.21 | 220.43 | — | — | 19 | 220.06 | 187.49 | 253.47 |
| 合庆村 | 196.72 | 223.35 | 214.34 | 231.06 | 256.28 | 30 | 220.81 | 188.81 | 261.58 |
| 合发村 | — | 230.06 | 233.80 | — | — | 18 | 231.51 | 204.27 | 251.75 |
| 国兴村 | — | 207.02 | 217.27 | 225.51 | — | 28 | 216.77 | 181.44 | 249.48 |
| 国庆村 | 256.46 | 246.34 | 260.53 | 250.63 | 268.12 | 76 | 255.54 | 223.02 | 356.83 |
| 广义村 | 247.54 | 260.02 | 274.18 | — | — | 28 | 253.39 | 213.19 | 278.21 |
| 光芒村 | 255.21 | 255.53 | — | 221.76 | | 8 | 251.11 | 221.76 | 306.94 |
| 光辉村 | 282.70 | 253.05 | 258.74 | 278.88 | 244.94 | 23 | 260.62 | 225.99 | 337.18 |
| 光华村 | 245.56 | 241.65 | 231.34 | 249.30 | 236.54 | 22 | 242.70 | 216.22 | 312.23 |
| 共福村 | 264.19 | 256.13 | 254.99 | 258.92 | 247.66 | 27 | 256.03 | 229.82 | 294.08 |
| 公安村 | 264.76 | 258.51 | 261.50 | — | — | 19 | 261.62 | 235.75 | 295.98 |
| 更新村 | 239.18 | 254.36 | 262.13 | 213.19 | — | 16 | 254.72 | 213.19 | 266.11 |
| 革新村 | 235.48 | 244.35 | 244.97 | — | — | 43 | 243.30 | 219.24 | 266.11 |

（续）

| 村名称 | 一级地 | 二级地 | 三级地 | 四级地 | 五级地 | 样本数 | 平均值 | 最小值 | 最大值 |
|---|---|---|---|---|---|---|---|---|---|
| 高升村 | 249.49 | 285.85 | 287.50 | — | — | 14 | 265.42 | 218.23 | 308.70 |
| 高潮村 | 226.00 | 229.82 | 226.73 | 234.43 | 230.27 | 42 | 231.77 | 193.54 | 323.57 |
| 钢铁村 | 238.79 | 263.47 | 254.46 | — | — | 14 | 251.60 | 185.22 | 300.89 |
| 富裕村 | 254.27 | 254.54 | 249.12 | 276.73 | 238.42 | 77 | 255.41 | 205.63 | 374.98 |
| 富乡村 | — | 223.06 | 229.10 | | | 24 | 226.33 | 207.14 | 245.95 |
| 富强村 | 222.11 | 222.55 | 225.56 | 265.77 | 286.42 | 54 | 261.00 | 207.14 | 301.36 |
| 复兴村 | 234.32 | — | 261.70 | 235.71 | | 15 | 238.16 | 202.61 | 295.79 |
| 福兴村 | — | 209.06 | 218.37 | 236.52 | 263.21 | 97 | 245.16 | 160.27 | 297.30 |
| 凤鸣村 | 208.42 | 231.44 | 217.74 | — | 223.37 | 39 | 221.28 | 175.39 | 299.38 |
| 丰收村 | — | 261.75 | 254.83 | 209.60 | 266.62 | 22 | 253.14 | 152.71 | 282.74 |
| 丰盛村 | — | 220.76 | 215.67 | 222.04 | 250.58 | 45 | 225.54 | 167.83 | 287.28 |
| 丰产村 | 238.54 | 221.65 | 224.58 | 216.89 | — | 73 | 223.86 | 181.44 | 265.36 |
| 繁强村 | 241.06 | 246.08 | 243.68 | 254.74 | 284.45 | 33 | 262.44 | 227.56 | 305.42 |
| 二克浅村 | — | 209.46 | 226.18 | 213.90 | 223.96 | 46 | 220.29 | 185.98 | 300.89 |
| 东兴村 | — | 257.92 | 259.58 | 276.21 | 281.42 | 114 | 271.95 | 205.63 | 307.69 |
| 东方红村 | — | 262.87 | 267.38 | — | 255.29 | 29 | 264.47 | 234.36 | 288.23 |
| 第一良种场 | 164.81 | 188.22 | — | — | — | 11 | 186.09 | 164.81 | 206.80 |
| 第四良种场 | 213.19 | 201.35 | 202.70 | | | 9 | 204.58 | 184.46 | 220.37 |
| 第三良种场 | 182.95 | 275.65 | 275.29 | | | 16 | 269.70 | 182.95 | 319.79 |
| 第二良种场 | — | 233.21 | 245.13 | 252.13 | 227.56 | 6 | 237.41 | 226.48 | 252.13 |
| 灯塔村 | 265.99 | 262.77 | 227.56 | 227.56 | — | 20 | 245.81 | 227.56 | 273.67 |
| 德宝村 | 224.33 | 234.54 | 250.91 | 235.11 | 267.85 | 39 | 242.57 | 158.76 | 277.07 |
| 城北村 | 225.40 | 242.04 | 230.45 | 214.54 | 238.81 | 21 | 231.52 | 199.58 | 255.53 |
| 晨光村 | 244.30 | 248.14 | 247.31 | 257.21 | 251.89 | 108 | 248.63 | 202.61 | 289.55 |
| 朝阳村 | 214.25 | 212.41 | 241.66 | — | — | 21 | 220.08 | 168.59 | 257.04 |
| 长兴村 | 239.85 | 229.70 | 235.32 | — | — | 38 | 232.57 | 192.14 | 266.68 |
| 长胜村 | 223.63 | 232.32 | 257.22 | | | 26 | 245.68 | 213.19 | 317.52 |
| 长发村 | 259.28 | 255.57 | 256.98 | — | — | 28 | 256.95 | 232.85 | 288.79 |
| 长安村 | 260.86 | 264.61 | 243.49 | 268.13 | 259.42 | 17 | 259.21 | 234.36 | 305.42 |
| 保育村 | 258.22 | 260.20 | 259.68 | — | — | 48 | 259.71 | 201.10 | 308.45 |
| 保国村 | 233.96 | 236.97 | 242.88 | — | — | 29 | 238.38 | 216.00 | 263.09 |
| 保昌村 | — | 249.42 | 261.86 | 255.10 | 245.89 | 71 | 253.70 | 213.57 | 300.89 |
| 保安村 | 269.00 | 242.31 | 265.47 | 243.41 | 269.87 | 21 | 253.69 | 220.75 | 281.99 |

（续）

| 村名称 | 一级地 | 二级地 | 三级地 | 四级地 | 五级地 | 样本数 | 平均值 | 最小值 | 最大值 |
|---|---|---|---|---|---|---|---|---|---|
| 百露村 | — | — | — | — | 275.86 | 9 | 275.86 | 273.67 | 282.74 |
| 安仁村 | 232.89 | 218.04 | — | 240.78 | 270.72 | 120 | 243.97 | 195.05 | 355.32 |
| 全市 | 242.84 | 242.61 | 239.45 | 242.06 | 242.66 | 6 635 | 241.5 | 143.64 | 378.76 |

附表 5-6　各村土壤全氮含量统计结果

单位：克/千克

| 村名称 | 一级地 | 二级地 | 三级地 | 四级地 | 五级地 | 样本数 | 平均值 | 最小值 | 最大值 |
|---|---|---|---|---|---|---|---|---|---|
| 忠孝村 | — | 1.41 | 1.33 | 1.49 | 1.45 | 19 | 1.43 | 1.29 | 1.52 |
| 治河村 | 1.27 | 1.16 | 1.18 | — | — | 59 | 1.17 | 1.05 | 1.31 |
| 志诚村 | 0.78 | 0.75 | 0.73 | — | — | 26 | 0.75 | 0.51 | 1.00 |
| 照耀村 | 0.79 | 0.81 | 0.98 | 1.00 | 1.08 | 69 | 0.98 | 0.72 | 1.14 |
| 兆林村 | 1.41 | 1.49 | 1.48 | 1.44 | 1.50 | 44 | 1.47 | 1.19 | 1.53 |
| 增产村 | 1.51 | 1.52 | 1.47 | 1.44 | — | 44 | 1.48 | 1.21 | 1.62 |
| 远大村 | 1.14 | 1.15 | 1.17 | 1.17 | 1.17 | 54 | 1.17 | 1.14 | 1.18 |
| 育民村 | 1.25 | 1.30 | 1.33 | 1.23 | — | 31 | 1.28 | 1.07 | 1.35 |
| 友好村 | 1.60 | 1.62 | 1.65 | 1.67 | 1.66 | 75 | 1.64 | 1.55 | 1.79 |
| 勇进村 | 1.28 | 1.29 | — | 1.27 | 1.27 | 38 | 1.27 | 1.16 | 1.81 |
| 永强村 | 1.34 | 1.19 | 1.27 | 1.04 | — | 30 | 1.23 | 0.85 | 1.37 |
| 永久村 | 0.61 | 0.61 | 0.60 | 0.66 | — | 34 | 0.61 | 0.41 | 0.83 |
| 永发村 | 1.75 | — | 1.73 | 1.75 | — | 12 | 1.73 | 1.64 | 1.75 |
| 学田村 | 1.32 | 1.34 | 1.33 | 1.30 | 1.39 | 24 | 1.32 | 1.11 | 1.41 |
| 旭光村 | 1.03 | 1.13 | 0.72 | 1.42 | 1.42 | 18 | 1.14 | 0.72 | 1.42 |
| 兴业村 | 0.91 | 0.88 | 0.91 | 0.92 | 0.90 | 39 | 0.89 | 0.72 | 0.98 |
| 兴旺村 | 0.75 | 0.74 | 0.77 | 0.76 | 0.73 | 37 | 0.75 | 0.70 | 0.77 |
| 兴胜村 | — | 1.04 | 1.08 | 1.08 | — | 8 | 1.06 | 0.99 | 1.08 |
| 兴隆村 | 1.26 | 1.21 | 1.24 | — | — | 52 | 1.23 | 0.97 | 1.86 |
| 信义村 | — | 1.31 | 1.35 | 0.93 | 1.35 | 56 | 1.22 | 0.78 | 1.43 |
| 新兴村 | 0.76 | 0.78 | 0.75 | 0.75 | 0.74 | 33 | 0.75 | 0.70 | 0.79 |
| 新祥村 | 0.47 | 0.47 | 0.47 | — | — | 27 | 0.47 | 0.45 | 0.57 |
| 新世纪村 | 1.88 | 1.85 | 1.87 | 1.83 | 1.81 | 57 | 1.84 | 1.79 | 1.94 |
| 新生活村 | — | 1.79 | 1.81 | 1.81 | 1.83 | 32 | 1.81 | 1.73 | 1.94 |
| 新化村 | 0.85 | 0.82 | 0.81 | 0.74 | — | 17 | 0.81 | 0.65 | 0.98 |
| 新合村 | 0.75 | 0.87 | 0.99 | — | — | 41 | 0.91 | 0.47 | 1.37 |
| 新富村 | 0.97 | 0.98 | 1.00 | — | — | 22 | 0.99 | 0.97 | 1.04 |

(续)

| 村名称 | 一级地 | 二级地 | 三级地 | 四级地 | 五级地 | 样本数 | 平均值 | 最小值 | 最大值 |
|---|---|---|---|---|---|---|---|---|---|
| 新安村 | 1.01 | 1.04 | 1.24 | 1.38 | 1.28 | 133 | 1.27 | 0.72 | 1.42 |
| 向阳村 | 1.39 | 1.35 | 1.34 | 1.32 | — | 51 | 1.35 | 0.96 | 1.51 |
| 向荣村 | 0.85 | 0.90 | 0.92 | 0.85 | — | 27 | 0.90 | 0.85 | 1.04 |
| 祥云村 | 1.10 | 1.11 | — | 1.11 | — | 42 | 1.11 | 1.07 | 1.21 |
| 祥乐村 | — | 1.09 | 1.07 | 0.80 | — | 18 | 1.07 | 0.80 | 1.16 |
| 鲜兴村 | 1.29 | 1.27 | 1.25 | 1.33 | 1.27 | 35 | 1.29 | 1.14 | 1.41 |
| 先锋村 | 1.52 | 1.54 | 1.67 | 1.61 | 1.60 | 28 | 1.62 | 1.52 | 1.74 |
| 西庄村 | — | 1.10 | 1.06 | 1.19 | 1.19 | 32 | 1.12 | 0.71 | 1.25 |
| 五一村 | — | 0.84 | 0.85 | 0.89 | — | 14 | 0.86 | 0.70 | 1.08 |
| 五星村 | 1.07 | 1.00 | 1.04 | — | — | 13 | 1.03 | 0.83 | 1.23 |
| 五福村 | 1.08 | 1.00 | 1.01 | — | — | 57 | 1.01 | 0.73 | 1.17 |
| 文明村 | — | 1.43 | 1.46 | 1.44 | 1.39 | 27 | 1.43 | 1.30 | 1.50 |
| 文化村 | 0.89 | 1.01 | 1.17 | — | — | 14 | 1.02 | 0.71 | 1.19 |
| 文光村 | 1.03 | 1.03 | 1.06 | — | — | 52 | 1.04 | 0.98 | 1.23 |
| 万兴村 | 0.73 | 0.75 | 0.72 | — | — | 21 | 0.73 | 0.69 | 1.08 |
| 万宝村 | 0.67 | 0.99 | 0.64 | — | — | 24 | 0.67 | 0.53 | 0.99 |
| 团结村 | 0.79 | 0.80 | 0.85 | 0.92 | 0.79 | 37 | 0.80 | 0.65 | 0.92 |
| 同义村 | 0.78 | 0.78 | 0.71 | — | — | 24 | 0.76 | 0.71 | 0.98 |
| 同心村 | 1.06 | 0.89 | 1.09 | — | — | 41 | 1.02 | 0.71 | 1.23 |
| 通胜村 | — | 1.15 | 1.15 | — | — | 15 | 1.15 | 1.08 | 1.34 |
| 通南村 | 1.05 | 1.03 | 1.03 | — | — | 25 | 1.04 | 0.97 | 1.17 |
| 天津村 | 0.79 | — | 0.76 | 0.87 | 0.71 | 29 | 0.79 | 0.59 | 1.25 |
| 太和村 | 1.08 | 1.31 | 1.21 | 1.42 | 1.42 | 21 | 1.32 | 0.72 | 1.42 |
| 索伦村 | — | — | — | 0.71 | 0.71 | 11 | 0.71 | 0.71 | 0.72 |
| 四季青村 | 1.19 | — | 1.08 | 0.96 | 0.83 | 30 | 0.97 | 0.71 | 1.37 |
| 双兴村 | 1.11 | 1.09 | — | 1.14 | 1.23 | 49 | 1.14 | 0.99 | 1.25 |
| 双喜村 | 1.13 | 1.09 | 0.97 | 0.97 | — | 18 | 1.06 | 0.80 | 1.28 |
| 双泉村 | — | 0.86 | 0.85 | 1.28 | 1.37 | 67 | 1.19 | 0.79 | 1.49 |
| 双乐村 | 0.94 | 1.01 | 1.03 | — | — | 14 | 1.01 | 0.94 | 1.11 |
| 双合村 | 1.45 | 1.37 | 1.35 | 1.31 | 1.31 | 69 | 1.34 | 1.23 | 1.45 |
| 双发村 | — | 1.52 | 1.49 | 1.53 | 1.46 | 20 | 1.50 | 1.36 | 1.63 |
| 胜利村 | 1.32 | 1.33 | 1.37 | 1.28 | 1.30 | 101 | 1.33 | 1.21 | 1.45 |
| 升平村 | 0.75 | 0.82 | 0.78 | — | 0.79 | 19 | 0.78 | 0.65 | 1.00 |

（续）

| 村名称 | 一级地 | 二级地 | 三级地 | 四级地 | 五级地 | 样本数 | 平均值 | 最小值 | 最大值 |
|---|---|---|---|---|---|---|---|---|---|
| 三星村 | 1.39 | 1.38 | 1.38 | 1.39 | 1.32 | 34 | 1.38 | 1.30 | 1.43 |
| 三山村 | 1.04 | 1.10 | 1.08 | — | — | 21 | 1.08 | 0.94 | 1.18 |
| 三合村 | 1.01 | 0.99 | — | 1.26 | — | 29 | 1.07 | 0.90 | 1.32 |
| 荣胜村 | 0.68 | 1.02 | 0.68 | — | — | 11 | 0.92 | 0.68 | 1.40 |
| 荣光村 | 0.82 | 0.84 | 0.91 | 1.10 | 1.52 | 23 | 0.96 | 0.68 | 1.83 |
| 仁厚村 | 0.58 | — | 0.54 | — | 0.65 | 16 | 0.57 | 0.50 | 0.67 |
| 仁和村 | 1.11 | 1.03 | 1.03 | 1.42 | 1.42 | 31 | 1.25 | 0.92 | 1.42 |
| 仁爱村 | — | 1.25 | 1.32 | 1.18 | 1.23 | 42 | 1.21 | 0.77 | 1.40 |
| 群英村 | 1.34 | 1.36 | 1.34 | 1.35 | — | 42 | 1.35 | 1.27 | 1.45 |
| 全胜村 | — | — | 0.77 | 0.71 | — | 25 | 0.71 | 0.70 | 0.77 |
| 庆祥村 | 1.07 | 1.13 | 1.11 | — | — | 32 | 1.12 | 1.04 | 1.19 |
| 庆丰村 | — | 0.91 | 0.94 | — | — | 16 | 0.92 | 0.78 | 0.98 |
| 庆宝村 | 1.00 | 0.90 | 0.95 | 1.03 | — | 30 | 0.96 | 0.68 | 1.08 |
| 清和村 | 1.22 | 1.26 | 1.32 | 1.31 | 1.32 | 52 | 1.30 | 1.21 | 1.33 |
| 青山村 | 1.30 | 1.31 | 1.30 | 1.31 | 1.36 | 90 | 1.31 | 1.07 | 1.39 |
| 勤俭村 | 1.29 | 1.24 | 1.33 | 1.31 | 1.42 | 66 | 1.29 | 1.12 | 1.64 |
| 前卫村 | — | 0.78 | 0.79 | 1.34 | 1.34 | 30 | 0.88 | 0.67 | 1.83 |
| 前进村 | — | 0.91 | 0.75 | 0.70 | 0.71 | 21 | 0.76 | 0.63 | 1.00 |
| 前程村 | 0.78 | 0.97 | 0.96 | — | 1.19 | 15 | 1.01 | 0.78 | 1.19 |
| 谦益村 | 1.11 | 1.12 | 1.12 | 1.22 | — | 63 | 1.18 | 1.07 | 1.43 |
| 启民村 | 0.94 | 0.96 | 1.03 | 1.02 | 1.23 | 27 | 1.02 | 0.78 | 1.37 |
| 平原村 | — | 1.01 | 1.02 | 0.90 | — | 11 | 1.00 | 0.90 | 1.06 |
| 平房村 | — | 0.86 | 0.81 | 0.84 | 0.83 | 41 | 0.83 | 0.78 | 0.91 |
| 平安村 | 1.09 | 1.09 | 1.19 | 1.06 | — | 21 | 1.11 | 1.06 | 1.23 |
| 农乐村 | 0.65 | 0.66 | 0.58 | — | — | 14 | 0.63 | 0.51 | 0.81 |
| 讷南村 | 0.94 | 0.85 | 0.84 | 1.12 | 1.04 | 75 | 1.03 | 0.75 | 1.49 |
| 南阳村 | 0.62 | — | 0.49 | — | — | 6 | 0.51 | 0.44 | 0.62 |
| 明星村 | 1.25 | 1.31 | 1.39 | 1.29 | 1.32 | 34 | 1.33 | 1.04 | 1.75 |
| 民强村 | 0.47 | 0.55 | 0.51 | — | — | 19 | 0.51 | 0.41 | 0.63 |
| 茂林村 | 1.05 | 1.09 | 1.09 | — | — | 15 | 1.08 | 1.05 | 1.16 |
| 满丰村 | 1.14 | 1.11 | 1.13 | — | — | 32 | 1.13 | 0.99 | 1.23 |
| 满仓村 | 1.29 | 1.32 | 1.32 | 1.37 | 1.33 | 23 | 1.32 | 1.23 | 1.43 |
| 鲁民村 | 1.02 | 0.93 | 0.94 | 0.91 | 0.95 | 80 | 0.93 | 0.77 | 1.40 |

（续）

| 村名称 | 一级地 | 二级地 | 三级地 | 四级地 | 五级地 | 样本数 | 平均值 | 最小值 | 最大值 |
|---|---|---|---|---|---|---|---|---|---|
| 隆昌村 | — | 1.40 | 1.39 | 1.39 | 1.32 | 102 | 1.38 | 1.28 | 1.73 |
| 龙华村 | 0.91 | 0.81 | 0.83 | — | 1.08 | 53 | 0.88 | 0.68 | 1.17 |
| 龙河村 | 1.16 | 1.52 | 1.65 | 1.36 | 1.38 | 97 | 1.41 | 1.12 | 1.79 |
| 凌云村 | 0.73 | 0.71 | 0.70 | — | 0.77 | 45 | 0.72 | 0.60 | 0.86 |
| 联盟村 | 1.04 | 1.07 | 1.07 | 1.04 | 1.04 | 19 | 1.07 | 1.04 | 1.13 |
| 利民村 | 1.49 | 1.41 | 1.45 | 1.38 | — | 69 | 1.43 | 0.89 | 1.66 |
| 利国村 | 1.14 | 1.16 | 1.20 | 1.18 | — | 33 | 1.17 | 1.07 | 1.33 |
| 黎明村 | 0.84 | 0.78 | 0.91 | 1.04 | 1.18 | 41 | 1.05 | 0.77 | 1.19 |
| 乐业村 | 1.01 | 1.17 | 1.03 | 1.05 | — | 14 | 1.05 | 0.86 | 1.17 |
| 老莱村 | 1.63 | 1.49 | 1.53 | 1.48 | 1.36 | 63 | 1.48 | 1.21 | 1.83 |
| 孔国村 | 1.43 | 1.45 | 1.47 | 1.45 | 1.45 | 54 | 1.45 | 1.41 | 1.52 |
| 靠山村 | — | 0.95 | 0.94 | 1.04 | — | 35 | 0.96 | 0.74 | 1.41 |
| 康庄村 | 1.54 | 1.66 | 1.52 | 1.61 | 1.55 | 125 | 1.58 | 1.17 | 1.81 |
| 康宁村 | 1.11 | 1.05 | 0.90 | 1.17 | — | 16 | 0.99 | 0.51 | 1.17 |
| 聚宝村 | 1.36 | 1.37 | 1.40 | 1.41 | — | 78 | 1.39 | 1.26 | 1.45 |
| 炬光村 | 1.77 | 1.76 | 1.70 | 1.76 | 1.78 | 40 | 1.74 | 1.47 | 1.79 |
| 巨和村 | 1.02 | 1.14 | 1.09 | 1.15 | 1.01 | 26 | 1.11 | 0.90 | 1.31 |
| 九井村 | 1.23 | 1.30 | 1.38 | 1.27 | 1.30 | 85 | 1.27 | 0.90 | 1.39 |
| 江东村 | — | 1.38 | 1.32 | 1.31 | 1.32 | 22 | 1.33 | 1.29 | 1.44 |
| 建设村 | 0.99 | 0.97 | 0.99 | — | — | 28 | 0.98 | 0.71 | 1.23 |
| 建华村 | — | 1.13 | 1.08 | 1.08 | 1.03 | 11 | 1.06 | 0.84 | 1.17 |
| 继光村 | 1.34 | 1.35 | 1.37 | 1.36 | 1.35 | 132 | 1.36 | 1.31 | 1.58 |
| 吉祥村 | — | 1.44 | 1.49 | — | — | 22 | 1.46 | 0.97 | 1.86 |
| 吉庆村 | 1.10 | 1.29 | 1.23 | — | — | 15 | 1.23 | 1.04 | 1.56 |
| 火烽村 | — | 0.89 | 0.90 | 0.96 | 1.08 | 84 | 0.95 | 0.74 | 1.08 |
| 回民村 | 0.88 | — | 0.98 | 1.16 | 0.71 | 40 | 0.92 | 0.59 | 1.37 |
| 华升村 | 0.48 | 0.51 | 0.47 | — | — | 33 | 0.48 | 0.44 | 0.62 |
| 宏大村 | — | 1.33 | 1.33 | 1.32 | 1.33 | 59 | 1.33 | 1.32 | 1.33 |
| 红星村 | 1.23 | 1.16 | 1.10 | — | — | 30 | 1.12 | 1.06 | 1.23 |
| 黑龙村 | 0.66 | 0.65 | — | — | 0.66 | 28 | 0.66 | 0.58 | 0.67 |
| 河江村 | 0.83 | 0.81 | 0.92 | 0.77 | 0.73 | 32 | 0.78 | 0.70 | 0.92 |
| 和义村 | 0.56 | 1.05 | 0.60 | — | — | 20 | 0.61 | 0.46 | 1.05 |
| 和心村 | 1.01 | 0.90 | 0.98 | — | — | 32 | 0.94 | 0.69 | 1.05 |

（续）

| 村名称 | 一级地 | 二级地 | 三级地 | 四级地 | 五级地 | 样本数 | 平均值 | 最小值 | 最大值 |
|---|---|---|---|---|---|---|---|---|---|
| 和盛村 | 0.55 | 0.63 | 0.56 | — | — | 36 | 0.56 | 0.47 | 0.72 |
| 和平村 | 1.27 | 1.27 | 1.24 | — | — | 19 | 1.26 | 1.14 | 1.37 |
| 合庆村 | 1.74 | 1.69 | 1.68 | 1.65 | 1.68 | 30 | 1.68 | 1.34 | 1.75 |
| 合发村 | — | 0.75 | 0.79 | — | — | 18 | 0.76 | 0.68 | 0.93 |
| 国兴村 | — | 1.25 | 1.21 | 1.15 | — | 28 | 1.20 | 1.06 | 1.50 |
| 国庆村 | 1.72 | 1.76 | 1.82 | 1.79 | 1.79 | 76 | 1.77 | 1.62 | 1.94 |
| 广义村 | 0.78 | 0.76 | 0.77 | — | — | 28 | 0.77 | 0.71 | 0.90 |
| 光芒村 | 1.10 | 1.13 | — | 1.02 | — | 8 | 1.10 | 1.02 | 1.15 |
| 光辉村 | 0.94 | 0.96 | 0.90 | 0.91 | 1.11 | 23 | 0.94 | 0.69 | 1.11 |
| 光华村 | 0.81 | 0.89 | 0.92 | 1.04 | 0.92 | 22 | 0.90 | 0.78 | 1.17 |
| 共福村 | 1.25 | 1.25 | 1.35 | 1.30 | 1.25 | 27 | 1.27 | 1.21 | 1.35 |
| 公安村 | 1.13 | 1.11 | 1.13 | — | — | 19 | 1.12 | 0.99 | 1.26 |
| 更新村 | 0.88 | 1.00 | 1.03 | 0.87 | — | 16 | 1.00 | 0.87 | 1.06 |
| 革新村 | 1.05 | 1.10 | 1.11 | — | — | 43 | 1.09 | 0.98 | 1.23 |
| 高升村 | 0.54 | 0.63 | 0.61 | — | — | 14 | 0.57 | 0.41 | 0.72 |
| 高潮村 | 1.34 | 1.44 | 1.39 | 1.37 | 1.35 | 42 | 1.37 | 1.31 | 1.66 |
| 钢铁村 | 0.64 | 0.62 | 0.66 | — | — | 14 | 0.63 | 0.57 | 0.71 |
| 富裕村 | 1.50 | 1.57 | 1.67 | 1.58 | 1.64 | 77 | 1.61 | 1.12 | 1.79 |
| 富乡村 | — | 1.14 | 1.15 | — | — | 24 | 1.14 | 1.11 | 1.16 |
| 富强村 | 1.10 | 1.07 | 1.11 | 1.18 | 1.21 | 54 | 1.16 | 0.78 | 1.35 |
| 复兴村 | 0.49 | — | 0.59 | 0.48 | — | 15 | 0.50 | 0.44 | 0.72 |
| 福兴村 | — | 1.24 | 1.37 | 1.36 | 1.28 | 97 | 1.32 | 1.14 | 1.43 |
| 凤鸣村 | 0.66 | 0.64 | 0.60 | — | 0.58 | 39 | 0.62 | 0.54 | 0.71 |
| 丰收村 | — | 1.11 | 1.07 | 1.07 | 1.06 | 22 | 1.08 | 0.81 | 1.19 |
| 丰盛村 | — | 1.67 | 1.65 | 1.63 | 1.42 | 45 | 1.60 | 0.71 | 1.83 |
| 丰产村 | 1.48 | 1.42 | 1.36 | 1.26 | — | 73 | 1.36 | 1.09 | 1.56 |
| 繁强村 | 1.15 | 1.18 | 1.18 | 1.23 | 1.21 | 33 | 1.21 | 1.11 | 1.42 |
| 二克浅村 | — | 1.16 | 1.28 | 1.31 | 1.30 | 46 | 1.29 | 1.14 | 1.41 |
| 东兴村 | — | 0.85 | 0.83 | 0.75 | 0.77 | 114 | 0.78 | 0.70 | 0.94 |
| 东方红村 | — | 0.91 | 1.00 | — | 1.04 | 29 | 0.98 | 0.71 | 1.09 |
| 第一良种场 | 1.17 | 0.94 | — | — | — | 11 | 0.96 | 0.71 | 1.18 |
| 第四良种场 | 1.21 | 1.06 | 1.05 | — | — | 9 | 1.09 | 0.85 | 1.21 |
| 第三良种场 | 1.10 | 1.07 | 1.08 | — | — | 16 | 1.08 | 0.98 | 1.10 |

（续）

| 村名称 | 一级地 | 二级地 | 三级地 | 四级地 | 五级地 | 样本数 | 平均值 | 最小值 | 最大值 |
|---|---|---|---|---|---|---|---|---|---|
| 第二良种场 | — | 1.04 | 0.95 | 1.00 | 1.04 | 6 | 1.02 | 0.95 | 1.04 |
| 灯塔村 | 0.72 | 0.97 | 1.42 | 1.42 | — | 20 | 1.15 | 0.69 | 1.42 |
| 德宝村 | 1.39 | 1.48 | 1.51 | 1.47 | 1.43 | 39 | 1.49 | 1.29 | 1.78 |
| 城北村 | 0.84 | 1.06 | 0.92 | 1.17 | 1.31 | 21 | 1.12 | 0.84 | 1.51 |
| 晨光村 | 1.33 | 1.36 | 1.36 | 1.35 | 1.37 | 108 | 1.36 | 1.24 | 1.48 |
| 朝阳村 | 0.93 | 0.91 | 1.03 | — | — | 21 | 0.95 | 0.71 | 1.15 |
| 长兴村 | 0.79 | 0.74 | 0.75 | — | — | 38 | 0.75 | 0.68 | 0.99 |
| 长胜村 | 1.19 | 1.27 | 1.19 | — | — | 26 | 1.21 | 1.07 | 1.37 |
| 长发村 | 1.11 | 1.06 | 1.15 | — | — | 28 | 1.10 | 0.74 | 1.26 |
| 长安村 | 1.28 | 1.22 | 1.25 | 1.37 | 1.34 | 17 | 1.27 | 1.13 | 1.38 |
| 保育村 | 1.14 | 1.12 | 1.11 | — | — | 48 | 1.12 | 1.01 | 1.23 |
| 保国村 | 0.80 | 0.82 | 0.98 | — | — | 29 | 0.88 | 0.70 | 1.37 |
| 保昌村 | — | 1.32 | 1.32 | 1.32 | 1.31 | 71 | 1.32 | 1.22 | 1.53 |
| 保安村 | 1.78 | 1.63 | 1.73 | 1.64 | 1.71 | 21 | 1.69 | 1.52 | 1.82 |
| 百露村 | — | — | — | — | 0.70 | 9 | 0.70 | 0.69 | 0.70 |
| 安仁村 | 1.11 | 1.18 | — | 1.25 | 1.34 | 120 | 1.25 | 0.96 | 1.53 |
| 全市 | 1.02 | 1.13 | 1.18 | 1.25 | 1.21 | 6 635 | 1.17 | 0.41 | 1.94 |

**附表 5-7 各村土壤全磷含量统计结果**

单位：克/千克

| 村名称 | 一级地 | 二级地 | 三级地 | 四级地 | 五级地 | 样本数 | 平均值 | 最小值 | 最大值 |
|---|---|---|---|---|---|---|---|---|---|
| 忠孝村 | — | 1.48 | 1.47 | 1.57 | 1.50 | 19 | 1.51 | 1.30 | 1.60 |
| 治河村 | 1.50 | 1.39 | 1.43 | — | — | 59 | 1.41 | 1.30 | 1.50 |
| 志诚村 | 1.10 | 1.06 | 1.07 | — | — | 26 | 1.07 | 0.60 | 1.50 |
| 照耀村 | 1.40 | 1.29 | 1.19 | 1.18 | 1.30 | 69 | 1.22 | 0.90 | 1.50 |
| 兆林村 | 1.70 | 1.68 | 1.67 | 1.61 | 1.70 | 44 | 1.66 | 1.40 | 1.90 |
| 增产村 | 1.90 | 1.92 | 1.86 | 1.69 | — | 44 | 1.84 | 1.30 | 2.00 |
| 远大村 | 1.40 | 1.43 | 1.46 | 1.45 | 1.47 | 54 | 1.46 | 1.40 | 1.50 |
| 育民村 | 1.60 | 1.65 | 1.70 | 1.58 | — | 31 | 1.64 | 1.40 | 1.70 |
| 友好村 | 1.94 | 2.00 | 1.96 | 1.94 | 2.01 | 75 | 1.96 | 1.80 | 2.10 |
| 勇进村 | 1.69 | 1.64 | — | 1.61 | 1.60 | 38 | 1.63 | 1.50 | 2.00 |
| 永强村 | 1.57 | 1.49 | 1.64 | 1.30 | — | 30 | 1.56 | 0.90 | 1.80 |
| 永久村 | 0.76 | 0.78 | 0.73 | 0.80 | — | 34 | 0.75 | 0.50 | 1.00 |

（续）

| 村名称 | 一级地 | 二级地 | 三级地 | 四级地 | 五级地 | 样本数 | 平均值 | 最小值 | 最大值 |
|---|---|---|---|---|---|---|---|---|---|
| 永发村 | 2.10 | — | 2.08 | 2.10 | — | 12 | 2.08 | 2.00 | 2.10 |
| 学田村 | 1.70 | 1.65 | 1.70 | 1.66 | 1.75 | 24 | 1.68 | 1.40 | 1.80 |
| 旭光村 | 1.43 | 1.43 | 1.40 | 1.50 | 1.50 | 18 | 1.45 | 1.40 | 1.50 |
| 兴业村 | 1.14 | 1.13 | 1.11 | 1.18 | 1.10 | 39 | 1.13 | 1.00 | 1.30 |
| 兴旺村 | 1.00 | 1.06 | 0.90 | 0.91 | 0.99 | 37 | 0.96 | 0.90 | 1.10 |
| 兴胜村 | — | 1.33 | 1.40 | 1.40 | — | 8 | 1.36 | 1.20 | 1.40 |
| 兴隆村 | 1.34 | 1.31 | 1.35 | — | — | 52 | 1.33 | 1.20 | 1.40 |
| 信义村 | — | 1.36 | 1.42 | 1.08 | 1.30 | 56 | 1.25 | 0.90 | 1.60 |
| 新兴村 | 0.90 | 0.90 | 0.90 | 0.90 | 0.90 | 33 | 0.90 | 0.90 | 0.90 |
| 新祥村 | 0.63 | 0.69 | 0.61 | — | — | 27 | 0.64 | 0.60 | 0.80 |
| 新世纪村 | 2.20 | 2.00 | 2.16 | 2.06 | 2.03 | 57 | 2.09 | 2.00 | 2.40 |
| 新生活村 | — | 1.60 | 1.94 | 2.01 | 1.97 | 32 | 1.96 | 1.60 | 2.40 |
| 新化村 | 1.10 | 1.01 | 0.92 | 0.90 | — | 17 | 0.98 | 0.70 | 1.30 |
| 新合村 | 1.01 | 1.14 | 1.18 | — | — | 41 | 1.13 | 0.60 | 1.40 |
| 新富村 | 1.20 | 1.21 | 1.23 | — | — | 22 | 1.22 | 1.20 | 1.30 |
| 新安村 | 1.47 | 1.43 | 1.44 | 1.49 | 1.46 | 133 | 1.47 | 1.10 | 1.50 |
| 向阳村 | 1.83 | 1.76 | 1.78 | 1.73 | — | 51 | 1.77 | 1.10 | 1.90 |
| 向荣村 | 1.10 | 1.15 | 1.17 | 1.10 | — | 27 | 1.15 | 1.10 | 1.30 |
| 祥云村 | 1.43 | 1.44 | — | 1.40 | — | 42 | 1.42 | 1.30 | 1.60 |
| 祥乐村 | — | 1.35 | 1.32 | 1.10 | — | 18 | 1.33 | 1.10 | 1.40 |
| 鲜兴村 | 1.30 | 1.30 | 1.30 | 1.41 | 1.33 | 35 | 1.35 | 1.30 | 1.50 |
| 先锋村 | 1.50 | 1.55 | 1.81 | 1.69 | 1.72 | 28 | 1.72 | 1.50 | 2.00 |
| 西庄村 | — | 1.28 | 1.28 | 1.40 | 1.38 | 32 | 1.32 | 1.00 | 1.40 |
| 五一村 | — | 1.10 | 1.10 | 1.14 | — | 14 | 1.11 | 1.00 | 1.30 |
| 五星村 | 1.35 | 1.28 | 1.33 | — | — | 13 | 1.32 | 1.10 | 1.50 |
| 五福村 | 1.18 | 1.23 | 1.23 | — | — | 57 | 1.22 | 1.10 | 1.50 |
| 文明村 | — | 1.76 | 1.78 | 1.70 | 1.63 | 27 | 1.73 | 1.30 | 1.90 |
| 文化村 | 1.15 | 1.22 | 1.30 | — | — | 14 | 1.22 | 1.00 | 1.30 |
| 文光村 | 1.22 | 1.26 | 1.30 | — | — | 52 | 1.27 | 1.20 | 1.40 |
| 万兴村 | 1.00 | 0.99 | 0.99 | — | — | 21 | 0.99 | 0.90 | 1.30 |
| 万宝村 | 0.80 | 1.30 | 0.67 | — | — | 24 | 0.77 | 0.50 | 1.30 |
| 团结村 | 0.99 | 0.98 | 1.03 | 1.10 | 1.00 | 37 | 1.00 | 0.80 | 1.10 |
| 同义村 | 0.96 | 0.97 | 0.93 | — | — | 24 | 0.95 | 0.90 | 1.10 |

（续）

| 村名称 | 一级地 | 二级地 | 三级地 | 四级地 | 五级地 | 样本数 | 平均值 | 最小值 | 最大值 |
|---|---|---|---|---|---|---|---|---|---|
| 同心村 | 1.21 | 1.06 | 1.25 | — | — | 41 | 1.18 | 0.90 | 1.50 |
| 通胜村 | — | 1.30 | 1.30 | — | — | 15 | 1.30 | 1.30 | 1.30 |
| 通南村 | 1.48 | 1.29 | 1.28 | — | — | 25 | 1.32 | 1.20 | 1.50 |
| 天津村 | 0.90 | — | 0.88 | 1.04 | 0.90 | 29 | 0.92 | 0.60 | 1.60 |
| 太和村 | 1.53 | 1.63 | 1.50 | 1.50 | 1.50 | 21 | 1.55 | 1.40 | 1.70 |
| 索伦村 | — | — | — | 0.90 | 0.93 | 11 | 0.92 | 0.90 | 1.00 |
| 四季青村 | 1.27 | — | 1.19 | 1.20 | 1.01 | 30 | 1.12 | 0.90 | 1.40 |
| 双兴村 | 1.40 | 1.40 | — | 1.42 | 1.50 | 49 | 1.42 | 1.20 | 1.50 |
| 双喜村 | 1.25 | 1.29 | 1.15 | 1.23 | — | 18 | 1.26 | 1.10 | 1.40 |
| 双泉村 | — | 1.07 | 1.10 | 1.45 | 1.53 | 67 | 1.37 | 1.00 | 1.60 |
| 双乐村 | 1.30 | 1.33 | 1.33 | — | — | 14 | 1.32 | 1.30 | 1.40 |
| 双合村 | 1.90 | 1.73 | 1.70 | 1.57 | 1.45 | 69 | 1.66 | 1.40 | 1.90 |
| 双发村 | — | 1.67 | 1.67 | 1.67 | 1.54 | 20 | 1.63 | 1.40 | 1.90 |
| 胜利村 | 1.70 | 1.68 | 1.72 | 1.55 | 1.56 | 101 | 1.65 | 1.50 | 1.90 |
| 升平村 | 0.96 | 1.20 | 1.03 | — | 1.00 | 19 | 1.03 | 0.80 | 1.20 |
| 三星村 | 1.37 | 1.42 | 1.43 | 1.50 | 1.37 | 34 | 1.41 | 1.20 | 1.60 |
| 三山村 | 1.22 | 1.34 | 1.30 | — | — | 21 | 1.30 | 1.20 | 1.50 |
| 三合村 | 1.29 | 1.23 | — | 1.54 | — | 29 | 1.33 | 1.10 | 1.60 |
| 荣胜村 | 0.80 | 1.23 | 0.80 | — | — | 11 | 1.11 | 0.80 | 1.70 |
| 荣光村 | 1.10 | 1.14 | 1.24 | 1.47 | 2.00 | 23 | 1.30 | 1.00 | 2.30 |
| 仁厚村 | 0.68 | — | 0.60 | — | 0.80 | 16 | 0.65 | 0.40 | 0.80 |
| 仁和村 | 1.40 | 1.28 | 1.28 | 1.50 | 1.50 | 31 | 1.41 | 1.10 | 1.50 |
| 仁爱村 | — | 1.38 | 1.33 | 1.11 | 1.09 | 42 | 1.15 | 0.90 | 1.40 |
| 群英村 | 1.48 | 1.60 | 1.52 | 1.45 | — | 42 | 1.54 | 1.40 | 1.90 |
| 全胜村 | — | — | 0.90 | 0.99 | — | 25 | 0.98 | 0.90 | 1.00 |
| 庆祥村 | 1.30 | 1.38 | 1.40 | — | — | 32 | 1.39 | 1.30 | 1.50 |
| 庆丰村 | — | 0.96 | 0.98 | — | — | 16 | 0.97 | 0.90 | 1.00 |
| 庆宝村 | 1.21 | 1.03 | 1.18 | 1.30 | — | 30 | 1.17 | 0.80 | 1.30 |
| 清和村 | 1.50 | 1.58 | 1.60 | 1.61 | 1.60 | 52 | 1.60 | 1.50 | 1.80 |
| 青山村 | 1.55 | 1.58 | 1.55 | 1.61 | 1.70 | 90 | 1.59 | 1.40 | 1.70 |
| 勤俭村 | 1.66 | 1.57 | 1.69 | 1.66 | 1.85 | 66 | 1.64 | 1.40 | 2.10 |
| 前卫村 | — | 1.04 | 1.09 | 1.70 | 1.70 | 30 | 1.16 | 0.90 | 2.30 |
| 前进村 | — | 1.10 | 1.03 | 1.00 | 0.97 | 21 | 1.03 | 0.90 | 1.10 |

（续）

| 村名称 | 一级地 | 二级地 | 三级地 | 四级地 | 五级地 | 样本数 | 平均值 | 最小值 | 最大值 |
|---|---|---|---|---|---|---|---|---|---|
| 前程村 | 1.00 | 1.17 | 1.19 | — | 1.50 | 15 | 1.25 | 1.00 | 1.50 |
| 谦益村 | 1.40 | 1.41 | 1.40 | 1.43 | — | 63 | 1.42 | 1.30 | 1.50 |
| 启民村 | 1.25 | 1.23 | 1.18 | 1.20 | 1.30 | 27 | 1.21 | 1.00 | 1.40 |
| 平原村 | — | 1.24 | 1.30 | 1.30 | — | 11 | 1.25 | 1.10 | 1.30 |
| 平房村 | — | 1.20 | 1.10 | 1.11 | 1.08 | 41 | 1.11 | 0.90 | 1.30 |
| 平安村 | 1.37 | 1.36 | 1.33 | 1.40 | — | 21 | 1.36 | 1.30 | 1.40 |
| 农乐村 | 0.76 | 0.75 | 0.62 | — | — | 14 | 0.71 | 0.50 | 0.90 |
| 讷南村 | 1.20 | 1.09 | 1.05 | 1.33 | 1.21 | 75 | 1.23 | 0.90 | 1.60 |
| 南阳村 | 0.80 | — | 0.66 | — | — | 6 | 0.68 | 0.60 | 0.80 |
| 明星村 | 1.60 | 1.67 | 1.73 | 1.59 | 1.60 | 34 | 1.66 | 1.50 | 2.10 |
| 民强村 | 0.56 | 0.70 | 0.58 | — | — | 19 | 0.61 | 0.40 | 0.80 |
| 茂林村 | 1.30 | 1.37 | 1.36 | — | — | 15 | 1.35 | 1.30 | 1.40 |
| 满丰村 | 1.34 | 1.32 | 1.34 | — | — | 32 | 1.33 | 1.10 | 1.50 |
| 满仓村 | 1.30 | 1.26 | 1.34 | 1.05 | 1.25 | 23 | 1.27 | 1.00 | 1.50 |
| 鲁民村 | 1.20 | 1.13 | 1.14 | 1.02 | 1.08 | 80 | 1.06 | 0.90 | 1.30 |
| 隆昌村 | — | 1.75 | 1.70 | 1.69 | 1.62 | 102 | 1.70 | 1.40 | 2.20 |
| 龙华村 | 1.13 | 1.00 | 1.04 | — | 1.30 | 53 | 1.09 | 0.80 | 1.30 |
| 龙河村 | 1.45 | 1.83 | 1.97 | 1.51 | 1.54 | 97 | 1.60 | 1.40 | 2.20 |
| 凌云村 | 0.93 | 0.93 | 0.93 | — | 0.93 | 45 | 0.93 | 0.70 | 1.20 |
| 联盟村 | 1.30 | 1.34 | 1.34 | 1.30 | 1.30 | 19 | 1.34 | 1.30 | 1.40 |
| 利民村 | 1.87 | 1.83 | 1.89 | 1.82 | — | 69 | 1.86 | 1.30 | 2.10 |
| 利国村 | 1.45 | 1.47 | 1.50 | 1.42 | — | 33 | 1.45 | 1.40 | 1.50 |
| 黎明村 | 1.07 | 1.00 | 1.17 | 1.30 | 1.50 | 41 | 1.33 | 1.00 | 1.50 |
| 乐业村 | 1.47 | 1.50 | 1.48 | 1.40 | — | 14 | 1.47 | 1.40 | 1.50 |
| 老莱村 | 2.10 | 2.83 | 2.87 | 1.77 | 1.65 | 63 | 1.80 | 1.30 | 2.30 |
| 孔国村 | 1.60 | 1.66 | 1.66 | 1.61 | 1.61 | 54 | 1.62 | 1.60 | 1.80 |
| 靠山村 | — | 1.22 | 1.18 | 1.39 | — | 35 | 1.23 | 0.90 | 1.80 |
| 康庄村 | 2.01 | 1.99 | 1.85 | 2.01 | 1.94 | 125 | 1.94 | 1.40 | 2.20 |
| 康宁村 | 1.35 | 1.24 | 1.13 | 1.50 | — | 16 | 1.21 | 0.60 | 1.50 |
| 聚宝村 | 1.72 | 1.75 | 1.78 | 1.80 | — | 78 | 1.77 | 1.60 | 1.90 |
| 炬光村 | 2.20 | 2.16 | 2.05 | 2.10 | 2.11 | 40 | 2.10 | 1.70 | 2.20 |
| 巨和村 | 1.30 | 1.34 | 1.33 | 1.33 | 1.30 | 26 | 1.33 | 1.10 | 1.40 |
| 九井村 | 1.45 | 1.52 | 1.60 | 1.50 | 1.60 | 85 | 1.50 | 1.10 | 1.60 |

（续）

| 村名称 | 一级地 | 二级地 | 三级地 | 四级地 | 五级地 | 样本数 | 平均值 | 最小值 | 最大值 |
|---|---|---|---|---|---|---|---|---|---|
| 江东村 | — | 1.70 | 1.63 | 1.60 | 1.60 | 22 | 1.63 | 1.60 | 1.80 |
| 建设村 | 1.24 | 1.19 | 1.18 | — | — | 28 | 1.20 | 1.00 | 1.40 |
| 建华村 | — | 1.30 | 1.30 | 1.30 | 1.27 | 11 | 1.28 | 1.10 | 1.30 |
| 继光村 | 1.42 | 1.48 | 1.52 | 1.47 | 1.47 | 132 | 1.49 | 1.30 | 2.00 |
| 吉祥村 | — | 1.37 | 1.40 | — | — | 22 | 1.38 | 1.20 | 1.40 |
| 吉庆村 | 1.35 | 1.44 | 1.48 | — | — | 15 | 1.45 | 1.30 | 1.50 |
| 火烽村 | — | 1.15 | 1.12 | 1.16 | 1.29 | 84 | 1.17 | 0.90 | 1.40 |
| 回民村 | 0.97 | — | 1.13 | 1.43 | 0.90 | 40 | 1.09 | 0.60 | 1.60 |
| 华升村 | 0.70 | 0.73 | 0.65 | — | — | 33 | 0.68 | 0.60 | 0.80 |
| 宏大村 | — | 1.54 | 1.55 | 1.57 | 1.50 | 59 | 1.54 | 1.50 | 1.60 |
| 红星村 | 1.50 | 1.43 | 1.39 | — | — | 30 | 1.40 | 1.30 | 1.50 |
| 黑龙村 | 0.81 | 0.80 | — | — | 0.81 | 28 | 0.81 | 0.80 | 0.90 |
| 河江村 | 1.03 | 1.03 | 1.10 | 0.97 | 0.93 | 32 | 0.98 | 0.90 | 1.10 |
| 和义村 | 0.70 | 1.20 | 0.75 | — | — | 20 | 0.75 | 0.60 | 1.20 |
| 和心村 | 1.28 | 1.13 | 1.19 | — | — | 32 | 1.17 | 1.00 | 1.30 |
| 和盛村 | 0.70 | 0.80 | 0.68 | — | — | 36 | 0.69 | 0.60 | 0.90 |
| 和平村 | 1.57 | 1.63 | 1.58 | — | — | 19 | 1.58 | 1.40 | 1.90 |
| 合庆村 | 2.10 | 2.06 | 2.02 | 2.00 | 2.05 | 30 | 2.03 | 1.60 | 2.10 |
| 合发村 | — | 0.98 | 1.01 | — | — | 18 | 0.99 | 0.90 | 1.10 |
| 国兴村 | — | 1.59 | 1.51 | 1.46 | — | 28 | 1.51 | 1.30 | 1.90 |
| 国庆村 | 2.05 | 2.14 | 2.24 | 2.09 | 2.11 | 76 | 2.11 | 1.90 | 2.40 |
| 广义村 | 0.96 | 0.99 | 0.90 | — | — | 28 | 0.97 | 0.90 | 1.10 |
| 光芒村 | 1.42 | 1.45 | — | 1.30 | — | 8 | 1.41 | 1.30 | 1.50 |
| 光辉村 | 1.15 | 1.22 | 1.08 | 1.10 | 1.40 | 23 | 1.16 | 0.70 | 1.40 |
| 光华村 | 1.10 | 1.16 | 1.10 | 1.23 | 1.10 | 22 | 1.15 | 1.00 | 1.40 |
| 共福村 | 1.60 | 1.50 | 1.50 | 1.55 | 1.51 | 27 | 1.54 | 1.30 | 1.60 |
| 公安村 | 1.40 | 1.39 | 1.37 | — | — | 19 | 1.39 | 1.30 | 1.40 |
| 更新村 | 1.20 | 1.25 | 1.29 | 1.10 | — | 16 | 1.26 | 1.10 | 1.30 |
| 革新村 | 1.32 | 1.34 | 1.36 | — | — | 43 | 1.34 | 1.20 | 1.40 |
| 高升村 | 0.65 | 0.83 | 0.77 | — | — | 14 | 0.71 | 0.50 | 0.90 |
| 高潮村 | 1.77 | 1.90 | 1.86 | 1.57 | 1.58 | 42 | 1.66 | 1.50 | 2.10 |
| 钢铁村 | 0.85 | 0.83 | 0.90 | — | — | 14 | 0.85 | 0.80 | 0.90 |
| 富裕村 | 1.76 | 1.88 | 1.87 | 1.79 | 1.84 | 77 | 1.84 | 1.40 | 2.20 |

（续）

| 村名称 | 一级地 | 二级地 | 三级地 | 四级地 | 五级地 | 样本数 | 平均值 | 最小值 | 最大值 |
|---|---|---|---|---|---|---|---|---|---|
| 富乡村 | — | 1.39 | 1.38 | — | — | 24 | 1.38 | 1.30 | 1.40 |
| 富强村 | 1.40 | 1.37 | 1.42 | 1.50 | 1.50 | 54 | 1.46 | 1.00 | 1.50 |
| 复兴村 | 0.63 | — | 0.75 | 0.65 | — | 15 | 0.65 | 0.50 | 0.90 |
| 福兴村 | — | 1.30 | 1.30 | 1.42 | 1.47 | 97 | 1.42 | 1.30 | 1.50 |
| 凤鸣村 | 0.83 | 0.86 | 0.78 | — | 0.82 | 39 | 0.82 | 0.70 | 1.10 |
| 丰收村 | — | 1.32 | 1.26 | 1.30 | 1.20 | 22 | 1.28 | 1.10 | 1.40 |
| 丰盛村 | — | 2.03 | 2.09 | 1.93 | 1.63 | 45 | 1.95 | 1.10 | 2.30 |
| 丰产村 | 1.87 | 1.78 | 1.72 | 1.61 | — | 73 | 1.72 | 1.40 | 2.00 |
| 繁强村 | 1.43 | 1.50 | 1.50 | 1.48 | 1.50 | 33 | 1.49 | 1.40 | 1.50 |
| 二克浅村 | — | 1.40 | 1.43 | 1.45 | 1.49 | 46 | 1.45 | 1.30 | 1.60 |
| 东兴村 | — | 1.08 | 1.03 | 0.91 | 0.90 | 114 | 0.95 | 0.90 | 1.10 |
| 东方红村 | — | 1.09 | 1.17 | — | 1.23 | 29 | 1.16 | 0.90 | 1.30 |
| 第一良种场 | 1.30 | 1.15 | — | — | — | 11 | 1.16 | 1.00 | 1.30 |
| 第四良种场 | 1.50 | 1.27 | 1.23 | — | — | 9 | 1.30 | 0.90 | 1.50 |
| 第三良种场 | 1.40 | 1.36 | 1.37 | — | — | 16 | 1.37 | 1.20 | 1.40 |
| 第二良种场 | — | 1.30 | 1.20 | 1.30 | 1.30 | 6 | 1.28 | 1.20 | 1.30 |
| 灯塔村 | 1.33 | 1.38 | 1.50 | 1.50 | — | 20 | 1.43 | 1.20 | 1.70 |
| 德宝村 | 1.75 | 1.73 | 1.72 | 1.65 | 1.60 | 39 | 1.70 | 1.40 | 2.20 |
| 城北村 | 1.10 | 1.17 | 1.10 | 1.12 | 1.02 | 21 | 1.11 | 1.00 | 1.70 |
| 晨光村 | 1.64 | 1.63 | 1.62 | 1.61 | 1.67 | 108 | 1.63 | 1.20 | 1.70 |
| 朝阳村 | 1.18 | 1.15 | 1.26 | — | — | 21 | 1.19 | 1.00 | 1.40 |
| 长兴村 | 1.00 | 0.95 | 0.90 | — | — | 38 | 0.93 | 0.80 | 1.30 |
| 长胜村 | 1.47 | 1.61 | 1.48 | — | — | 26 | 1.52 | 1.30 | 1.80 |
| 长发村 | 1.40 | 1.26 | 1.32 | — | — | 28 | 1.31 | 1.10 | 1.50 |
| 长安村 | 1.27 | 1.27 | 1.33 | 1.00 | 1.15 | 17 | 1.24 | 1.00 | 1.50 |
| 保育村 | 1.33 | 1.36 | 1.37 | — | — | 48 | 1.36 | 1.30 | 1.40 |
| 保国村 | 1.07 | 1.13 | 1.20 | — | — | 29 | 1.14 | 0.90 | 1.40 |
| 保昌村 | — | 1.70 | 1.66 | 1.65 | 1.69 | 71 | 1.67 | 1.50 | 2.00 |
| 保安村 | 1.63 | 1.70 | 1.83 | 1.55 | 1.60 | 21 | 1.62 | 1.50 | 1.90 |
| 百露村 | — | — | — | — | 0.91 | 9 | 0.91 | 0.90 | 1.00 |
| 安仁村 | 1.41 | 1.45 | — | 1.46 | 1.51 | 120 | 1.46 | 1.30 | 1.60 |
| 全市 | 1.26 | 1.38 | 1.43 | 1.47 | 1.40 | 6 635 | 1.40 | 0.40 | 2.40 |

附表 5－8　各村土壤全钾含量统计结果

单位：克/千克

| 村名称 | 一级地 | 二级地 | 三级地 | 四级地 | 五级地 | 样本数 | 平均值 | 最小值 | 最大值 |
|---|---|---|---|---|---|---|---|---|---|
| 忠孝村 | — | 21.52 | 21.80 | 20.97 | 20.58 | 19 | 21.14 | 19.60 | 22.30 |
| 治河村 | 20.80 | 27.90 | 25.05 | — | — | 59 | 26.33 | 20.60 | 32.80 |
| 志诚村 | 23.90 | 24.60 | 24.49 | — | — | 26 | 24.43 | 21.40 | 28.80 |
| 照耀村 | — | 22.67 | 21.08 | 21.24 | 21.70 | 69 | 21.42 | 20.00 | 23.90 |
| 兆林村 | 22.25 | 21.56 | 22.51 | 21.38 | 21.87 | 44 | 21.75 | 20.30 | 24.30 |
| 增产村 | 23.95 | 23.63 | 23.63 | 25.75 | — | 44 | 24.02 | 22.80 | 29.30 |
| 远大村 | 20.80 | 21.09 | 21.49 | 22.00 | 21.52 | 54 | 21.45 | 20.70 | 23.10 |
| 育民村 | 30.30 | 25.70 | 24.52 | 27.55 | — | 31 | 26.08 | 23.90 | 31.50 |
| 友好村 | 26.86 | 26.98 | 27.10 | 25.57 | 25.43 | 75 | 26.40 | 21.90 | 33.40 |
| 勇进村 | 23.21 | 28.30 | — | 22.85 | 22.95 | 38 | 23.95 | 20.40 | 30.40 |
| 永强村 | 30.97 | 26.05 | 26.44 | 24.40 | — | 30 | 26.67 | 21.50 | 31.60 |
| 永久村 | 20.81 | 21.26 | 21.03 | 22.00 | — | 34 | 21.20 | 20.00 | 25.60 |
| 永发村 | 24.40 | — | 24.50 | 24.40 | — | 12 | 24.48 | 24.40 | 24.90 |
| 学田村 | — | 25.25 | 25.04 | 24.89 | 24.60 | 24 | 25.03 | 20.90 | 27.30 |
| 旭光村 | 21.90 | 21.57 | 23.80 | 20.30 | 20.30 | 18 | 21.31 | 19.30 | 23.80 |
| 兴业村 | 26.20 | 25.35 | 27.46 | 25.20 | 27.25 | 39 | 25.99 | 20.70 | 28.50 |
| 兴旺村 | 26.00 | 23.64 | 28.88 | 27.93 | 24.86 | 37 | 26.40 | 22.40 | 29.30 |
| 兴胜村 | — | 22.05 | 21.70 | 22.10 | — | 8 | 21.98 | 21.50 | 22.10 |
| 兴隆村 | 20.65 | 20.37 | 20.29 | — | — | 52 | 20.41 | 18.30 | 23.30 |
| 信义村 | — | 21.84 | 22.22 | 27.16 | 22.84 | 56 | 24.01 | 21.50 | 30.20 |
| 新兴村 | 28.43 | 27.83 | 27.42 | 27.77 | 25.20 | 33 | 27.65 | 23.60 | 29.30 |
| 新祥村 | 22.25 | 22.51 | 22.20 | — | — | 27 | 22.31 | 20.30 | 23.70 |
| 新世纪村 | 33.50 | 33.50 | 28.59 | 32.16 | 33.63 | 57 | 31.12 | 21.30 | 34.60 |
| 新生活村 | — | 30.60 | 30.26 | 31.88 | 29.60 | 32 | 30.77 | 21.30 | 34.60 |
| 新化村 | 25.40 | 24.04 | 23.62 | 27.05 | — | 17 | 24.35 | 20.20 | 27.60 |
| 新合村 | 26.72 | 28.54 | 23.46 | — | — | 41 | 25.04 | 18.10 | 33.80 |
| 新富村 | 22.30 | 22.01 | 21.84 | — | — | 22 | 21.94 | 20.40 | 23.10 |
| 新安村 | 23.48 | 25.13 | 21.61 | 20.77 | 21.74 | 133 | 21.59 | 20.10 | 31.10 |
| 向阳村 | 25.28 | 25.25 | 25.47 | 24.40 | — | 51 | 25.32 | 22.10 | 28.00 |
| 向荣村 | 28.10 | 27.84 | 27.59 | 28.10 | — | 27 | 27.76 | 26.00 | 29.10 |
| 祥云村 | 31.88 | 32.29 | — | 23.93 | — | 42 | 28.46 | 20.40 | 34.00 |
| 祥乐村 | — | 29.15 | 29.55 | 26.60 | — | 18 | 29.14 | 23.60 | 31.30 |
| 鲜兴村 | 26.40 | 26.94 | 23.50 | 22.08 | 23.15 | 35 | 23.44 | 20.60 | 29.40 |

（续）

| 村名称 | 一级地 | 二级地 | 三级地 | 四级地 | 五级地 | 样本数 | 平均值 | 最小值 | 最大值 |
|---|---|---|---|---|---|---|---|---|---|
| 先锋村 | 23.30 | 23.05 | 21.38 | 21.84 | 23.87 | 28 | 22.25 | 16.90 | 31.70 |
| 西庄村 | — | 29.96 | 28.31 | 26.10 | 26.84 | 32 | 28.26 | 21.70 | 32.20 |
| 五一村 | — | 25.80 | 25.22 | 23.90 | — | 14 | 24.91 | 21.70 | 25.80 |
| 五星村 | 21.10 | 21.16 | 21.08 | — | — | 13 | 21.11 | 20.90 | 21.40 |
| 五福村 | 20.74 | 22.75 | 23.62 | — | — | 57 | 22.83 | 17.40 | 26.40 |
| 文明村 | — | 24.39 | 23.84 | 23.64 | 23.75 | 27 | 23.93 | 21.70 | 25.80 |
| 文化村 | 20.90 | 27.98 | 29.85 | — | — | 14 | 27.24 | 20.10 | 32.80 |
| 文光村 | 22.54 | 23.04 | 24.07 | — | — | 52 | 23.38 | 20.70 | 27.70 |
| 万兴村 | 22.05 | 22.61 | 21.89 | — | — | 21 | 22.21 | 20.40 | 32.20 |
| 万宝村 | 24.12 | 22.70 | 24.03 | — | — | 24 | 23.98 | 21.00 | 26.80 |
| 团结村 | 22.47 | 20.35 | 20.08 | 19.30 | 22.16 | 37 | 21.65 | 18.40 | 27.60 |
| 同义村 | 28.00 | 27.43 | 28.44 | — | — | 24 | 27.75 | 23.30 | 28.80 |
| 同心村 | 28.58 | 27.39 | 27.42 | — | — | 41 | 27.61 | 22.80 | 30.90 |
| 通胜村 | — | 19.59 | 19.79 | — | — | 15 | 19.69 | 18.60 | 22.30 |
| 通南村 | 21.18 | 20.51 | 21.39 | — | — | 25 | 20.97 | 18.10 | 22.30 |
| 天津村 | 23.37 | — | 22.31 | 22.14 | 22.30 | 29 | 22.38 | 19.50 | 24.10 |
| 太和村 | 21.57 | 20.08 | 21.10 | 20.34 | 20.30 | 21 | 20.45 | 19.30 | 23.80 |
| 索伦村 | — | — | — | 22.70 | 22.30 | 11 | 22.41 | 22.30 | 22.90 |
| 四季青村 | 18.10 | — | 20.03 | 21.30 | 21.58 | 30 | 20.72 | 18.10 | 22.30 |
| 双兴村 | 34.00 | 28.44 | — | 24.68 | 22.60 | 49 | 24.93 | 20.40 | 34.00 |
| 双喜村 | 25.25 | 27.45 | 23.40 | 28.37 | — | 18 | 26.91 | 22.20 | 30.70 |
| 双泉村 | — | 27.30 | 32.50 | 23.11 | 22.15 | 67 | 24.01 | 21.50 | 32.50 |
| 双乐村 | 20.50 | 19.28 | 19.24 | — | — | 14 | 19.43 | 18.60 | 20.50 |
| 双合村 | 29.30 | 29.70 | 29.45 | 27.02 | 22.25 | 69 | 28.42 | 20.10 | 30.70 |
| 双发村 | — | 21.96 | 22.20 | 21.50 | 21.40 | 20 | 21.73 | 20.80 | 25.80 |
| 胜利村 | 29.17 | 27.95 | 26.17 | 28.54 | 26.71 | 101 | 27.36 | 21.80 | 36.20 |
| 升平村 | 23.70 | 23.03 | 23.79 | — | 24.80 | 19 | 23.81 | 22.00 | 24.80 |
| 三星村 | 23.68 | 24.31 | 23.99 | 24.50 | 22.53 | 34 | 23.90 | 20.50 | 28.70 |
| 三山村 | 23.27 | 19.54 | 21.37 | — | — | 21 | 20.83 | 16.20 | 24.40 |
| 三合村 | 30.78 | 28.61 | — | 26.86 | — | 29 | 29.01 | 25.70 | 32.70 |
| 荣胜村 | 23.60 | 21.88 | 23.60 | — | — | 11 | 22.35 | 20.00 | 23.60 |
| 荣光村 | — | 24.96 | 26.66 | 25.00 | 25.00 | 23 | 25.45 | 20.50 | 29.70 |
| 仁厚村 | 22.40 | — | 22.84 | — | 22.00 | 16 | 22.56 | 22.00 | 23.00 |

（续）

| 村名称 | 一级地 | 二级地 | 三级地 | 四级地 | 五级地 | 样本数 | 平均值 | 最小值 | 最大值 |
|---|---|---|---|---|---|---|---|---|---|
| 仁和村 | 19.30 | 20.99 | 20.95 | 20.34 | 20.30 | 31 | 20.51 | 19.30 | 23.10 |
| 仁爱村 | — | 21.43 | 21.87 | 21.94 | 21.27 | 42 | 21.68 | 16.20 | 30.90 |
| 群英村 | 28.87 | 28.65 | 29.35 | 27.60 | — | 42 | 29.06 | 24.40 | 31.90 |
| 全胜村 | — | — | 25.10 | 22.99 | — | 25 | 23.16 | 22.50 | 25.10 |
| 庆祥村 | 21.50 | 23.70 | 21.63 | — | — | 32 | 21.89 | 20.00 | 32.80 |
| 庆丰村 | — | 21.96 | 22.10 | — | — | 16 | 22.03 | 21.20 | 22.30 |
| 庆宝村 | 20.28 | 23.94 | 22.15 | 20.25 | — | 30 | 21.63 | 18.10 | 27.40 |
| 清和村 | 21.40 | 22.32 | 19.97 | 21.31 | 20.01 | 52 | 21.05 | 19.90 | 32.20 |
| 青山村 | 32.00 | 26.54 | 31.13 | 26.65 | 28.60 | 90 | 27.08 | 20.40 | 34.00 |
| 勤俭村 | 29.68 | 30.72 | 29.85 | 29.39 | 28.00 | 66 | 30.05 | 24.00 | 31.50 |
| 前卫村 | — | 23.62 | 26.71 | 22.83 | 21.90 | 30 | 24.18 | 20.50 | 29.70 |
| 前进村 | — | 21.37 | 23.27 | 22.65 | 23.20 | 21 | 22.93 | 21.00 | 25.10 |
| 前程村 | 22.60 | 21.23 | 20.79 | — | 20.40 | 15 | 20.89 | 19.60 | 23.10 |
| 谦益村 | 23.12 | 24.41 | 24.50 | 22.03 | — | 63 | 22.71 | 20.40 | 34.80 |
| 启民村 | 24.90 | 23.15 | 20.39 | 20.38 | 18.75 | 27 | 21.21 | 18.10 | 27.50 |
| 平原村 | — | 21.24 | 20.50 | 22.40 | — | 11 | 21.28 | 20.40 | 23.40 |
| 平房村 | — | 23.32 | 25.60 | 28.29 | 29.87 | 41 | 28.25 | 21.00 | 30.20 |
| 平安村 | 21.83 | 22.79 | 22.68 | 21.90 | — | 21 | 22.65 | 21.20 | 27.40 |
| 农乐村 | 24.26 | 24.45 | 24.44 | — | — | 14 | 24.35 | 22.20 | 26.80 |
| 讷南村 | 28.40 | 25.79 | 26.15 | 25.04 | 26.86 | 75 | 25.98 | 20.60 | 32.50 |
| 南阳村 | — | — | 26.26 | — | — | 6 | 25.37 | 20.90 | 28.50 |
| 明星村 | 21.10 | 24.53 | 25.48 | 22.13 | 21.40 | 34 | 23.78 | 20.10 | 33.00 |
| 民强村 | 21.50 | 22.00 | 22.20 | — | — | 19 | 21.95 | 20.90 | 23.80 |
| 茂林村 | 30.80 | 29.20 | 28.89 | — | — | 15 | 29.27 | 25.90 | 30.80 |
| 满丰村 | 24.97 | 23.42 | 24.63 | — | — | 32 | 24.34 | 21.40 | 30.90 |
| 满仓村 | 21.40 | 21.08 | 22.21 | 17.90 | 21.20 | 23 | 21.19 | 17.00 | 26.10 |
| 鲁民村 | 24.10 | 25.76 | 26.15 | 25.02 | 26.10 | 80 | 25.44 | 22.40 | 30.20 |
| 隆昌村 | — | 23.27 | 23.10 | 21.86 | 19.97 | 102 | 22.43 | 18.00 | 30.60 |
| 龙华村 | 24.60 | 21.90 | 22.34 | — | 21.70 | 53 | 22.32 | 19.40 | 29.90 |
| 龙河村 | 30.80 | 17.37 | 17.61 | 22.10 | 23.23 | 97 | 21.37 | 12.90 | 30.80 |
| 凌云村 | 23.20 | 22.99 | 22.65 | — | 23.23 | 45 | 23.16 | 19.40 | 26.80 |
| 联盟村 | 27.90 | 29.51 | 29.10 | 27.90 | 27.90 | 19 | 29.11 | 27.90 | 32.30 |
| 利民村 | 26.87 | 25.77 | 27.16 | 23.19 | — | 69 | 26.04 | 19.70 | 35.60 |

（续）

| 村名称 | 一级地 | 二级地 | 三级地 | 四级地 | 五级地 | 样本数 | 平均值 | 最小值 | 最大值 |
|---|---|---|---|---|---|---|---|---|---|
| 利国村 | 31.05 | 32.84 | 30.20 | 22.76 | — | 33 | 27.95 | 20.40 | 35.60 |
| 黎明村 | 22.33 | 22.60 | 21.79 | 21.10 | 20.44 | 41 | 21.11 | 20.30 | 22.80 |
| 乐业村 | 21.30 | 20.60 | 21.34 | 21.80 | — | 14 | 21.33 | 20.60 | 22.60 |
| 老莱村 | 26.40 | 32.76 | 31.73 | 30.49 | 33.74 | 63 | 32.06 | 23.40 | 36.20 |
| 孔国村 | 21.70 | 21.26 | 21.69 | 21.59 | 21.63 | 54 | 21.57 | 20.30 | 22.00 |
| 靠山村 | — | 25.63 | 25.55 | 24.59 | — | 35 | 25.37 | 19.70 | 29.70 |
| 康庄村 | 27.66 | 27.06 | 24.34 | 26.78 | 26.76 | 125 | 26.07 | 18.70 | 30.40 |
| 康宁村 | 21.30 | 21.46 | 19.98 | 20.60 | — | 16 | 20.64 | 18.10 | 22.00 |
| 聚宝村 | 29.70 | 28.19 | 27.05 | 27.22 | — | 78 | 27.49 | 21.80 | 30.70 |
| 炬光村 | 20.40 | 20.59 | 20.78 | 21.30 | 21.63 | 40 | 21.01 | 20.00 | 21.90 |
| 巨和村 | 28.60 | 30.95 | 30.27 | 30.90 | 28.03 | 26 | 30.35 | 26.90 | 36.80 |
| 九井村 | 30.46 | 31.42 | 31.30 | 26.86 | 23.50 | 85 | 27.85 | 20.20 | 33.80 |
| 江东村 | — | 29.25 | 25.04 | 23.38 | 21.31 | 22 | 24.32 | 20.10 | 31.40 |
| 建设村 | 20.90 | 20.79 | 20.83 | — | — | 28 | 20.78 | 20.30 | 21.70 |
| 建华村 | — | 25.80 | 21.70 | 21.70 | 22.58 | 11 | 22.93 | 21.70 | 29.90 |
| 继光村 | 28.21 | 28.15 | 27.65 | 27.95 | 27.65 | 132 | 27.87 | 23.20 | 29.30 |
| 吉祥村 | — | 23.64 | 23.36 | — | — | 22 | 23.54 | 21.50 | 24.30 |
| 吉庆村 | 23.85 | 23.72 | 21.95 | — | — | 15 | 22.79 | 20.60 | 28.60 |
| 火烽村 | — | 21.42 | 21.60 | 21.93 | 21.69 | 84 | 21.69 | 20.10 | 25.10 |
| 回民村 | 22.97 | — | 22.05 | 21.58 | 22.30 | 40 | 22.14 | 18.10 | 25.00 |
| 华升村 | 22.77 | 22.65 | 24.01 | — | — | 33 | 23.33 | 20.90 | 28.50 |
| 宏大村 | — | 20.24 | 20.18 | 20.05 | 20.37 | 59 | 20.23 | 19.90 | 20.40 |
| 红星村 | 20.90 | 21.15 | 21.12 | — | — | 30 | 21.12 | 20.00 | 21.50 |
| 黑龙村 | 25.58 | 21.10 | — | — | 25.31 | 28 | 25.14 | 21.10 | 25.80 |
| 河江村 | 21.63 | 22.93 | 19.30 | 22.70 | 22.68 | 32 | 22.30 | 18.40 | 25.50 |
| 和义村 | 20.20 | 22.00 | 18.45 | — | — | 20 | 19.37 | 17.10 | 22.00 |
| 和心村 | 20.73 | 21.40 | 21.84 | — | — | 32 | 21.44 | 20.40 | 27.80 |
| 和盛村 | 21.00 | 20.10 | 20.61 | — | — | 36 | 20.72 | 17.10 | 22.30 |
| 和平村 | 23.65 | 24.98 | 25.90 | — | — | 19 | 25.83 | 20.90 | 31.60 |
| 合庆村 | 24.45 | 24.80 | 24.71 | 25.10 | 24.85 | 30 | 24.80 | 23.60 | 28.30 |
| 合发村 | — | 21.91 | 22.06 | — | — | 18 | 21.97 | 20.50 | 24.10 |
| 国兴村 | — | 26.11 | 27.90 | 25.19 | — | 28 | 26.78 | 20.90 | 30.80 |
| 国庆村 | 32.97 | 29.40 | 27.87 | 27.37 | 29.20 | 76 | 29.36 | 21.30 | 34.60 |

（续）

| 村名称 | 一级地 | 二级地 | 三级地 | 四级地 | 五级地 | 样本数 | 平均值 | 最小值 | 最大值 |
|---|---|---|---|---|---|---|---|---|---|
| 广义村 | 23.79 | 25.02 | 22.00 | — | — | 28 | 24.35 | 20.90 | 28.80 |
| 光芒村 | 32.28 | 33.90 | — | 33.90 | — | 8 | 32.84 | 30.60 | 34.50 |
| 光辉村 | 27.60 | 27.12 | 26.00 | 27.33 | 24.80 | 23 | 26.70 | 22.80 | 31.20 |
| 光华村 | 24.75 | 23.33 | 23.10 | 20.37 | 23.10 | 22 | 23.16 | 18.90 | 27.50 |
| 共福村 | 31.55 | 35.43 | 32.40 | 26.89 | 34.70 | 27 | 30.94 | 21.80 | 36.20 |
| 公安村 | 17.12 | 15.51 | 18.83 | — | — | 19 | 16.98 | 14.40 | 22.50 |
| 更新村 | 22.00 | 23.53 | 23.50 | 23.80 | — | 16 | 23.44 | 20.90 | 24.60 |
| 革新村 | 27.78 | 26.60 | 26.94 | — | — | 43 | 26.76 | 23.60 | 28.40 |
| 高升村 | 21.14 | 21.30 | 21.30 | — | — | 14 | 21.33 | 20.80 | 22.10 |
| 高潮村 | 24.60 | 26.00 | 25.70 | 22.12 | 22.12 | 42 | 23.18 | 21.40 | 27.20 |
| 钢铁村 | 21.15 | 21.18 | 21.50 | — | — | 14 | 21.22 | 20.30 | 22.30 |
| 富裕村 | 24.23 | 23.29 | 24.31 | 24.89 | 23.77 | 77 | 24.21 | 12.90 | 31.50 |
| 富乡村 | — | 23.39 | 25.49 | — | — | 24 | 24.53 | 20.80 | 29.60 |
| 富强村 | — | 21.03 | 20.50 | 21.33 | 20.44 | 54 | 20.71 | 19.30 | 28.30 |
| 复兴村 | 21.23 | — | 21.35 | 21.20 | — | 15 | 21.19 | 20.30 | 21.80 |
| 福兴村 | — | 24.95 | 23.13 | 21.45 | 20.93 | 97 | 21.58 | 20.30 | 26.00 |
| 凤鸣村 | 22.00 | 22.10 | 21.83 | — | 21.69 | 39 | 21.90 | 20.50 | 24.60 |
| 丰收村 | — | 21.22 | 21.72 | 20.40 | 19.80 | 22 | 21.38 | 18.70 | 26.10 |
| 丰盛村 | — | 25.52 | 25.05 | 22.49 | 29.60 | 45 | 25.52 | 18.80 | 34.40 |
| 丰产村 | 22.66 | 22.90 | 22.99 | 23.65 | — | 73 | 23.05 | 20.90 | 30.20 |
| 繁强村 | 24.30 | 26.55 | 25.75 | 23.63 | 20.43 | 33 | 22.81 | 19.30 | 36.00 |
| 二克浅村 | — | 22.55 | 24.54 | 25.76 | 23.97 | 46 | 24.75 | 20.40 | 27.50 |
| 东兴村 | — | 23.82 | 25.88 | 28.05 | 30.20 | 114 | 27.60 | 20.50 | 31.40 |
| 东方红村 | — | 23.24 | 20.20 | — | 19.25 | 29 | 20.91 | 18.00 | 28.80 |
| 第一良种场 | 29.90 | 26.52 | — | — | — | 11 | 26.83 | 21.70 | 31.00 |
| 第四良种场 | — | 21.47 | 21.40 | — | — | 9 | 21.31 | 20.90 | 22.30 |
| 第三良种场 | 23.60 | 24.15 | 25.24 | — | — | 16 | 24.59 | 21.40 | 28.10 |
| 第二良种场 | — | 27.80 | 26.60 | 28.10 | 27.90 | 6 | 27.67 | 26.60 | 28.10 |
| 灯塔村 | 23.80 | 21.55 | 20.30 | 20.30 | — | 20 | 21.31 | 20.00 | 23.80 |
| 德宝村 | 24.00 | 23.36 | 23.91 | 23.45 | 23.30 | 39 | 23.75 | 18.10 | 28.80 |
| 城北村 | 25.80 | 21.16 | 20.50 | 18.97 | 17.54 | 21 | 19.83 | 16.20 | 25.80 |
| 晨光村 | 32.96 | 32.51 | 31.91 | 32.30 | 33.46 | 108 | 32.39 | 20.50 | 35.30 |
| 朝阳村 | 22.60 | 22.70 | 21.92 | — | — | 21 | 22.39 | 20.10 | 28.50 |

（续）

| 村名称 | 一级地 | 二级地 | 三级地 | 四级地 | 五级地 | 样本数 | 平均值 | 最小值 | 最大值 |
|---|---|---|---|---|---|---|---|---|---|
| 长兴村 | 20.87 | 20.98 | 21.01 | — | — | 38 | 20.98 | 19.40 | 21.70 |
| 长胜村 | 21.47 | 24.13 | 23.09 | — | — | 26 | 23.22 | 20.90 | 26.30 |
| 长发村 | 20.24 | 20.08 | 19.20 | — | — | 28 | 19.84 | 17.70 | 23.10 |
| 长安村 | 20.63 | 21.02 | 21.57 | 17.00 | 18.88 | 17 | 20.31 | 16.20 | 24.40 |
| 保育村 | 23.13 | 24.81 | 25.15 | — | — | 48 | 24.88 | 22.10 | 28.80 |
| 保国村 | 27.55 | 27.73 | 24.84 | — | — | 29 | 26.47 | 18.10 | 33.80 |
| 保昌村 | — | 23.79 | 22.48 | 22.28 | 23.88 | 71 | 22.86 | 19.90 | 27.30 |
| 保安村 | 30.18 | 24.70 | 23.25 | 26.40 | 27.90 | 21 | 26.51 | 20.80 | 30.60 |
| 百露村 | — | — | — | — | 23.62 | 9 | 23.62 | 23.60 | 23.70 |
| 安仁村 | 23.31 | 27.80 | — | 21.56 | 21.74 | 120 | 21.90 | 20.20 | 33.80 |
| 全市 | 24.88 | 24.87 | 24.31 | 24.24 | 23.76 | 6 635 | 24.41 | 12.90 | 36.80 |

附表 5 - 9　各村土壤有效铜含量统计结果

单位：毫克/千克

| 村名称 | 一级地 | 二级地 | 三级地 | 四级地 | 五级地 | 样本数 | 平均值 | 最小值 | 最大值 |
|---|---|---|---|---|---|---|---|---|---|
| 忠孝村 | — | 1.68 | 1.72 | 1.68 | 1.75 | 19 | 1.71 | 1.62 | 1.84 |
| 治河村 | 1.57 | 1.54 | 1.58 | — | — | 59 | 1.56 | 1.33 | 1.69 |
| 志诚村 | 1.73 | 1.59 | 1.66 | — | — | 26 | 1.65 | 1.38 | 1.93 |
| 照耀村 | — | 1.60 | 1.60 | 1.63 | 1.74 | 69 | 1.63 | 1.41 | 1.74 |
| 兆林村 | 1.72 | 1.77 | 1.66 | 1.76 | 1.72 | 44 | 1.74 | 1.62 | 2.00 |
| 增产村 | 1.54 | 1.52 | 1.53 | 1.53 | — | 44 | 1.53 | 1.47 | 1.60 |
| 远大村 | 1.38 | 1.41 | 1.42 | 1.52 | 1.46 | 54 | 1.43 | 1.36 | 1.61 |
| 育民村 | 1.61 | 1.35 | 1.30 | 1.42 | — | 31 | 1.37 | 1.23 | 1.65 |
| 友好村 | 1.71 | 1.70 | 1.70 | 1.67 | 1.67 | 75 | 1.69 | 1.56 | 1.74 |
| 勇进村 | 1.62 | 1.57 | — | 1.65 | 1.65 | 38 | 1.63 | 1.56 | 1.68 |
| 永强村 | 1.73 | 1.68 | 1.63 | 1.74 | — | 30 | 1.67 | 1.59 | 1.80 |
| 永久村 | 1.68 | 1.72 | 1.69 | 1.51 | — | 34 | 1.69 | 1.51 | 1.80 |
| 永发村 | 1.52 | — | 1.53 | 1.52 | — | 12 | 1.52 | 1.52 | 1.55 |
| 学田村 | — | 1.57 | 1.61 | 1.58 | 1.58 | 24 | 1.59 | 1.42 | 1.73 |
| 旭光村 | 1.64 | 1.62 | 1.60 | 1.63 | 1.63 | 18 | 1.63 | 1.57 | 1.73 |
| 兴业村 | 1.63 | 1.63 | 1.64 | 1.61 | 1.65 | 39 | 1.63 | 1.56 | 1.68 |
| 兴旺村 | 1.67 | 1.59 | 1.74 | 1.66 | 1.54 | 37 | 1.62 | 1.21 | 1.79 |
| 兴胜村 | — | 1.66 | 1.73 | 1.67 | — | 8 | 1.68 | 1.63 | 1.75 |
| 兴隆村 | 1.48 | 1.50 | 1.52 | — | — | 52 | 1.50 | 1.33 | 1.74 |

（续）

| 村名称 | 一级地 | 二级地 | 三级地 | 四级地 | 五级地 | 样本数 | 平均值 | 最小值 | 最大值 |
|--------|--------|--------|--------|--------|--------|--------|--------|--------|--------|
| 信义村 | — | 1.68 | 1.69 | 1.65 | 1.68 | 56 | 1.67 | 1.60 | 1.73 |
| 新兴村 | 1.71 | 1.75 | 1.60 | 1.64 | 1.47 | 33 | 1.65 | 1.21 | 1.79 |
| 新祥村 | 1.39 | 1.39 | 1.38 | — | — | 27 | 1.39 | 1.31 | 1.55 |
| 新世纪村 | 1.73 | 1.73 | 1.81 | 1.78 | 1.79 | 57 | 1.79 | 1.73 | 1.87 |
| 新生活村 | — | 1.63 | 1.74 | 1.78 | 1.75 | 32 | 1.75 | 1.63 | 1.87 |
| 新化村 | 1.66 | 1.52 | 1.48 | 1.73 | — | 17 | 1.54 | 1.29 | 1.74 |
| 新合村 | 1.65 | 1.63 | 1.66 | — | — | 41 | 1.65 | 1.51 | 1.76 |
| 新富村 | 1.55 | 1.53 | 1.52 | — | — | 22 | 1.53 | 1.46 | 1.55 |
| 新安村 | 1.58 | 1.60 | 1.62 | 1.63 | 1.61 | 133 | 1.62 | 1.37 | 1.74 |
| 向阳村 | 1.55 | 1.55 | 1.56 | 1.57 | — | 51 | 1.55 | 1.37 | 1.80 |
| 向荣村 | 1.61 | 1.62 | 1.64 | 1.61 | — | 27 | 1.63 | 1.61 | 1.67 |
| 祥云村 | 1.60 | 1.60 | — | 1.59 | — | 42 | 1.59 | 1.55 | 1.61 |
| 祥乐村 | — | 1.57 | 1.58 | 1.52 | — | 18 | 1.57 | 1.34 | 1.75 |
| 鲜兴村 | 1.65 | 1.61 | 1.65 | 1.64 | 1.65 | 35 | 1.64 | 1.49 | 1.65 |
| 先锋村 | 1.73 | 1.73 | 1.70 | 1.71 | 1.72 | 28 | 1.71 | 1.69 | 1.74 |
| 西庄村 | — | 1.64 | 1.65 | 1.67 | 1.67 | 32 | 1.66 | 1.60 | 1.70 |
| 五一村 | — | 1.64 | 1.64 | 1.61 | — | 14 | 1.63 | 1.41 | 1.74 |
| 五星村 | 1.68 | 1.70 | 1.72 | — | — | 13 | 1.70 | 1.59 | 1.77 |
| 五福村 | 1.57 | 1.62 | 1.67 | — | — | 57 | 1.64 | 1.41 | 1.78 |
| 文明村 | — | 1.55 | 1.52 | 1.56 | 1.64 | 27 | 1.56 | 1.46 | 1.84 |
| 文化村 | 1.82 | 1.71 | 1.78 | — | — | 14 | 1.74 | 1.63 | 2.00 |
| 文光村 | 1.51 | 1.49 | 1.47 | — | — | 52 | 1.48 | 1.33 | 1.54 |
| 万兴村 | 1.63 | 1.58 | 1.59 | — | — | 21 | 1.59 | 1.46 | 1.68 |
| 万宝村 | 1.59 | 1.51 | 1.54 | — | — | 24 | 1.57 | 1.44 | 1.66 |
| 团结村 | 1.56 | 1.61 | 1.54 | 1.47 | 1.57 | 37 | 1.57 | 1.23 | 1.74 |
| 同义村 | 1.43 | 1.45 | 1.40 | — | — | 24 | 1.44 | 1.38 | 1.66 |
| 同心村 | 1.55 | 1.48 | 1.58 | — | — | 41 | 1.54 | 1.38 | 1.87 |
| 通胜村 | — | 1.64 | 1.62 | — | — | 15 | 1.63 | 1.45 | 1.73 |
| 通南村 | 1.72 | 1.48 | 1.52 | — | — | 25 | 1.54 | 1.34 | 1.93 |
| 天津村 | 1.38 | — | 1.43 | 1.44 | 1.19 | 29 | 1.41 | 1.19 | 1.58 |
| 太和村 | 1.63 | 1.67 | 1.58 | 1.63 | 1.63 | 21 | 1.64 | 1.58 | 1.73 |
| 索伦村 | — | — | — | 1.23 | 1.20 | 11 | 1.21 | 1.19 | 1.25 |
| 四季青村 | 1.67 | — | 1.45 | 1.28 | 1.27 | 30 | 1.37 | 1.19 | 1.67 |

（续）

| 村名称 | 一级地 | 二级地 | 三级地 | 四级地 | 五级地 | 样本数 | 平均值 | 最小值 | 最大值 |
|---|---|---|---|---|---|---|---|---|---|
| 双兴村 | 1.61 | 1.58 | — | 1.59 | 1.63 | 49 | 1.59 | 1.55 | 1.66 |
| 双喜村 | 1.64 | 1.59 | 1.59 | 1.53 | — | 18 | 1.59 | 1.46 | 1.70 |
| 双泉村 | — | 1.67 | 1.64 | 1.85 | 1.88 | 67 | 1.81 | 1.63 | 1.91 |
| 双乐村 | 1.63 | 1.60 | 1.61 | — | — | 14 | 1.61 | 1.46 | 1.73 |
| 双合村 | 1.60 | 1.55 | 1.56 | 1.63 | 1.72 | 69 | 1.59 | 1.36 | 1.75 |
| 双发村 | — | 1.49 | 1.51 | 1.50 | 1.59 | 20 | 1.53 | 1.43 | 1.72 |
| 胜利村 | 1.70 | 1.63 | 1.57 | 1.63 | 1.59 | 101 | 1.61 | 1.48 | 1.81 |
| 升平村 | 1.45 | 1.59 | 1.48 | — | 1.40 | 19 | 1.48 | 1.37 | 1.67 |
| 三星村 | 1.58 | 1.59 | 1.59 | 1.56 | 1.77 | 34 | 1.60 | 1.43 | 1.84 |
| 三山村 | 1.57 | 1.43 | 1.57 | — | — | 21 | 1.51 | 1.20 | 1.63 |
| 三合村 | 1.60 | 1.62 | — | 1.60 | — | 29 | 1.61 | 1.43 | 1.67 |
| 荣胜村 | 1.40 | 1.52 | 1.40 | — | — | 11 | 1.49 | 1.40 | 1.67 |
| 荣光村 | — | 1.57 | 1.54 | 1.50 | 1.41 | 23 | 1.54 | 1.37 | 1.68 |
| 仁厚村 | 1.57 | — | 1.52 | — | 1.57 | 16 | 1.55 | 1.33 | 1.79 |
| 仁和村 | 1.73 | 1.56 | 1.57 | 1.63 | 1.63 | 31 | 1.61 | 1.36 | 1.73 |
| 仁爱村 | — | 1.65 | 1.65 | 1.51 | 1.50 | 42 | 1.53 | 1.38 | 1.70 |
| 群英村 | 1.45 | 1.49 | 1.46 | 1.48 | — | 42 | 1.47 | 1.36 | 1.60 |
| 全胜村 | — | — | 1.60 | 1.43 | — | 25 | 1.45 | 1.41 | 1.60 |
| 庆祥村 | 1.60 | 1.55 | 1.53 | — | — | 32 | 1.53 | 1.36 | 1.87 |
| 庆丰村 | — | 1.59 | 1.58 | — | — | 16 | 1.59 | 1.52 | 1.72 |
| 庆宝村 | 1.66 | 1.54 | 1.59 | 1.70 | — | 30 | 1.62 | 1.40 | 1.72 |
| 清和村 | 1.60 | 1.54 | 1.40 | 1.46 | 1.42 | 52 | 1.46 | 1.35 | 1.65 |
| 青山村 | 1.51 | 1.46 | 1.48 | 1.58 | 1.56 | 90 | 1.54 | 1.23 | 1.66 |
| 勤俭村 | 1.66 | 1.67 | 1.63 | 1.66 | 1.63 | 66 | 1.66 | 1.44 | 1.72 |
| 前卫村 | — | 1.66 | 1.67 | 1.48 | 1.45 | 30 | 1.63 | 1.37 | 1.74 |
| 前进村 | — | 1.61 | 1.61 | 1.42 | 1.46 | 21 | 1.57 | 1.41 | 1.64 |
| 前程村 | 1.77 | 1.61 | 1.67 | — | 1.40 | 15 | 1.59 | 1.36 | 2.03 |
| 谦益村 | 1.56 | 1.58 | 1.60 | 1.61 | — | 63 | 1.60 | 1.55 | 1.76 |
| 启民村 | 1.45 | 1.50 | 1.53 | 1.53 | 1.62 | 27 | 1.52 | 1.36 | 1.67 |
| 平原村 | — | 1.66 | 1.74 | 1.63 | — | 11 | 1.66 | 1.60 | 1.85 |
| 平房村 | — | 1.70 | 1.73 | 1.66 | 1.67 | 41 | 1.67 | 1.60 | 1.78 |
| 平安村 | 1.67 | 1.67 | 1.46 | 1.68 | — | 21 | 1.64 | 1.34 | 1.77 |
| 农乐村 | 1.58 | 1.58 | 1.52 | — | — | 14 | 1.56 | 1.44 | 1.66 |

（续）

| 村名称 | 一级地 | 二级地 | 三级地 | 四级地 | 五级地 | 样本数 | 平均值 | 最小值 | 最大值 |
|---|---|---|---|---|---|---|---|---|---|
| 讷南村 | 1.62 | 1.69 | 1.56 | 1.75 | 1.69 | 75 | 1.71 | 1.49 | 1.91 |
| 南阳村 | — | — | 1.38 | — | — | 6 | 1.41 | 1.31 | 1.55 |
| 明星村 | 1.57 | 1.56 | 1.58 | 1.52 | 1.50 | 34 | 1.55 | 1.47 | 1.67 |
| 民强村 | 1.71 | 1.73 | 1.75 | — | — | 19 | 1.73 | 1.57 | 1.79 |
| 茂林村 | 1.55 | 1.47 | 1.46 | — | — | 15 | 1.48 | 1.34 | 1.55 |
| 满丰村 | 1.58 | 1.51 | 1.59 | — | — | 32 | 1.57 | 1.33 | 1.93 |
| 满仓村 | 1.68 | 1.71 | 1.73 | 1.48 | 1.78 | 23 | 1.70 | 1.40 | 1.84 |
| 鲁民村 | 1.67 | 1.73 | 1.75 | 1.63 | 1.69 | 80 | 1.67 | 1.55 | 1.86 |
| 隆昌村 | — | 1.54 | 1.58 | 1.60 | 1.60 | 102 | 1.58 | 1.36 | 1.86 |
| 龙华村 | 1.69 | 1.60 | 1.64 | — | 1.74 | 53 | 1.65 | 1.41 | 1.74 |
| 龙河村 | 1.66 | 1.57 | 1.67 | 1.66 | 1.68 | 97 | 1.66 | 1.47 | 1.73 |
| 凌云村 | 1.44 | 1.46 | 1.46 | — | 1.38 | 45 | 1.44 | 1.36 | 1.58 |
| 联盟村 | 1.63 | 1.59 | 1.60 | 1.63 | 1.63 | 19 | 1.60 | 1.53 | 1.63 |
| 利民村 | 1.45 | 1.43 | 1.41 | 1.45 | — | 69 | 1.42 | 1.34 | 1.57 |
| 利国村 | 1.60 | 1.61 | 1.61 | 1.61 | — | 33 | 1.61 | 1.55 | 1.66 |
| 黎明村 | 1.78 | 1.77 | 1.66 | 1.50 | 1.37 | 41 | 1.51 | 1.37 | 1.84 |
| 乐业村 | 1.72 | 1.44 | 1.71 | 1.56 | — | 14 | 1.69 | 1.44 | 1.93 |
| 老莱村 | 1.37 | 1.51 | 1.45 | 1.53 | 1.60 | 63 | 1.51 | 1.34 | 1.81 |
| 孔国村 | 2.00 | 1.76 | 1.66 | 1.88 | 1.91 | 54 | 1.85 | 1.46 | 2.00 |
| 靠山村 | — | 1.65 | 1.68 | 1.54 | — | 35 | 1.65 | 1.49 | 1.80 |
| 康庄村 | 1.61 | 1.61 | 1.64 | 1.63 | 1.64 | 125 | 1.63 | 1.47 | 1.75 |
| 康宁村 | 1.54 | 1.59 | 1.55 | 1.44 | — | 16 | 1.56 | 1.44 | 1.65 |
| 聚宝村 | 1.60 | 1.61 | 1.60 | 1.60 | — | 78 | 1.60 | 1.59 | 1.68 |
| 炬光村 | 1.47 | 1.49 | 1.54 | 1.54 | 1.55 | 40 | 1.53 | 1.44 | 1.66 |
| 巨和村 | 1.63 | 1.50 | 1.58 | 1.50 | 1.65 | 26 | 1.54 | 1.33 | 1.69 |
| 九井村 | 1.59 | 1.57 | 1.47 | 1.61 | 1.64 | 85 | 1.60 | 1.47 | 1.70 |
| 江东村 | — | 1.63 | 1.55 | 1.52 | 1.49 | 22 | 1.54 | 1.47 | 1.63 |
| 建设村 | 1.75 | 1.65 | 1.72 | — | — | 28 | 1.68 | 1.13 | 2.11 |
| 建华村 | — | 1.69 | 1.74 | 1.74 | 1.72 | 11 | 1.72 | 1.63 | 1.74 |
| 继光村 | 1.56 | 1.56 | 1.55 | 1.57 | 1.57 | 132 | 1.56 | 1.46 | 1.60 |
| 吉祥村 | — | 1.87 | 1.84 | — | — | 22 | 1.86 | 1.55 | 2.06 |
| 吉庆村 | 1.52 | 1.78 | 1.69 | — | — | 15 | 1.70 | 1.44 | 1.95 |
| 火烽村 | — | 1.60 | 1.56 | 1.62 | 1.74 | 84 | 1.62 | 1.49 | 1.74 |

（续）

| 村名称 | 一级地 | 二级地 | 三级地 | 四级地 | 五级地 | 样本数 | 平均值 | 最小值 | 最大值 |
|---|---|---|---|---|---|---|---|---|---|
| 回民村 | 1.39 | — | 1.46 | 1.48 | 1.19 | 40 | 1.39 | 1.19 | 1.67 |
| 华升村 | 1.41 | 1.42 | 1.40 | — | — | 33 | 1.41 | 1.31 | 1.55 |
| 宏大村 | — | 1.50 | 1.47 | 1.42 | 1.55 | 59 | 1.49 | 1.35 | 1.56 |
| 红星村 | 1.59 | 1.60 | 1.55 | — | — | 30 | 1.56 | 1.37 | 1.60 |
| 黑龙村 | 1.47 | 1.62 | — | — | 1.50 | 28 | 1.50 | 1.45 | 1.74 |
| 河江村 | 1.47 | 1.51 | 1.47 | 1.26 | 1.23 | 32 | 1.32 | 1.19 | 1.74 |
| 和义村 | 1.66 | 1.63 | 1.64 | — | — | 20 | 1.65 | 1.63 | 1.67 |
| 和心村 | 1.65 | 1.62 | 1.61 | — | — | 32 | 1.62 | 1.46 | 1.70 |
| 和盛村 | 1.56 | 1.60 | 1.48 | — | — | 36 | 1.51 | 1.31 | 1.67 |
| 和平村 | 1.61 | 1.62 | 1.63 | — | — | 19 | 1.64 | 1.60 | 1.75 |
| 合庆村 | 1.52 | 1.52 | 1.52 | 1.51 | 1.53 | 30 | 1.52 | 1.43 | 1.57 |
| 合发村 | — | 1.67 | 1.71 | — | — | 18 | 1.69 | 1.52 | 1.74 |
| 国兴村 | — | 1.49 | 1.49 | 1.58 | — | 28 | 1.51 | 1.36 | 1.73 |
| 国庆村 | 1.75 | 1.77 | 1.81 | 1.77 | 1.78 | 76 | 1.77 | 1.68 | 1.87 |
| 广义村 | 1.49 | 1.52 | 1.36 | — | — | 28 | 1.49 | 1.36 | 1.77 |
| 光芒村 | 1.60 | 1.59 | — | 1.62 | — | 8 | 1.60 | 1.57 | 1.64 |
| 光辉村 | 1.63 | 1.61 | 1.51 | 1.54 | 1.64 | 23 | 1.57 | 1.29 | 1.71 |
| 光华村 | 1.39 | 1.49 | 1.36 | 1.63 | 1.36 | 22 | 1.48 | 1.36 | 1.73 |
| 共福村 | 1.72 | 1.76 | 1.59 | 1.59 | 1.74 | 27 | 1.67 | 1.48 | 1.81 |
| 公安村 | 1.27 | 1.17 | 1.44 | — | — | 19 | 1.28 | 1.07 | 1.64 |
| 更新村 | 1.57 | 1.58 | 1.56 | 1.63 | — | 16 | 1.58 | 1.48 | 1.63 |
| 革新村 | 1.58 | 1.58 | 1.57 | — | — | 43 | 1.58 | 1.56 | 1.63 |
| 高升村 | 1.73 | 1.67 | 1.71 | — | — | 14 | 1.70 | 1.64 | 1.79 |
| 高潮村 | 1.61 | 1.58 | 1.59 | 1.69 | 1.68 | 42 | 1.66 | 1.55 | 1.75 |
| 钢铁村 | 1.61 | 1.60 | 1.70 | — | — | 14 | 1.62 | 1.48 | 1.77 |
| 富裕村 | 1.69 | 1.69 | 1.67 | 1.66 | 1.69 | 77 | 1.68 | 1.56 | 1.72 |
| 富乡村 | — | 1.47 | 1.51 | — | — | 24 | 1.49 | 1.26 | 1.72 |
| 富强村 | — | 1.79 | 1.80 | 1.52 | 1.41 | 54 | 1.56 | 1.37 | 1.89 |
| 复兴村 | 1.56 | — | 1.56 | 1.48 | — | 15 | 1.53 | 1.38 | 1.76 |
| 福兴村 | — | 1.43 | 1.55 | 1.55 | 1.47 | 97 | 1.51 | 1.26 | 1.63 |
| 凤鸣村 | 1.75 | 1.76 | 1.78 | — | 1.77 | 39 | 1.76 | 1.60 | 1.89 |
| 丰收村 | — | 1.63 | 1.65 | 1.73 | 1.81 | 22 | 1.66 | 1.43 | 1.81 |
| 丰盛村 | — | 1.43 | 1.40 | 1.45 | 1.60 | 45 | 1.46 | 1.37 | 1.69 |

（续）

| 村名称 | 一级地 | 二级地 | 三级地 | 四级地 | 五级地 | 样本数 | 平均值 | 最小值 | 最大值 |
|---|---|---|---|---|---|---|---|---|---|
| 丰产村 | 1.45 | 1.47 | 1.53 | 1.61 | — | 73 | 1.52 | 1.37 | 1.73 |
| 繁强村 | 1.58 | 1.63 | 1.70 | 1.54 | 1.41 | 33 | 1.53 | 1.37 | 1.81 |
| 二克浅村 | — | 1.57 | 1.55 | 1.59 | 1.53 | 46 | 1.56 | 1.26 | 1.62 |
| 东兴村 | — | 1.65 | 1.62 | 1.50 | 1.52 | 114 | 1.54 | 1.41 | 1.74 |
| 东方红村 | — | 1.58 | 1.72 | — | 1.75 | 29 | 1.68 | 1.38 | 1.83 |
| 第一良种场 | 1.63 | 1.63 | — | — | — | 11 | 1.63 | 1.62 | 1.64 |
| 第四良种场 | — | 1.63 | 1.63 | — | — | 9 | 1.63 | 1.61 | 1.65 |
| 第三良种场 | 1.62 | 1.59 | 1.60 | — | — | 16 | 1.60 | 1.44 | 1.77 |
| 第二良种场 | — | 1.62 | 1.65 | 1.66 | 1.63 | 6 | 1.64 | 1.61 | 1.66 |
| 灯塔村 | 1.60 | 1.64 | 1.63 | 1.63 | — | 20 | 1.63 | 1.60 | 1.67 |
| 德宝村 | 1.63 | 1.63 | 1.63 | 1.63 | 1.59 | 39 | 1.63 | 1.55 | 1.67 |
| 城北村 | 1.64 | 1.62 | 1.70 | 1.52 | 1.42 | 21 | 1.55 | 1.38 | 1.73 |
| 晨光村 | 1.61 | 1.60 | 1.59 | 1.63 | 1.60 | 108 | 1.60 | 1.43 | 1.72 |
| 朝阳村 | 1.80 | 1.76 | 1.84 | — | — | 21 | 1.80 | 1.63 | 2.00 |
| 长兴村 | 1.72 | 1.62 | 1.63 | — | — | 38 | 1.63 | 1.41 | 1.78 |
| 长胜村 | 1.60 | 1.60 | 1.59 | — | — | 26 | 1.59 | 1.53 | 1.62 |
| 长发村 | 1.52 | 1.63 | 1.58 | — | — | 28 | 1.59 | 1.41 | 1.83 |
| 长安村 | 1.61 | 1.57 | 1.67 | 1.40 | 1.46 | 17 | 1.56 | 1.38 | 1.73 |
| 保育村 | 1.48 | 1.46 | 1.47 | — | — | 48 | 1.47 | 1.33 | 1.72 |
| 保国村 | 1.46 | 1.47 | 1.52 | — | — | 29 | 1.49 | 1.36 | 1.67 |
| 保昌村 | — | 1.53 | 1.44 | 1.45 | 1.50 | 71 | 1.48 | 1.35 | 1.61 |
| 保安村 | 1.64 | 1.70 | 1.68 | 1.69 | 1.67 | 21 | 1.67 | 1.62 | 1.73 |
| 百露村 | — | — | — | — | 1.21 | 9 | 1.21 | 1.21 | 1.22 |
| 安仁村 | 1.55 | 1.56 | — | 1.72 | 1.82 | 120 | 1.71 | 1.34 | 2.00 |
| 全市 | 1.59 | 1.59 | 1.58 | 1.61 | 1.59 | 6 635 | 1.59 | 1.07 | 2.11 |

**附表 5-10 各村土壤有效锰含量统计结果**

单位：毫克/千克

| 村名称 | 一级地 | 二级地 | 三级地 | 四级地 | 五级地 | 样本数 | 平均值 | 最小值 | 最大值 |
|---|---|---|---|---|---|---|---|---|---|
| 忠孝村 | — | 23.88 | 26.00 | 21.98 | 21.84 | 19 | 23.08 | 21.40 | 27.30 |
| 治河村 | 21.70 | 24.04 | 22.92 | — | — | 59 | 23.43 | 21.70 | 27.60 |
| 志诚村 | 27.20 | 29.63 | 28.89 | — | — | 26 | 28.67 | 23.70 | 31.30 |
| 照耀村 | — | 28.26 | 26.44 | 26.47 | 26.90 | 69 | 26.75 | 25.70 | 29.70 |

（续）

| 村名称 | 一级地 | 二级地 | 三级地 | 四级地 | 五级地 | 样本数 | 平均值 | 最小值 | 最大值 |
|---|---|---|---|---|---|---|---|---|---|
| 兆林村 | 22.15 | 23.22 | 23.16 | 24.40 | 23.52 | 44 | 23.66 | 21.10 | 28.20 |
| 增产村 | 28.05 | 28.37 | 28.39 | 26.71 | — | 44 | 28.06 | 24.80 | 29.90 |
| 远大村 | 28.50 | 28.11 | 27.43 | 27.60 | 27.35 | 54 | 27.53 | 26.90 | 28.50 |
| 育民村 | 29.60 | 30.75 | 30.92 | 30.32 | — | 31 | 30.63 | 29.30 | 31.00 |
| 友好村 | 22.39 | 22.61 | 23.21 | 23.52 | 22.95 | 75 | 23.07 | 22.30 | 24.60 |
| 勇进村 | 22.48 | 23.31 | — | 22.97 | 22.98 | 38 | 22.93 | 20.10 | 24.20 |
| 永强村 | 27.57 | 27.28 | 27.30 | 26.90 | — | 30 | 27.30 | 26.70 | 28.00 |
| 永久村 | 21.86 | 21.09 | 20.91 | 22.50 | — | 34 | 21.30 | 20.10 | 26.00 |
| 永发村 | 28.70 | — | 28.67 | 28.70 | — | 12 | 28.68 | 28.50 | 28.70 |
| 学田村 | — | 28.53 | 28.80 | 28.12 | 29.05 | 24 | 28.51 | 26.70 | 29.60 |
| 旭光村 | 27.52 | 26.10 | 29.60 | 25.80 | 25.80 | 18 | 26.54 | 25.10 | 29.60 |
| 兴业村 | 27.93 | 27.79 | 28.15 | 27.64 | 28.30 | 39 | 27.90 | 25.90 | 29.20 |
| 兴旺村 | 24.90 | 24.98 | 24.93 | 24.95 | 25.22 | 37 | 25.04 | 24.80 | 26.40 |
| 兴胜村 | — | 27.00 | 27.00 | 26.70 | — | 8 | 26.93 | 26.70 | 27.40 |
| 兴隆村 | 21.73 | 21.55 | 21.29 | — | — | 52 | 21.43 | 19.10 | 24.40 |
| 信义村 | — | 25.54 | 26.26 | 27.36 | 25.89 | 56 | 26.34 | 24.40 | 28.60 |
| 新兴村 | 25.04 | 24.97 | 25.34 | 25.23 | 25.73 | 33 | 25.21 | 24.80 | 26.40 |
| 新祥村 | 21.78 | 21.79 | 22.30 | — | — | 27 | 21.98 | 20.00 | 22.90 |
| 新世纪村 | 23.50 | 23.50 | 22.92 | 23.00 | 22.85 | 57 | 22.97 | 22.80 | 23.50 |
| 新生活村 | — | 23.80 | 23.55 | 23.30 | 23.30 | 32 | 23.45 | 22.80 | 24.00 |
| 新化村 | 28.30 | 28.29 | 28.54 | 28.15 | — | 17 | 28.35 | 28.00 | 29.20 |
| 新合村 | 24.66 | 26.32 | 24.78 | — | — | 41 | 24.96 | 22.60 | 27.60 |
| 新富村 | 20.10 | 20.55 | 20.68 | — | — | 22 | 20.60 | 19.60 | 23.70 |
| 新安村 | 28.00 | 27.87 | 26.39 | 25.92 | 25.80 | 133 | 26.28 | 24.50 | 29.60 |
| 向阳村 | 26.75 | 26.99 | 26.61 | 26.70 | — | 51 | 26.75 | 25.90 | 27.70 |
| 向荣村 | 28.00 | 27.78 | 27.71 | 28.00 | — | 27 | 27.77 | 26.10 | 28.30 |
| 祥云村 | 29.48 | 29.69 | — | 28.47 | — | 42 | 29.08 | 27.50 | 30.20 |
| 祥乐村 | — | 25.96 | 24.65 | 27.50 | — | 18 | 25.61 | 23.90 | 27.50 |
| 鲜兴村 | 24.60 | 25.16 | 24.10 | 24.88 | 24.36 | 35 | 24.65 | 24.10 | 26.90 |
| 先锋村 | 23.00 | 23.15 | 24.00 | 23.57 | 23.47 | 28 | 23.65 | 23.00 | 24.30 |
| 西庄村 | — | 26.14 | 26.24 | 25.30 | 25.36 | 32 | 25.84 | 24.10 | 27.40 |
| 五一村 | — | 28.50 | 28.30 | 27.96 | — | 14 | 28.24 | 26.90 | 28.50 |
| 五星村 | 25.50 | 25.64 | 25.45 | — | — | 13 | 25.53 | 25.00 | 26.10 |

（续）

| 村名称 | 一级地 | 二级地 | 三级地 | 四级地 | 五级地 | 样本数 | 平均值 | 最小值 | 最大值 |
|---|---|---|---|---|---|---|---|---|---|
| 五福村 | 27.64 | 27.53 | 27.77 | — | — | 57 | 27.65 | 26.50 | 28.10 |
| 文明村 | — | 25.79 | 24.77 | 24.92 | 25.98 | 27 | 25.33 | 22.70 | 26.70 |
| 文化村 | 26.60 | 26.65 | 26.45 | | | 14 | 26.61 | 25.80 | 27.40 |
| 文光村 | 21.70 | 23.27 | 24.95 | — | — | 52 | 23.80 | 20.40 | 27.80 |
| 万兴村 | 27.35 | 27.16 | 27.40 | | | 21 | 27.29 | 26.30 | 27.60 |
| 万宝村 | 21.93 | 20.70 | 22.94 | — | — | 24 | 22.33 | 20.70 | 23.80 |
| 团结村 | 25.45 | 25.60 | 25.30 | 24.50 | 25.53 | 37 | 25.47 | 24.50 | 26.10 |
| 同义村 | 30.38 | 30.09 | 31.26 | — | — | 24 | 30.38 | 27.00 | 31.30 |
| 同心村 | 28.12 | 29.56 | 27.61 | — | — | 41 | 28.32 | 26.50 | 31.30 |
| 通胜村 | — | 21.09 | 21.23 | | | 15 | 21.16 | 20.50 | 22.60 |
| 通南村 | 24.63 | 20.44 | 21.00 | — | — | 25 | 21.33 | 19.70 | 27.80 |
| 天津村 | 25.43 | — | 25.09 | 25.56 | 25.00 | 29 | 25.23 | 21.10 | 27.50 |
| 太和村 | 28.17 | 26.89 | 27.00 | 25.79 | 25.80 | 21 | 26.60 | 25.60 | 29.60 |
| 索伦村 | — | — | — | 25.00 | 24.98 | 11 | 24.98 | 24.90 | 25.00 |
| 四季青村 | 24.40 | | 24.68 | 24.90 | 24.91 | 30 | 24.79 | 24.40 | 25.00 |
| 双兴村 | 29.70 | 28.84 | — | 28.37 | 26.40 | 49 | 28.26 | 26.40 | 29.80 |
| 双喜村 | 25.90 | 26.55 | 27.40 | 27.07 | — | 18 | 26.66 | 24.10 | 28.00 |
| 双泉村 | — | 27.13 | 26.20 | 23.24 | 22.58 | 67 | 24.09 | 21.90 | 28.30 |
| 双乐村 | 19.50 | 19.83 | 20.04 | — | — | 14 | 19.90 | 19.10 | 20.80 |
| 双合村 | 26.80 | 26.83 | 26.92 | 25.80 | 23.30 | 69 | 26.41 | 22.20 | 27.70 |
| 双发村 | — | 22.76 | 22.77 | 22.07 | 22.61 | 20 | 22.61 | 21.80 | 26.70 |
| 胜利村 | 26.93 | 27.38 | 27.46 | 27.93 | 27.61 | 101 | 27.49 | 26.10 | 28.20 |
| 升平村 | 25.42 | 29.63 | 26.98 | | 26.30 | 19 | 26.88 | 23.00 | 30.20 |
| 三星村 | 25.84 | 25.77 | 25.80 | 25.60 | 25.93 | 34 | 25.79 | 24.70 | 26.10 |
| 三山村 | 21.00 | 20.44 | 21.58 | — | — | 21 | 21.01 | 19.10 | 22.20 |
| 三合村 | 28.54 | 28.50 | — | 27.51 | — | 29 | 28.32 | 27.10 | 30.10 |
| 荣胜村 | 28.40 | 27.50 | 28.40 | | | 11 | 27.75 | 26.30 | 28.40 |
| 荣光村 | — | 26.74 | 26.80 | 26.61 | 26.60 | 23 | 26.68 | 25.80 | 27.70 |
| 仁厚村 | 22.65 | — | 23.73 | — | 21.60 | 16 | 23.06 | 20.50 | 28.60 |
| 仁和村 | 25.60 | 25.73 | 25.63 | 25.78 | 25.80 | 31 | 25.74 | 25.60 | 26.20 |
| 仁爱村 | — | 25.73 | 25.80 | 26.51 | 26.28 | 42 | 26.31 | 24.80 | 30.30 |
| 群英村 | 26.47 | 26.63 | 26.63 | 26.20 | — | 42 | 26.60 | 24.70 | 27.70 |
| 全胜村 | — | — | 28.60 | 28.46 | | 25 | 28.47 | 28.40 | 28.80 |

（续）

| 村名称 | 一级地 | 二级地 | 三级地 | 四级地 | 五级地 | 样本数 | 平均值 | 最小值 | 最大值 |
|---|---|---|---|---|---|---|---|---|---|
| 庆祥村 | 25.50 | 27.13 | 26.58 | — | — | 32 | 26.62 | 25.50 | 28.50 |
| 庆丰村 | — | 27.95 | 28.06 | — | — | 16 | 28.01 | 27.30 | 28.40 |
| 庆宝村 | 27.50 | 28.00 | 28.15 | 27.40 | — | 30 | 27.75 | 26.60 | 30.20 |
| 清和村 | 28.60 | 27.74 | 26.24 | 26.77 | 26.34 | 52 | 26.83 | 25.90 | 28.60 |
| 青山村 | 28.70 | 28.53 | 29.03 | 27.47 | 29.30 | 90 | 27.92 | 22.90 | 31.00 |
| 勤俭村 | 23.18 | 23.01 | 22.81 | 23.22 | 23.03 | 66 | 23.01 | 22.50 | 24.10 |
| 前卫村 | — | 26.79 | 26.46 | 26.45 | 26.50 | 30 | 26.66 | 25.90 | 28.10 |
| 前进村 | — | 26.27 | 26.15 | 28.40 | 28.43 | 21 | 26.71 | 23.80 | 28.60 |
| 前程村 | 25.90 | 25.97 | 26.04 | — | 24.95 | 15 | 25.73 | 24.90 | 26.80 |
| 谦益村 | 27.94 | 28.25 | 28.13 | 26.34 | — | 63 | 27.01 | 23.50 | 29.80 |
| 启民村 | 25.25 | 25.42 | 25.48 | 25.52 | 24.90 | 27 | 25.41 | 24.40 | 26.30 |
| 平原村 | — | 27.56 | 27.30 | 27.60 | — | 11 | 27.54 | 27.20 | 28.00 |
| 平房村 | — | 27.06 | 27.55 | 27.33 | 27.39 | 41 | 27.34 | 26.50 | 28.60 |
| 平安村 | 26.73 | 26.69 | 27.53 | 26.60 | — | 21 | 26.85 | 26.30 | 27.80 |
| 农乐村 | 22.23 | 26.40 | 23.96 | — | — | 14 | 23.44 | 21.30 | 27.00 |
| 讷南村 | 27.70 | 27.29 | 27.90 | 24.81 | 25.92 | 75 | 25.84 | 21.90 | 28.30 |
| 南阳村 | — | — | 24.26 | — | — | 6 | 23.68 | 20.80 | 25.60 |
| 明星村 | 28.10 | 27.82 | 28.14 | 27.27 | 27.00 | 34 | 27.70 | 26.70 | 28.70 |
| 民强村 | 22.22 | 21.43 | 23.03 | — | — | 19 | 22.31 | 21.00 | 28.60 |
| 茂林村 | 24.10 | 24.83 | 24.97 | — | — | 15 | 24.80 | 23.90 | 27.30 |
| 满丰村 | 27.11 | 26.06 | 27.05 | — | — | 32 | 26.97 | 22.60 | 27.80 |
| 满仓村 | 25.85 | 25.89 | 25.90 | 25.20 | 26.05 | 23 | 25.84 | 24.90 | 26.10 |
| 鲁民村 | 27.90 | 27.48 | 27.49 | 27.78 | 27.43 | 80 | 27.65 | 25.70 | 29.50 |
| 隆昌村 | — | 24.74 | 24.66 | 23.89 | 23.59 | 102 | 24.36 | 22.20 | 26.70 |
| 龙华村 | 26.95 | 26.52 | 26.56 | — | 26.90 | 53 | 26.69 | 25.80 | 28.50 |
| 龙河村 | 24.10 | 23.93 | 23.88 | 24.74 | 23.57 | 97 | 24.45 | 23.00 | 28.40 |
| 凌云村 | 26.24 | 26.00 | 26.65 | — | 26.23 | 45 | 26.25 | 25.50 | 29.10 |
| 联盟村 | 26.10 | 26.21 | 26.20 | 26.10 | 26.10 | 19 | 26.19 | 26.10 | 26.40 |
| 利民村 | 25.83 | 26.91 | 27.34 | 26.08 | — | 69 | 26.92 | 22.40 | 29.70 |
| 利国村 | 29.77 | 30.19 | 30.45 | 27.40 | — | 33 | 28.98 | 25.10 | 30.80 |
| 黎明村 | 25.90 | 25.90 | 25.81 | 25.48 | 24.93 | 41 | 25.33 | 24.90 | 26.30 |
| 乐业村 | 24.40 | 20.30 | 25.08 | 21.70 | — | 14 | 24.40 | 20.30 | 29.20 |
| 老莱村 | 27.00 | 27.06 | 27.38 | 26.47 | 26.34 | 63 | 26.93 | 24.80 | 29.70 |

（续）

| 村名称 | 一级地 | 二级地 | 三级地 | 四级地 | 五级地 | 样本数 | 平均值 | 最小值 | 最大值 |
|---|---|---|---|---|---|---|---|---|---|
| 孔国村 | 21.90 | 22.44 | 22.28 | 21.93 | 21.96 | 54 | 22.06 | 21.90 | 23.20 |
| 靠山村 | — | 26.15 | 26.36 | 25.80 | — | 35 | 26.21 | 24.80 | 26.90 |
| 康庄村 | 23.15 | 22.85 | 23.02 | 23.33 | 23.24 | 125 | 23.07 | 21.90 | 24.60 |
| 康宁村 | 21.25 | 21.94 | 21.28 | 20.30 | — | 16 | 21.42 | 20.30 | 22.20 |
| 聚宝村 | 27.25 | 27.06 | 26.97 | 26.96 | — | 78 | 27.01 | 26.80 | 27.70 |
| 炬光村 | 24.60 | 24.43 | 24.01 | 24.12 | 24.07 | 40 | 24.16 | 23.00 | 24.80 |
| 巨和村 | 26.95 | 27.03 | 26.23 | 27.43 | 26.70 | 26 | 26.94 | 26.10 | 28.30 |
| 九井村 | 27.60 | 27.48 | 28.40 | 28.04 | 24.65 | 85 | 27.85 | 24.10 | 29.90 |
| 江东村 | — | 27.88 | 27.33 | 27.03 | 26.81 | 22 | 27.21 | 26.70 | 28.10 |
| 建设村 | 26.93 | 26.99 | 27.19 | — | — | 28 | 27.03 | 25.40 | 28.10 |
| 建华村 | — | 26.35 | 26.90 | 26.90 | 27.27 | 11 | 27.00 | 25.80 | 28.50 |
| 继光村 | 24.74 | 24.84 | 25.29 | 25.64 | 25.59 | 132 | 25.28 | 24.70 | 29.60 |
| 吉祥村 | — | 22.64 | 22.88 | — | — | 22 | 22.72 | 20.10 | 24.40 |
| 吉庆村 | 24.40 | 22.98 | 22.79 | — | — | 15 | 23.07 | 22.20 | 25.30 |
| 火烽村 | — | 26.45 | 26.63 | 26.75 | 26.88 | 84 | 26.68 | 25.10 | 28.60 |
| 回民村 | 25.97 | — | 25.40 | 26.50 | 25.00 | 40 | 25.46 | 23.50 | 27.50 |
| 华升村 | 22.09 | 21.54 | 23.21 | — | — | 33 | 22.46 | 20.80 | 25.60 |
| 宏大村 | — | 26.94 | 26.76 | 26.38 | 27.32 | 59 | 26.91 | 25.90 | 27.40 |
| 红星村 | 25.10 | 25.28 | 25.85 | — | — | 30 | 25.75 | 25.10 | 27.00 |
| 黑龙村 | 25.91 | 20.80 | — | — | 25.46 | 28 | 25.30 | 20.80 | 26.10 |
| 河江村 | 25.20 | 25.50 | 24.50 | 25.07 | 25.65 | 32 | 25.21 | 24.50 | 26.40 |
| 和义村 | 22.31 | 22.20 | 21.87 | — | — | 20 | 22.08 | 21.60 | 22.70 |
| 和心村 | 26.93 | 26.63 | 26.99 | — | — | 32 | 26.80 | 25.90 | 28.10 |
| 和盛村 | 21.89 | 22.10 | 22.10 | — | — | 36 | 22.05 | 20.30 | 22.50 |
| 和平村 | 26.95 | 27.03 | 27.33 | — | — | 19 | 27.22 | 25.10 | 28.30 |
| 合庆村 | 28.70 | 28.66 | 28.68 | 28.67 | 28.65 | 30 | 28.67 | 28.50 | 28.70 |
| 合发村 | — | 26.94 | 26.43 | — | — | 18 | 26.74 | 25.80 | 28.10 |
| 国兴村 | — | 27.80 | 28.24 | 28.14 | — | 28 | 28.10 | 27.00 | 28.70 |
| 国庆村 | 22.83 | 22.76 | 22.89 | 23.18 | 23.04 | 76 | 22.99 | 22.30 | 24.50 |
| 广义村 | 27.73 | 28.87 | 26.10 | — | — | 28 | 28.16 | 26.00 | 31.30 |
| 光芒村 | 28.90 | 29.15 | — | 28.80 | — | 8 | 28.96 | 28.60 | 29.70 |
| 光辉村 | 28.00 | 27.04 | 27.95 | 28.07 | 28.40 | 23 | 27.63 | 26.10 | 28.60 |
| 光华村 | 26.25 | 25.94 | 25.70 | 25.67 | 25.70 | 22 | 25.94 | 25.00 | 27.00 |

（续）

| 村名称 | 一级地 | 二级地 | 三级地 | 四级地 | 五级地 | 样本数 | 平均值 | 最小值 | 最大值 |
|---|---|---|---|---|---|---|---|---|---|
| 共福村 | 27.45 | 27.70 | 27.40 | 27.73 | 27.09 | 27 | 27.53 | 24.80 | 28.20 |
| 公安村 | 19.04 | 18.63 | 19.50 | — | — | 19 | 18.97 | 18.40 | 20.40 |
| 更新村 | 27.20 | 27.83 | 28.00 | 27.80 | — | 16 | 27.88 | 26.90 | 28.30 |
| 革新村 | 27.43 | 27.27 | 27.35 | — | — | 43 | 27.33 | 25.10 | 28.30 |
| 高升村 | 21.20 | 20.57 | 21.17 | — | — | 14 | 21.31 | 20.30 | 23.20 |
| 高潮村 | 21.53 | 23.00 | 22.76 | 22.87 | 23.15 | 42 | 22.82 | 20.10 | 25.50 |
| 钢铁村 | 20.75 | 20.62 | 20.70 | — | — | 14 | 20.66 | 20.00 | 21.10 |
| 富裕村 | 23.76 | 23.67 | 24.21 | 24.10 | 24.07 | 77 | 23.98 | 22.50 | 24.60 |
| 富乡村 | — | 28.02 | 27.57 | — | — | 24 | 27.78 | 27.00 | 28.50 |
| 富强村 | — | 25.91 | 25.79 | 25.20 | 24.99 | 54 | 25.33 | 24.90 | 26.20 |
| 复兴村 | 21.01 | — | 21.85 | 21.00 | — | 15 | 21.08 | 20.00 | 22.30 |
| 福兴村 | — | 26.70 | 26.81 | 26.18 | 25.60 | 97 | 26.03 | 24.80 | 27.80 |
| 凤鸣村 | 20.93 | 21.41 | 21.47 | — | 21.97 | 39 | 21.48 | 20.10 | 24.20 |
| 丰收村 | — | 27.20 | 27.56 | 27.00 | 27.00 | 22 | 27.39 | 26.70 | 30.10 |
| 丰盛村 | — | 26.23 | 26.32 | 25.92 | 26.33 | 45 | 26.21 | 24.80 | 28.30 |
| 丰产村 | 27.98 | 27.29 | 27.54 | 27.63 | — | 73 | 27.53 | 25.00 | 28.70 |
| 繁强村 | 27.40 | 27.80 | 26.30 | 25.53 | 25.02 | 33 | 25.70 | 24.90 | 28.90 |
| 二克浅村 | — | 28.10 | 27.54 | 27.12 | 26.37 | 46 | 27.08 | 25.10 | 28.10 |
| 东兴村 | — | 27.42 | 28.26 | 29.51 | 30.03 | 114 | 29.15 | 27.00 | 30.40 |
| 东方红村 | — | 28.95 | 27.62 | — | 27.38 | 29 | 27.96 | 26.20 | 31.30 |
| 第一良种场 | 25.80 | 26.53 | — | — | — | 11 | 26.46 | 25.80 | 27.40 |
| 第四良种场 | — | 26.23 | 26.33 | — | — | 9 | 26.02 | 25.10 | 27.60 |
| 第三良种场 | 27.10 | 25.61 | 26.20 | — | — | 16 | 25.96 | 20.40 | 27.10 |
| 第二良种场 | — | 26.40 | 27.20 | 27.00 | 26.10 | 6 | 26.58 | 26.10 | 27.20 |
| 灯塔村 | 29.60 | 28.78 | 25.80 | 25.80 | — | 20 | 27.33 | 25.80 | 29.70 |
| 德宝村 | 22.70 | 23.04 | 23.03 | 22.94 | 24.20 | 39 | 23.04 | 22.70 | 24.20 |
| 城北村 | 28.50 | 26.23 | 25.95 | 25.57 | 25.26 | 21 | 25.89 | 24.80 | 28.50 |
| 晨光村 | 26.89 | 26.74 | 26.61 | 26.68 | 26.44 | 108 | 26.67 | 24.70 | 27.80 |
| 朝阳村 | 26.32 | 26.21 | 25.64 | — | — | 21 | 26.09 | 24.80 | 27.40 |
| 长兴村 | 26.70 | 26.75 | 27.11 | — | — | 38 | 26.88 | 25.70 | 27.60 |
| 长胜村 | 25.97 | 26.76 | 26.83 | — | — | 26 | 26.71 | 25.10 | 27.40 |
| 长发村 | 27.06 | 26.98 | 27.08 | — | — | 28 | 27.03 | 26.00 | 29.70 |
| 长安村 | 25.57 | 25.57 | 25.83 | 24.90 | 25.23 | 17 | 25.49 | 24.80 | 26.10 |

（续）

| 村名称 | 一级地 | 二级地 | 三级地 | 四级地 | 五级地 | 样本数 | 平均值 | 最小值 | 最大值 |
|---|---|---|---|---|---|---|---|---|---|
| 保育村 | 26.58 | 27.29 | 27.11 | — | — | 48 | 27.12 | 23.80 | 27.80 |
| 保国村 | 25.95 | 26.01 | 25.56 | — | — | 29 | 25.80 | 24.40 | 27.60 |
| 保昌村 | — | 27.84 | 26.82 | 27.03 | 27.39 | 71 | 27.22 | 25.90 | 28.60 |
| 保安村 | 23.80 | 23.60 | 24.18 | 23.34 | 23.60 | 21 | 23.61 | 23.00 | 24.30 |
| 百露村 | — | — | — | — | 26.39 | 9 | 26.39 | 26.30 | 26.40 |
| 安仁村 | 28.37 | 26.90 | — | 26.81 | 24.16 | 120 | 26.59 | 21.90 | 31.90 |
| 全市 | 25.40 | 26.00 | 25.77 | 26.10 | 25.43 | 6 635 | 25.81 | 18.40 | 31.90 |

**附表 5－11　各村土壤有效锌含量统计结果**

单位：毫克/千克

| 村名称 | 一级地 | 二级地 | 三级地 | 四级地 | 五级地 | 样本数 | 平均值 | 最小值 | 最大值 |
|---|---|---|---|---|---|---|---|---|---|
| 忠孝村 | — | 0.58 | 0.55 | 0.56 | 0.56 | 19 | 0.56 | 0.49 | 0.81 |
| 治河村 | 0.69 | 0.59 | 0.62 | — | — | 59 | 0.61 | 0.55 | 0.69 |
| 志诚村 | 0.61 | 0.57 | 0.57 | — | — | 26 | 0.58 | 0.53 | 0.72 |
| 照耀村 | — | 0.58 | 0.62 | 0.62 | 0.58 | 69 | 0.61 | 0.46 | 0.76 |
| 兆林村 | 0.60 | 0.65 | 0.68 | 0.66 | 0.66 | 44 | 0.66 | 0.55 | 0.75 |
| 增产村 | 0.47 | 0.48 | 0.49 | 0.50 | — | 44 | 0.49 | 0.44 | 0.58 |
| 远大村 | 0.63 | 0.61 | 0.58 | 0.56 | 0.57 | 54 | 0.58 | 0.55 | 0.66 |
| 育民村 | 0.65 | 0.71 | 0.71 | 0.70 | — | 31 | 0.70 | 0.65 | 0.72 |
| 友好村 | 0.69 | 0.70 | 0.68 | 0.67 | 0.69 | 75 | 0.68 | 0.61 | 0.72 |
| 勇进村 | 0.71 | 0.73 | — | 0.75 | 0.74 | 38 | 0.74 | 0.58 | 0.81 |
| 永强村 | 0.60 | 0.59 | 0.60 | 0.56 | — | 30 | 0.59 | 0.55 | 0.63 |
| 永久村 | 0.59 | 0.59 | 0.56 | 0.57 | — | 34 | 0.57 | 0.50 | 0.67 |
| 永发村 | 0.65 | — | 0.65 | 0.65 | — | 12 | 0.65 | 0.65 | 0.65 |
| 学田村 | — | 0.66 | 0.60 | 0.62 | 0.59 | 24 | 0.62 | 0.56 | 0.70 |
| 旭光村 | 0.61 | 0.66 | 0.61 | 0.64 | 0.64 | 18 | 0.64 | 0.56 | 0.73 |
| 兴业村 | 0.63 | 0.62 | 0.67 | 0.63 | 0.63 | 39 | 0.63 | 0.59 | 0.70 |
| 兴旺村 | 0.68 | 0.67 | 0.68 | 0.66 | 0.64 | 37 | 0.66 | 0.53 | 0.69 |
| 兴胜村 | — | 0.62 | 0.57 | 0.52 | — | 8 | 0.58 | 0.52 | 0.76 |
| 兴隆村 | 0.73 | 0.71 | 0.73 | — | — | 52 | 0.72 | 0.55 | 1.12 |
| 信义村 | — | 0.56 | 0.53 | 0.62 | 0.52 | 56 | 0.55 | 0.50 | 0.70 |
| 新兴村 | 0.67 | 0.69 | 0.64 | 0.65 | 0.61 | 33 | 0.65 | 0.53 | 0.69 |
| 新祥村 | 0.63 | 0.65 | 0.63 | — | — | 27 | 0.63 | 0.58 | 0.67 |
| 新世纪村 | 0.69 | 0.69 | 0.67 | 0.68 | 0.67 | 57 | 0.67 | 0.67 | 0.69 |

（续）

| 村名称 | 一级地 | 二级地 | 三级地 | 四级地 | 五级地 | 样本数 | 平均值 | 最小值 | 最大值 |
|---|---|---|---|---|---|---|---|---|---|
| 新生活村 | — | 0.72 | 0.69 | 0.66 | 0.70 | 32 | 0.68 | 0.61 | 0.75 |
| 新化村 | 0.65 | 0.68 | 0.69 | 0.69 | — | 17 | 0.68 | 0.63 | 0.74 |
| 新合村 | 0.57 | 0.57 | 0.56 | — | — | 41 | 0.56 | 0.51 | 0.63 |
| 新富村 | 0.69 | 0.69 | 0.66 | — | — | 22 | 0.67 | 0.61 | 0.71 |
| 新安村 | 0.64 | 0.63 | 0.64 | 0.64 | 0.62 | 133 | 0.64 | 0.58 | 0.73 |
| 向阳村 | 0.58 | 0.56 | 0.59 | 0.57 | — | 51 | 0.58 | 0.44 | 0.61 |
| 向荣村 | 0.70 | 0.68 | 0.66 | 0.70 | — | 27 | 0.67 | 0.61 | 0.72 |
| 祥云村 | 0.65 | 0.65 | — | 0.66 | — | 42 | 0.65 | 0.58 | 0.68 |
| 祥乐村 | — | 0.60 | 0.58 | 0.61 | — | 18 | 0.59 | 0.54 | 0.66 |
| 鲜兴村 | 0.61 | 0.62 | 0.63 | 0.64 | 0.63 | 35 | 0.63 | 0.60 | 0.64 |
| 先锋村 | 0.68 | 0.68 | 0.63 | 0.65 | 0.65 | 28 | 0.64 | 0.61 | 0.68 |
| 西庄村 | — | 0.62 | 0.64 | 0.63 | 0.63 | 32 | 0.63 | 0.58 | 0.66 |
| 五一村 | — | 0.55 | 0.55 | 0.54 | — | 14 | 0.55 | 0.48 | 0.58 |
| 五星村 | 0.63 | 0.63 | 0.63 | — | — | 13 | 0.63 | 0.63 | 0.63 |
| 五福村 | 0.62 | 0.60 | 0.64 | — | — | 57 | 0.62 | 0.51 | 0.69 |
| 文明村 | — | 0.59 | 0.63 | 0.61 | 0.56 | 27 | 0.60 | 0.50 | 0.69 |
| 文化村 | 0.62 | 0.61 | 0.61 | — | — | 14 | 0.61 | 0.59 | 0.63 |
| 文光村 | 0.68 | 0.67 | 0.66 | — | — | 52 | 0.66 | 0.46 | 0.75 |
| 万兴村 | 0.63 | 0.61 | 0.63 | — | — | 21 | 0.62 | 0.53 | 0.65 |
| 万宝村 | 0.65 | 0.65 | 0.67 | — | — | 24 | 0.66 | 0.58 | 0.74 |
| 团结村 | 0.62 | 0.66 | 0.61 | 0.57 | 0.66 | 37 | 0.64 | 0.55 | 0.69 |
| 同义村 | 0.53 | 0.52 | 0.53 | — | — | 24 | 0.52 | 0.45 | 0.54 |
| 同心村 | 0.58 | 0.55 | 0.59 | — | — | 41 | 0.57 | 0.50 | 0.65 |
| 通胜村 | — | 0.60 | 0.60 | — | — | 15 | 0.60 | 0.55 | 0.68 |
| 通南村 | 0.65 | 0.70 | 0.68 | — | — | 25 | 0.68 | 0.58 | 0.73 |
| 天津村 | 0.71 | — | 0.65 | 0.61 | 0.55 | 29 | 0.64 | 0.48 | 0.77 |
| 太和村 | 0.59 | 0.58 | 0.55 | 0.64 | 0.64 | 21 | 0.61 | 0.55 | 0.64 |
| 索伦村 | — | — | — | 0.57 | 0.57 | 11 | 0.57 | 0.55 | 0.60 |
| 四季青村 | 0.51 | — | 0.53 | 0.57 | 0.55 | 30 | 0.54 | 0.51 | 0.57 |
| 双兴村 | 0.66 | 0.66 | — | 0.66 | 0.68 | 49 | 0.66 | 0.63 | 0.70 |
| 双喜村 | 0.70 | 0.64 | 0.70 | 0.60 | — | 18 | 0.65 | 0.58 | 0.79 |
| 双泉村 | — | 0.66 | 0.65 | 0.67 | 0.67 | 67 | 0.67 | 0.64 | 0.69 |
| 双乐村 | 0.58 | 0.59 | 0.59 | — | — | 14 | 0.59 | 0.58 | 0.61 |

（续）

| 村名称 | 一级地 | 二级地 | 三级地 | 四级地 | 五级地 | 样本数 | 平均值 | 最小值 | 最大值 |
|---|---|---|---|---|---|---|---|---|---|
| 双合村 | 0.58 | 0.60 | 0.62 | 0.65 | 0.62 | 69 | 0.63 | 0.55 | 0.70 |
| 双发村 | — | 0.66 | 0.66 | 0.65 | 0.66 | 20 | 0.66 | 0.58 | 0.69 |
| 胜利村 | 0.57 | 0.55 | 0.54 | 0.51 | 0.50 | 101 | 0.54 | 0.45 | 0.73 |
| 升平村 | 0.61 | 0.59 | 0.61 | — | 0.67 | 19 | 0.62 | 0.48 | 0.72 |
| 三星村 | 0.62 | 0.61 | 0.61 | 0.62 | 0.53 | 34 | 0.60 | 0.50 | 0.68 |
| 三山村 | 0.61 | 0.66 | 0.64 | — | — | 21 | 0.64 | 0.58 | 0.69 |
| 三合村 | 0.67 | 0.66 | — | 0.70 | — | 29 | 0.67 | 0.61 | 0.71 |
| 荣胜村 | 0.59 | 0.57 | 0.59 | — | — | 11 | 0.57 | 0.48 | 0.59 |
| 荣光村 | — | 0.60 | 0.60 | 0.62 | 0.62 | 23 | 0.60 | 0.57 | 0.66 |
| 仁厚村 | 0.53 | — | 0.48 | — | 0.52 | 16 | 0.50 | 0.46 | 0.63 |
| 仁和村 | 0.56 | 0.49 | 0.49 | 0.64 | 0.64 | 31 | 0.58 | 0.39 | 0.64 |
| 仁爱村 | — | 0.59 | 0.55 | 0.48 | 0.46 | 42 | 0.49 | 0.38 | 0.63 |
| 群英村 | 0.63 | 0.64 | 0.62 | 0.58 | — | 42 | 0.62 | 0.55 | 0.70 |
| 全胜村 | — | — | 0.48 | 0.48 | — | 25 | 0.48 | 0.48 | 0.48 |
| 庆祥村 | 0.65 | 0.63 | 0.62 | — | — | 32 | 0.62 | 0.58 | 0.70 |
| 庆丰村 | — | 0.54 | 0.54 | — | — | 16 | 0.54 | 0.53 | 0.56 |
| 庆宝村 | 0.52 | 0.51 | 0.50 | 0.50 | — | 30 | 0.51 | 0.44 | 0.59 |
| 清和村 | 0.62 | 0.63 | 0.62 | 0.63 | 0.63 | 52 | 0.63 | 0.60 | 0.66 |
| 青山村 | 0.66 | 0.68 | 0.67 | 0.70 | 0.69 | 90 | 0.69 | 0.63 | 0.78 |
| 勤俭村 | 0.65 | 0.65 | 0.66 | 0.65 | 0.67 | 66 | 0.65 | 0.63 | 0.77 |
| 前卫村 | — | 0.57 | 0.58 | 0.61 | 0.61 | 30 | 0.58 | 0.54 | 0.63 |
| 前进村 | — | 0.65 | 0.57 | 0.48 | 0.48 | 21 | 0.56 | 0.48 | 0.68 |
| 前程村 | 0.49 | 0.51 | 0.56 | — | 0.60 | 15 | 0.56 | 0.39 | 0.63 |
| 谦益村 | 0.66 | 0.65 | 0.65 | 0.67 | — | 63 | 0.66 | 0.58 | 0.68 |
| 启民村 | 0.61 | 0.61 | 0.56 | 0.55 | 0.55 | 27 | 0.57 | 0.39 | 0.67 |
| 平原村 | — | 0.65 | 0.66 | 0.56 | — | 11 | 0.64 | 0.56 | 0.69 |
| 平房村 | — | 0.66 | 0.67 | 0.68 | 0.69 | 41 | 0.68 | 0.59 | 0.70 |
| 平安村 | 0.54 | 0.56 | 0.48 | 0.57 | — | 21 | 0.54 | 0.46 | 0.60 |
| 农乐村 | 0.66 | 0.61 | 0.65 | — | — | 14 | 0.65 | 0.55 | 0.74 |
| 讷南村 | 0.68 | 0.65 | 0.68 | 0.65 | 0.64 | 75 | 0.65 | 0.49 | 0.70 |
| 南阳村 | — | — | 0.58 | — | — | 6 | 0.59 | 0.57 | 0.61 |
| 明星村 | 0.63 | 0.65 | 0.65 | 0.65 | 0.65 | 34 | 0.65 | 0.62 | 0.66 |
| 民强村 | 0.51 | 0.57 | 0.54 | — | — | 19 | 0.54 | 0.50 | 0.63 |

（续）

| 村名称 | 一级地 | 二级地 | 三级地 | 四级地 | 五级地 | 样本数 | 平均值 | 最小值 | 最大值 |
|---|---|---|---|---|---|---|---|---|---|
| 茂林村 | 0.59 | 0.65 | 0.65 | — | — | 15 | 0.64 | 0.59 | 0.70 |
| 满丰村 | 0.56 | 0.55 | 0.57 | — | — | 32 | 0.56 | 0.46 | 0.68 |
| 满仓村 | 0.58 | 0.55 | 0.55 | 0.46 | 0.52 | 23 | 0.54 | 0.43 | 0.68 |
| 鲁民村 | 0.65 | 0.67 | 0.66 | 0.58 | 0.62 | 80 | 0.61 | 0.50 | 0.70 |
| 隆昌村 | — | 0.60 | 0.61 | 0.61 | 0.60 | 102 | 0.61 | 0.55 | 0.68 |
| 龙华村 | 0.61 | 0.58 | 0.58 | — | 0.58 | 53 | 0.58 | 0.41 | 0.70 |
| 龙河村 | 0.63 | 0.64 | 0.63 | 0.67 | 0.65 | 97 | 0.66 | 0.61 | 0.70 |
| 凌云村 | 0.64 | 0.64 | 0.56 | — | 0.55 | 45 | 0.62 | 0.45 | 0.72 |
| 联盟村 | 0.61 | 0.60 | 0.60 | 0.61 | 0.61 | 19 | 0.60 | 0.59 | 0.61 |
| 利民村 | 0.56 | 0.56 | 0.58 | 0.60 | — | 69 | 0.58 | 0.44 | 0.65 |
| 利国村 | 0.63 | 0.63 | 0.61 | 0.66 | — | 33 | 0.64 | 0.58 | 0.68 |
| 黎明村 | 0.51 | 0.49 | 0.54 | 0.57 | 0.60 | 41 | 0.57 | 0.49 | 0.60 |
| 乐业村 | 0.65 | 0.64 | 0.64 | 0.65 | — | 14 | 0.64 | 0.59 | 0.65 |
| 老莱村 | 0.61 | 0.57 | 0.57 | 0.58 | 0.56 | 63 | 0.57 | 0.53 | 0.63 |
| 孔国村 | 0.70 | 0.69 | 0.69 | 0.68 | 0.69 | 54 | 0.69 | 0.64 | 0.71 |
| 靠山村 | — | 0.61 | 0.59 | 0.63 | — | 35 | 0.60 | 0.55 | 0.66 |
| 康庄村 | 0.66 | 0.67 | 0.64 | 0.65 | 0.65 | 125 | 0.65 | 0.59 | 0.75 |
| 康宁村 | 0.64 | 0.64 | 0.62 | 0.64 | — | 16 | 0.63 | 0.57 | 0.65 |
| 聚宝村 | 0.65 | 0.64 | 0.65 | 0.65 | — | 78 | 0.65 | 0.58 | 0.73 |
| 炬光村 | 0.69 | 0.69 | 0.68 | 0.69 | 0.70 | 40 | 0.69 | 0.64 | 0.70 |
| 巨和村 | 0.62 | 0.61 | 0.60 | 0.60 | 0.61 | 26 | 0.61 | 0.58 | 0.75 |
| 九井村 | 0.63 | 0.63 | 0.66 | 0.65 | 0.74 | 85 | 0.65 | 0.61 | 0.75 |
| 江东村 | — | 0.65 | 0.65 | 0.65 | 0.65 | 22 | 0.65 | 0.64 | 0.65 |
| 建设村 | 0.66 | 0.64 | 0.65 | — | — | 28 | 0.65 | 0.48 | 0.70 |
| 建华村 | — | 0.61 | 0.58 | 0.58 | 0.57 | 11 | 0.58 | 0.55 | 0.63 |
| 继光村 | 0.58 | 0.58 | 0.56 | 0.56 | 0.57 | 132 | 0.57 | 0.44 | 0.60 |
| 吉祥村 | — | 0.99 | 0.98 | — | — | 22 | 0.99 | 0.62 | 1.12 |
| 吉庆村 | 0.61 | 0.77 | 0.60 | — | — | 15 | 0.66 | 0.55 | 1.05 |
| 火烽村 | — | 0.62 | 0.62 | 0.61 | 0.58 | 84 | 0.61 | 0.48 | 0.69 |
| 回民村 | 0.72 | — | 0.64 | 0.69 | 0.55 | 40 | 0.63 | 0.51 | 0.77 |
| 华升村 | 0.63 | 0.65 | 0.61 | — | — | 33 | 0.63 | 0.57 | 0.67 |
| 宏大村 | — | 0.66 | 0.65 | 0.63 | 0.68 | 59 | 0.65 | 0.60 | 0.68 |
| 红星村 | 0.63 | 0.64 | 0.64 | — | — | 30 | 0.64 | 0.58 | 0.70 |

（续）

| 村名称 | 一级地 | 二级地 | 三级地 | 四级地 | 五级地 | 样本数 | 平均值 | 最小值 | 最大值 |
|---|---|---|---|---|---|---|---|---|---|
| 黑龙村 | 0.58 | 0.62 | — | — | 0.57 | 28 | 0.58 | 0.52 | 0.62 |
| 河江村 | 0.59 | 0.58 | 0.57 | 0.56 | 0.54 | 32 | 0.56 | 0.53 | 0.66 |
| 和义村 | 0.58 | 0.63 | 0.59 | — | — | 20 | 0.59 | 0.55 | 0.63 |
| 和心村 | 0.69 | 0.64 | 0.66 | — | — | 32 | 0.65 | 0.50 | 0.77 |
| 和盛村 | 0.60 | 0.55 | 0.62 | — | — | 36 | 0.61 | 0.47 | 0.69 |
| 和平村 | 0.63 | 0.63 | 0.62 | — | — | 19 | 0.62 | 0.59 | 0.65 |
| 合庆村 | 0.65 | 0.65 | 0.64 | 0.64 | 0.65 | 30 | 0.65 | 0.61 | 0.65 |
| 合发村 | — | 0.59 | 0.57 | — | — | 18 | 0.58 | 0.54 | 0.70 |
| 国兴村 | — | 0.55 | 0.59 | 0.59 | — | 28 | 0.58 | 0.45 | 0.63 |
| 国庆村 | 0.70 | 0.69 | 0.69 | 0.67 | 0.68 | 76 | 0.68 | 0.61 | 0.72 |
| 广义村 | 0.53 | 0.55 | 0.45 | — | — | 28 | 0.53 | 0.45 | 0.64 |
| 光芒村 | 0.64 | 0.62 | — | 0.68 | | 8 | 0.65 | 0.61 | 0.69 |
| 光辉村 | 0.67 | 0.64 | 0.70 | 0.69 | 0.76 | 23 | 0.68 | 0.59 | 0.76 |
| 光华村 | 0.55 | 0.53 | 0.39 | 0.61 | 0.39 | 22 | 0.53 | 0.38 | 0.67 |
| 共福村 | 0.61 | 0.57 | 0.59 | 0.50 | 0.57 | 27 | 0.54 | 0.45 | 0.66 |
| 公安村 | 0.66 | 0.66 | 0.63 | — | — | 19 | 0.65 | 0.59 | 0.67 |
| 更新村 | 0.57 | 0.60 | 0.59 | 0.60 | — | 16 | 0.59 | 0.56 | 0.72 |
| 革新村 | 0.64 | 0.62 | 0.62 | — | — | 43 | 0.63 | 0.58 | 0.72 |
| 高升村 | 0.55 | 0.65 | 0.57 | — | — | 14 | 0.57 | 0.47 | 0.69 |
| 高潮村 | 0.58 | 0.63 | 0.59 | 0.63 | 0.65 | 42 | 0.63 | 0.55 | 0.71 |
| 钢铁村 | 0.63 | 0.64 | 0.64 | — | — | 14 | 0.64 | 0.61 | 0.65 |
| 富裕村 | 0.62 | 0.63 | 0.63 | 0.63 | 0.62 | 77 | 0.63 | 0.61 | 0.70 |
| 富乡村 | — | 0.64 | 0.65 | — | — | 24 | 0.64 | 0.60 | 0.69 |
| 富强村 | — | 0.59 | 0.60 | 0.61 | 0.60 | 54 | 0.60 | 0.49 | 0.65 |
| 复兴村 | 0.60 | — | 0.53 | 0.61 | | 15 | 0.59 | 0.47 | 0.65 |
| 福兴村 | — | 0.65 | 0.58 | 0.60 | 0.60 | 97 | 0.60 | 0.56 | 0.69 |
| 凤鸣村 | 0.62 | 0.59 | 0.60 | — | 0.55 | 39 | 0.59 | 0.40 | 0.63 |
| 丰收村 | — | 0.54 | 0.58 | 0.57 | 0.60 | 22 | 0.57 | 0.49 | 0.62 |
| 丰盛村 | — | 0.60 | 0.62 | 0.60 | 0.56 | 45 | 0.60 | 0.48 | 0.65 |
| 丰产村 | 0.48 | 0.49 | 0.53 | 0.58 | — | 73 | 0.52 | 0.44 | 0.63 |
| 繁强村 | 0.63 | 0.60 | 0.64 | 0.61 | 0.60 | 33 | 0.61 | 0.56 | 0.67 |
| 二克浅村 | — | 0.57 | 0.60 | 0.59 | 0.60 | 46 | 0.59 | 0.55 | 0.69 |
| 东兴村 | — | 0.61 | 0.59 | 0.52 | 0.53 | 114 | 0.55 | 0.48 | 0.69 |

（续）

| 村名称 | 一级地 | 二级地 | 三级地 | 四级地 | 五级地 | 样本数 | 平均值 | 最小值 | 最大值 |
|---|---|---|---|---|---|---|---|---|---|
| 东方红村 | — | 0.57 | 0.61 | — | 0.62 | 29 | 0.60 | 0.53 | 0.71 |
| 第一良种场 | 0.63 | 0.63 | — | — | — | 11 | 0.63 | 0.60 | 0.64 |
| 第四良种场 | — | 0.59 | 0.59 | — | — | 9 | 0.60 | 0.55 | 0.63 |
| 第三良种场 | 0.60 | 0.62 | 0.59 | — | — | 16 | 0.61 | 0.52 | 0.71 |
| 第二良种场 | — | 0.62 | 0.63 | 0.61 | 0.61 | 6 | 0.62 | 0.61 | 0.63 |
| 灯塔村 | 0.61 | 0.51 | 0.64 | 0.64 | — | 20 | 0.60 | 0.46 | 0.77 |
| 德宝村 | 0.61 | 0.67 | 0.67 | 0.65 | 0.64 | 39 | 0.66 | 0.59 | 0.75 |
| 城北村 | 0.55 | 0.57 | 0.62 | 0.52 | 0.41 | 21 | 0.52 | 0.38 | 0.62 |
| 晨光村 | 0.60 | 0.59 | 0.60 | 0.58 | 0.57 | 108 | 0.59 | 0.54 | 0.70 |
| 朝阳村 | 0.62 | 0.62 | 0.62 | — | — | 21 | 0.62 | 0.60 | 0.63 |
| 长兴村 | 0.58 | 0.59 | 0.57 | — | — | 38 | 0.58 | 0.41 | 0.70 |
| 长胜村 | 0.63 | 0.61 | 0.62 | — | — | 26 | 0.62 | 0.60 | 0.65 |
| 长发村 | 0.59 | 0.60 | 0.59 | — | — | 28 | 0.59 | 0.46 | 0.65 |
| 长安村 | 0.58 | 0.65 | 0.60 | 0.43 | 0.48 | 17 | 0.57 | 0.38 | 0.73 |
| 保育村 | 0.55 | 0.62 | 0.63 | — | — | 48 | 0.62 | 0.46 | 0.75 |
| 保国村 | 0.64 | 0.64 | 0.61 | — | — | 29 | 0.63 | 0.51 | 0.72 |
| 保昌村 | — | 0.61 | 0.60 | 0.60 | 0.60 | 71 | 0.60 | 0.58 | 0.66 |
| 保安村 | 0.73 | 0.66 | 0.64 | 0.70 | 0.70 | 21 | 0.69 | 0.61 | 0.75 |
| 百露村 | — | — | — | — | 0.54 | 9 | 0.54 | 0.53 | 0.59 |
| 安仁村 | 0.62 | 0.62 | — | 0.64 | 0.66 | 120 | 0.64 | 0.59 | 0.70 |
| 全市 | 0.62 | 0.62 | 0.61 | 0.62 | 0.61 | 6 635 | 0.62 | 0.38 | 1.12 |

### 附表5-12　各村土壤有效铁含量统计结果

单位：毫克/千克

| 村名称 | 一级地 | 二级地 | 三级地 | 四级地 | 五级地 | 样本数 | 平均值 | 最小值 | 最大值 |
|---|---|---|---|---|---|---|---|---|---|
| 忠孝村 | — | 25.74 | 26.67 | 26.25 | 26.34 | 19 | 26.21 | 25.00 | 28.00 |
| 治河村 | 26.10 | 26.30 | 26.11 | — | — | 59 | 26.20 | 26.00 | 27.40 |
| 志诚村 | 24.73 | 23.58 | 24.03 | — | — | 26 | 23.98 | 22.40 | 25.60 |
| 照耀村 | — | 26.11 | 25.22 | 25.01 | 24.50 | 69 | 25.14 | 24.50 | 26.80 |
| 兆林村 | 26.95 | 26.64 | 26.49 | 26.63 | 26.85 | 44 | 26.67 | 24.90 | 27.10 |
| 增产村 | 25.80 | 26.82 | 26.91 | 26.00 | — | 44 | 26.69 | 24.70 | 29.10 |
| 远大村 | 23.30 | 23.90 | 24.66 | 25.65 | 24.98 | 54 | 24.65 | 23.30 | 27.00 |
| 育民村 | 26.40 | 26.49 | 26.58 | 26.40 | — | 31 | 26.49 | 26.10 | 26.60 |

（续）

| 村名称 | 一级地 | 二级地 | 三级地 | 四级地 | 五级地 | 样本数 | 平均值 | 最小值 | 最大值 |
|---|---|---|---|---|---|---|---|---|---|
| 友好村 | 26.58 | 26.59 | 27.18 | 27.21 | 26.38 | 75 | 26.93 | 26.20 | 29.00 |
| 勇进村 | 27.13 | 26.87 | — | 27.55 | 27.27 | 38 | 27.29 | 25.60 | 28.20 |
| 永强村 | 26.17 | 25.34 | 26.02 | 24.20 | — | 30 | 25.70 | 23.50 | 26.50 |
| 永久村 | 26.23 | 26.38 | 25.98 | 26.40 | — | 34 | 26.11 | 25.50 | 27.00 |
| 永发村 | 26.80 | — | 26.74 | 26.80 | — | 12 | 26.75 | 26.50 | 26.80 |
| 学田村 | — | 27.33 | 27.13 | 26.30 | 27.70 | 24 | 26.88 | 25.40 | 28.50 |
| 旭光村 | 25.08 | 24.57 | 25.90 | 25.60 | 25.60 | 18 | 25.01 | 23.80 | 25.90 |
| 兴业村 | 26.75 | 27.09 | 26.83 | 27.40 | 26.30 | 39 | 27.00 | 24.80 | 29.20 |
| 兴旺村 | 23.10 | 23.48 | 23.00 | 23.47 | 23.65 | 37 | 23.47 | 22.80 | 26.60 |
| 兴胜村 | — | 26.03 | 25.85 | 26.10 | — | 8 | 26.00 | 25.60 | 26.30 |
| 兴隆村 | 24.58 | 24.52 | 24.69 | — | — | 52 | 24.63 | 23.60 | 26.00 |
| 信义村 | — | 25.34 | 25.78 | 25.85 | 25.37 | 56 | 25.55 | 24.80 | 26.30 |
| 新兴村 | 23.15 | 23.23 | 23.62 | 23.49 | 24.43 | 33 | 23.47 | 22.80 | 25.30 |
| 新祥村 | 25.38 | 25.60 | 25.89 | — | — | 27 | 25.63 | 23.90 | 26.40 |
| 新世纪村 | 26.90 | 26.90 | 27.69 | 27.27 | 27.18 | 57 | 27.39 | 26.90 | 28.50 |
| 新生活村 | — | 27.70 | 27.52 | 27.04 | 27.77 | 32 | 27.38 | 26.60 | 28.50 |
| 新化村 | 26.90 | 25.84 | 25.66 | 26.35 | — | 17 | 25.91 | 23.50 | 26.90 |
| 新合村 | 25.84 | 25.72 | 25.42 | — | — | 41 | 25.60 | 24.30 | 26.30 |
| 新富村 | 25.40 | 25.26 | 25.30 | — | — | 22 | 25.29 | 24.90 | 25.50 |
| 新安村 | 25.89 | 26.30 | 25.48 | 25.54 | 25.51 | 133 | 25.55 | 23.80 | 28.70 |
| 向阳村 | 26.48 | 26.45 | 26.33 | 25.87 | — | 51 | 26.35 | 23.50 | 27.20 |
| 向荣村 | 28.00 | 27.11 | 26.48 | 28.00 | — | 27 | 26.93 | 24.80 | 28.00 |
| 祥云村 | 26.62 | 26.09 | — | 29.14 | — | 42 | 27.63 | 26.00 | 32.70 |
| 祥乐村 | — | 25.96 | 25.90 | 25.70 | — | 18 | 25.93 | 25.00 | 26.50 |
| 鲜兴村 | 25.30 | 25.48 | 25.30 | 25.48 | 25.37 | 35 | 25.42 | 25.30 | 25.90 |
| 先锋村 | 25.90 | 26.10 | 27.51 | 26.72 | 26.78 | 28 | 26.94 | 25.90 | 28.00 |
| 西庄村 | — | 26.00 | 26.54 | 25.90 | 26.07 | 32 | 26.16 | 25.30 | 27.40 |
| 五一村 | — | 27.40 | 27.14 | 26.42 | — | 14 | 26.96 | 24.50 | 27.40 |
| 五星村 | 29.23 | 28.26 | 28.50 | — | — | 13 | 28.68 | 25.60 | 32.20 |
| 五福村 | 25.12 | 25.37 | 25.41 | — | — | 57 | 25.36 | 23.90 | 25.90 |
| 文明村 | — | 26.16 | 26.23 | 26.50 | 26.50 | 27 | 26.32 | 25.30 | 27.60 |
| 文化村 | 25.15 | 25.26 | 24.85 | — | — | 14 | 25.19 | 24.60 | 25.70 |
| 文光村 | 25.21 | 25.65 | 26.21 | — | — | 52 | 25.85 | 24.90 | 27.70 |

（续）

| 村名称 | 一级地 | 二级地 | 三级地 | 四级地 | 五级地 | 样本数 | 平均值 | 最小值 | 最大值 |
|---|---|---|---|---|---|---|---|---|---|
| 万兴村 | 25.70 | 25.66 | 25.77 | — | — | 21 | 25.71 | 25.30 | 26.00 |
| 万宝村 | 23.55 | 24.70 | 22.93 | — | — | 24 | 23.37 | 22.00 | 26.00 |
| 团结村 | 25.46 | 26.33 | 26.10 | 25.50 | 25.28 | 37 | 25.58 | 23.00 | 26.60 |
| 同义村 | 25.58 | 25.55 | 25.17 | — | — | 24 | 25.49 | 24.40 | 26.70 |
| 同心村 | 26.62 | 25.82 | 26.63 | — | — | 41 | 26.40 | 24.40 | 27.60 |
| 通胜村 | — | 25.23 | 25.08 | — | — | 15 | 25.15 | 24.70 | 26.40 |
| 通南村 | 25.63 | 25.10 | 25.21 | — | — | 25 | 25.23 | 24.20 | 26.30 |
| 天津村 | 26.00 | — | 26.25 | 25.93 | 27.00 | 29 | 26.20 | 24.20 | 27.00 |
| 太和村 | 25.77 | 25.41 | 25.80 | 25.60 | 25.60 | 21 | 25.56 | 24.50 | 25.90 |
| 索伦村 | — | — | — | 26.73 | 26.98 | 11 | 26.91 | 26.60 | 27.00 |
| 四季青村 | 24.30 | — | 25.53 | 26.20 | 26.52 | 30 | 25.97 | 24.30 | 27.00 |
| 双兴村 | 26.00 | 28.68 | — | 28.44 | 28.10 | 49 | 28.54 | 25.00 | 32.70 |
| 双喜村 | 26.30 | 26.26 | 26.50 | 26.03 | — | 18 | 26.26 | 25.40 | 27.10 |
| 双泉村 | — | 25.86 | 26.10 | 26.42 | 26.61 | 67 | 26.34 | 24.80 | 27.00 |
| 双乐村 | 24.70 | 25.10 | 25.08 | — | — | 14 | 25.03 | 24.70 | 25.50 |
| 双合村 | 27.00 | 26.40 | 26.21 | 25.86 | 25.70 | 69 | 26.12 | 25.40 | 27.00 |
| 双发村 | — | 26.93 | 27.47 | 27.13 | 27.57 | 20 | 27.27 | 25.30 | 27.80 |
| 胜利村 | 26.20 | 26.20 | 26.16 | 26.03 | 25.72 | 101 | 26.08 | 24.50 | 27.10 |
| 升平村 | 26.10 | 23.30 | 25.31 | — | 27.10 | 19 | 25.48 | 22.40 | 27.10 |
| 三星村 | 25.52 | 25.85 | 25.93 | 26.10 | 27.20 | 34 | 25.92 | 25.10 | 27.60 |
| 三山村 | 25.77 | 26.15 | 26.07 | — | — | 21 | 26.08 | 25.20 | 26.60 |
| 三合村 | 26.48 | 25.91 | — | 26.61 | — | 29 | 26.39 | 24.30 | 27.40 |
| 荣胜村 | 26.20 | 25.89 | 26.20 | — | — | 11 | 25.97 | 25.60 | 26.20 |
| 荣光村 | — | 24.88 | 25.12 | 24.94 | 25.30 | 23 | 25.00 | 24.50 | 25.90 |
| 仁厚村 | 25.82 | — | 25.90 | — | 25.60 | 16 | 25.83 | 25.40 | 26.10 |
| 仁和村 | 24.50 | 25.21 | 25.15 | 25.60 | 25.60 | 31 | 25.37 | 24.50 | 26.00 |
| 仁爱村 | — | 24.83 | 25.13 | 25.16 | 25.13 | 42 | 25.12 | 24.60 | 25.60 |
| 群英村 | 25.63 | 25.56 | 25.62 | 25.90 | — | 42 | 25.61 | 24.90 | 26.20 |
| 全胜村 | — | — | 24.90 | 27.11 | — | 25 | 26.93 | 24.90 | 27.50 |
| 庆祥村 | 25.30 | 24.75 | 24.24 | — | — | 32 | 24.34 | 23.30 | 26.60 |
| 庆丰村 | — | 23.65 | 23.39 | — | — | 16 | 23.52 | 22.80 | 25.00 |
| 庆宝村 | 25.60 | 25.99 | 25.47 | 25.28 | — | 30 | 25.63 | 25.00 | 26.70 |
| 清和村 | 24.70 | 25.13 | 25.19 | 25.39 | 25.27 | 52 | 25.28 | 24.70 | 26.40 |

（续）

| 村名称 | 一级地 | 二级地 | 三级地 | 四级地 | 五级地 | 样本数 | 平均值 | 最小值 | 最大值 |
|---|---|---|---|---|---|---|---|---|---|
| 青山村 | 24.65 | 26.47 | 24.93 | 26.77 | 26.10 | 90 | 26.50 | 23.40 | 32.70 |
| 勤俭村 | 26.88 | 26.64 | 26.31 | 27.03 | 26.23 | 66 | 26.62 | 25.50 | 28.40 |
| 前卫村 | — | 24.91 | 25.20 | 24.98 | 24.90 | 30 | 24.98 | 24.50 | 25.90 |
| 前进村 | — | 25.20 | 25.58 | 27.40 | 26.80 | 21 | 25.88 | 24.90 | 27.50 |
| 前程村 | 23.70 | 25.23 | 24.99 | — | 25.58 | 15 | 25.11 | 23.70 | 26.00 |
| 谦益村 | 31.36 | 30.41 | 30.47 | 30.05 | — | 63 | 30.34 | 25.70 | 32.70 |
| 启民村 | 25.10 | 25.08 | 25.12 | 25.28 | 24.65 | 27 | 25.10 | 24.30 | 26.00 |
| 平原村 | — | 26.37 | 26.20 | 26.40 | — | 11 | 26.35 | 25.40 | 26.90 |
| 平房村 | — | 27.00 | 24.90 | 26.44 | 25.84 | 41 | 26.17 | 24.00 | 29.30 |
| 平安村 | 26.00 | 25.98 | 26.78 | 25.60 | — | 21 | 26.05 | 24.60 | 27.60 |
| 农乐村 | 23.90 | 23.30 | 23.52 | — | — | 14 | 23.68 | 22.00 | 26.20 |
| 讷南村 | 26.40 | 25.39 | 25.90 | 26.19 | 25.84 | 75 | 25.90 | 24.00 | 29.30 |
| 南阳村 | — | — | 25.28 | — | — | 6 | 25.33 | 25.10 | 25.60 |
| 明星村 | 24.90 | 25.78 | 25.91 | 25.53 | 25.60 | 34 | 25.72 | 24.70 | 26.80 |
| 民强村 | 25.76 | 25.48 | 25.69 | | | 19 | 25.64 | 25.10 | 26.40 |
| 茂林村 | 26.10 | 25.93 | 25.96 | | | 15 | 25.97 | 25.00 | 26.90 |
| 满丰村 | 26.78 | 26.58 | 26.79 | — | — | 32 | 26.78 | 25.20 | 27.70 |
| 满仓村 | 25.45 | 25.79 | 26.59 | 25.05 | 26.40 | 23 | 25.99 | 24.80 | 27.60 |
| 鲁民村 | 25.60 | 25.94 | 25.85 | 26.19 | 25.88 | 80 | 26.05 | 25.30 | 28.10 |
| 隆昌村 | — | 25.62 | 25.51 | 25.61 | 25.40 | 102 | 25.54 | 25.20 | 27.10 |
| 龙华村 | 25.50 | 25.19 | 25.03 | — | 24.50 | 53 | 25.09 | 24.40 | 27.40 |
| 龙河村 | 28.40 | 25.73 | 26.41 | 27.04 | 26.77 | 97 | 26.88 | 24.90 | 29.00 |
| 凌云村 | 26.31 | 25.82 | 25.88 | | 26.63 | 45 | 26.16 | 25.50 | 27.50 |
| 联盟村 | 25.60 | 25.49 | 25.53 | 25.60 | 25.60 | 19 | 25.52 | 25.30 | 25.60 |
| 利民村 | 25.50 | 25.77 | 25.47 | 25.49 | — | 69 | 25.52 | 24.60 | 27.20 |
| 利国村 | 26.72 | 26.10 | 26.05 | 28.88 | — | 33 | 27.38 | 26.00 | 32.70 |
| 黎明村 | 24.37 | 23.70 | 24.66 | 25.06 | 25.49 | 41 | 25.04 | 23.70 | 26.10 |
| 乐业村 | 25.55 | 25.80 | 25.44 | 25.20 | — | 14 | 25.48 | 24.50 | 25.80 |
| 老莱村 | 25.10 | 24.67 | 24.92 | 25.26 | 24.49 | 63 | 24.83 | 24.30 | 27.10 |
| 孔国村 | 27.00 | 27.08 | 27.10 | 26.96 | 26.99 | 54 | 27.01 | 26.40 | 28.00 |
| 靠山村 | — | 24.82 | 24.95 | 24.96 | | 35 | 24.93 | 23.50 | 26.50 |
| 康庄村 | 26.66 | 26.40 | 26.08 | 26.42 | 26.48 | 125 | 26.32 | 24.90 | 27.10 |
| 康宁村 | 26.00 | 26.18 | 25.59 | 25.80 | — | 16 | 25.84 | 25.00 | 26.20 |

（续）

| 村名称 | 一级地 | 二级地 | 三级地 | 四级地 | 五级地 | 样本数 | 平均值 | 最小值 | 最大值 |
|---|---|---|---|---|---|---|---|---|---|
| 聚宝村 | 26.38 | 26.45 | 26.65 | 26.69 | — | 78 | 26.58 | 25.40 | 27.00 |
| 炬光村 | 24.90 | 25.11 | 25.43 | 25.79 | 26.06 | 40 | 25.55 | 24.50 | 26.30 |
| 巨和村 | 25.95 | 26.16 | 25.43 | 26.63 | 25.87 | 26 | 26.08 | 25.00 | 27.40 |
| 九井村 | 24.37 | 24.16 | 24.20 | 25.09 | 27.20 | 85 | 24.92 | 23.40 | 27.50 |
| 江东村 | — | 26.10 | 25.86 | 25.80 | 25.69 | 22 | 25.84 | 25.60 | 26.50 |
| 建设村 | 25.77 | 25.93 | 25.70 | — | — | 28 | 25.85 | 24.80 | 27.20 |
| 建华村 | — | 25.25 | 24.50 | 24.50 | 25.13 | 11 | 24.98 | 24.50 | 27.40 |
| 继光村 | 25.26 | 25.31 | 25.53 | 25.84 | 25.88 | 132 | 25.59 | 25.00 | 28.50 |
| 吉祥村 | — | 23.84 | 23.96 | — | — | 22 | 23.88 | 23.50 | 25.70 |
| 吉庆村 | 25.75 | 24.90 | 25.74 | — | — | 15 | 25.46 | 23.60 | 26.00 |
| 火烽村 | — | 25.52 | 25.53 | 25.19 | 24.52 | 84 | 25.24 | 24.50 | 26.60 |
| 回民村 | 26.23 | — | 26.59 | 25.80 | 26.97 | 40 | 26.58 | 24.20 | 27.30 |
| 华升村 | 25.80 | 25.70 | 25.75 | — | — | 33 | 25.75 | 25.10 | 26.40 |
| 宏大村 | — | 25.74 | 25.59 | 25.28 | 26.04 | 59 | 25.71 | 24.90 | 26.10 |
| 红星村 | 32.20 | 29.33 | 25.35 | — | — | 30 | 26.11 | 23.80 | 32.20 |
| 黑龙村 | 25.86 | 25.80 | — | — | 25.78 | 28 | 25.79 | 24.90 | 26.30 |
| 河江村 | 25.27 | 25.00 | 25.50 | 26.13 | 26.01 | 32 | 25.85 | 24.20 | 27.00 |
| 和义村 | 25.69 | 26.20 | 25.06 | — | — | 20 | 25.38 | 24.60 | 26.20 |
| 和心村 | 25.83 | 25.63 | 26.11 | — | — | 32 | 25.83 | 24.80 | 27.90 |
| 和盛村 | 25.61 | 24.85 | 25.43 | — | — | 36 | 25.46 | 24.60 | 26.40 |
| 和平村 | 27.60 | 26.65 | 26.40 | — | — | 19 | 26.69 | 25.50 | 31.70 |
| 合庆村 | 26.75 | 26.74 | 26.79 | 26.82 | 26.65 | 30 | 26.78 | 26.10 | 27.40 |
| 合发村 | — | 25.03 | 24.51 | — | — | 18 | 24.83 | 24.40 | 25.50 |
| 国兴村 | — | 27.09 | 27.19 | 26.80 | — | 28 | 27.07 | 25.40 | 27.90 |
| 国庆村 | 26.88 | 27.26 | 27.58 | 27.70 | 27.48 | 76 | 27.38 | 26.70 | 28.50 |
| 广义村 | 25.95 | 25.57 | 26.30 | — | — | 28 | 25.82 | 24.40 | 26.50 |
| 光芒村 | 26.33 | 26.35 | — | 25.80 | — | 8 | 26.26 | 25.80 | 26.40 |
| 光辉村 | 26.55 | 25.83 | 25.89 | 26.43 | 26.00 | 23 | 26.00 | 25.20 | 27.00 |
| 光华村 | 25.90 | 25.78 | 26.00 | 25.90 | 26.00 | 22 | 25.84 | 24.50 | 26.80 |
| 共福村 | 26.15 | 26.90 | 26.10 | 25.77 | 26.47 | 27 | 26.17 | 25.10 | 27.10 |
| 公安村 | 26.98 | 26.91 | 26.30 | — | — | 19 | 26.69 | 25.00 | 27.40 |
| 更新村 | 25.50 | 26.67 | 26.81 | 26.40 | — | 16 | 26.65 | 24.80 | 27.40 |
| 革新村 | 26.65 | 26.75 | 26.78 | — | — | 43 | 26.75 | 25.60 | 27.40 |

（续）

| 村名称 | 一级地 | 二级地 | 三级地 | 四级地 | 五级地 | 样本数 | 平均值 | 最小值 | 最大值 |
|---|---|---|---|---|---|---|---|---|---|
| 高升村 | 24.94 | 25.57 | 24.87 | — | — | 14 | 25.12 | 24.50 | 26.40 |
| 高潮村 | 26.87 | 26.46 | 26.64 | 26.73 | 26.77 | 42 | 26.70 | 26.00 | 27.10 |
| 钢铁村 | 25.55 | 25.13 | 25.50 | — | — | 14 | 25.30 | 23.90 | 26.10 |
| 富裕村 | 27.37 | 26.93 | 28.18 | 27.85 | 27.96 | 77 | 27.69 | 25.60 | 29.00 |
| 富乡村 | — | 24.49 | 25.66 | | | 24 | 25.13 | 23.30 | 26.20 |
| 富强村 | — | 26.48 | 25.86 | 25.69 | 25.53 | 54 | 25.80 | 23.70 | 28.50 |
| 复兴村 | 24.70 | — | 24.65 | 24.55 | | 15 | 24.62 | 23.90 | 25.40 |
| 福兴村 | — | 26.30 | 27.18 | 26.19 | 25.85 | 97 | 26.21 | 25.40 | 29.00 |
| 凤鸣村 | 26.01 | 25.95 | 26.38 | — | 26.30 | 39 | 26.16 | 23.60 | 27.00 |
| 丰收村 | — | 26.13 | 25.49 | 25.60 | 24.90 | 22 | 25.65 | 24.70 | 27.10 |
| 丰盛村 | — | 25.16 | 25.33 | 25.12 | 24.61 | 45 | 25.09 | 24.30 | 27.20 |
| 丰产村 | 27.16 | 26.78 | 26.52 | 25.97 | — | 73 | 26.54 | 25.40 | 27.70 |
| 繁强村 | 26.80 | 27.50 | 25.95 | 25.52 | 25.57 | 33 | 25.75 | 24.50 | 28.70 |
| 二克浅村 | — | 26.30 | 27.21 | 26.01 | 25.95 | 46 | 26.37 | 24.90 | 27.80 |
| 东兴村 | — | 25.70 | 25.55 | 25.61 | 24.89 | 114 | 25.47 | 24.50 | 27.50 |
| 东方红村 | — | 25.23 | 25.12 | — | 25.20 | 29 | 25.16 | 24.50 | 25.90 |
| 第一良种场 | 26.00 | 25.86 | — | | — | 11 | 25.87 | 25.70 | 26.10 |
| 第四良种场 | — | 28.33 | 28.08 | | | 9 | 28.97 | 24.40 | 31.70 |
| 第三良种场 | 25.80 | 25.63 | 25.67 | — | — | 16 | 25.66 | 24.60 | 26.60 |
| 第二良种场 | — | 25.83 | 26.30 | 26.00 | 25.60 | 6 | 25.90 | 25.60 | 26.30 |
| 灯塔村 | 25.90 | 25.93 | 25.60 | 25.60 | — | 20 | 25.77 | 25.60 | 26.10 |
| 德宝村 | 26.00 | 26.15 | 26.18 | 26.01 | 25.60 | 39 | 26.13 | 25.40 | 26.80 |
| 城北村 | 27.40 | 25.17 | 24.40 | 24.78 | 25.36 | 21 | 25.14 | 24.40 | 27.40 |
| 晨光村 | 25.00 | 24.83 | 24.82 | 24.80 | 24.55 | 108 | 24.81 | 24.30 | 26.50 |
| 朝阳村 | 25.26 | 25.76 | 25.92 | — | — | 21 | 25.68 | 24.60 | 29.10 |
| 长兴村 | 26.10 | 25.48 | 25.21 | — | — | 38 | 25.43 | 24.40 | 28.00 |
| 长胜村 | 29.43 | 27.05 | 26.66 | | | 26 | 27.10 | 25.30 | 32.20 |
| 长发村 | 25.49 | 25.38 | 24.89 | | | 28 | 25.25 | 24.10 | 26.20 |
| 长安村 | 25.30 | 24.97 | 25.33 | 25.00 | 25.15 | 17 | 25.14 | 24.70 | 26.20 |
| 保育村 | 26.53 | 26.91 | 26.79 | — | — | 48 | 26.81 | 25.00 | 27.70 |
| 保国村 | 26.36 | 26.20 | 25.80 | — | — | 29 | 26.09 | 24.30 | 27.50 |
| 保昌村 | — | 25.40 | 25.27 | 25.41 | 25.46 | 71 | 25.39 | 24.70 | 26.90 |
| 保安村 | 27.65 | 27.10 | 27.93 | 26.68 | 27.20 | 21 | 27.15 | 25.90 | 28.10 |

（续）

| 村名称 | 一级地 | 二级地 | 三级地 | 四级地 | 五级地 | 样本数 | 平均值 | 最小值 | 最大值 |
|---|---|---|---|---|---|---|---|---|---|
| 百露村 | — | — | — | — | 25.27 | 9 | 25.27 | 25.10 | 25.30 |
| 安仁村 | 25.86 | 26.00 | — | 25.66 | 26.33 | 120 | 25.79 | 23.40 | 28.60 |
| 全市 | 25.94 | 25.85 | 25.88 | 25.25 | 25.84 | 6 635 | 25.96 | 22.00 | 32.70 |

附表 5-13　各村地面坡度统计结果

单位：°

| 村名称 | 一级地 | 二级地 | 三级地 | 四级地 | 五级地 | 样本数 | 平均值 | 最小值 | 最大值 |
|---|---|---|---|---|---|---|---|---|---|
| 忠孝村 | — | 2.20 | 2.33 | 1.17 | 1.80 | 19 | 1.79 | 1.0 | 3.0 |
| 治河村 | 3.00 | 2.29 | 2.37 | — | — | 59 | 2.34 | 1.0 | 3.0 |
| 志诚村 | 2.17 | 1.90 | 2.00 | — | — | 26 | 2.00 | 1.0 | 3.0 |
| 照耀村 | — | 2.71 | 2.62 | 1.90 | 2.00 | 69 | 2.30 | 1.0 | 7.0 |
| 兆林村 | 1.00 | 1.44 | 2.43 | 1.63 | 2.50 | 44 | 1.89 | 1.0 | 4.0 |
| 增产村 | 2.50 | 2.83 | 3.63 | 3.25 | — | 44 | 3.39 | 1.0 | 7.0 |
| 远大村 | 1.00 | 2.29 | 2.03 | 1.00 | 3.62 | 54 | 2.39 | 1.0 | 7.0 |
| 育民村 | 1.50 | 1.87 | 3.17 | 1.17 | — | 31 | 1.94 | 1.0 | 5.0 |
| 友好村 | 1.78 | 3.20 | 3.17 | 2.53 | 3.25 | 75 | 2.81 | 1.0 | 7.0 |
| 勇进村 | 1.75 | 2.43 | — | 1.59 | 2.00 | 38 | 1.84 | 1.0 | 3.0 |
| 永强村 | 1.00 | 2.67 | 2.71 | 3.00 | — | 30 | 2.53 | 1.0 | 4.0 |
| 永久村 | 2.00 | 2.00 | 2.13 | 2.00 | — | 34 | 2.06 | 2.0 | 3.0 |
| 永发村 | 1.00 | — | 2.90 | 1.00 | — | 12 | 2.58 | 1.0 | 5.0 |
| 学田村 | — | 3.75 | 3.50 | 3.56 | 5.00 | 24 | 3.63 | 1.0 | 6.0 |
| 旭光村 | 3.17 | 2.33 | 1.00 | 2.00 | 2.00 | 18 | 2.50 | 1.0 | 4.0 |
| 兴业村 | 1.25 | 2.21 | 3.38 | 2.40 | 4.50 | 39 | 2.49 | 1.0 | 6.0 |
| 兴旺村 | 3.00 | 2.00 | 1.75 | 1.33 | 1.58 | 37 | 1.59 | 1.0 | 3.0 |
| 兴胜村 | — | 1.75 | 2.00 | 2.00 | — | 8 | 1.88 | 1.0 | 2.0 |
| 兴隆村 | 1.83 | 1.84 | 2.47 | — | — | 52 | 2.06 | 1.0 | 3.0 |
| 信义村 | — | 2.00 | 2.20 | 1.88 | 1.48 | 56 | 1.71 | 1.0 | 3.0 |
| 新兴村 | 2.18 | 2.00 | 4.20 | 2.78 | 1.50 | 33 | 2.55 | 1.0 | 7.0 |
| 新祥村 | 2.00 | 2.14 | 2.13 | — | — | 27 | 2.07 | 2.0 | 3.0 |
| 新世纪村 | 1.00 | 1.00 | 3.88 | 3.11 | 5.00 | 57 | 3.47 | 1.0 | 7.0 |
| 新生活村 | — | 4.00 | 3.88 | 2.55 | 3.00 | 32 | 3.34 | 1.0 | 7.0 |
| 新化村 | 2.00 | 2.89 | 4.00 | 2.00 | — | 17 | 3.06 | 1.0 | 6.0 |
| 新合村 | 2.00 | 1.60 | 2.29 | — | — | 41 | 2.12 | 1.0 | 3.0 |
| 新富村 | 1.00 | 1.60 | 1.91 | — | — | 22 | 1.73 | 1.0 | 2.0 |

（续）

| 村名称 | 一级地 | 二级地 | 三级地 | 四级地 | 五级地 | 样本数 | 平均值 | 最小值 | 最大值 |
|---|---|---|---|---|---|---|---|---|---|
| 新安村 | 1.56 | 2.33 | 2.28 | 1.58 | 1.74 | 133 | 1.81 | 1.0 | 7.0 |
| 向阳村 | 1.00 | 2.65 | 2.96 | 3.33 | — | 51 | 2.73 | 1.0 | 5.0 |
| 向荣村 | 2.00 | 1.83 | 2.50 | 3.00 | — | 27 | 2.22 | 1.0 | 4.0 |
| 祥云村 | 1.31 | 3.25 | — | 2.11 | — | 42 | 2.12 | 1.0 | 4.0 |
| 祥乐村 | — | 2.09 | 2.67 | 1.00 | | 18 | 2.22 | 1.0 | 3.0 |
| 鲜兴村 | 2.00 | 1.60 | 2.00 | 1.58 | 2.00 | 35 | 1.80 | 1.0 | 2.0 |
| 先锋村 | 1.00 | 2.00 | 4.30 | 2.89 | 2.67 | 28 | 3.21 | 1.0 | 7.0 |
| 西庄村 | — | 1.55 | 1.88 | 2.00 | 1.42 | 32 | 1.59 | 1.0 | 2.0 |
| 五一村 | — | 2.00 | 2.60 | 1.60 | — | 14 | 2.07 | 1.0 | 3.0 |
| 五星村 | 3.00 | 2.60 | 2.25 | — | — | 13 | 2.46 | 1.0 | 3.0 |
| 五福村 | 1.80 | 2.31 | 3.78 | — | — | 57 | 2.79 | 1.0 | 7.0 |
| 文明村 | — | 2.14 | 3.44 | 1.40 | 3.17 | 27 | 2.67 | 1.0 | 6.0 |
| 文化村 | 2.00 | 1.60 | 3.00 | — | — | 14 | 1.86 | 1.0 | 3.0 |
| 文光村 | 2.29 | 2.38 | 2.64 | — | — | 52 | 2.48 | 1.0 | 3.0 |
| 万兴村 | 2.00 | 1.89 | 3.10 | — | — | 21 | 2.48 | 1.0 | 4.0 |
| 万宝村 | 2.00 | 2.00 | 2.22 | — | — | 24 | 2.13 | 2.0 | 3.0 |
| 团结村 | 2.18 | 2.00 | 1.50 | 5.00 | 2.27 | 37 | 2.16 | 1.0 | 6.0 |
| 同义村 | 2.17 | 2.00 | 2.00 | — | — | 24 | 2.08 | 1.0 | 3.0 |
| 同心村 | 2.11 | 2.15 | 2.29 | — | — | 41 | 2.17 | 1.0 | 3.0 |
| 通胜村 | — | 2.29 | 2.00 | — | — | 15 | 2.13 | 1.0 | 3.0 |
| 通南村 | 2.00 | 2.00 | 1.90 | — | — | 25 | 1.96 | 1.0 | 2.0 |
| 天津村 | 2.00 | — | 2.29 | 1.86 | 1.00 | 29 | 2.07 | 1.0 | 5.0 |
| 太和村 | 3.00 | 2.88 | 1.00 | 1.75 | 2.00 | 21 | 2.33 | 1.0 | 3.0 |
| 索伦村 | — | — | — | 1.00 | 1.13 | 11 | 1.09 | 1.0 | 2.0 |
| 四季青村 | 2.00 | — | 1.92 | 2.00 | 1.57 | 30 | 1.77 | 1.0 | 2.0 |
| 双兴村 | 2.00 | 2.00 | — | 2.03 | 2.00 | 49 | 2.02 | 1.0 | 4.0 |
| 双喜村 | 1.50 | 1.55 | 3.00 | 1.67 | — | 18 | 1.72 | 1.0 | 3.0 |
| 双泉村 | — | 2.05 | 4.00 | 1.76 | 2.00 | 67 | 1.99 | 1.0 | 4.0 |
| 双乐村 | 2.00 | 2.00 | 2.00 | — | — | 14 | 2.00 | 1.0 | 3.0 |
| 双合村 | 1.00 | 1.43 | 2.74 | 3.50 | 5.50 | 69 | 2.90 | 1.0 | 7.0 |
| 双发村 | — | 1.71 | 2.00 | 1.33 | 2.00 | 20 | 1.80 | 1.0 | 3.0 |
| 胜利村 | 1.67 | 2.20 | 2.81 | 1.58 | 1.89 | 101 | 2.22 | 1.0 | 5.0 |
| 升平村 | 2.00 | 1.67 | 2.00 | — | 2.00 | 19 | 1.95 | 1.0 | 2.0 |

（续）

| 村名称 | 一级地 | 二级地 | 三级地 | 四级地 | 五级地 | 样本数 | 平均值 | 最小值 | 最大值 |
|---|---|---|---|---|---|---|---|---|---|
| 三星村 | 1.20 | 2.40 | 2.75 | 2.00 | 2.00 | 34 | 2.21 | 1.0 | 4.0 |
| 三山村 | 2.00 | 2.50 | 2.33 | — | — | 21 | 2.38 | 2.0 | 4.0 |
| 三合村 | 1.80 | 2.44 | — | 2.00 | — | 29 | 2.07 | 1.0 | 4.0 |
| 荣胜村 | 1.00 | 2.38 | 2.00 | — | — | 11 | 2.09 | 1.0 | 3.0 |
| 荣光村 | — | 2.63 | 3.20 | 2.29 | 5.00 | 23 | 2.61 | 1.0 | 5.0 |
| 仁厚村 | 2.17 | — | 1.86 | — | 2.00 | 16 | 2.00 | 1.0 | 3.0 |
| 仁和村 | 3.00 | 3.00 | 3.00 | 1.60 | 2.00 | 31 | 2.26 | 1.0 | 3.0 |
| 仁爱村 | — | 1.75 | 2.00 | 1.82 | 1.85 | 42 | 1.83 | 1.0 | 2.0 |
| 群英村 | 2.00 | 2.17 | 2.50 | 4.00 | — | 42 | 2.40 | 1.0 | 6.0 |
| 全胜村 | — | — | 2.00 | 1.96 | — | 25 | 1.96 | 1.0 | 2.0 |
| 庆祥村 | 1.00 | 2.00 | 2.59 | — | — | 32 | 2.47 | 1.0 | 4.0 |
| 庆丰村 | — | 2.25 | 2.75 | — | — | 16 | 2.50 | 1.0 | 3.0 |
| 庆宝村 | 1.58 | 2.63 | 2.17 | 1.50 | — | 30 | 1.97 | 1.0 | 4.0 |
| 清和村 | 1.00 | 1.50 | 2.29 | 3.57 | 5.73 | 52 | 3.40 | 1.0 | 7.0 |
| 青山村 | 1.25 | 2.19 | 3.50 | 1.71 | 2.00 | 90 | 1.91 | 1.0 | 4.0 |
| 勤俭村 | 1.75 | 2.15 | 4.24 | 1.75 | 4.75 | 66 | 2.73 | 1.0 | 7.0 |
| 前卫村 | — | 2.28 | 3.29 | 2.75 | 5.00 | 30 | 2.67 | 1.0 | 5.0 |
| 前进村 | — | 2.00 | 3.38 | 2.00 | 2.00 | 21 | 2.86 | 1.0 | 6.0 |
| 前程村 | 2.00 | 1.67 | 2.29 | — | 2.00 | 15 | 2.07 | 1.0 | 3.0 |
| 谦益村 | 2.00 | 2.00 | 2.00 | 1.95 | — | 63 | 1.97 | 1.0 | 3.0 |
| 启民村 | 2.00 | 2.33 | 2.33 | 2.00 | 1.50 | 27 | 2.19 | 1.0 | 4.0 |
| 平原村 | — | 1.78 | 4.00 | 2.00 | — | 11 | 2.00 | 1.0 | 5.0 |
| 平房村 | — | 1.60 | 2.50 | 1.94 | 2.00 | 41 | 1.95 | 1.0 | 3.0 |
| 平安村 | 1.75 | 1.56 | 2.50 | 2.00 | — | 21 | 1.81 | 1.0 | 4.0 |
| 农乐村 | 2.00 | 2.00 | 2.00 | — | — | 14 | 2.00 | 2.0 | 2.0 |
| 讷南村 | 1.00 | 2.00 | 4.50 | 1.64 | 2.00 | 75 | 1.92 | 1.0 | 5.0 |
| 南阳村 | — | — | 1.20 | — | — | 6 | 1.33 | 0.0 | 2.0 |
| 明星村 | 1.00 | 2.10 | 2.36 | 1.71 | 3.20 | 34 | 2.24 | 1.0 | 4.0 |
| 民强村 | 2.00 | 2.00 | 2.00 | — | — | 19 | 2.00 | 2.0 | 2.0 |
| 茂林村 | 1.00 | 1.67 | 3.14 | — | — | 15 | 2.33 | 1.0 | 4.0 |
| 满丰村 | 2.10 | 2.00 | 2.36 | — | — | 32 | 2.19 | 1.0 | 3.0 |
| 满仓村 | 3.00 | 2.90 | 3.00 | 1.00 | 2.50 | 23 | 2.74 | 1.0 | 4.0 |
| 鲁民村 | 2.00 | 2.63 | 2.20 | 1.69 | 1.82 | 80 | 1.90 | 1.0 | 4.0 |

（续）

| 村名称 | 一级地 | 二级地 | 三级地 | 四级地 | 五级地 | 样本数 | 平均值 | 最小值 | 最大值 |
|---|---|---|---|---|---|---|---|---|---|
| 隆昌村 | — | 1.44 | 3.63 | 2.83 | 3.79 | 102 | 2.93 | 1.0 | 7.0 |
| 龙华村 | 2.17 | 2.08 | 2.60 | — | 2.00 | 53 | 2.17 | 1.0 | 4.0 |
| 龙河村 | 2.00 | 2.67 | 3.56 | 1.90 | 2.22 | 97 | 2.22 | 1.0 | 7.0 |
| 凌云村 | 1.76 | 2.00 | 2.75 | — | 2.00 | 45 | 1.98 | 1.0 | 3.0 |
| 联盟村 | 1.00 | 2.78 | 2.43 | 1.00 | 3.00 | 19 | 2.47 | 1.0 | 4.0 |
| 利民村 | 1.67 | 1.89 | 2.68 | 3.50 | — | 69 | 2.72 | 1.0 | 5.0 |
| 利国村 | 1.90 | 3.43 | 6.00 | 1.92 | — | 33 | 2.45 | 1.0 | 7.0 |
| 黎明村 | 2.00 | 1.67 | 1.89 | 1.20 | 1.24 | 41 | 1.46 | 1.0 | 2.0 |
| 乐业村 | 2.00 | 2.00 | 2.20 | 2.00 | — | 14 | 2.07 | 2.0 | 3.0 |
| 老莱村 | 1.00 | 1.93 | 3.13 | 2.78 | 2.29 | 63 | 2.56 | 1.0 | 7.0 |
| 孔国村 | 2.00 | 2.13 | 2.25 | 1.60 | 2.00 | 54 | 1.94 | 1.0 | 4.0 |
| 靠山村 | — | 1.33 | 2.36 | 2.43 | — | 35 | 2.20 | 1.0 | 5.0 |
| 康庄村 | 1.25 | 2.45 | 4.02 | 3.79 | 5.86 | 125 | 3.56 | 1.0 | 7.0 |
| 康宁村 | 2.00 | 2.00 | 2.00 | 2.00 | — | 16 | 2.00 | 2.0 | 2.0 |
| 聚宝村 | 1.00 | 2.38 | 2.71 | 4.22 | — | 78 | 2.59 | 1.0 | 7.0 |
| 炬光村 | 4.00 | 3.11 | 2.77 | 1.70 | 2.86 | 40 | 2.63 | 1.0 | 5.0 |
| 巨和村 | 1.50 | 1.87 | 3.33 | 1.67 | 2.33 | 26 | 2.04 | 1.0 | 4.0 |
| 九井村 | 1.14 | 3.09 | 4.00 | 1.89 | 2.00 | 85 | 2.01 | 1.0 | 4.0 |
| 江东村 | — | 1.00 | 2.43 | 2.75 | 5.57 | 22 | 3.23 | 1.0 | 7.0 |
| 建设村 | 1.00 | 1.80 | 2.63 | — | — | 28 | 1.89 | 1.0 | 4.0 |
| 建华村 | — | 2.00 | 2.00 | 1.50 | 2.00 | 11 | 1.91 | 1.0 | 2.0 |
| 继光村 | 2.14 | 2.75 | 3.34 | 2.93 | 3.33 | 132 | 3.03 | 1.0 | 6.0 |
| 吉祥村 | — | 1.43 | 2.75 | — | — | 22 | 1.91 | 1.0 | 7.0 |
| 吉庆村 | 1.00 | 1.80 | 1.75 | — | — | 15 | 1.67 | 1.0 | 3.0 |
| 火烽村 | — | 2.23 | 2.55 | 1.93 | 2.00 | 84 | 2.20 | 1.0 | 4.0 |
| 回民村 | 1.33 | — | 2.26 | 2.50 | 1.30 | 40 | 1.98 | 1.0 | 5.0 |
| 华升村 | 2.11 | 2.13 | 1.53 | — | — | 33 | 1.85 | 0.0 | 3.0 |
| 宏大村 | — | 1.40 | 5.07 | 3.77 | 7.00 | 59 | 4.85 | 1.0 | 7.0 |
| 红星村 | 2.00 | 2.50 | 2.00 | — | — | 30 | 2.07 | 1.0 | 4.0 |
| 黑龙村 | 2.00 | 2.00 | — | — | 2.00 | 28 | 2.00 | 2.0 | 2.0 |
| 河江村 | 1.33 | 4.00 | 1.67 | 1.07 | 1.13 | 32 | 1.44 | 1.0 | 6.0 |
| 和义村 | 2.00 | 2.00 | 2.00 | — | — | 20 | 2.00 | 2.0 | 2.0 |
| 和心村 | 1.00 | 1.94 | 2.40 | — | — | 32 | 1.97 | 1.0 | 4.0 |

（续）

| 村名称 | 一级地 | 二级地 | 三级地 | 四级地 | 五级地 | 样本数 | 平均值 | 最小值 | 最大值 |
|---|---|---|---|---|---|---|---|---|---|
| 和盛村 | 2.00 | 2.00 | 1.87 | — | — | 36 | 1.92 | 1.0 | 2.0 |
| 和平村 | 1.25 | 3.00 | 2.22 | — | — | 19 | 2.05 | 1.0 | 5.0 |
| 合庆村 | 1.00 | 3.00 | 3.13 | 3.00 | 4.50 | 30 | 3.03 | 1.0 | 6.0 |
| 合发村 | — | 2.09 | 2.57 | — | — | 18 | 2.28 | 1.0 | 3.0 |
| 国兴村 | — | 2.43 | 2.64 | 3.71 | — | 28 | 2.86 | 1.0 | 4.0 |
| 国庆村 | 1.83 | 2.60 | 4.45 | 3.10 | 3.67 | 76 | 3.00 | 1.0 | 7.0 |
| 广义村 | 1.92 | 2.18 | 2.00 | — | — | 28 | 2.00 | 1.0 | 3.0 |
| 光芒村 | 1.75 | 3.00 | — | 2.00 | — | 8 | 2.13 | 1.0 | 3.0 |
| 光辉村 | 2.00 | 2.67 | 3.00 | 1.67 | 2.00 | 23 | 2.57 | 1.0 | 4.0 |
| 光华村 | 2.00 | 2.85 | 3.00 | 2.00 | 2.00 | 22 | 2.55 | 2.0 | 4.0 |
| 共福村 | 1.50 | 2.25 | 3.00 | 1.75 | 1.86 | 27 | 1.85 | 1.0 | 3.0 |
| 公安村 | 2.00 | 2.00 | 2.67 | — | — | 19 | 2.11 | 1.0 | 3.0 |
| 更新村 | 1.00 | 2.67 | 4.88 | 2.00 | — | 16 | 3.63 | 1.0 | 7.0 |
| 革新村 | 1.50 | 2.08 | 2.62 | — | — | 43 | 2.16 | 1.0 | 4.0 |
| 高升村 | 2.00 | 2.00 | 2.00 | — | — | 14 | 2.00 | 2.0 | 2.0 |
| 高潮村 | 1.33 | 2.20 | 2.20 | 2.00 | 2.00 | 42 | 2.00 | 1.0 | 3.0 |
| 钢铁村 | 2.00 | 2.00 | 2.00 | — | — | 14 | 1.93 | 1.0 | 2.0 |
| 富裕村 | 1.43 | 3.00 | 3.38 | 2.13 | 4.11 | 77 | 2.92 | 1.0 | 7.0 |
| 富乡村 | — | 1.55 | 1.46 | — | — | 24 | 1.50 | 1.0 | 3.0 |
| 富强村 | — | 1.78 | 2.44 | 1.67 | 1.50 | 54 | 1.74 | 1.0 | 3.0 |
| 复兴村 | 2.00 | — | 2.00 | 2.00 | — | 15 | 2.00 | 2.0 | 2.0 |
| 福兴村 | — | 1.50 | 1.76 | 1.24 | 1.87 | 97 | 1.63 | 1.0 | 3.0 |
| 凤鸣村 | 2.00 | 2.00 | 2.11 | — | 2.00 | 39 | 2.03 | 2.0 | 3.0 |
| 丰收村 | — | 1.67 | 1.92 | 2.00 | 2.00 | 22 | 1.86 | 1.0 | 3.0 |
| 丰盛村 | — | 1.77 | 2.92 | 2.60 | 2.33 | 45 | 2.40 | 1.0 | 6.0 |
| 丰产村 | 1.60 | 2.40 | 2.35 | 3.08 | — | 73 | 2.41 | 1.0 | 7.0 |
| 繁强村 | 1.00 | 1.00 | 1.75 | 1.83 | 1.58 | 33 | 1.64 | 1.0 | 2.0 |
| 二克浅村 | — | 1.00 | 1.07 | 1.35 | 1.77 | 46 | 1.37 | 1.0 | 5.0 |
| 东兴村 | — | 2.18 | 2.33 | 1.84 | 2.00 | 114 | 2.01 | 1.0 | 4.0 |
| 东方红村 | — | 2.00 | 2.76 | — | 2.00 | 29 | 2.45 | 1.0 | 7.0 |
| 第一良种场 | 2.00 | 2.00 | — | — | — | 11 | 2.00 | 1.0 | 3.0 |
| 第四良种场 | — | 2.33 | 2.75 | — | — | 9 | 2.67 | 1.0 | 4.0 |
| 第三良种场 | 1.00 | 1.63 | 3.00 | — | — | 16 | 2.19 | 1.0 | 5.0 |

（续）

| 村名称 | 一级地 | 二级地 | 三级地 | 四级地 | 五级地 | 样本数 | 平均值 | 最小值 | 最大值 |
|---|---|---|---|---|---|---|---|---|---|
| 第二良种场 | — | 2.33 | 6.00 | 2.00 | 2.00 | 6 | 2.83 | 2.0 | 6.0 |
| 灯塔村 | 2.00 | 2.67 | 1.00 | 1.13 | — | 20 | 1.75 | 1.0 | 3.0 |
| 德宝村 | 1.00 | 2.25 | 3.44 | 4.00 | 5.00 | 39 | 3.31 | 1.0 | 7.0 |
| 城北村 | 2.00 | 2.43 | 2.50 | 2.17 | 1.80 | 21 | 2.19 | 1.0 | 3.0 |
| 晨光村 | 1.86 | 2.29 | 3.34 | 1.63 | 2.00 | 108 | 2.58 | 1.0 | 6.0 |
| 朝阳村 | 1.40 | 2.00 | 2.60 | — | — | 21 | 1.95 | 1.0 | 3.0 |
| 长兴村 | 1.67 | 2.33 | 2.93 | — | — | 38 | 2.50 | 1.0 | 4.0 |
| 长胜村 | 1.33 | 2.63 | 2.13 | — | — | 26 | 2.19 | 1.0 | 4.0 |
| 长发村 | 1.71 | 2.33 | 2.78 | — | — | 28 | 2.32 | 1.0 | 3.0 |
| 长安村 | 3.00 | 2.50 | 3.00 | 1.00 | 1.75 | 17 | 2.41 | 1.0 | 3.0 |
| 保育村 | 1.25 | 1.93 | 2.40 | — | — | 48 | 2.17 | 1.0 | 3.0 |
| 保国村 | 2.10 | 1.86 | 2.17 | — | — | 29 | 2.07 | 1.0 | 3.0 |
| 保昌村 | — | 2.13 | 4.09 | 3.17 | 5.00 | 71 | 3.31 | 1.0 | 7.0 |
| 保安村 | 1.75 | 2.00 | 4.00 | 2.36 | 5.00 | 21 | 2.67 | 1.0 | 7.0 |
| 百露村 | — | — | — | — | 1.56 | 9 | 1.56 | 0.0 | 2.0 |
| 安仁村 | 1.71 | 2.50 | — | 1.73 | 2.00 | 120 | 1.78 | 1.0 | 3.0 |
| 全市 | 1.82 | 2.18 | 2.73 | 2.13 | 2.43 | 6 635 | 2.32 | 0 | 7.00 |

### 附表5-14 各村土壤有效土层厚度统计结果

单位：厘米

| 村名称 | 一级地 | 二级地 | 三级地 | 四级地 | 五级地 | 样本数 | 平均值 | 最小值 | 最大值 |
|---|---|---|---|---|---|---|---|---|---|
| 忠孝村 | — | 40.60 | 38.33 | 18.00 | 21.80 | 19 | 28.16 | 18.00 | 47.00 |
| 治河村 | 75.00 | 59.82 | 60.40 | — | — | 59 | 60.37 | 45.00 | 75.00 |
| 志诚村 | 34.50 | 35.00 | 51.00 | — | — | 26 | 40.88 | 23.00 | 59.00 |
| 照耀村 | — | 47.43 | 28.72 | 36.10 | 36.75 | 69 | 34.67 | 18.00 | 64.00 |
| 兆林村 | 34.00 | 35.44 | 37.43 | 18.00 | 18.00 | 44 | 25.39 | 14.00 | 47.00 |
| 增产村 | 54.00 | 45.00 | 31.70 | 20.00 | — | 44 | 32.66 | 14.00 | 65.00 |
| 远大村 | 64.00 | 38.86 | 24.71 | 18.00 | 13.77 | 54 | 24.39 | 7.00 | 64.00 |
| 育民村 | 34.00 | 36.87 | 40.33 | 55.33 | — | 31 | 42.06 | 23.00 | 65.00 |
| 友好村 | 43.89 | 39.40 | 28.46 | 33.82 | 30.50 | 75 | 33.73 | 8.00 | 47.00 |
| 勇进村 | 45.25 | 39.57 | — | 19.00 | 23.67 | 38 | 29.05 | 18.00 | 47.00 |
| 永强村 | 39.00 | 37.00 | 36.43 | 14.00 | — | 30 | 36.17 | 14.00 | 47.00 |
| 永久村 | 29.43 | 22.00 | 29.19 | 37.00 | — | 34 | 28.12 | 17.00 | 37.00 |

（续）

| 村名称 | 一级地 | 二级地 | 三级地 | 四级地 | 五级地 | 样本数 | 平均值 | 最小值 | 最大值 |
|---|---|---|---|---|---|---|---|---|---|
| 永发村 | 23.00 | — | 26.10 | 14.00 | — | 12 | 24.83 | 14.00 | 47.00 |
| 学田村 | — | 34.00 | 26.13 | 41.44 | 65.00 | 24 | 37.29 | 14.00 | 65.00 |
| 旭光村 | 55.83 | 58.33 | 60.00 | 74.00 | 18.00 | 18 | 59.94 | 18.00 | 130.00 |
| 兴业村 | 55.00 | 48.42 | 39.63 | 53.00 | 50.00 | 39 | 47.82 | 23.00 | 65.00 |
| 兴旺村 | 65.00 | 22.00 | 18.00 | 21.00 | 24.75 | 37 | 23.22 | 6.00 | 65.00 |
| 兴胜村 | — | 50.25 | 46.00 | 36.00 | — | 8 | 45.63 | 36.00 | 64.00 |
| 兴隆村 | 35.50 | 42.20 | 52.53 | — | — | 52 | 44.19 | 23.00 | 59.00 |
| 信义村 | — | 36.60 | 45.40 | 25.82 | 19.24 | 56 | 25.13 | 18.00 | 47.00 |
| 新兴村 | 30.45 | 22.00 | 20.80 | 20.33 | 25.00 | 33 | 24.55 | 7.00 | 65.00 |
| 新祥村 | 22.80 | 20.29 | 31.25 | — | — | 27 | 24.59 | 15.00 | 35.00 |
| 新世纪村 | 47.00 | 25.00 | 17.35 | 32.43 | 42.50 | 57 | 29.14 | 13.00 | 65.00 |
| 新生活村 | — | 23.00 | 24.24 | 46.91 | 33.67 | 32 | 32.88 | 13.00 | 65.00 |
| 新化村 | 45.00 | 50.11 | 46.20 | 36.00 | — | 17 | 47.00 | 23.00 | 75.00 |
| 新合村 | 38.44 | 61.40 | 21.63 | — | — | 41 | 31.00 | 7.00 | 75.00 |
| 新富村 | 47.00 | 44.60 | 54.82 | — | — | 22 | 49.82 | 23.00 | 60.00 |
| 新安村 | 58.89 | 54.33 | 40.67 | 45.82 | 24.87 | 133 | 42.38 | 18.00 | 130.00 |
| 向阳村 | 34.50 | 32.41 | 33.15 | 14.00 | — | 51 | 31.88 | 14.00 | 47.00 |
| 向荣村 | 45.00 | 44.17 | 44.83 | 41.50 | — | 27 | 44.30 | 23.00 | 59.00 |
| 祥云村 | 39.62 | 36.00 | — | 45.74 | — | 42 | 41.88 | 18.00 | 65.00 |
| 祥乐村 | — | 38.27 | 49.00 | 36.00 | — | 18 | 41.72 | 7.00 | 75.00 |
| 鲜兴村 | 45.00 | 45.00 | 38.00 | 18.00 | 18.00 | 35 | 23.77 | 18.00 | 45.00 |
| 先锋村 | 45.00 | 46.00 | 44.30 | 21.00 | 23.67 | 28 | 32.54 | 14.00 | 59.00 |
| 西庄村 | — | 45.55 | 40.88 | 18.00 | 27.50 | 32 | 36.75 | 18.00 | 47.00 |
| 五一村 | — | 45.00 | 46.20 | 37.00 | — | 14 | 42.57 | 37.00 | 47.00 |
| 五星村 | 50.33 | 49.00 | 38.75 | — | — | 13 | 45.69 | 14.00 | 65.00 |
| 五福村 | 63.80 | 47.08 | 40.39 | — | — | 57 | 46.82 | 7.00 | 75.00 |
| 文明村 | — | 46.14 | 40.89 | 17.20 | 18.00 | 27 | 32.78 | 14.00 | 59.00 |
| 文化村 | 55.50 | 42.60 | 36.00 | — | — | 14 | 43.50 | 23.00 | 64.00 |
| 文光村 | 36.71 | 42.24 | 46.50 | — | — | 52 | 43.48 | 23.00 | 59.00 |
| 万兴村 | 33.00 | 41.00 | 43.60 | — | — | 21 | 41.48 | 23.00 | 47.00 |
| 万宝村 | 29.45 | 22.00 | 43.00 | — | — | 24 | 33.83 | 22.00 | 59.00 |
| 团结村 | 30.73 | 22.00 | 23.50 | 21.00 | 35.33 | 37 | 31.30 | 12.00 | 65.00 |
| 同义村 | 42.17 | 36.20 | 55.57 | — | — | 24 | 44.50 | 23.00 | 64.00 |

（续）

| 村名称 | 一级地 | 二级地 | 三级地 | 四级地 | 五级地 | 样本数 | 平均值 | 最小值 | 最大值 |
|---|---|---|---|---|---|---|---|---|---|
| 同心村 | 34.56 | 39.15 | 42.82 | — | — | 41 | 39.46 | 23.00 | 59.00 |
| 通胜村 | — | 45.00 | 52.75 | — | — | 15 | 49.13 | 23.00 | 64.00 |
| 通南村 | 27.75 | 34.82 | 44.90 | — | — | 25 | 37.72 | 15.00 | 60.00 |
| 天津村 | 34.00 | — | 20.71 | 32.43 | 18.00 | 29 | 24.72 | 17.00 | 37.00 |
| 太和村 | 51.33 | 52.25 | 64.00 | 32.00 | 18.00 | 21 | 43.33 | 18.00 | 130.00 |
| 索伦村 | — | — | — | 21.00 | 18.00 | 11 | 18.82 | 18.00 | 21.00 |
| 四季青村 | 35.00 | — | 21.17 | 18.00 | 18.64 | 30 | 21.27 | 14.00 | 57.00 |
| 双兴村 | 23.00 | 23.80 | — | 39.16 | 18.00 | 49 | 34.88 | 18.00 | 65.00 |
| 双喜村 | 46.00 | 36.09 | 52.00 | 36.00 | — | 18 | 38.94 | 7.00 | 59.00 |
| 双泉村 | — | 52.42 | 45.00 | 18.00 | 18.00 | 67 | 28.16 | 18.00 | 64.00 |
| 双乐村 | 50.00 | 45.25 | 49.13 | — | — | 14 | 48.14 | 23.00 | 65.00 |
| 双合村 | 22.00 | 32.29 | 37.62 | 22.33 | 36.00 | 69 | 31.26 | 14.00 | 59.00 |
| 双发村 | — | 41.86 | 45.67 | 18.00 | 18.00 | 20 | 30.50 | 18.00 | 47.00 |
| 胜利村 | 51.00 | 43.32 | 47.56 | 37.00 | 37.00 | 101 | 42.80 | 22.00 | 65.00 |
| 升平村 | 31.80 | 39.00 | 50.38 | — | 43.00 | 19 | 42.53 | 22.00 | 59.00 |
| 三星村 | 27.40 | 34.07 | 24.38 | 18.00 | 18.00 | 34 | 28.91 | 13.00 | 59.00 |
| 三山村 | 29.67 | 40.50 | 58.83 | — | — | 21 | 42.57 | 15.00 | 75.00 |
| 三合村 | 34.00 | 39.78 | — | 40.71 | — | 29 | 37.86 | 23.00 | 64.00 |
| 荣胜村 | 35.00 | 47.75 | 47.00 | — | — | 11 | 45.36 | 23.00 | 64.00 |
| 荣光村 | — | 34.75 | 48.60 | 28.14 | 47.00 | 23 | 36.30 | 14.00 | 59.00 |
| 仁厚村 | 34.50 | — | 59.00 | — | 12.00 | 16 | 42.00 | 12.00 | 59.00 |
| 仁和村 | 64.00 | 53.38 | 48.00 | 29.20 | 18.00 | 31 | 37.58 | 17.00 | 130.00 |
| 仁爱村 | — | 40.00 | 45.00 | 23.14 | 22.38 | 42 | 26.07 | 18.00 | 47.00 |
| 群英村 | 30.00 | 34.08 | 46.58 | 16.50 | — | 42 | 40.36 | 15.00 | 59.00 |
| 全胜村 | — | — | 30.00 | 33.52 | — | 25 | 33.24 | 18.00 | 37.00 |
| 庆祥村 | 43.00 | 39.25 | 26.78 | — | — | 32 | 28.84 | 14.00 | 64.00 |
| 庆丰村 | — | 40.50 | 33.50 | — | — | 16 | 37.00 | 23.00 | 47.00 |
| 庆宝村 | 58.00 | 28.75 | 32.00 | 36.00 | — | 30 | 42.07 | 13.00 | 64.00 |
| 清和村 | 43.00 | 30.20 | 32.43 | 43.70 | 22.55 | 52 | 35.10 | 7.00 | 65.00 |
| 青山村 | 33.25 | 29.46 | 23.50 | 45.78 | 65.00 | 90 | 39.73 | 18.00 | 65.00 |
| 勤俭村 | 40.50 | 39.81 | 30.88 | 30.42 | 35.00 | 66 | 35.47 | 14.00 | 47.00 |
| 前卫村 | — | 39.44 | 32.00 | 22.25 | 47.00 | 30 | 35.67 | 14.00 | 59.00 |
| 前进村 | — | 44.67 | 30.31 | 27.50 | 37.00 | 21 | 33.05 | 18.00 | 64.00 |

（续）

| 村名称 | 一级地 | 二级地 | 三级地 | 四级地 | 五级地 | 样本数 | 平均值 | 最小值 | 最大值 |
|---|---|---|---|---|---|---|---|---|---|
| 前程村 | 23.00 | 44.67 | 26.43 | — | 46.00 | 15 | 35.07 | 17.00 | 130.00 |
| 谦益村 | 27.40 | 26.71 | 25.00 | 48.51 | — | 63 | 40.06 | 18.00 | 65.00 |
| 启民村 | 22.00 | 47.17 | 38.83 | 36.00 | 18.00 | 27 | 37.37 | 14.00 | 75.00 |
| 平原村 | — | 46.11 | 47.00 | 36.00 | — | 11 | 45.27 | 36.00 | 47.00 |
| 平房村 | — | 45.40 | 37.50 | 33.44 | 33.44 | 41 | 35.10 | 18.00 | 47.00 |
| 平安村 | 59.25 | 38.67 | 43.50 | 36.00 | — | 21 | 44.24 | 7.00 | 64.00 |
| 农乐村 | 31.43 | 35.00 | 50.00 | — | — | 14 | 38.57 | 22.00 | 59.00 |
| 讷南村 | 43.00 | 48.00 | 47.00 | 26.14 | 27.50 | 75 | 31.55 | 18.00 | 64.00 |
| 南阳村 | — | — | 50.80 | — | — | 6 | 45.33 | 18.00 | 59.00 |
| 明星村 | 43.00 | 34.20 | 31.55 | 51.00 | 41.40 | 34 | 38.12 | 6.00 | 65.00 |
| 民强村 | 29.80 | 20.00 | 40.88 | — | — | 19 | 31.37 | 18.00 | 59.00 |
| 茂林村 | 75.00 | 51.00 | 46.43 | — | — | 15 | 50.60 | 23.00 | 75.00 |
| 满丰村 | 31.20 | 42.20 | 39.79 | — | — | 32 | 36.31 | 15.00 | 59.00 |
| 满仓村 | 34.50 | 37.00 | 36.14 | 37.00 | 27.50 | 23 | 35.70 | 18.00 | 47.00 |
| 鲁民村 | 75.00 | 37.25 | 26.93 | 19.33 | 20.18 | 80 | 23.36 | 7.00 | 75.00 |
| 隆昌村 | — | 43.32 | 43.50 | 19.13 | 32.14 | 102 | 36.40 | 14.00 | 75.00 |
| 龙华村 | 42.67 | 43.24 | 41.80 | — | 37.00 | 53 | 41.68 | 23.00 | 59.00 |
| 龙河村 | 45.00 | 37.67 | 39.75 | 20.85 | 25.56 | 97 | 25.42 | 15.00 | 47.00 |
| 凌云村 | 38.33 | 51.00 | 51.25 | — | 43.00 | 45 | 42.82 | 22.00 | 75.00 |
| 联盟村 | 47.00 | 40.56 | 47.86 | 36.00 | 18.00 | 19 | 42.16 | 18.00 | 59.00 |
| 利民村 | 51.67 | 42.56 | 30.20 | 14.00 | — | 69 | 28.99 | 14.00 | 65.00 |
| 利国村 | 36.50 | 32.00 | 43.50 | 41.15 | — | 33 | 38.64 | 23.00 | 65.00 |
| 黎明村 | 50.33 | 23.00 | 23.44 | 69.60 | 19.62 | 41 | 29.05 | 14.00 | 130.00 |
| 乐业村 | 31.00 | 23.50 | 50.20 | 35.00 | — | 14 | 37.43 | 15.00 | 60.00 |
| 老莱村 | 45.00 | 41.86 | 32.54 | 24.22 | 37.00 | 63 | 34.81 | 14.00 | 45.00 |
| 孔国村 | 45.00 | 42.75 | 38.75 | 18.00 | 18.00 | 54 | 26.24 | 18.00 | 47.00 |
| 靠山村 | — | 30.50 | 31.68 | 14.00 | — | 35 | 27.94 | 14.00 | 59.00 |
| 康庄村 | 39.88 | 42.12 | 25.80 | 25.50 | 35.07 | 125 | 32.27 | 14.00 | 64.00 |
| 康宁村 | 27.00 | 43.80 | 42.50 | 15.00 | — | 16 | 39.25 | 15.00 | 75.00 |
| 聚宝村 | 44.33 | 36.00 | 43.13 | 14.00 | — | 78 | 38.45 | 14.00 | 59.00 |
| 炬光村 | 47.00 | 35.44 | 19.08 | 32.90 | 35.00 | 40 | 29.70 | 14.00 | 47.00 |
| 巨和村 | 34.00 | 45.93 | 39.00 | 36.00 | 18.00 | 26 | 39.85 | 18.00 | 47.00 |
| 九井村 | 46.43 | 34.18 | 23.00 | 47.30 | 18.00 | 85 | 43.95 | 18.00 | 65.00 |

（续）

| 村名称 | 一级地 | 二级地 | 三级地 | 四级地 | 五级地 | 样本数 | 平均值 | 最小值 | 最大值 |
|---|---|---|---|---|---|---|---|---|---|
| 江东村 | — | 23.00 | 24.29 | 16.00 | 9.71 | 22 | 17.91 | 6.00 | 38.00 |
| 建设村 | 43.00 | 50.00 | 45.75 | — | — | 28 | 47.54 | 23.00 | 64.00 |
| 建华村 | — | 45.00 | 45.00 | 36.50 | 37.00 | 11 | 39.09 | 36.00 | 45.00 |
| 继光村 | 22.57 | 27.46 | 23.66 | 25.22 | 37.00 | 132 | 26.40 | 14.00 | 59.00 |
| 吉祥村 | — | 46.43 | 47.63 | | | 22 | 46.86 | 45.00 | 60.00 |
| 吉庆村 | 46.00 | 57.80 | 51.00 | — | — | 15 | 52.60 | 45.00 | 75.00 |
| 火烽村 | — | 42.62 | 31.69 | 34.85 | 36.80 | 84 | 35.31 | 18.00 | 64.00 |
| 回民村 | 32.00 | — | 15.39 | 21.00 | 18.30 | 40 | 17.93 | 14.00 | 32.00 |
| 华升村 | 20.33 | 19.50 | 35.67 | — | — | 33 | 27.03 | 18.00 | 59.00 |
| 宏大村 | — | 22.90 | 23.40 | 26.77 | 28.90 | 59 | 26.02 | 7.00 | 65.00 |
| 红星村 | 43.00 | 28.00 | 17.72 | — | — | 30 | 19.93 | 14.00 | 59.00 |
| 黑龙村 | 22.75 | 18.00 | — | | 43.00 | 28 | 33.79 | 18.00 | 43.00 |
| 河江村 | 39.67 | 50.67 | 23.67 | 21.00 | 15.25 | 32 | 24.34 | 7.00 | 65.00 |
| 和义村 | 25.29 | 15.00 | 26.91 | — | — | 20 | 26.15 | 15.00 | 60.00 |
| 和心村 | 43.00 | 52.72 | 49.50 | — | — | 32 | 50.50 | 23.00 | 64.00 |
| 和盛村 | 22.22 | 40.50 | 37.74 | — | — | 36 | 33.31 | 15.00 | 59.00 |
| 和平村 | 35.00 | 29.00 | 37.78 | — | — | 19 | 35.05 | 23.00 | 47.00 |
| 合庆村 | 44.00 | 37.00 | 37.60 | 26.00 | 65.00 | 30 | 37.43 | 14.00 | 65.00 |
| 合发村 | — | 37.55 | 44.43 | — | — | 18 | 40.22 | 23.00 | 59.00 |
| 国兴村 | — | 45.57 | 37.07 | 20.00 | — | 28 | 34.93 | 14.00 | 47.00 |
| 国庆村 | 46.22 | 42.20 | 23.73 | 28.31 | 32.33 | 76 | 34.21 | 14.00 | 47.00 |
| 广义村 | 40.31 | 40.45 | 23.00 | — | — | 28 | 39.18 | 23.00 | 75.00 |
| 光芒村 | 28.25 | 46.00 | — | 36.00 | | 8 | 35.75 | 22.00 | 47.00 |
| 光辉村 | 45.00 | 43.44 | 41.75 | 36.00 | 36.00 | 23 | 41.70 | 23.00 | 59.00 |
| 光华村 | 38.75 | 53.08 | 47.00 | 36.00 | 36.00 | 22 | 47.09 | 22.00 | 75.00 |
| 共福村 | 55.00 | 39.50 | 23.00 | 37.00 | 37.00 | 27 | 38.56 | 23.00 | 65.00 |
| 公安村 | 29.20 | 42.63 | 58.33 | — | — | 19 | 41.26 | 22.00 | 65.00 |
| 更新村 | 47.00 | 46.00 | 51.50 | 36.00 | — | 16 | 48.19 | 36.00 | 59.00 |
| 革新村 | 46.50 | 46.92 | 55.00 | — | — | 43 | 48.77 | 23.00 | 59.00 |
| 高升村 | 31.80 | 24.00 | 34.67 | — | — | 14 | 28.79 | 15.00 | 59.00 |
| 高潮村 | 45.67 | 36.60 | 40.80 | 18.00 | 18.00 | 42 | 24.90 | 18.00 | 47.00 |
| 钢铁村 | 22.25 | 18.67 | 30.00 | — | — | 14 | 22.71 | 18.00 | 35.00 |
| 富裕村 | 32.43 | 38.44 | 22.88 | 32.50 | 35.00 | 77 | 30.79 | 15.00 | 47.00 |

（续）

| 村名称 | 一级地 | 二级地 | 三级地 | 四级地 | 五级地 | 样本数 | 平均值 | 最小值 | 最大值 |
|---|---|---|---|---|---|---|---|---|---|
| 富乡村 | — | 46.27 | 45.08 | — | | 24 | 45.63 | 23.00 | 64.00 |
| 富强村 | — | 46.56 | 43.67 | 117.56 | 30.92 | 54 | 50.70 | 14.00 | 130.00 |
| 复兴村 | 28.44 | — | 47.00 | 15.00 | | 15 | 28.87 | 15.00 | 59.00 |
| 福兴村 | — | 45.00 | 35.82 | 18.00 | 16.53 | 97 | 21.00 | 7.00 | 45.00 |
| 凤鸣村 | 22.13 | 22.09 | 24.67 | — | 37.36 | 39 | 27.00 | 12.00 | 43.00 |
| 丰收村 | — | 48.33 | 42.54 | 36.00 | 36.00 | 22 | 43.23 | 23.00 | 64.00 |
| 丰盛村 | — | 43.31 | 33.31 | 25.20 | 38.11 | 45 | 35.36 | 14.00 | 47.00 |
| 丰产村 | 43.00 | 45.27 | 37.10 | 17.58 | — | 73 | 36.05 | 14.00 | 65.00 |
| 繁强村 | 65.00 | 61.50 | 46.50 | 111.33 | 36.67 | 33 | 68.00 | 14.00 | 130.00 |
| 二克浅村 | — | 45.00 | 31.57 | 17.76 | 12.08 | 46 | 21.54 | 7.00 | 59.00 |
| 东兴村 | — | 37.55 | 31.13 | 19.72 | 18.00 | 114 | 23.51 | 18.00 | 64.00 |
| 东方红村 | — | 41.38 | 45.47 | — | 36.00 | 29 | 43.03 | 23.00 | 64.00 |
| 第一良种场 | 45.00 | 41.00 | — | — | — | 11 | 41.36 | 23.00 | 47.00 |
| 第四良种场 | — | 23.00 | 34.25 | — | — | 9 | 30.22 | 23.00 | 43.00 |
| 第三良种场 | 47.00 | 40.50 | 41.00 | — | — | 16 | 41.13 | 7.00 | 59.00 |
| 第二良种场 | — | 47.00 | 45.00 | 36.00 | 18.00 | 6 | 40.00 | 18.00 | 47.00 |
| 灯塔村 | 55.50 | 52.67 | 30.00 | 88.00 | — | 20 | 63.90 | 18.00 | 130.00 |
| 德宝村 | 23.00 | 37.50 | 27.78 | 16.70 | 18.00 | 39 | 27.05 | 14.00 | 47.00 |
| 城北村 | 47.00 | 45.86 | 46.00 | 41.50 | 37.00 | 21 | 42.57 | 14.00 | 47.00 |
| 晨光村 | 35.14 | 33.68 | 45.63 | 34.13 | 35.27 | 108 | 38.51 | 13.00 | 59.00 |
| 朝阳村 | 48.20 | 51.88 | 29.20 | — | — | 21 | 47.38 | 14.00 | 65.00 |
| 长兴村 | 43.00 | 39.24 | 40.71 | — | — | 38 | 40.08 | 23.00 | 64.00 |
| 长胜村 | 23.00 | 28.50 | 36.47 | — | — | 26 | 32.46 | 14.00 | 47.00 |
| 长发村 | 46.57 | 50.33 | 54.11 | — | — | 28 | 50.61 | 23.00 | 64.00 |
| 长安村 | 38.33 | 38.00 | 30.33 | 37.00 | 32.25 | 17 | 35.29 | 18.00 | 47.00 |
| 保育村 | 41.50 | 46.07 | 46.27 | — | — | 48 | 45.81 | 23.00 | 64.00 |
| 保国村 | 36.20 | 61.29 | 45.17 | — | — | 29 | 45.97 | 7.00 | 75.00 |
| 保昌村 | — | 34.75 | 36.00 | 41.69 | 52.11 | 71 | 40.56 | 7.00 | 65.00 |
| 保安村 | 39.50 | 25.00 | 33.50 | 18.00 | 18.00 | 21 | 25.38 | 14.00 | 59.00 |
| 百露村 | — | — | — | — | 10.56 | 9 | 10.56 | 6.00 | 18.00 |
| 安仁村 | 32.36 | 35.00 | — | 31.36 | 18.00 | 120 | 29.53 | 18.00 | 65.00 |
| 全市 | 37.76 | 40.57 | 36.31 | 31.95 | 26.89 | 6 635 | 35.27 | 6.00 | 130.00 |

## 附表 5-15　各村土壤障碍层厚度统计结果

单位：厘米

| 村名称 | 一级地 | 二级地 | 三级地 | 四级地 | 五级地 | 样本数 | 平均值 | 最小值 | 最大值 |
|---|---|---|---|---|---|---|---|---|---|
| 忠孝村 | — | 10.80 | 10.33 | 37.00 | 34.60 | 19 | 25.26 | 10.0 | 37.0 |
| 治河村 | 13.00 | 11.82 | 8.20 | — | — | 59 | 10.00 | 6.0 | 13.0 |
| 志诚村 | 8.67 | 10.00 | 6.89 | — | — | 26 | 8.62 | 6.0 | 12.0 |
| 照耀村 | — | 10.43 | 10.72 | 39.40 | 29.00 | 69 | 22.19 | 7.0 | 41.0 |
| 兆林村 | 10.50 | 10.44 | 14.57 | 37.00 | 37.00 | 44 | 26.80 | 10.0 | 37.0 |
| 增产村 | 12.50 | 11.17 | 18.00 | 36.50 | — | 44 | 20.07 | 7.0 | 45.0 |
| 远大村 | 11.00 | 10.29 | 29.68 | 37.00 | 32.38 | 54 | 27.74 | 6.0 | 37.0 |
| 育民村 | 10.50 | 10.40 | 10.50 | 37.00 | — | 31 | 15.61 | 10.0 | 41.0 |
| 友好村 | 10.22 | 10.20 | 28.54 | 32.06 | 30.83 | 75 | 24.32 | 10.0 | 45.0 |
| 勇进村 | 10.88 | 10.29 | — | 36.71 | 35.33 | 38 | 26.18 | 10.0 | 37.0 |
| 永强村 | 10.00 | 10.00 | 9.07 | 38.00 | — | 30 | 10.50 | 7.0 | 38.0 |
| 永久村 | 6.71 | 5.00 | 11.38 | 25.00 | — | 34 | 9.12 | 5.0 | 32.0 |
| 永发村 | 10.00 | — | 23.10 | 38.00 | — | 12 | 23.25 | 7.0 | 38.0 |
| 学田村 | — | 10.50 | 19.50 | 35.44 | 35.00 | 24 | 24.88 | 7.0 | 45.0 |
| 旭光村 | 11.00 | 10.67 | 8.00 | 52.00 | 37.00 | 18 | 21.67 | 8.0 | 67.0 |
| 兴业村 | 10.75 | 10.53 | 10.38 | 33.80 | 33.50 | 39 | 14.74 | 10.0 | 35.0 |
| 兴旺村 | 13.00 | 5.00 | 10.00 | 24.00 | 23.00 | 37 | 19.30 | 5.0 | 25.0 |
| 兴胜村 | — | 10.75 | 10.50 | 41.00 | — | 8 | 18.25 | 10.0 | 41.0 |
| 兴隆村 | 10.33 | 10.00 | 7.29 | — | — | 52 | 9.08 | 6.0 | 12.0 |
| 信义村 | — | 10.40 | 10.80 | 32.06 | 36.41 | 56 | 30.48 | 10.0 | 37.0 |
| 新兴村 | 8.91 | 5.00 | 10.40 | 20.89 | 23.00 | 33 | 13.64 | 5.0 | 25.0 |
| 新祥村 | 8.00 | 6.71 | 7.63 | — | — | 27 | 7.33 | 5.0 | 12.0 |
| 新世纪村 | 10.00 | 15.00 | 37.24 | 36.71 | 32.75 | 57 | 34.53 | 10.0 | 45.0 |
| 新生活村 | — | 10.00 | 28.82 | 36.64 | 36.33 | 32 | 31.63 | 10.0 | 45.0 |
| 新化村 | 11.00 | 10.89 | 10.40 | 41.00 | — | 17 | 14.29 | 10.0 | 41.0 |
| 新合村 | 9.89 | 13.00 | 28.38 | — | — | 41 | 21.15 | 8.0 | 37.0 |
| 新富村 | 10.00 | 10.20 | 8.73 | — | — | 22 | 9.45 | 6.0 | 11.0 |
| 新安村 | 11.78 | 9.83 | 9.94 | 42.53 | 31.70 | 133 | 27.35 | 6.0 | 67.0 |
| 向阳村 | 10.25 | 10.24 | 10.11 | 38.00 | — | 51 | 11.80 | 7.0 | 38.0 |
| 向荣村 | 11.00 | 10.42 | 8.75 | 35.50 | — | 27 | 11.56 | 6.0 | 41.0 |
| 祥云村 | 10.54 | 10.38 | — | 38.58 | — | 42 | 23.19 | 10.0 | 41.0 |
| 祥乐村 | — | 10.64 | 10.17 | 41.00 | — | 18 | 12.17 | 6.0 | 41.0 |
| 鲜兴村 | 11.00 | 11.00 | 7.00 | 37.00 | 37.00 | 35 | 30.83 | 7.0 | 37.0 |

（续）

| 村名称 | 一级地 | 二级地 | 三级地 | 四级地 | 五级地 | 样本数 | 平均值 | 最小值 | 最大值 |
|---|---|---|---|---|---|---|---|---|---|
| 先锋村 | 11.00 | 10.50 | 16.70 | 36.22 | 35.33 | 28 | 26.32 | 6.0 | 45.0 |
| 西庄村 | — | 10.73 | 8.38 | 37.00 | 31.00 | 32 | 18.56 | 7.0 | 37.0 |
| 五一村 | — | 11.00 | 10.40 | 25.00 | — | 14 | 15.79 | 10.0 | 25.0 |
| 五星村 | 12.67 | 10.40 | 14.75 | — | — | 13 | 12.46 | 6.0 | 37.0 |
| 五福村 | 11.80 | 10.73 | 10.48 | — | — | 57 | 10.79 | 10.0 | 13.0 |
| 文明村 | — | 10.43 | 11.22 | 37.20 | 37.00 | 27 | 21.56 | 6.0 | 38.0 |
| 文化村 | 10.50 | 10.00 | 36.00 | — | — | 14 | 13.79 | 6.0 | 36.0 |
| 文光村 | 8.29 | 10.10 | 7.36 | — | — | 52 | 8.69 | 6.0 | 11.0 |
| 万兴村 | 11.50 | 10.33 | 10.50 | — | — | 21 | 10.52 | 10.0 | 13.0 |
| 万宝村 | 8.00 | 5.00 | 6.67 | — | — | 24 | 7.13 | 5.0 | 12.0 |
| 团结村 | 7.09 | 5.00 | 21.00 | 24.00 | 20.60 | 37 | 14.41 | 5.0 | 32.0 |
| 同义村 | 10.00 | 10.70 | 7.14 | — | — | 24 | 9.50 | 6.0 | 15.0 |
| 同心村 | 8.33 | 9.92 | 8.53 | — | — | 41 | 8.90 | 6.0 | 11.0 |
| 通胜村 | — | 10.29 | 8.88 | — | — | 15 | 9.53 | 6.0 | 11.0 |
| 通南村 | 11.00 | 10.09 | 8.80 | — | — | 25 | 9.72 | 7.0 | 12.0 |
| 天津村 | 9.33 | — | 24.59 | 24.71 | 37.00 | 29 | 23.90 | 5.0 | 37.0 |
| 太和村 | 11.33 | 10.63 | 11.00 | 40.75 | 37.00 | 21 | 23.48 | 10.0 | 67.0 |
| 索伦村 | — | — | — | 24.00 | 37.00 | 11 | 33.45 | 24.0 | 37.0 |
| 四季青村 | 8.00 | — | 37.83 | 37.00 | 34.21 | 30 | 33.13 | 8.0 | 42.0 |
| 双兴村 | 10.00 | 12.00 | — | 38.68 | 37.00 | 49 | 34.06 | 10.0 | 41.0 |
| 双喜村 | 10.50 | 10.64 | 8.50 | 41.00 | — | 18 | 15.44 | 6.0 | 41.0 |
| 双泉村 | — | 10.79 | 11.00 | 37.00 | 37.00 | 67 | 29.18 | 10.0 | 37.0 |
| 双乐村 | 10.50 | 10.25 | 9.13 | — | — | 14 | 9.64 | 6.0 | 13.0 |
| 双合村 | 9.00 | 9.86 | 18.59 | 39.08 | 41.00 | 69 | 25.20 | 6.0 | 45.0 |
| 双发村 | — | 10.86 | 10.67 | 37.00 | 37.00 | 20 | 23.90 | 10.0 | 37.0 |
| 胜利村 | 12.00 | 10.20 | 8.26 | 25.00 | 25.00 | 101 | 14.13 | 6.0 | 25.0 |
| 升平村 | 8.20 | 10.00 | 8.50 | — | 21.00 | 19 | 10.63 | 5.0 | 21.0 |
| 三星村 | 9.60 | 10.07 | 26.38 | 37.00 | 37.00 | 34 | 17.03 | 6.0 | 37.0 |
| 三山村 | 8.33 | 10.50 | 10.00 | — | — | 21 | 10.00 | 5.0 | 13.0 |
| 三合村 | 10.60 | 10.67 | — | 36.29 | — | 29 | 16.79 | 10.0 | 41.0 |
| 荣胜村 | 10.00 | 10.50 | 10.00 | — | — | 11 | 10.36 | 10.0 | 11.0 |
| 荣光村 | — | 10.13 | 9.60 | 34.57 | 30.00 | 23 | 18.30 | 6.0 | 38.0 |
| 仁厚村 | 8.67 | — | 6.00 | — | 18.00 | 16 | 7.88 | 5.0 | 18.0 |

（续）

| 村名称 | 一级地 | 二级地 | 三级地 | 四级地 | 五级地 | 样本数 | 平均值 | 最小值 | 最大值 |
|---|---|---|---|---|---|---|---|---|---|
| 仁和村 | 11.00 | 10.38 | 16.00 | 40.00 | 37.00 | 31 | 26.71 | 10.0 | 67.0 |
| 仁爱村 | — | 10.50 | 11.00 | 34.45 | 34.23 | 42 | 30.43 | 10.0 | 41.0 |
| 群英村 | 10.00 | 10.33 | 14.17 | 41.00 | — | 42 | 13.98 | 6.0 | 45.0 |
| 全胜村 | — | — | 10.00 | 29.87 | — | 25 | 28.28 | 10.0 | 41.0 |
| 庆祥村 | 13.00 | 10.25 | 26.26 | — | — | 32 | 23.84 | 6.0 | 37.0 |
| 庆丰村 | — | 10.38 | 8.50 | — | — | 16 | 9.44 | 7.0 | 13.0 |
| 庆宝村 | 10.83 | 10.13 | 24.67 | 41.00 | — | 30 | 17.43 | 10.0 | 41.0 |
| 清和村 | 13.00 | 10.00 | 22.71 | 32.57 | 32.27 | 52 | 26.46 | 6.0 | 38.0 |
| 青山村 | 10.25 | 10.54 | 11.25 | 37.20 | 35.00 | 90 | 27.12 | 10.0 | 41.0 |
| 勤俭村 | 10.25 | 10.31 | 15.06 | 33.33 | 32.00 | 66 | 17.02 | 9.0 | 38.0 |
| 前卫村 | — | 10.44 | 12.86 | 36.00 | 30.00 | 30 | 15.07 | 6.0 | 38.0 |
| 前进村 | — | 10.33 | 9.31 | 31.00 | 25.00 | 21 | 13.76 | 7.0 | 37.0 |
| 前程村 | 10.00 | 10.33 | 22.57 | — | 44.50 | 15 | 25.13 | 10.0 | 67.0 |
| 谦益村 | 10.20 | 12.57 | 15.00 | 37.28 | — | 63 | 27.71 | 6.0 | 41.0 |
| 启民村 | 5.00 | 11.17 | 22.08 | 41.00 | 37.00 | 27 | 23.00 | 5.0 | 42.0 |
| 平原村 | — | 10.44 | 10.00 | 41.00 | — | 11 | 13.18 | 10.0 | 41.0 |
| 平房村 | — | 10.80 | 10.50 | 27.25 | 24.78 | 41 | 23.34 | 10.0 | 37.0 |
| 平安村 | 11.00 | 10.67 | 9.25 | 41.00 | — | 21 | 11.86 | 6.0 | 41.0 |
| 农乐村 | 9.86 | 10.00 | 6.40 | — | — | 14 | 8.64 | 5.0 | 12.0 |
| 讷南村 | 13.00 | 10.86 | 10.00 | 31.86 | 31.00 | 75 | 26.76 | 10.0 | 37.0 |
| 南阳村 | — | — | 6.60 | — | — | 6 | 7.00 | 6.0 | 9.0 |
| 明星村 | 13.00 | 10.60 | 16.09 | 35.57 | 31.00 | 34 | 20.59 | 7.0 | 37.0 |
| 民强村 | 6.80 | 7.00 | 8.50 | — | — | 19 | 7.58 | 5.0 | 10.0 |
| 茂林村 | 13.00 | 10.83 | 9.14 | — | — | 15 | 10.13 | 6.0 | 13.0 |
| 满丰村 | 9.70 | 10.00 | 8.29 | — | — | 32 | 9.09 | 6.0 | 12.0 |
| 满仓村 | 9.50 | 10.20 | 10.29 | 25.00 | 31.00 | 23 | 13.26 | 9.0 | 37.0 |
| 鲁民村 | 13.00 | 10.38 | 10.73 | 35.91 | 27.55 | 80 | 27.20 | 10.0 | 37.0 |
| 隆昌村 | — | 10.00 | 12.48 | 38.30 | 40.14 | 102 | 21.49 | 6.0 | 45.0 |
| 龙华村 | 10.17 | 10.44 | 9.40 | — | 25.00 | 53 | 13.23 | 6.0 | 25.0 |
| 龙河村 | 11.00 | 10.67 | 16.06 | 37.76 | 34.78 | 97 | 32.52 | 10.0 | 45.0 |
| 凌云村 | 9.86 | 10.58 | 10.25 | — | 21.00 | 45 | 10.69 | 5.0 | 21.0 |
| 联盟村 | 10.00 | 10.56 | 8.71 | 41.00 | 33.00 | 19 | 12.63 | 6.0 | 41.0 |
| 利民村 | 11.33 | 11.00 | 20.00 | 38.00 | — | 69 | 22.62 | 7.0 | 45.0 |

（续）

| 村名称 | 一级地 | 二级地 | 三级地 | 四级地 | 五级地 | 样本数 | 平均值 | 最小值 | 最大值 |
|---|---|---|---|---|---|---|---|---|---|
| 利国村 | 10.20 | 10.29 | 10.50 | 38.92 | — | 33 | 21.58 | 10.0 | 41.0 |
| 黎明村 | 10.67 | 10.00 | 19.22 | 47.00 | 36.52 | 41 | 30.17 | 5.0 | 67.0 |
| 乐业村 | 8.25 | 10.00 | 6.80 | 7.00 | | 14 | 8.14 | 5.0 | 12.0 |
| 老莱村 | 11.00 | 10.86 | 19.00 | 32.22 | 25.00 | 63 | 20.16 | 9.0 | 38.0 |
| 孔国村 | 11.00 | 10.63 | 12.13 | 37.00 | 37.00 | 54 | 27.96 | 7.0 | 37.0 |
| 靠山村 | — | 10.00 | 14.36 | 38.00 | — | 35 | 18.34 | 6.0 | 38.0 |
| 康庄村 | 10.25 | 10.24 | 24.77 | 35.63 | 32.64 | 125 | 22.74 | 7.0 | 45.0 |
| 康宁村 | 8.50 | 11.20 | 7.25 | 6.00 | — | 16 | 8.56 | 5.0 | 13.0 |
| 聚宝村 | 12.00 | 9.62 | 15.11 | 38.00 | — | 78 | 16.37 | 6.0 | 45.0 |
| 炬光村 | 10.00 | 10.44 | 30.77 | 32.60 | 32.00 | 40 | 26.35 | 10.0 | 45.0 |
| 巨和村 | 10.50 | 10.53 | 10.00 | 41.00 | 33.00 | 26 | 16.58 | 10.0 | 41.0 |
| 九井村 | 10.57 | 10.27 | 10.00 | 38.41 | 37.00 | 85 | 31.12 | 10.0 | 41.0 |
| 江东村 | — | 10.00 | 24.14 | 37.50 | 28.43 | 22 | 25.36 | 7.0 | 38.0 |
| 建设村 | 13.00 | 11.07 | 10.63 | — | — | 28 | 11.29 | 10.0 | 13.0 |
| 建华村 | — | 11.00 | 11.00 | 33.00 | 25.00 | 11 | 22.64 | 11.0 | 41.0 |
| 继光村 | 9.57 | 10.08 | 20.98 | 32.78 | 25.00 | 132 | 21.09 | 6.0 | 45.0 |
| 吉祥村 | — | 10.29 | 10.25 | — | — | 22 | 10.27 | 8.0 | 11.0 |
| 吉庆村 | 10.50 | 11.40 | 9.38 | — | — | 15 | 10.20 | 6.0 | 13.0 |
| 火烽村 | — | 10.69 | 9.41 | 37.74 | 28.20 | 84 | 22.07 | 7.0 | 41.0 |
| 回民村 | 12.00 | — | 34.39 | 24.00 | 35.70 | 40 | 32.00 | 12.0 | 37.0 |
| 华升村 | 8.44 | 7.50 | 8.33 | — | — | 33 | 8.18 | 5.0 | 10.0 |
| 宏大村 | — | 9.90 | 16.27 | 34.31 | 30.14 | 59 | 24.10 | 9.0 | 38.0 |
| 红星村 | 13.00 | 10.75 | 32.64 | — | — | 30 | 29.07 | 6.0 | 37.0 |
| 黑龙村 | 8.00 | 9.00 | — | — | 21.00 | 28 | 15.43 | 5.0 | 21.0 |
| 河江村 | 10.00 | 10.33 | 29.67 | 24.00 | 34.00 | 32 | 24.44 | 5.0 | 37.0 |
| 和义村 | 6.43 | 8.00 | 6.64 | — | — | 20 | 6.70 | 5.0 | 12.0 |
| 和心村 | 13.00 | 10.56 | 10.40 | — | — | 32 | 10.81 | 10.0 | 13.0 |
| 和盛村 | 7.11 | 5.50 | 6.43 | — | — | 36 | 6.64 | 5.0 | 12.0 |
| 和平村 | 10.00 | 10.00 | 11.44 | — | — | 19 | 10.68 | 7.0 | 27.0 |
| 合庆村 | 12.00 | 10.20 | 11.47 | 36.00 | 35.00 | 30 | 17.77 | 7.0 | 38.0 |
| 合发村 | — | 10.36 | 9.86 | — | — | 18 | 10.17 | 6.0 | 11.0 |
| 国兴村 | — | 10.71 | 14.07 | 35.43 | — | 28 | 18.57 | 7.0 | 38.0 |
| 国庆村 | 10.39 | 10.00 | 35.45 | 33.59 | 32.44 | 76 | 25.46 | 10.0 | 45.0 |

（续）

| 村名称 | 一级地 | 二级地 | 三级地 | 四级地 | 五级地 | 样本数 | 平均值 | 最小值 | 最大值 |
|---|---|---|---|---|---|---|---|---|---|
| 广义村 | 9.85 | 9.27 | 10.00 | — | — | 28 | 9.57 | 6.0 | 13.0 |
| 光芒村 | 10.00 | 10.50 | — | 41.00 | — | 8 | 14.13 | 9.0 | 41.0 |
| 光辉村 | 11.50 | 10.44 | 9.88 | 41.00 | 41.00 | 23 | 15.65 | 6.0 | 41.0 |
| 光华村 | 7.75 | 10.46 | 10.00 | 41.00 | 41.00 | 22 | 15.50 | 5.0 | 41.0 |
| 共福村 | 11.50 | 10.75 | 10.00 | 25.00 | 25.00 | 27 | 20.78 | 10.0 | 25.0 |
| 公安村 | 7.60 | 10.38 | 10.67 | — | — | 19 | 9.42 | 5.0 | 13.0 |
| 更新村 | 10.00 | 10.50 | 8.50 | 41.00 | — | 16 | 11.38 | 6.0 | 41.0 |
| 革新村 | 10.25 | 9.79 | 7.38 | — | — | 43 | 9.12 | 6.0 | 11.0 |
| 高升村 | 8.20 | 8.67 | 7.33 | — | — | 14 | 8.14 | 5.0 | 12.0 |
| 高潮村 | 10.67 | 10.40 | 8.60 | 37.00 | 37.00 | 42 | 28.57 | 7.0 | 37.0 |
| 钢铁村 | 8.75 | 8.33 | 10.00 | — | — | 14 | 8.43 | 5.0 | 10.0 |
| 富裕村 | 10.00 | 10.28 | 27.12 | 33.25 | 32.00 | 77 | 23.23 | 9.0 | 45.0 |
| 富乡村 | — | 10.55 | 20.54 | — | — | 24 | 15.96 | 6.0 | 36.0 |
| 富强村 | — | 10.44 | 13.11 | 63.67 | 40.46 | 54 | 34.22 | 10.0 | 67.0 |
| 复兴村 | 8.56 | — | 6.50 | 6.00 | — | 15 | 7.93 | 5.0 | 12.0 |
| 福兴村 | — | 11.00 | 11.53 | 37.00 | 35.40 | 97 | 31.26 | 7.0 | 37.0 |
| 凤鸣村 | 6.88 | 6.36 | 8.11 | — | 20.45 | 39 | 10.85 | 5.0 | 21.0 |
| 丰收村 | — | 10.50 | 10.38 | 41.00 | 41.00 | 22 | 14.59 | 10.0 | 41.0 |
| 丰盛村 | — | 10.92 | 20.38 | 33.80 | 25.56 | 45 | 21.67 | 10.0 | 38.0 |
| 丰产村 | 13.00 | 10.93 | 13.73 | 37.08 | — | 73 | 16.93 | 7.0 | 45.0 |
| 繁强村 | 13.00 | 8.50 | 15.75 | 62.00 | 42.00 | 33 | 41.24 | 6.0 | 67.0 |
| 二克浅村 | — | 11.00 | 18.57 | 37.00 | 30.54 | 46 | 28.43 | 6.0 | 37.0 |
| 东兴村 | — | 10.36 | 10.04 | 35.72 | 37.00 | 114 | 28.11 | 10.0 | 37.0 |
| 东方红村 | — | 10.38 | 10.82 | — | 41.00 | 29 | 14.86 | 10.0 | 41.0 |
| 第一良种场 | 11.00 | 10.60 | — | — | — | 11 | 10.64 | 10.0 | 11.0 |
| 第四良种场 | — | 10.00 | 7.75 | — | — | 9 | 9.33 | 7.0 | 13.0 |
| 第三良种场 | 10.00 | 10.25 | 9.43 | — | — | 16 | 9.88 | 6.0 | 13.0 |
| 第二良种场 | — | 10.00 | 11.00 | 41.00 | 33.00 | 6 | 19.17 | 10.0 | 41.0 |
| 灯塔村 | 10.50 | 10.33 | 10.00 | 55.75 | — | 20 | 28.50 | 10.0 | 67.0 |
| 德宝村 | 10.00 | 10.25 | 20.78 | 38.90 | 37.00 | 39 | 23.13 | 7.0 | 45.0 |
| 城北村 | 10.00 | 10.57 | 10.50 | 31.33 | 25.00 | 21 | 19.90 | 10.0 | 38.0 |
| 晨光村 | 10.71 | 10.05 | 8.73 | 26.63 | 26.09 | 108 | 12.45 | 6.0 | 38.0 |
| 朝阳村 | 11.00 | 9.88 | 25.20 | — | — | 21 | 14.00 | 6.0 | 37.0 |

（续）

| 村名称 | 一级地 | 二级地 | 三级地 | 四级地 | 五级地 | 样本数 | 平均值 | 最小值 | 最大值 |
|---|---|---|---|---|---|---|---|---|---|
| 长兴村 | 13.00 | 10.38 | 9.64 | — | — | 38 | 10.32 | 7.0 | 13.0 |
| 长胜村 | 10.00 | 10.25 | 12.27 | — | — | 26 | 11.38 | 7.0 | 37.0 |
| 长发村 | 12.29 | 10.50 | 10.67 | — | — | 28 | 11.00 | 10.0 | 13.0 |
| 长安村 | 10.33 | 10.50 | 10.33 | 25.00 | 28.00 | 17 | 15.41 | 10.0 | 37.0 |
| 保育村 | 9.75 | 10.29 | 8.20 | — | — | 48 | 8.94 | 6.0 | 12.0 |
| 保国村 | 10.20 | 12.57 | 33.58 | — | — | 29 | 20.45 | 5.0 | 42.0 |
| 保昌村 | — | 9.94 | 20.36 | 35.00 | 32.78 | 71 | 26.80 | 6.0 | 38.0 |
| 保安村 | 10.75 | 15.00 | 22.75 | 37.00 | 37.00 | 21 | 28.24 | 6.0 | 38.0 |
| 百露村 | — | — | — | — | 29.00 | 9 | 29.00 | 25.0 | 37.0 |
| 安仁村 | 10.29 | 10.00 | — | 36.93 | 37.00 | 120 | 33.38 | 10.0 | 41.0 |
| 全市 | 9.84 | 10.28 | 15.40 | 36.21 | 32.22 | 6 635 | 20.52 | 5.00 | 67.00 |

图书在版编目（CIP）数据

黑龙江省讷河市耕地地力评价 / 刘艳侠，李永生，
王冶主编 . —北京：中国农业出版社，2023.10
ISBN 978 - 7 - 109 - 31290 - 6

Ⅰ. ①黑… Ⅱ. ①刘… ②李… ③王… Ⅲ. ①耕作土
壤－土壤肥力－土壤调查－讷河②耕作土壤－土壤评价－
讷河 Ⅳ. ①S159.235.4②S158.2

中国国家版本馆 CIP 数据核字（2023）第 203571 号

中国农业出版社出版

地址：北京市朝阳区麦子店街 18 号楼
邮编：100125
责任编辑：廖　宁　杨桂华
版式设计：王　晨　责任校对：吴丽婷
印刷：中农印务有限公司
版次：2023 年 10 月第 1 版
印次：2023 年 10 月北京第 1 次印刷
发行：新华书店北京发行所
开本：787mm×1092mm　1/16
印张：25.5　插页：2
字数：605 千字
定价：108.00 元

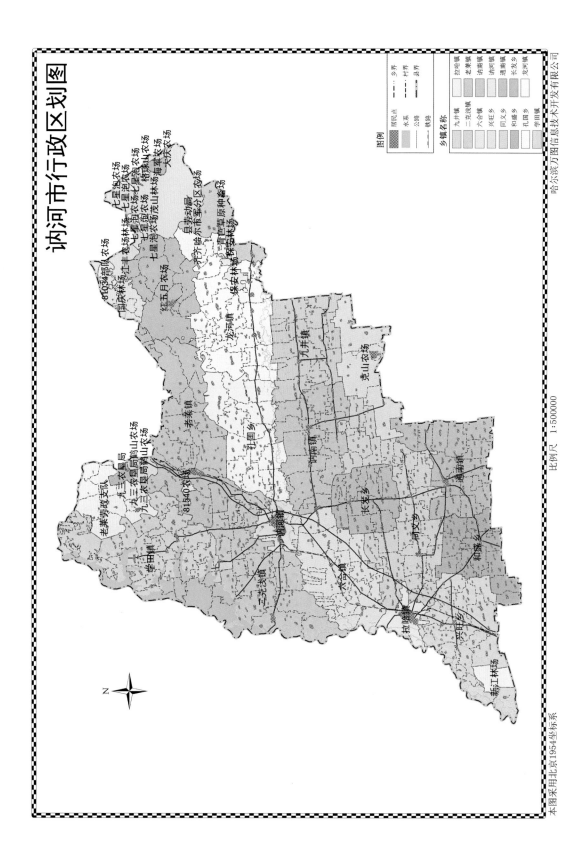

# 讷河市行政区划图

本图采用北京1954坐标系

比例尺 1:500000

哈尔滨万图信息技术开发有限公司

图例

居民点
水系
公路
铁路

乡界
村界
县界

乡镇名称

九井镇
二克浅镇
六合镇
兴旺乡
同义乡
和盛乡
孔国乡
学田镇

拉哈镇
老莱镇
讷南镇
通南镇
长发乡
龙河镇

81034部队农场
国庆林场
七星泡农场江丰农场
七星泡林场
七星泡农场七星泡农场
七星泡农场
七星泡农场茂山林场海军农场
格球山农场
大庆农场
县畜牧局
齐齐哈尔市军垦区农场
青苔草原种畜场
探安林场
探安林场
红五月农场
龙河镇
讷河镇
九井镇
兔山农场
老莱镇
孔国乡
九三农垦局鹤山农场
九三农垦局
九三农垦局鹤山农场
九三农垦局尖山农场
老莱劳改支队
81040农场
讷河镇
尖劳政支队
长发乡
通南镇
学田镇
同义乡
和盛乡
二克浅镇
六合镇
拉哈镇
孔国乡
和兴工林场
N

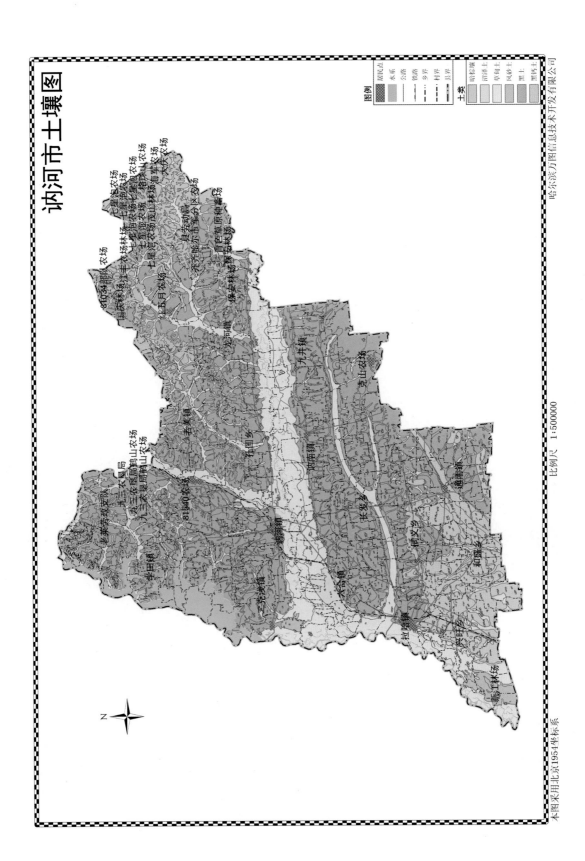

讷河市土壤图

图例
居民点
水系
公路
铁路
乡界
村界
县界

土类
哈标壤
沼泽土
草甸土
风砂土
黑土
黑钙土

比例尺 1:500000

哈尔滨万图信息技术开发有限公司

本图采用北京1954坐标系

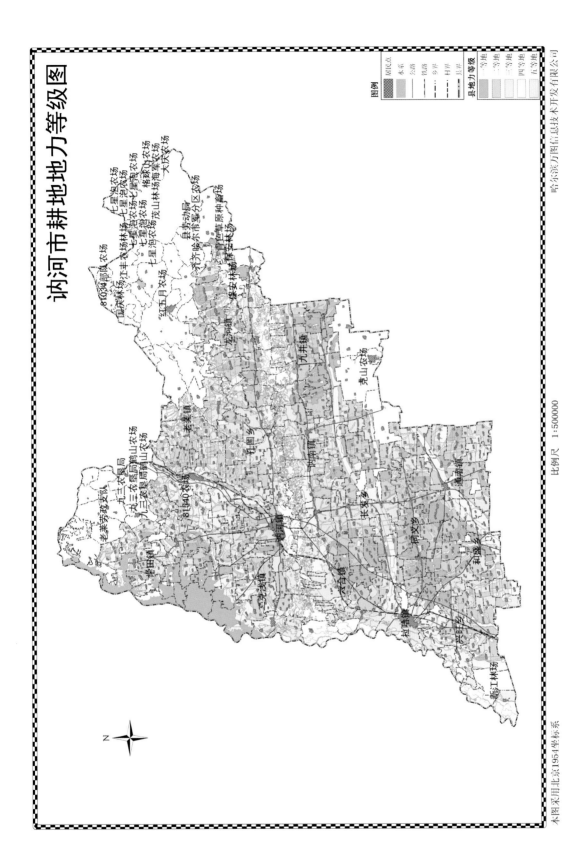

讷河市耕地地力等级图

比例尺 1:500000

哈尔滨万图科技总信息技术开发有限公司

本图采用北京1954坐标系

哈尔滨万图科技总信息技术开发有限公司

图例

居民点
水系
公路
铁路
乡界
村界
县界

县地力等级

一等地
二等地
三等地
四等地
五等地

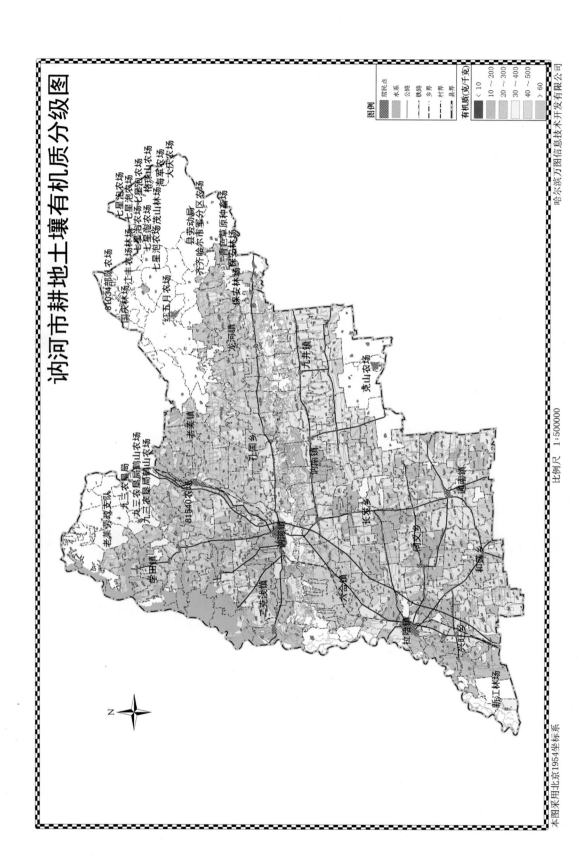

# 讷河市耕地土壤有机质分级图

图例

| | 居民点 |
|---|---|
| | 水系 |
| | 公路 |
| | 铁路 |
| | 乡界 |
| | 村界 |
| | 县界 |

有机质(克/千克)
| | < 10 |
|---|---|
| | 10 ~ 200 |
| | 20 ~ 300 |
| | 30 ~ 400 |
| | 40 ~ 500 |
| | > 60 |

81034部队农场

七星泡农场
七星泡农场
七星泡林场汇丰农场七星泡农场
国庆林场 七星泡农场
七星泡农场 榆树山农场
七星泡农场茂山林场海军农场 大庆农场

红五月农场

县劳动局
齐齐哈尔市军分区农场

龙河镇 青年草原种畜场
保安林场 保安林场

万井镇

老莱镇 克山农场

二克浅镇

花园乡
老莱劳改支队
九三农垦局
九三农垦局鹤山农场 同南镇
九三农垦局鹤山农场

81940农场 通南镇

学田镇 长发乡
同义乡

讷河镇
和盛乡

二克浅镇
六合镇
长青乡

拉哈镇
兴旺乡

新江林场

N

哈尔滨万图信息技术开发有限公司

比例尺 1:500000

本图采用北京1954坐标系